普通高等教育"十三五"精品规划教材

工 程 力 学

(第二版)

主编　申向东　姚占全

中国水利水电出版社
www.waterpub.com.cn
·北京·

内 容 提 要

本书是普通高等教育"十三五"精品规划教材，内容涵盖工程静力学、材料力学及专题概述3篇共10章，包括静力学基本知识、工程力学计算基础、轴向拉伸与压缩、扭转、弯曲强度计算、梁的变形计算、应力状态与强度理论、组合变形、压杆稳定、静不定结构与能量法。每章有本章小结、思考题、习题和习题参考答案。

本书适合作为高等院校木材科学与工程、交通运输、食品科学与工程、农业电气化与自动化、工业设计、电气工程及其自动化、包装工程、水土保持与荒漠化防治、城市规划、建筑学、给水排水工程、环境工程、森林工程、交通工程、水文与水资源工程、测绘工程、地质工程、消防工程等相关专业的教材，也可作为一般工程技术人员的阅读参考书。

图书在版编目（CIP）数据

工程力学 / 申向东，姚占全主编. --2版. --北京：中国水利水电出版社，2019.1（2024.7重印）.
普通高等教育"十三五"精品规划教材
ISBN 978-7-5170-7430-4

Ⅰ. ①工… Ⅱ. ①申… ②姚… Ⅲ. ①工程力学-高等学校-教材 Ⅳ. ①TB12

中国版本图书馆CIP数据核字(2019)第029012号

书　　名	普通高等教育"十三五"精品规划教材 工程力学(第二版)　GONGCHENG LIXUE
作　　者	主编　申向东　姚占全
出版发行	中国水利水电出版社 (北京市海淀区玉渊潭南路1号D座　100038) 网址：www. waterpub. com. cn E-mail：zhiboshangshu@163.com 电话：(010) 62572966-2205/2266/2201（营销中心）
经　　售	北京科水图书销售有限公司 电话：(010)68545874、63202643 全国各地新华书店和相关出版物销售网点
排　　版	京华图文制作有限公司
印　　刷	三河市龙大印装有限公司
规　　格	185mm×260mm　16开本　20.5印张　508千字
版　　次	2014年1月第1版 2019年1月第2版　2024年7月第2次印刷
定　　价	**59.00元**

第二版前言

本书是普通高等教育"十三五"精品规划教材，是编者在高等学校"十二五"规划教材《工程力学》的基础上修订而成的。

修订重编的过程中力求做到内容精练，由浅入深，便于自学，并特别重视反映现代土木工程、水利工程、农业工程、林业工程、交通工程的特点，以培养和造就"厚基础、广适应"的复合型应用人才为宗旨，在主要阐述工程力学基本概念、基本原理和基本方法的基础上，力求实现在体系上和内容上的更新，为读者今后继续学习和掌握工程新方法、新技术提供必要的工程力学基础知识，也为读者的独立思考留有空间，以利于创新能力的培养。本次修订增加了绪论，并对原来的第5章进行了调整，分成第5章和第6章，同时全书选用了新的国家规范标准。全书分为工程静力学、材料力学、专题概述3篇，共10章。内容包括工程静力学和材料力学的轴向拉(压)杆件、材料的力学性能、剪切、扭转、弯曲、应力状态与强度理论、压杆稳定、能量法和静不定结构等。采用本书时，可根据各专业的不同要求和学时数对内容酌情取舍。

参加本书编写工作的有：姚占全(第1~4章)，申向东(绪论、第5~10章、附录A、附录B)。全书由申向东、姚占全担任主编。

本书适合作为高等院校木材科学与工程、交通运输、食品科学与工程、农业电气化与自动化、工业设计、电气工程及其自动化、包装工程、水土保持与荒漠化防治、城市规划、建筑学、给水排水工程、环境工程、森林工程、交通工程、水文与水资源工程、测绘工程、地质工程、消防工程等相关专业的教材，也可作为一般工程技术人员的参考书。

本书在编写过程中，吸收、引用了部分国内优秀工程力学教材的观点、例题及习题。编者在此谨向这些教材的编者深表感谢。本书在修订过程中得到了中国水利水电出版社的大力支持，谨此致谢。

本书在编写过程中，编者、编辑出版者虽夙兴夜寐、竭尽心力，但限于编者水平，书中难免有不少缺点，敬请读者批评指正。

编　者

2018年10月

工程力学教材符号表

符号	含　　义	符号	含　　义
$a,b,c,\cdots$	常数,距离,点的位置	R	半径(Radius)
$A,B,C,\cdots$	点,截面的位置	S_y,S_z	静矩(Static Moment)
A,S	面积(Area)	t	厚度(Thickness),切向(Tangential)
b	截面的宽度	T	扭矩(Torque)
C	形心(Centroid)	V	变形能
d_i	内径(In-diameter)	v_d	形状改变比能(Distortional Strain Energy Density)
d_o	外径(Out-diameter)	v_v	体积改变比能(Volumetric Strain Energy Density)
D	直径(Diameter)	V_ε	应变能(Strain Energy)
e	偏心距(Eccentricity)	y	挠度(Deflection)
E	弹性模量(Elasticity)	W	重量(Weight)
f	函数(Function)	W_P	抗扭截面模量(Section Modulus in Torsion)
F,F_P	力(Force),荷载(Load)	W_z	抗弯截面模量(Weight of Bending Section Coefficient)
F_Q	剪力(Shearing Force)	W_e	外力虚功(External Virtual Work)
F_N	轴力(Normal Force)	W_i	内力虚功(Internal Virtual Work)
F_C	挤压力(Bearing Force)	x,y,z	直角坐标(Cartesian Coordinates)
G	剪切弹性模量	x_C,y_C,z_C	形心直角坐标(Centroid Coordinate)
$F_{P_{cr}}$	临界力	α,β,γ	角度(Angle)
h	高度(Height)	γ	比重(Proportion),剪应变(Shear Strain)
i	惯性半径(Inertia)	$\gamma_x,\gamma_y,\gamma_z$	剪应变(Shear Strain)
I	惯性矩(Inertia)	ρ	密度(Density),曲率半径(Radius of Curvature)
I_y,I_z	惯性矩(Inertia)	δ,Δ	变形(Deformation),位移(Displacement)
I_P	极惯性矩(Polar Inertia)	σ	正应力(Normal Stress)
I_{yz},I_{zx}	惯性积(Inertia Product)	σ_s	屈服应力(Yield Stress)
k	弹簧常数(Spring Constant)	σ_b	强度极限(Ultimate Strength)
E_V	体积模量(Bulk Modulus)	$[\sigma]$	许用正应力(Xu Yongzheng Stress)
l	长度(Length),跨度(Span)	σ_r	疲劳极限(Fatigue Limit)
m	质量(Mass)	σ_{cr}	临界应力(Critical Stress)
$M_o(m)$	集中力偶(Concentrated Couple)	τ	剪应力(Shear Stress)
M,M_z	弯矩(Moment)	$[\tau]$	许用剪应力(Allowable Shear Stress)
n	法线方向(Normal)	$\varepsilon,\varepsilon_x,\varepsilon_y,\varepsilon_z$	线(正)应变(Line (Positive) Strain)
n_s,n_b	安全因数(Safety Factor)	θ	单位长度扭转角(Unit Length Twist Angle);转角
p	压力(Pressure)	φ	扭转角(Twist Angle)
P	功率(Power)	μ	泊松比(Poisson Ratio)
q	线荷载集度(Line Load Set)	ω	角速度(Angular Velocity)
r	半径,应力比	λ	长细比(Slenderness Ratio)

目　录

工程力学教材符号表

前言

绪论 …… 1

0.1 工程力学与工程实际 …… 1
0.2 工程力学的研究内容和任务 …… 3
0.3 工程力学的研究对象 …… 4

第 1 篇　工程静力学

第 1 章　静力学基本知识 …… 8

1.1 力学的基本概念 …… 8
1.1.1 力的概念及其表示 …… 8
1.1.2 刚体的概念 …… 9
1.2 静力学基本公理 …… 9
1.3 约束的基本类型与约束反力 …… 12
1.3.1 约束及约束反力 …… 12
1.3.2 约束的基本类型 …… 13
1.4 受力分析和受力图 …… 15
本章小结 …… 18
思考题 …… 19
习题 …… 19

第 2 章　工程力学计算基础 …… 22

2.1 力在平面直角坐标轴上的投影 …… 22
2.2 力矩与力偶理论 …… 23
2.2.1 平面力矩理论 …… 23
2.2.2 平面力偶理论 …… 24
2.3 平面力系 …… 25
2.3.1 力线平移定理 …… 26
2.3.2 平面力系向一点的简化 · 主矢与主矩 …… 27
2.3.3 平面力系的平衡 · 平衡方程 …… 30
2.3.4 平面力系的平衡方程的应用 …… 32
2.3.5 平面简单桁架的内力分析 …… 40
2.3.6 考虑摩擦的平衡问题 … 45
2.4 空间力系与重心 …… 51
2.4.1 空间力系 …… 51
2.4.2 重心 …… 54
本章小结 …… 61
思考题 …… 63
习题 …… 64
习题参考答案 …… 70

第 2 篇　材料力学

第 3 章　轴向拉伸与压缩 …… 74

3.1 应力、应变及其相互关系 …… 74
3.1.1 内力和截面法 …… 74
3.1.2 材料的线弹性物性关系（胡克定律） …… 76
3.1.3 构件变形的基本形式 … 77
3.2 材料的力学性质 …… 78
3.2.1 低碳钢和铸铁拉伸时的力学性能 …… 78
3.2.2 低碳钢和铸铁压缩时的

力学性能 …………………… 82
3.2.3 材料强度的标准值和许用应力 …………………… 83
3.3 轴向拉伸与压缩时横截面上的内力 …………………… 84
3.3.1 轴力 …………………… 84
3.3.2 轴力图 …………………… 85
3.4 轴向拉伸和压缩杆的应力和强度 …………………… 87
3.4.1 轴向拉(压)杆截面上的应力 …………………… 87
3.4.2 轴向拉(压)杆的强度计算 …………………… 91
3.5 轴向拉伸或压缩时的变形分析 …………………… 93
3.5.1 纵向变形的计算 …………………… 94
3.5.2 横向变形的计算 …………………… 94
3.5.3 拉(压)杆的刚度条件 … 97
3.6 剪切与挤压的实用计算 …………………… 98
3.6.1 剪切及其实用计算 …… 98
3.6.2 挤压及其实用计算 …… 101
本章小结 …………………… 104
思考题 …………………… 105
习题 …………………… 105
习题参考答案 …………………… 110

第4章 扭转 …………………… 111

4.1 扭转的外力与内力 …………………… 111
4.2 扭转的应力与强度 …………………… 113
4.2.1 薄壁圆筒扭转时的应力 …………………… 113
4.2.2 圆轴扭转时的应力 …… 114
4.2.3 圆轴扭转时的强度条件 …………………… 117
*4.2.4 非圆轴扭转的应力与强度 …………………… 118
4.3 圆轴扭转的变形和刚度 ……… 120
本章小结 …………………… 121
思考题 …………………… 122
习题 …………………… 122
习题参考答案 …………………… 125

第5章 弯曲强度计算 …………………… 126

5.1 工程中的弯曲构件 …………………… 126
5.1.1 梁的计算简图 …………………… 126
5.1.2 静定梁的基本形式 …… 128
5.1.3 静定梁的基本荷载 …… 128
5.2 弯曲内力与内力图 …………………… 129
5.2.1 梁的剪力与弯矩 ……… 129
5.2.2 剪力图与弯矩图 ……… 133
5.2.3 荷载、剪力和弯矩间的关系 …………………… 138
5.2.4 按叠加原理作剪力图和弯矩图 …………………… 145
5.3 平面刚架的弯曲内力 ……… 147
5.4 梁的正应力分析 …………………… 148
5.4.1 概述 …………………… 148
5.4.2 纯弯曲时梁的正应力分析 …………………… 149
5.4.3 纯弯曲正应力公式和变形公式的应用与推广 …………………… 153
*5.5 横弯曲时的剪应力分析 ……… 155
5.5.1 矩形截面梁 …………………… 155
5.5.2 圆形截面梁 …………………… 157
5.5.3 环形截面梁 …………………… 157
5.5.4 工字形截面梁 …………………… 158
5.6 弯曲强度计算 …………………… 158
5.6.1 弯曲正应力强度条件 … 159
5.6.2 弯曲剪应力强度条件 … 159
*5.7 开口薄壁截面梁的剪应力弯曲中心的概念 …………………… 163
5.8 提高梁抗弯强度的措施 ……… 165
5.8.1 选择合理的截面形状 …………………… 165
5.8.2 采用变截面梁或等强度梁 …………………… 165
5.8.3 改善梁的受力情况 …… 167

本章小结 …… 169
思考题 …… 170
习题 …… 170
习题参考答案 …… 179

第6章 梁的变形计算 …… 182

6.1 梁的挠度和转角 …… 182
6.2 用积分法求弯曲变形 …… 183
6.2.1 挠曲线近似微分方程 …… 183
6.2.2 用积分法求弯曲变形 …… 184
6.3 用叠加法求弯曲变形 …… 189
6.4 梁的刚度校核 …… 195
6.5 提高弯曲刚度的主要措施 …… 196
6.5.1 提高梁的抗弯刚度 …… 196
6.5.2 尽量减小梁跨度 …… 196
6.5.3 增加支座 …… 196
6.5.4 改善受力情况 …… 196
本章小结 …… 196
思考题 …… 197
习题 …… 198
习题参考答案 …… 201

第7章 应力状态与强度理论 …… 202

7.1 一点的应力状态 …… 202
7.2 平面应力状态分析——解析法 …… 203
7.2.1 斜截面上的应力 …… 203
7.2.2 主应力与主平面 …… 206
7.2.3 最大切应力及其作用面 …… 207
7.3 一般应力状态下的应力—应变关系 …… 212
7.4 一般应力状态下的应变比能 …… 214
7.4.1 体应变 …… 214
7.4.2 应变比能 …… 215
7.5 强度理论 …… 217
7.5.1 常用的强度理论 …… 217
7.5.2 相当应力 …… 220
7.6 强度理论的应用 …… 220
本章小结 …… 223
思考题 …… 224
习题 …… 226
习题参考答案 …… 231

第8章 组合变形 …… 232

8.1 组合变形的概念和实例 …… 232
8.2 斜弯曲 …… 233
8.3 拉伸(压缩)与弯曲组合 …… 236
8.4 偏心压缩(拉伸)及截面核心 …… 238
8.4.1 偏心压(拉)应力计算 …… 238
8.4.2 截面核心 …… 240
8.5 扭转与弯曲 …… 242
8.5.1 外力 …… 242
8.5.2 内力——画出内力图 …… 242
8.5.3 应力 …… 242
8.5.4 强度条件 …… 242
本章小结 …… 244
习题 …… 245
习题参考答案 …… 249

第9章 压杆稳定 …… 251

9.1 压杆稳定的概念 …… 251
9.2 细长压杆的临界荷载 …… 253
9.2.1 两端铰支细长压杆的临界压力 …… 253
9.2.2 其他支座约束形式下细长压杆的临界压力 …… 254
9.3 压杆的临界应力与临界应力总图 …… 256
9.3.1 临界应力与柔度 …… 256
9.3.2 欧拉公式的适用范围 …… 256
9.3.3 临界应力的经验公式和临界应力总图 …… 257
9.4 压杆稳定性的计算 …… 261
9.4.1 压杆的稳定条件 …… 261
9.4.2 压杆稳定性的计算方法 …… 262

9.5 提高压杆稳定性的措施 ········ 265
9.5.1 减小压杆柔度λ ········ 265
9.5.2 合理选择材料 ········ 267
本章小结 ········ 267
思考题 ········ 268
习题 ········ 268
习题参考答案 ········ 270

第3篇 专题概述

第10章 静不定结构与能量法 ············ 272
10.1 概述 ········ 272
10.1.1 静不定结构的基本概念 ········ 272
10.1.2 静不定结构的解法 ··· 273
10.2 拉压静不定结构 ········ 274
10.2.1 拉压静不定结构的解法 ········ 274
10.2.2 温度应力和装配应力 ········ 276
10.3 扭转静不定结构 ········ 279
10.4 简单静不定梁 ········ 280
10.5 能量法 ········ 282
10.5.1 应变能的计算 ········ 282
10.5.2 莫尔定理 ········ 285
10.5.3 图形互乘法 ········ 288
10.6 力法解简单静不定结构框架 ········ 289
本章小结 ········ 291
思考题 ········ 292
习题 ········ 292
习题参考答案 ········ 295
附录A 截面的几何性质 ········ 296
A.1 截面的静矩和形心 ········ 296
A.1.1 静矩 ········ 296
A.1.2 形心 ········ 296
A.2 截面的惯性矩、惯性积及极惯性矩 ········ 298
A.2.1 惯性矩 ········ 298
A.2.2 惯性积 ········ 299
A.2.3 极惯性矩 ········ 299
A.2.4 组合图形的惯性矩和惯性积 ········ 300
A.3 平行移轴公式 ········ 301
A.4 形心主轴和形心主惯性矩 ······ 302
A.4.1 转轴公式 ········ 302
A.4.2 形心主轴和形心主惯性矩 ········ 302
附录A小结 ········ 303
思考题 ········ 303
习题 ········ 304
习题参考答案 ········ 305
附录B 型钢表(GB/T 706—2016) ······ 307
参考文献 ········ 319

绪　论

工程力学（engineering mechanics）是力学与工程学相结合的产物。工程力学课程是由基础理论课过渡到设计、计算课程的技术基础课，与工程实际结合非常紧密，在工程教育中有非常重要的地位，是高等学校许多工科专业的主干课程和工程技术人员必学的课程。作为高等院校的一门技术基础课程，本书所研究的工程力学仅是工程力学课程中最基础的部分内容，涵盖了“理论力学”中的静力学内容和“材料力学”的大部分内容，为今后继续学习打下良好的力学基础。

0.1　工程力学与工程实际

工程力学与工程是紧密结合的，许多重要的工程都是在工程力学的指导下得以实现和不断发展完善的。如大型体育场（图0-1）、北京中国尊（图0-2）、舰载飞机起飞甲板（图0-3）、航天飞机（图0-4）、南水北调大型渡槽（图0-5）、三峡大坝（图0-6）、500 m口径球面射电望远镜（图0-7）、海上石油钻探平台（图0-8）、复兴号高铁（图0-9）、港珠澳大桥（图0-10）、北盘江大桥（图0-11）、市政工程的输气管道（图0-12）、食品包装机械（图0-13）等。

图0-1　大型体育场

图0-2　北京中国尊

图 0-3 舰载飞机起飞甲板

图 0-4 航天飞机

图 0-5 南水北调大型渡槽

图 0-6 三峡大坝

图 0-7 500 m 口径球面射电望远镜

图 0-8 海上石油钻探平台

图 0-9　复兴号高铁

图 0-10　港珠澳大桥

图 0-11　北盘江大桥

图 0-12　市政工程的输气管道

图 0-13　食品包装机械

从上述工程实例清晰地看出，工程力学作为力学的一个分支，广泛地应用于建筑工程、水利工程、交通工程、航空和航天工程、食品工程、市政工程、石油和化工工程、军事工程等。人们已经充分认识到要使各类复杂工程设计既保障安全又经济适用，就必须对工程力学进行研究。

0.2　工程力学的研究内容和任务

工程力学所包含的内容极其广泛，本书所讨论的工程力学仅包含“工程静力学”（analysis of engineering statics）的内容和“材料力学”（mechanics of materials）的大部分内容。

工程静力学研究作用在物体上的力及其相互关系。材料力学研究在外力的作用下，工程构件内部将产生什么力和力的分布以及构件（member）的变形等。

工程构件（泛指结构中的构件、机械中的零件和部件等）在外力作用下要想正常工作必须满足强度（strength）、刚度（stiffness）和稳定性（stability）的要求。

强度是指抵抗破坏的能力。满足强度要求就是要求工程的构件在正常工作时不发生破坏。

刚度是指抵抗变形的能力。满足刚度要求就是要求工程构件在正常工作时产生的变形不超过允许范围。

稳定性是指工程构件保持原有的平衡状态的能力。满足稳定性要求就是要求工程构件在正常工作时不突然改变原有平衡状态。

工程设计最主要的任务之一就是保证构件在外力作用下有足够的强度、刚度与稳定性。

0.3 工程力学的研究对象

工程构件在外力作用下几何形状和几何尺寸都要发生改变，这种改变称为变形，所以组成工程构件的都是变形体（deformation body）。

但在工程静力学问题中，构件变形这一因素与所研究的问题无关或对其影响甚微，这时可将变形体物体视为刚体（rigidity body），从而使研究的问题得到简化。

当研究在构件上的力和变形规律时（在材料力学研究中），即使变形很小，也不能忽略。

从工程实例可以看到工程中的构件（泛指结构构件、机械中的零件和部件）根据几何尺寸和形状的不同，大致分为杆件（rods）、板件（plat）及块体（body）。

一个方向的尺寸远大于其他两个方向的尺寸的构件，称为杆件（图 0-14）。杆件是工程中最常见、最基本的构件。

杆件的形状与尺寸由其轴线和横截面确定。轴线通过横截面的形心，横截面与轴线相互正交。根据轴线与横截面的特征，杆件可分为直杆与曲杆、等截面杆与变截面杆等。

一个方向的尺寸远小于其他两个方向尺寸的构件，称为板件（图 0-15）。平分板件厚度的几何面，称为**中面**（middle plane）。中面为平面的板件称为板［图 0-15（a）］；中面为曲面的板件称为壳（shell）［图 0-15（b）］。

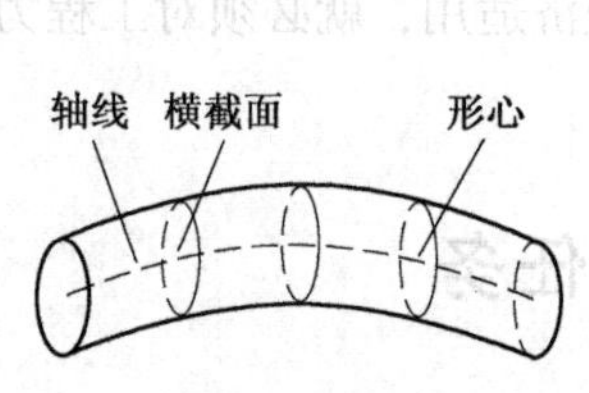

图 0-14 杆件

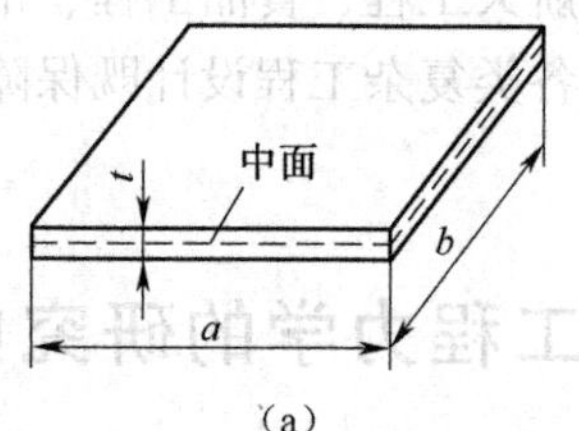

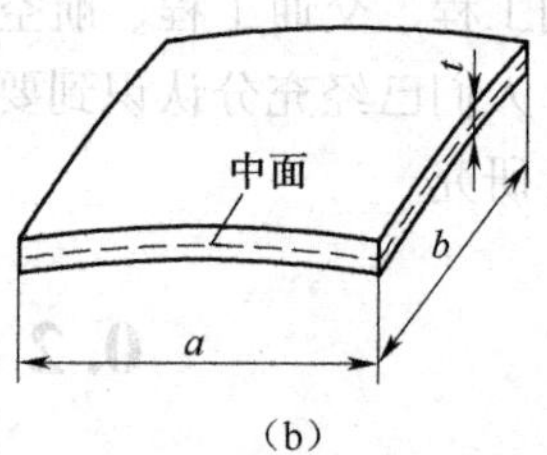

图 0-15 板件

三个方向尺寸基本相同的构件，称为块体（图0-16）。

工程力学的主要研究对象是杆件，以及由若干杆件组成的简单杆系。工程力学同时也研究一些形状和受力均比较简单的板与壳。至于一般较复杂的杆系与板壳问题等，则属于结构力学与弹性力学的研究范畴。

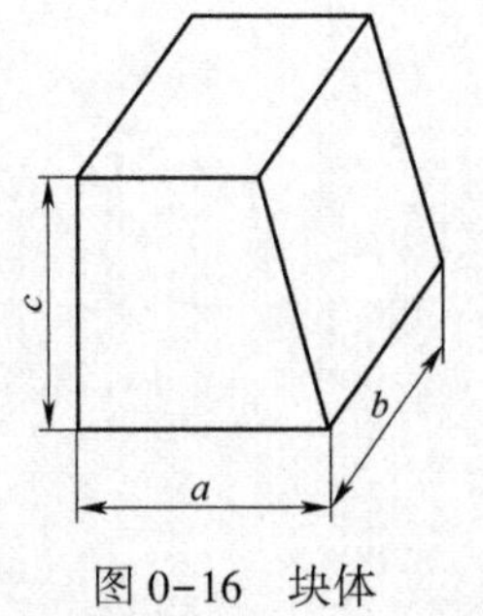

图0-16　块体

工程中使用的固体材料是多种多样的，而且其微观结构和力学性质也非常复杂，为了使问题得到简化，通常对变形固体做如下基本假设。

1. 均匀连续性假设

认为组成物体的物质毫无空隙地充满了整个物体的几何容积。实践证明，在工程中，将构件抽象为连续、均匀的变形体，所得到的计算结果是令人满意的，根据这一假设，从构件截取任意微小部分进行研究，并将其结果推广到整个物体；同时，也可以将那些用大尺寸试件在实验中获得的材料性质用到任意微小部分上去。

2. 各向同性假设

认为材料沿各个方向的力学性质都是相同的。常用的工程材料如钢、塑料、玻璃以及浇注得很好的混凝土等，都可认为是各向同性材料。如果材料沿不同方向具有不同的力学性质，则称为各向异性材料。

根据这个假设，在研究了材料在任一方向的力学性质后，就可以将其结论用于其他任何方向，即不考虑材料的方向性问题。

3. 弹性小变形假设

固体材料在荷载（load）作用下所发生的变形可分为弹性变形（elastic deformation）和塑性变形（plastic deformation）。荷载卸除后能完全消失的变形称为弹性变形，不能消失的变形称为塑性变形。如取一段直的钢丝，用手将它弯成一个圆弧，若圆弧的曲率不大，则放松后钢丝又会变直，这种变形就是弹性变形；若变形的圆弧曲率过大，则放松后弧形钢丝的曲率虽然会减小些，但却不能再变直了，残留下来的那一部分变形就是塑性变形。一般地说，当荷载不超过一定的范围时，材料将只产生弹性变形。弹性变形可能很小也可能相当大，在材料力学中通常做出小变形假设。在工程实际中大多数构件在荷载作用下的变形符合小变形假设，因此，在利用平衡条件求支座反力、构件内力时可以不考虑变形，仍用原来尺寸，从而使计算得到简化。

综上所述，本书中的材料力学部分认为一般的工程材料是均匀连续、各向同性的变形固体。材料力学部分主要研究在**弹性范围内小变形条件下的强度、刚度和稳定性问题**。

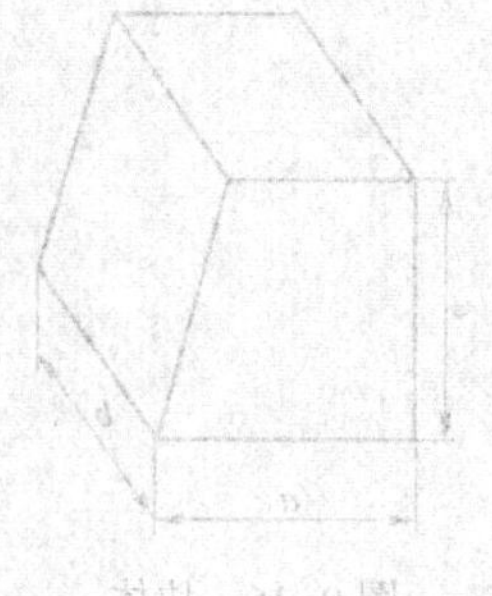

第1篇 工程静力学

引 言

静力学（statics）主要研究物体在力的作用下的平衡问题。

所谓平衡（eguilibrium），一般是指物体相对于地面保持静止或匀速直线运动的状态。它是机械运动的特殊情况。例如，静止在地面上的房屋、桥梁、水坝等建筑物，在直线轨道上做匀速运动的火车等物体，都是处于平衡状态。大家知道，运动是物体的固有属性，物体的平衡总是相对的、暂时的。上述在地面上看来是静止的建筑物或做匀速直线运动的火车，实际上还随着地球的自转和绕太阳的公转而运动。因此，平衡是相对于所选参考的物体而言的。

通常作用于物体的力不止一个而是若干个，这若干个作用于物体上的力总称为力系（force systems）。如果一个力系作用于某物体而能使其保持平衡，则该力系称为平衡力系。一个力系满足某些条件才能成为**平衡力系**，这些条件称为力系的平衡条件。研究物体的平衡问题，实际上就是研究作用于物体的力系的平衡条件及其应用。

一般情况下，作用于物体的力系往往较为复杂。在研究物体的运动或平衡问题时，需要将复杂的力系加以简化，就是将一个复杂力系变换成为另一个与它的作用效果相同的简单力系（称为原力系的等效力系）。将一个复杂力系化简，就比较容易了解它对物体产生的效果，并可据此推论出力系的平衡条件。因此，具体地说，静力学将要研究以下三个问题。

(1) 物体的受力分析（分析某物体共受几个力，以及每个力的作用位置和方向等）。

(2) 力系的简化（将复杂力系等效变换为简单力系）。

(3) 力系的平衡条件及其应用。

在各种工程实际中，都有大量的静力学问题。例如，当设计结构、构件或机械零件时，首先就要分析和计算各构件或零部件所受的力，然后根据它们的受力情况和选用的材料，确定所需的截面尺寸，以满足安全和经济的要求。因此，静力学在工程中有广泛的应用。

另一方面，静力学中关于平衡的理论还将直接应用于求解动力学问题，可见静力学理论在工程力学的理论系统中占有相当重要的地位。

第1章 静力学基本知识

本章主要介绍力学的基本概念、静力学基本公理、约束的基本类型与约束反力、受力分析和受力图。其中，静力学基本公理是静力学理论的基础，物体的受力分析是力学中重要的基本技能，能否正确画出受力图是其直接体现，而受力图的正确与否直接影响后续的分析与计算。

1.1 力学的基本概念

1.1.1 力的概念及其表示

力（force）是人们生产和生活中很熟悉的概念，是力学的基本概念。人们对于力的认识，最初是与推、拉、举、掷重物时肌肉的紧张和疲劳的主观感觉相联系的。后来人们在长期的生产实践和生活中，通过反复观察、实验和分析，逐步认识到，无论是在自然界或是工程实际中，物体机械运动的改变或变形，都是物体间相互机械作用的结果。例如卷扬机、汽车等在刹车后，速度很快减小，最后静止下来；吊车梁在跑车起吊重物时产生弯曲，等等。这样，人们以这种直接的感觉和对机械运动变化的现象长期观察的结果为基础，经过科学的抽象，形成了力的概念：力是物体间相互的机械作用，这种作用的结果是物体的机械运动状态发生改变，或物体变形。

在自然界中有各种各样的力，如水压力、土压力、摩擦力、万有引力等，它们的物理本质各不相同。但在刚体静力学中，并不探究力的物理来源，而只研究力对物体作用的效果，或者说力的效应。力有使物体的运动状态发生改变的效应，也有使物体发生变形的效应。前者称为力的外效应，或称运动效应；后者称为力的内效应，或称变形效应。刚体静力学只讨论力的外效应。力的内效应（力对物体的变形效应）将在材料力学、结构力学、弹性力学等课程中讨论。

实践证明，力对物体的效应完全取决于力的大小、方向和作用点，这三者通常称为力的三要素。

（1）力的大小是指物体间相互作用的强弱程度。

度量力的大小的单位，随采用的单位制不同而不同。在国际单位制（SI）中，力的单位是牛顿（N）或千牛顿（kN）。在工程单位制中，力的单位是公斤力（kgf）或吨力（tf）。两种单位制的换算关系为 1 kgf = 9.80 N。

（2）力的方向包含方位和指向两个意思。

如铅垂（方位）向下（指向），水平（方位）向右（指向）等。

（3）力的作用点指的是力在物体上的作用位置。

一般说来，力的作用位置并不是一个点而是一定的面积。但是，当作用面积小到可以不计其大小时，就抽象成一个点，这个点就是力的作用点。而这种集中作用于一点的力则称为集中力。

如图 1-1 所示，过力的作用点作一直线 l，使直线 l 的方位代表力的方位。则该直线称为力的作用线。在力的作用线上自作用点 A 出发截取线段 AB，使其长度按合适的比例尺表示力的大小，然后再按照力的指向给线段 AB 加上箭头，则有向线段 $\overrightarrow{AB}$ 就涵盖了力的三要素的全部内容，所以力是矢量（向量）。在刚体静力学中，矢量均用斜黑体字母表示，如图 1-1 所示，用 $\boldsymbol{F}$ 表示的力是矢量（vector）。

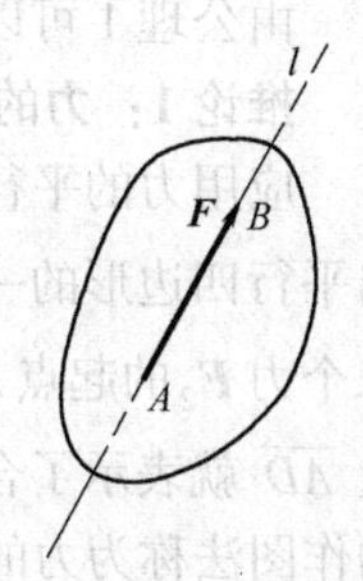

图 1-1　力的表示

1.1.2　刚体的概念

所谓刚体，就是指在任何情况（无论受多大的力）下都不变形的物体。这一点表现为在力的作用下刚体内任意两点的距离始终保持不变。事实上，永不变形的物体是不存在的，力作用后，其形状和大小或多或少都要发生变化，亦即发生变形。例如，列车驶过铁桥时，桥墩发生压缩变形，桥梁发生弯曲变形等。可见，刚体只是实际物体的抽象化模型（abstract model）。它是为了研究简便而把实际物体抽象化后得到的理想化的力学模型。当物体在受力后其变形效应对研究物体的平衡问题不起主要作用时，其变形可忽略不计，这样可使问题的研究大为简化。以后还将看到，对于那些需要考虑物体变形的平衡问题，也是以刚体静力学理论为基础的，只不过还要考虑更复杂的力学现象并加上一些补充条件罢了。因此，在静力学中，所研究的物体都是刚体。

1.2　静力学基本公理

公理（axion）是指人们在长期的生产活动中发现和总结出一些最基本的、又经过实践反复检验是符合客观实际的最普通、最一般的规律。静力学公理是人们在长期的生活和生产活动中，经过反复的观察和实验总结出来的客观规律，它正确地反映了作用于物体上的力的基本性质。静力学中所有的定理和结论都是由几个公理推演出来的。这几个公理为大量实验、观察和实践所证实。

公理 1：力的平行四边形法则

作用在物体上同一点的两个力可以合成为作用于该点的一个合力，合力的大小和方向由以这两个力的矢量为邻边所构成的平行四边形的对角线来表示。

假设在 A 点作用有两个力 $\boldsymbol{F}_1$ 与 $\boldsymbol{F}_2$ [图 1-2(a)]，用 $\boldsymbol{F}_R$ 代表它们的合力，则有矢量表达式 $\boldsymbol{F}_R=\boldsymbol{F}_1+\boldsymbol{F}_2$。式中的“+”号表示按矢量相加，亦即按平行四边形法则相加。由作用点 A 画出 $\boldsymbol{F}_1$ 与 $\boldsymbol{F}_2$ 的矢量，并补充作平行四边形 $ABCD$——力平行四边形，则对角线上的矢量 $\overrightarrow{AD}$ 就表示这两个力的合力 $\boldsymbol{F}_R$。

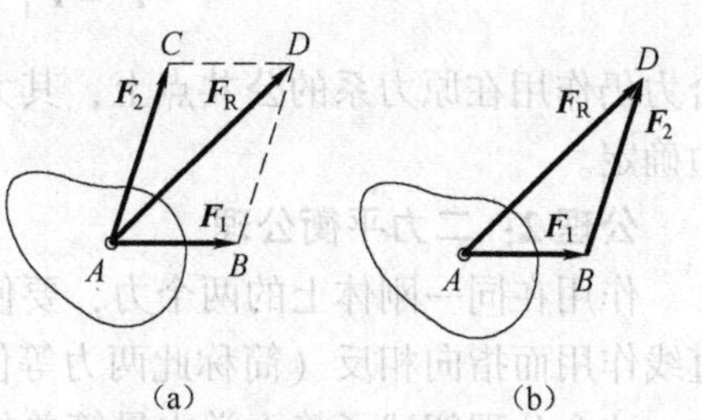

图 1-2　两共点力的合成

显然，作为特例，力的平行四边形法则也可应用于 $\boldsymbol{F}_1$ 与 $\boldsymbol{F}_2$ 的作用线重合的情况。此时所作的平行四边形 $ABCD$ 的四条边重叠于一直线，而且设所给两个力的指向相同，则合力的大小等于这两个力的大小之和，并具有同一指向；设这两个力的指向相反，则合力的大小等于这两个力的大小之差，并与其中较大的一个力具有相同的指向。

由公理 1 可以得到以下推论。

推论 1：力的三角形法则

应用力的平行四边形法则的作图过程可以简化。如图 1-2 所示，为求合力 $\boldsymbol{F}_{\mathrm{R}}$，只需画出平行四边形的一半 ABD（或 ACD）。为此在画出第一个力 $\boldsymbol{F}_1$ 的矢量 $\overrightarrow{AB}$ 后，以 B 点作为第二个力 $\boldsymbol{F}_2$ 的起点，画出表示 $\boldsymbol{F}_2$ 的矢量 $\overrightarrow{BD}$，则连接第一力的起点 A 与第二力的终点 D 的矢量 $\overrightarrow{AD}$ 就表示了合力 $\boldsymbol{F}_{\mathrm{R}}$［图 1-2（b）］。三角形 ABD 称为力三角形，这种用三角形求合力的作图法称为力的三角形法则。

推论 2：力的多边形法则

设刚体上 A 点作用着四个作用线在同一平面的力，如图 1-3（a）所示。图中画了四个力 $\boldsymbol{F}_1$、$\boldsymbol{F}_2$、$\boldsymbol{F}_3$ 和 $\boldsymbol{F}_4$。为求其合力，可以连续应用力的三角形法则，即先将 $\boldsymbol{F}_1$ 与 $\boldsymbol{F}_2$ 首尾相接，求得它们的合力 $\boldsymbol{F}'=\boldsymbol{F}_1+\boldsymbol{F}_2$，再将 $\boldsymbol{F}'$ 与 $\boldsymbol{F}_3$ 首尾相接，求得合力 $\boldsymbol{F}''=\boldsymbol{F}'+\boldsymbol{F}_3=\boldsymbol{F}_1+\boldsymbol{F}_2+\boldsymbol{F}_3$，最后将 $\boldsymbol{F}''$ 与 $\boldsymbol{F}_4$ 首尾相接，求得该力系的合力 $\boldsymbol{F}$，并 $\boldsymbol{F}=\boldsymbol{F}_1+\boldsymbol{F}_2+\boldsymbol{F}_3+\boldsymbol{F}_4=\sum_{i=1}^{4}\boldsymbol{F}_i$。求和过程如图 1-3（b）所示。

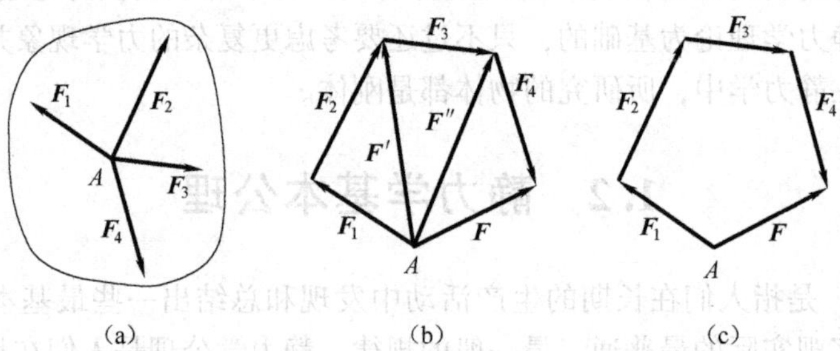

图 1-3 力的多边形法则

由图看出：各分力矢与合力矢 $\boldsymbol{F}$ 一起构成了一个多边形［图 1-3（c）］，称该多边形为力多边形。在这个力多边形中，各分力首尾相接，而合力 $\boldsymbol{F}$ 是多边形的封闭边，其方向由第一个力矢的起点指向最后一个力矢的终点，这就是作力多边形所必须遵循的矢序规则。

若上述合力矢由 n 个力组成，其合力矢以 $\boldsymbol{F}$ 表示，则有

$$\boldsymbol{F}=\boldsymbol{F}_1+\boldsymbol{F}_2+\cdots+\boldsymbol{F}_n=\sum_{i=1}^{n}\boldsymbol{F}_i \tag{1-1}$$

合力仍作用在原力系的公共点上，其大小和方向由各分力首尾相接所得到的力多边形的封闭边确定。

公理 2：二力平衡公理

作用在同一刚体上的两个力，要使刚体平衡，必须也只需使这两个力大小相等，沿同一直线作用而指向相反（简称此两力等值、共线、反向）。

这个公理阐述了静力学中最简单的二力平衡条件，这是刚体平衡的最基本的规律，也是推证力系平衡条件的理论基础。注意，这里所说的是刚体的平衡，如果是变形体，这个公理的适应性将受到一定的限制。例如，软绳受大小相等、方向相反的两个力拉时可以平衡；但如受到压力作用，则不能平衡。由此可见，刚体平衡的必要与充分条件，对于变形体来说并

不一定充分。

在土建结构及机构中，常有一些构件只在两点受力，将这样的构件称为二力构件，如果是杆件则称为二力杆件［图 1-4（a）、(b)］。根据二力平衡公理，对于处于平衡状态的二力构件或二力杆，作用在两点的力必须满足等值、共线、反向的条件。

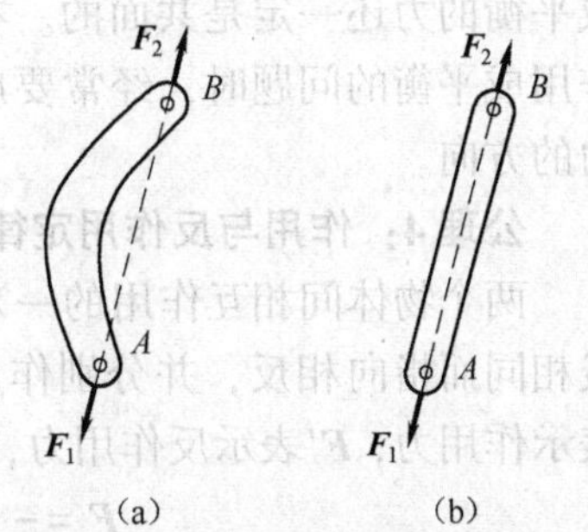

图 1-4　二力平衡受力特点示意图

公理 3：加减平衡力系公理

在作用于刚体上的任何一个力系中，加上或去掉任意一个平衡力系，并不改变原力系对刚体的作用效果。

本公理的正确性是显而易见的。因为一个平衡力系不会改变刚体的运动状态，所以，在原来作用于刚体的力系中加上一个平衡力系，或从中去掉一个平衡力系都不会使刚体的运动状态发生改变，即新力系与原力系等效。

应用公理 1 与公理 2 可以得出一个重要推论。

推论 3：力的可传性原理

作用在刚体上的力可沿其作用线任意移动，而不改变该力对刚体的作用效果。

证明：设力 $\boldsymbol{F}$ 作用于刚体的 A 点［图 1-5（a）］。根据公理 2，可以在力 $\boldsymbol{F}$ 的作用线上任意一点 B 加上由 $\boldsymbol{F}_1$ 和 $\boldsymbol{F}_2$ 组成的平衡力系［图 1-5（b）］。且 $\boldsymbol{F}_1=-\boldsymbol{F}_2=\boldsymbol{F}$，由公理 1 可知，力 $\boldsymbol{F}$ 与 $\boldsymbol{F}_2$ 可构成平衡力系，根据公理 2，又可以将这两个力去掉［图 1-5（c）］。这样，原来的力 $\boldsymbol{F}$ 既与力系（$\boldsymbol{F}$，$\boldsymbol{F}_1$，$\boldsymbol{F}_2$）等效，也与 $\boldsymbol{F}_1$ 等效。因而，可以认为，力 $\boldsymbol{F}_1$ 就是原来的力 $\boldsymbol{F}$，只不过作用点移到点 B 而已。

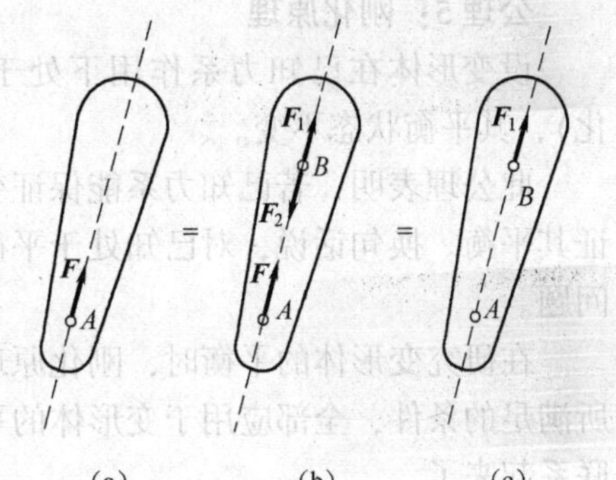

图 1-5　力的可传性原理

当然，在力的作用点沿其作用线移动时，力的作用线并不变。由此可见，对于作用于刚体的力来说，作用点已不再是决定其效应的要素，作用线才是决定其效应的要素。在这种情况下，力成为滑移矢量，可以从它的作用线上任一点画出。

加减平衡力系公理和力的可传性原理，也只有对刚体才能成立；对于现实的物体，增、减某些平衡力系或将力沿其作用线移动，都会影响物体的变形，甚至会引起物体的破坏。因而必须经常注意理想模型与现实物体间的差异。

推论 4：三力平衡共面汇交定理

在静力学里，常需处理三力平衡问题，应用上述公理，可以推导出下面关于三个力平衡的定理，称为三力平衡共面汇交定理。当刚体受三个非平行力作用而成平衡时，设其中任何两个力的作用线相交于某点，则第三个力的作用线必定也通过这个点，且这三个力在同一平面内。

证明：设在刚体的点 A、B 与 C 分别作用着 $\boldsymbol{F}_1$、$\boldsymbol{F}_2$ 与 $\boldsymbol{F}_3$ 三个力而处于平衡状态（图 1-6）。已知力 $\boldsymbol{F}_1$ 与 $\boldsymbol{F}_2$ 的作用线相交于某点 O；这两个力的合力 $\boldsymbol{F}_{12}$ 应与 $\boldsymbol{F}_3$ 平衡，因而 $\boldsymbol{F}_{12}$ 与 $\boldsymbol{F}_3$ 必须沿同一直线作用。而 $\boldsymbol{F}_{12}$ 的作用线通过点 O，故 $\boldsymbol{F}_3$ 的作用线也一定通过点 O。

顺便指出，根据平行四边形法则，共点两个力的合力与这两个力是共面的，因而三个互成平衡的力还一定是共面的。在解决刚体受三个非平行力作用成平衡的问题时，经常要应用这个定理确定某个未知力的方向。

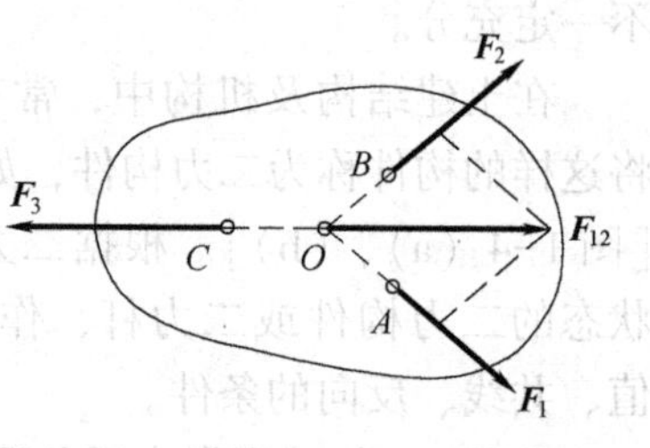

图 1-6 三力平衡原理

公理 4：作用与反作用定律

两个物体间相互作用的一对力，总是大小相等、作用线相同而指向相反，并分别作用在这两个物体上。若用 $\boldsymbol{F}$ 表示作用力，$\boldsymbol{F}'$ 表示反作用力，则有

$$\boldsymbol{F} = -\boldsymbol{F}' \tag{1-2}$$

这个公理概括了任何两个物体间相互作用的关系，对于力学中一切相互作用的现象都普遍适用。有作用力，必定有反作用力；反之，没有作用力，必定也没有反作用力。两者总是同时存在，又同时消失。可见，力总是成对地出现在两个相互作用的物体之间。

当对由许多物体组成的系统进行受力分析时，借助这个公理，可以从一个物体的受力分析过渡到相邻物体的受力分析。但必须注意：两个物体之间的作用力与反作用力，虽然是等值、共线、反向的，但它们并不平衡，更不能把这个公理与二力平衡公理混淆起来。因为作用力与反作用力不是作用在同一个物体上，而是分别作用在两个相互作用的不同的物体上。

公理 5：刚化原理

设变形体在已知力系作用下处于平衡状态，则在变形后这个物体如果变为刚体（刚化），其平衡状态不变。

此公理表明，若已知力系能保证变形体平衡，则该变形体刚化为刚体后，该力系仍能保证其平衡。换句话说，对已知处于平衡状态的变形体，可以应用刚体静力学的平衡条件处理问题。

在研究变形体的平衡时，刚化原理具有特殊重要的意义。根据刚化原理可以把刚体平衡所满足的条件，全部应用于变形体的平衡。这一原理把刚体静力学与变形体静力学两者相互联系起来了。

1.3 约束的基本类型与约束反力

1.3.1 约束及约束反力

力学里考察的物体，有的不受任何限制而可以自由运动，如在空中可以自由飞行的飞机，称为自由体。在静力学里所遇到的物体，大多数不能自由运动，由于与周围物体发生接触，这些物体不可能发生某些方向的位移，这样的物体称为非自由体。例如，挂在绳子上的电灯、放在桌面上的书、装在门臼上的门、插入墙内的悬臂梁、沿钢轨行驶的火车等都是非自由体。绳子、桌面、门臼、墙、钢轨等分别限制了电灯、书、门、梁、火车等的自由运动，使它们不可能发生某一个或几个方向的位移。概括说来，绳子、桌面、门臼、墙和钢轨这些物体构成了按一定方式限制电灯、书、门、梁、火车等的位移（包括转动位移）的条件。力学中就把这些由周围物体构成的，限制非自由体位移的条件称为加于该非自由体的约束（constraint）。习惯上也称限制非自由体位移的周围物体本身为约束。既然约束限制着物体的运动，那么当物体沿着约束所能阻碍的方向有运动或有运动趋势时，约束对该物体必然有力的作用，以阻碍物体的运动，这种力称为约束反力，简称反力。约束反力阻碍物体运动，并不主动地使物体运动或使物体产生运动趋势，所以是被动力。约束反力以外的其他的力统称为主动力。如物体的重力、水压力、风雪压力、土压力等都是主动力。主动力往往是给定的或可预先测定的。而约束反力的大小和方向一般不能预先独立地确定，它与被约束物体的运动状态和作用于其上的主动力有关。

约束的类型是各种各样的，由于约束的类型不同，其约束反力也各不相同。然而它们有一点是共同的，即约束反力的方向总是与非自由体被该约束所阻挡的位移方向相反。

约束反力事先并不能独立地确定，它与作用于物体的所谓主动力不同，主动力被认为可以彼此独立地预先测定（如重力）。约束反力的大小和方向则既与作用于非自由体的主动力有关，也与接触处的物理几何性质有关。

1.3.2　约束的基本类型

静力学里主要研究非自由体的平衡，而任何非自由体的平衡，总可以认为是作用于其上的主动力与约束反力之间的平衡。由此可见，研究约束及其反力的特征具有十分重要的意义。现在，根据一般非自由体被固定、支承起来或与其他物体相连接的不同方式，把常见的约束予以理想化，归纳为下列几种基本类型，并指出其反力的某些特征。

1. 柔体约束

提供约束的是完全柔软的绳、索、胶带、链条等柔性物体。所谓完全柔软，是指完全不能抗拒弯曲和压力，而仅能承受拉力。此外，对于一般问题，绳索本身的重量以及在受拉后的伸长都忽略不计。这样的理想绳索，在受力状态下是拉直的，因而它所能给予与之相连的非自由体的约束反力只能是拉力，其方向沿绳索本身而背离被约束的物体。图 1-7（a）中绳索 BC 对 AB 杆的约束力是拉力 $\boldsymbol{F}_T$［图 1-7（b）］。

2. 光滑接触面约束

光滑接触面由完全光滑的刚性接触表面构成。如图 1-8 所示，刚性固定曲面对球的接触，以及齿轮间的啮合等都属于光滑接触面约束。所谓完全光滑，是指接触表面完全不能阻碍非自由体沿接触处公切面内任一方向的运动。换言之，接触处的摩擦系数为零。所以，完全光滑的约束面只能阻挡非自由体沿接触处公法线方向压入该约束面的位移。这时约束面承受了非自由体给予它的压力。所以，对应的约束反力只能是压力，其方向沿着接触点的公法线而指向被约束物体，如图 1-8 所示。

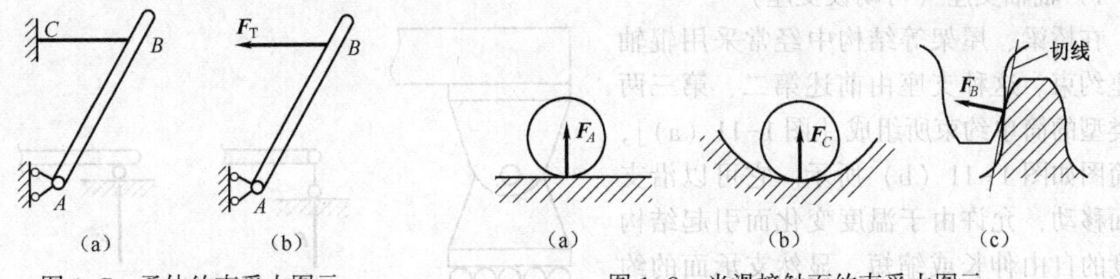

图 1-7　柔体约束受力图示　　　图 1-8　光滑接触面约束受力图示

3. 光滑圆柱铰链约束

光滑圆柱铰链简称铰链，在工程结构或机械设备中常用以连接构件或零件部件，如门、窗铰链、活塞销等都属于这种类型。这种铰链模型可由一个圆柱形销钉插入两个物体的圆孔中构成［图 1-9（a）］，铰链的简图如图 1-9（c）所示。若销钉与物体之间的接触是光滑的，则这种约束只能限制物体在垂直于销钉轴线的平面内做任意方向的移动，但不能限制物体绕销钉轴线的转动和沿销钉轴线方向的移动。随着所受的主动力的不同，物体 A 可以获得不同方向的运动趋势，使圆柱形销钉紧压到销钉孔内表面的某处。这样，销钉将通过接触线给物体 A 某个反力。这个约束反力的作用线必定通过销钉与销钉孔的轴心。但是，由于销钉紧压销钉孔之点的位置随其他作用力而改变，可见铰链约束反力的方向不能独立地预先确定。于是可得结论：铰链的约束反力在垂直于销钉轴线的平面内，通过销钉中心，但方向不定。在受力分析中，铰链的约束反力通常用两个互相垂直的分力 $\boldsymbol{F}_{Ax}$、$\boldsymbol{F}_{Ay}$ 来表示［图 1-9（d）］。两个分力的指向可以任意假定，由计算结果来判定假设的正确性。

4. 球铰链约束

在空间系统中，有时采用球铰链，这种约束可由连于物体 A 的光滑圆球嵌入物体 B 的球窝而构成。球窝上挖出一个缺口，容许物体 A 绕球心转动［图 1-10（a）］。汽车变速箱的操纵杆、电视机的拉杆天线就利用这种约束，另外机械中的止推轴承也归为此类模型。球铰链不容许物体 A 沿任何方向离开铰链的球心，而能承受物体 A 上按任何方向通过球心的力。可见，球铰链的约束反力作用线通过铰链球心，而方向则不能独立地预先确定。通常也可以用 $\boldsymbol{F}_{Ax}$、$\boldsymbol{F}_{Ay}$、$\boldsymbol{F}_{Az}$ 表示它的三个方向的分量［图 1-10（b）］。

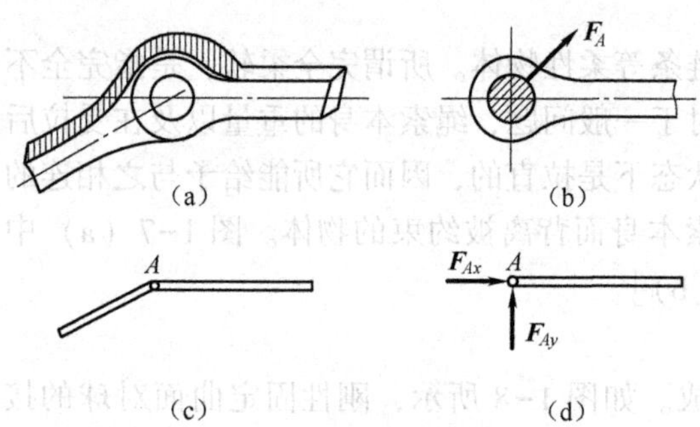

图 1-9　光滑圆柱铰链约束受力图示

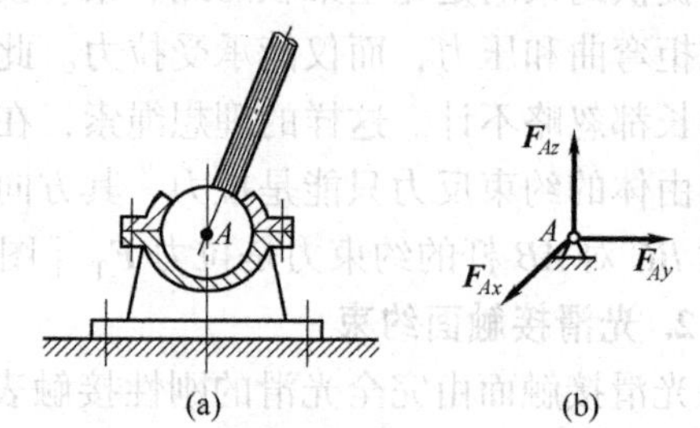

图 1-10　球铰链约束及其反力

5. 复合约束

在实际问题中，还会遇到更为复杂的约束，但是它们多数可以归结为上述类型，或者是这些基本约束的组合。下面提出几种复合约束的例子。

1）辊轴支座（可动铰支座）

在桥梁、屋架等结构中经常采用辊轴支座约束。这种支座由前述第二、第三两种类型的简单约束所组成［图 1-11（a）］，其简图如图 1-11（b）所示。它可以沿支承面移动，允许由于温度变化而引起结构跨度的自由伸长或缩短。显然支承面的约束反力方向必与这个面垂直，同时其作用线必通过铰链的轴心，即辊轴支座的约束反力垂直于辊轴的支承面，通过铰链轴心，

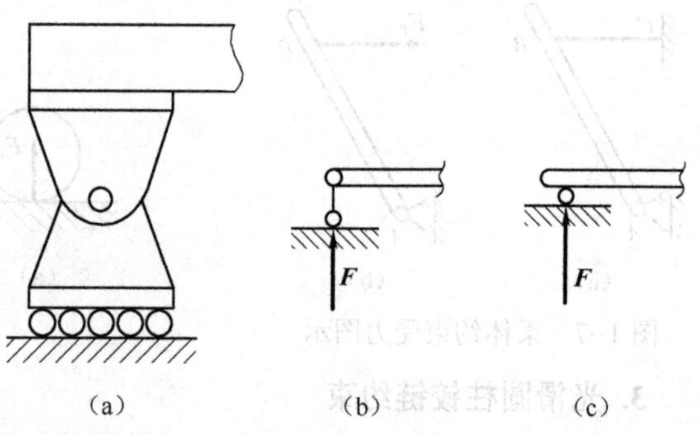

图 1-11　辊轴支座及其反力

指向不定，约束反力仅有一个，如图1-11（c）所示。

2）固定铰支座

如果去掉辊轴支座中的滚子，而把支座固定在基础上，则所得为固定铰支座，如图1-12（a）所示。固定铰支座的销轴对物体的约束作用与光滑圆柱铰链的销轴对物体的约束作用相同，其简图如图1-12（b）所示，约束反力通常表示为两个互相正交的分力，如图1-12（c）中的$\boldsymbol{F}_{Ax}$、$\boldsymbol{F}_{Ay}$所示。

3）双铰链刚杆（连杆）约束

两端用光滑铰链与其他物体相连而中间不受力且不计自身重量的刚杆（可直、可曲），常被用来作为拉杆或支撑而借助于两端的铰链连接两个物体，如图1-13（a）所示。双铰链刚杆AB对于物体C的反力是由铰链A传至铰链B的，因此它必须通过铰链A与B的中心，为证实这一结论，只需单独考察双铰链刚杆AB本身的平衡，它是仅受两个力作用的平衡物体（二力体），这两个力分别作用在两端铰链的中心。根据公理1，这两个力的作用线必须沿两个铰链中心的连线。显然，与这两个力相对应的反作用力，即刚杆AB对于两端所连物体的约束反力，必定也是沿这条连线。可见，本身不受主动力作用的双铰链刚杆的约束反力，其方向必定沿两端铰链中心的连线。图1-13（b）中的$\boldsymbol{F}_A$是连杆AB对物体C的约束反力，指向是假设的。图1-13（c）是连杆AB的受力情况，其中$\boldsymbol{F}'_A(=-\boldsymbol{F}_A)$是物体$AC$作用于连杆$AB$的力。

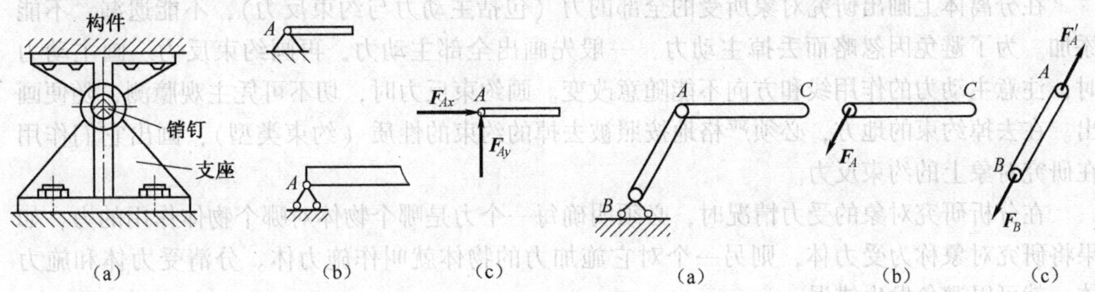

图1-12　固定铰支座及其反力　　图1-13　连杆约束及其反力

刚杆既能受拉又能受压，因此，双铰刚杆连接能同时起前面第一类与第二类简单约束的作用。在具体实践中，如果不能事先肯定约束反力是拉力还是压力，那么为了确保平衡，就得用双铰链刚杆代替有关的绳缆或接触支承。

如何将实践中所遇到的约束化简并估计其反力的特征，这是一个重要的，然而有时也可能是相当困难的问题，必须具体地分析每个问题的条件。但是，对于一般的工程问题，上述几种约束模型已有足够普遍的适用性。

1.4　受力分析和受力图

研究物体的平衡或运动变化问题时，都必须首先分析物体的受力情况，然后根据问题的性质，建立必要的方程来求解未知量，这是解决力学问题特有的方法。为了便于分析计算，总是把考察的对象从与其相联系的周围物体中分离出来，单独画出。这种从周围物体中分离出来的研究对象，称为分离体。取出分离体以后，再分析其上所受的全部力，包括全部的主动力和约束反力。主动力一般是预先给定的，但约束反力却需要根据约束的性质判断其作用点或作用线的方位、指向等，将它们逐一画出。这个过程就叫作对研究对象的受力分析，所画出的表示研究对象受力情况的图形就叫作研究对象的受力图。

恰当地选取分离体，正确地画出受力图，是解答力学问题的第一步工作，也是很重要的一步工作，不能省略，更不容许有任何错误。正确地画出受力图，可以清楚地表明物体的受力情况和解题必需的几何关系，将有助于对问题的分析和所需数学方程的建立，因而也是求解力学问题的一种有效手段。如果不画受力图，求解将会发生困难，乃至无从着手。如果受力图错误，必将导致错误的计算结果，在实际工程中将会造成工程损失乃至工程事故。因此，在学习力学时，必须一开始就养成良好的习惯与素养。

画受力图的主要步骤和注意点如下。

1. 取分离体

根据已知条件和题意要求确定研究对象，去掉研究对象上所有的约束（称为解除约束），也就是把研究对象从与它相联系的周围物体中分离出来，用尽可能简明的轮廓线将其单独画出，这就是取分离体。分离体的几何图形应合理简化，要反映实际，分清主次。研究对象既可以是一个物体，也可以是几个物体的组合或整个物体系统（简称物系）。初学者要注意，不能在没有解除约束的图形上画受力图。

2. 画出全部的力

在分离体上画出研究对象所受的全部的力（包括主动力与约束反力），不能遗漏，不能添加。为了避免因忽略而丢掉主动力，一般先画出全部主动力，再画约束反力。画主动力时，注意主动力的作用线和方向不能随意改变。画约束反力时，切不可凭主观臆测，随便画出。在去掉约束的地方，必须严格地按照被去掉的约束的性质（约束类型），画出它们作用在研究对象上的约束反力。

在分析研究对象的受力情况时，必须明确每一个力是哪个物体对哪个物体作用的力，如果将研究对象称为受力体，则另一个对它施加力的物体就叫作施力体。分清受力体和施力体，就可以避免发生错误。

当几个物体相互接触时，物体间相互作用的力，应按照作用与反作用原理来分析。当画整个物体系统的受力图时，由于物体间相互作用的力（内力）成对出现，相互平衡，不必画出。研究对象作用在其他物体上的力，不能画在该研究对象的受力图上。

研究对象的受力分析及其受力图的画法，必须通过具体实践反复练习，以求得技巧的熟练与巩固。

【例题 1–1】 在图 1–14 所示平面系统中，均质球 A 重为 $\boldsymbol{P}$，借理想滑轮 C 与柔绳维持于仰角为 $\boldsymbol{\alpha}$ 的光滑斜面上，绳的一端系有重力为 $\boldsymbol{Q}$ 的物块 B，使系统处于平衡。试分析物块、球、滑轮的受力情形，并画出其受力图。

解 （1）取物块 B 为研究对象，画出分离体图。

受力分析：物块 B 受两个力作用，本身的重力 $\boldsymbol{Q}$（主动力），铅直向下，作用点可取在物块的重心；绳子 DG 段给予它的拉力 $\boldsymbol{F}_{TD}$（约束反力），作用于物块与绳子的连接点 D。根据二力平衡公理，物块 B 平衡时，力 $\boldsymbol{F}_{TD}$ 与 $\boldsymbol{Q}$ 必须共线，彼此大小相等而指向相反。物块 B 的受力图如图 1–14（b）所示。

（2）取球 A 为研究对象，画出分离体图。

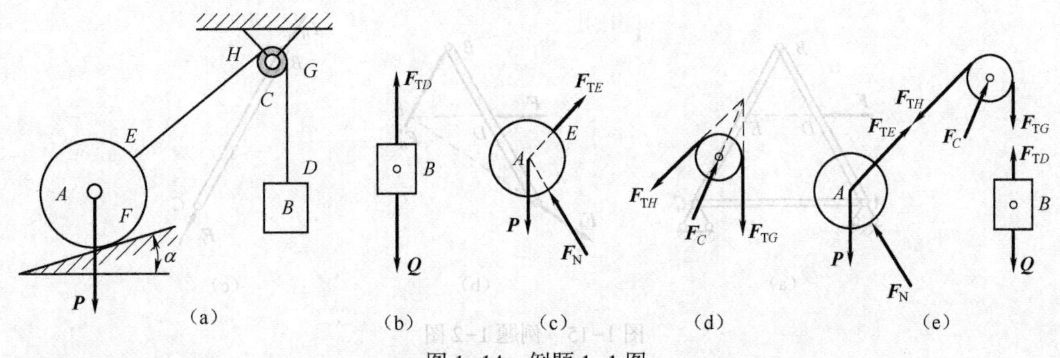

图 1-14　例题 1-1 图

受力分析：球 A 受三个力作用，铅垂向下的重力 $\boldsymbol{P}$（主动力），作用于球心 A，绳子 EH 段的拉力 $\boldsymbol{F}_{TE}$ 与斜面的支持反力 $\boldsymbol{F}_N$（约束反力）。由于斜面是光滑的，故反力 $\boldsymbol{F}_N$ 的方向垂直于斜面由其作用点（球与斜面的接触点）指向球心 A。绳子的拉力 $\boldsymbol{F}_{TE}$ 作用于绳的连接点 E，且沿方向 EH；由三力平衡汇交定理知，力 $\boldsymbol{F}_{TE}$ 的作用线也必定通过球心 A。可见，系统不是在任意一个位置都能平衡，它所在的平衡位置，必须使绳子 EH 段的延长线通过球心 A。球 A 的受力图如图 1-14（c）所示。

（3）取滑轮 C 为研究对象，画出分离体图如图 1-14（d）所示。

作用于滑轮 C 的力有三个：绳子 GD 段的拉力 $\boldsymbol{F}_{TG}$，HE 段的拉力 $\boldsymbol{F}_{TH}$，以及滑轮轴 C（相当于铰链）的反力 $\boldsymbol{F}_C$。当滑轮平衡时，这三个力的作用线必定汇交于一点。因此，设已求出力 $\boldsymbol{F}_{TG}$ 与 $\boldsymbol{F}_{TH}$ 的交点为 O，则反力 $\boldsymbol{F}_C$ 必定沿方向 CO。图 1-14（d）上画出了滑轮平衡时的受力图，不难看出，滑轮的半径完全不影响反力 $\boldsymbol{F}_C$ 的方向。改变滑轮半径，仅引起力 $\boldsymbol{F}_{TG}$ 和 $\boldsymbol{F}_{TH}$ 作用线的交点 O 在反力 $\boldsymbol{F}_C$ 的作用线上移动。可见，只要保持滑轮两边绳子方向不变，理想滑轮的半径可以采取任意值，而不影响其平衡。特别是，为简单起见，可以假定此滑轮的半径等于零，而认为 $\boldsymbol{F}_{TG}$ 与 $\boldsymbol{F}_{TH}$ 直接作用在滑轮轴心 C 上。

（4）最后指出，画约束反力时，所有约束被解除，而代之以相应的反力，图 1-14（e）上将本例各物体的受力图拼合在一起，借以说明何处被解除了约束。

注意：力 $\boldsymbol{F}_{TD}$ 与 $\boldsymbol{F}_{TG}$ 是绳子 DG 段对两端物体的拉力，这两个力显然大小相等而方向相反，亦即有 $\boldsymbol{F}_{TD}=-\boldsymbol{F}_{TG}$，但两者之间的关系并非作用与反作用。力 $\boldsymbol{F}_{TD}$ 与 $\boldsymbol{F}_{TG}$ 的反作用力均作用在绳子 DG 段的两端。同样可以对待绳子 EH 段的拉力 $\boldsymbol{F}_{TE}$ 与 $\boldsymbol{F}_{TH}$。容易看出，由于滑轮是理想的，拉力 $\boldsymbol{F}_{TE}$ 与 $\boldsymbol{F}_{TG}$ 大小相等。由此可见，理想滑轮仅改变绳子的方向，而不改变绳子拉力的大小。

其次，按照以上分析，拉力 $\boldsymbol{F}_{TG}$ 应归入约束反力。但习惯上往往认为 $\boldsymbol{F}_{TG}$ 就是物块 B 的重力 $\boldsymbol{Q}$，不过其作用点已根据力的可传性由点 B 移至点 G 而已，但重力却是主动力。对于拉力 $\boldsymbol{F}_{TE}$ 也有类似的情形。

【例题 1-2】 等腰三角形构架 ABC 的各顶点 A、B 和 C 均为铰链连接，底边 AC 固定，而在 AB 边中心点 D 作用有平行于固定边 AC 的力 $\boldsymbol{F}$，如图 1-15（a）所示。不计各杆的重量，试画出杆 AB 与 CB 的受力图。

解　当力 $\boldsymbol{F}$ 作用于点 D 时，杆 AB 与 CB 的受力图如图 1-15（b）所示。此时杆 CB 仅在两端铰链 C 与 B 处受力，因而这两个铰链给予此杆的力 $\boldsymbol{F}_C$ 与 $\boldsymbol{F}_B$ 必共线，亦即其方向沿两

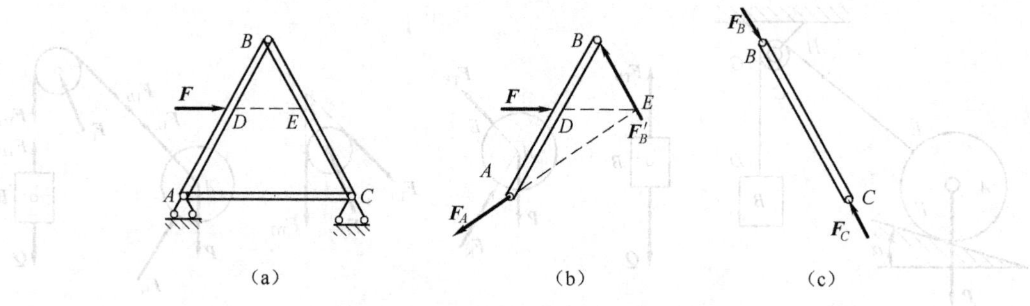

图 1-15　例题 1-2 图

铰中心的连线 CB，可以看出，此时杆 CB 受压力。至于杆 AB 则受三个力的作用：力 $\boldsymbol{F}$ 以及铰链 A 与 B 的反力 $\boldsymbol{F}_A$ 与 $\boldsymbol{F}_B'$。注意力 $\boldsymbol{F}_B'$ 是杆 CB 通过铰链 B 给予杆 AB 的力，因此，它与杆 AB 通过铰链 B 给予杆 CB 的力 $\boldsymbol{F}_B$ 大小相等而方向相反。力 $\boldsymbol{F}_A$ 的方向由三力平衡汇交定理确定，此力作用线通过汇交点 E。

注意：这里的杆 CB（二力体）可视为双铰链刚杆约束，在解题时并无必要单独画出它的受力图。

请读者考虑：若将力 $\boldsymbol{F}$ 的作用点移至点 E，则杆 AB 与 BC 的受力图将有何变化？并与上面所得的结果进行比较，指出这与力在刚体上的可传性原理是否相矛盾。

【例题 1-3】　画出图 1-16（a）所示斜梁 AB 的受力图 .

解　取梁 AB 为研究对象，画出分离体图。梁 AB 所受的主动力为沿斜梁均匀分布的铅垂荷载，其集度为 q(N/m)。梁在 A 端所受固定铰支座对它的约束反力应在图面内，今以其互相垂直的两个分反力 $\boldsymbol{F}_{Ax}$ 和 $\boldsymbol{F}_{Ay}$ 表示；梁在 B 端所受活动铰支座对它的约束反力 $\boldsymbol{F}_B$ 也在图面内，并垂直于辊轴的支承面且通过铰链 B 的中心。图 1-16（b）即为斜梁 AB 的受力图。

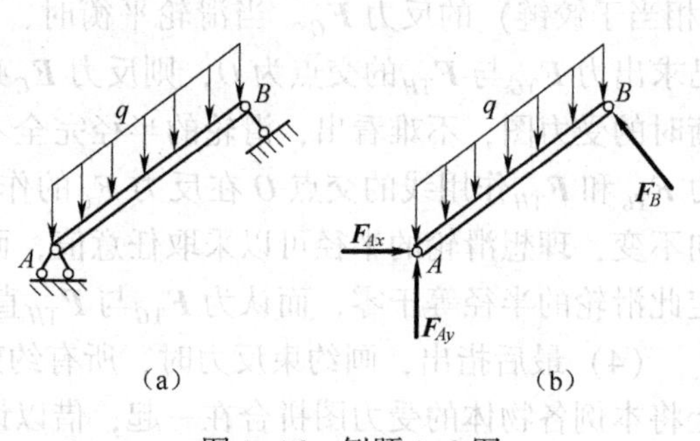

图 1-16　例题 1-3 图

本 章 小 结

（1）静力学是研究物体在力系作用下的平衡条件的科学。

静力学具体研究以下三个问题：①物体的受力分析；②力系的等效替换（力系的简化）；③力系的平衡条件。

（2）力是物体间相互的机械作用，这种作用的结果是物体的机械运动状态发生变化。

力对物体的作用效果由力的大小、方向和作用点决定，称为力的三要素。力是矢量。作用在刚体上的力可以沿其作用线移动，力矢量是滑动矢量。

（3）静力学公理是力学的最基本、最普遍的客观规律，是研究静力学问题的理论基础。

公理 1：力的平行四边形法则阐明了作用在一个物体上的最简单的力系的合成法则。平行四边形法则是所有用矢量表示的物理量相加的法则。

公理 2：二力平衡公理又称二力平衡条件，它是刚体平衡最基本的规律，是推证力系平衡条件的理论依据。所谓平衡，就是指刚体相对于地球处于静止或匀速直线运动的状态。使刚体处于平衡状态的力系，对刚体的作用效果与零等效。

公理 3：加减平衡力系公理阐明了任意力系等效替换的条件，是力系简化的重要理论依据。加减平衡力系公理和力的可传性原理只适用于刚体。

公理 4：作用与反作用定律。这个公理阐明了两个物体相互作用的关系，反映了力是物体间相互机械作用这一最基本的性质，说明了力总是成对出现的。

公理 5：刚化原理。这个公理阐明了变形体抽象成刚体模型的条件。它把刚体静力学与变形体静力学两者相互联系了起来。

（4）物体的受力分析是研究物体平衡和运动的前提，物体所受的力分为主动力和约束反力。

限制非自由体某些位移的周围物体称为约束。约束对非自由体施加的力称为约束反力。约束反力的方向与非自由体被该约束所阻碍的运动方向相反。

思　考　题

1-1　力的三要素是什么？两个力相等的条件是什么？图 1-17 所示的两个力 $\boldsymbol{F}_1$ 与 $\boldsymbol{F}_2$ 的矢量相等，问这两个力对刚体的作用是否相等？

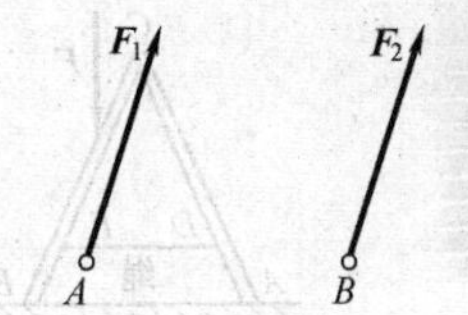

图 1-17　思考题 1-1 图

1-2　说明下列式子的意义和区别：

（1）$\boldsymbol{F}_1=\boldsymbol{F}_2$；（2）$F_1=F_2$；（3）力 $\boldsymbol{F}_1$ 等于力 $\boldsymbol{F}_2$。

1-3　二力平衡公理和作用与反作用定律都是说二力等值、共线、反向，问二者有什么区别？

1-4　为什么说二力平衡公理、加减平衡力系公理和力的可传性原理等只能适用于刚体？

1-5　试区别 $F_R=F_1+F_2$ 和 $\boldsymbol{F}_R=\boldsymbol{F}_1+\boldsymbol{F}_2$ 两个等式代表的意义。

1-6　确定约束反力方向的原则是什么？光滑铰链约束有什么特点？

1-7　什么叫二力构件（杆）？二力构件（杆）受力时与构件（杆）的形状有无关系？

1-8　对比两条绳子，其中一条绳子一端固定在墙上，另一端受大小为 200 N 的拉力 $\boldsymbol{F}$，如图 1-18（a）所示。另一条绳子两端各受大小为 200 N 的拉力 $\boldsymbol{F}$，如图 1-18（b）所示。问这两条绳子的受力情况是否相同？两条绳子受的拉力各为多大？

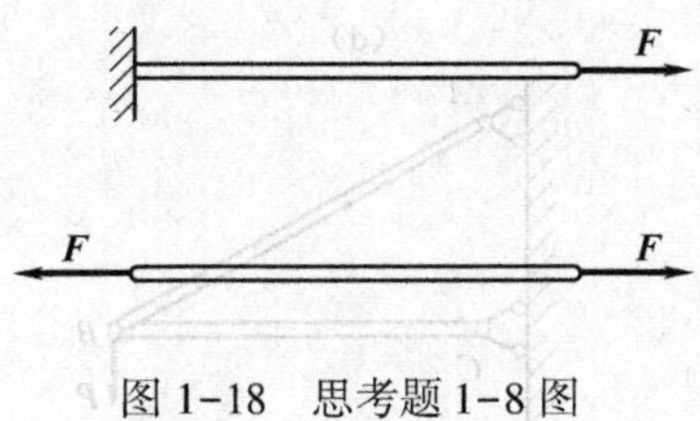

图 1-18　思考题 1-8 图

习　　题

1-1　画出图 1-19 所示单个物体的受力图。凡未特别注明者，物体的自重均不计，假设接触面光滑。

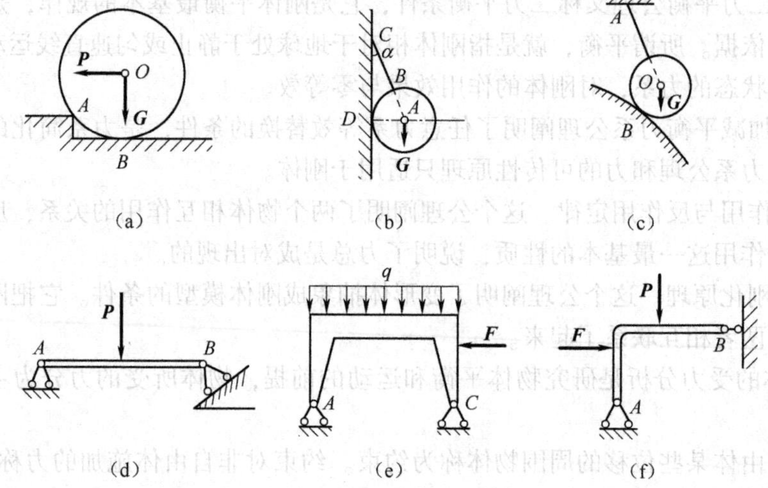

图 1-19　习题 1-1 图

1-2　画出图 1-20 中指定物体的受力图。凡未特别指明者，物体的自重均不计，且所有的接触面都是光滑的。

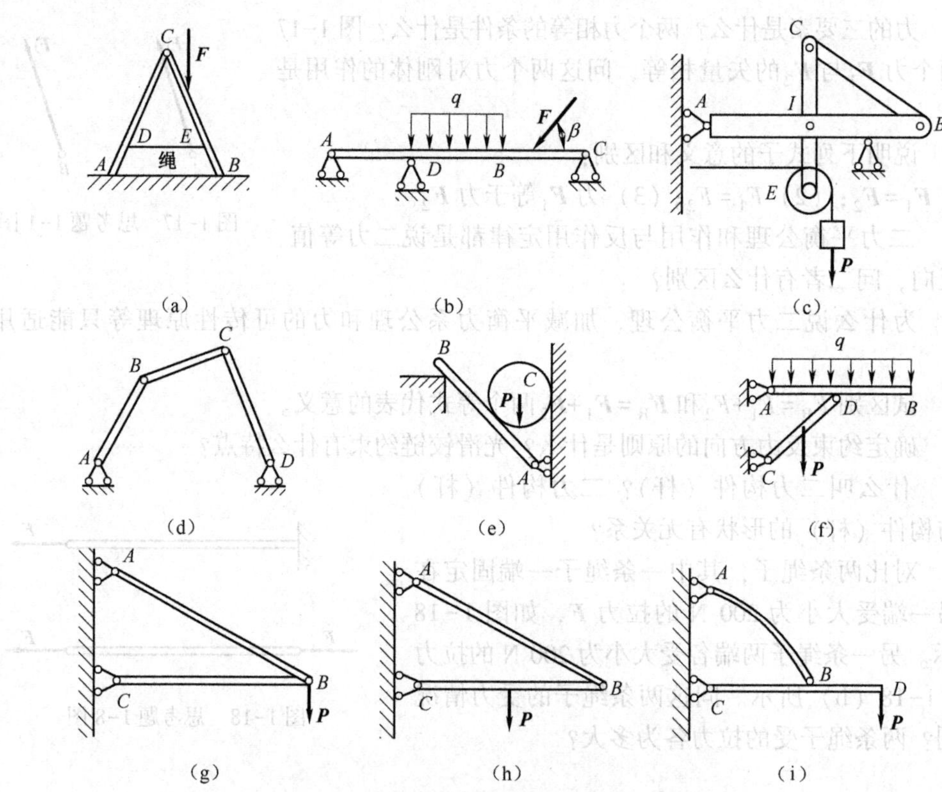

图 1-20　习题 1-2 图

（a）*AC* 杆；*BC* 杆；整体　（b）*AB* 杆；*BC* 杆；整体　（c）*AB* 杆；*CE* 杆；整体　（d）销钉 *B*；销钉 *C*；整体
（e）圆柱 *C*；杆 *AB*；整体　（f）梁 *AB*；杆 *CD*；整体　（g）*AB* 杆；*BC* 杆；整体　（h）*AB* 杆；*BC* 杆；整体
（i）*AB* 杆；*BC* 杆；整体

1-3　一重力为 $\boldsymbol{Q}$ 的起重机停放在多跨梁上，被起吊物体重力为 $\boldsymbol{P}$。如图 1-21 所示。试分别画出起重机、梁 AC 和 CD 的受力图。各接触面都是光滑的，不计各梁的自重。

1-4　图 1-22 所示机构中 A、B、C、D 处均为铰链；D 处还装一滚轮。接触处是光滑的，且不计各构件自重。试作杆 AB、ED 和整体的受力图。

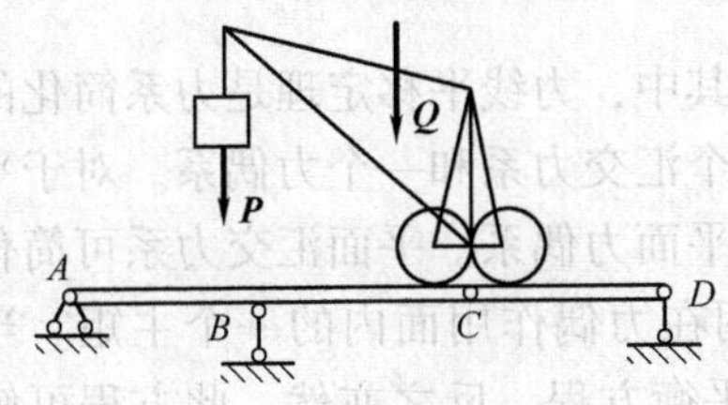

图 1-21　习题 1-3 图

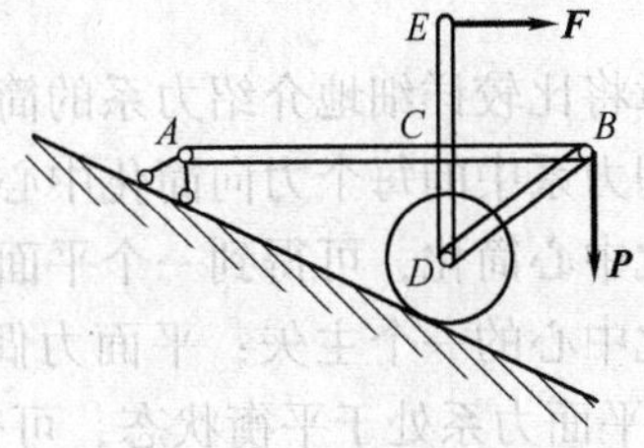

图 1-22　习题 1-4 图

1-5　一滑轮组，牵引力为 $\boldsymbol{F}$，起吊重力为 $\boldsymbol{P}$ 的物体，如图 1-23 所示。试分别画出动滑轮Ⅰ、定滑轮Ⅱ和整体的受力图。

1-6　画出图 1-24 中每个标注字符的物体（不包括销钉和支座）的受力图与系统的整体受力图。各物体的自重均不计。

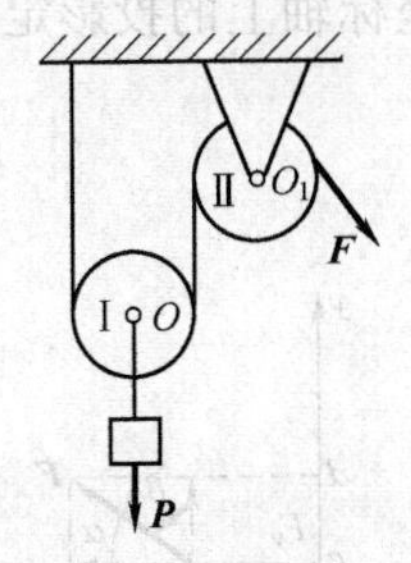

图 1-23　习题 1-5 图

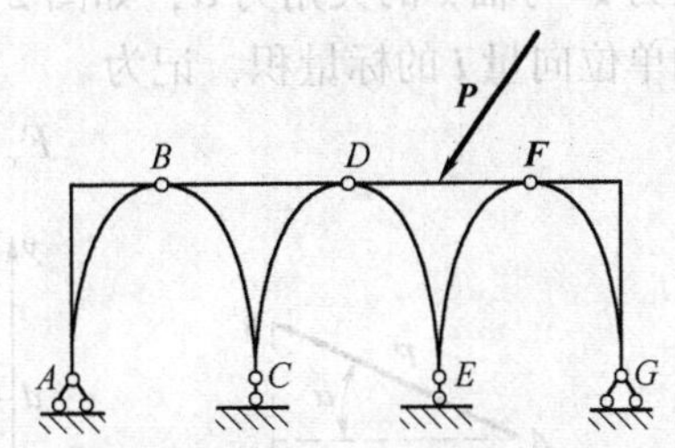

图 1-24　习题 1-6 图

1-7　画出图 1-25 中棘轮 O 和棘爪 AB 的受力图，系统的整体受力图。棘轮 O 和棘爪 AB 的自重不计。

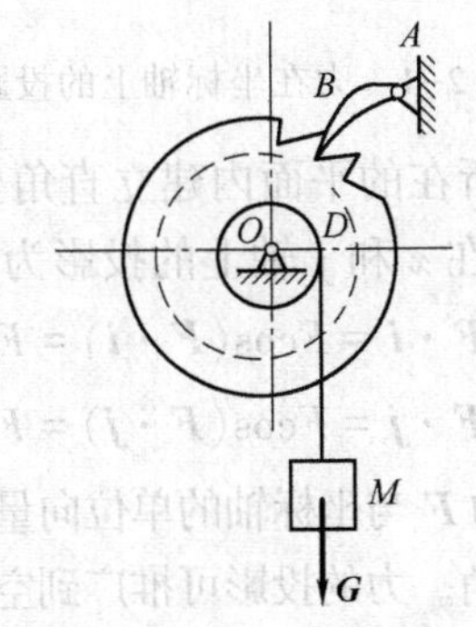

图 1-25　习题 1-7 图

第 2 章　工程力学计算基础

本章将比较详细地介绍力系的简化和平衡问题，其中，力线平移定理是力系简化的理论依据，即力系中的每个力向简化中心简化，可得到一个汇交力系和一个力偶系。对于平面力系向简化中心简化，可得到一个平面汇交力系和一个平面力偶系。平面汇交力系可简化为作用在简化中心的一个主矢；平面力偶系可简化为作用在力偶作用面内的一个主矩。当刚体（系）受平面力系处于平衡状态，可得到平面力系的平衡方程，反之亦然。此方程可解决相关平衡问题。同时，本章简单介绍了空间力系的简化与平衡和物体的重心及确定方法。它们是工程力学的计算基础。

2.1　力在平面直角坐标轴上的投影

设力 $\boldsymbol{F}$ 与轴 x 的夹角为 α，如图 2-1（a）所示，力在坐标轴上的投影定义为力矢量 $\boldsymbol{F}$ 与 x 轴单位向量 $\boldsymbol{i}$ 的标量积，记为

$$F_x = \boldsymbol{F} \cdot \boldsymbol{i} = F\cos\alpha \tag{2-1}$$

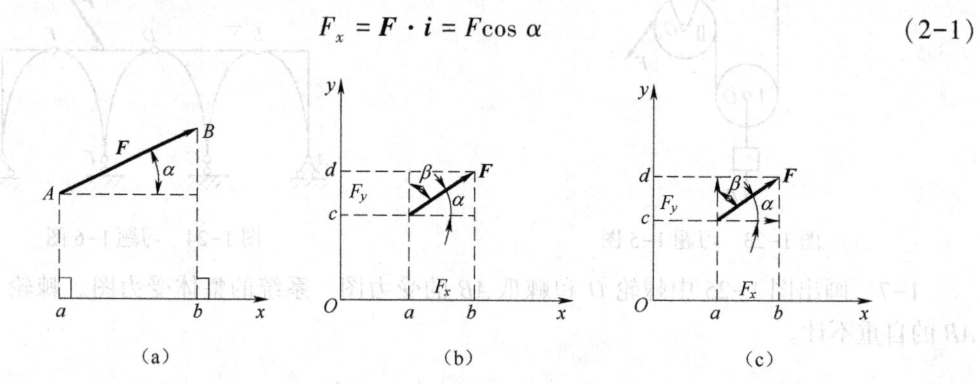

图 2-1　力在坐标轴上的投影

如图 2-1（b）所示，在力 $\boldsymbol{F}$ 所在的平面内建立直角坐标系 xOy，x 和 y 轴的单位向量分别为 $\boldsymbol{i}$、$\boldsymbol{j}$，由力的投影定义，力 $\boldsymbol{F}$ 在 x 和 y 轴上的投影为

$$\begin{cases} F_x = \boldsymbol{F} \cdot \boldsymbol{i} = F\cos(\boldsymbol{F} \cdot \boldsymbol{i}) = F\cos\alpha \\ F_y = \boldsymbol{F} \cdot \boldsymbol{j} = F\cos(\boldsymbol{F} \cdot \boldsymbol{j}) = F\cos\beta \end{cases} \tag{2-2}$$

其中 $\cos(\boldsymbol{F} \cdot \boldsymbol{i})$ 、$\cos(\boldsymbol{F} \cdot \boldsymbol{j})$ 分别是力 $\boldsymbol{F}$ 与坐标轴的单位向量 $\boldsymbol{i}$、$\boldsymbol{j}$ 的夹角的余弦，称为方向余弦，$(\boldsymbol{F} \cdot \boldsymbol{i}) = \alpha$ 、$(\boldsymbol{F} \cdot \boldsymbol{j}) = \beta$ 称为方向角。力的投影可推广到空间坐标系（详见本章 2.4.1 小节）。

如图 2-2（c）所示，若将力 $\boldsymbol{F}$ 沿直角坐标轴 x 和 y 分解得分力 $\boldsymbol{F}_x$ 和 $\boldsymbol{F}_y$，则力 $\boldsymbol{F}$ 在直角坐标系上投影绝对值与分力的大小相等，但应注意投影和分力是两种不同的量，不能混淆。投影是代数量，对物体不产生运动效应；分力是矢量，能对物体产生运动效应；同时在斜坐标系中投影与分力的大小是不相等的（读者可自行证明）。

力 $\boldsymbol{F}$ 在平面直角坐标系中的解析式为

$$\boldsymbol{F} = F_x \boldsymbol{i} + F_y \boldsymbol{j} \tag{2-3}$$

若已知力 $\boldsymbol{F}$ 在平面直角坐标轴上的投影 F_x 和 F_y，则力 $\boldsymbol{F}$ 的大小和方向为

$$\left.\begin{aligned} F &= \sqrt{F_x^2 + F_y^2} \\ \cos\alpha &= \frac{F_x}{F} \\ \cos\beta &= \frac{F_y}{F} \end{aligned}\right\} \tag{2-4}$$

力既然是矢量，就满足矢量运算的一般规则。根据合矢量投影规则，可得到一重要结论，即合力投影定理：合力矢量在某一轴上的投影等于各分力矢量在同一轴投影的代数和。

2.2　力矩与力偶理论

2.2.1　平面力矩理论

力矩的概念已经在物理中讲过，它来源于生产实践。例如，当用扳手旋转螺母时（图 2-2），加力 $\boldsymbol{F}$ 于扳手的一端。经验指出，这个力的作用线距螺母中心越远，越容易旋动螺母；杆秤的平衡也指出了类似的性质。通过许多类似的例子，使我们获得概念：力使刚体绕某点 O 转动的效应，不仅决定于力本身的大小，而且决定于力的作用线与转动中心 O 点之间的距离 h，而乘积 Fh 就是对转动效应的度量；给这个乘积取适当的正负号以表示转动的方向，就定义为力 $\boldsymbol{F}$ 对 O 点的矩（简称力矩），并写为

$$M_O(\boldsymbol{F}) = \pm Fh \tag{2-5}$$

式中的正负号用来区别力矩的不同转向。通常规定逆时针转向的力矩为正，反之为负。点 O 称为力矩中心，简称矩心。矩心 O 至力 $\boldsymbol{F}$ 作用线的垂直距离 h，称为该力对 O 点的臂，简称力臂。力矩的单位是牛顿·米（N·m）。

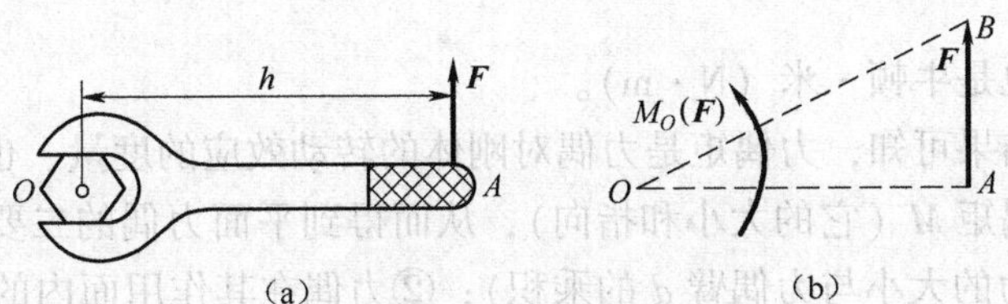

图 2-2　平面力矩

由图 2-2 可见，如果以力 $\boldsymbol{F}$ 的有向线段 AB 为底边，作△OAB，则力 $\boldsymbol{F}$ 对 O 点之矩的大小等于△OAB 的面积的两倍，即

$$M_O(\boldsymbol{F}) = \pm 2\triangle OAB \text{ 的面积}$$

可以直接指出力对点之矩的某些性质。

（1）力 $\boldsymbol{F}$ 作用点沿其作用线移动，不改变这个力对任一点 O 的矩。

（2）设力 $\boldsymbol{F}$ 的作用线通过矩心 O，则它对这个矩心 O 的矩等于零。

（3）互成平衡的两个力，对于同一点之矩的和等于零。

2.2.2 平面力偶理论

1. 力偶与力偶矩

在生活和生产实际中，经常会遇到两个大小相等的反向平行力作用于同一物体的情形。例如，汽车司机用双手转动汽车的方向盘［图2-3（a）］；钳工师傅用双手转动丝锥以攻螺纹［图2-3（b）］；或者用手指拧动水龙头或转动钥匙等。在力学中，把这样的两个大小相等的反向平行力所组成的特殊力系称为力偶（couple），用记号（$\boldsymbol{F}$，$\boldsymbol{F}'$）表示。它对物体的作用效果总是和物体的转动相联系的。力偶中两个力作用线所决定的平面称为力偶作用面。两力作用线间的垂直距离称为力偶臂。

力偶对刚体的效应总是引起单纯的转动而不移动，这与力对刚体的效应不同。关于这一点以后在动力学中还要做进一步阐明。怎样度量力偶的转动效应呢？上一节讲过，力对刚体绕一点转动的效应是用力矩来度量的，因此，力偶对刚体绕一点转动的效应则用力偶中两个力对该点之矩的和来度量。讲力矩时要强调矩心的位置，而力偶中的两个力对任意点之矩的和却与矩心位置无关。事实上，设有一力偶（$\boldsymbol{F}$，$\boldsymbol{F}'$）作用在刚体上，如图2-4所示。任取一点 O，则力偶中的两个力对 O 点之矩的和为

$$M_O(\boldsymbol{F},\ \boldsymbol{F}') = M_O(\boldsymbol{F}) + M_O(\boldsymbol{F}') = -Fd + F'd_2 = -Fd_1$$

式中，d_2 和 d 分别为两个力对于 O 点的力臂。

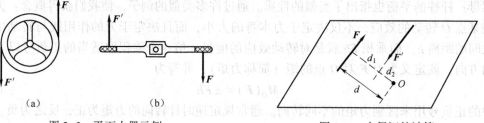

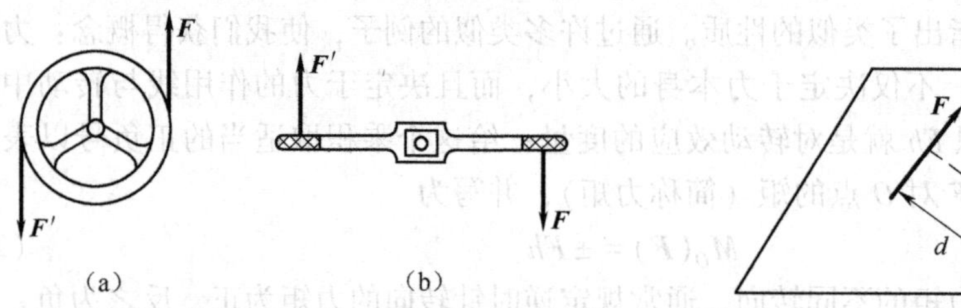

图2-3 平面力偶示例　　图2-4 力偶矩的计算

由于矩心 O 点是任取的，所以力偶的两个力对任一点之矩的和就等于力偶矩，它与矩心的位置无关。

力偶矩的单位也是牛顿·米（N·m）。

从上面的计算结果可知，力偶矩是力偶对刚体的转动效应的度量。也就是说力偶的转动效应完全决定于力偶矩 M（它的大小和指向），从而得到平面力偶的二要素：①力偶矩之值的大小（力偶中的力的大小与力偶臂 d 的乘积）；②力偶在其作用面内的转向（规定逆时针转向为正，顺时针转向为负）。

在一般情况下，平面力偶对刚体的作用效应就由力偶的二要素来决定。实际上，空间力偶要三个要素才能决定。

2. 平面力偶的性质

力偶作为一种特殊的力系，它具有如下的性质。

（1）力偶没有合力。

证：考察相互平行而方向相反的两个力 $\boldsymbol{F}_1$ 与 $\boldsymbol{F}_2$（图2-5），设 $F_1>F_2$。在物理中已经证明过它们的合力 $\boldsymbol{F}_R$，其大小为

$$F_R = F_1 - F_2$$

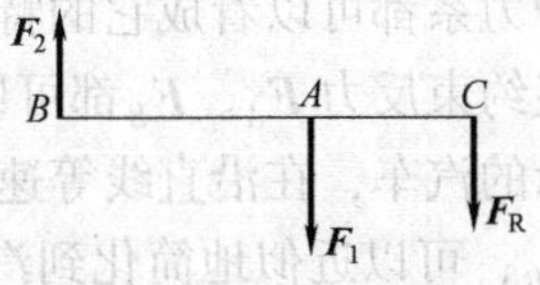

图 2-5　平面力偶的性质

F_R的作用线通过 AB 线上的 C 点，C 点的位置由下式决定：

$$\frac{AC}{BC} = \frac{F_2}{F_1} \quad 或 \quad 1 - \frac{AC}{BC} = 1 - \frac{F_2}{F_1}$$

因而有

$$\frac{BC}{AB} = \frac{F_2}{F_R}$$

由上两式可知，当 $F_1 = F_2$时，$F_R = 0$，$BC \to \infty$。这就证明了力偶是没有合力的，也就是说力偶是不能与一个力等效的，也不能与一个力平衡。换句话说，力偶只能与力偶等效，也只能与力偶平衡。

(2) 力偶对任意点的矩等于力偶矩，而与矩心的位置无关。

(3) 只要保持力偶矩不变，力偶可在其作用面内任意移转而不改变它对刚体的转动效应。

因此，只要力偶矩保持不变，可以任意改变力偶的力的大小和力偶臂的长短，而不改变它对刚体的转动效应。

这一性质也可直接由实践经验加以验证。例如，在攻螺纹时，双手在扳手上施加的力不论是如图 2-6（a）还是图 2-6（b）所示，只要 $F_1 d_1 = F_2 d_2$，则转动扳手的效果都一样。

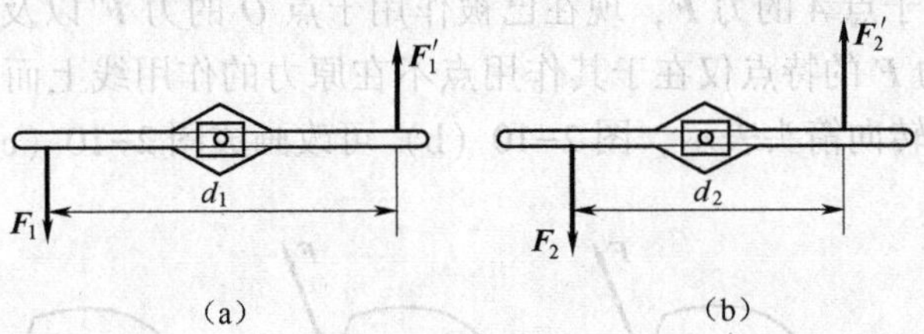

图 2-6　扳手的转动效果——平面力偶的性质 3

根据这一性质可知，力偶中力的大小和力偶臂的长度，都不是决定力偶对刚体作用效应的独立因素。在力偶作用平面内的力偶对刚体的效应，完全决定于力偶矩，而不必论及力偶的力的大小和力偶臂的长短。所以，在力学计算中，常常用 M 头上加一带箭头的弧线表示力偶。其中 M 表示力偶矩的大小，箭头表示力偶的转向（图 2-7）。

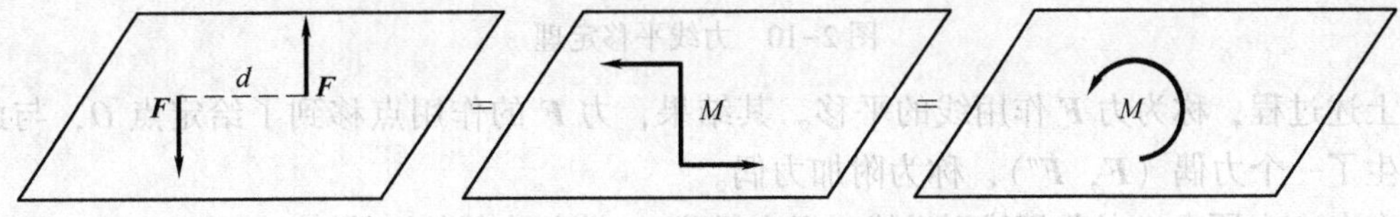

图 2-7　平面力偶的表示

2.3　平 面 力 系

力系可分为空间力系与平面力系。当力系中各力的作用线位于同一平面时，称为平面力系，这是工程中最常见的一种力系。各力的作用线不在同一平面内时称为空间力系，其他各种力系都可以看成它的特殊情形。例如图 2-8 所示的平面桁架，其荷载 $\boldsymbol{P}$、风压力 $\boldsymbol{F}$ 和支座约束反力 $\boldsymbol{F}_A$、$\boldsymbol{F}_B$都可以认为位于桁架的平面内，而构成一个平面力系。又例如图 2-9 所示的汽车，在沿直线等速行驶时，车的重力 $\boldsymbol{P}$、迎风阻力 $\boldsymbol{F}_{\mathrm{R}}$、地面对车轮的约束反力 $\boldsymbol{F}_A$与 $\boldsymbol{F}_B$，可以近似地简化到汽车的对称平面内，而组成一个平面力系。

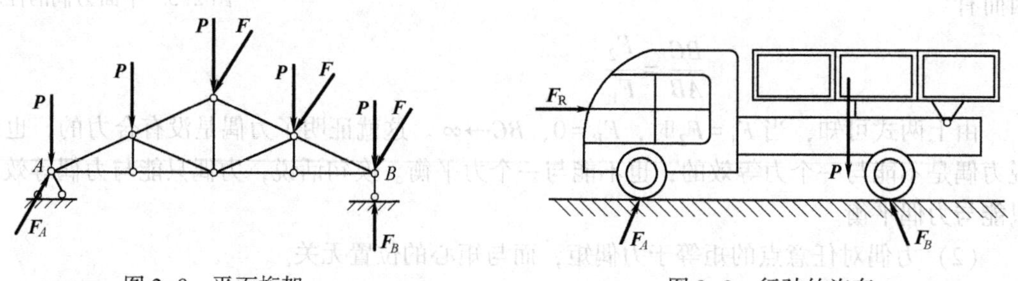

图 2-8　平面桁架　　　　图 2-9　行驶的汽车

2.3.1　力线平移定理

设有作用于刚体内 A 点的力 $\boldsymbol{F}$［图 2-10（a）］。点 O 是刚体上任取的不在这个力作用线上的一点。在 O 点加上平衡力系 $\boldsymbol{F}'$、$\boldsymbol{F}''$［图 2-10（b）］，其中力 $\boldsymbol{F}'=-\boldsymbol{F}''=\boldsymbol{F}$。这样并不影响原力 $\boldsymbol{F}$ 对刚体的作用。

但是，原来作用于点 A 的力 $\boldsymbol{F}$，现在已被作用于点 O 的力 $\boldsymbol{F}'$ 以及力偶（$\boldsymbol{F}$，$\boldsymbol{F}''$）所代替。力 $\boldsymbol{F}'$不同于原力 $\boldsymbol{F}$ 的特点仅在于其作用点不在原力的作用线上而已。为简单起见，力偶（$\boldsymbol{F}$，$\boldsymbol{F}''$）用它的转向箭头表示，图 2-10（b）可改画成图 2-10（c）。

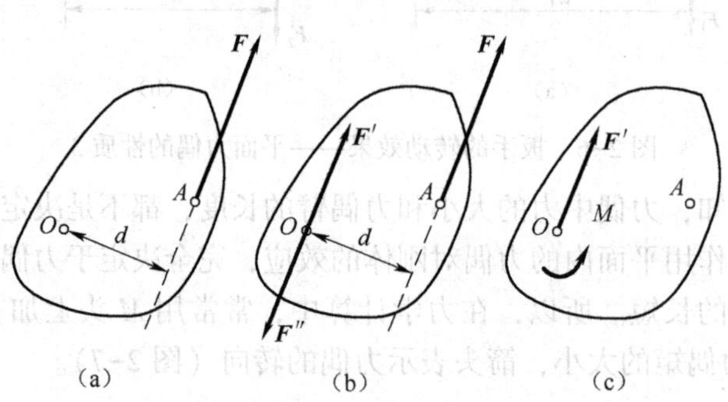

图 2-10　力线平移定理

上述过程，称为力 $\boldsymbol{F}$ 作用线的平移。其结果，力 $\boldsymbol{F}$ 的作用点移到了给定点 O，与此同时产生了一个力偶（$\boldsymbol{F}$，$\boldsymbol{F}''$），称为附加力偶。

自点 O 向原力 $\boldsymbol{F}$ 的作用线引垂线，得力偶臂 d，附加力偶的矩等于 $M=\pm Fd$，对于图 2-10 的情形，上式应取正号。但是，乘积 $\pm Fd$ 也就是原力 $\boldsymbol{F}$ 对于点 O 的矩。所以有 $M=M_O(\boldsymbol{F})$。

注意：当力的作用线平行搬移时，随着点 O 的位置选择的不同，附加力偶矩的大小和转向都可以发生改变，用 M 表示附加力偶矩，$M_O(\boldsymbol{F})$ 表示力 $\boldsymbol{F}$ 对新作用点 O 的矩，则有

$$M=M_O(\boldsymbol{F}) \tag{2-6}$$

由此，可以得到如下的结论：将力 $\boldsymbol{F}$ 作用线向任一点 O 平移时，须附加一力偶，此附加力偶的力偶矩等于原力 $\boldsymbol{F}$ 对平移点 O 的力矩。此即**力线平移定理**。

在实际应用中，常用这一定理来分析力对物体的作用效应。例如图 2-11（a）表示力 $\boldsymbol{F}$ 作用在轮缘上，它可向轮心 O 平移，并附加一力偶，显然作用于轮心 O 处的力将使轮轴向上紧压在轴承上；而力偶 M 将使轮子做逆时针转动。这就是作用在轮缘上的力 $\boldsymbol{F}$ 产生的两个效应［图 2-11（b）］。又如图 2-12（a）所示的立柱，在柱的 A 点受有吊车梁传来的荷载 $\boldsymbol{P}$，为了研究这个力对柱的变形效应，可将力 $\boldsymbol{P}$ 向柱的轴线上 B 点平移，并附加一力偶，这就可以看出，原力 $\boldsymbol{P}$ 的作用是使柱产生压缩与弯曲的组合变形［图 2-12（b）］。

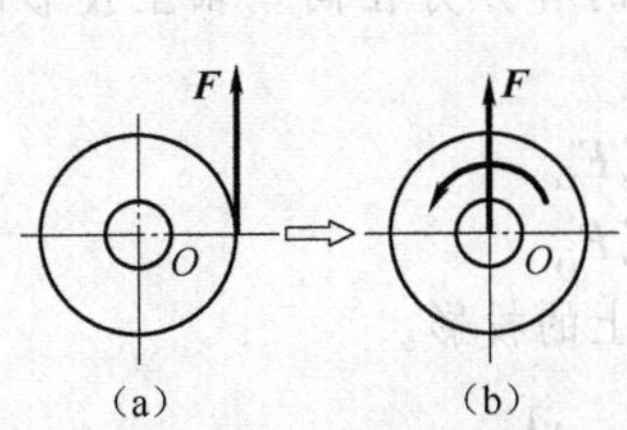

图 2-11　力线平移定理应用 1

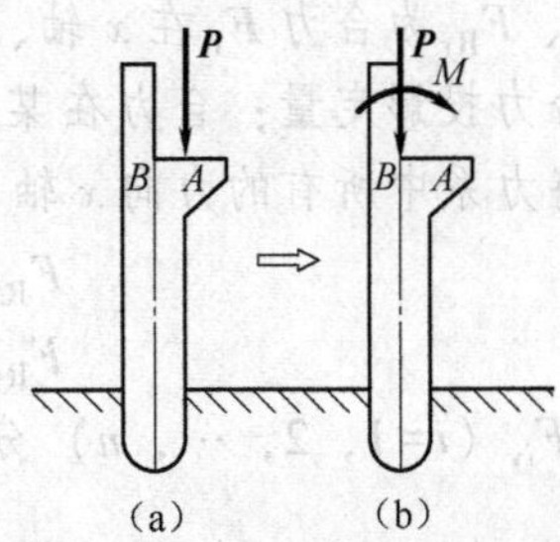

图 2-12　力线平移定理应用 2

顺便指出，根据力线平移定理，还可以得出下列重要结论：同平面内的一个力和一个力偶，总是可以归并为一个与原力平行的力。为此只需将原力平行搬移，即将图 2-10 的推证过程反演，使附加力偶的矩与已知力偶的矩大小相等、转向相反就可以了。

2.3.2　平面力系向一点的简化 · 主矢与主矩

1. 平面力系的简化

应用力线平移定理，可将刚体上的平面力系的各力的作用线全数平行搬移到刚体内某一点 O，从而把该力系转化为第 1 章学过的平面汇交力系与平面力偶系。这种方法称为平面力系向给定点 O 的简化，也称平面力系向一点 O 的简化，点 O 称为简化中心，是任意选取的。

如图 2-13（a）所示，设在刚体上作用了平面力系（$\boldsymbol{F}_1$，$\boldsymbol{F}_2$，…，$\boldsymbol{F}_n$），根据上文应用力线平移定理，将各力的作用点都搬到点 O 后，同时各附加一力偶，则力系（$\boldsymbol{F}_1$，$\boldsymbol{F}_2$，…，$\boldsymbol{F}_n$）就简化为作用在简化中心 O 点的**平面汇交力系**（$\boldsymbol{F}_1'$，$\boldsymbol{F}_2'$，…，$\boldsymbol{F}_n'$）与附加的平面力偶系，如图 2-13（b）所示。

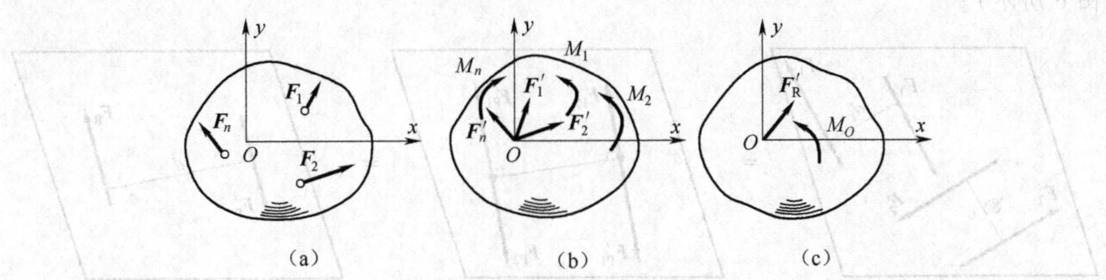

图 2-13　平面力系的简化

如图 2-13（c）所示，作用在刚体上的平面汇交力系可简化为作用在汇交点上的一个力；平面力偶系可简化为一个作用在力偶作用面内的一个力偶（详见下面补充材料）。

【补充材料】

1. 平面汇交力系可简化为作用在汇交点上的一个力

设由 n 个力组成的平面汇交力系作用于一个刚体上，以力系的汇交点 O 作为坐标原点，建立平面直角坐标系 xOy，如图 a 所示。根据式（2-3），此平面汇交力系的合力 $\boldsymbol{F}_{\mathrm{R}}$ 的解析式为

$$\boldsymbol{F}_{\mathrm{R}}=F_{\mathrm{R}x}\boldsymbol{i}+F_{\mathrm{R}y}\boldsymbol{j}$$

式中，$F_{\mathrm{R}x}$、$F_{\mathrm{R}y}$ 为合力 $\boldsymbol{F}_{\mathrm{R}}$ 在 x 轴、y 轴上的投影。

根据合力投影定量：合力在某一轴上的投影等于它的各分力在同一轴上投影的代数和（图 b）。将力系中所有的力向 x 轴、y 轴投影，可得

$$F_{\mathrm{R}x}=F_{1x}+F_{2x}+\cdots+F_{nx}=\sum F_{ix}$$

$$F_{\mathrm{R}y}=F_{1y}+F_{2y}+\cdots+F_{ny}=\sum F_{iy}$$

其中 F_{ix}、F_{iy}（$i=1, 2, \cdots, n$）分别为 $\boldsymbol{F}_i$ 在 x 轴、y 轴上的投影。

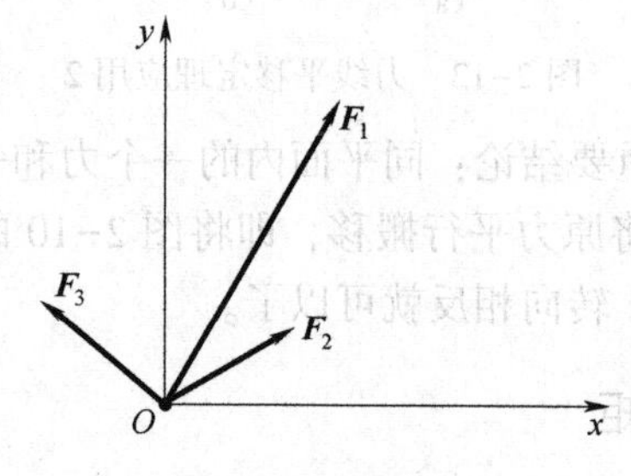

图 a　平面汇交力系

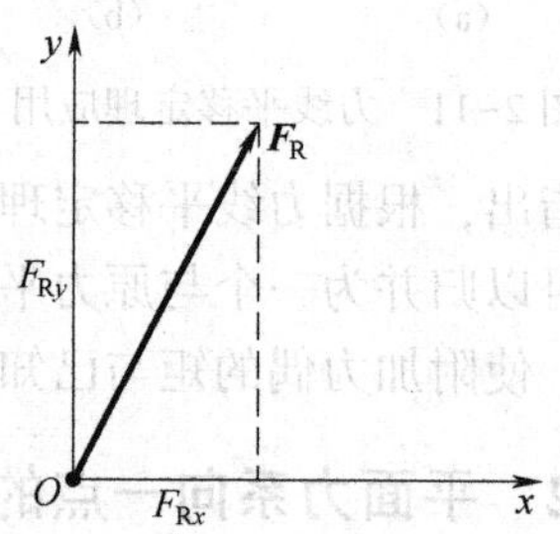

图 b　平面汇交力系的合力

平面汇交力系简化的结果是一个合力，可求得合力矢的大小和方向余弦为

$$F_{\mathrm{R}}=\sqrt{F_{\mathrm{R}x}^2+F_{\mathrm{R}y}^2}=\sqrt{(\sum F_{ix})^2+(\sum F_{iy})^2}$$

$$\cos(\boldsymbol{F}_{\mathrm{R}},\boldsymbol{i})=\frac{\sum F_{ix}}{F_{\mathrm{R}}}\quad \cos(\boldsymbol{F}_{\mathrm{R}},\boldsymbol{j})=\frac{\sum F_{iy}}{F_{\mathrm{R}}}$$

2. 平面力偶系可简化为一个力偶

设平面力偶系由 n 个力偶组成，其力偶矩分别为 M_1，M_2，…，M_n。现在想用一个最简单的力系来等效替换原力偶系，为此采取下述步骤（为方便起见，不失一般性，取 $n=2$，如图 c 所示）。

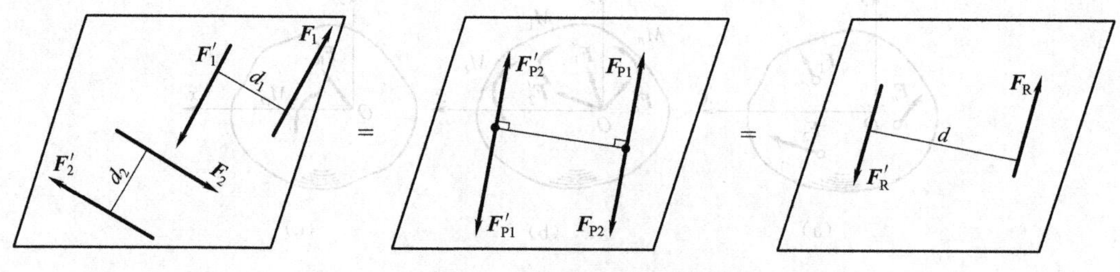

图 c　平面力偶的简化

（1）保持各力偶矩不变，同时调整其力与力偶臂，使它们有共同的臂长 d，则有

$$M=F_id_i=F_{\mathrm{P}i}d$$

即
$$F_{Pi}=F_i\frac{d_i}{d}(i=1,\ 2,\ \cdots,\ n)$$
这是调整后各力的大小。

(2) 将各力偶在平面内移动和转动，使各对力的作用线分别共线。

(3) 求各共线力系的代数和。每个共线力系得一合力，而这两个合力等值、反向，相距为 d，构成一个合力偶，其力偶矩为
$$M=F_Rd=\sum_{i=1}^{n}F_{Pi}d=\sum_{i=1}^{n}F_id_i=\sum_{i=1}^{n}M_i$$
即平面力偶系可以用一个力偶等效代替，其力偶矩为原来各力偶矩之代数和。于是得出结论：平面力偶系一般可简化为一个合力偶，该合力偶的力偶矩等于原力偶系中各力偶矩的代数和。

2. 平面力系的主矢及计算

平面力系向一点简化得到平面汇交力系（$\boldsymbol{F}_1'$，$\boldsymbol{F}_2'$，…，$\boldsymbol{F}_n'$），其合成结果是作用在点 O 的一个力 $\boldsymbol{F}_R'$，称为原平面力系的主矢，它等于
$$\boldsymbol{F}_R'=\boldsymbol{F}_1'+\boldsymbol{F}_2'+\cdots+\boldsymbol{F}_n'$$
又因为 $\boldsymbol{F}_i'=\boldsymbol{F}_i$（$i=1$，2，…，$n$），所以
$$\boldsymbol{F}_R'=\boldsymbol{F}_1'+\boldsymbol{F}_2'+\cdots+\boldsymbol{F}_n'=\boldsymbol{F}_1+\boldsymbol{F}_2+\cdots+\boldsymbol{F}_n=\sum\boldsymbol{F}_i \tag{2-7}$$
可见，平面力系的主矢等于原平面力系中所有力的矢量和。把力系向任意点简化时，其主矢的大小与方向将不随简化中心的不同而改变。换句话说，力系的主矢与简化中心的位置无关。

如果令 F_{ix}、F_{iy} 分别代表力 $\boldsymbol{F}_i$（$i=1$，2，…，n）在正交坐标轴 x，y 上的投影，则由矢量等式（2-7）可得主矢 $\boldsymbol{F}_R'$ 的两个对应投影与力系中各分力的两个对应投影之间的关系：
$$F_{Rx}'=\sum F_{ix},\quad F_{Ry}'=\sum F_{iy} \tag{2-8}$$
即主矢在任何轴上的投影，等于力系中所有力在同一轴上投影的代数和。由此可得主矢 $\boldsymbol{F}_R'$ 的大小和方向余弦为
$$\left.\begin{aligned}&F_R'=\sqrt{(F_{Rx}')^2+(F_{Ry}')^2}=\sqrt{\left(\sum F_{ix}\right)^2+\left(\sum F_{iy}\right)^2}\\&\cos\alpha=\frac{\sum F_{ix}}{F_R'},\quad\cos\beta=\frac{\sum F_{iy}}{F_R'}\end{aligned}\right\} \tag{2-9}$$
式中，α，β 为主矢 $\boldsymbol{F}_R'$ 与两个坐标轴正向的夹角。

3. 平面力系的主矩及计算

一般情况下，附加平面力偶系可合成一个合力偶，它的力偶矩用 M_O 代表，称为原平面力系对简化中心 O 点的主矩，它等于
$$M_O=M_1+M_2+\cdots+M_n=M_O(\boldsymbol{F}_1)+M_O(\boldsymbol{F}_2)+\cdots+M_O(\boldsymbol{F}_n)=\sum M_O(\boldsymbol{F}_i) \tag{2-10}$$
亦即平面力系对简化中心 O 点的主矩，等于力系中所有力对该简化中心之矩的代数和。

力系的主矩一般与简化中心的位置有关，因为改变点 O 的位置，一般可以引起每个附加力偶臂的改变。因此，提到力系的主矩，必须标明简化中心。

2.3.3 平面力系的平衡·平衡方程

一般地，将平面力系向一点 O 简化，可得到一个作用于点 O 的主矢 $\boldsymbol{F}'_{\mathrm{R}}$ 与一个主矩 M_O。

1. 平面力系的平衡方程

考虑特殊情形，如果平面力系向某点简化所得平面汇交力系及平面力偶系都自成平衡，原力系也一定平衡。这时力系的主矢与主矩都等于零，亦即有

$$\boldsymbol{F}'_{\mathrm{R}} = \sum \boldsymbol{F}_i = 0, \quad M_O = \sum M_O(\boldsymbol{F}_i) = 0 \tag{2-11}$$

显然，对于平衡来说，这个条件不仅是充分的，而且是必要的。因为，如果主矢与主矩不同时等于零或都不等于零，则平面力系将合成一个力或一个力偶，原力系均不平衡。

由此可见，平面力系平衡的必要与充分条件是：力系中所有力的矢量和等于零；同时，这些力对于任何一点的矩的代数和也等于零。

方程（2-11）与下列三个代数量等式相当：

$$\begin{cases} \sum F_{ix} = 0 \\ \sum F_{iy} = 0 \\ \sum M_O = 0 \end{cases} \tag{2-12}$$

这一组方程，称为**平面力系的平衡方程**。故平面力系平衡的必要与充分条件是：力系中所有力在两个坐标轴中每一轴上的投影的代数和分别等于零，又这些力对于简化中心的矩的代数和等于零。

式（2-12）为平面力系的平衡方程，其中前两个称为投影方程，后一个称为力矩方程，三个方程彼此独立，可以求解出三个未知量。

平衡方程（2-12）是平面力系平衡方程的基本形式，它不是平衡方程的唯一形式。

设已知力系对于点 A 的主矩 $M_A = \sum M_A(\boldsymbol{F}_i) = 0$。这表明，力系不可能合成力偶，而仅有可能合成一个作用线通过点 A 的力 $\boldsymbol{F}_{\mathrm{R}}$；或者，如果这个力 $\boldsymbol{F}_{\mathrm{R}}=0$，力系就可以成平衡。

设力系还满足条件 $M_B = \sum M_B(\boldsymbol{F}_i) = 0$。根据同样的理由，可以确定，如果力系有合力 $\boldsymbol{F}_{\mathrm{R}}$，则这个力将同时通过点 B。

为了最后肯定力系确实平衡，需要第三个条件来保证 $\boldsymbol{F}_{\mathrm{R}}=0$。设 x 轴不与 AB 垂直，则由合矢量投影定理可知，方程 $\sum F_{xi} = 0$ 肯定了这一事实。因而

$$\sum M_A(\boldsymbol{F}_i) = 0, \quad \sum M_B(\boldsymbol{F}_i) = 0, \quad \sum F_{xi} = 0 \tag{2-13}$$

其中：x 轴不垂直于 AB 也是力系平衡的充要条件。方程（2-13）中有两个力矩方程，故称为平面力系平衡方程的二力矩式。

第三个条件也可以改用力矩方程。设点 C 不在直线 AB 上，则方程 $\sum M_C(\boldsymbol{F}_i) = 0$ 满足了这个要求。因为它表示，力系如果有合力，则该合力势必还要通过不在直线 AB 上的一点 C，显然这是不可能的，故合力必须等于零。可见

$$\sum M_A(\boldsymbol{F}_i) = 0, \quad \sum M_B(\boldsymbol{F}_i) = 0, \quad \sum M_C(\boldsymbol{F}_i) = 0 \tag{2-14}$$

其中：A、B、C 不在同一直线上是平面力系平衡的又一种充要条件，并称为平面力系平衡方程的三力矩式。

这样，平面力系平衡方程可以有式（2-12）、式（2-13）、式（2-14）三种不同形式。每一形式都由三个独立方程组成。只要满足上述方程组之一，力系必定平衡。由此可见，刚体受平面力系作用而成平衡的每个问题里，只可以写出三个独立的平衡方程，这三个方程满足了后，任何第四个方程都只是恒等式，因而不是新的独立方程。至于在实际应用中选择何种形式的平衡方程，完全决定于计算是否方便。通常力求每写一个平衡方程，只包含一个未知量，借以避免解联立方程的麻烦。

平面力系的平衡条件包含了各种特殊力系的平衡条件。由方程（2-12）可以直接得出各种特殊力系的平衡方程。

1）平面汇交力系的平衡方程

取力系的汇交点为坐标原点 O，则方程（2-12）中的第三式成为恒等式，因为每个力都过汇交点，对汇交点的矩恒等于零。故平面汇交力系的平衡方程只有两个：

$$\begin{cases} \sum F_{ix} = 0 \\ \sum F_{iy} = 0 \end{cases} \tag{2-15}$$

2）平面平行力系的平衡方程

取坐标轴 y 与平面平行力系（paralled forces）中所有力的作用线平行。于是，这些力在 x 轴上的投影等于零。可见，此时方程组（2-12）中的第一式成为恒等式。这样，平面平行力系的平衡方程也只有两个：

$$\begin{cases} \sum F_{iy} = 0 \\ \sum M_O = 0 \end{cases} \tag{2-16}$$

即平面平行力系平衡的必要与充分条件是：力系中所有力在与之垂直的轴上的投影之代数和为零。

2. 平面力系简化结果讨论

考虑一般情形，即 $\boldsymbol{F}'_R$ 与 M_O 不同时为零的情形，总可能发生下列各种情形之一。

1）$\boldsymbol{F}'_R=0$，$M_O\neq0$

这表示原平面力系合成为一个矩为 M_O 的力偶。力偶中的两个力对于任一点的矩恒等于力偶矩，故原力系向不同之点简化时所得到的主矩必定彼此相等［图 2-14（a）］；亦即，如平面力系合成一个力偶，则其主矩不随简化中心的位置的改变而变化。

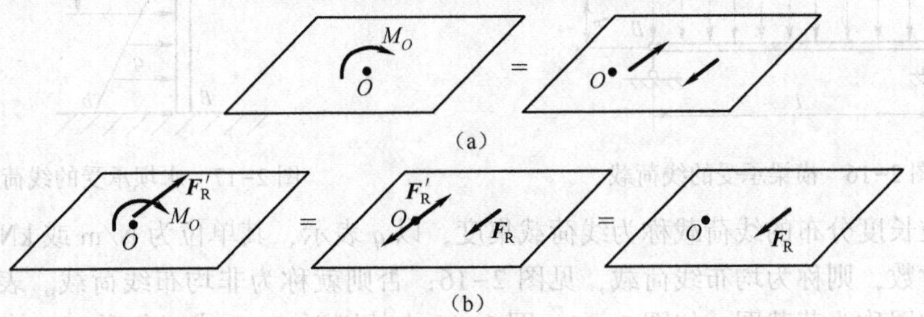

图 2-14　平面力系简化结果讨论

2）$F'_R \neq 0$，$M_O = 0$

这表示原平面力系合成一个作用于简化中心 O 的主矢 F'_R。在此情形下，原力系的合力 F_R 的作用点在主矢 F'_R 的作用线上，即主矢 F'_R 与合力 F_R 重合。

3）$F'_R \neq 0$，$M_O \neq 0$

如图 2-14（b）所示，经等效变换，力系合成一个力。

综上所述，可以得出如下结论：只要主矢与主矩不同时等于零，平面力系可以合成一个力或一个力偶。

2.3.4 平面力系的平衡方程的应用

1. 单个物体的平衡

下面举例说明，平面力系平衡理论在求解单个刚体的平衡问题中的应用。

【例题 2-1】 烟囱［图 2-15（a）］高 $h=40$ m，自重 $W=3\ 000$ kN，水平风荷载 $q=1$ kN/m。求烟囱固定端支座 A 的约束反力。

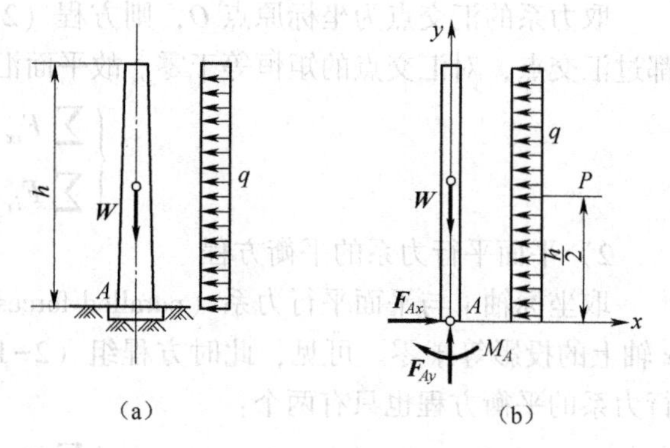

图 2-15 例题 2-1 图

分析 本例的求解涉及分布荷载。把作用于物体体积内的力（如重力、万有引力等）和作用于物体表面上的力（如屋面板上的荷载、水坝上的静水压力等）通称为分布荷载。若分布荷载可以简化为沿物体中心线分布的平行力，则此力系称为平行分布线荷载，简称线荷载。

例如，当梁宽远小于梁长时，分布在梁表面上的荷载可以简化为沿梁表面上纵轴分布的线荷载（图 2-16）；而均质等截面直梁的自重则可以简化为沿梁纵轴均匀分布的线荷载。又如，一水坝受静水压力作用，在同一深度处的静水压力是相等的。取单位长度的水坝来考虑，将其所受静水压力简化到中心平面内，即得到沿这段水坝的中心线 AB 分布的线荷载（图 2-17）。这种方法用理想的线荷载来代替狭长面积上或体积上的荷载，对物体的平衡并无影响，但可使计算大为简化。

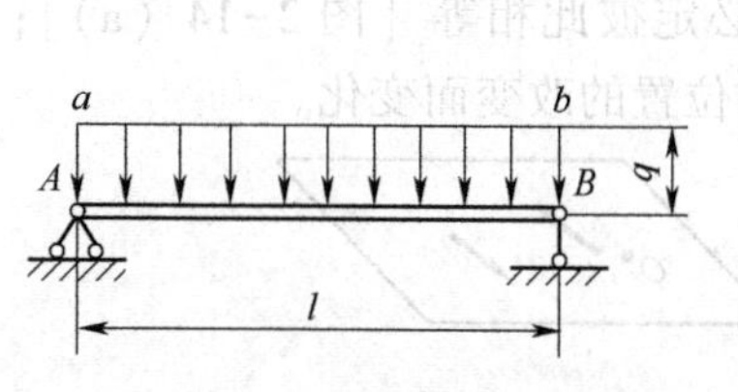

图 2-16 横梁承受的线荷载

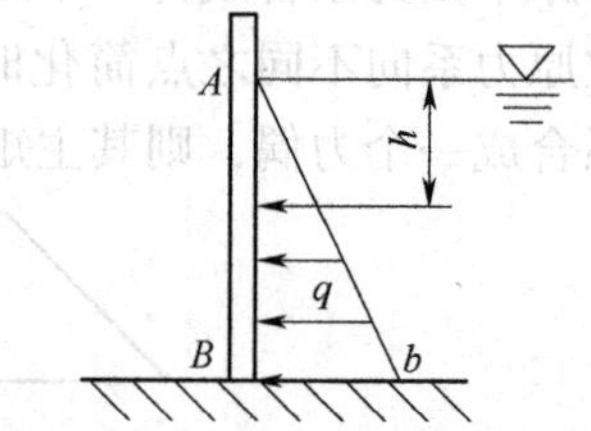

图 2-17 水坝承受的线荷载

每单位长度分布的线荷载称为线荷载集度，以 q 表示，其单位为 N/m 或 kN/m。若线荷载集度为常数，则称为均布线荷载，见图 2-16；否则就称为非均布线荷载。表示荷载集度分布情况的图称为荷载图。如图 2-16、图 2-17 中的矩形 $AabB$ 或三角形 AbB 等。

应用平面力系的简化理论，不难求得线分布荷载合成的结果应为一个力。事实上，对

图 2-18所示的任意线分布荷载，荷载图为曲边梯形 $AabB$，其中线荷载集度 q 的作用线与 AB 线段垂直。取直角坐标系 xOy，其 y 轴与 q 的作用线平行。设在 AB 线上距原点 O 为 x 处的线荷载集度为 $q(x)$，则长度 Δx 上所受的荷载的大小为 $\Delta F = q(x)\cdot\Delta x$，即等于画阴影的曲边梯形的面积 ΔA，因而在 AB 线段上所受荷载的合力的大小为

$$F_R = \sum \Delta F = \sum q(x)\cdot\Delta x = \int_{x_A}^{x_B} q(x)\,dx = A$$

式中的 A 为荷载图的面积。至于合力 $\boldsymbol{F}_R$作用线的位置，由合力矩定理，得

$$F_R \cdot x_C = \sum \Delta F \cdot x$$

即

$$x_C = \frac{\sum x\cdot\Delta F}{F_R} = \frac{\sum x\cdot\Delta A}{A}$$

以后将看到，上式的 x_C就是荷载图的形心 C 的坐标。因此，当沿直线平行分布的线荷载与该直线垂直时，该荷载的合力大小等于荷载图的面积，其作用线通过荷载图的形心。

如果沿直线平行分布的线荷载不与其分布的直线垂直，可以证明，该荷载的合力的大小不等于荷载图的面积，但作用线仍通过荷载图的形心 C，如图 2-19 所示。请读者自己证明。

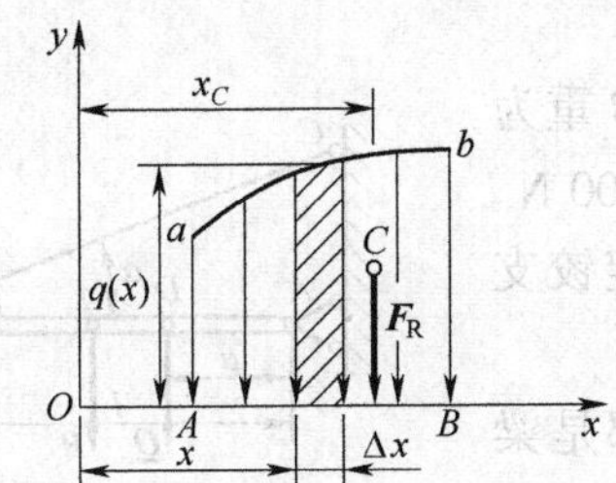

图 2-18　任意线分布荷载与 x 轴垂直

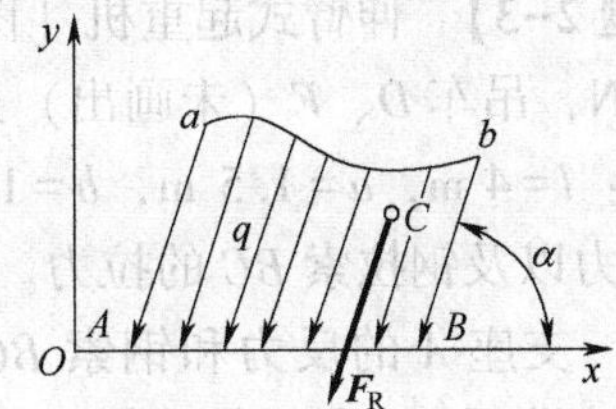

图 2-19　任意线分布荷载与 x 轴不垂直

解　作用在烟囱和支座上的约束反力形成一个平面力系，图 2-15（b）为其受力图（其中固定端约束反力的简化结论见例题2-2)，风荷载的合力 $\boldsymbol{P}$，其大小等于 qh，作用在烟囱的一半高度处。取坐标系 Axy，写出平衡方程

$$\sum F_{ix} = 0,\quad F_{Ax} - qh = 0,\quad F_{Ax} = qh = 1\times 40 = 40\ \text{kN}$$

$$\sum F_{iy} = 0,\quad F_{Ay} - W = 0,\quad F_{Ay} = W = 3\ 000\ \text{kN}$$

$$\sum M_A(\boldsymbol{F}_i) = 0,\quad qh\cdot\frac{h}{2} - M_A = 0,\quad M_A = \frac{qh^2}{2} = \frac{1\times 40^2}{2} = 800\ \text{kN}\cdot\text{m}$$

【例题 2-2】　一端固定的悬臂梁如图 2-20（a）所示。A 处为固定端支座，梁上受有均布荷载的作用，其集度为 q，在自由端 B 处作用有一集中力 $\boldsymbol{F}$ 及一力偶 M，梁的跨度为 l。试求固定端支座的约束反力。

分析　在本例中出现了一种新的约束类型——固定端（支座）约束。为了求得固定端支座的约束反力，首先研究固定端支座的约束特性。

既能限制物体移动，又能限制物体转动的约束称为固定端支座。

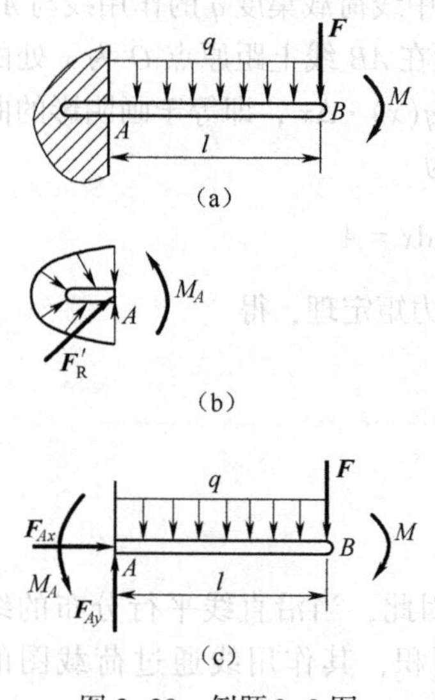

图 2-20 例题 2-2 图

固定端对物体（如梁、支架等）的约束反力是一个作用在梁的插入部分 AC 的分布力系，如图 2-20（b）所示。要确定这一约束力系的分布规律是很困难的，然而可以把它向梁的根部截面的形心 A 简化成一个力和一个力偶。因而固定端支座的约束反力可以用一个力 $\boldsymbol{F}_R$ 和一个力偶 M_A 来代替。若将力 $\boldsymbol{F}_R$ 沿直角坐标轴方向分解为 $\boldsymbol{F}_{Ax}$、$\boldsymbol{F}_{Ay}$，则固定端支座对物体的作用，以约束反力 $\boldsymbol{F}_{Ax}$、$\boldsymbol{F}_{Ay}$ 和约束反力偶矩 M_A 表示。因此，在一般情况下，固定端支座不仅包含阻止物体向任何方向移动的水平反力和竖向反力，还有阻止物体转动的反力偶。

解 取梁 AB 为研究对象，其受力分析如图 2-20（c）所示。

$$\sum F_{ix} = 0, \quad F_{Ax} = 0$$

$$\sum F_{iy} = 0, \quad F_{Ay} - ql - F = 0, \quad F_{Ay} = F + ql$$

$$\sum M_A(\boldsymbol{F}_i) = 0, \quad M_A - M - \frac{1}{2}ql^2 - Fl = 0$$

得

$$M_A = M + \frac{1}{2}ql^2 + Fl$$

【例题 2-3】 伸臂式起重机［图 2-21（a）］的臂 AB 重为 $P = 2\ 000$ N，吊车 D、E（未画出）连同吊重各重 $Q = 4\ 000$ N。主要尺寸：$l = 4$ m，$a = 1.5$ m，$b = 1$ m，$\alpha = 30°$。求固定铰支座 A 的反力以及钢拉索 BC 的拉力。

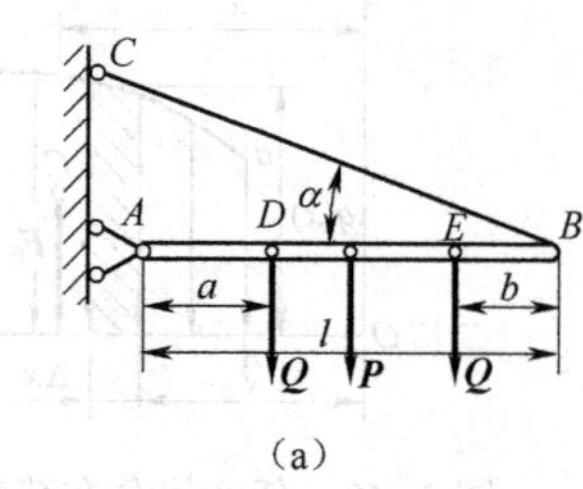

图 2-21 例题 2-3 图

分析 支座 A 的反力和钢索 BC 的拉力的受力体都是梁 AB，自然应取梁 AB 为研究对象。梁 AB 除受上述未知反力外，还受有主动力 $\boldsymbol{P}$、$\boldsymbol{Q}$ 等作用。所有这些力组成平衡的平面力系，可由力系的平衡条件求解三个未知量。

解 取梁 AB 为研究对象，其受力图如图 2-21（b）所示。

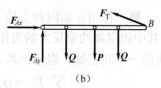

$$\sum M_A(\boldsymbol{F}) = 0, F_T \sin\alpha \cdot l - Q \cdot a - P \cdot \frac{l}{2} - Q(l - b) = 0$$

将已知数据代入以上方程，可得：$F_T = 12\ 000$ N。

$$\sum F_{ix} = 0, \quad F_{Ax} - F_T \cos\alpha = 0$$

得

$$F_{Ax} = 10\ 390 \text{ N}$$

$$\sum F_{iy} = 0, \quad F_{Ay} + F_T \cdot \sin\alpha - Q - P - Q = 0$$

得

$$F_{Ay} = 4\ 000 \text{ N}$$

【例题 2-4】 图 2-22（a）所示的混凝土浇灌器连同荷载共重 $P = 60$ kN（重心在 C 处），用钢索沿铅直导轨匀速吊起（摩擦不计）。已知 $a = 30$ cm，$b = 60$ cm，$\alpha = 10°$，求导轮 A、B 上的压力以及钢索中的拉力。

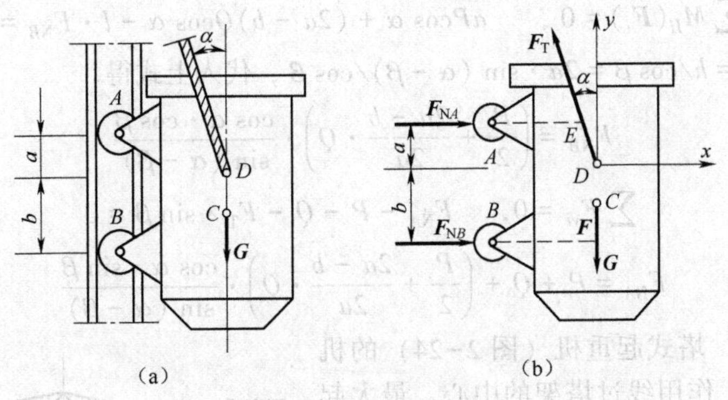

图 2-22　例题 2-4 图

分析　不计摩擦时，导轨与导轮之间的约束应归为光滑接触。这样，导轮 A 与 B 处的反力 $\boldsymbol{F}_{NA}$ 与 $\boldsymbol{F}_{NB}$ 方向均与导轨垂直。混凝土浇灌器在上述二反力及重力 $\boldsymbol{G}$、钢索拉力 $\boldsymbol{F}_T$ 的作用下处于平衡状态。由平面力系的平衡方程可求解上述力系的未知量。

解　取混凝土浇灌器为研究对象，其受力情形如图 2-22（b）所示。取拉力 $\boldsymbol{F}_T$ 的作用点 D 为坐标原点，写出平衡方程，有

$$\sum F_{iy}=0,\qquad F_T\cos\alpha-G=0,\qquad F_T=60.9\ \text{kN}$$

$$\sum M_E(\boldsymbol{F}_i)=0,\qquad (a+b)F_{NB}-a\cdot G\cdot\tan\alpha=0,\ F_{NB}=3.5\ \text{kN}$$

$$\sum F_{ix}=0,\qquad F_{NA}+F_{NB}-F_T\sin\alpha=0,\qquad F_{NA}=7.0\ \text{kN}$$

【例题 2-5】　梯子 AB，长为 $2a$，重为 $\boldsymbol{P}$，重心在其中点 C。梯子靠在墙角，借绳 DO 维持平衡，角 α 与 β 均为已知。今有一重为 $\boldsymbol{Q}$ 的人站在梯子上距 B 端为 b 的 E 点［图 2-23（a)］，试求各处的约束反力（摩擦不计）。

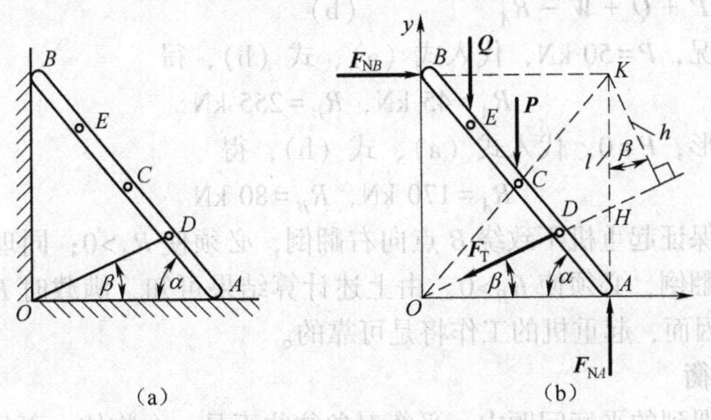

图 2-23　例题 2-5 图

解　取梯子 AB 为研究对象。其受力分析及所取的坐标系 xOy 如图 2-23（b）所示。写出平衡方程，有

$$\sum M_K(\boldsymbol{F}_i)=0,\quad aP\cos\alpha+(2a-b)Q\cos\alpha-h\cdot F_T=0$$

其中力臂 $h=OK\cdot\sin\angle KOH=2a\cdot\sin(\alpha-\beta)$，代入上式，得

$$F_T=\left(\frac{P}{2}+\frac{2a-b}{2a}\cdot Q\right)\cdot\frac{\cos\alpha}{\sin(\alpha-\beta)}$$

$$\sum M_H(\boldsymbol{F}_i)=0,\quad aP\cos\alpha+(2a-b)Q\cos\alpha-l\cdot F_{NB}=0$$

其中力臂 $l=KH=h/\cos\beta=2a\cdot\sin(\alpha-\beta)/\cos\beta$，代入上式得

$$F_{NB}=\left(\frac{P}{2}+\frac{2a-b}{2a}\cdot Q\right)\cdot\frac{\cos\alpha\cdot\cos\beta}{\sin(\alpha-\beta)}$$

$$\sum F_{yi}=0,\quad F_{NA}-P-Q-F_T\cdot\sin\beta=0$$

得

$$F_{NA}=P+Q+\left(\frac{P}{2}+\frac{2a-b}{2a}\cdot Q\right)\cdot\frac{\cos\alpha\cdot\sin\beta}{\sin(\alpha-\beta)}$$

【例题 2-6】 塔式起重机（图 2-24）的机身重 $W=220$ kN，作用线过塔架的中心，最大起重量 $P=50$ kN，平衡重 $Q=30$ kN。试求满载和空载时轨道 A、B 的约束反力，并问起重机在使用过程中有无翻倒的危险？

分析与解 当起重机未翻倒时，它在各部分重力 $\boldsymbol{Q}$、$\boldsymbol{W}$ 与吊起重物的重力 $\boldsymbol{P}$、地面的铅直反力 $\boldsymbol{R}_A$、$\boldsymbol{R}_B$ 的作用下平衡，这些力组成平面平行力系，写出这个平行力系的平衡方程，有

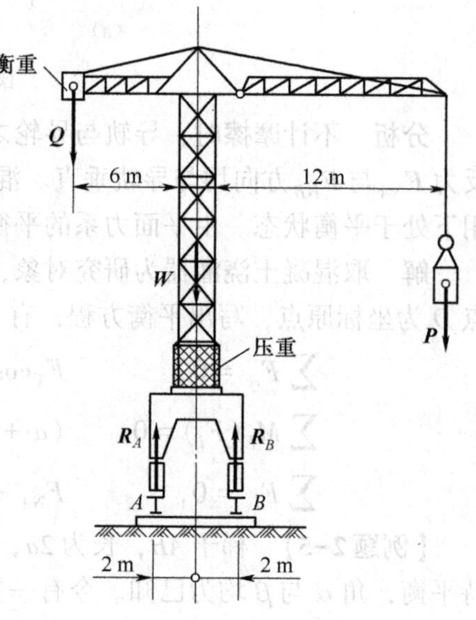

图 2-24 例题 2-6 图

$$\sum F_{yi}=0,\quad R_A+R_B-P-Q-W=0$$

$$\sum M_B(\boldsymbol{F}_i)=0,\ -10P+8Q+2W-4R_A=0$$

由第二式求得

$$R_A=2Q+0.5W-2.5P \qquad (a)$$

第一式可用以求出反力 $\boldsymbol{R}_B$。有

$$R_B=P+Q+W-R_A \qquad (b)$$

对于满载的情况，$P=50$ kN，代入式（a）、式（b），得

$$R_A=45\text{ kN},\ R_B=255\text{ kN}$$

对于空载的情形，$P=0$，代入式（a）、式（b），得

$$R_A=170\text{ kN},\ R_B=80\text{ kN}$$

满载时，为了保证起重机不致绕 B 点向右翻倒，必须使 $R_A>0$；同理，空载时，为了保证起重机不致向左翻倒，必须使 $R_B>0$。由上述计算结果可知，满载时 $R_A=45$ kN>0，空载时 $R_B=80$ kN>0，因而，起重机的工作将是可靠的。

2. 物体系的平衡

工程实际中所遇到的平衡问题中，平衡对象往往不是一个物体，而是由若干个物体通过约束组成的系统。物体系平衡的问题中，不仅需要研究外界物体对整个系统所作用的力，还需要求出系统内各物体之间相互作用的力。

这里把系统外任何物体作用于这系统的力称为该物体系的外力，物体系内部各物体间相互作用的力称为该系统的内力（internal force）。

和外力不同，内力总是成对地作用于同一系统（公理 4）。因此，在考察整个系统的平衡时，这些力不必考察（公理 5、公理 2）。

为了求得系统的内力，需要将系统的某些部分单独取为平衡对象——取分离体。系统的

每一部分都在相应的外力与内力（系统内其他部分对这部分作用的力）作用下处于平衡。

现在来看，对于给定的物体系，应用取分离体的办法可以写出多少个彼此独立的平衡方程。

设系统由 n 个物体组成，每个物体均受平面力系的作用。这样，每个物体有三个平衡方程。设系统里某个物体受平面平行力系或平面汇交力系或共线力系或平面力偶系的作用，则这个物体只有2个或1个独立的平衡方程。由此可见，具有 n 个物体的整个系统，总共有不多于 $3n$ 个独立的平衡方程。不可能写出更多的独立平衡方程的理由如下：在考察了系统里每个物体的平衡后，设取整个系统或一部分物体的组合来看，当然还可以写出另外一些平衡方程。但是，既然系统每个物体都平衡，那么，它们的任何组合当然都是平衡的。因此，对于系统内任何几个物体的组合所写出的平衡方程，已不是什么新的、独立的方程。它们一定可以从前面那些对每个物体写出的平衡方程推导出来。

在静力学中关于物体或物体系平衡的问题中，若未知量的数目等于或少于独立平衡方程的数目，则应用刚体静力学的理论，就可以求得全部未知量。这样的问题称为**静定问题**。若未知量的数目多于独立平衡方程的数目，则不能求出全部未知量，这种问题称为**静不定问题**。

例如，对于图2-25（a）所示的简支梁，当其受平面力系作用时，求支座反力的问题是静定问题，因为这里独立的平衡方程数目与约束反力中未知量的数目均等于3。如果将梁右端的活动铰支座 B 改为固定铰支座［图2-25（b）］，则未知量的数目增为4，而独立的平衡方程数目仍为3，这就成了静不定问题。

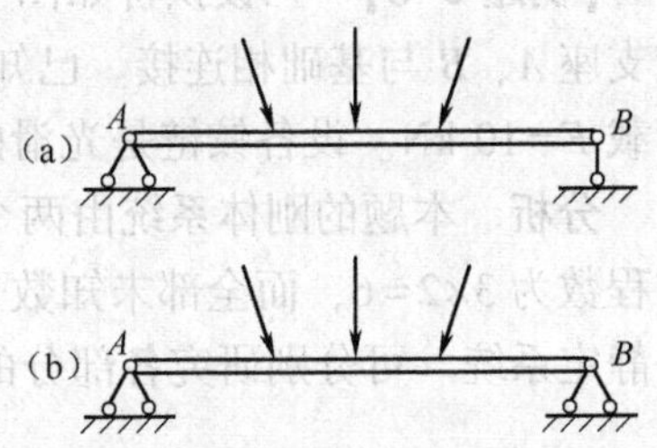

图2-25　静定与静不定简支梁图

静不定问题虽然不能应用刚体静力学的方法来解决，但如果考虑到物体的变形，研究出变形与作用力之间的关系，则这类问题仍有可能解决。这是材料力学的任务，这里不加叙述。

下面举几个有关物体系平衡的问题。

【例题2-7】　组合梁由梁 AC 和 CB 用铰链 C 连接而成。A 为固定铰支座，B 和 D 为辊轴支座，如图2-26（a）所示，已知 $F=5\ \text{kN}$，$q=2.5\ \text{kN/m}$，$M=5\ \text{kN}\cdot\text{m}$，$a=1\ \text{m}$。求支座 A、B、D 及铰链 C 的约束反力。

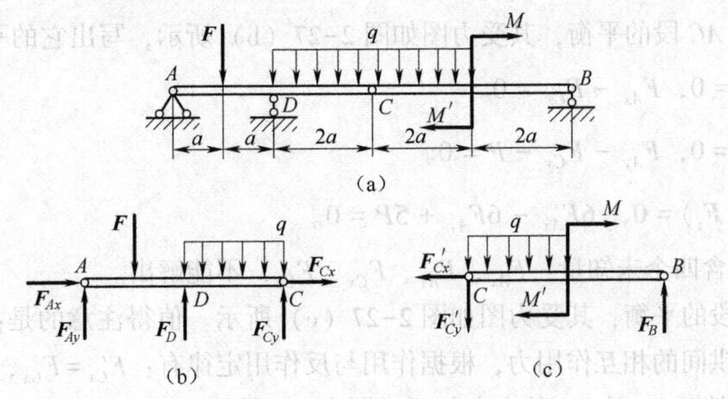

图2-26　例题2-7图

分析　本题的刚体系统由两个刚体组成，且受平面力系的作用，可以列出的独立平衡方程数为 3×2=6。而全部的未知力（外力和内力）也为 6 个。因此，这是一个静定系统。

解　分别取梁 AC 和 BC 为研究对象，其受力图如图 2-26（b）、（c）所示。分别列出其平衡方程，并求解。

对于梁 BC：

$\sum M_C(\boldsymbol{F}_i)=0, 4F_Ba-M-2qa^2=0, F_B=2.5\ \text{kN}$；

$\sum F_{xi}=0,\ F'_{Cx}=0$；

$\sum F_{yi}=0,\ F_B-2qa-F'_{Cy}=0,\ F'_{Cy}=-2.5\ \text{kN}$（负号表示与图示方向相反）。

对于梁 AC：

$\sum M_D(\boldsymbol{F}_i)=0,\ -2aF_{Ay}+Fa-2qa^2+2F_{Cy}a=0$，代入 $F_{Cy}=F'_{Cy}=-2.5\ \text{kN}$，得 $F_{Ay}=-2.5\ \text{kN}(\downarrow)$；

$\sum F_{xi}=0, F_{Ax}+F_{Cx}=0, F_{Ax}=-F_{Cx}=-F'_{Cx}=0$；

$\sum F_{yi}=0, F_{Ay}+F_D+F_{Cy}-2qa-F=0, F_D=15\ \text{kN}$。

【例题 2-8】　三铰拱桥如图 2-27（a）所示，由左右两段借铰链 C 连接起来。用固定铰支座 A、B 与基础相连接。已知每段重 P=40 kN，重心分别在 D、E 处，且桥面受一集中荷载 F=10 kN。设各铰链是光滑的，试求平衡时各铰链中的力。尺寸如图所示，单位为 m。

分析　本题的刚体系统由两个刚体所组成，且受平面力系的作用，可以列出的独立平衡方程数为 3×2=6，而全部未知数也为 6 个（外部约束反力 4 个，内部连接铰链 2 个）。因此是静定系统。可分别研究各部分的平衡。

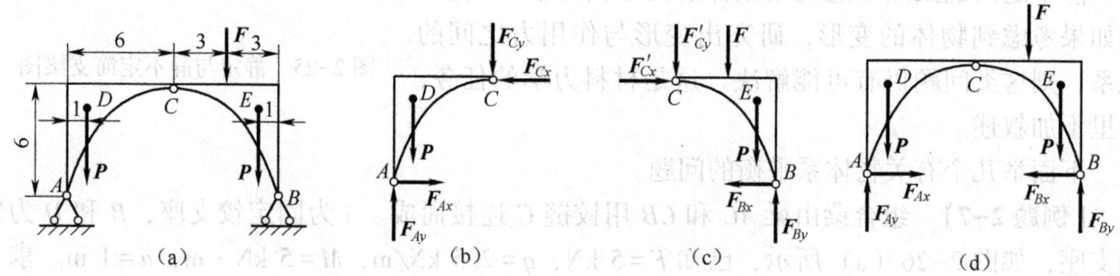

图 2-27　例题 2-8 图

解　先研究 AC 段的平衡，其受力图如图 2-27（b）所示，写出它的平衡方程：

（1）$\sum F_{xi}=0,\ F_{Ax}-F_{Cx}=0$。

（2）$\sum F_{yi}=0,\ F_{Ay}-F_{Cy}-P=0$。

（3）$\sum M_C(\boldsymbol{F}_i)=0,\ 6F_{Ax}-6F_{Ay}+5P=0$。

这组方程包含四个未知量：F_{Ax}、F_{Ay}、F_{Cx}、F_{Cy}，不能解出。

再研究 BC 段的平衡，其受力图如图 2-27（c）所示。值得注意的是：$\boldsymbol{F}'_{Cx}$与$\boldsymbol{F}_{Cx}$和$\boldsymbol{F}'_{Cy}$与$\boldsymbol{F}_{Cy}$是左右两拱间的相互作用力，根据作用与反作用定律有：$F'_{Cx}=F_{Cx}$，$F'_{Cy}=F_{Cy}$；且$\boldsymbol{F}'_{Cx}$及$\boldsymbol{F}'_{Cy}$的方向分别与$\boldsymbol{F}_{Cx}$及$\boldsymbol{F}_{Cy}$的方向相反。写出 BC 段的平衡方程，有

（4）$\sum F_{xi}=0$，$F_{Cx}-F_{Bx}=0$。

（5）$\sum F_{yi}=0$，$F_{Cy}+F_{By}-P-F=0$。

（6）$\sum M_C(\boldsymbol{F}_i)=0$，$6F_{By}-6F_{Bx}-5P-3F=0$。

将两组方程并在一起，共有六个方程，包含着六个未知量：F_{Ax}、F_{Ay}、F_{Bx}、F_{By}、F_{Cx}、F_{Cy}，联立求解这些方程，容易得到：

$$F_{Ax}=F_{Bx}=F_{Cx}=9.2\ \text{kN},\quad F_{Ay}=42.5\ \text{kN},\quad F_{By}=47.5\ \text{kN},\ F_{Cy}=2.5\ \text{kN}。$$

为了深刻理解求解系统平衡问题时的一些概念，我们再来研究整个拱桥的平衡。容易看出，只要将图 2-27（b）、（c）合并在一起，就得到整体的受力图［图 2-27（d）］。值得指出的是，$\boldsymbol{F}'_{Cx}$与$\boldsymbol{F}_{Cx}$及$\boldsymbol{F}'_{Cy}$与$\boldsymbol{F}_{Cy}$是系统的内力，分别是作用与反作用关系，根据加减平衡力系公理可知它们对整体的平衡没有影响。在列写平衡方程时，平衡对象的内力总是互相抵消的；因此，取整体作为平衡对象时，受力图上无须画出内力，如图 2-27（d）所示。若对整体也写出三个平衡方程：$\sum F_{xi}=0$，$\sum F_{yi}=0$，$\sum M_C(\boldsymbol{F}_i)=0$，容易想见，这三个平衡方程对前六个平衡方程来说已不是独立的，只是它们分别相加的结果。当然，在列写各对象的平衡方程时，所用的投影轴及矩轴不一致时，这种相依关系就不那么明显。总之，本题所研究的系统，由两个物体组成，它们都在平面力系作用下平衡，总共可以写出六个独立的平衡方程。当然，不一定要照上面那样的步骤去做。也可以先对拱桥整体写出三个方程，再对它的两个部分 AC 或 BC 写出三个方程，即可联立解出六个未知反力。

还须指出，不独立的平衡方程可用来校核所得结果是否正确。例如，在本题求解完毕后，写出整体的平衡方程，用上面求出的各力之值代入这些方程，如果计算正确，则在计算的精度以内它们必定是恒等式。

【例题 2-9】　图 2-28（a）所示为一种绞车架，借理想滑轮 C 与绳子吊起重 P=1 000 N 的重物。设各构件的自身重量不计，支承面和各铰链都是光滑的，试求平衡时各铰链中的力。

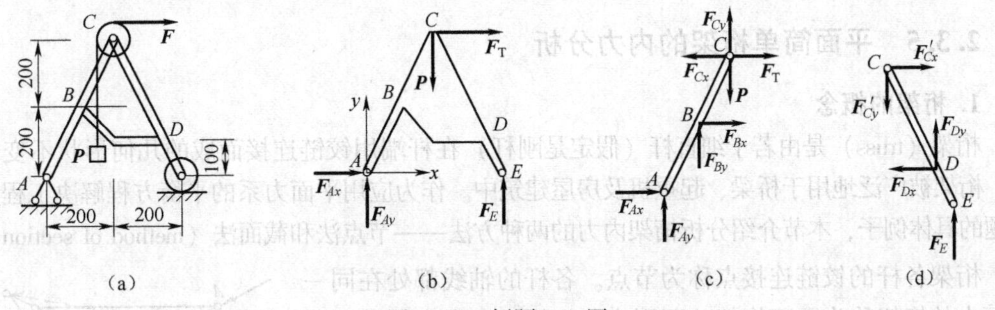

图 2-28　例题 2-9 图

分析　先将平衡系统化简如下。理想滑轮的半径不起作用，故两边绳子拉力 $\boldsymbol{P}$ 与 $\boldsymbol{F}_{\mathrm{T}}$（各等于 1 000 N）可认为直接加在滑轮轴心，亦即铰链 C 的销钉上；而此销钉可认为固连于杆 AC（或杆 EC）上。双铰刚杆 BD 是加在杆 AC 与 EC 上的约束，滚子 E 的作用在于保证铰链 E 只受到铅直反力。这样，整个系统可认为由杆 AC、EC 与相应的约束所构成。

解　取整个构架为研究对象，其受力如图 2-28（b）所示。由平衡条件

$$\sum F_{xi}=0,\qquad 1\,000-F_{Ax}=0,\qquad F_{Ax}=1\,000\ \text{N}$$

$\sum M_A(\boldsymbol{F}_i) = 0$, $400F_E - 200 \times 1\,000 - 400 \times 1\,000 = 0$, $F_E = 1\,500\ \text{N}(\uparrow)$

$\sum F_{yi} = 0$, $F_E + F_{Ay} - 1\,000 = 0$, $F_{Ay} = -500\ \text{N}(\downarrow)$

铰链 B、C、D 中的力对于整个系统来说是内力。为求这些力，应分别研究杆 AC 或 EC 的平衡。杆 AC 与 CE 的受力图分别如图 2-28（c）、（d）所示，不论取它们中的哪一个作为研究对象，都能求出系统的内力。但因杆 CE 比 AC 所受的力少，因此取它作为平衡对象时计算比较简便。值得指出：铰链 C 中反力的水平与铅直分量 $\boldsymbol{F}'_{Cx}$ 与 $\boldsymbol{F}'_{Cy}$ 的大小彼此无关。但铰链 D 中反力的方向必须沿双铰链刚杆 BD 两端铰链中心的连线 BD，因而其水平与铅直分量 $\boldsymbol{F}_{Dx}$ 与 $\boldsymbol{F}_{Dy}$ 的大小之间成一定比例。由几何关系，有：$F_{Dx} = 5F_{Dy}/2$。

写出杆 CE 的平衡方程：

$\sum F_{xi} = 0$, $F'_{Cx} - F_{Dx} = 0$

$\sum F_{yi} = 0$, $-F'_{Cy} + F_{Dy} + F_E = 0$

$\sum M_C(\boldsymbol{F}_i) = 0$, $-300F_{Dx} + 150F_{Dy} + 200F_E = 0$

联立求解上列方程，可得

$F'_{Cx} = 1\,250\ \text{N}(\rightarrow)$，$F'_{Cy} = 2\,000\ \text{N}(\downarrow)$；$F_{Dx} = 1\,250\ \text{N}(\leftarrow)$，$F_{Dy} = 500\ \text{N}(\uparrow)$

通过以上例题的分析，可以看出求解物体系平衡问题时的一般步骤：首先，必须明确系统由几个物体组成，每个物体在怎样的力系作用下平衡，从而确定能选取多少个独立的平衡对象，写出多少个独立的平衡方程；还要分析系统所受的约束，确定全部约束反力所包含的未知量的数目。并进一步审定问题是否静定。其次，由于平衡对象的选取带有一定的灵活性，这就要求通过分析，确定比较简便的解题方案。值得指出的是，如果选取整个物体系或部分物体的组合作为平衡对象，内力无须画出。最后，还要注意物体相互间的作用力是作用与反作用关系。弄清这些概念，再通过具体实践反复练习，就不难掌握求解物体系平衡问题的方法和技巧。

2.3.5 平面简单桁架的内力分析

1. 桁架的概念

桁架（truss）是由若干细直杆（假定是刚杆）在杆端用铰链连接而成的几何形状不变的结构。桁架被广泛地用于桥梁、起重机及房屋建筑中。作为应用平面力系的平衡方程解决工程实际问题的具体例子，本节介绍分析桁架内力的两种方法——节点法和截面法（method of section）。

桁架各杆的铰链连接点称为节点。各杆的轴线都处在同一平面内的桁架称为平面桁架，否则为空间桁架。在本节中只研究平面桁架。

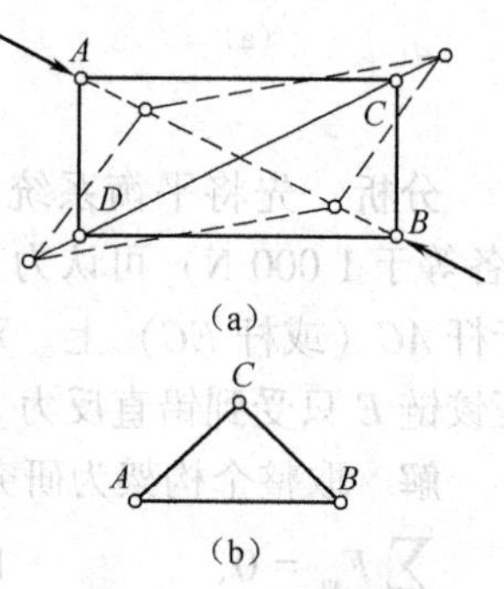

图 2-29　桁架结构

桁架的组成是有一定规律的，并非若干杆件用铰链任意连接都能形成桁架。图 2-29（a）为四杆用铰链连接成的四边形 $ABCD$，当它受力时，形状就会发生变化，如图中虚线所示。因此，它不是几何形状不变的结构——桁架。若更多的杆件用铰链连接成一多边形，显然也不能构成桁架。由此可见，将杆件用铰链连接而成的结构，其几何形状的不变性是组成桁架所必需的条件。相反，在机械工程中，几何形状可变的杆架体系却有着广泛的应用。这时，利用系统中杆件间的相对运动传递运动。这种杆架体系称为连杆机构。将三根杆件用铰链连成一三角形，如图2-29（b）所示，则几何形状显然不能改变，可以构成最简单的桁架。如果以此三角形框架为基础，以后每增添两根轴线不重合的杆件就增添一个节点，则所得结构的几何形状始终不会改变。按照这种规则组成的桁架称为简单桁架。显然，在这种桁架中除去任何一个杆件，都会使桁架失去几何形状的固定性，因此这种桁架称为无余杆桁架。反之，如果在不增加节点的条件下，再增添一些杆件，则就保证桁架的几何形状的不变形来说，这些增添的杆件是多余的。具有这种多余杆件的桁架，称为有余杆桁架。

无余杆桁架中杆件的数目 m 与节点的数目 n 间存在一定的关系，现以简单桁架为例来求这种关系。基本三角形框架的杆件数与节点数均等于3，此后所加添的杆件数（$m-3$）是加添的节点数（$n-3$）的2倍。故有关系

$$m-3=2(n-3) \quad 或 \quad m=2n-3 \tag{2-17}$$

对于有余杆桁架，有 $m>2n-3$；如果 $m<2n-3$，则该杆架体系将不能保持固定的几何形状，这种情形在实际设计中必须注意避免。

2. 桁架的计算问题

在实际应用中，总是将桁架支承起来承受荷载。设计桁架时，必须计算在荷载及支座反力作用下桁架各杆所受的力（桁架的内力）的大小及性质。为了简化计算又不过于影响其结果的准确性，通常采用下列几个假设。

（1）构成桁架的杆都是直杆，因而各杆轴线都是直线。

（2）连接铰链都是绝对光滑的，且各杆的轴线都通过铰链的中心（节点）。

（3）外力（包括荷载及支座反力）只作用于桁架的节点，且作用线在桁架平面内。

（4）各杆重量都可略去不计。

事实上，这些假设与实际情况并不完全符合。首先，在工程实际中，节点多半不用铰链而采用铆接、焊接（金属材料）或榫接（木材），因此各杆并不能自由转动。其次，要使外力严格地集中于节点亦有困难，只能近似地做到。此外，要使杆件绝对平直，轴线完全在一平面内，并且通过节点，在施工上也有困难。尽管如此，经过对应力的实地测验及进一步分析可以证明，在许多工程问题中，根据上述四个假设分析桁架的内力，所得的结果已属可用了。

在前面，曾多次遇到无重双铰刚杆所形成的约束。桁架的杆件也起着这种作用，这种杆件给两端节点的反力，大小相等，方向沿两节点的连线。杆件本身所受的力则是它们的反作用力，其方向亦正好相反，大小亦相等。它们只起着拉伸或压缩杆件的作用，而不会使杆件发生其他变形。桁架作为工程结构的优点正在于此。

计算桁架的目的在于求得各杆所受的力。如果在计算某桁架时，能够应用刚体静力学的平衡条件求出全部未知力，包括支座反力，则这种桁架称为静定桁架；否则，就是静不定桁架。可以证明，如支座反力包含的未知量不多于三个，则无余杆桁架是静定桁架，而有余杆桁架是静不定桁架。

3. 桁架内力的分析方法之一——节点法

用节点法计算桁架内力的原则是逐个地取节点为研究对象，由于作用于每个节点的力构成一个平面共点力系，只能写出两个独立的平衡方程，所以为了方便地求出桁架的内力，每

次取出的节点中内力未知的杆件不应超过两个。使用这种方法分析简单桁架是最适宜的。因为简单桁架的组成规律是从一个三角形框架开始，每增添两个杆件便增添一个节点，最后一个节点必定只有两根杆件，所以分析可从最后一个节点开始，依次倒溯回去，就能把全部杆件的内力一一求出。当然所谓“最后”一个节点，并不是只有唯一选择。凡是只有两杆相连的节点，都可以看成最后节点，当这两杆的内力已求出后，就可以不计这两杆而考虑倒数第二个节点的平衡。

对不符合简单桁架构成规律的其他静定桁架，这种方法可能行不通，原因就是可能在半途遇见的节点，包含两个以上的未知力。此时必须同时考虑几个节点的平衡而解较多的联立方程，但借助本节 4 的截面法可以减少麻烦。

还须指出，在用解析法求解桁架内力时，事先无法肯定杆件反力的指向，习惯上总是假定各杆承受拉力，从而各杆件对节点的作用力是背离节点的，此时杆件反力有制止杆两端的节点相互离开杆的趋势。如果计算结果，某杆件作用于节点的力为负值，则表示方向假定错了，该杆件实际承受压力。此时该杆件作用于节点的力的真实方向是指向节点的，有制止杆件两端节点相互凑近的趋势。

【例题 2-10】 试用节点法求图 2-30（a）中桁架各杆件的内力。已知荷载 $P_1=P_3=10\ \text{kN}$，$P_2=20\ \text{kN}$。

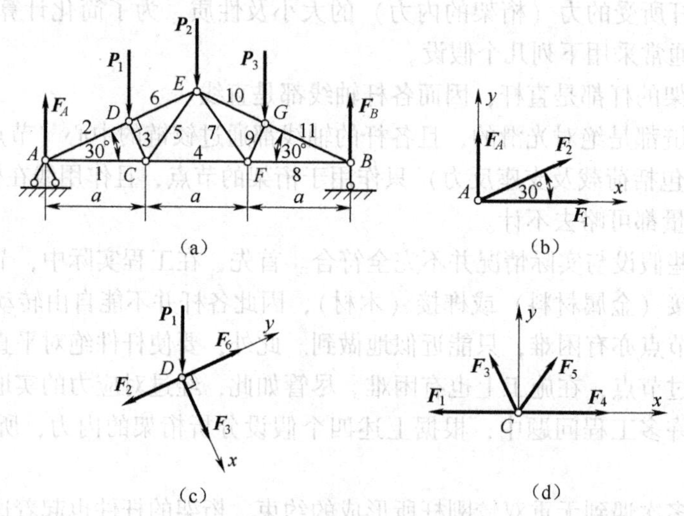

图 2-30 例题 2-10 图

解 分析此种桁架（简支梁式）时，须先求出支座反力。本例中显然 $F_A=F_B=20\ \text{kN}$。

研究节点的平衡，应从只有两杆相交的节点开始。本例中可先取节点 A（或节点 B），其受力图如图 2-30（b）所示。写出平衡方程，有

$$\sum F_{iy}=0,\qquad F_2\sin 30^\circ+F_A=0$$

$$\sum F_{ix}=0,\qquad F_1+F_2\cos 30^\circ=0$$

得 $F_2=-40\ \text{kN}$（压力），$F_1=34.6\ \text{kN}$。

其次，可取节点 D，因为这时杆 2 所受的力已求出。图 2-30（c）表示这个节点的受力图，写出平衡方程，可得

$$\sum F_{ix} = 0, \qquad F_3 + P_1\cos 30° = 0$$

$$\sum F_{iy} = 0, \qquad F_6 - F_2' - P_1\cos 60° = 0$$

得　$F_3=-8.66$ kN（压力），$F_6=-35$ kN（压力）。

此后，可陆续研究节点 C、E、F、G，求出其余各杆所受的力，最后结果为

$F_4 = 25.6$ kN，　$F_5 = -F_3 = 8.66$ kN，　$F_7 = F_5 = 8.66$ kN，　$F_8 = F_1 = 34.6$ kN

$F_9 = F_3 = -8.66$ kN，　$F_{10} = F_6 = -35$ kN，　$F_{11} = F_2 = -40$ kN

计算结果表明，$\boldsymbol{F}_1$、$\boldsymbol{F}_4$、$\boldsymbol{F}_5$、$\boldsymbol{F}_7$、$\boldsymbol{F}_8$的值为正，表示这些杆承受拉力；$\boldsymbol{F}_2$、$\boldsymbol{F}_3$、$\boldsymbol{F}_6$、$\boldsymbol{F}_9$、$\boldsymbol{F}_{10}$、$\boldsymbol{F}_{11}$的值为负，表示这些杆受力的方向假定错了，它们实际承受压力。

顺便指出，转到节点 G 时，只剩下杆 11 作用于这个节点的力 $\boldsymbol{F}_{11}$ 的大小未知，只需用一个平衡方程就能求出它。于是这个节点的另一个平衡方程应该是恒等式。但把已求出各力的值代入，可能不满足，这只能是由于前面的计算不够精确或有错误而引起的。这种情形可以用作校核。研究最后一个节点 B 的平衡，也可达到同一目的。

本例中由于对称，在研究节点 C 之后，事实上已将全数杆件所受的力求出。如计算足够准确，已无必要研究其余节点的平衡。

当然，采用节点法计算桁架内力时，既可以用解析法，也可以用几何法。以上采用的是解析法。若用几何图解法，则需作出各节点的封闭的力多边形。值得说明的是，此时各杆对节点的作用力的指向，可由封闭的力多边形直接决定。设某杆对节点的作用力背离节点，则该杆承受拉力；反之，某杆对节点的作用力指向节点，则该杆承受压力。

请读者应用几何法求解本题。

4. 桁架内力的分析方法之二——截面法

用截面法计算桁架内力的原则是用一个截面将桁架分成两部分，考虑其中任意一部分的平衡，为了简化计算，一般总是选取受力比较少的那一部分进行研究。只要割断的杆件不多于三段，且不共点，便可应用平面力系的平衡方程求出这些杆的内力。若割断的杆件多于三段，一般不便于用截面法求解；但若割断的各杆中，除某一杆外，其余各杆都彼此平行或共点，则此不平行或不共点的杆的内力，可用一个方程立即求出，为此或者用投影方程（以垂直于平行杆的线为投影轴），或者用力矩方程（以其余各杆力的公共汇交点为矩心）。各平行杆或共点杆的内力需另取截面来求解。

【例题 2-11】　求图 2-31（a）所示桁架中杆件 8、9、10 所受的力。已知 $a=12$ m，$h=10$ m，$F=50$ kN。

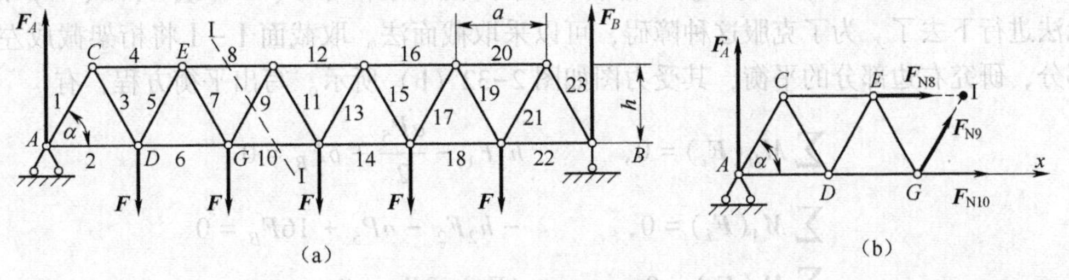

图 2-31　例题 2-11 图

分析与解　本例中如用节点法，须逐一研究节点 A、C、D、E、G 后，方能求出杆 8、

9、10 中的力。如改用截面法，则问题大为简化。为求杆 8、9、10 所受的力，可取截面Ⅰ-Ⅰ。该截面将桁架分为左、右两部分，取左边部分为平衡对象，它的受力图如图 2-31（b）所示，其中被截各杆 8、9、10 对于左边部分的作用力用 $\boldsymbol{F}_8$、$\boldsymbol{F}_9$、$\boldsymbol{F}_{10}$ 表示。图上假设各杆都受拉力。在写平衡方程时，最好使所写的每个方程中只包含一个未知量。例如取 $\boldsymbol{F}_9$、$\boldsymbol{F}_{10}$ 的交点 G 为矩心，可写出

$$\sum M_G(\boldsymbol{F}_i) = 0,\quad aF - 2aF_A - hF_8 = 0$$

其中支座反力可先根据整个桁架的平衡条件求出。显然有 $F_A = 2.5F$，代入上式得

$$F_8 = -\frac{4aF}{h} = -240\ \text{kN}\,(\text{压力})$$

其次，可取节点 I 为矩心，写出平衡方程

$$\sum M_I(\boldsymbol{F}_i) = 0, 2aF - \frac{5aF_A}{2} + hF_{10} = 0, F_{10} = \frac{11aF}{4h} = 255\ \text{kN}$$

最后，可以写出 y 轴上的投影方程

$$\sum F_{yi} = 0, F_A + F_9 \sin\alpha - 2F = 0, F_9 = \frac{F}{2\sin\alpha} = -29.1\ \text{kN}(\text{压力})$$

如欲求其他杆件所受的力，则可另取截面求解。

【例题 2-12】 求图 2-32（a）所示屋顶桁架中杆件 1、2、3 所受的力。已知荷载 $P_1 = P_5 = 5\ \text{kN}$，$P_2 = P_3 = P_4 = 10\ \text{kN}$。

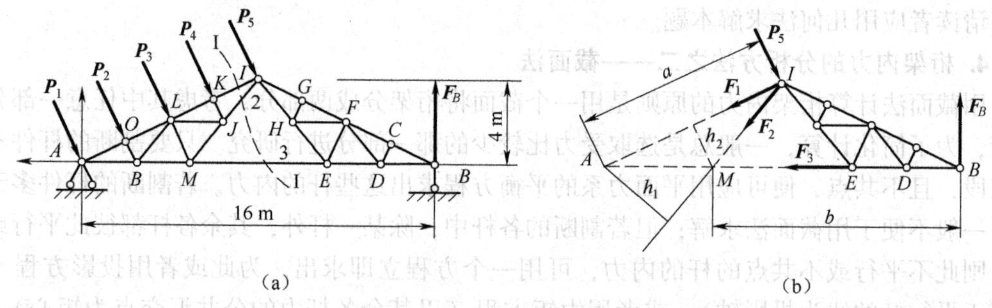

图 2-32　例题 2-12 图

分析与解　在前段介绍节点法时曾指出，对不符合简单桁架组成规律的简单桁架，采用节点法，在一定阶段上，节点的未知力将有三个或更多，以致上述逐个节点求解的办法，无法继续下去。本题就是这种例子。容易看出，陆续取节点 B、C、D（或 A、O、N）之后，就无法进行下去了。为了克服这种障碍，可以采取截面法。取截面Ⅰ-Ⅰ将桁架截成左、右两部分，研究右边部分的平衡，其受力图如图 2-32（b）所示。写出平衡方程，有

$$\sum M_M(\boldsymbol{F}_i) = 0,\qquad h_1F_1 - \frac{aP_5}{2} + bF_B = 0$$

$$\sum M_A(\boldsymbol{F}_i) = 0,\qquad -h_2F_2 - aP_5 + 16F_B = 0$$

$$\sum M_I(\boldsymbol{F}_i) = 0,\qquad 4F_3 - 8F_B = 0$$

其中支座反力 F_B 可先由整个桁架的平衡求出。事实上由 $\sum M_A(\boldsymbol{F}_i) = 0$ 得

$$-4P_3\frac{a}{2}+16F_B=0$$

从而
$$F_B=\frac{a}{8}P_3$$

由几何关系容易求出：$a=8.94$ m，$b=11$ m，$h_1=2.24$ m，$h_2=4$ m。将这些数据及荷载的值代入上列各式，再求解方程即得

$F_B=11.2$ kN，$F_1=-45$ kN（压力），$F_2=33.6$ kN，$F_3=22.4$ kN。

杆 1、杆 2 和杆 3 所受的力求出后，可继续使用节点法求出其余各杆所受的力。

2.3.6　考虑摩擦的平衡问题

以前研究物体间受力时，总是假定物体表面是完全光滑的；因此接触物体间的相互作用力，可认为是沿着接触面的公法线方向的。然而完全光滑的表面事实上并不存在，接触处多少有点摩擦。有时摩擦还起着决定性作用，如水利上重力坝或挡土墙的滑动稳定问题，机床上的夹具依靠摩擦力锁紧工件，等等。

当考虑摩擦时，静力学问题的解法仍以本章 2.3.3 小节所述的平衡理论为依据。但是，这时出现了新的情况与新的困难，在每个问题中必须在平衡物体的受力图上画出相应的摩擦力。因此，关键在于正确地分析摩擦力。

在本书范围内，只讨论支承面的摩擦。至于铰链、轴承中的摩擦，一般都忽略不计。当分析支承面的摩擦力时，首先应根据物体在主动力作用下的运动趋势来判断其接触处摩擦力的方向。其次应注意，当物体平衡时，摩擦力 $\boldsymbol{F}_S$的大小可以取 0 与 $F_{\max}$之间的任何值，亦即有

$$0\leqslant F_S\leqslant F_{\max} \tag{2-18}$$

因此，比值 $k=\dfrac{F_S}{F_N}$ 不能预先确定，而有一个变化范围

$$0\leqslant k\leqslant f_S \tag{2-19}$$

可见，当解一般的平衡问题时，摩擦力 $F_S=kF_N$应作为一个独立的未知量来考虑。为确定这些新增的未知量，须有补充的方程。式（2-18）与式（2-19）就是这种补充方程。应该指出，当有摩擦时，物体不只在一个位置上平衡，而是可以在一连串位置上平衡。这些位置所对应的范围，称为平衡范围。在平衡范围内，摩擦力的大小往往是不定的。

有时只需分析平衡的临界情况，亦即进行所谓临界分析。此时摩擦力到达可能的最大值 $F_{\max}=f_S\cdot F_N$，在摩擦力与法向反力之间有了确定的比例。这样，问题可以得到确定的解答。在确定了平衡的临界情况后，就不难表示出平衡范围。因此对于一般的平衡问题，常常只限于临界分析。

下面举几个应用所述理论的例子。

【例题 2-13】　斜面的倾角 α 大于摩擦角 φ_f。斜面上放有重量为 $\boldsymbol{P}$ 的物块（图 2-33），为了维持该物块在斜面上的静止不动，在物块上作用了水平力 $\boldsymbol{F}_1$。试求该力的最大值与最小值。

分析与解　本例只需进行平衡的临界分析。物块受四个力的作用：重力 $\boldsymbol{P}$、水平力 $\boldsymbol{F}_1$、斜面的法向反力 $\boldsymbol{F}_N$以及摩擦力 $\boldsymbol{F}_S$。摩擦的方向须按物块运动趋势来判断。

首先设力 $\boldsymbol{F}_1$ 足够大，因而物块将开始沿斜面向上滑动。这时摩擦力到达可能的最大值，方向沿斜面向下［图 2-33（a）］。现求平衡时力 $\boldsymbol{F}_1$ 的最大值 $F_{1\max}$。将各力投影至水平轴与铅直轴，得平衡方程

$$\sum F_{ix} = 0, \qquad -F_{\mathrm{N}} \sin\alpha - F_{\max} \cdot \cos\alpha + F_{1\max} = 0 \tag{1}$$

$$\sum F_{iy} = 0, \qquad F_{\mathrm{N}} \cdot \cos\alpha - F_{\max} \cdot \sin\alpha - P = 0 \tag{2}$$

其中 $F_{\max} = f_S F_{\mathrm{N}}$。于是，在消去摩擦力后，即可由式（2）求得 $F_{\mathrm{N}} = \dfrac{P}{\cos\alpha - f_S \sin\alpha}$，将此值代入式（1），并命 $f_S = \tan\varphi_f$ 求得

$$F_{1\max} = P\frac{\sin\alpha + \tan\varphi_f \cos\alpha}{\cos\alpha - \tan\varphi_f \sin\alpha} = P\tan(\alpha + \varphi_f) \tag{a}$$

这就是物块不向上滑动时所能承受的水平推力 $\boldsymbol{F}_1$ 的最大值。

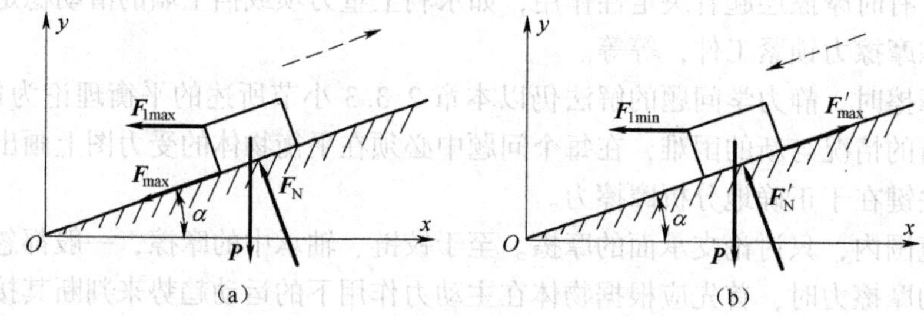

图 2-33　例题 2-13 图

其次，设力 $\boldsymbol{F}_1$ 过小，以致物块将开始向下滑动。这时摩擦亦到达最大值，但方向变为沿斜面向上［图 2-33（b）］。现求力 $\boldsymbol{F}_1$ 的最小值 $F_{1\min}$。

$$\sum F_{ix} = 0, \qquad -F_{\mathrm{N}} \sin\alpha + F_{\max} \cos\alpha - F_{1\min} = 0 \tag{3}$$

$$\sum F_{iy} = 0, \qquad F_{\mathrm{N}} \cos\alpha + F_{\max} \sin\alpha - P = 0 \tag{4}$$

注意到这些方程所不同于方程（1）、（2）的，仅 $F_{\max}$ 前变为相反的符号。故可直接写出

$$F_{1\min} = P\frac{\sin\alpha - \tan\varphi_f \cos\alpha}{\cos\alpha + \tan\varphi_f \sin\alpha} = P\tan(\alpha - \varphi_f) \tag{b}$$

这就是物块不向下滑动时所能承受的水平推力 $\boldsymbol{F}_1$ 的最小值。

最后，根据上述结果，可得平衡范围

$$P\tan(\alpha - \varphi_f) \leqslant F_1 \leqslant P\tan(\alpha + \varphi_f) \tag{c}$$

当力 $\boldsymbol{F}_1$ 的值在此范围内时，物块都能静止在斜面上。

很多实际的机构如螺旋、楔等的摩擦问题，都是以本例的分析为基础的。

以上讨论假定 $\alpha > \varphi_f$。请读者考虑：如果 $\alpha < \varphi_f$，上述结论是否正确？此时 $F_{1\min} < 0$，表示什么意思？

【例题 2-14】　梯子 AB 重 $\boldsymbol{P}$，长为 $2a$，重心在其中点 C。梯子的一端 A 搁在水平地板上，其摩擦系数为 f_{SA}，而另一端 B 则靠在铅直墙上，其摩擦系数为 f_{SB}（图 2-34）。试求平衡时角 α 的范围，以及地板与墙的反力。

分析　梯子平衡时，角 α 显然不能超过 90°。而当角 α 逐渐减小，到达某一最小值 $\alpha_{\min}$

时，梯子将因自身重量的作用而开始失去平衡。为求角 $\alpha_{\min}$，可利用临界分析。

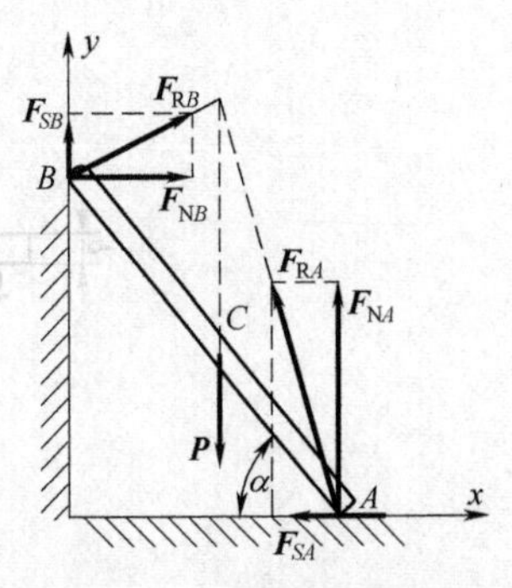

图 2-34　例题 2-14 图

解　取梯子 AB 为研究对象，其受力图如图 2-34 所示。其中 A 处的摩擦力 $\boldsymbol{F}_A$ 向左，B 处的摩擦力 $\boldsymbol{F}_{SB}$ 向上。写出平衡方程，有

$$\sum F_{ix} = 0\,,\qquad F_{\mathrm{NB}} - F_{SA} = 0 \tag{1}$$

$$\sum F_{iy} = 0\,,\qquad F_{SB} + F_{\mathrm{NA}} - P = 0 \tag{2}$$

$$\sum M_A(\boldsymbol{F}_i) = 0\,,\ F_{\mathrm{NB}}2a\sin\alpha + F_{SB}\cdot 2\alpha\cos\alpha - P\cdot a\cos\alpha = 0 \tag{3}$$

在临界状态，$\alpha=\alpha_{\min}$，且 $F_{SA}=f_{SA}\cdot F_{\mathrm{NA}}$，$F_{SB}=f_{SB}\cdot F_{\mathrm{NB}}$。在此情形下由式（1）、式（2）可求得

$$F_{\mathrm{NA}} = \frac{P}{1+f_{SA}f_{SB}},\qquad F_{\mathrm{NB}} = \frac{f_{SA}P}{1+f_{SA}f_{SB}} \tag{a}$$

代入式（3），可得

$$\tan\alpha_{\min} = \frac{1-f_{SA}f_{SB}}{2f_{SA}} \tag{b}$$

可见，梯子的平衡范围为

$$\frac{\pi}{2} \geqslant \alpha \geqslant \arctan\frac{1-f_{SA}f_{SB}}{2f_{SA}} \tag{c}$$

为求当梯子处在平衡范围内时地板与墙的反力，应采用所谓 k-系数法，亦即，在所写出的平衡方程中，令摩擦力

$$F_{SA} = k_A F_{\mathrm{NA}} \leqslant f_{SA}\cdot F_{\mathrm{NA}},\quad F_{SB} = k_B F_{\mathrm{NB}} \leqslant f_{SB}\cdot F_{\mathrm{NB}}$$

因为此时摩擦力未必到达最大值。重新求解上列方程，可得

$$F_{\mathrm{NA}} = \frac{P}{1+k_Ak_B},\qquad F_{\mathrm{NB}} = \frac{k_AP}{1+k_Ak_B} \tag{d}$$

以式（d）代入式（3），可得未定系数 k_A 与 k_B 之间的关系

$$\tan\alpha = \frac{1-k_Ak_B}{2k_A} \tag{e}$$

但是，这个关系式并不能唯一地确定两个未知量 k_A 与 k_B。可见，在平衡范围内，地板与墙的法向反力以及摩擦力都不能唯一地确定，而是可以在某一范围内变化，这正说明了有摩擦时平衡问题的特点。

【例题 2-15】　轧钢机由直径各为 d 的两个铸钢辊构成，辊面间的距离为 a，两辊按相反方向旋转，如图 2-35（a）中箭头所示。已知烧红的钢板与铸钢辊间的摩擦系数为 f_S，问能在该机器上自动带过的钢板的最大厚度 b 是多少？

分析与解　取钢板为研究对象，钢板靠两个钢辊给予它的反作用力（钢板的重量与支承滚轮的法向反力相抵消，作用于钢板的其余力与两钢辊的反作用力相比甚小，都可略去不计）代入。为使钢板向右加速运动，钢辊对钢板的全反力需偏至右方，这样上下两钢辊的反力方能合成一个向右的力。当钢板匀速运动时，该合力应为零，因而反力 $\boldsymbol{F}_{\mathrm{R1}}$ 或 $\boldsymbol{F}_{\mathrm{R2}}$ 必须

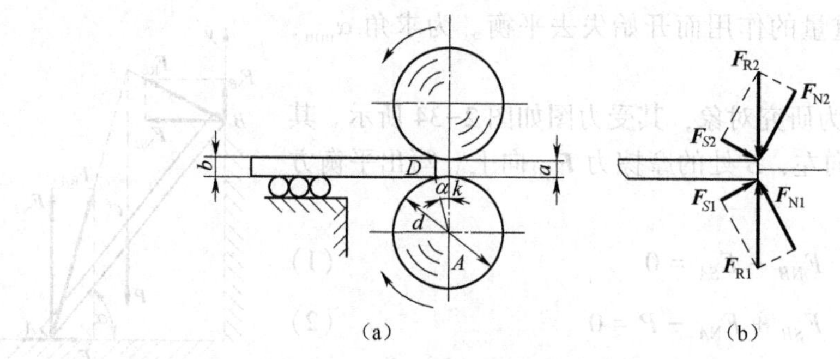

图 2-35 例题 2-15 图

沿铅直方向［图 2-35（b）］。但反力 $\boldsymbol{F}_{R1}$ 与 $\boldsymbol{F}_{R2}$ 与钢辊在与钢板的接触点处的法线所成夹角 α 不能大于摩擦角 φ_f，即

$$\tan\alpha \leqslant \tan\varphi_f = f_S$$

由几何关系，得

$$\tan\alpha = \frac{DK}{AK} = \frac{\sqrt{\left(\frac{d}{2}\right)^2 - \left[\frac{1}{2}(d-b+a)\right]^2}}{\frac{1}{2}(d-b+a)} \leqslant f_S$$

通常 $a \ll d$，故展开根号后，可得近似式

$$b \leqslant a + \frac{d}{2} f_S^2$$

这就是能自动带过的钢板的厚度。

【例题 2-16】 图 2-36（a）为一种手动制动器的尺寸。制动块与滑轮表面的摩擦系数已知为 f_S。假定 $c<b/f_S$，试求制止滑轮逆时针转动所必需的最小的铅直力 $\boldsymbol{F}$。

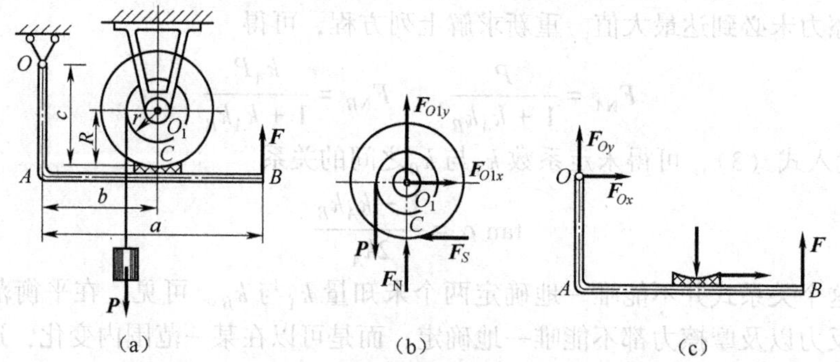

图 2-36 例题 2-16 图

分析 制动作用依靠制动块与滑轮边缘间的摩擦力。为显示出这个力，应分别考察滑轮与杠杆的平衡。

解 先取滑轮为对象，画出平衡时所受各力［图 2-36（b）］。

$$\sum M_{O'}(\boldsymbol{F}_i) = 0, \quad Pr - F_S R = 0$$

得

$$F_S = rP/R \tag{1}$$

且 $F_S \leqslant f_S \cdot F_N$。假定力 $\boldsymbol{F}$ 刚好足以制止滑轮的转动，此时摩擦力到达临界值，即 $F_S = f_S F_N$，

代入式（1）求得制动杆所应产生的最小正压力的大小

$$F_N = \frac{r}{f_S R} P \tag{2}$$

其次，以制动杆为平衡对象，其受力图如图 2-36（c）所示，滑轮作用于杆上制动块的力为：$\boldsymbol{F}'_N = -\boldsymbol{F}_N$，$\boldsymbol{F}'_S = -\boldsymbol{F}_S$。写出对于点 O 的力矩方程，有

$$\sum M_O(\boldsymbol{F}_i) = 0,\quad F_{\min} a + F'_S c - F'_N b = 0$$

得

$$F_{\min} = \frac{P}{a} \cdot \frac{r}{R}\left(\frac{b}{f_S} - c\right)$$

这就是制止滑轮转动所需的铅直力 $\boldsymbol{F}$ 的最小值。

【补充材料】

1. 摩擦现象及滑动摩擦定律

摩擦是极其复杂的物理—力学现象。由于物理本质的不同，应区别干摩擦与湿摩擦。干摩擦发生于固体与固体直接接触的表面之间。若固体间存在某种液体（如轴承间的润滑剂），则此时出现的摩擦是湿摩擦，它由液体内部的黏性所引起并与液体的运动有关。在刚体静力学里只研究干摩擦。由于干摩擦的发生是以相互接触物体沿表面的相对滑动为条件的，所以也称为滑动摩擦。

两个相互接触的物体，当它们发生沿接触面的相对滑动或有相对滑动的趋势时，彼此间作用着阻碍相对滑动的力，称为滑动摩擦力。在尚未发生相对滑动时出现的是静摩擦力，在相对滑动时出现的则为动摩擦力。

通过大量实验得到下列定律：**静摩擦力的最大值 $F_{\max}$ 与物体对支承面的正压力或法向反作用力 F_N 成正比**。因此可以写成：

$$F_{\max} = f_S F_N \tag{a}$$

式中 f_S 是无量纲的比例系数，称为**静摩擦因数**。该系数的大小与互相接触物体的材料以及它们的表面情况（粗糙程度、湿度、温度等）有关，但一般与接触面面积的大小无关。

各种材料在接触表面不同情况下的静摩擦因数只能由实验测定。在一般工程手册中都载有有关材料静摩擦因数的表，以备查用，作为初步计算的依据。表 a 中摘录了几种常用材料的静摩擦因数的大约值。

表 a 常用工程材料静摩擦因数的大约值

材料	f_S	材料	f_S	材料	f_S
钢对钢	0.15	钢对铸铁	0.30	钢对青铜	0.15
软钢对铸铁	0.20	皮革对铸铁	0.3~0.5	木材对木材	0.4~0.6
砖对混凝土	0.76	钢对橡胶	0.90	混凝土对土	0.3~0.4

应该指出，公式（a）只有粗略近似的意义，它远没有反映出摩擦现象的复杂性。虽然如此，但在一般工程计算中，当精度要求不高时，还是广泛采用这个简单公式。

摩擦的物理本质极为复杂。在这方面虽然已进行了大量的研究，提出了许多种解释摩擦成因的学说，但直到现在还没有建立起足够完善的理论。这里只介绍一种比较浅

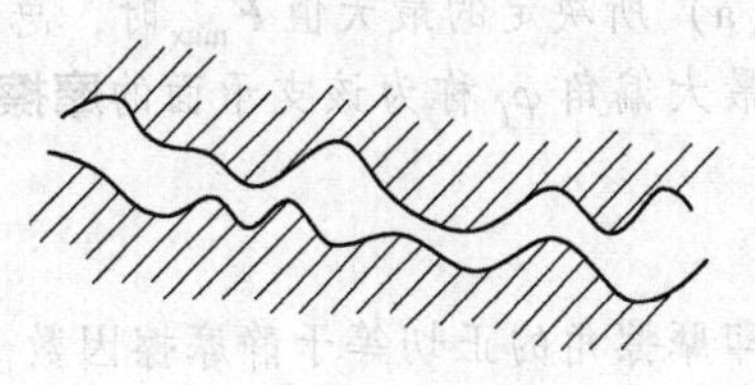

图 a

近明了的说法。

物体表面不是绝对光滑的，总有些凹凸不平或起伏，在法向压力下，接触表面起伏部分要相互挤压与啮合（图 a），这种啮合可以认为是弹性的，啮合的强度取决于单位面积上法向压力的大小。当两接触面有相对滑动趋势时，物体虽未运动，但已多少有些位移，从而引起啮合处的阻力。增大法向压力会增大啮合的程度，相应地增大了摩擦力的最大值。增大接触面积虽然可以增多啮合的数目，但与此同时减低了每个啮合的强度，因而并不引起 F_{max} 的改变。

在近代的机器或仪器制造中大量采用极为光滑的表面。实验表明这种光滑表面间的摩擦力也相当大，其数值与加于接触面的法向压力无关，却与接触面积的大小有关。许多研究结果指出，在这种情况下，接触表面间的分子凝聚力也显著地起着阻碍相对滑动的作用。这种分子凝聚力只在很小距离内（百万分之一厘米内）方起作用。当表面比较粗糙时，处于凝聚力范围内的分子很少，因而摩擦力很小，可以略去不计。但当表面非常光滑时，分子凝聚力就成为形成运动阻力的主要因素。近代摩擦理论认为：表面的啮合作用和分子的凝聚作用是产生干摩擦力的两个主要原因。前者只与法向压力有关，而与接触面积无关；后者则与实际接触面积有关而与法向压力无关。基于这种假设，有

$$F_{max} = f_S F_N + aS \tag{b}$$

该关系称为摩擦的二项式定律。式中 f_S、F_N 与公式（a）中意义相同，S 为真实接触面积，a 为由分子凝聚力所决定的阻力强度（其单位为 N/m^2）。应该指出，绝大多数物体表面都不是非常光滑的，分子的凝聚力对摩擦的影响较小，因此摩擦的二项式定律虽然较精确，还是用得很少。工程上一般仍用公式（a）。在准确度要求较高的情形下，往往不是修改公式，而是更精确地测定摩擦因数，并规定其应用范围。

由实验还测知当物块滑动时动摩擦力 $\boldsymbol{F}$ 的下列性质。

（1）动摩擦力 $\boldsymbol{F}$ 的方向与物体相对滑动的速度方向相反。

（2）动摩擦力的大小 F，正比于两个相接触物体间的正压力（或法向反力），也即

$$F = fF_N \tag{c}$$

其中 f 是动摩擦因数。

（3）动摩擦因数 f 略小于静摩擦因数，并与两个相接触物体的材料以及接触表面的情况有关。

（4）动摩擦因数 f 也与两物体的相对滑动速度有关。大多数情形下，该系数随相对速度增大而减小，最后达到某一稳定值。在实际运用时，动摩擦因数也要根据具体条件，通过实验测定。

2. 摩擦角和自锁现象

在有关摩擦的研究中，还要提出摩擦角这个概念。当有摩擦时，支承面对平衡物体的约束反力包括两个分量：法向反力 $\boldsymbol{F}_N$ 与切向反力即摩擦力 $\boldsymbol{F}_S$。这两个分量的几何和 $\boldsymbol{F}_R = \boldsymbol{F}_N + \boldsymbol{F}_S$ 称为支承面的总反力，其方向对支承面在接触点的法线成某一偏角。当摩擦力达到由式（a）所决定的最大值 $\boldsymbol{F}_{max}$ 时，总反力 $\boldsymbol{F}_R$ 的偏角亦到达最大值 φ_f［图 b（a）］。总反力的这个最大偏角 φ_f 称为该支承面的**摩擦角**。由图 b 可得

$$\tan\varphi_f = \frac{F_{max}}{F_N} = \frac{f_S F_N}{F_N} = f_S \tag{d}$$

即摩擦角的正切等于静摩擦因数。

设水平力 $\boldsymbol{F}_T$ 在水平面内的方向可以任意改变，则最大摩擦力 $\boldsymbol{F}_{max}$ 以及总反力 $\boldsymbol{F}_R$ 的方向

也将随之发生改变：力 $\boldsymbol{F}_T$ 绕接触点的法向轴转一圈，总反力 $\boldsymbol{F}_R$ 的作用线将绕水平面的法线画一个以接触点为顶点的锥面［图 b(b)］。此锥面称为**摩擦锥**。设物块与支承面间沿任何方向的摩擦因数都相同，则对应的摩擦角 φ_f 亦相同。此时的摩擦锥将是一个顶角为 $2\varphi_f$ 的正圆锥。

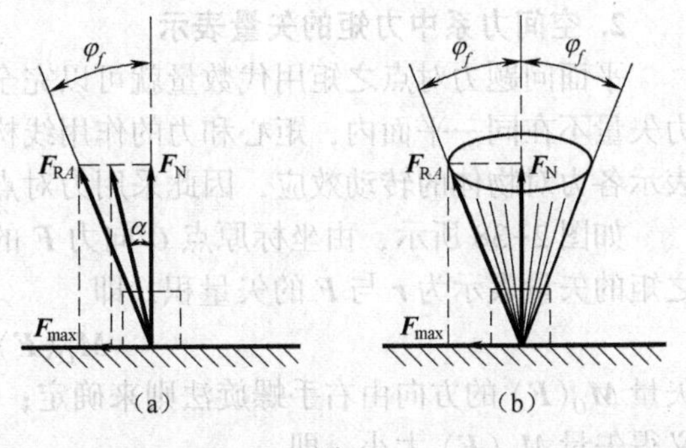

图 b

因平衡时摩擦力不一定达到可能的最大值，而是可以在零与 F_{max} 之间变化，所以总反力 $\boldsymbol{F}_R$ 与法线所成的角度也相应地可在零与 φ_f 之间变化。但是，摩擦力不能超过最大值 F_{max}，因而支承面总反力的作用线亦不可能越出摩擦锥的表面。

由于摩擦锥的这一性质，可得如下重要结论：若作用于物体的全部主动力的合力作用线在摩擦锥之外，则不论这个力怎样小，物体都不能保持平衡。反之，若主动力合力作用线在锥面以内，则不论这个力怎样大，物体总能处于静止。后一现象称为自锁。机器部件的自动“卡住”，就是利用了自锁现象。不会自行脱落的螺钉及楔子等都是这种例子。

2.4　空间力系与重心

2.4.1　空间力系

空间力系是力的作用线不位于同一平面的力系。它是力学计算中最一般的力系。

1. 力在空间直角坐标轴上的投影

如图 2-37 所示，力 $\boldsymbol{F}$ 在空间直角坐标上的投影有两种方法。

1）直接投影法

由投影的定义式（2-1），力 $\boldsymbol{F}$ 在空间直角坐标上的投影为

$$\begin{cases} F_x = \boldsymbol{F}\cdot\boldsymbol{i} = F\cos(\boldsymbol{F}\cdot\boldsymbol{i}) \\ F_y = \boldsymbol{F}\cdot\boldsymbol{j} = F\cos(\boldsymbol{F}\cdot\boldsymbol{j}) \\ F_z = \boldsymbol{F}\cdot\boldsymbol{k} = F\cos(\boldsymbol{F}\cdot\boldsymbol{k}) \end{cases} \tag{2-20}$$

式中，$\boldsymbol{i}$、$\boldsymbol{j}$、$\boldsymbol{k}$ 为坐标轴正向的单位矢量。

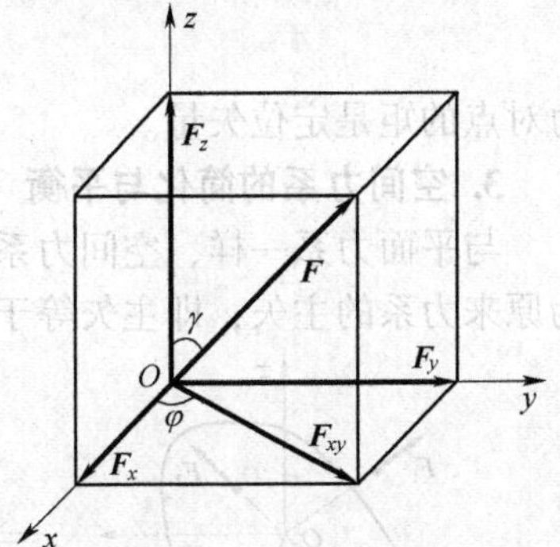

图 2-37　力的投影

2）间接投影法

设力 $\boldsymbol{F}$ 与 z 轴的夹角为 γ，力 $\boldsymbol{F}$ 向 xOy 面上分力为 $\boldsymbol{F}_{xy}$，此分力 $\boldsymbol{F}_{xy}$ 与 x 轴的夹角为 φ，则将力 $\boldsymbol{F}$ 投影在 xOy 面上分力为 $\boldsymbol{F}_{xy}$，再将分力 $\boldsymbol{F}_{xy}$ 投影在 x 轴和 y 轴，这样的投影称为间接投影法，即

$$\begin{cases} F_x = F_{xy}\cos\varphi = F\sin\gamma\cos\varphi \\ F_y = F_{xy}\sin\varphi = F\sin\gamma\sin\varphi \\ F_z = F\cos\gamma \end{cases} \tag{2-21}$$

2. 空间力系中力矩的矢量表示

平面问题力对点之矩用代数量就可以完全表示力对物体的转动效应，但空间问题由于各力矢量不在同一平面内，矩心和力的作用线构成的平面也不在同一平面内，再用代数量无法表示各力对物体的转动效应，因此采用力对点的矩的矢量表示。

如图 2-38 所示，由坐标原点 O 向力 $\boldsymbol{F}$ 的作用点 A 作矢径 $\boldsymbol{r}$，则定义力 $\boldsymbol{F}$ 对坐标原点 O 之矩的矢量表示为 $\boldsymbol{r}$ 与 $\boldsymbol{F}$ 的矢量积，即

$$\boldsymbol{M}_O(\boldsymbol{F}) = \boldsymbol{r} \times \boldsymbol{F} \tag{2-22}$$

矢量 $\boldsymbol{M}_O(\boldsymbol{F})$ 的方向由右手螺旋法则来确定；由矢量积的定义得矢量 $M_O(\boldsymbol{F})$ 大小，即

$$|\boldsymbol{r} \times \boldsymbol{F}| = rF\sin\alpha = Fh$$

其中，h 为 O 点到力的作用线的垂直距离，即力臂。

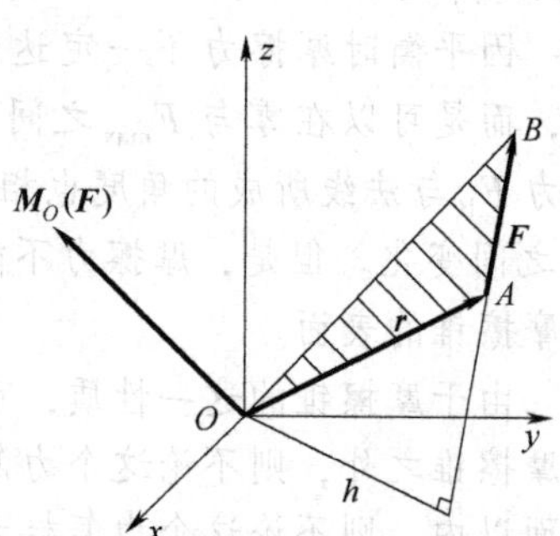

图 2-38　空间力矩的表示

若将图 2-38 所示的矢径 $\boldsymbol{r}$ 和力 $\boldsymbol{F}$ 表示成解析式，为

$$\begin{cases} \boldsymbol{r} = x\boldsymbol{i} + y\boldsymbol{j} + z\boldsymbol{k} \\ \boldsymbol{F} = F_x\boldsymbol{i} + F_y\boldsymbol{j} + F_z\boldsymbol{k} \end{cases} \tag{2-23}$$

将式（2-23）代入式（2-22）得空间力对点的矩的解析表达式为

$$\begin{aligned} \boldsymbol{M}_O(\boldsymbol{F}) = \boldsymbol{r} \times \boldsymbol{F} &= \begin{vmatrix} \boldsymbol{i} & \boldsymbol{j} & \boldsymbol{k} \\ x & y & z \\ F_x & F_y & F_z \end{vmatrix} \\ &= (yF_z - zF_y)\boldsymbol{i} + (zF_x - xF_z)\boldsymbol{j} + (xF_y - yF_x)\boldsymbol{k} \end{aligned} \tag{2-24}$$

则力矩 $\boldsymbol{M}_O(\boldsymbol{F})$ 在坐标轴 x 轴、y 轴、z 轴上的投影为

$$\begin{cases} M_x(\boldsymbol{F}) = yF_z - zF_y \\ M_y(\boldsymbol{F}) = zF_x - xF_z \\ M_z(\boldsymbol{F}) = xF_y - yF_x \end{cases} \tag{2-25}$$

力对点的矩是定位矢量。

3. 空间力系的简化与平衡

与平面力系一样，空间力系向一点简化得到一个力和一个力偶，如图 2-39 所示，此力为原来力系的主矢，即主矢等于力系中各力矢量和。有

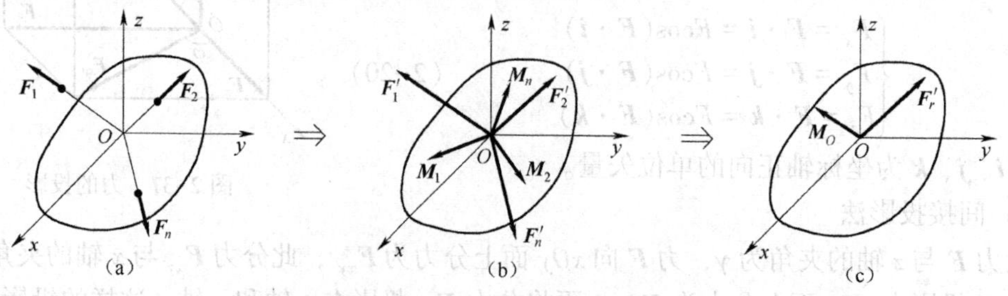

图 2-39　空间力系的简化

$$\begin{aligned} \boldsymbol{F}'_{\mathrm{R}} &= \boldsymbol{F}'_1 + \boldsymbol{F}'_2 + \cdots + \boldsymbol{F}'_n = \boldsymbol{F}_1 + \boldsymbol{F}_2 + \cdots + \boldsymbol{F}_n = \sum_{i=1}^{n} \boldsymbol{F}_i \\ &= \left(\sum_{i=1}^{n} F_{xi}\right)\boldsymbol{i} + \left(\sum_{i=1}^{n} F_{yi}\right)\boldsymbol{j} + \left(\sum_{i=1}^{n} F_{zi}\right)\boldsymbol{k} \end{aligned} \tag{2-26}$$

此力偶矩称为原来力系的主矩，即主矩等于力系中各力矢量对简化中心取矩的矢量和。有

$$\boldsymbol{M}_O = \boldsymbol{M}_1 + \boldsymbol{M}_2 + \cdots + \boldsymbol{M}_n = \sum_{i=1}^{n} \boldsymbol{M}_O(\boldsymbol{F}_i) = \sum_{i=1}^{n} (\boldsymbol{r}_i \times \boldsymbol{F}_i) \tag{2-27}$$

$$= (\sum_{i=1}^{n} M_{xi})\boldsymbol{i} + (\sum_{i=1}^{n} M_{yi})\boldsymbol{j} + (\sum_{i=1}^{n} M_{zi})\boldsymbol{k}$$

结论：空间力系向力系所在平面内任意一点简化，得到一个力和一个力偶，如图 2-39（c）所示，此力称为原来力系的主矢，与简化中心的位置无关；此力偶矩称为原来力系的主矩，与简化中心的位置有关。

合力矩定理：空间力系的合力对任意一点的矩等于力系中各力对同一点的矩的矢量和。即

$$\boldsymbol{M}_O = \sum_{i=1}^{n} \boldsymbol{M}_O(\boldsymbol{F}_i) \tag{2-28}$$

这里不做证明，读者可根据矢量代数自行推导。

将上面的式（2-28）向直角坐标轴 x 轴、y 轴、z 轴投影，得对某轴的**合力矩定理**：空间力系的合力对某轴的矩等于力系中各力对同一轴的矩的代数和。即

$$\left.\begin{aligned} M_x &= \sum_{i=1}^{n} M_x(\boldsymbol{F}_i) \\ M_y &= \sum_{i=1}^{n} M_y(\boldsymbol{F}_i) \\ M_z &= \sum_{i=1}^{n} M_z(\boldsymbol{F}_i) \end{aligned}\right\} \tag{2-29}$$

空间力系平衡的必要与充分条件：力系的主矢和对任意一点的主矩均等于零。即

$$\boldsymbol{F}'_{\mathrm{R}} = 0,\ \boldsymbol{M}_O = 0 \tag{2-30}$$

由式（2-26）和式（2-27）得空间力系平衡的方程：

$$\left.\begin{aligned} &\sum_{i=1}^{n} F_{xi} = 0 \\ &\sum_{i=1}^{n} F_{yi} = 0 \\ &\sum_{i=1}^{n} F_{zi} = 0 \\ &\sum_{i=1}^{n} M_{xi}(\boldsymbol{F}_i) = 0 \\ &\sum_{i=1}^{n} M_{yi}(\boldsymbol{F}_i) = 0 \\ &\sum_{i=1}^{n} M_{zi}(\boldsymbol{F}_i) = 0 \end{aligned}\right\} \tag{2-31}$$

于是得空间力系平衡的解析条件：空间力系中各力向三个垂直的坐标轴投影的代数和均为零，各力对三个坐标轴的矩的代数和也均为零。

方程（2-31）为六个独立的方程，可解六个未知力。它包含静力学的所有平衡方程，如空间平行力系的平衡方程，若 z 轴与力的作用线平行，则力系中各力向 x 轴和 y 轴的投影恒为零，对 z 轴的矩恒为零，即平衡方程为

$$\left.\begin{aligned}\sum_{i=1}^{n} F_{zi} = 0 \\ \sum_{i=1}^{n} M_{xi}(\boldsymbol{F}_i) = 0 \\ \sum_{i=1}^{n} M_{yi}(\boldsymbol{F}_i) = 0\end{aligned}\right\} \tag{2-32}$$

由于空间力系的平衡方程有六个，所以在求解时应注意：①选择适当的投影轴，使更多的未知力尽可能地与该轴垂直。②力矩轴应选择与未知力相交或平行的轴。③投影轴和力矩轴不一定是同一轴，所选择的轴也不一定都是正交的；只有这样才能做到一个方程含有一个未知力，避免联立方程。

2.4.2 重心

1. 重心的概念

在地球附近的物体，都受到地球引力的作用，这就是通常所说的重力。作用于物体内各质点的重力近似地汇交于地球中心，但因地球的半径比物体的尺寸大得多，因此可以足够准确地认为这些力组成空间同向平行力系，物体的重力是这些力的合力。经验指出，不论物体的位置和方位如何改变，物体的重力的作用线都通过物体上同一点，这个点就称为物体的重心。

在日常生活和工程实际中，重心是一个很重要的概念。飞机、火箭、炮弹等在飞行时，重心的位置对它们的飞行性能（稳定性、操纵性等）有很大的影响；因此在整个飞行过程中，重心应严格地控制在确定的区域内。车辆的重心如果位置过高，在弯道上行驶就容易翻车。水利和土建工程中的重力坝和挡土墙等建筑物的重心位置则直接关系到建筑物的抗倾稳定性。机器的高速旋转部分的重心必须靠近转轴，否则会引起不良的后果；相反某些振动机的转子，却借重心偏离转轴而引起所需要的振动。成平衡的物体，往往要看它在稍微偏离平衡位置时重心是降低还是升高来判断其平衡是否稳定。在本课程以及不少后续课程中，将时常需要知道某些物体的重心。本节将应用力系简化理论来研究如何确定重心在物体上的位置。

确定物体重心的问题，实质上是求空间平行力系的合成问题，因此，为了确定物体的重心，应用平行力系中心这个概念是很方便的。

2. 平行力系中心的概念

设物体上各已知点作用有平行力，已知该力系有合力，且力系中各力的公共方位可以任意改变（亦即各力的作用线可分别绕其不变的作用点按相同的方向转过相同的角度），下面将要证明该力系的合力作用线始终通过物体上一个确定的点，这样的一个点一般称为平行力系中心，物体的重心只是它的一种特例。

求平行力系中心时，力的数目不受限制。因此可以先从两个同向平行力的情形开始，然

后转到一般情形。图 2-40 所示为两个同向平行力 $\boldsymbol{F}_1$、$\boldsymbol{F}_2$，分别作用于刚体上的点 A 与 B。由两个同向平行力的合成结果可知，这两个力可合成一个力 $\boldsymbol{F}_R$，其大小为 $F_R = F_1 + F_2$，并由合力矩定理知合力作用线与 AB 连线之交点 C 应满足

$$M_C(\boldsymbol{F}_R) = M_C(\boldsymbol{F}_1, \boldsymbol{F}_2) = F_1 h_1 - F_2 h_2$$
$$= F_1 \cdot AC \cdot \cos\beta - F_2 \cdot CB \cdot \cos\beta = 0$$

所以 $$\frac{AC}{CB} = \frac{F_2}{F_1}$$

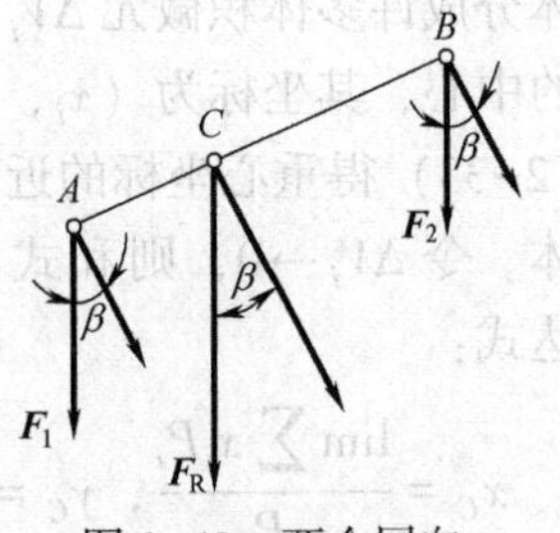

（a）　图 2-40　两个同向平行力 $\boldsymbol{F}_1$、$\boldsymbol{F}_2$

容易看出，这个结论与两力 $\boldsymbol{F}_1$、$\boldsymbol{F}_2$ 的公共方位无关。不论力 $\boldsymbol{F}_1$ 与 $\boldsymbol{F}_2$ 的作用线各自绕作用点 A 与 B 如何转动，只要它们保持互相平行、同方向，且大小不变，则合力 $\boldsymbol{F}_R$ 的作用线也随同转动，且仍通过 AB 上确定的一点 C。这个点被定义为所给两个平行力的合力作用点。

上述讨论，可推广到由任意多个作用点相对固定的力所组成的同向平行力系（不论是平面的或是空间的），应用逐次合成法，将力系中的各力逐一合成，每两个力的合力都有确定的作用点，因而整个力系的合力，也同样有确定的作用点。而且不论各个力的公共方位如何改变，力系的合力都始终通过这个点，它称为平行力系中心。

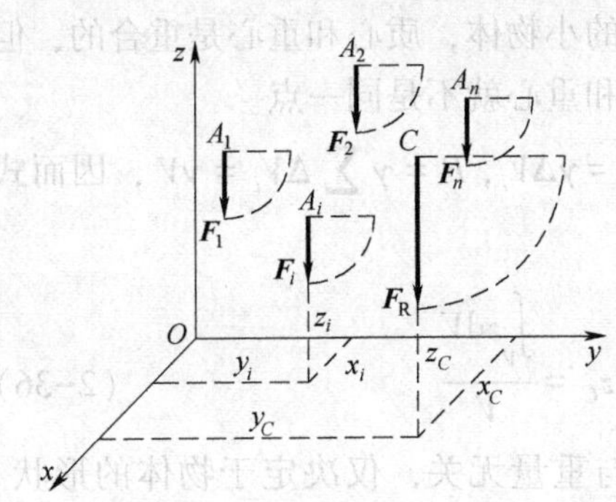

图 2-41　平行力系中心

为了确定平行力系中心的位置，取与各力作用点相固连的直角坐标系 $Oxyz$（图 2-41），令力 $\boldsymbol{F}_i$ 作用点的坐标为 (x_i, y_i, z_i)，合力作用点 C 即平行力系中心的坐标为 (x_C, y_C, z_C)。不失一般性，图 2-41 中假定力系中各力的方向平行于 z 轴。根据合力矩定理有 $M_y(\boldsymbol{F}_R) = \sum M_y(\boldsymbol{F}_i)$，即 $x_C F_R = \sum x_i F_i$，其中：$F_R = \sum F_i$，则 $x_C = \dfrac{\sum x_i F_i}{\sum F_i}$。

同理可以导出求 y_C 的公式。再将力系转至与 y 轴平行，取 x 轴为矩轴，应用合力矩定理即可求出 z_C。因此，如果力系中各力的大小与作用点都是给定的，则平行力系中心的坐标可用下列公式求出

$$x_C = \frac{\sum F_i x_i}{\sum F_i}, \quad y_C = \frac{\sum F_i y_i}{\sum F_i}, \quad z_C = \frac{\sum F_i z_i}{\sum F_i} \tag{2-33}$$

以上讨论，假定各力组成同向平行力系。设给定了一个不同方向的平行力系，则可将力系的力分为两组，且每一组内包含的力都是同向的。显然，可用上述方法求出每一组的合力，这样就把原力系化成反向的二平行力。原力系若不平衡，就可合成一个力，或者组成一个力偶。如果原力系有合力，容易知道合力的代数值为 $F_R = \sum F_i$。此时平行力系中心的坐标仍用公式（2-33）计算，只要把力 $\boldsymbol{F}_i$ 的大小 F_i 看成代数量，令指向一边的力为正，指向相反方向的力为负。当 $F_R = 0$（力系成平衡或者合成一力偶）时，不存在平行力系中心。

3. 重心坐标的普遍公式

现在应用平行力系中心的坐标公式求物体的重心。取固连于物体的坐标系 $Oxyz$，将物

体分成许多体积微元 ΔV_i，每块的重力 $\boldsymbol{P}_i$ 可看为作用于它的中心，其坐标为（x_i，y_i，z_i）（图 2-42）。于是由式（2-33）得重心坐标的近似表达式，其中连加遍及整个物体。令 $\Delta V_i \to 0$，则和式的极限就是重心坐标的准确表达式：

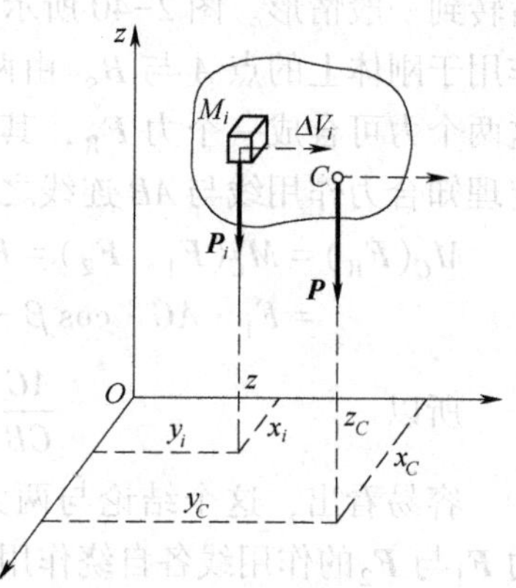

图 2-42 物体的重心

$$x_C = \frac{\lim \sum x_i P_i}{P},\quad y_C = \frac{\lim \sum y_i P_i}{P},\quad z_C = \frac{\lim \sum z_i P_i}{P} \tag{2-34}$$

其中 $P = \lim \sum P_i$ 为整个物体的重量。

通常的物体尺寸有限，其上各点所在处的重力加速度可认为是相等的，用 g 表示，则由物理学知：$P_i = m_i g$，$P = mg$，其中 m_i 及 m 分别表示体积微元 ΔV_i 及整个物体的质量。于是式（2-34）可写成：

$$x_C = \frac{\lim \sum x_i m_i}{m},\ y_C = \frac{\lim \sum y_i m_i}{m},\ z_C = \frac{\lim \sum z_i m_i}{m} \tag{2-35}$$

式（2-35）是根据物体质量分布状况所确定的某一点的坐标，这一点称为物体的质量中心，简称为质心。通过以上的讨论可知，对于地面上的小物体，质心和重心是重合的，但如果物体很大很大，重力加速度不能看成常数，则质心和重心就不是同一点。

若物体是匀质的，单位体积的重量 γ 为常数，则 $P_i = \gamma \Delta V_i$，$P = \gamma \sum \Delta V_i = \gamma V$，因而式（2-35）可写成积分形式：

$$x_C = \frac{\int_V x \mathrm{d}V}{V},\quad y_C = \frac{\int_V y \mathrm{d}V}{V},\quad z_C = \frac{\int_V z \mathrm{d}V}{V} \tag{2-36}$$

其中 V 代表整个物体的体积。可见，均质物体的重心与重量无关，仅决定于物体的形状。这时物体的重心也称为体积 V 的重心，或者物体的形心。

工程上常常采用薄壳，如厂房的顶壳、薄壁容器、飞机机翼、轮船甲板等，其厚度比起其表面面积 S 来非常小。若薄壳为匀质等厚的，则它的体积 V 与体积微元 ΔV 各自近似地正比于表面面积 S 与面积微元 ΔS，故上面的公式可写为

$$x_C = \frac{\int_S x \mathrm{d}S}{S},\quad y_C = \frac{\int_S y \mathrm{d}S}{S},\quad z_C = \frac{\int_S z \mathrm{d}S}{S} \tag{2-37}$$

应该注意，这一组公式只有在厚度趋近于零时才完全准确。应用于匀质等厚薄平板，可取薄板的中面（平分厚度的面）为 xOy 平面，则有 $z_C = 0$。

有时遇到的物体可看为细长线条。设物体是匀质等截面的，则它的总体积 V 与体积微元 ΔV 各自正比于线的长度 L 与线微元 Δl，故公式（2-36）可写为

$$x_C = \frac{\int_L x \mathrm{d}l}{L},\quad y_C = \frac{\int_L y \mathrm{d}l}{L},\quad z_C = \frac{\int_L z \mathrm{d}l}{L} \tag{2-38}$$

这组式子在截面积趋近于零时才完全准确。应用于匀质等截面直杆，则可取杆的轴线为 x

轴，因而有 $y_C=z_C=0$。

匀质薄壳与匀质线段的重心也分别称为面积 S 与线段 L 的重心或形心。

4. 确定重心位置的几种方法

1）对称性的利用

实际求重心时，首先考虑的是物体的对称性。容易理解：匀质物体，如有对称平面，则重心必在对称平面上，此时若取 xOy 平面与质量对称平面重合，则 $z_C=0$。如果匀质物体有对称轴，则重心必在对称轴上。例如，正圆锥体或正圆锥面的重心在其轴线上；正棱柱体或正棱柱面的重心在其轴线上。此时可取 z 轴与中心对称轴重合，则 $x_C=y_C=0$。若匀质物体有对称中心，则重心必在对称中心处，如圆球体、椭球体、等厚的球壳，重心都在球心，如此等等。

2）积分法

对于匀质的形状规则的物体，可以根据上面导出的式（2-36）、式（2-37）或式（2-38）利用定积分（或重积分）求出重心的坐标。

【例题 2-17】 求图 2-43 所示匀质扇形薄平板的重心。已知扇形的半径为 R，圆心角为 2α。

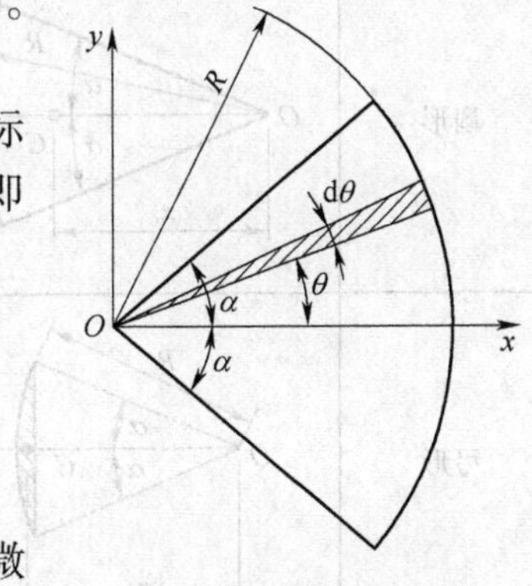

图 2-43　例题 2-17 图

解　取扇形顶角的角平分线为 x 轴，扇形顶点 O 为坐标原点。由于 x 轴为平板的对称轴，所以重心就在该轴上，即 $y_C=0$。下面确定 x_C。

由式（2-37）的第一式知

$$x_C=\frac{\int_S x\mathrm{d}S}{S}$$

为了计算积分，取微小扇形（图中画阴影线部分）为面积微元，它可近似地看成三角形，此三角形的高为扇形的半径 R，底边长为 $R\mathrm{d}\theta$，故有 $\mathrm{d}S=R^2\cdot\mathrm{d}\theta/2$，面积微元的重心与 O 点相距 $2R/3$，从而可知它的坐标为 $x=2R/3\cdot\cos\theta$。由此可得 $\int_S x\mathrm{d}S=\int_{-\alpha}^{\alpha}\frac{1}{3}R^3\cos\theta\mathrm{d}\theta=\frac{2}{3}R^3\sin\alpha$，$S=\int_S\mathrm{d}S=R^2\alpha$，把这些结果代入重心坐标的公式，即得

$$x_C=\frac{2}{3}\cdot\frac{R\sin\alpha}{\alpha}$$

设 $\alpha=\pi/2$，则扇形变成半圆形，此时

$$x_C=4R/(3\pi)$$

常见形体的重心位置可从一般工程手册中查得，摘录表 2-1，以供参考。

表 2-1　常见形体重心表

形　状	图　形	重心位置	线长、面积或体积
三角形	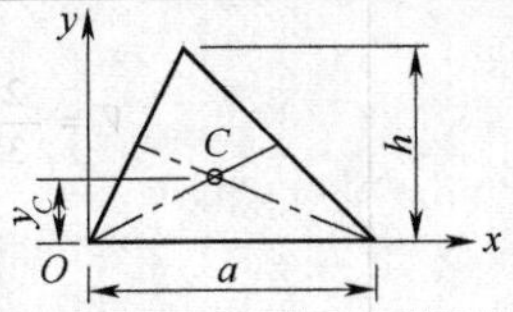	（在三中线交点处） $y_C=\frac{1}{3}h$	$S=\frac{1}{2}ah$

续表

形　状	图　形	重心位置	线长、面积或体积
梯形		（在上、下底中点的连线上） $y_C = \dfrac{h(a+2b)}{3(a+b)}$	$S = \dfrac{h}{2}(a+b)$
圆弧		$x_C = \dfrac{R\sin\alpha}{\alpha}$ （α 的单位用 rad，下同）	$L = 2\alpha R$
扇形		$x_C = \dfrac{2R\sin\alpha}{3\alpha}$ 半圆面积：$\alpha = \dfrac{\pi}{2}$ $x_C = \dfrac{4R}{3\pi}$	$S = \alpha R^2$
弓形		$x_C = \dfrac{2}{3}\cdot\dfrac{R^3\cdot\sin^3\alpha}{S}$	$S = \dfrac{R^2(2\alpha - \sin 2\alpha)}{2}$
二次抛物线下面积（1）		$x_C = \dfrac{1}{4}a$ $y_C = \dfrac{3}{10}b$	$S = \dfrac{1}{3}ab$
二次抛物线下面积（2）		$x_C = \dfrac{3}{8}a$ $y_C = \dfrac{2}{5}b$	$S = \dfrac{2}{3}ab$
半球体		$z_C = \dfrac{3R}{8}$	$V = \dfrac{2}{3}\pi R^3$

续表

形　状	图　形	重心位置	线长、面积或体积
半球面		$z_C = \dfrac{R}{2}$	$S = 2\pi R^2$
正圆锥体		$z_C = \dfrac{h}{4}$	$V = \dfrac{1}{3}\pi R^2 h$

3）分割法

求重心位置的分割法，即把一个复杂形状的物体分割成几个简单的重心位置容易确定的物体的组合。例如工字形状的面积可看为三个矩形面积的组合，把每部分的重量加在它的已知重心上，就可把问题归结为求有限个平行力的中心，因此可直接利用式（2-34）求出重心的坐标。值得指出，在应用公式时，对匀质的物体总是用体积代替重量，对匀质薄壳与匀质线段总是用面积与线段长度代替重量。读者想想这是什么原因。

【例题 2-18】　试求振动打桩机中的偏心块（图 2-44）的重心。已知 $R=10$ cm，$r=1.7$ cm，$b=1.3$ cm。

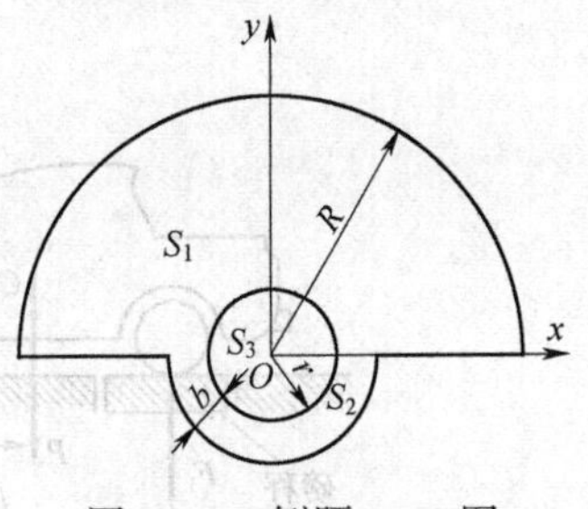

图 2-44　例题 2-18 图

解　将图 2-44 的偏心块看成由三部分组成的，即半径为 R 的半圆 S_1，半径为（$r+b$）的半圆 S_2 及半径为 r 的小圆 S_3。因 S_3 是挖去部分，所以面积应看作负值。今取坐标原点与圆心重合，偏心块的对称轴为 y 轴，则有 $x_C=0$。设 y_1、y_2、y_3 分别是 S_1、S_2、S_3 的重心坐标，由上例的结果可知：

$$y_1 = \frac{4R}{3\pi} = \frac{40}{3\pi},\quad y_2 = -\frac{4(r+b)}{3\pi} = -\frac{4}{\pi},\quad y_3 = 0$$

于是，偏心块重心的纵坐标为

$$y_C = \frac{S_1y_1 + S_2y_2 + S_3y_3}{S_1 + S_2 + S_3}$$

$$= \frac{\frac{\pi}{2}\times 10^2 \times \frac{40}{3\pi} + \frac{\pi}{2}\times(1.7+1.3)^2\times\left(-\frac{4}{\pi}\right) + (-\pi\times 1.7^2)\times 0}{\frac{1}{2}\pi\times 10^2 + \frac{1}{2}\pi\times(1.7+1.3)^2 + (-\pi\times 1.7^2)}$$

$$= 4 \text{ cm}$$

4）实验法

工程中碰到的有些物体形状过于复杂，且各部分是用不同材料制成的，计算重心的位置是很繁重的工作，因此常用实验法确定物体的重心。

（1）悬挂法。此法适用于薄平板类物体。例如水坝设计时，需求坝截面的重心。可将按一定的比例尺缩小的坝的截面模型薄板，在任意两点 A、B 悬挂两次，如图 2-45 所示。两次悬挂点的铅垂线的延长线交于 C 点，C 点就是截面的形心。

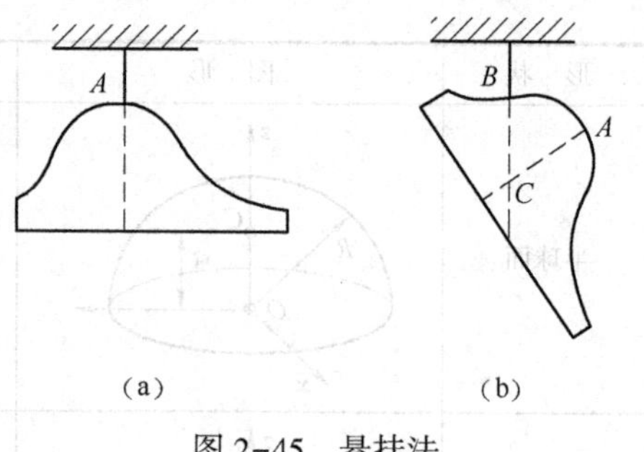

图 2-45　悬挂法

（2）称重法。例如，要测定汽车的重心位置，可先称量出汽车的重量 P，测量出前后轮距 l 和车轮半径 r。

设汽车是左右对称的，则重心必在对称面内，只需测定重心 C 距地面的高度 z_C 和距后轮的距离 x_C。

为了测定 x_C，将汽车水平放置如图 2-46（a）所示。让汽车前轮放在磅秤上，后轮放在地面上。设这时秤上读数为 F_1。重力 $\boldsymbol{P}$ 的作用线的位置可根据合力矩定理确定：

$$\sum M_A(F_i) = 0,\quad P \cdot x_C - F_1 \cdot l = 0$$

从而求得

$$x_C = \frac{F_1 \cdot l}{P} \tag{a}$$

然后将汽车后轮抬高如图 2-46（b）所示。设此时秤上读数为 F_2。显然这时重力 $\boldsymbol{P}$ 的作用线的位置可按下式确定：

$$x'_C = \frac{F_2 \cdot l'}{P} \tag{b}$$

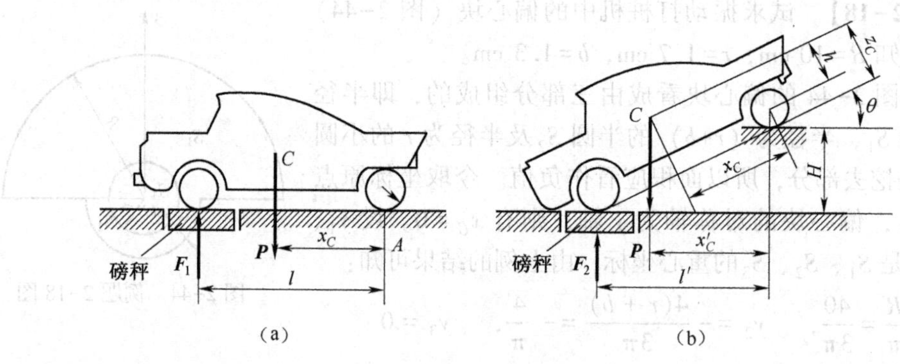

图 2-46　称重法

由图中的几何关系知

$$l' = l\cos\theta,\quad x'_C = x_C\cos\theta + h\sin\theta,\quad \sin\theta = \frac{H}{l},\quad \cos\theta = \frac{\sqrt{l^2 - H^2}}{l}$$

其中 h 为重心与后轮轮心的高度差，则

$$h = z_C - r$$

把以上各式代入式（b），经整理后即得计算重心高度 z_C 的公式，即

$$z_C = r + \frac{F_2 - F_1}{P} \cdot \frac{1}{H}\sqrt{l^2 - H^2}$$

式中右边均为已知数据。

从理论上讲，具有对称轴的物体只要称一次就可以确定重心的位置；具有对称面的物体只需称两次就可以确定出重心的位置；而任意形状的物体则须称三次才能确定出重心的位置。实际上，为了保证准确，称的次数通常比理论上要求的次数还要多一些。

本 章 小 结

1. 力在轴上的投影及解析表达式

$$F_x = \boldsymbol{F} \cdot \boldsymbol{i} = F\cos\alpha$$

$$\boldsymbol{F} = F_x\boldsymbol{i} + F_y\boldsymbol{j} + F_z\boldsymbol{k}$$

2. 力矩与力偶理论

1）力矩

在力矩作用平面内，力对点的矩是一个标量，大小等于力与力臂的乘积或等于力矢与矩心所围三角形面积的两倍，方向规定逆时针转向为正，顺时针转向为负。

2）力偶和力偶矩

力偶是由大小相等的两个反向平行力组成的简单力系。力偶没有合力，也不能用一个力来平衡。力偶中的两个力在任一轴上的投影之代数和等于零。力偶对任一点的矩等于力偶矩。力偶矩的大小及转向与矩心的位置无关。

3. 平面力系及平衡方程

1）力线平移定理

将力作用线向任一点平移时，须附加一力偶，此附加力偶的力偶矩等于原力对平移点的力矩，此即力线平移定理。

2）平面力系的简化

以力线平移定理为简化依据，平面力系中的每个力向简化中心简化，可得到一个平面汇交力系和一个平面力偶系。平面汇交力系可简化为作用在汇交点上的一个力；平面力偶系可简化为作用在力偶作用面内的一个力偶。

3）平面力系的主矢及主矩

平面力系向一点简化得到平面汇交力系，其合成结果是作用在点 O 的一个力 $\boldsymbol{F}'_R$，称为原平面力系的主矢，它等于原平面力系中所有力的矢量和（$\boldsymbol{F}'_R = \sum \boldsymbol{F}$）。力系的主矢与简化中心的位置无关。

一般情况下，附加平面力偶系可合成一个合力偶，它的力偶矩用 M_O 代表，称为原平面力系对简化中心 O 点的主矩，它等于 $M_O = \sum M_O(\boldsymbol{F}_i)$，亦即平面力系对简化中心 O 点的主矩，等于力系中所有力对该简化中心之矩的代数和。

力系的主矩一般与简化中心的位置有关，因此，提到力系的主矩，必须标明简化中心。

4）平面任意力系的平衡方程

一般地，将平面力系向一点 O 简化，可得到一个作用于点 O 的主矢 $\boldsymbol{F}'_R$ 与一个主矩 M_O。考虑特殊情形，如果平面力系向某点简化所得平面汇交力系及平面力偶系都自成平衡，原力系也一定平衡。这时力系的主矢与主矩都等于零，亦即有

$$\boldsymbol{F}'_R = \sum \boldsymbol{F}_i = 0$$

$$M_O = \sum M_O(F_i) = 0$$

$$\left.\begin{aligned}\sum F_{ix} = 0\\ \sum F_{iy} = 0\\ \sum M_O = 0\end{aligned}\right\}$$ 称为平面力系的平衡方程的基本形式。

$$\left.\begin{aligned}\sum M_A = 0\\ \sum M_B = 0\\ \sum F_{xi} = 0\end{aligned}\right\}$$ 称为平面力系平衡方程的二力矩式（x 轴不垂直于 AB）。

$$\left.\begin{aligned}\sum M_A = 0\\ \sum M_B = 0\\ \sum M_O = 0\end{aligned}\right\}$$ 称为平面力系平衡方程的三力矩式（A、B、C 不在同一直线上）。

5）桁架

桁架是由若干细直杆（假定是刚杆）在杆端用铰链连接而成的几何形状不变的结构。桁架被广泛地用于桥梁、起重机及房屋建筑中。

6）考虑摩擦的平衡问题

当物体平衡时，摩擦力 $\boldsymbol{F}_S$ 的大小可以取零与 $F_{\max}$ 之间的任何值，亦即：$0 \leqslant F_S \leqslant F_{\max}$。

当解一般的平衡问题时，摩擦力 $F_S = kF_N$ 应作为一个独立的未知量来考虑。为确定这些新增的未知量，须有补充的方程。

4. 空间力系和重心

1）力在空间直角坐标轴上的投影

力 $\boldsymbol{F}$ 在空间直角坐标轴上的投影有两种方法：①直接投影法；②间接投影法。

2）空间力系中力矩的矢量表示

$$\boldsymbol{M}_O(\boldsymbol{F}) = \boldsymbol{r} \times \boldsymbol{F}$$

矢量 $\boldsymbol{M}_O(\boldsymbol{F})$ 的方向由右手螺旋法则来确定；由矢量积的定义得矢量 $\boldsymbol{M}_O(\boldsymbol{F})$ 大小，即 $|\boldsymbol{r} \times \boldsymbol{F}| = rF\sin\alpha = Fh$，其中，$h$ 为 O 点到力的作用线的垂直距离，即力臂。

3）空间力对点的矩的解析表达式

$$\boldsymbol{M}_O(\boldsymbol{F}) = \boldsymbol{r} \times \boldsymbol{F} = \begin{vmatrix} \boldsymbol{i} & \boldsymbol{j} & \boldsymbol{k} \\ x & y & z \\ F_x & F_y & F_z \end{vmatrix} = (yF_z - zF_y)\boldsymbol{i} + (zF_x - xF_z)\boldsymbol{j} + (xF_y - yF_x)\boldsymbol{k}$$

4）空间力系的简化与平衡

空间力系向力系所在平面内任意一点简化，得到一个力和一个力偶，如图 2-39（c）所示，此力称为原来力系的主矢，与简化中心的位置无关；此力偶矩称为原来力系的主矩，与简化中心的位置有关。

空间力系平衡的必要与充分条件：力系的主矢和对任意一点的主矩均等于零。即

$$\boldsymbol{F}_{\mathrm{R}}' = 0,\ \boldsymbol{M}_O = 0$$

空间力系平衡的方程：

$$\left.\begin{aligned}\sum_{i=1}^{n} F_{xi} = 0 \\ \sum_{i=1}^{n} F_{yi} = 0 \\ \sum_{i=1}^{n} F_{zi} = 0 \\ \sum_{i=1}^{n} M_{xi}(\boldsymbol{F}_i) = 0 \\ \sum_{i=1}^{n} M_{yi}(\boldsymbol{F}_i) = 0 \\ \sum_{i=1}^{n} M_{zi}(\boldsymbol{F}_i) = 0\end{aligned}\right\}$$

5）重心

重心坐标的表达式：$x_C = \dfrac{\lim \sum x_i P_i}{P}$，$y_C = \dfrac{\lim \sum y_i P_i}{P}$，$z_C = \dfrac{\lim \sum z_i P_i}{P}$

质心坐标的表达式：$x_C = \dfrac{\lim \sum x_i m_i}{m}$，$y_C = \dfrac{\lim \sum y_i m_i}{m}$，$z_C = \dfrac{\lim \sum z_i m_i}{m}$

形心坐标的表达式：$x_C = \dfrac{\int_V x\mathrm{d}V}{V}$，$y_C = \dfrac{\int_V y\mathrm{d}V}{V}$，$z_C = \dfrac{\int_V z\mathrm{d}V}{V}$

$$x_C = \frac{\int_S x\mathrm{d}S}{S},\ y_C = \frac{\int_S y\mathrm{d}S}{S},\ z_C = \frac{\int_S z\mathrm{d}S}{S}$$

$$x_C = \frac{\int_L x\mathrm{d}l}{L},\ y_C = \frac{\int_L y\mathrm{d}l}{L},\ z_C = \frac{\int_L z\mathrm{d}l}{L}$$

确定重心位置的几种方法：①对称性的利用；②积分法；③分割法；④实验法。

思　考　题

2-1　简述平面力系的简化结果和合成结果，试分析有何区别。

2-2　一平面力系，已知 x 轴与 A 点在此力系平面内，并有 $\sum F_{xi} = 0, \sum M_A(F_i) = 0$。问此力系简化的可能结果如何？

2-3　一平面力系，已知 A、B 两点在此力系平面内，并有 $\sum M_A(F_i) = 0, \sum M_B(F_i) = 0$。问此力系简化的可能结果如何？

2-4　某平面力系对不共线的三个点的主矩都等于零，问此力系是否一定平衡？

2-5　试判断图 2-47 中各平衡问题哪些是静定的，哪些是静不定的。各物体自重不计，已知主动力及几何尺寸。

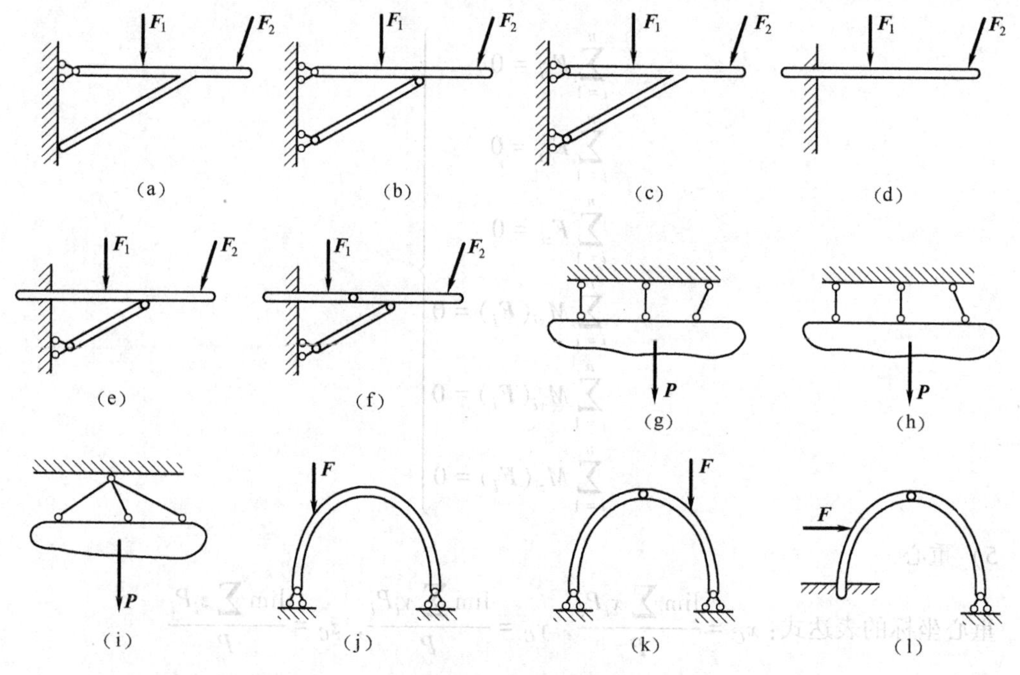

图 2-47　思考题 2-5 图

2-6　如果匀质物体有一个对称面，则重心必定在对称面上；如果有一根对称轴，则重心必定在对称轴上，为什么？

2-7　计算物体重心时，如果选取两个不同的坐标系，由计算得出的重心坐标是否相同？如果不同，是否意味着物体的重心在物体内的位置不是确定的？

2-8　物体的重心即形心，这句话正确吗？在什么条件下重心与形心相重合？

2-9　平面力系的平衡方程的形式有哪几种？有何限制条件？

习　题

2-1　简易起重机用钢丝绳吊起重量 $G=2$ kN 的重物，不计杆件自重、摩擦及滑轮大小，A、B、C 三处简化为铰链连接，如图 2-48 所示。求杆 AB 和 AC 所受的力。

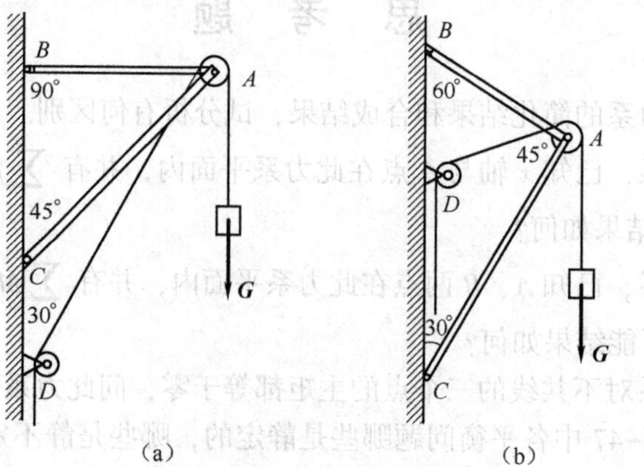

图 2-48　习题 2-1 图

2-2　求图 2-49 中平行分布力的合力和对于 A 点之矩。

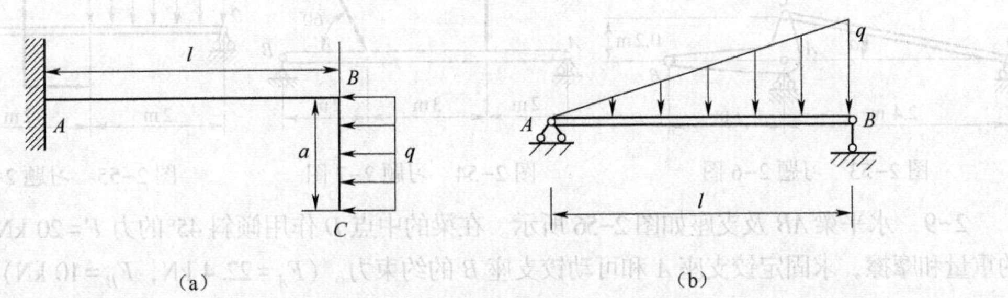

图 2-49　习题 2-2 图

2-3　求图 2-50 中各梁和刚架的支座反力，长度单位为 m。

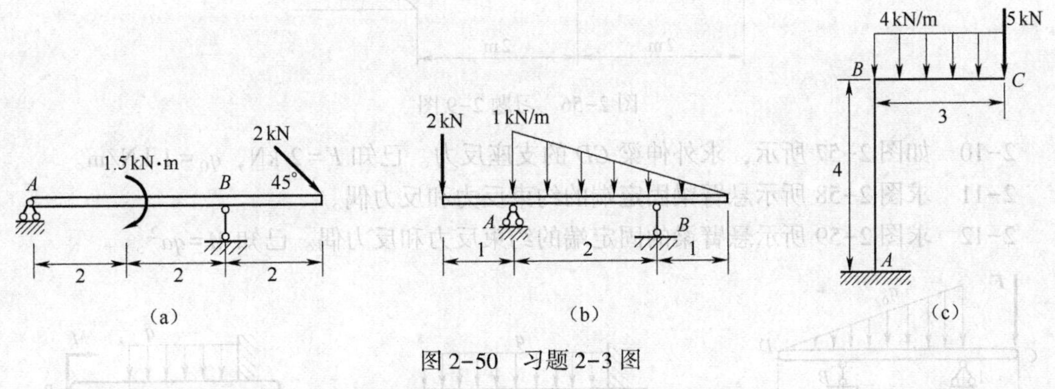

图 2-50　习题 2-3 图

2-4　力 $\boldsymbol{F}_1$、$\boldsymbol{F}_2$、$\boldsymbol{F}_3$，大小各等于 100 N，分别沿着边长为 20 cm 的等边三角形 ABC 的每一边作用，如图 2-51 所示。试求这三个力的合成结果。

2-5　起重机的水平梁 AB 长 l，在 A 端以铰链连接，另一端与拉杆 BC 铰接，拉杆与水平梁的夹角为 α，重 $\boldsymbol{P}$ 的物体可在梁上移动，如图 2-52 所示。若不计梁和杆的重量，求拉杆 BC 的拉力、铰链 A 的反力与重物位置 x 关系。

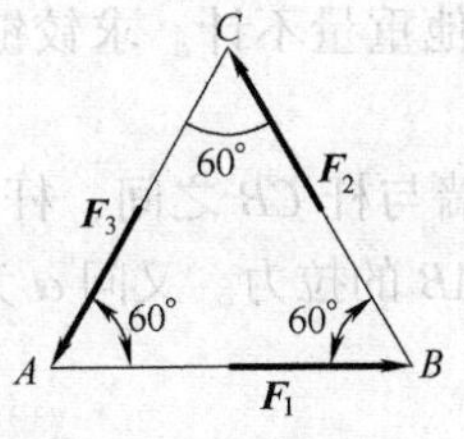

图 2-51　习题 2-4 图

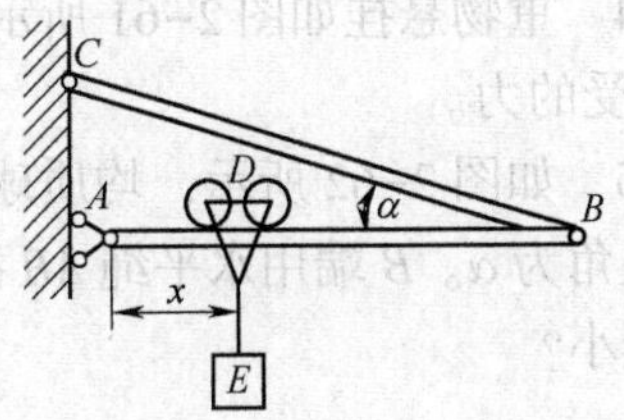

图 2-52　习题 2-5 图

2-6　在图 2-53 所示杠杆 ABC 和直杆 CD 组成的机构中，已知力 $F=10$ kN，求杆 CD 所受的力，以及铰链 A 的反力。图中长度单位为 m，各构件均不计重。

2-7　梁 AB 上受两个力的作用，$F_1=F_2=20$ kN，如图 2-54 所示。若不计梁的重量，求支座 A、B 的反力。

2-8　简支梁 AB 的支承和受力情况如图 2-55 所示。已知分布荷载的集度 $q=20$ kN/m，力偶矩的大小 $M=20$ kN · m。若不计梁的重量，求支座 A、B 的反力。

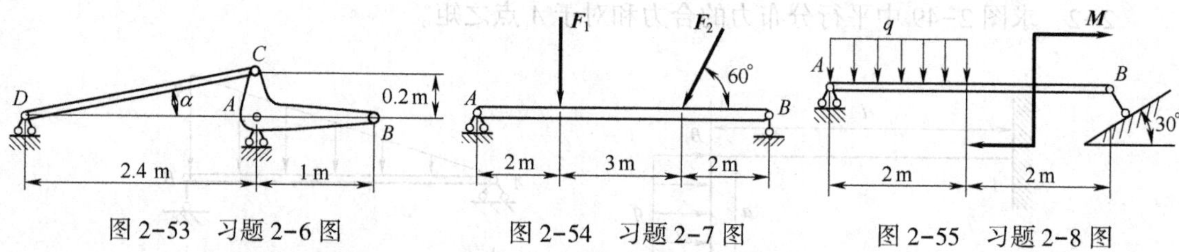

图 2-53　习题 2-6 图　　图 2-54　习题 2-7 图　　图 2-55　习题 2-8 图

2-9　水平梁 AB 及支座如图 2-56 所示。在梁的中点 D 作用倾斜 45°的力 $F=20$ kN，不计梁的重量和摩擦，求固定铰支座 A 和可动铰支座 B 的约束力。（$F_A=22.4$ kN，$F_B=10$ kN）

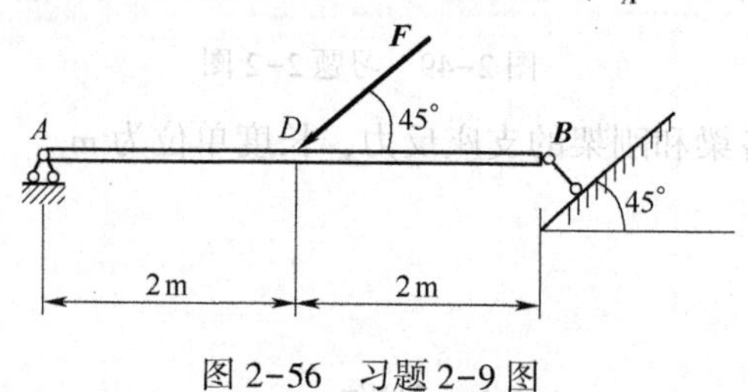

图 2-56　习题 2-9 图

2-10　如图 2-57 所示，求外伸梁 CD 的支座反力。已知 $F=2$ kN，$q_0=1$ kN/m。

2-11　求图 2-58 所示悬臂梁固定端的约束反力和反力偶。

2-12　求图 2-59 所示悬臂梁的固定端的约束反力和反力偶。已知 $M=qa^2$。

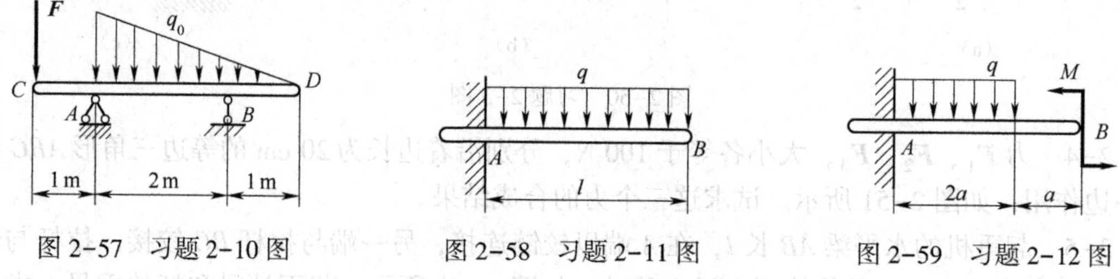

图 2-57　习题 2-10 图　　图 2-58　习题 2-11 图　　图 2-59　习题 2-12 图

2-13　如图 2-60 所示，起重机 ABC 具有铅垂转动轴 AB，机身重 $P_1=3.5$ kN，重心在 D 点。在 C 处吊有重物 $P_2=10$ kN。试求轴承 A、B 的反力。

2-14　重物悬挂如图 2-61 所示。已知 $P=1.8$ kN，其他重量不计。求铰链 A 的反力和杆 BC 所受的力。

2-15　如图 2-62 所示，均质球重 $\boldsymbol{P}$，半径为 r，放在墙与杆 CB 之间，杆长为 l，杆与墙之间夹角为 α。B 端用水平绳 AB 拉住。不计杆重，求绳 AB 的拉力。又问 α 为何值时绳的拉力为最小？

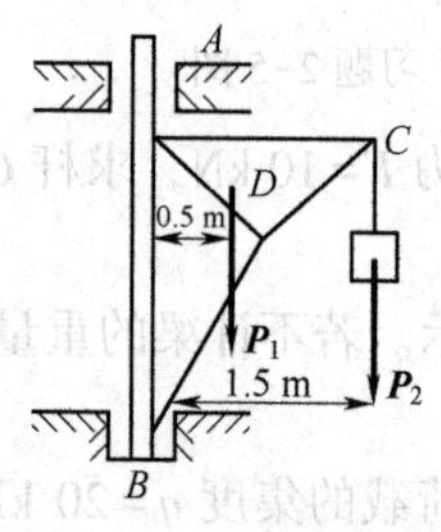

图 2-60　习题 2-13 图

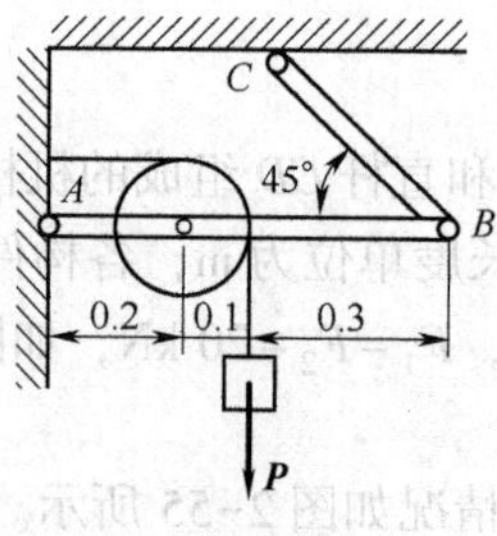

图 2-61　习题 2-14 图

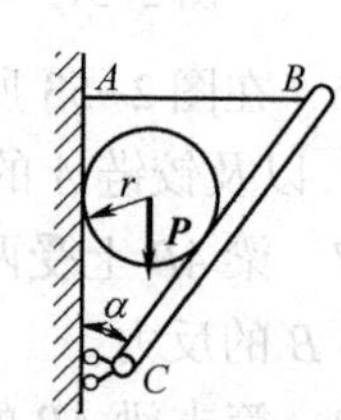

图 2-62　习题 2-15 图

2-16　如图 2-63 所示，已知作用在曲杆 ABC 上的集中力 $F=8$ kN，$\theta=60°$，力偶的力偶矩 $M=10$ kN · m，分布荷载的集度 $q=4$ kN/m。如果不计杆的重量，试求可动支座 A 和固定铰支座 D 对杆的反力。

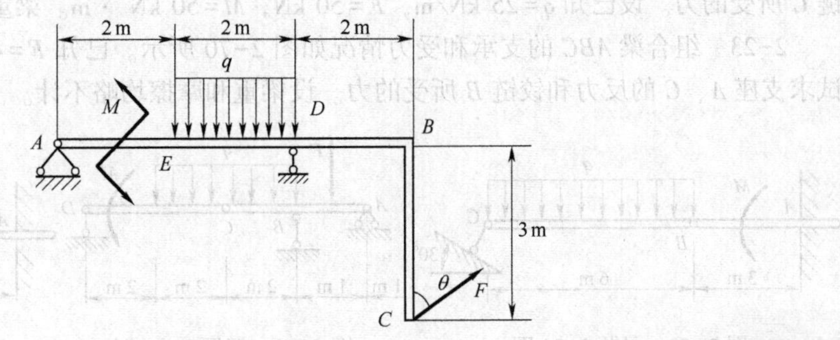

图 2-63　习题 2-16 图

2-17　在图 2-64 所示气动夹具中，已知气体作用在活塞上的总压力为 $F=3.5$ kN，$\angle ABC=\angle ACB=20°$，工件所受的压力是多大？各杆的自重忽略不计，图中长度单位为 cm。

2-18　图 2-65 所示为一台秤简图。AOB 为可绕轴 O 转动的杠杆，BCE 为一整体台面。求平衡时砝码的重量 $\boldsymbol{P}$ 与被称物体的重量 $\boldsymbol{Q}$ 的关系。图中杆 AOB、CD 均为水平，BC 杆铅直，杆与台架的重量略去不计，铰链都是光滑的。

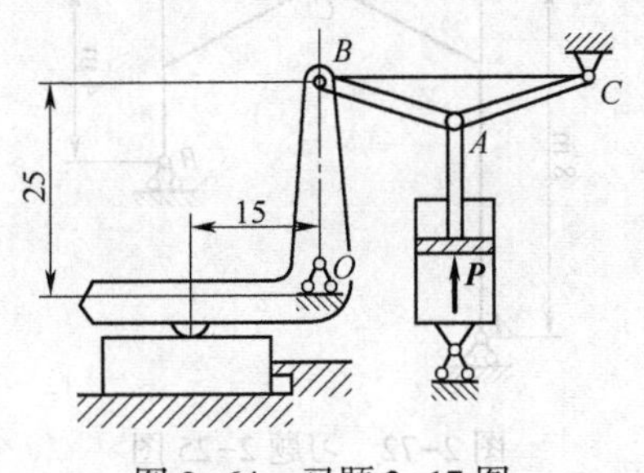

图 2-64　习题 2-17 图

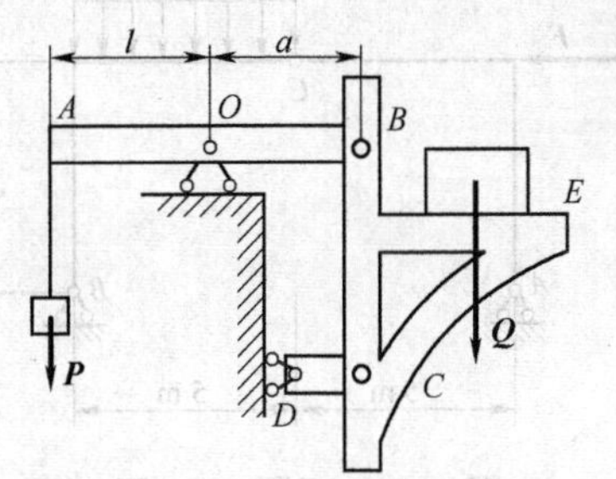

图 2-65　习题 2-18 图

2-19　由梁 AC 和 CD 构成的组合梁通过铰链 C 连接，它的支承和受力情况如图 2-66 所示。已知均布荷载集度 $q=5$ kN/m，力偶矩的大小为 $M=20$ kN · m。若不计梁的重量，求支座 A、B、D 的反力以及铰链 C 所受的力。

2-20　由梁 AC 和 CD 构成的组合梁通过铰链 C 连接，它的支承和受力情况如图 2-67 所示。已知均布荷载集度 $q=10$ kN/m，力偶矩的大小 $M=40$ kN · m。若不计梁的重量，求支座 A、B、D 的反力以及铰链 C 所受的力。

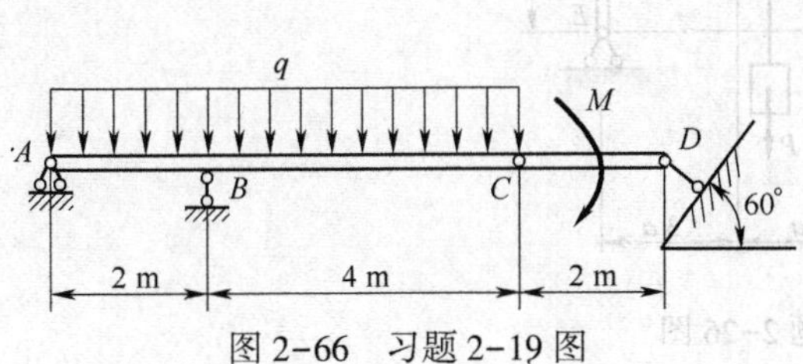

图 2-66　习题 2-19 图

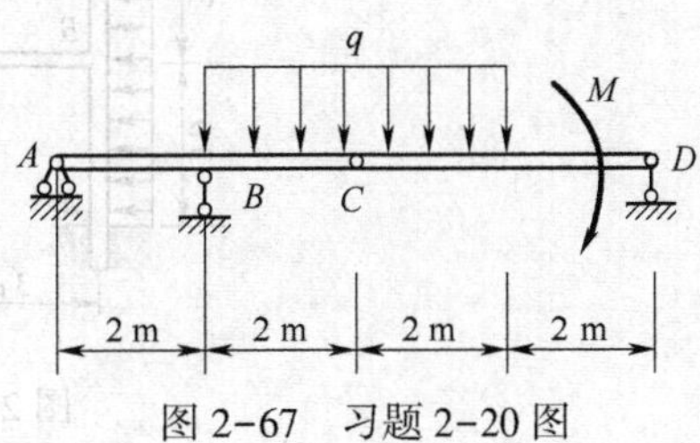

图 2-67　习题 2-20 图

2-21 组合梁的支承及受力情况如图 2-68 所示。已知 $q=20$ kN/m，$M=40$ kN·m。试求支座 A、C 的反力和铰链 B 所受的力。

2-22 组合梁 ACD 的支承和荷载情况如图 2-69 所示。试求支座 A、B、D 的反力和铰链 C 所受的力。设已知 $q=25$ kN/m，$F=50$ kN，$M=50$ kN·m。梁重不计。

2-23 组合梁 ABC 的支承和受力情况如图 2-70 所示。已知 $F=40$ kN，$M=60$ kN·m。试求支座 A、C 的反力和铰链 B 所受的力。设梁重和摩擦均略不计。

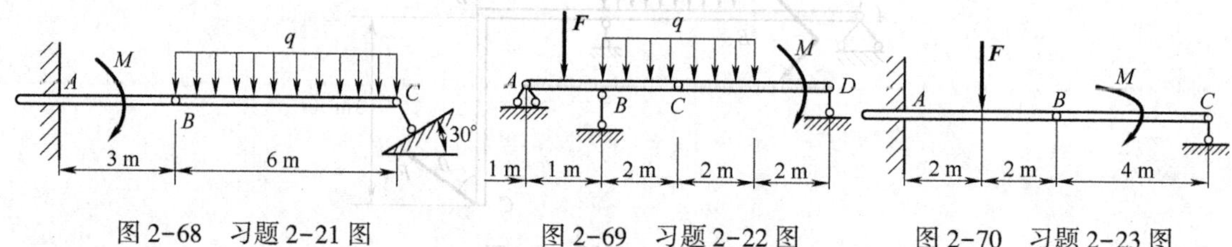

图 2-68 习题 2-21 图　　图 2-69 习题 2-22 图　　图 2-70 习题 2-23 图

2-24 三铰刚架的尺寸和受力情况如图 2-71 所示。已知 $F=50$ kN，$q=20$ kN/m。求支座反力和中间铰链所受的力。

2-25 三铰刚架的尺寸及受力情况如图 2-72 所示。设已知 $q=15$ kN/m，各杆均不计重。试求支座反力和中间铰链所受的力。

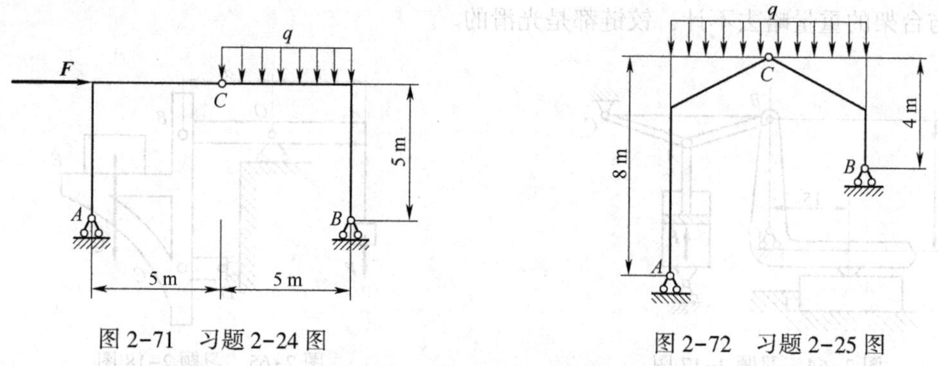

图 2-71 习题 2-24 图　　图 2-72 习题 2-25 图

2-26 由直角曲杆 ABC、DE，直杆 CD 及滑轮组成的结构如图 2-73 所示，杆 AB 上作用有水平均布荷载 q。不计各构件的重力，在 D 处作用一铅垂力 $F=qa$，在半径为 a 的滑轮上悬吊一重为 $\boldsymbol{P}$ 的重物，已知 $P=2qa$，$CO=OD$。求支座 E 及固定端 A 的约束力。

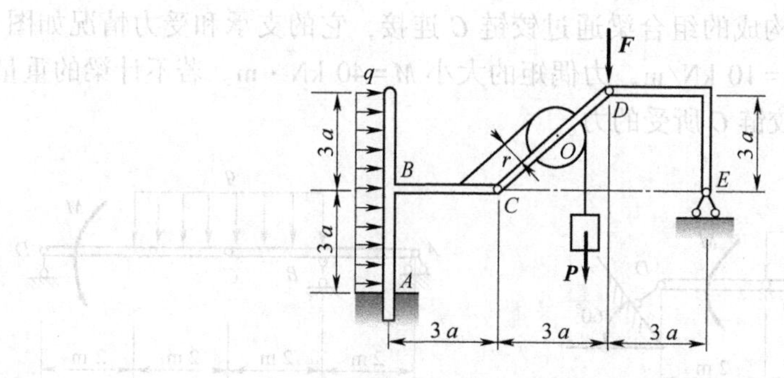

图 2-73 习题 2-26 图

2-27　力系中，$F_1=100$ N，$F_2=300$ N，$F_3=200$ N，各力作用线的位置如图 2-74 所示。试将力系向 O 点简化。

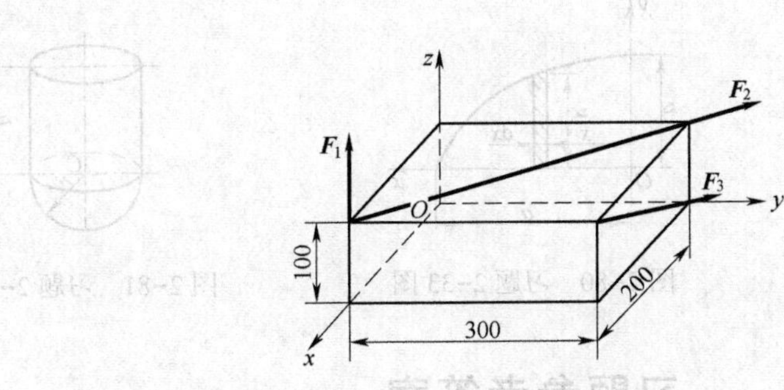

图 2-74　习题 2-27 图

2-28　平面桁架的荷载和尺寸如图 2-75 所示。试求各杆的内力。

2-29　用截面法求图 2-76 所示桁架中杆 1、2、3 的内力。

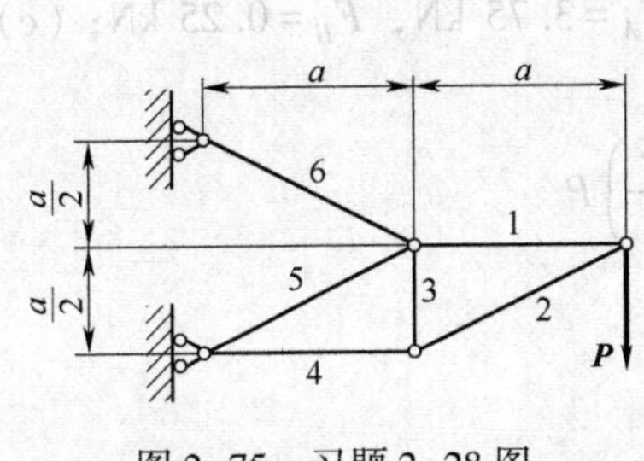

图 2-75　习题 2-28 图

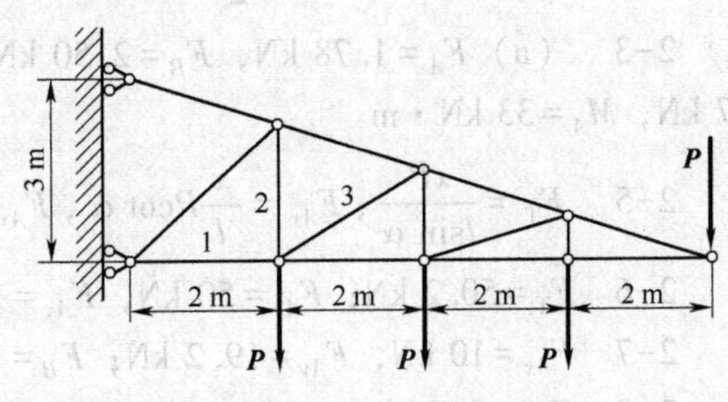

图 2-76　习题 2-29 图

2-30　用节点法求图 2-77 所示桁架中各杆的内力。

2-31　用适当方法求图 2-78 所示桁架中 1、2、3 杆的内力。

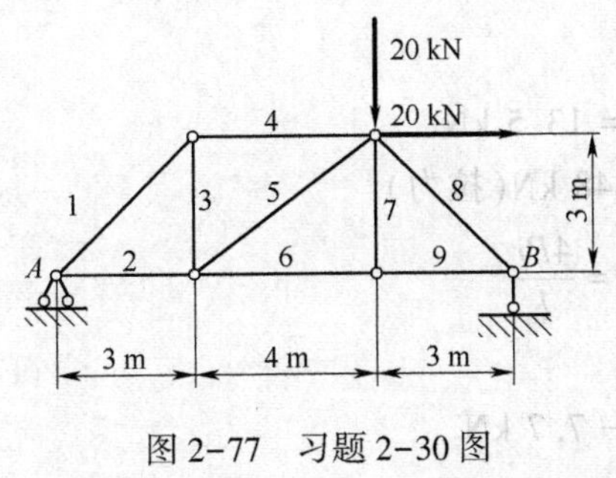

图 2-77　习题 2-30 图

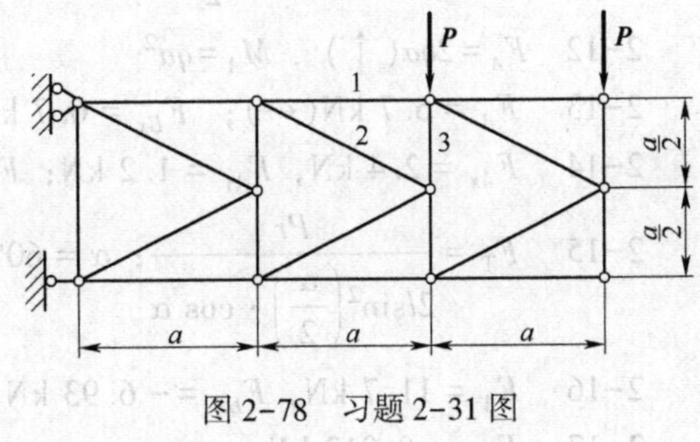

图 2-78　习题 2-31 图

2-32　求图 2-79 所示画阴影线部分的面积的形心坐标。

2-33　图 2-80 所示为椭圆 $\dfrac{x^2}{a^2}+\dfrac{y^2}{b^2}=1$ 面积的 1/4。试求此面积的形心坐标。

2-34　如图 2-81 所示，物体由密度相同且半径均为 r 的圆柱和半圆球组成，要使整体的重心在半圆球直径截面的中心 C 处，问 h 应等于多少？

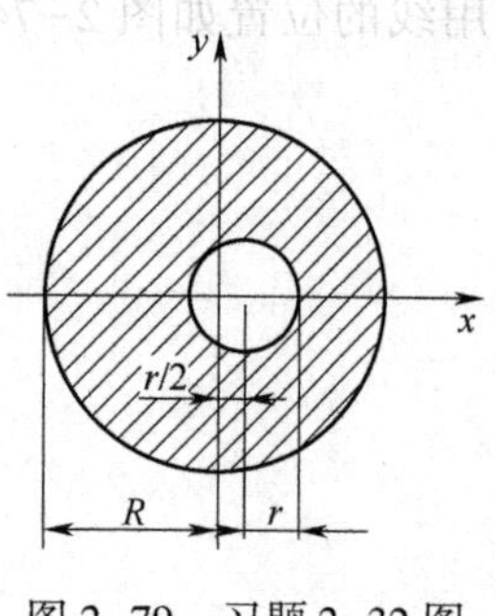

图 2-79　习题 2-32 图

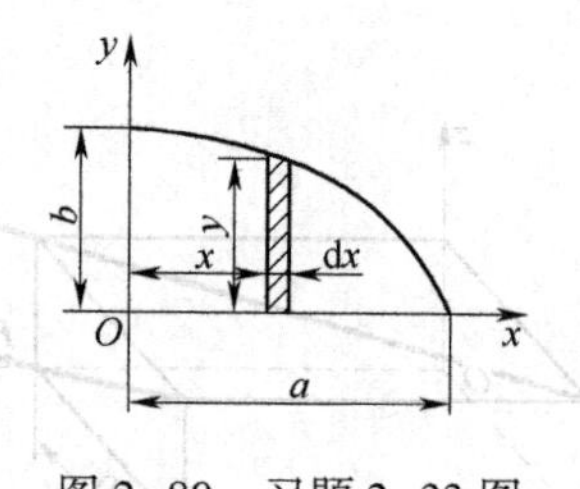

图 2-80　习题 2-33 图

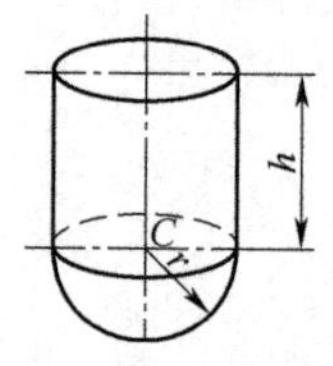

图 2-81　习题 2-34 图

习题参考答案

2-1　（a）$S_{AB}=2.73$ kN，$S_{AC}=-5.28$ kN；（b）$S_{AB}=-0.41$ kN，$S_{AC}=-3.15$ kN

2-2　（a）$F=qa$，$M_A=\dfrac{1}{2}qa^2$；（b）$F=0.5ql$，$S_{AC}=\dfrac{1}{3}ql^2$

2-3　（a）$F_A=1.78$ kN，$F_B=2.50$ kN；（b）$F_A=3.75$ kN，$F_B=0.25$ kN；（c）$F_A=17$ kN，$M_A=33$ kN·m

2-5　$F_T=\dfrac{xP}{l\sin\alpha}$；$F_{Ax}=\dfrac{x}{l}P\cot\alpha$，$F_{Ay}=\left(1-\dfrac{x}{l}\right)P$

2-6　$F_T=50.2$ kN；$F_{Ax}=50$ kN，$F_{Ay}=14.2$ kN

2-7　$F_{Ax}=10$ kN，$F_{Ay}=19.2$ kN；$F_B=18.1$ kN

2-8　$F_{Ax}=8.7$ kN，$F_{Ay}=25$ kN；$F_B=17.3$ kN

2-9　$F_A=22.4$ kN，$F_B=10$ kN

2-10　$F_A=3.75$ kN，$F_B=0.25$ kN(↓)

2-11　$F_A=ql$(↑)，$M_A=\dfrac{ql^2}{2}$

2-12　$F_A=2qa$(↑)，$M_A=qa^2$

2-13　$F_A=6.7$ kN(←)；$F_{Bx}=6.7$ kN，$F_{By}=13.5$ kN

2-14　$F_{Ax}=2.4$ kN，$F_{Ay}=1.2$ kN；$F_{BC}=0.848$ kN(拉力)

2-15　$F_T=\dfrac{Pr}{2l\sin^2\left(\dfrac{\alpha}{2}\right)\cdot\cos\alpha}$；$\alpha=60°$；$F_{T\min}=\dfrac{4Pr}{l}$

2-16　$F_A=11.7$ kN，$F_{Dx}=-6.93$ kN，$F_{Dy}=-7.7$ kN

2-17　$F_{ND}=8.013$ kN

2-18　$P=\dfrac{aQ}{l}$

2-19　$F_{Ax}=17.3$ kN，$F_{Ay}=5$ kN；$F_B=15$ kN；$F_C=F_D=20$ kN

2-20　$F_A=15$ kN(↓)；$F_B=40$ kN；$F_C=5$ kN；$F_D=15$ kN

2-21　$F_{Ax}=34.64$ kN，$F_{Ay}=60$ kN，$M_A=220$ kN·m；$F_{Bx}=34.64$ kN，$F_{By}=60$ kN，

$F_C = 69.28$ kN

2-22　$F_{Ax} = 0$，$F_{Ay} = 25$ kN(↓)；$F_B = 150$ kN；$F_C = 25$ kN，$F_D = 25$ kN

2-23　$F_A = 25$ kN(↑)，$M_A = 20$ kN·m；$F_B = 15$ kN，$F_C = 15$ kN

2-24　$F_{Ax} = F_{Ay} = 0$；$F_{Bx} = 50$ kN(←)，$F_{By} = 100$ kN；$F_{Cx} = 50$ kN，$F_{Cy} = 0$

2-25　$F_{Ax} = 20$ kN，$F_{Ay} = 70$ kN；$F_{Bx} = 20$ kN(←)，$F_{By} = 50$ kN；$F_{Cx} = 20$ kN，$F_{Cy} = 10$ kN

2-26　$F_E = 2qa$；$F_A = 5.39qa$，$M_A = 23qa^2$

2-27　$\boldsymbol{F}_\mathrm{R} = (-345\boldsymbol{i} + 250\boldsymbol{j} + 10.6\boldsymbol{k})$ N，$\boldsymbol{M}_O = (-51.8\boldsymbol{i} - 36.6\boldsymbol{j} + 104\boldsymbol{k})$ N·m

2-28　$F_1 = 2P$，$F_2 = 2.24P$(压力)，$F_3 = P$，$F_4 = 2P$(压力)，$F_5 = 0$，$F_6 = 2.24P$

2-29　$F_1 = 5.33P$(压力)，$F_2 = 2P$，$F_3 = 1.67P$(压力)

2-30　$F_1 = 29.7$ kN(压力)，$F_2 = 21$ kN，$F_3 = 21$ kN，$F_4 = 21$ kN(压力)，$F_5 = 15$ kN，$F_6 = 9$ kN，$F_7 = 0$，$F_8 = 41$ kN(压力)，$F_9 = 9$ kN

2-31　$F_1 = P$，$F_2 = 2.236P$，$F_3 = 1.5P$(压力)

2-32　$x_C = -\dfrac{r^3}{2(R^2 - r^2)}$，$y_C = 0$

2-33　$x_C = \dfrac{4a}{3\pi}$，$y_C = \dfrac{4b}{3\pi}$

2-34　$h = \dfrac{r}{\sqrt{2}}$

第 2 篇　材料力学

引　言

前面已经学习了第 1 篇工程静力学，其中把固体看作绝对刚体，即认为固体在外力作用下变形为零。实际上，绝对刚体是不存在的。任何固体在外力作用下都会变形。由于这一篇研究的是固体材料在外力作用下强度、刚度和稳定性的问题，固体的变形就成为它的主要性质之一。因此，在材料力学中必须将构成构件的固体视为可变形固体。

固体受力后将产生变形，若荷载不超过某一限度，则卸除荷载后变形能自行消失。固体材料在卸除荷载后恢复其原来的形状和尺寸的这种性质称为弹性（elastic）。卸除荷载后能消失的变形称为弹性变形。如果荷载超过了一定的限度，则材料在卸除荷载后只有一部分变形可自行消失，其余的变形不能消失而残留下来。材料的这种性质称为塑性（plastic），而残留下来的变形称为塑性变形。

概括地讲，在本篇中把实际材料看作均匀、连续、各向同性的可变形固体，并且主要研究材料在弹性变形范围内小变形条件下的强度、刚度和稳定性问题。

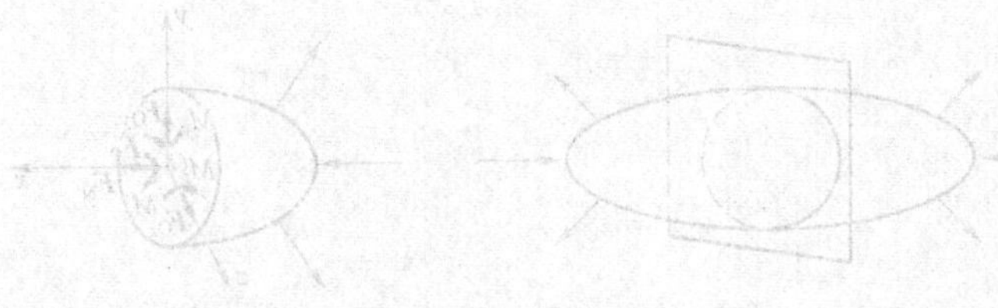

第 3 章 轴向拉伸与压缩

轴向拉伸与压缩是杆件变形的基本形式，为研究基本变形的强度和刚度问题，本章首先讨论了内力及其求解方法——截面法，应力、应变的概念以及二者之间的关系。然后主要以等截面直杆为研究对象，重点对杆件在发生轴向拉伸或压缩时的外力，截面的内力、应力和强度以及变形与刚度进行了分析和计算。此外，还讨论了剪切和挤压的实用计算。

3.1 应力、应变及其相互关系

3.1.1 内力和截面法

1. 内力

由于构件变形，其内部各部分材料之间因相对位置发生改变，从而引起相邻部分材料间因力图恢复原有形状而产生的相互作用力，称为内力。材料力学中的内力，是指外力作用下材料反抗变形而引起的内力的变化量，也就是“附加内力”，它与构件所受外力密切相关。

内力的分析与计算是解决构件的强度、刚度、稳定性问题的基础，必须予以重视。

2. 内力分量

无论构件截面上的内力分布如何复杂，总可以将其向该截面内某一点简化，得到一个力和一个力偶，二者称为内力主矢 $\boldsymbol{F}_{\mathrm{R}}$ 和主矩 $\boldsymbol{M}_O$ 。将其在确定的坐标方向上的分量，称为内力分量。图 3-1（b）中所示的 $\boldsymbol{F}_{\mathrm{N}}$、$\boldsymbol{F}_{\mathrm{Q}y}$、$\boldsymbol{F}_{\mathrm{Q}z}$ 和 $\boldsymbol{M}_x$、$\boldsymbol{M}_y$、$\boldsymbol{M}_z$ 分别为主矢和主矩在 x 轴、y 轴、z 轴 三个方向上的分量。

3. 截面法

某一受力构件如图 3-1 所示，欲求该构件某一截面的内力。假想用截面把构件分成两部分，并取其中的任意一部分为研究对象，将去掉部分对留下部分的作用以力的形式表示，此力就是该截面的内力。用静力学平衡条件来确定内力的方法，称为截面法。如图 3-1（a）所示。被截开的构件：①截面的两侧必定出现大小相等，方向相反的内力。②被假想截开的任一部分上的内力必定与外力相平衡。由于在基本假设中已假设物体是均匀、连续的变形体，所以内力在截面上也是连续分布的。内力的分布如图 3-1（b）所示。

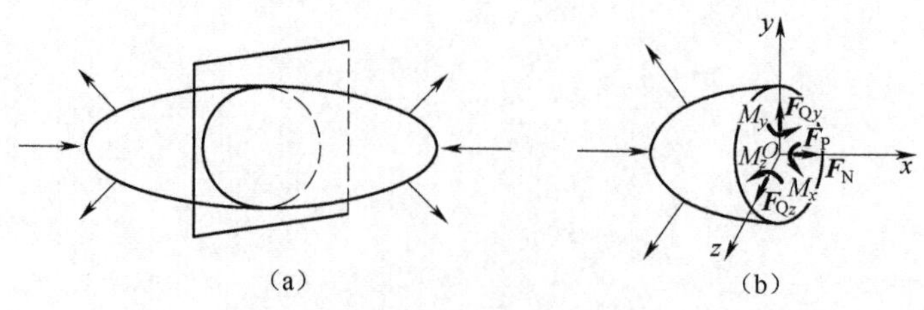

图 3-1　截面法

用截面法求内力步骤如下：

(1) 截开：欲求某一截面的内力，沿该截面将构件假想地截成两部分。

(2) 代替：用作用于截面上的内力，代替弃去部分对留下部分的作用力。

(3) 平衡：建立留下部分的平衡条件，由外力确定未知的内力。

4. 正应力与剪应力

要了解杆件在荷载作用下的强度，不但要了解当荷载达到一定限度时杆件沿哪个截面破坏，而且要知道在该截面的哪一点沿哪个方向破坏，因此仅了解截面上的内力是不够的，必须进一步了解内力在其截面上的分布，称其为应力。

如图 3-2 所示，若在截面上围绕 M 点取微小面积 ΔA。根据均匀连续假设，ΔA 上必存在分布内力，设它的合力为 $\Delta \boldsymbol{F}$，ΔF 与 ΔA 的比值为

$$p_m = \frac{\Delta F}{\Delta A}$$

$\boldsymbol{p}_m$ 是一个矢量，代表在 ΔA 范围内，单位面积上的内力的平均集度，称为平均应力。在实际应用中也常把应力当作单位面积上的内力。

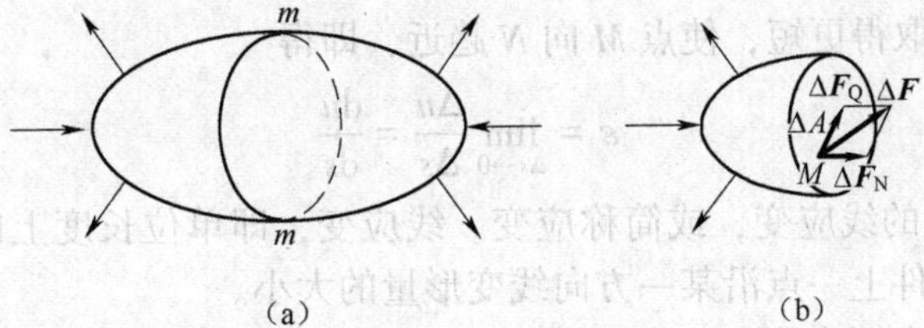

图 3-2　应力的定义

当 ΔA 趋于零时，$\boldsymbol{p}_m$ 的大小和方向都将趋于一定极限，得到

$$p = \lim_{\Delta A \to 0} p_m = \lim_{\Delta A \to 0} \frac{\Delta F}{\Delta A} = \frac{\mathrm{d}F}{\mathrm{d}A} \tag{3-1}$$

$\boldsymbol{p}$ 称为 M 点处的实际应力。

通常把 $\Delta \boldsymbol{F}$ 分解为垂直于截面的分力 $\Delta \boldsymbol{F}_{\mathrm{N}}$ 和平行于截面的分力 $\Delta \boldsymbol{F}_{\mathrm{Q}}$，则可得

$$\sigma_m = \frac{\Delta F_{\mathrm{N}}}{\Delta A}, \quad \tau_m = \frac{\Delta F_{\mathrm{Q}}}{\Delta A}$$

$$\sigma = \lim_{\Delta t \to 0} \frac{\Delta F_{\mathrm{N}}}{\Delta A} = \frac{\mathrm{d}F_{\mathrm{N}}}{\mathrm{d}A}, \ \tau = \lim_{\Delta t \to 0} \frac{\Delta F_{\mathrm{Q}}}{\Delta A} = \frac{\mathrm{d}F_{\mathrm{Q}}}{\mathrm{d}A} \tag{3-2}$$

即应力 p 分解成垂直于截面的分量 σ 和切于截面的分量 τ，σ 称为正应力（normal stress），τ 称为剪应力（shering stress，也称切应力）。

$$\sigma = p\cos\alpha, \quad \tau = p\sin\alpha, \quad p = \sqrt{\sigma^2 + \tau^2} \tag{3-3}$$

在国际单位制中，应力的单位是牛/米^2（N/m^2），也称为帕斯卡（Pascal），代号 Pa，中文译为帕。

5. 正应变与剪应变

由变形固体构成的构件，在荷载作用下，构件内各质点的位置要发生相应的变化，即产生变形，变形的大小是用位移和应变这两个量来衡量的。

构件变形后，其上的各点、各条线和各个面都可能发生空间位置的改变，称为位移。位移分线位移和角位移。从构件某一点的原位置到新位置所连直线的距离，称为该点的线位移。构件上某一直线段或某一平面在构件变形时所旋转的角度，称为该线或该面的角位移。如图 3-3 所示，构件受集中荷载 $\boldsymbol{F}_P$ 作用后，变形成为图中虚线所示形状，杆端点 A 的线位移为 AA'，杆端平面的角位移为 θ。

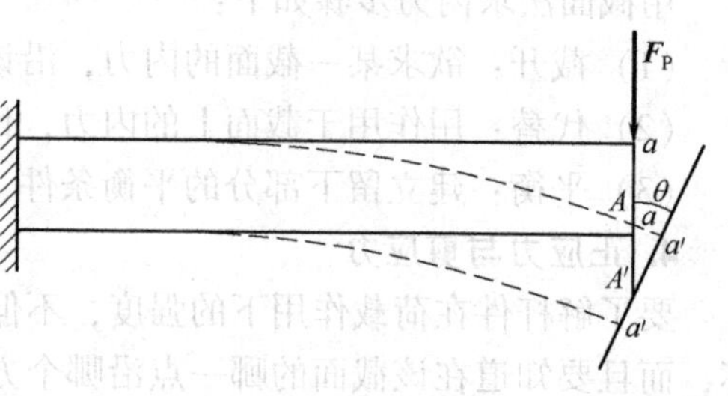

图 3-3 位移和变形

为了说明应变，从图 3-4 所示的构件分析，若在物体变形前，先在其上沿某一方向描绘一长为 Δs 的线段 MN，变形后 M 和 N 分别移到 M'和 N'，$M'N'$的长度为 $\Delta s+\Delta u$，这里

$$\Delta u = \overline{M'N'} - \overline{MN}$$

于是

$$\varepsilon_m = \frac{\Delta u}{\Delta s}$$

表示线段 MN 每单位长度的平均伸长或缩短，称为平均线应变。

若将 MN 的长度取得更短，使点 M 向 N 趋近，即得

$$\varepsilon = \lim_{\Delta s \to 0} \frac{\Delta u}{\Delta s} = \frac{\mathrm{d}u}{\mathrm{d}s} \tag{3-4}$$

称为 M 点沿 MN 方向的线应变，或简称应变。线应变，即单位长度上的变形量，为无量纲量，其物理意义是构件上一点沿某一方向线变形量的大小。

固体的变形不但表现为线段长度的变化，而且正交线段的夹角也发生变化。如图 3-5 所示，正交线段 MN 和 ML 经变形后，分别是 $M'N'$ 和 $M'L'$。变形前后其角度的变化是

$$\gamma = \lim_{\substack{\overline{MN} \to 0 \\ \overline{ML} \to 0}} \left(\frac{\pi}{2} - \angle L'M'N' \right) \tag{3-5}$$

当 N 和 L 趋近于 M 时，上述角度变化的极限值称为 M 点在平面内的剪应变或角应变。剪应变，即微单元体两棱夹角直角的改变量，为无量纲量。构件中不同点的线应变及剪应变一般也各不相同，它们都是位置的函数。

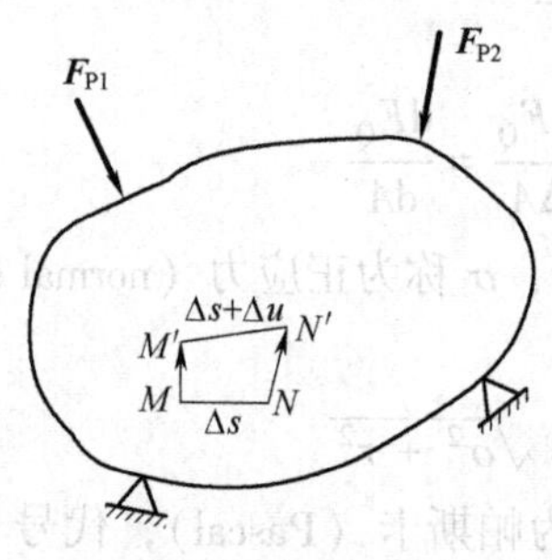

图 3-4 线应变

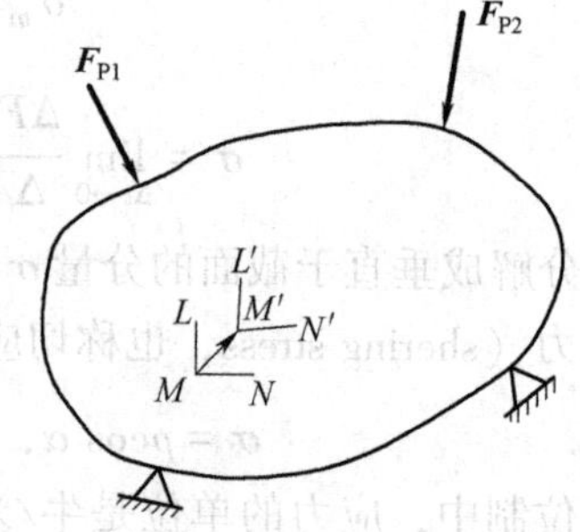

图 3-5 剪应变

3.1.2 材料的线弹性物性关系（胡克定律）

应变和应力是相对应的，且存在一定的关系。线应变和正应力对应，剪应变和剪应力对

应。下面来研究受拉杆的变形量与其受力及其他因素之间的关系。实验结果表明。若在弹性范围内加载（应力不超过材料的某一特定值），杆的伸长 Δl 与杆所受的轴向外力 F_P 、杆的原长 L 成正比，而与其横截面面积成反比，引入比例常数 E。即有

$$\Delta l = \frac{F_N l}{EA} = \frac{F_P l}{EA} \tag{3-6}$$

这个关系式是英国科学家胡克（R. Hooke）在 1678 年提出的，所以称为胡克定律（Hooke law）。式中的比例常数 E 称为弹性模量（modulus of elasticity），它反映了材料在拉压时抵抗弹性变形的能力，单位为 MPa 或 GPa。E 的数值随材料而异，是通过实验测定的。该式同样适用于受压杆。

若将式（3-6）改为 $\frac{\Delta l}{l} = \frac{F_N}{EA}$，并以正应力 $\sigma = \frac{F_N}{A}$，纵向线应变 $\varepsilon = \frac{\Delta l}{l}$ 代入，则可得胡克定律的另一种形式：

$$\varepsilon = \frac{\sigma}{E} \quad 或 \quad \sigma = E\varepsilon \tag{3-7}$$

它更清晰地表明：在弹性范围内加载，正应力和正应变之间存在着线性关系。它不仅适用于受拉杆，而且还可普遍用于所有的单向应力状态，故又称其为单向应力状态下的胡克定律。

由实验证明，在弹性范围内，横向线应变 ε' 和纵向线应变 ε 之间的比值为一常数。

$$\left|\frac{\varepsilon'}{\varepsilon}\right| = \mu \quad 或 \quad \varepsilon' = -\mu\varepsilon \tag{3-8}$$

由于 μ 为反映材料横向变形能力的弹性常数，称为泊松比（S. D Poisson）或横向变形系数。它是一个无量纲的量，其数值随材料而异，由实验测定。

另外，扭转实验结果表明，在弹性范围内，一点的剪应力与相应的剪应变成正比，即

$$\tau = G\gamma \quad 或 \quad \gamma = \frac{\tau}{G} \tag{3-9}$$

式（3-9）称为剪切胡克定律，其中 G 称为剪切弹性模量（shear modulus），其值与材料有关，可由扭转实验测得。

E、G、μ 是表征材料力学行为的三个弹性常数，对各向同性材料而言，实验和理论均可以证明三者之间满足如下关系：

$$G = \frac{E}{2(1+\mu)} \tag{3-10}$$

3.1.3　构件变形的基本形式

由于作用在构件上的外力是多种多样的，因此构件的变形也是各种各样的。这些变形的基本形式通常可以归纳为以下四种，其变形形式是由受力特点决定的。

1. 轴向拉伸或压缩（tension and compression）

受力：作用于杆件两端的外力大小相等、方向相反，且与杆件轴线重合。

变形：杆件变形是沿轴线的方向伸长或缩短［图 3-6（a）、图 3-6（b）］。

2. 剪切（shear）

受力：杆件两侧作用大小相等、方向相反、作用线相距很近的横向外力。

变形：杆件的两部分沿外力作用方向发生相对错动［图 3-6（c）］。

3. 扭转（torsion）

受力：在垂直于杆轴线的平面内作用一对大小相等、方向相反的外力偶。

变形：杆件的任意两个横截面发生绕轴线的相对转动［图 3-6（d）］。

4. 弯曲（bend）

受力：在包含杆轴的纵向平面内作用一对大小相等、方向相反的力偶或在垂直于杆件轴线方向作用横向力。

变形：杆件轴线由直线变为曲线［图 3-6（e）］。

工程中，实际构件的变形可能只是一种基本变形，也可能是几种基本变形同时存在的组合变形。组合变形在后面的章节中分别加以讨论。

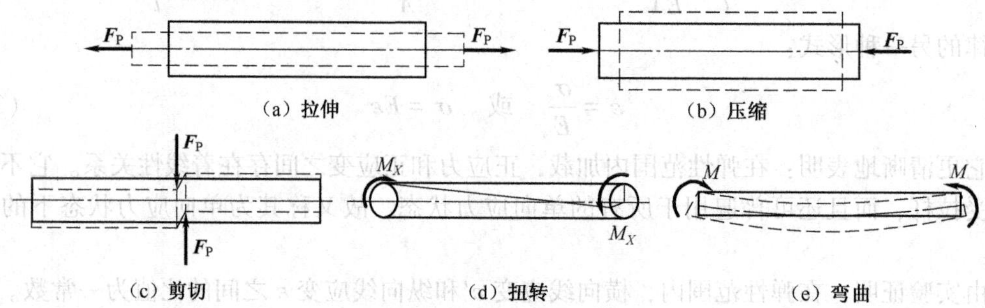

图 3-6　构件的基本变形形式

3.2　材料的力学性质

在工程建设中，常用的固体材料有金属（主要是钢铁）、岩石类、混凝土材料等。不论哪种材料在外力作用下，都要经历受力—变形—断裂这一破坏过程。因此分析构件的强度、刚度时，必须了解材料的力学性能（mechanical property）。材料的力学性能也称为机械性能，是指材料在外力作用下表现出来的变形、破坏等方面的特性。它要用实验来测定。在室温下，以缓慢平稳的方式进行试验，称为常温静载试验，是测定材料力学性能的基本试验。通过试验揭示材料在受力过程中所表现出的与试件几何尺寸无关的材料本身特性。如变形特性，破坏特性等。研究材料的力学性能，其目的在于确定材料在变形和破坏情况下的一些重要性能指标，以作为选用材料，计算材料强度、刚度的依据，也是指导研制新材料和制定加工工艺技术指标的重要依据。

在本节中，主要介绍材料在常温、静载条件下受拉或受压时的宏观力学性能，不涉及材料成分及组织结构对材料力学性能的影响。主要以低碳钢和铸铁为代表。

3.2.1　低碳钢和铸铁拉伸时的力学性能

一般在实验室内所做的材料拉伸和压缩实验，是按国家标准《金属材料 拉伸试验 第1部分：室温试验方法》（GB/T 228.1—2010）的规定进行的。

1. 低碳钢拉伸时的力学性能

许多材料在做拉伸试验时能够比较充分地显示出它们的力学特性，所以拉伸是一种最基本的试验。低碳钢是工程中使用最广泛的金属材料，同时它在常温静载下表现出来的力学性质也最具有代表性。低碳钢的拉伸试验按国家标准在万能试验机上进行，通常将其材料做成标准试件（standard specimen），使它的几何形状和受力条件都能符合轴向拉伸的要求。标准试件有矩形截面和圆形截面试件，如图 3-7 所示。试件上标记 A、B 两点之间的距离称为标距，在试验时把这一段作为工作段，实验中测量该段的变形。通常规定圆形试件标距 l_0 与直径 d 的比例分为：$l_0=10d$，$l_0=5d$；板试件（矩形截面）：标距 l_0 与横截面面积 A_0 的比例分为，$l_0 = 11.3\sqrt{A_0}$，$l_0 = 5.65\sqrt{A_0}$；其中 A_0 为矩形试件横截面面积。

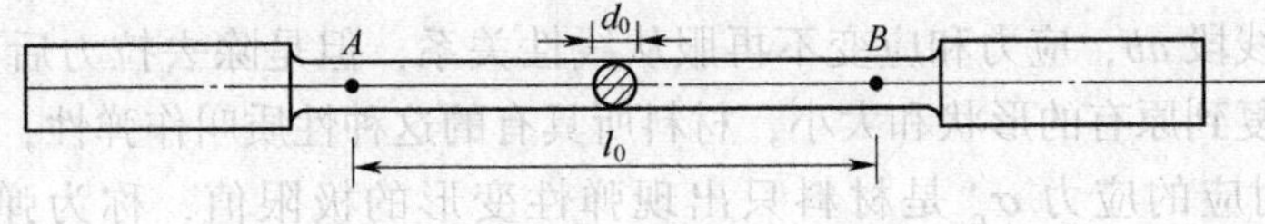

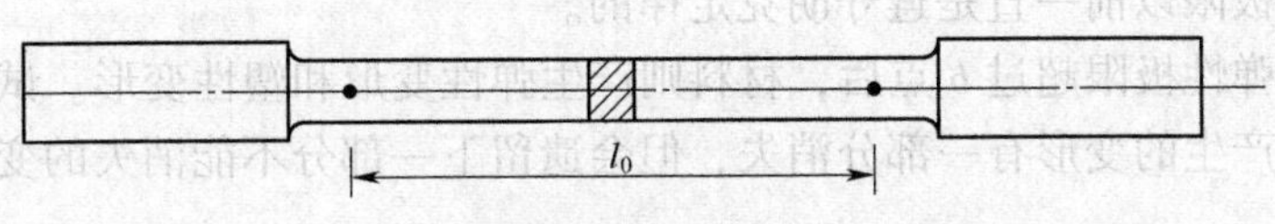

图 3-7　拉伸试件

进行轴向拉伸试验时，首先将试件两端夹牢在试验机的夹头中，然后开动试验机对试件施加拉力，使它发生伸长变形，直至最后拉断。

试件装在试验机上，对试件缓慢加拉力 $\boldsymbol{F}_{\mathrm{P}}$，对应每一个拉力 $\boldsymbol{F}_{\mathrm{P}}$，试件标距 l_0 有一个伸长量 Δl，表示 F_{P} 和 Δl 的关系曲线，称为拉伸图或 $F_{\mathrm{P}}-\Delta l$ 曲线，如图 3-8 所示。为了更直接地分析材料的力学性能，用拉力 F_{P} 除以试件横截面的原始面积，得出正应力 $\sigma=\dfrac{F_{\mathrm{P}}}{A_0}$ 为纵坐标（GB/T 228.1—2010 中应力用 R 表示）；用伸长量 Δl 除以标距 l_0 得出轴向线应变 $\varepsilon=\dfrac{\Delta l}{l_0}$ 为横坐标，作表示 σ 与 ε 的关系图，称为应力-应变曲线（stress-strain curve），如图 3-9 所示。

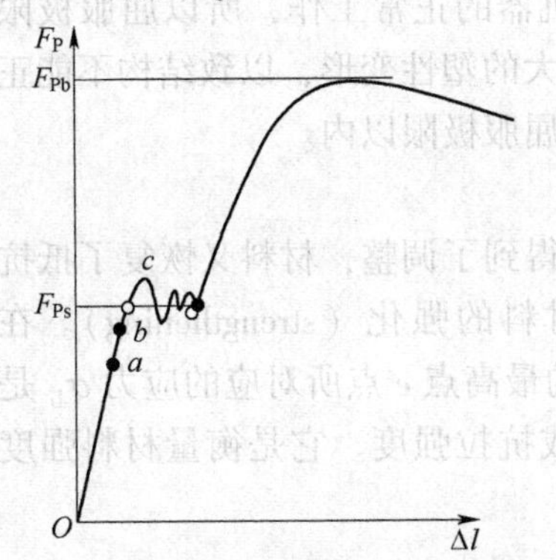

图 3-8　低碳钢拉伸曲线

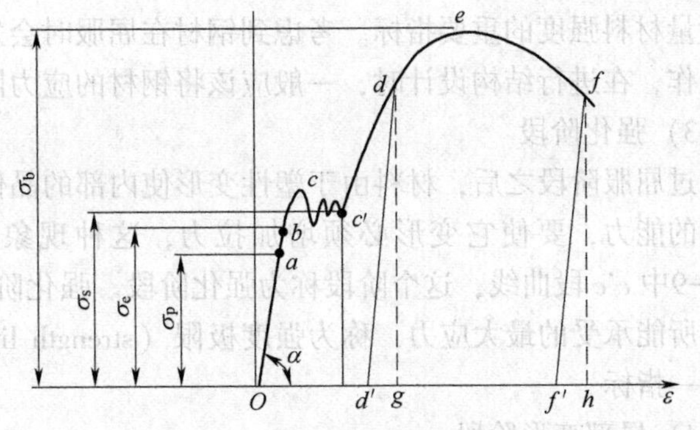

图 3-9　低碳钢应力-应变曲线

从低碳钢的应力-应变曲线可以看到，低碳钢的拉伸力学性能大致可以分为以下四个阶段。

1）弹性阶段

弹性阶段由 Oa 段和 ab 组成。在拉伸（或压缩）的初始阶段应力 σ 与应变 ε 为直线关系，直至 a 点，此时 a 点所对应的应力值称为比例极限（proportional limit），用 σ_p 表示。它是应力与应变成正比例的最大极限。当 $\sigma \leqslant \sigma_p$，则有

$$\sigma = E\varepsilon$$

即 $\sigma \leqslant \sigma_p$ 时，材料才服从胡克定律，这时材料是线弹性的。此时可测出材料的弹性模量：

$$E = \frac{\sigma}{\varepsilon} = \tan \alpha \tag{3-11}$$

对于微弯曲线段 ab，应力和应变不再服从线性关系，但是除去拉力后变形仍然能完全恢复，使试件恢复到原有的形状和大小，材料所具有的这种性质叫作弹性，这种变形称为弹性变形，b 点所对应的应力 σ_e 是材料只出现弹性变形的极限值，称为弹性极限（elastic limit）。由于 ab 阶段很短，σ_e 和 σ_p 相差很小，试验中很难辨别，通常不严格区分，而认为材料在达到弹性极限以前一直是遵守胡克定律的。

在应力大于弹性极限超过 b 点后，材料则产生弹性变形和塑性变形。试验表明，如再解除拉力，则试件产生的变形有一部分消失，但会遗留下一部分不能消失的变形，这种变形称为塑性变形。

2）屈服（流动）阶段（cc'）

当应力超过 b 点增加到 c 点之后，应变有非常明显的增加，而应力先是下降，然后做微小的波动，在这一过程中，几乎不增加荷载，应变也会继续迅速地增加，在 σ-ε 曲线上出现接近水平线的小锯齿形的线段。这种应力基本保持不变，而应变显著增加的现象，称为屈服或流动（yield）。在屈服阶段内的最高应力（c 点）和最低应力（c'点）分别称为上屈服极限和下屈服极限。下屈服极限是相对较为稳定的，能够反映材料的性质，通常把下屈服极限称为屈服极限（yield limit）或屈服点，用 σ_s 来表示。这时在试件的表面上将会看到大约与试件轴线成45°角方向上的滑移线。这是因为试件显著变形时材料的微小晶格间发生了相互位移而引起的，也称为剪切线。

材料屈服表现为显著的塑性变形，低碳钢在屈服阶段内产生的应变，可以达到比例极限时所产生的应变的10~15倍。而零件的塑性变形将会影响机器的正常工作，所以屈服极限是衡量材料强度的重要指标。考虑到钢材在屈服时会发生较大的塑性变形，以致结构不能正常工作，在进行结构设计时，一般应该将钢材的应力限制在屈服极限以内。

3）强化阶段

过屈服阶段之后，材料由于塑性变形使内部的晶体结构得到了调整，材料又恢复了抵抗变形的能力，要使它变形必须增加拉力，这种现象称为材料的强化（strengthening）。在图3-9中 $c'e$ 段曲线，这个阶段称为强化阶段。强化阶段中的最高点 e 点所对应的应力 σ_b 是材料所能承受的最大应力，称为强度极限（strength limit）或抗拉强度。它是衡量材料强度的另一指标。

4）局部变形阶段

过点 e 之后，进入局部变形阶段，这时，试件的变形开始集中在某一小段内，使这一小段的横截面面积显著地缩小，出现颈缩（necking）现象，这一阶段也称为局部变形阶段。由于这时试件截面面积缩小得非常迅速，以致拉力不但加不上去，反而自动降下来一些，一

直到试件被拉断。$\sigma-\varepsilon$ 图中用横截面原始面积 A 算出的应力随之下降，直到试件被拉断。在试件断裂以后，弹性变形彻底消失，只剩下塑性变形了，图 3-9 中 $f'h$ 段对应的应变为塑性应变。

5）延伸率和断面收缩率

试件拉断后，由于保留了塑性变形，试件加载前的标距长度 l_0，拉断后变为 l_1。用百分数表示的比值

$$\delta = \frac{l_1 - l_0}{l_0} \times 100\% \tag{3-12}$$

称为延伸率（percentage elongation），它是衡量材料塑性的一个重要指标，它代表材料在被拉断以后能够发生塑性变形的程度。低碳钢的延伸率很高，其平均值为 20%~30%，这说明低碳钢的塑性性能很好。

工程实际中，通常把发生显著塑性变形以后才断裂的材料称为塑性材料，延伸率 $\delta>5\%$ 的材料，如碳钢、黄铜、铝合金等；而把没有显著变形以前就断裂的材料称为脆性材料，延伸率 $\delta<5\%$ 的材料，如铸铁、玻璃、陶瓷等。

原始横截面积为 A_0 的试件，拉断后颈缩处的最小截面面积变为 A_1，用百分数表示的比值

$$\phi = \frac{A_0 - A_1}{A_0} \times 100\% \tag{3-13}$$

称为断面收缩率，它也是衡量材料塑性的指标。

6）卸载规律和冷作硬化现象

试样加载到超过屈服极限后（图 3-9 中 d 点）卸载，应力-应变关系曲线沿着 dd' 回到 d 点，卸载线 $\overline{dd'}$ 大致平行于 $\overline{oa}$ 线，此时 $\overline{og} = \overline{od'} + \overline{d'g} = \varepsilon_p + \varepsilon_e$，其中 ε_e 为卸载过程中恢复的弹性应变，ε_p 为卸载后的塑性变形（残余变形），卸载至 d' 后若再加载，加载线仍沿 $d'd$ 线上升，直到 d 点后又沿着 $d'ef$ 变化。可见在再次加载时，直到 d 点前材料的变形是弹性的，之后才出现塑性变形。

上述材料进入强化阶段以后卸载再加载的历史（如经冷拉处理的钢筋），使材料此后的 $\sigma-\varepsilon$ 关系沿 $d'def$ 路径，此时材料的比例极限和屈服极限提高了，而塑性变形能力降低了，这一现象称为冷作硬化。

工程上常用冷作硬化来提高材料的弹性阶段。例如起重机的钢索和建筑用的钢筋，常用冷拔工艺来提高材料的强度，减小其塑性，使它在工作中不至于产生过大的塑性变形。但有时也是不利的，因为冷作硬化使材料变硬变脆，给塑性加工带来困难，且容易产生裂纹。例如钢板冲孔后，孔周边材料变脆。

2. 铸铁拉伸时的力学性能

铸铁是工程中广泛使用的脆性材料之一，作为脆性材料典型代表的铸铁，拉伸时的应力和应变关系是一条微弯的曲线。如图 3-10 所示，在受拉过程中没有屈服阶段，也不会发生颈缩现象。在断裂破坏前，几乎没有塑性变形，因此通常以断裂时的强度极限 σ_b 作为拉伸时的强度，且抗拉强度较低，在工程中不易作为受拉构件。

3. 其他塑性材料拉伸时的力学性能

对于其他的工程材料，也可以通过应力-应变曲线了解它们的力学性能，图 3-11 是几

种塑性材料的 $\sigma-\varepsilon$ 曲线。可以看出 16Mn 钢和低碳钢应力-应变曲线相似，有明显的弹性阶段、屈服阶段、强化阶段和局部变形阶段；有一些材料如黄铜 H62，没有屈服阶段，但它们的弹性阶段、强化阶段和颈缩阶段都比较明显；另外一些材料如锰钒钢只有弹性阶段和强化阶段，而没有屈服阶段和颈缩阶段。此类材料与低碳钢共同之处是断裂破坏前要经历大量塑性变形，不同之处是没有明显的屈服阶段。对于没有明显屈服阶段的塑性材料，工程上规定将产生 0.2%的塑性应变时所对应的应力值作为名义屈服极限，用 $\sigma_{0.2}$ 表示（图 3-12）。

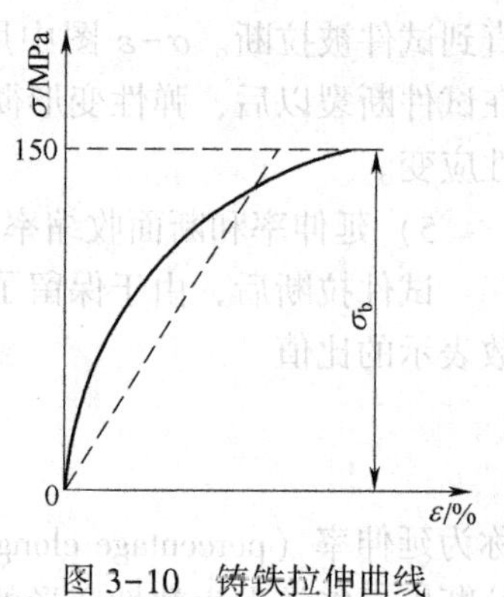

图 3-10 铸铁拉伸曲线

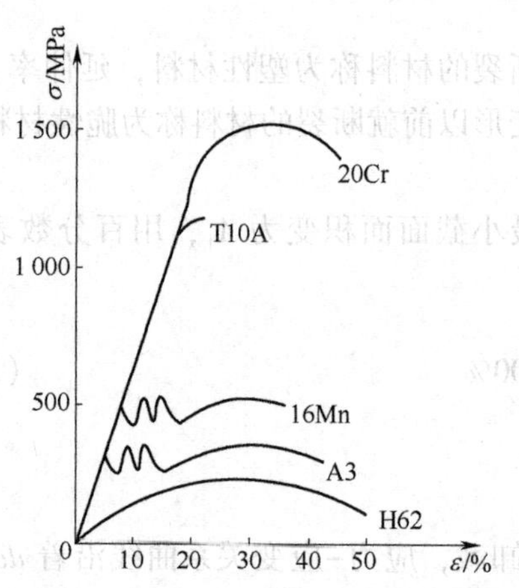

图 3-11 常见塑性材料应力-应变曲线

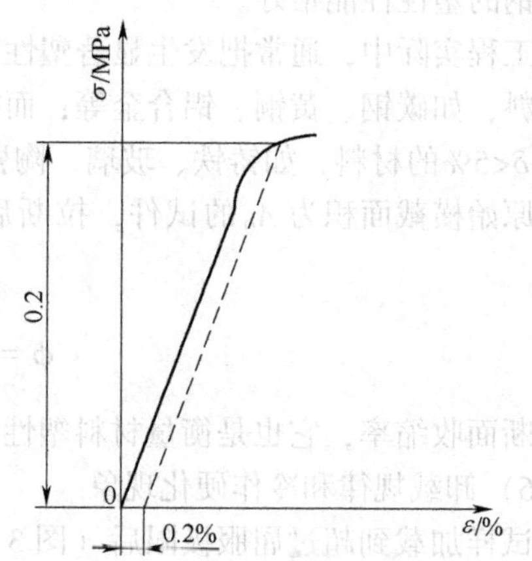

图 3-12 名义屈服极限

从图 3-11 可以看出，图中曲线所代表的这些材料与低碳钢有一个共同的特点，即它们的延伸率 δ 都比较大，都在 10%以上，甚至有的超过 30%。

各类碳钢中，随着含碳量的增加，屈服极限和强度极限相应提高，但延伸率降低，如合金钢、工具钢等高强度钢材，屈服极限较高，但塑性性能却较差。

3.2.2 低碳钢和铸铁压缩时的力学性能

1. 低碳钢的压缩

金属的压缩试件通常做成短的圆柱体，按实验规范要求，一般试件的长度是直径的 1.5~3 倍。将试件放在试验机的两个压座之间，施加压力。由实验绘出的 $\sigma-\varepsilon$ 关系曲线称为试件的压缩图。为了比较低碳钢拉伸和压缩时的力学性质，将曲线绘在同一坐标内。图 3-13是低碳钢拉伸和压缩时的应力-应变曲线，图中实线是低碳钢压缩时的应力-应变曲线。比较拉伸和压缩时的力学性质可以看出，在屈服阶段以前它们基本是重合的，这说明低碳钢拉伸和压缩时的比例极限、屈服极限、弹性模量和屈服极限相同；超过屈服阶段过后，低碳钢压缩试件会被越压越扁，变成鼓形的，横截面积不断增大，试件抵抗压缩能力也继续提高，不可能产生断裂，也无法测定压缩的强度极限。因此低碳钢的力学性能主要由拉伸试验来确定。

2. 铸铁的压缩

铸铁是典型的脆性材料，它受压时的 $\sigma-\varepsilon$ 曲线如图 3-14 所示，由图可知，铸铁拉伸和压缩时的力学性质差异较大，虽然这种材料拉伸和压缩时的弹性模量相同，但它在受压时的强度大约是受拉时的 4~5 倍，试件在压缩变形不大的时候，就会突然破坏。由于摩擦力影响铸铁试件的破坏，破坏面的法线与轴线约成 35°~45°的倾角，表明试件沿斜截面发生剪断破坏，只能求出其强度极限。因此铸铁的抗压性能比抗剪性能好，适合做受压构件。

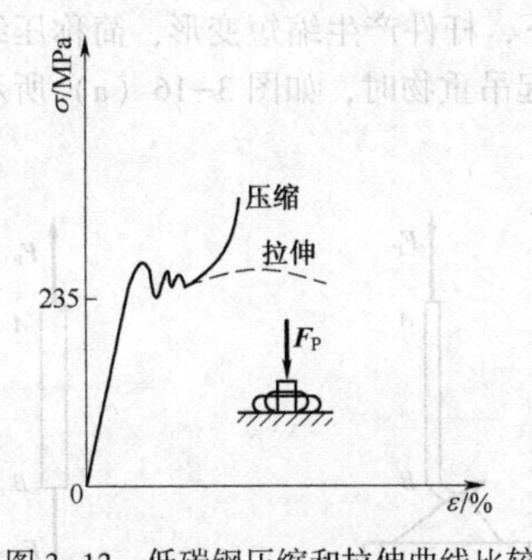

图 3-13　低碳钢压缩和拉伸曲线比较

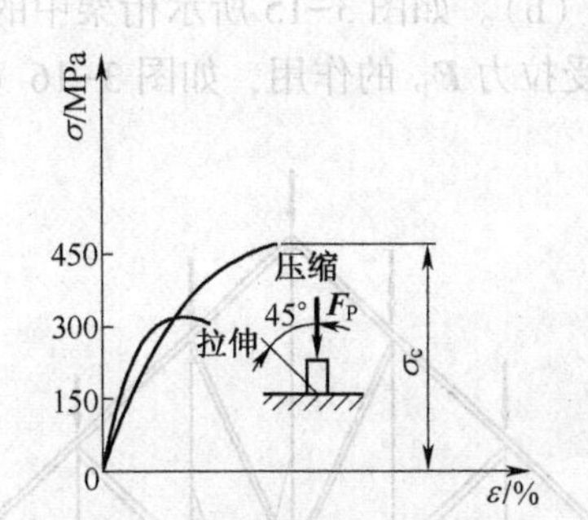

图 3-14　铸铁压缩和拉伸曲线比较

3.2.3　材料强度的标准值和许用应力

通过材料的拉伸（压缩）实验，可以确定材料在拉伸（压缩）情况下，达到危险状态时，材料就会失效，工程上把由于各种原因使结构丧失其正常工作能力的现象，称为失效。工程材料失效的两种形式为：①塑性屈服，材料失效时产生明显的塑性变形，并伴有屈服现象。如低碳钢、铝合金等塑性材料。②脆性断裂，材料失效时几乎不产生塑性变形而突然断裂。如铸铁、混凝土等脆性材料。通常把材料在达到危险状态时的应力极限值称为极限应力，也称为材料强度的标准值，并用 σ^0 表示。关于极限应力 σ^0 的选择，对于塑性材料，当它达到屈服时就发生显著的塑性变形，往往影响到它的正常工作，故通常取屈服极限 σ_s 作为 σ^0，对于某些无明显屈服现象的合金材料取 $\sigma_{0.2}$，则危险应力 $\sigma^0=\sigma_s$ 或 $\sigma_{0.2}$；对于脆性材料，断裂时的应力是强度极限 σ_b，则 $\sigma^0=\sigma_b$。

在实际中还应使构件具有必要的安全储备，一般应使工作应力不超过许用应力 $[\sigma]$，构件才能正常工作。而许用应力是保证构件安全可靠工作所容许的最大应力值。

构件许用应力用 $[\sigma]=\dfrac{\sigma^0}{n}$ 表示，则工程上一般取

塑性材料：
$$[\sigma]=\frac{\sigma_s}{n_s}$$

脆性材料：
$$[\sigma]=\frac{\sigma_b}{n_b}$$

式中，n_s、n_b 分别为塑性材料和脆性材料的安全系数。

根据不同的工况对结构和构件的要求，正确选择安全系数是重要的工程任务，绝大多数情形下都是由工业部门或国家规定的。

3.3 轴向拉伸与压缩时横截面上的内力

轴向拉伸和压缩变形是构件基本变形之一。在生产实践中经常遇到杆件，虽然杆件的外形各有差异，加载方式也不同，但一般对受轴向拉伸与压缩的杆件的形状和受力情况进行简化，计算简图如图 3-16（b）所示。轴向拉伸是在轴向力作用下，杆件产生伸长变形，简称拉伸，见图 3-6（a）；轴向压缩是在轴向力作用下，杆件产生缩短变形，简称压缩，见图 3-6（b）。如图 3-15 所示桁架中的拉杆；起重机起吊重物时，如图 3-16（a）所示，钢索 *AB* 受拉力 $\boldsymbol{F}_{\mathrm{P}}$ 的作用，如图 3-16（b）所示。

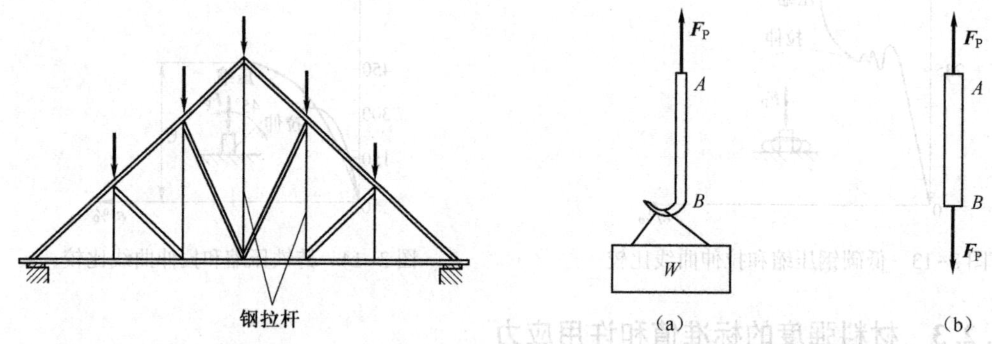

图 3-15 轴向受力构件　　图 3-16 轴向受拉构件

通过这些实例可知轴向拉伸和压缩具有如下特点。

1. 受力特点

作用于杆件两端的外力大小相等，方向相反，作用线与杆件轴线重合，即称轴向力。

2. 变形特点

杆件变形是沿轴线方向的伸长或缩短。

本节主要研究轴向拉伸或压缩时横截面上的内力情况。

3.3.1 轴力

为了显示拉（压）杆横截面上的内力，在图 3-17 所示受轴向拉力 $\boldsymbol{F}_{\mathrm{P}}$ 的杆件上，假想用一个平面沿横截面 *m-m* 截开，取左段部分，并以内力的合力代替右段对左段的作用力。

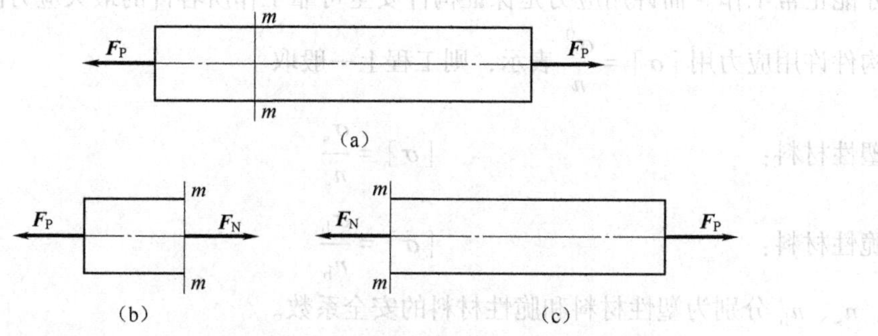

图 3-17 横截面上的内力

由平衡条件 $\sum F_x = 0$，得

$$F_N - F_P = 0$$

因而当外力沿着杆件的轴线作用时，杆件截面上只有一个与轴线重合的内力分量，该内力分量称为轴力，一般用 $\boldsymbol{F}_N$ 表示。若取右段部分，同理 $\sum F_x = 0$，知

$$F_P - F_N = 0$$

结果表明，取左段和取右段所得到的轴力大小相等、方向相反，为了保证不论是取左段还是取右段得到的轴力都不仅大小相等，而且符号相等。对轴力的符号做如下规定，材料力学中轴力的符号由杆件的变形决定，习惯上将轴力 $\boldsymbol{F}_N$ 的正负号规定为：拉伸时，轴力 $\boldsymbol{F}_N$ 为正；压缩时，轴力 $\boldsymbol{F}_N$ 为负。

根据这一规定可知，作用在截面左侧杆上向左的外力和右侧杆上向右的外力引起的轴力为正，反之引起的轴力为负。

3.3.2　轴力图

在工程中，有时杆会受到多于 2 个沿轴线作用的外力，这时，杆在不同杆段的截面上将产生不同的轴力，此时需按外力分段计算轴力。为了形象表明杆的各截面上轴力随横截面的位置的变化规律，并找出最大轴力及其所在截面的位置，通常需要画出轴力图。其方法：按选定的比例尺选取一坐标系，以平行于杆轴线的坐标为横坐标，其上各点表示横截面位置，以垂直于轴线的纵坐标表示相应横截面上轴力的大小，从而画出表示轴力与横截面位置关系的图线，这种图线即为轴力图。正的轴力画在横坐标的上方，负的画在下方，并标明正负号。这样轴力图不仅能显示杆件各个横截面上轴力的大小，而且能显示各段内的变形形式。

【例题 3-1】　在图 3-18（a）中，沿杆件轴线作用 20 kN、70 kN、80 kN、30 kN 等荷载。试求各段横截面上的轴力，并作轴力图。

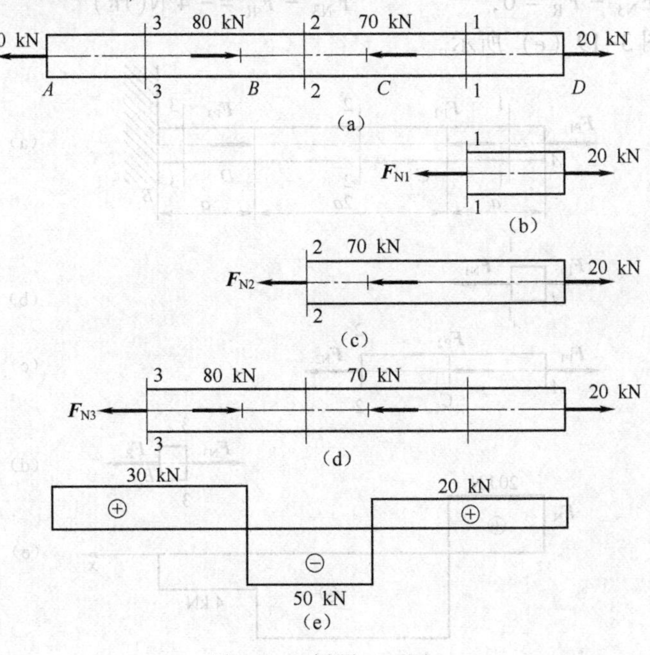

图 3-18　例题 3-1 图

解 计算各段轴力。

CD 段：沿截面 1—1 将杆分为两段，取右段部分［图 3-18（b）］。

由 $\sum F_x = 0$ 得

$$F_{N1} = 20\ \text{kN} \quad （拉力）$$

BC 段：沿截面 2—2 将杆分为两段，取右段部分［图 3-18（c）］。

由 $\sum F_x = 0$ 得

$$F_{N2} = -50\ \text{kN}（压力）$$

F_{N2}的方向与图 3-18（c）中所示方向相反。

AB 段：沿截面 3—3 将杆分为两段，取右段部分［图 3-18（d）］。

由 $\sum F_x = 0$ 得

$$F_{N3} = 20 - 70 + 80 = 30\ \text{kN}（拉力）$$

F_{N3}的方向与图 3-18（d）中所示方向相同。

此杆的轴力图如图 3-18（e）所示。

【例题 3-2】 如图 3-19 所示，已知：$F_{P1} = 20$ N，$F_{P2} = 30$ N，$F_{P3} = 6$ N。求各段内力，并作轴力图。

解 求约束反力：

由 $F_R - F_{P1} + F_{P2} - F_{P3} = 0$ 得

$$F_R = -4\ \text{N}$$

应用截面法求内力，分段分析：

AC 段：　$F_{P1} - F_{N1} = 0$，　$F_{N1} = F_{P1} = 20$ N（拉）

CD 段：　$F_{P1} - F_{P2} - F_{N2} = 0$，　$F_{N2} = F_{P1} - F_{P2} = -10$ N（压）

DB 段：　$F_{N3} - F_R = 0$，　$F_{N3} - F_R = -4$ N（压）

作轴力图如图 3-19（e）所示。

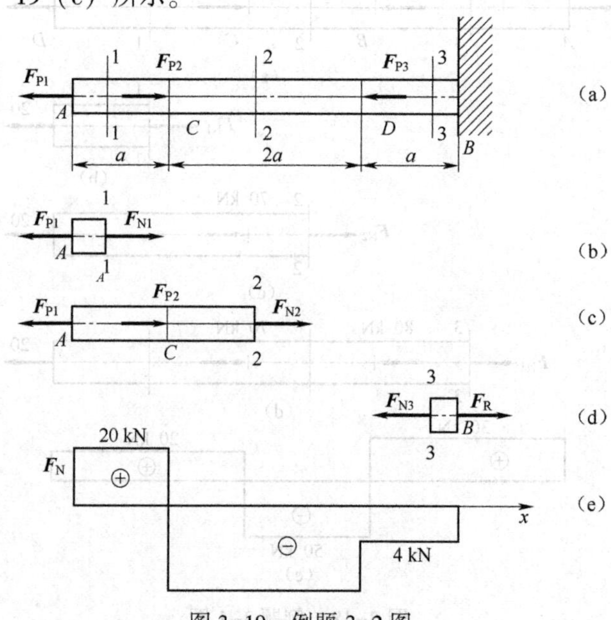

图 3-19 例题 3-2 图

【例题 3-3】 如图 3-20（a）所示杆，除 A、D 两端各有一集中力外，BC 段作用有沿杆长均匀分布的轴向外力，集度为 4 kN/m，画出杆的轴力图。

解　用截面法：AB 段和 CD 段杆的轴力分别为：$F_{NAB}=6\ \text{kN}$(拉力)；$F_{NCD}=2\ \text{kN}$(压力)。

BC 段：假想在距 B 点为 x 处将杆截开，取左段杆为研究对象，如图 3-20（b）所示，由平衡方程，可求得 x 截面的轴力为

$$F_{\mathrm{N}}(x)=6-4x$$

由此可见，在 BC 段内，作用均布荷载时，轴力沿杆长线性分布。当 $x=0$ 时，$F_{\mathrm{N}}=6\ \text{kN}$；当 $x=2\ \text{m}$ 时，$F_{\mathrm{N}}=-2\ \text{kN}$。全杆的轴力图如图 3-20（c）所示。可知最大轴力发生在 AB 段。

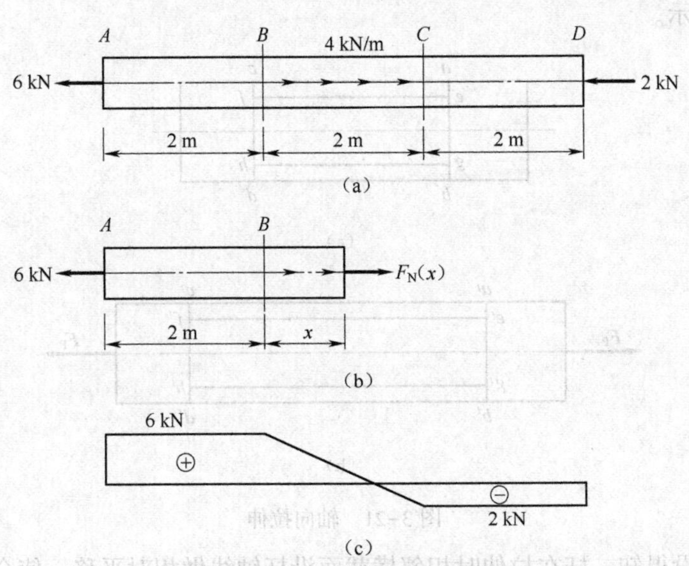

图 3-20　例题 3-3 图

从上述例子的轴力图可以看出，在杆集中力作用处的左右两侧截面上，轴力有突变，且突变值等于集中力的大小。某一横截面上的轴力，在数值上等于该截面一侧杆上所有轴向外力的代数和，拉力为正，压力为负。

注意：

（1）求内力时，外力不能沿作用线随意移动（如 $\boldsymbol{F}_2$ 沿轴线移动）。因为材料力学中研究的对象是变形体，不是刚体，力的可传性原理只适用于刚体。

（2）截面不能刚好截在外力作用点处，因为工程实际上并不存在几何意义上的点和线，而实际的力只可能作用于一定微小面积内。

3.4　轴向拉伸和压缩杆的应力和强度

3.4.1　轴向拉（压）杆截面上的应力

1. 横截面上的应力

在工程设计中，用截面法求出轴向拉（压）杆横截面的轴力以后，只根据轴力并不能判断杆件是否有足够的强度。例如，用同一材料制成粗细不同的两根杆，在相同的拉力作用

下，当拉力逐渐增大时，细杆先断。这说明杆件的强度不仅和轴力有关，还和应力有关。

为了求得应力分布规律，先研究杆件变形。取一段直杆，如图 3-21（a）所示，为了分析其轴向变形现象，加载前在其表面上画出两条横向线 ab、cd，两条与轴线平行的纵向线 ef、gh，然后在杆的两端施加轴向拉力，使杆产生拉伸变形。如图 3-21（b）所示，变形后的 ab、cd、ef、gh 分别记为 $a'b'$、$c'd'$、$e'f'$、$g'h'$，可以观察到代表横截面的两条横向线 ab、cd 仍为直线，且垂直于轴线，只是分别平行地移至 $a'b'$、$c'd'$，但仍保持着互相平行，两条纵向线伸长相同。为此提出平面假设（plane assumption）。

平面假设：变形之前横截面为平面，变形之后仍保持为平面，而且仍垂直于杆轴线，如图 3-21（b）所示。

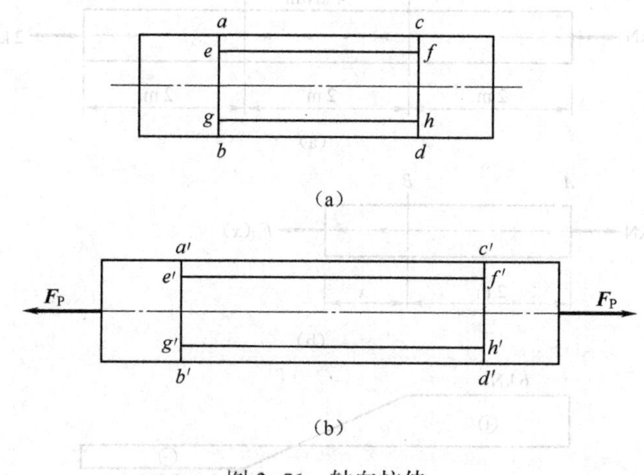

图 3-21　轴向拉伸

根据平面假设得知，杆在拉伸时相邻横截面沿杆轴线做相对平移，使众多的纵向纤维均匀地伸长，也就是在杆横截面上各点处的变形相同。横截面上各点沿轴向的正应变相同，由此可推知横截面上各点正应力也相同，即 σ 等于常量。由静力学平衡条件确定 σ 的大小。

由于 $dF_N = \sigma \cdot dA$，所以积分得

$$F_N = \int_A \sigma dA = \sigma A$$

则

$$\sigma = \frac{F_N}{A} \tag{3-14}$$

式中：σ 为横截面上的正应力；F_N 为横截面上的轴力；A 为横截面面积。

正应力 σ 的正负号规定为：拉应力为正，压应力为负。

上述公式只适用于等截面直杆，且外力合力和构件轴线重合。对于截面沿杆轴线缓慢变化的直杆，外力合力与轴线重合，公式可写成

$$\sigma(x) = \frac{F_N(x)}{A(x)} \tag{3-15}$$

式中，$\sigma(x)$、$F_N(x)$、$A(x)$ 表示这些量是横截面位置的函数。

【例题 3-4】 一钢杆横截面面积为 500 mm²，所承受轴向外力如图 3-22 所示。试作出轴力图并确定最大轴力，以及计算各段横截面上的正应力。

解　(1) 根据截面法可得各段截面上的轴力如下：

AB 段：$F_{NAB} = 30\ \text{kN}$

BC 段：$F_{NBC} = 15 - 25 = -10\ \text{kN}$

CD 段：$F_{NCD} = 15\ \text{kN}$

由此可作出轴力图如图 3-22 (b) 所示，其最大轴力为 $F_{\text{Nmax}} = 30\ \text{kN}$。

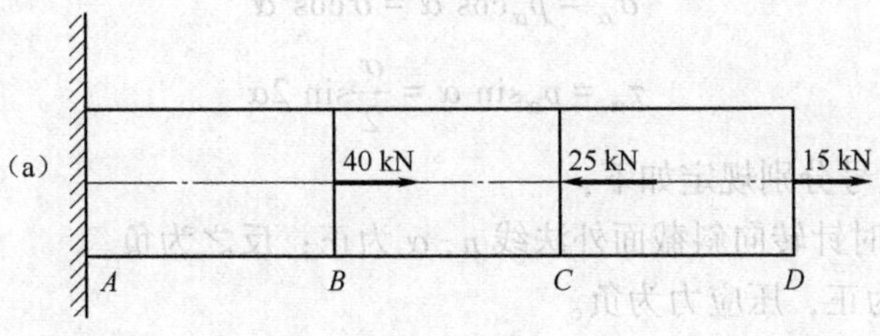

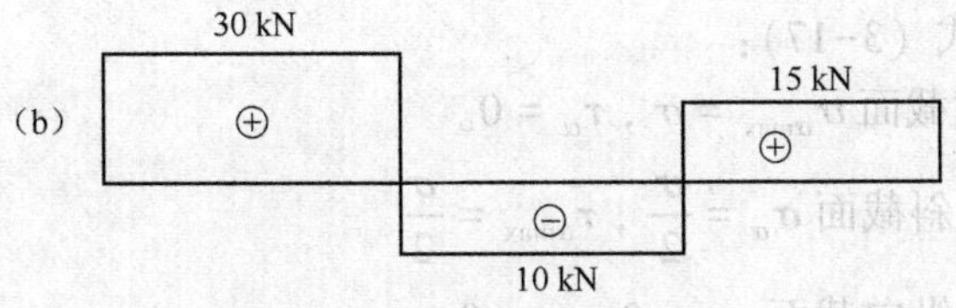

图 3-22　例题 3-4 图

(2) 利用公式可计算出各段横截面上的正应力：

$$AB\text{ 段：}\sigma_{AB} = \frac{F_{NAB}}{A} = \frac{30 \times 10^3}{500 \times 10^{-6}} = 60\ \text{MPa}$$

$$BC\text{ 段：}\sigma_{BC} = \frac{F_{NBC}}{A} = \frac{-10 \times 10^3}{500 \times 10^{-6}} = -20\ \text{MPa}$$

$$CD\text{ 段：}\sigma_{CD} = \frac{F_{NCD}}{A} = \frac{15 \times 10^3}{500 \times 10^{-6}} = 30\ \text{MPa}$$

2. 斜截面上的应力

以上讨论了轴向拉伸、压缩时，直杆横截面上的应力，但不同材料的实验表明，拉(压) 杆的破坏并不总是沿横截面发生，有时也沿斜截面发生。为此，应讨论斜截面上的应力。

设等直杆的轴向拉力为 $\boldsymbol{F}_{\text{P}}$ [图 3-23 (a)]，横截面面积为 A，$m-m$ 截面与横截面之间的夹角为 α，由于 $m-m$ 截面上的内力仍为

$$F_{\text{N}} = F_{\text{P}}$$

而且，由斜截面上沿轴线方向伸长变形仍均匀分布可知，斜截面上应力 p_α 仍均匀分布。若以 p_α 表示斜截面 $m-m$ 上的应力，于是有

$$p_\alpha = \frac{F_{\text{N}}}{A_\alpha}$$

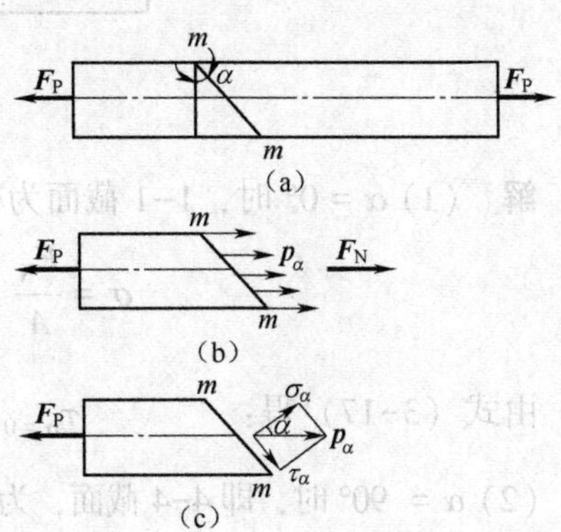

图 3-23　斜截面上的应力

而 $A_\alpha = \dfrac{A}{\cos\alpha}$，所以

$$p_\alpha = \frac{F_N}{A}\cos\alpha = \sigma\cos\alpha$$

则将斜截面上全应力 p_α 分解成正应力 σ_α 和剪应力 τ_α，有

$$\sigma_\alpha = p_\alpha\cos\alpha = \sigma\cos^2\alpha \tag{3-16}$$

$$\tau_\alpha = p_\alpha\sin\alpha = \frac{\sigma}{2}\sin 2\alpha \tag{3-17}$$

α、σ_α、τ_α 正负号分别规定如下：

α——自 x 轴逆时针转向斜截面外法线 n，α 为正；反之为负。

σ_α——拉应力为正，压应力为负。

τ_α——取保留截面内任一点为矩心，当 τ_α 对矩心顺时针转动时为正，反之为负。

讨论式（3-16）和式（3-17）：

（1）当 $\alpha = 0$ 时，横截面 $\sigma_{\alpha\max} = \sigma$，$\tau_\alpha = 0$。

（2）当 $\alpha = 45°$ 时，斜截面 $\sigma_\alpha = \dfrac{\sigma}{2}$，$\tau_{\alpha\max} = \dfrac{\sigma}{2}$。

（3）当 $\alpha = 90°$ 时，纵向截面 $\sigma_\alpha = 0$，$\tau_\alpha = 0$。

结论：对于轴向拉（压）杆，最大正应力发生在横截面上，即 $\sigma_{\max} = \sigma$；最大剪应力发生在与横截面成45°角的斜截面上，即 $\tau_{\max} = \dfrac{\sigma}{2}$；而在平行于轴线的纵向截面上则没有任何应力。

由此可知，铸铁拉伸破坏时，断裂面之所以与轴线相垂直，是由于最大正应力引起的；而铸铁压缩破坏时，断裂面与轴线成45°，以及低碳钢拉伸到屈服时，出现与轴线成45°的滑移线则是由于最大剪应力引起的。

【例题 3-5】 图 3-24 所示为受拉杆，其轴向拉力 $F_P = 100$ kN，它的横截面面积 $A = 1\,000$ mm^2，试分别计算 α 为 0°，90°，45°和 135°时 1-1，4-4，2-2 和 3-3 截面上的应力。

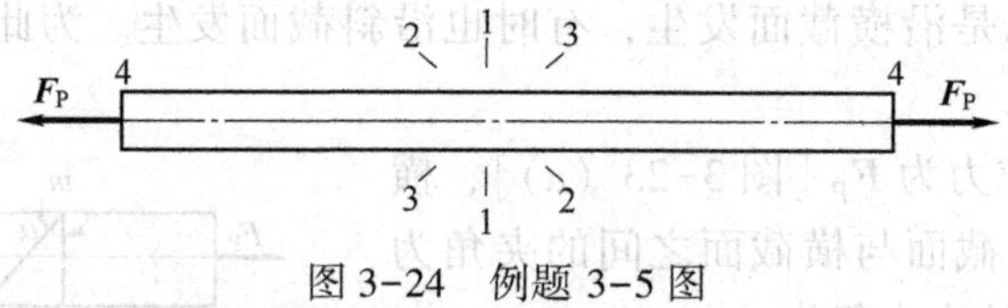

图 3-24　例题 3-5 图

解　（1）$\alpha = 0°$ 时，1-1 截面为横截面，由式（3-14）得

$$\sigma = \frac{F_N}{A} = \frac{100 \times 10^3}{1\,000 \times 10^{-6}} = 100 \text{ MPa}$$

由式（3-17）得：$\tau_{\alpha=0°} = \dfrac{1}{2}\sigma\sin(2\times 0°) = 0$

（2）$\alpha = 90°$ 时，即4-4截面，为与拉杆轴线平行的纵向截面，由式（3-16）和式（3-17）可得

$$\sigma_\alpha = \sigma\cos^2 90^\circ = 0$$

$$\tau_\alpha = \frac{1}{2}\sigma\sin(2\times 90^\circ) = 0$$

(3) $\alpha = 45^\circ$ 时，即 2-2 截面为与杆轴线成 45°的斜截面，由式（3-16）和式（3-17）可得

$$\sigma_\alpha = \sigma\cos^2 45^\circ = 100\times\left(\frac{\sqrt{2}}{2}\right)^2 = 50\ \text{MPa}$$

$$\tau_\alpha = \frac{1}{2}\sigma\sin(2\times 45^\circ) = \frac{100}{2}\times 1 = 50\ \text{MPa}$$

(4) $\alpha = 135^\circ$ 时，即 3-3 截面与杆轴组成 $90^\circ+45^\circ=\beta$ 的斜截面，由式（3-16）和式（3-17）得

$$\sigma_\beta = \sigma\cos^2 135^\circ = 100\times\left(\frac{\sqrt{2}}{2}\right)^2 = 50\ \text{MPa}$$

$$\tau_\beta = \sigma\sin(\alpha+90^\circ)\cos(\alpha+90^\circ) = -\frac{1}{2}\times 100\sin(2\times 45^\circ) = -50\ \text{MPa}$$

分析上述例子可得以下结论：在轴向拉压杆的横截面上，正应力最大，而剪应力为零；而在与杆轴线成 45°的斜截面上，剪应力达到最大；而在相互垂直的斜截面上产生的正应力的和是一个定值，剪应力等值但符号相反。即

$$\begin{aligned}\sigma_\alpha + \sigma_\beta &= \sigma_x + \sigma_y = \text{常数}\\ \tau_\alpha &= -\tau_\beta\end{aligned} \tag{3-18}$$

3.4.2　轴向拉（压）杆的强度计算

在工程中，根据作用在受拉（压）杆件上的轴向外荷载，可以求出各截面的轴力，并能求出杆内的最大轴力 $N_{\max}$。通常把最大轴力所在的截面称为危险截面，危险截面上的正应力称为杆的最大工作应力。

为了保证构件正常工作、不致破坏，且有一定的安全储备，必须使最大工作应力不超过材料在拉伸（压缩）时应力的强度设计值 $[\sigma]$。设 $\sigma_{\max}$ 是发生在轴力最大处的应力（等直截面杆），则拉伸（压缩）强度条件为

$$\sigma_{\max} = \frac{F_{\text{Nmax}}}{A} \leqslant [\sigma] \tag{3-19}$$

根据上述强度条件可以解决以下三方面问题。

1. 校核强度（check the strength）

当外力、构件各部分尺寸及材料的许用应力均为已知时，检查或校核杆的强度是否满足要求，这是强度计算中最常见的一种。

$$\sigma_{\max} = \frac{F_{\text{Nmax}}}{A} \leqslant [\sigma]$$

2. 设计截面（design the section）

当外力和材料的许用应力均为已知时，根据强度条件设计截面尺寸。即

$$A \geqslant \frac{F_{\mathrm{Nmax}}}{[\sigma]}$$

3. 确定构件所能承受的最大安全荷载（calulate the allowable load）

当构件的横截面尺寸以及材料的许用应力为已知时，确定构件或结构能承受的最大荷载。即

$$F_{\mathrm{Nmax}} \leqslant [\sigma]A$$

对于变截面杆（如阶梯杆），$\sigma_{\max}$ 不一定在 $N_{\max}$ 处，还与截面积 A 有关。

以上三类问题通常称作强度计算，下面举例加以说明。

【例题 3-6】 杆系结构如图 3-25 所示，已知杆 AB、AC 材料相同，$[\sigma]=160\ \mathrm{MPa}$，设 AB 杆和 AC 杆的直径分别为 $d_1=20\ \mathrm{mm}$，$d_2=18\ \mathrm{mm}$，$\alpha=30°$，$\beta=45°$，试确定此结构许可荷载 $[F_{\mathrm{P}}]$。

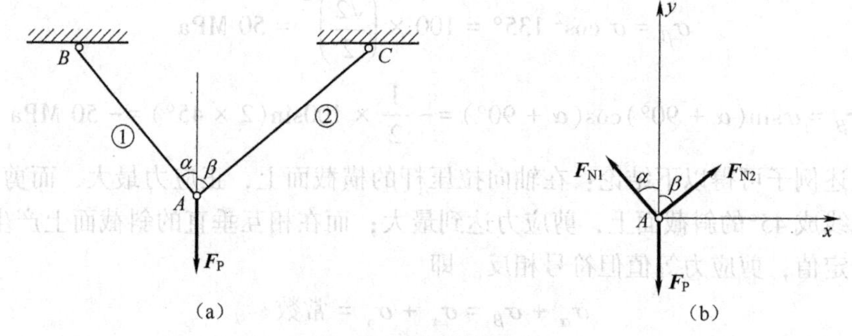

图 3-25 例题 3-6 图

解 （1）由平衡条件计算实际轴力，设 AB 杆轴力为 $\boldsymbol{F}_{\mathrm{N1}}$，$AC$ 杆轴力为 $\boldsymbol{F}_{\mathrm{N2}}$。

对于节点 A，由 $\sum F_x=0$ 得

$$F_{\mathrm{N2}}\sin 45° = F_{\mathrm{N1}}\sin 30° \tag{a}$$

由 $\sum F_y=0$ 得

$$F_{\mathrm{N1}}\cos 30° + F_{\mathrm{N2}}\cos 45° = F_{\mathrm{P}} \tag{b}$$

由式（a）、式（b）解得各杆轴力与结构荷载 F_{P} 应满足的关系为

$$F_{\mathrm{N1}} = \frac{2F_{\mathrm{P}}}{1+\sqrt{3}} = 0.732F_{\mathrm{P}} \tag{c}$$

$$F_{\mathrm{N2}} = \frac{\sqrt{2}P}{1+\sqrt{3}} = 0.518F_{\mathrm{P}} \tag{d}$$

由强度条件计算各杆允许轴力，因为 $F_{\mathrm{Nmax}} \leqslant [\sigma]A$，则

$$[F_{\mathrm{N1}}] \leqslant A_1[\sigma] = 43.96\ \mathrm{kN} \tag{e}$$

$$[F_{\mathrm{N2}}] \leqslant A_2[\sigma] = 40.96\ \mathrm{kN} \tag{f}$$

（2）根据各杆各自的强度条件，即 $F_{\mathrm{N1}} \leqslant [F_{\mathrm{N1}}]$，$F_{\mathrm{N2}} \leqslant [F_{\mathrm{N2}}]$ 计算所对应的荷载 $[F_{\mathrm{P}}]$，由式（c）、式（e）有

$$F_{\mathrm{N1}} \leqslant [F_{\mathrm{N1}}] = A_1[\sigma] = 43.96\ \mathrm{kN}$$

即

$$0.732F_{\mathrm{P}} \leqslant 43.96 \text{ kN}$$

$$[F_{\mathrm{P1}}] \leqslant 60.05 \text{ kN} \tag{g}$$

由式（d）、式（f）有

$$F_{\mathrm{N2}} \leqslant [F_{\mathrm{N2}}] = A_2[\sigma] = 40.96 \text{ kN}$$

即

$$0.518F_{\mathrm{P}} \leqslant 40.96 \text{ kN}$$

$$[F_{\mathrm{P2}}] \leqslant 79.32 \text{ kN} \tag{h}$$

要保证 AB、AC 杆的强度，应取式（g）、式（h）二者中的小值，即 $[F_{\mathrm{P1}}]$，因而得

$$[F_{\mathrm{P}}] = 60.05 \text{ kN}$$

上述分析表明，求解杆系结构的许可荷载时，要保证各杆受力既满足平衡条件又满足强度条件。

【例题 3-7】　图 3-26 为钢木桁架的计算简图。已知荷载设计值 $F_{\mathrm{P}} = 28$ kN，钢的应力设计值 $[\sigma] = 210$ MPa，试选择钢拉杆 DI 的直径。

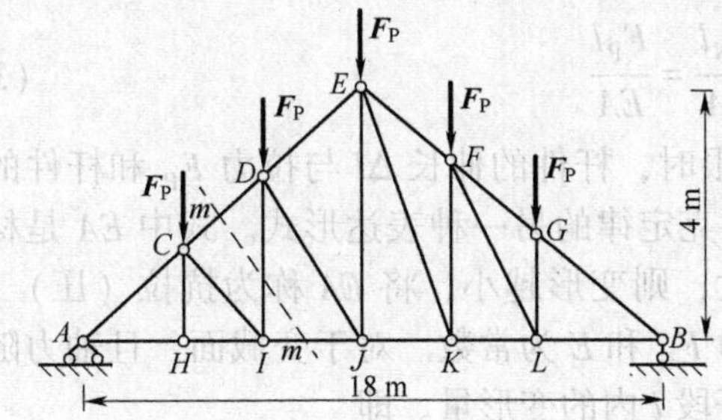

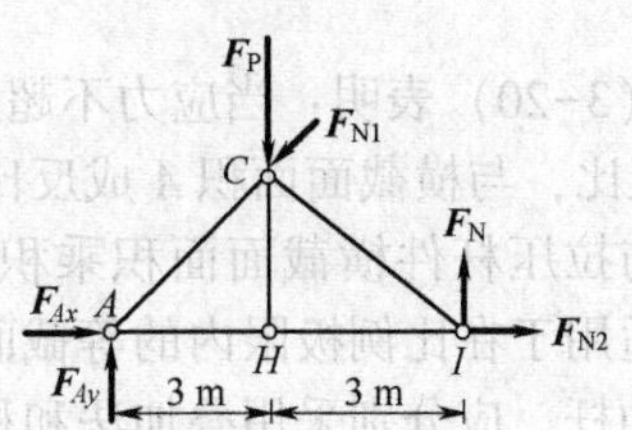

图 3-26　例题 3-7 图

解　（1）计算钢拉杆 DI 的轴力：用一个平面 $m-m$，截取 ACI 部分为研究对象，由静力学平衡方程 $\sum M_A = 0$ 得：　$6F_{\mathrm{N}} - 3F_{\mathrm{P}} = 0$

可求得：

$$F_{\mathrm{N}} = 14 \text{ kN}$$

（2）计算拉杆 DI 所必需的横截面面积，由式 $A = \dfrac{F_{\mathrm{N}}}{[\sigma]}$ 得

$$A = \frac{F_{\mathrm{N}}}{[\sigma]} = \frac{14 \times 10^3}{210 \times 10^6} = 0.667 \times 10^{-4} \text{ m}^2$$

（3）选择钢拉杆的圆截面直径 d：

$$d = \sqrt{\frac{4A}{\pi}} = \sqrt{\frac{4 \times 0.667 \times 10^{-4}}{\pi}} = 0.92 \times 10^{-2} \text{ m} = 9.2 \text{ mm}$$

考虑到圆钢生产型号的直径规定，故取 $d = 10$ mm。

3.5　轴向拉伸或压缩时的变形分析

实验表明，杆件在轴向拉力（或压力）的作用下，沿轴线方向将发生伸长（或缩短），同时，横向（与轴线垂直的方向）方向必然缩短（或伸长）。

3.5.1 纵向变形的计算

如图 3-27 所示，设等直杆的原长为 l，横截面面积为 A，材料的弹性模量为 E。在轴向力 $\boldsymbol{F}_{\mathrm{P}}$ 作用下，长度由 l 变为 l_1。杆件在轴线方向的伸长，即轴向变形为

$$\Delta l = l_1 - l$$

图 3-27 轴向拉伸

由于杆内各点轴向应力 σ 与轴向应变 ε 为均匀分布，所以任一点轴向线应变 ε 即为杆件的伸长 Δl 除以原长 l：

$$\varepsilon = \frac{\Delta l}{l}$$

在比例极限内，由 $\sigma = E\varepsilon$ 得

$$\frac{F_{\mathrm{N}}}{A} = E\frac{\Delta l}{l}$$

所以

$$\Delta l = \frac{F_{\mathrm{N}} l}{EA} = \frac{F_{\mathrm{P}} l}{EA} \tag{3-20}$$

式（3-20）表明：当应力不超过比例极限时，杆件的伸长 Δl 与拉力 F_{P} 和杆件的原长度 l 成正比，与横截面面积 A 成反比。这是胡克定律的另一种表达形式。式中 EA 是材料弹性模量与拉压杆件横截面面积乘积，EA 越大，则变形越小，将 EA 称为抗拉（压）刚度。该公式适用于在比例极限内的等截面杆，轴力 F_{N} 和 E 为常数。对于变截面，且轴力随横截面变化的杆，应分别采用叠加法和积分法求杆段 l 内的变形量。即

$$\Delta l = \sum_{i=1}^{n} \frac{F_{\mathrm{N}i} l_i}{E_i A_i} \tag{3-21}$$

$$\Delta l = \int_0^l \frac{F_{\mathrm{N}}(x)\,\mathrm{d}x}{EA} \tag{3-22}$$

3.5.2 横向变形的计算

若在图 3-28 中，设变形前杆件的横向尺寸为 d，变形后相应尺寸变为 d_1，则横向变形为

$$\Delta d = d_1 - d$$

横向线应变可定义为

$$\varepsilon' = \frac{\Delta d}{d}$$

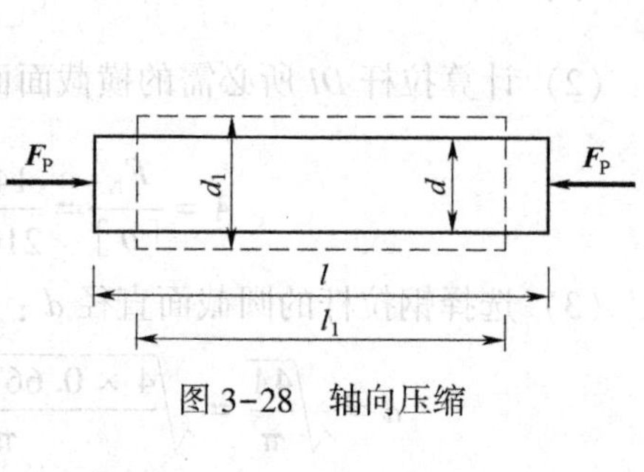

图 3-28 轴向压缩

由实验证明，在弹性范围内

$$\left|\frac{\varepsilon'}{\varepsilon}\right| = \mu \tag{3-23}$$

μ 为杆的横向线应变与轴向线应变代数值之比。由于 μ 为反映材料横向变形能力的材料弹性常数，称为泊松比或横向变形系数，为正值。由于横向应变与轴向应变总是异号，所以，一般冠以负号 $\mu = -\dfrac{\varepsilon'}{\varepsilon}$，即 ε' 与 ε 的关系为

$$\varepsilon' = -\mu\varepsilon \tag{3-24}$$

在弹性变形范围内，每一种材料的μ值均为常数，可由实验测得。几种常见材料的E和μ的值见表3-1。

表 3-1　几种常用材料的 E 和 μ 的值

材料名称	E/GPa	μ	材料名称	E/GPa	μ
碳钢	196~216	0.24~0.28	铝合金	70	0.33
合金钢	186~206	0.25~0.30	混凝土	15~36	0.16~0.18
灰铸铁	78.5~157	0.23~0.27	木材（顺纹）	8~12	
铜及其合金钢	72.6~128	0.31~0.42	木材（横纹）	0.49	

【例题 3-8】　图 3-29（a）为圆截面钢杆，直径 $d = 8$ mm，材料的弹性模量为 $E = 210$ GPa，试计算如下：（1）每段的伸长；（2）每段的线应变；（3）全杆总伸长。

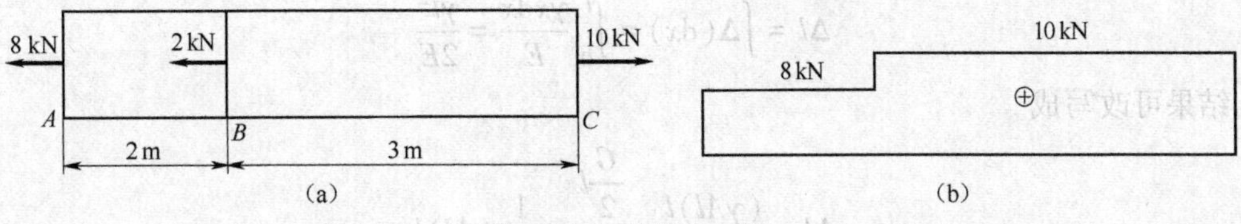

图 3-29　例题 3-8 图

解　（1）求出每段的轴力，并作轴力图［图 3-29（b）］：

$$F_{NAB} = 8\ \text{kN}, F_{NBC} = 10\ \text{kN}$$

（2）AB 段的伸长：

$$\Delta l_{AB} = \frac{F_{NAB} l_{AB}}{EA} = \frac{8 \times 10^3 \times 2}{210 \times 10^9 \times \dfrac{\pi \times 8^2 \times 10^{-6}}{4}} = 0.001\ 52\ \text{m}$$

BC 段的伸长：

$$\Delta l_{BC} = \frac{F_{NBC} l_{BC}}{EA} = \frac{10 \times 10^3 \times 3}{210 \times 10^9 \times \dfrac{\pi \times 8^2 \times 10^{-6}}{4}} = 0.002\ 84\ \text{m}$$

（3）AB 段的线应变 ε_{AB}，根据式 $\varepsilon = \dfrac{\Delta l}{l}$ 得

$$\varepsilon_{AB} = \frac{\Delta l_{AB}}{l_{AB}} = \frac{0.001\ 52}{2} = 7.6 \times 10^{-4}$$

BC 段的线应变 $\varepsilon_{BC} = \dfrac{\Delta l_{BC}}{l_{BC}} = \dfrac{0.002\ 84}{3} = 9.47 \times 10^{-4}$。

（4）全杆的总伸长 $\Delta l = \Delta l_{AB} + \Delta l_{BC} = 0.001\ 52 + 0.002\ 84 = 0.004\ 36\ \text{m} = 4.36\ \text{mm}$

【例题 3-9】　图 3-30（a）所示等截面直杆，其长度为 l，横截面面积为 A，材料单位体积重量为 γ，弹性模量为 E，求在自重作用下的变形。

解　在自重作用下，不同截面上的轴力是变量，在计算变形量时，需取一微段杆来考虑。

在离自由端距离 x 处取一微段杆，长为 dx，以此为研究对象，其受力如图 3-30（b）

所示，图中 $F_N(x)$ 是距杆端长为 x 的截面的轴力，即

$$F_N(x) = xA\gamma$$

$dF_N(x)$ 是微段杆的自重引起的轴力增量，即

$$dF_N(x) = dxA\gamma$$

此值和 $F_N(x)$ 相比是微量，忽略不计，可认为微段杆内各截面上的轴力都等于 $F_N(x)$，于是可直接应用胡克定律来求微段的伸长：

$$\Delta(dx) = \frac{F_N(x)dx}{EA} = \frac{\gamma x dx}{E}$$

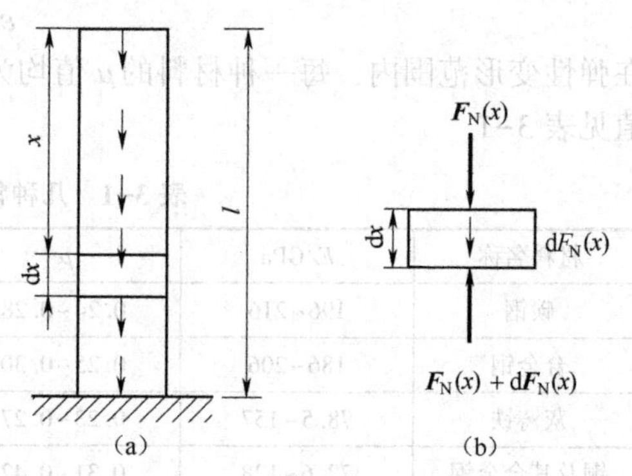

图 3-30　例题 3-9 图

整个杆件的伸长为

$$\Delta l = \int \Delta(dx) = \int_0^l \frac{\gamma x dx}{E} = \frac{\gamma l^2}{2E}$$

结果可改写成

$$\Delta l = \frac{(\gamma A l)l}{2EA} = \frac{\frac{G}{2}l}{EA} = \frac{1}{2}(\Delta l)'$$

式中 G 为杆的自重，$(\Delta l)'$ 等于把整个杆的自重作为集中荷载作用在杆端所引起的伸长。由此可见等截面直杆自重所引起的变形等于把自重当作集中荷载作用在杆端所引起变形的一半。此结论在计算和考虑自重所引起的变形时可直接应用。

【例题 3-10】　图 3-31（a）所示铰接三角架，在节点 B 受铅垂力 $\boldsymbol{F}_P$ 作用。已知，杆 1 为圆截面杆，$d_1 = 34$ mm，杆 2 为正方形截面的木杆，边长 $a = 170$ mm，杆长 $l_2 = 1$ m，弹性模量 $E_1 = 200$ GPa，$E_2 = 10$ GPa，$F_P = 40$ kN，$\alpha = 30°$。求 B 点的位移。

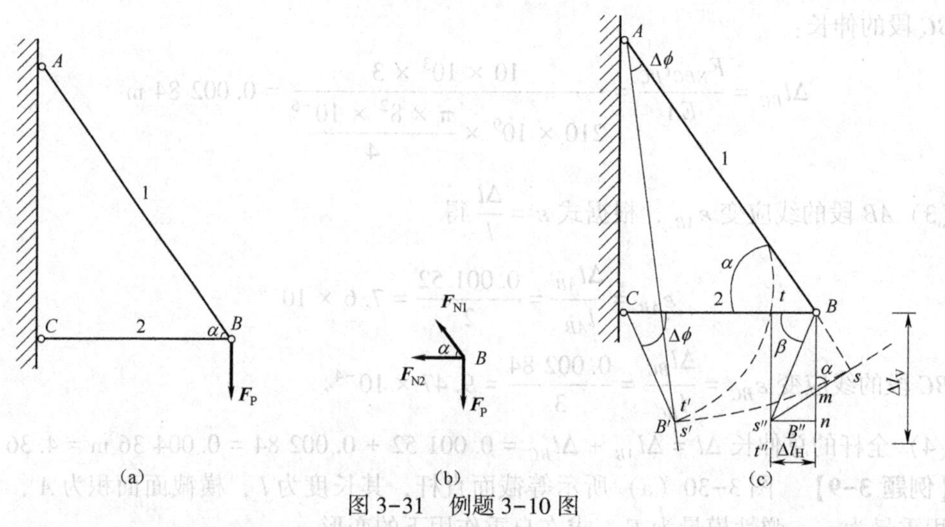

图 3-31　例题 3-10 图

解　(1) 求杆 1 和杆 2 的轴力。为此，截取节点 B 为脱离体，其受力图如图 3-31（b）所示。由平衡条件有

$$\sum F_y = 0$$

$$F_{N1}\sin\alpha = F_P$$

$$F_{N1} = \frac{F_P}{\sin\alpha} = 40 \times 2 = 80 \text{ kN}$$

又由平衡条件 $\sum F_x = 0$，得

$$F_{N2} = -F_{N1}\cos\alpha = -80 \times \frac{\sqrt{3}}{2} = -69.28 \text{ kN}$$

（2）分别求两杆的伸长。根据胡克定律 $\Delta l = \frac{F_N l}{EA}$，有

$$\Delta l_1 = \frac{F_{N1} l_1}{E_1 A_1} = \frac{80 \times 10^3 \times \frac{2}{\sqrt{3}} \times 1}{200 \times 10^9 \times \frac{\pi}{4} \times 0.03^2} = 0.000\,51 \text{ m} = 0.51 \text{ mm}（拉伸）$$

$$\Delta l_2 = \frac{F_{N2} l_2}{E_2 A_2} = \frac{-69.28 \times 10^3 \times 1}{10 \times 10^9 \times \frac{\pi}{4} \times 0.17^2} = -0.24 \text{ mm}（压缩）$$

（3）计算变形。为了求节点 B 的位移，设想将三角架在节点 B 拆开［图 3-31（a）］，杆 1 的长度 $\overline{AB}$ 增加 $\overline{Bs} = \Delta l_1$ 成为 $\overline{As}$，杆 2 的长度减少 $\overline{Bt} = \Delta l_2$，成为 $\overline{Ct}$，然后分别以 A 点和 C 点为圆心，$\overline{As}$、$\overline{Ct}$ 为半径，作圆弧相交于 B'，点 B' 即为三角架变形后 B 点的位置。因为是小变形，ss' 和 tt' 是两段极其微小的短弧，因而可分别用垂直于 $\overline{As}$ 和 $\overline{Ct}$ 的直线段来代替圆弧，这两段直线的交点即为 B''。$\overline{BB''}$ 即为 B 点的位移。

在求 B 点的位移 $\overline{BB''}$ 时，可先分别求其铅垂分量 Δl_V 和水平分量 Δl_H

$$\Delta l_V = \overline{Bn} = \overline{Bm} + \overline{mn} = \frac{\overline{Bs}}{\sin\alpha} + B''n\cot\alpha$$

$$= \Delta l_1 \cdot 2 + \Delta l_2 \cdot \sqrt{3} = 1.43 \text{ mm}$$

$$\Delta l_H = \overline{Bt} = |\Delta l_2| = 0.24 \text{ mm}$$

最后求出 B 点位移：

$$\overline{BB''} = \sqrt{\Delta l_V^2 + \Delta l_H^2} = \sqrt{0.24^2 + 1.43^2} = 1.45 \text{ mm}$$

为了求位移的方向，设 $\overline{BB''}$ 与水平轴的夹角为 β，于是有

$$\beta = \tan^{-1}\frac{\overline{tB''}}{\overline{Bt}} = \tan^{-1}\frac{\overline{Bn}}{\overline{Bt}} = \tan^{-1}\frac{\Delta l_V}{\Delta l_H} = \tan^{-1}5.9$$

即位移的方向为向左下方。

3.5.3　拉（压）杆的刚度条件

在工程中拉（压）杆不仅要满足强度要求，而且要满足刚度要求，即满足

$$\Delta l \leqslant [\Delta l] \tag{3-25}$$

此公式称为拉（压）杆的刚度条件，也可表示为

$$\varepsilon = \frac{\Delta l}{l} \leqslant \left[\frac{\Delta l}{l}\right] = [\varepsilon]$$

在实际工程中，有时利用拉（压）杆的刚度条件来确定杆件的承载力或杆件的横截面积。

【例题 3-11】 如图 3-32 所示结构中，杆 ACB 为刚性杆；拉杆 CD 材料为低碳钢，弹性模量 $E = 200$ GPa，许用应力 $[\sigma] = 120$ MPa，横截面为圆形，直径为 d，$l = 1$ m，$F_{\mathrm{P}} = 50$ kN。因技术要求，该结构 B 点向下的位移不能超过 1 mm，试分别按强度和刚度条件确定 CD 横截面尺寸。

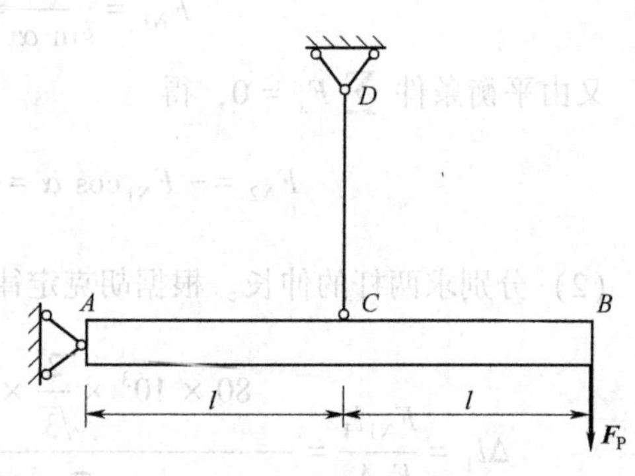

图 3-32 例题 3-11 图

解 （1）求杆 CD 的轴力：取杆 AB 为脱离体，受力见图 3-32，由 $\sum M_A = 0$ 求得

$$F_{NCD} = 2F_{\mathrm{P}} = 100 \text{ kN}$$

（2）按强度条件确定杆 CD 的直径：由 $\sigma = \dfrac{F_{\mathrm{N}}}{A} = \dfrac{4F_{NCD}}{\pi d^2} \leqslant [\sigma]$ 得

$$d \geqslant \sqrt{\frac{4F_{NCD}}{\pi[\sigma]}} = \sqrt{\frac{4 \times 100 \times 10^3}{\pi \times 120 \times 10^6}} = 0.0325\,6 \text{ m} = 32.56 \text{ mm}$$

（3）按刚度条件确定杆 CD 的直径：

$$\Delta l_{CD} = \frac{F_{NCD}l}{EA} = \frac{4F_{NCD}l}{E\pi d^2}$$

由 $|v_{\mathrm{B}}| = 2\Delta l_{CD} = \dfrac{8F_{NCD}l}{E\pi d^2} \leqslant 1$ mm 得

$$d \geqslant \sqrt{\frac{8F_{NCD}l}{E\pi}} = \sqrt{\frac{8 \times 100 \times 10^3 \times 1}{200 \times 10^9 \times \pi}} = 35.68 \text{ mm}$$

综合 CD 杆的刚度和强度条件，当两者都满足时，直径应取较大者，即 $d \geqslant 35.68$ mm。

3.6 剪切与挤压的实用计算

3.6.1 剪切及其实用计算

1. 剪切的概念

在工程中，组成结构或机械的杆件和零件，经常会遇到用连接件将其互相连接在一起的情况，如螺栓连接、铆钉连接、销轴连接、键块连接等，这些连接中的螺栓、铆钉、销轴、键块等都称为连接件。在工程结构中，各种连接件本身的尺寸与体积虽然都比较小，但构件连接处的受力变形却往往较复杂，它对于保证整个结构的牢固与安全起着重要的作用。在生产实践中，经常遇到的剪切问题，主要指这些连接件的剪切和扭转时的剪切两部分内容。本

节主要讨论连接件的剪切。

如图 3-33（a）所示的两块钢板的螺栓接头、图 3-33（b）所示的木结构中的榫结构和图 3-33（c）所示的焊缝，这里的螺栓、榫和焊缝等连接件都是主要承受剪切作用的零件。

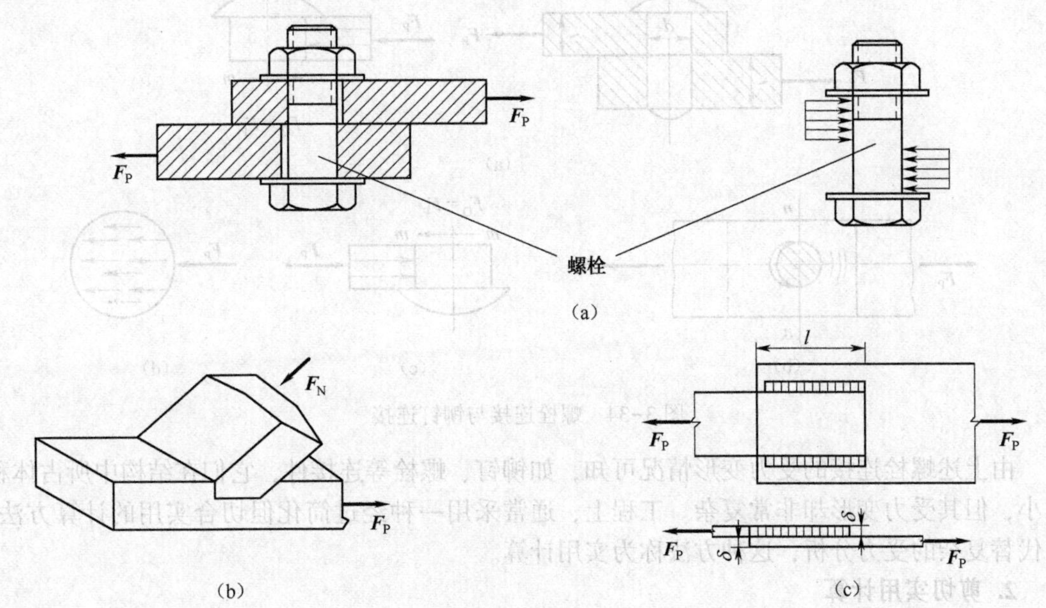

图 3-33　剪切

从图中可以看出，工程上的剪切件有以下特点。

1）受力特点

杆件两侧作用大小相等、方向相反、作用线相距很近的外力。

2）变形特点

两外力作用线间截面发生错动，从而引起剪切变形，最后甚至沿作用力的方向被剪断而破坏。

因此，剪切定义为相距很近的两个平行平面内，分别作用着大小相等、方向相对（相反）的两个力，如外力过大，构件将沿着这一剪切面被剪断，这种情况称为剪切。具有一个剪切面的情况称为单剪切，具有两个剪切面的情况称为双剪切。

下面以图 3-34（a）钢板连接的螺栓连接为例，来说明连接件的变形及连接可能发生的几种破坏情况。钢板受到轴向力 $\boldsymbol{F}_P$ 作用时，螺栓在截面 m-m 处有剪力的作用，显然截面 m-m 是一个受剪面，从而引起剪切变形，最后甚至沿作用力的方向被剪断而破坏。为了阐明这一点，将螺栓沿受剪面 m-m 截开并取出图 3-34（c）所示脱离体，则在受剪面上必然存在与力 $\boldsymbol{F}_P$ 等大、反向的剪力 $\boldsymbol{F}_Q$，才能使这个脱离体平衡。如果使 $\boldsymbol{F}_P$ 逐渐增大，当受剪面上的剪应力达到材料的抗剪强度极限，螺栓就会沿受剪面发生剪断破坏。发生剪切变形的构件，通常伴随着其他形式的变形，如图 3-34（b）所示，是最常见的一种铆钉连接的接头，铆钉和钢板的相互接触表面，称为挤压面，其面积虽小，却传递着很大的压力。当传递的压力过大时，在挤压面处被压溃。可见，连接件可能发生剪切和挤压两种破坏。此外，为了保证整个连接的安全，还必须根据整个连接的受力情况，考虑被连接钢板因铆钉孔的存在

使钢板沿 $n-n$ 截面被拉断的破坏情况。因此，为了防止连接接头在受力后可能发生的上述三种破坏，在设计连接件时必须对其有关部分，分别进行抗剪强度、挤压强度和抗拉强度校核。

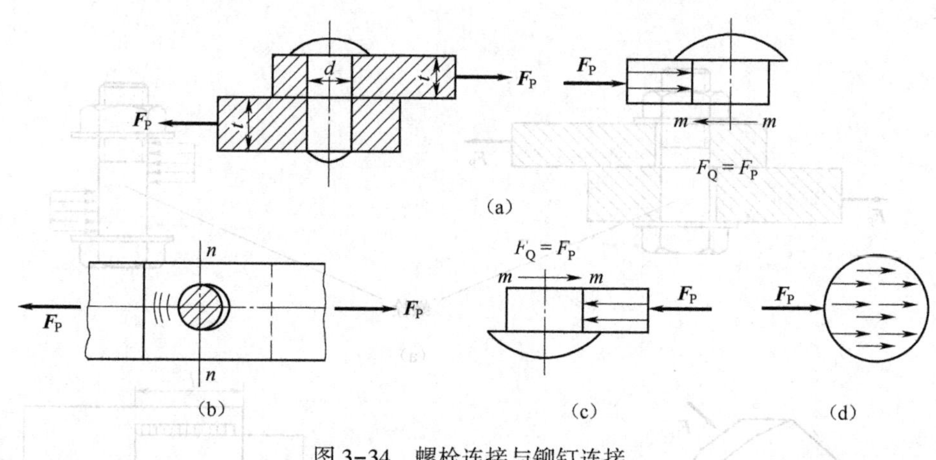

图 3-34　螺栓连接与铆钉连接

由上述螺栓连接的受力变形情况可知，如铆钉、螺栓等连接件，它们在结构中所占体积虽小，但其受力变形却非常复杂。工程上，通常采用一种经过简化但切合实用的计算方法，以代替复杂的受力分析，这种方法称为实用计算。

2. 剪切实用计算

如图 3-34 所示，利用截面法，可求出受剪面上的内力，假定受剪面 $m—m$ 上各点处与剪力 F_Q 相平行的剪应力 τ 相等，于是受剪面上的名义剪应力为

$$\tau=\frac{F_Q}{A_Q} \tag{3-26}$$

式中：F_Q 为受剪面上的剪力；A_Q 为剪切面积；τ 为名义剪应力。

剪切面为圆形时，其剪切面积为 $A_Q=\dfrac{\pi\cdot d^2}{4}$。

如果通过图 3-33 所示直接剪切试验，并得到剪切破坏时材料的抗剪强度极限 τ_u，用它除以材料分项系数，就得到材料的抗剪强度设计值 $[\tau]$。于是剪切的强度条件为

$$\tau=\frac{F_Q}{A_Q}\leqslant[\tau] \tag{3-27}$$

若有 n 个直径相等的铆钉共同作用，而假设每个铆钉所受的剪力相等，可以认为每个铆钉平均分担接头处所承受的总拉（压）力。

设铆钉的数目是 n，d 为铆钉的直径，F_P 为每根拉杆的外力，则每个铆钉所承受的剪力

$$F_Q=\frac{F_P}{n}\leqslant[\tau] \tag{3-28}$$

设剪应力在剪切面内均匀分布，剪切面面积为 A_Q，剪应力为 τ，则

$$\tau=\frac{F_Q}{A_Q}=\frac{\dfrac{F_P}{n}}{\dfrac{\pi d^2}{4}} \tag{3-29}$$

剪切强度条件可表示为

$$\tau = \frac{\frac{F_P}{n}}{\frac{\pi d^2}{4}} \leqslant [\tau] \tag{3-30}$$

式中：$[\tau]$ 为铆钉材料的许用剪应力。它是根据同类连接件直接进行剪切实验得出的。

根据强度条件还可以计算出接头处所需的铆钉个数，即

$$n \geqslant \frac{F_P}{A_Q[\tau]} \tag{3-31}$$

实验结果表明，钢连接件的许用剪应力 $[\tau]$ 与拉伸时许用应力 $[\sigma]$ 之间，大致有如下关系：

塑性材料　　$[\tau]=(0.6\sim0.8)[\sigma]$

脆性材料　　$[\tau]=(0.9\sim1.0)[\sigma]$

3.6.2　挤压及其实用计算

在图 3-35 所示的螺栓连接中，其钢板与螺栓相互接触的侧面上，彼此间发生局部挤压的现象，称为挤压。挤压面（bearing surface）上传递的压力称为挤压力。把连接件与其被连接件之间接触的承受挤压的面积称为挤压面积。显然，当挤压表面上所产生的挤压应力过大时，可能引起螺栓被压扁或钢板在孔缘处被压皱，即产生过大的塑性变形，从而导致连接松动而失效。因此，在有些情况下，构件在剪切破坏前可能首先发生挤压破坏，所以需要建立挤压强度条件。

在一般情况下，构件中挤压应力的分布是非常复杂的。如图 3-35（b）所示的连接件与被连接件的实际挤压面为半个圆柱面，其挤压面积取为实际接触面在直径平面上的投影面积。当挤压面是平面时，挤压面积是实际接触面的面积。由精确的理论分析可得，在圆柱状的接触面上的挤压应力分布是不均匀的，在挤压最紧的地方 A，挤压应力最大，向两旁逐渐减小，在 B、C 部位挤压应力为零。精确地计算分布的挤压应力是比较困难的，故采用挤压的实用计算，在挤压实用计算中，假设挤压力 F_C 均匀分布在连接件及与其接触的构件的挤压面积 A_C 上，故挤压面上名义挤压应力（breading stress）为

$$\sigma_C = \frac{F_C}{A_C} \tag{3-32}$$

由式（3-32）算得挤压应力与圆柱状接触面中点处的最大理论挤压应力值相当接近。因此式（3-32）是偏于安全且实用的。

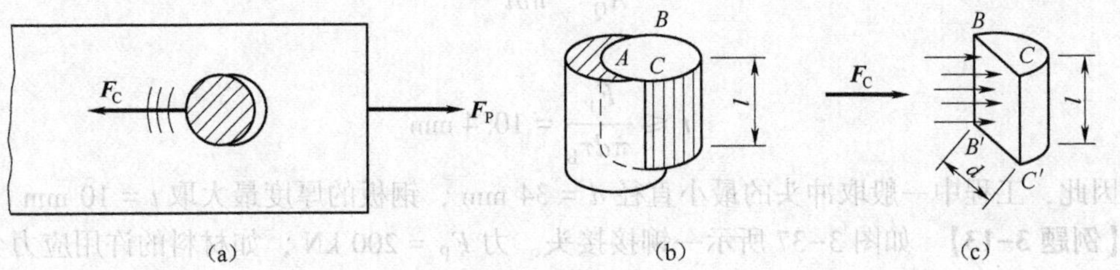

图 3-35　挤压受力图

通过实验求得材料的抗挤压强度极限 σ_u，将其除以安全系数得材料的挤压应力设计值 $[\sigma_C]$。则其挤压强度条件为

$$\sigma_C = \frac{F_C}{A_C} \leqslant [\sigma_C] \tag{3-33}$$

式中：$[\sigma_C]$ 为材料的许用挤压应力，对于低碳钢类塑性材料，挤压应力设计值和拉伸时的应力强度设计值之间大致具有下列关系，一般 $[\sigma_C] = (1.7 \sim 2)[\sigma]$。

在工程中，结构的设计中存在以下几个问题，就是对于结构可能出现的破坏情况必须全面分析：①铆钉可能被剪断；②钢板或铆钉可能在相互接触处被挤压坏；③钢板可能沿某一削弱面被拉断。为此，必须分别满足强度要求，才能使接头安全工作，否则由于某一方面的疏忽，就可能给结构留下隐患，以致造成严重的事故。

【例题 3-12】 如图 3-36 所示冲床，$F_{Pmax} = 400$ kN，冲头 $[\sigma] = 400$ MPa，冲剪钢板 $\tau_b = 360$ MPa，求设计冲头的最小直径及钢板厚度最大值。

解 （1）按冲头压缩强度计算 d：

$$\sigma = \frac{F_C}{A_C} = \frac{F_P}{\frac{\pi d^2}{4}} \leqslant [\sigma]$$

所以

$$d \geqslant \sqrt{\frac{4F_P}{\pi[\sigma]}} = 3.4 \text{ cm}$$

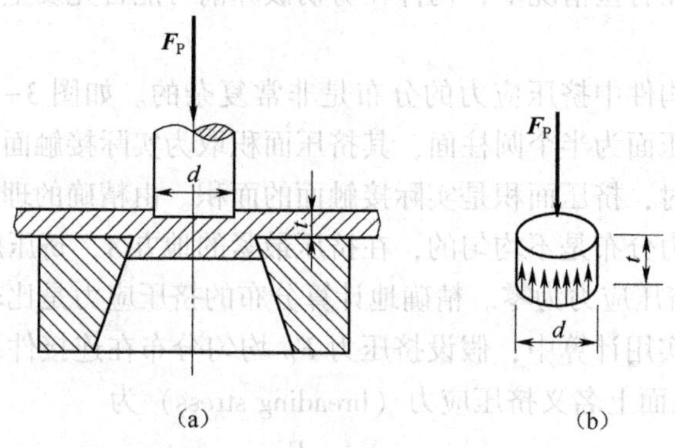

图 3-36 例题 3-12 图

（2）按钢板剪切强度计算 t：

$$\tau = \frac{F_Q}{A_Q} = \frac{F_P}{\pi dt} \geqslant \tau_b$$

所以

$$t \leqslant \frac{F_P}{\pi d \tau_b} = 10.4 \text{ mm}$$

因此，工程中一般取冲头的最小直径 $d = 34$ mm，钢板的厚度最大取 $t = 10$ mm。

【例题 3-13】 如图 3-37 所示一铆接接头。力 $F_P = 200$ kN，如材料的许用应力分别为 $[\sigma] = 160$ MPa，$[\tau] = 120$ MPa，$[\sigma_C] = 300$ MPa，$b = 200$ mm，$b_1 = 160$ mm，试校核接头

的强度。

解　(1) 铆钉的受力分析。此构件为对接接头，属于双剪切，如图 3-37 所示。故每个铆钉承受的力为 $\dfrac{F_P}{n}$，其中 $n=5$，说明对接口一侧的铆钉数是 5 个，每个铆钉均有两个剪切面。

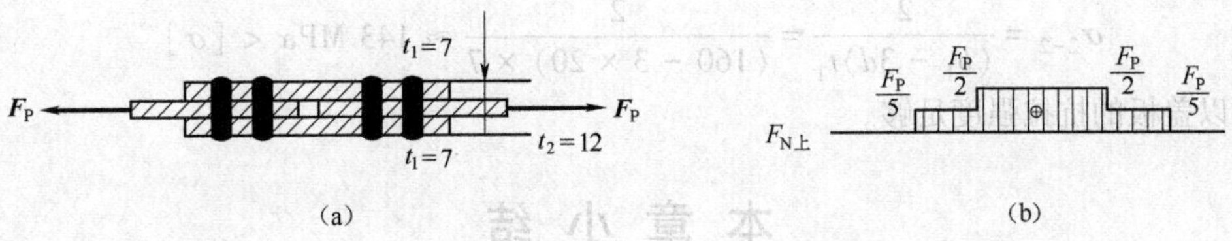

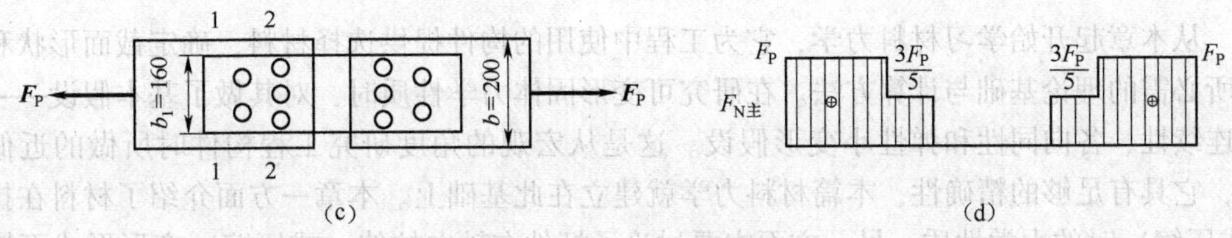

图 3-37　例题 3-13 图

(2) 主板与上、下盖板的受力分析。因为每个铆钉承受的剪力 F_Q 相等，主板与上下盖板的轴力图如图 3-37 所示。

(3) 铆钉的抗剪强度计算。铆钉横截面上剪应力：

$$\tau=\frac{F_P}{2n\dfrac{\pi d^2}{4}}=\frac{200\times10^3}{2\times5\times\dfrac{\pi}{4}\times20^2}\approx63.7\ \text{MPa}<[\tau]$$

即铆钉满足抗剪强度要求。

(4) 挤压强度计算。挤压面上的挤压应力：

$$\sigma_C=\frac{F_P}{nt_2d}=\frac{200\times10^3}{5\times12\times20}\approx166.7\ \text{MPa}<[\sigma_C]$$

所以主板和铆钉满足挤压强度要求。

(5) 主板和盖板的抗拉强度校核。

主板 1-1 截面上：

$$\sigma_{1-1}=\frac{F_{N1}}{A_1}=\frac{F_P}{(b-2d)t_1}=\frac{200\times10^3}{(200-2\times20)\times12}\approx104\ \text{MPa}<[\sigma]$$

2-2 截面上：

$$\sigma_{2-2}=\frac{F_{N2}}{A_2}=\frac{\dfrac{3F_P}{5}}{(b-3d)t_2}=\frac{\dfrac{3}{5}\times200\times10^3}{(200-3\times20)\times12}\approx71.4\ \text{MPa}<[\sigma]$$

所以主板的抗拉强度足够。

盖板 1-1 截面上：

$$\sigma_{1-1}=\frac{\frac{F_P}{5}}{(b_1-2d)t_1}=\frac{\frac{200\times10^3}{5}}{(160-2\times20)\times7}\approx47.6\text{ MPa}<[\sigma]$$

2-2 截面上：

$$\sigma_{2-2}=\frac{\frac{F_P}{2}}{(b_1-3d)t_1}=\frac{\frac{200\times10^3}{2}}{(160-3\times20)\times7}\approx143\text{ MPa}<[\sigma]$$

所以盖板的抗拉强度足够。

本 章 小 结

从本章起开始学习材料力学，它为工程中使用的构件提供选择材料，确定截面形状和尺寸所必需的理论基础与计算方法。在研究可变形固体力学性质时，对其做了基本假设——均匀连续性、各向同性和弹性小变形假设。这是从宏观的角度研究工程构件时所做的近似简化，它具有足够的精确性，本篇材料力学就建立在此基础上。本章一方面介绍了材料在拉伸（或压缩）时的力学性质，另一方面主要讨论了杆件在轴向拉伸（或压缩）变形形式下横截面及斜截面上的内力计算、应力计算、强度计算、变形分析，简单介绍了连接构件的实用计算。学习本章要着重围绕“内力、应力、强度”这样一条主线，展开分析。正确理解内力、应力的基本概念，熟练掌握绘制和检验轴力图的方法。认识和掌握轴向变形形式下横截面上的应力分布规律，掌握用应力计算公式和强度条件解决杆件的强度问题，掌握杆件的变形计算。

内力、应力、应变和变形的概念都是材料力学乃至固体力学的其他分支科学的最基本、最重要的概念之一，必须深刻理解。掌握胡克定律。

（1）通过低碳钢的拉伸试验，测出它的主要力学性能指标：比例极限、屈服极限、强度极限、延伸率和断面收缩率；通过脆性材料铸铁拉伸和压缩实验，得出脆性材料拉伸和压缩时力学性能的差异。铸铁的抗压性能好，这是脆性材料的一大特点。根据材料的这些特性，能合理选择和使用材料。

（2）内力的产生：在荷载作用下，构件发生变形，从而产生的抵抗变形的附加力，称为内力，计算内力用截面法。

（3）应力是单位面积上的内力；变形的大小用位移和应变描述，应变包括线应变和角应变，应力和应变相对应，且在应力不超过比例极限的情况下，应力和应变成正比，即满足胡克定律。胡克定律是工程力学中最基本最重要的定律之一。可变形体力学的大部分内容都以该定律为基本条件，因此必须了解这个定律的含义。

（4）计算轴向拉（压）杆的内力，绘制轴力图。

（5）根据轴向变形形式下横截面上应力分布规律，得出横截面及斜截面上的应力计算。轴向拉（压）的应力计算，其计算公式虽然形式上简单，但内容十分丰富，涉及的基本概念和方法都很重要。横截面上应力的计算公式 $\sigma=\frac{N}{A}$，强度条件表达式 $\sigma_{max}=\frac{N}{A}\leqslant[\sigma]$，由强度条件可以解决工程中的三方面的强度问题。

（6）计算拉压杆的变形，其理论依据是胡克定律。在变形量计算时一定要注意公式的选择和单位的统一。其计算公式为 $\Delta l=\sum_{i=1}^{n}\frac{F_{Ni}l_i}{E_iA_i}$ 或 $\Delta l=\int_0^l\frac{F_N(x)\,dx}{EA}$，$EA$ 值越大，杆件抵抗变形的能力就越强，所以把它称为抗拉刚度。

（7）在工程中有许多连接构件，在进行强度计算或安全分析时，不仅要考虑连接件的安全，而且要考虑被连接件的安全。因为连接件尽管体积小，但受力复杂，通常采用实用计算方法，包括剪切的实用计算和挤压的实用计算。其计算公式是

$$剪切面上剪应力\ \tau=\frac{F_C}{A_Q}；挤压面上的挤压应力\ \sigma_C=\frac{F_C}{A_C}$$

思　考　题

3-1　简述外力、内力、应力和应变的概念，应力和应变之间满足什么关系？

3-2　胡克定律在什么条件下成立？有几种形式？

3-3　塑性材料和脆性材料在拉压时力学性质有什么不同？

3-4　如何衡量材料的塑性？

3-5　构件的基本变形有哪几种？其中涉及的内力有哪些？通常用什么方法求解内力？

3-6　简述截面法求内力的步骤，如何绘制轴力图？

3-7　轴向拉伸或压缩的受力特点和变形特点是什么？

3-8　低碳钢在拉伸过程中表现为几个阶段？各有什么特点？画出低碳钢拉伸时的应力-应变曲线图，各点对应什么应力极限？

3-9　什么是塑性材料与脆性材料？衡量材料塑性的指标是什么？如何计算延伸率和断面收缩率？

3-10　如何建立轴向拉（压）杆的强度条件？利用强度条件能解决哪几方面的问题？

3-11　如何计算轴向拉（压）杆的变形量？

3-12　连接构件的实用计算中如何计算剪切面积和挤压面积？

习　　题

3-1　求出图 3-38 所示各杆件 1-1 和 2-2 横截面上的轴力，并作轴力图。

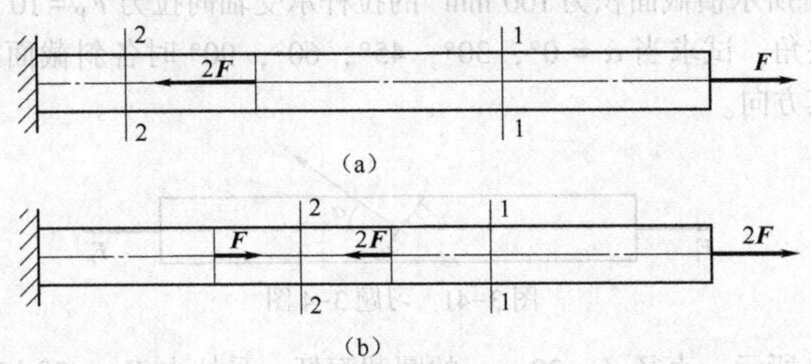

图 3-38　习题 3-1 图

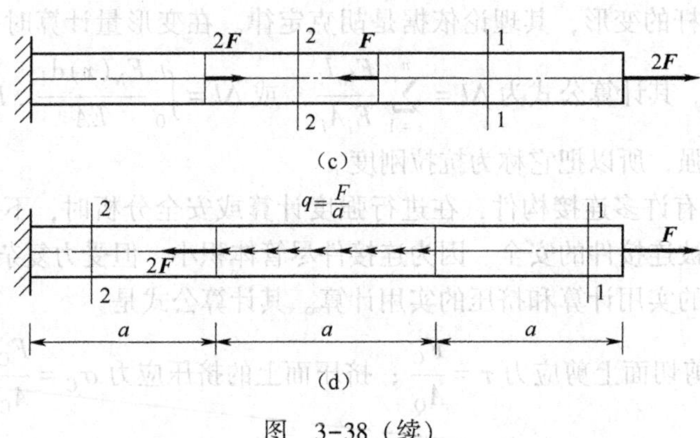

图 3-38（续）

3-2 作图 3-39 所示各杆件的轴力图。

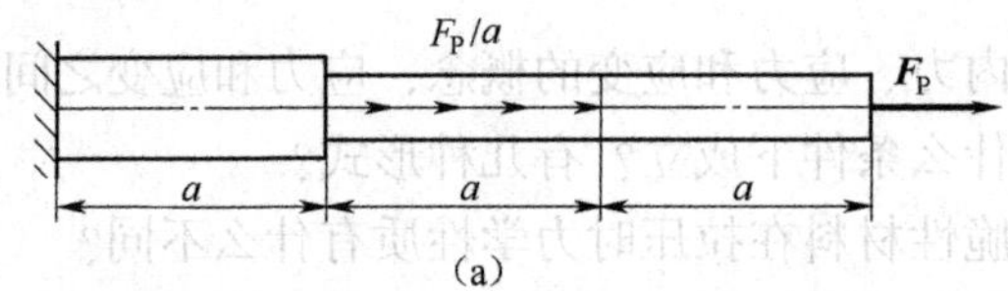

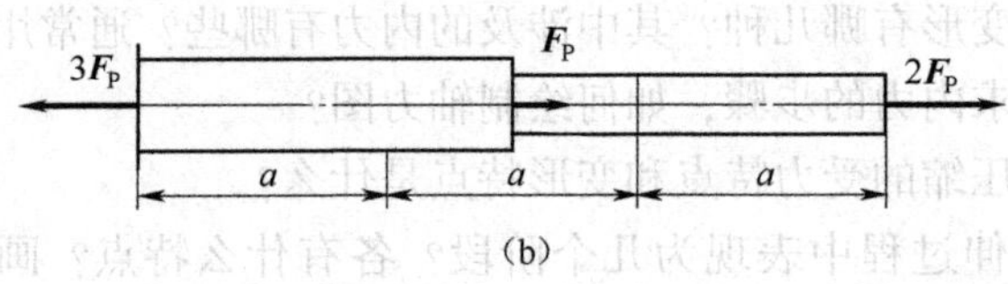

图 3-39 习题 3-2 图

3-3 试求图 3-40 所示阶梯状直杆横截面 1-1、2-2 和 3-3 上的轴力并作轴力图。若横截面积 $A_1=200\ \mathrm{mm}^2$、$A_2=300\ \mathrm{mm}^2$、$A_3=400\ \mathrm{mm}^2$，求各截面上的应力。

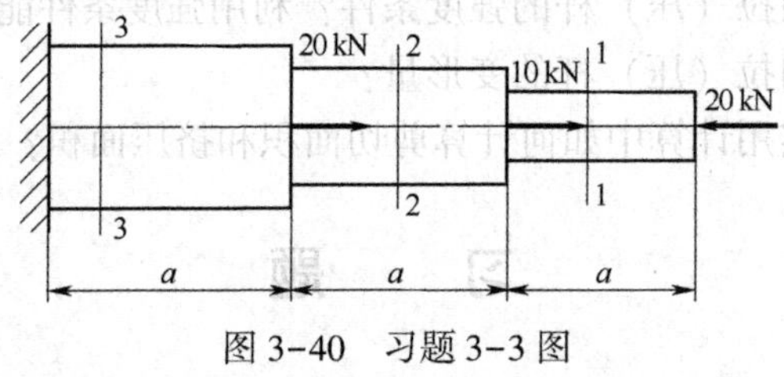

图 3-40 习题 3-3 图

3-4 图 3-41 所示横截面积为 $100\ \mathrm{mm}^2$ 的拉杆承受轴向拉力 $F_P=10\ \mathrm{kN}$，如以 α 表示斜截面与横截面的夹角，试求当 $\alpha=0°$，$30°$，$45°$，$60°$，$90°$ 时各斜截面上的正应力和剪应力，并用图表示其方向。

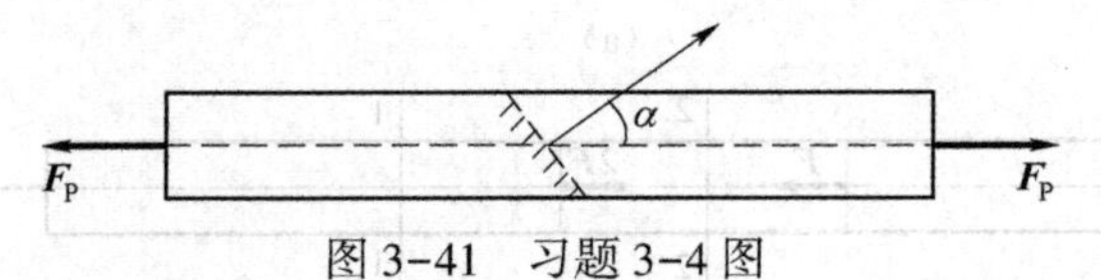

图 3-41 习题 3-4 图

3-5 图 3-42 所示一直径 $d=20\ \mathrm{mm}$ 的圆截面杆，受拉力 $F_P=20\ \mathrm{kN}$ 的作用，试求：

（1）$\theta=\pi/6$ 的斜截面 m-m 上的应力。

（2）最大正应力和最大剪应力的大小及其作用面的方位角。

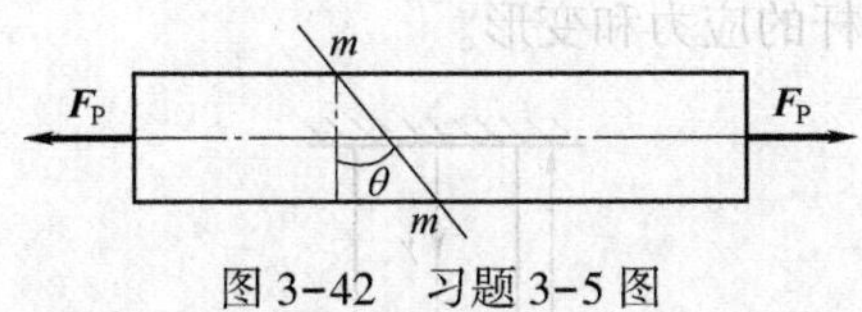

图 3-42　习题 3-5 图

3-6　在圆截面钢杆中挖去一个槽，如图 3-43 所示，钢杆的直径为 d = 20 mm，拉力 F_P = 15 kN，许用应力为 $[\sigma]$ = 100 MPa，试校核钢杆的强度。

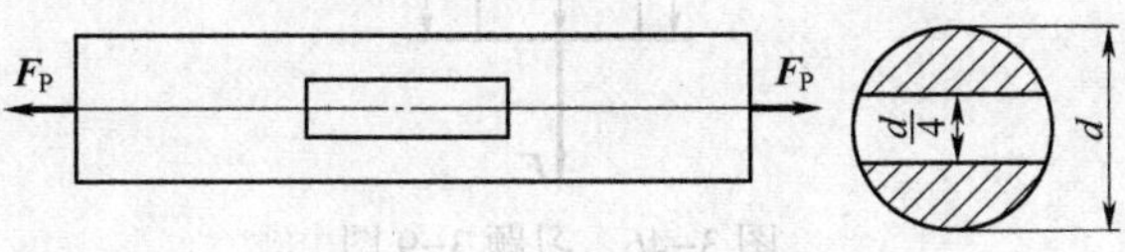

图 3-43　习题 3-6 图

3-7　在图 3-44 所示简易吊车装置中，BC 是钢杆，AB 是木杆。木杆 AB 的横截面面积 A_1 = 10 000 mm^2，应力设计值 $[\sigma_1]$ = 7 MPa，钢杆 BC 的横截面面积 A_2 = 600 mm^2，应力设计值 $[\sigma_2]$ = 160 MPa，α = 30°。试求许可吊重 F_P。

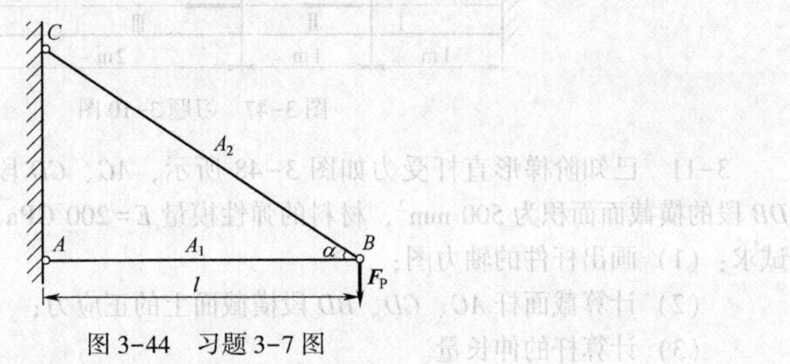

图 3-44　习题 3-7 图

3-8　一木柱受力如图 3-45 所示，柱的横截面为边长 200 mm 的正方形，材料符合胡克定律，其弹性模量 E = 10 GPa。如不计柱的自重，试求：（1）作轴力图；（2）各段柱横截面上的应力；（3）各段柱的纵向线应变；（4）柱的总变形。

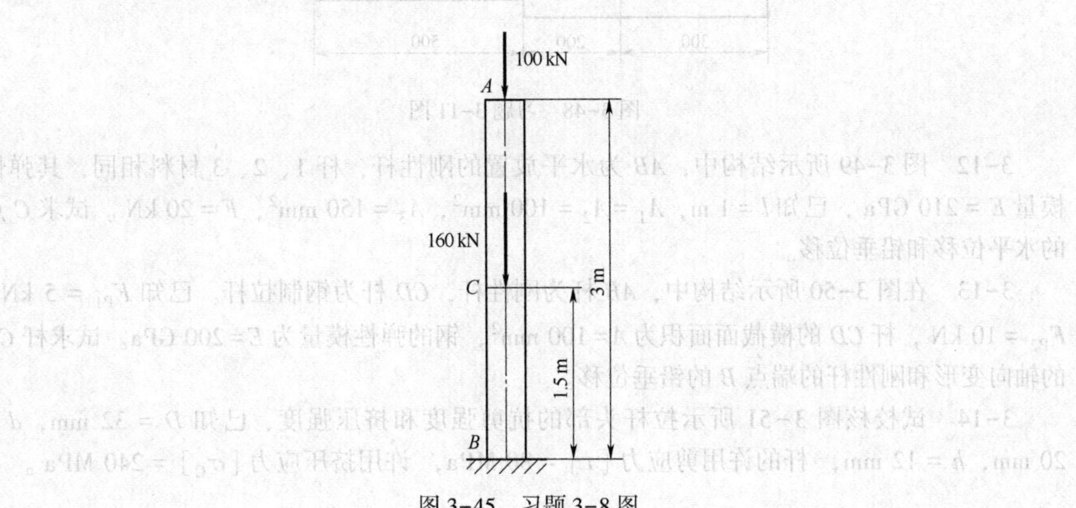

图 3-45　习题 3-8 图

3-9　图 3-46 所示自由悬挂的直杆，长为 l，截面面积为 A，比重为 γ，弹性模量为 E，求其在外力 $\boldsymbol{F}$ 和自重作用下杆的应力和变形。

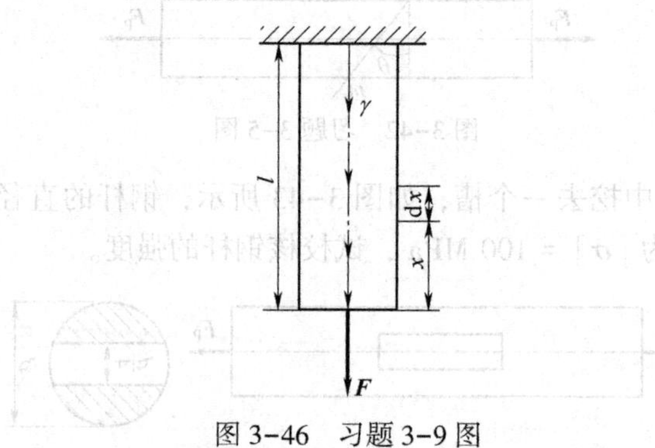

图 3-46　习题 3-9 图

3-10　图 3-47 所示钢杆的横截面面积为 200 mm^2，钢的弹性模量 $E = 200\ GPa$，求：(1) 各段杆的应变；(2) 各段杆的伸长；(3) 全杆的总伸长。

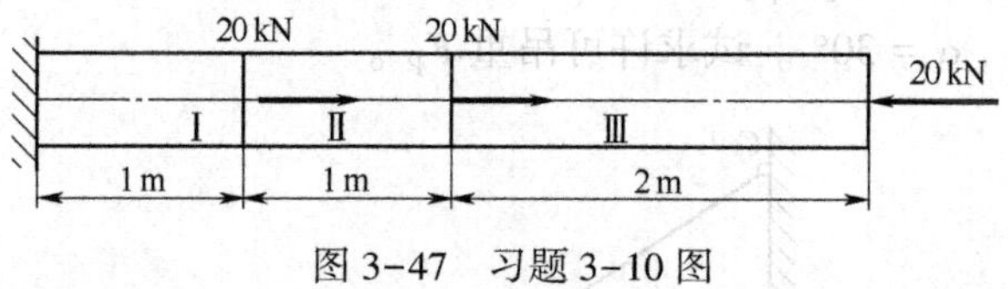

图 3-47　习题 3-10 图

3-11　已知阶梯形直杆受力如图 3-48 所示，AC、CD 段的横截面面积为 1 000 mm^2，DB 段的横截面面积为 500 mm^2，材料的弹性模量 $E=200\ GPa$。

试求：(1) 画出杆件的轴力图；

(2) 计算截面杆 AC、CD、BD 段横截面上的正应力；

(3) 计算杆的伸长量。

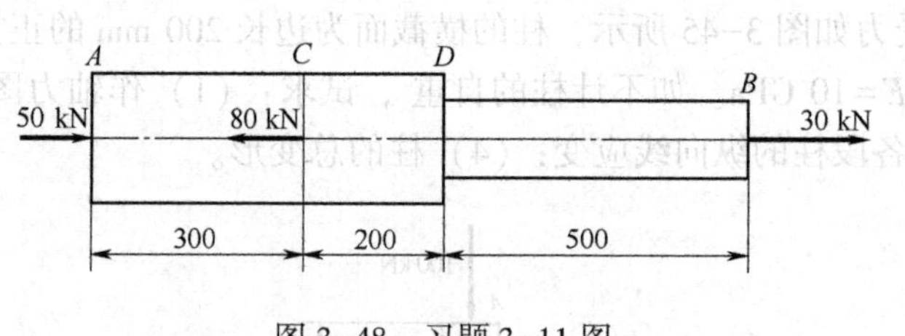

图 3-48　习题 3-11 图

3-12　图 3-49 所示结构中，AB 为水平放置的刚性杆，杆 1、2、3 材料相同，其弹性模量 $E = 210\ GPa$，已知 $l = 1\ m$，$A_1 = A_2 = 100\ mm^2$，$A_3 = 150\ mm^2$，$F = 20\ kN$。试求 C 点的水平位移和铅垂位移。

3-13　在图 3-50 所示结构中，AB 杆为刚性杆，CD 杆为钢制拉杆。已知 $F_{P1} = 5\ kN$，$F_{P2} = 10\ kN$，杆 CD 的横截面面积为 $A=100\ mm^2$，钢的弹性模量为 $E=200\ GPa$。试求杆 CD 的轴向变形和刚性杆的端点 B 的铅垂位移。

3-14　试校核图 3-51 所示拉杆头部的抗剪强度和挤压强度，已知 $D = 32\ mm$，$d = 20\ mm$，$h = 12\ mm$，杆的许用剪应力 $[\tau] = 80\ MPa$，许用挤压应力 $[\sigma_C] = 240\ MPa$。

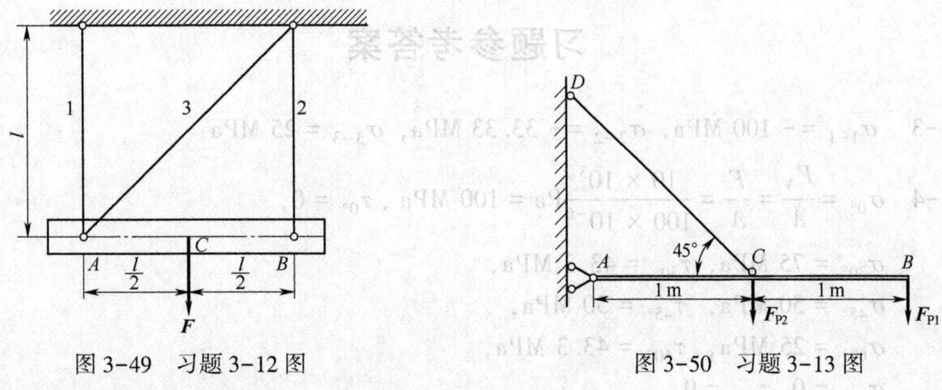

图 3-49　习题 3-12 图　　　　图 3-50　习题 3-13 图

3-15　矩形截面的木拉杆接头如图 3-52 所示，轴向拉力 F_P = 50 kN，截面宽度 b = 120 mm，a = 45 mm，c = 120 mm，l = 350 mm。试求接头的剪力和挤压应力。

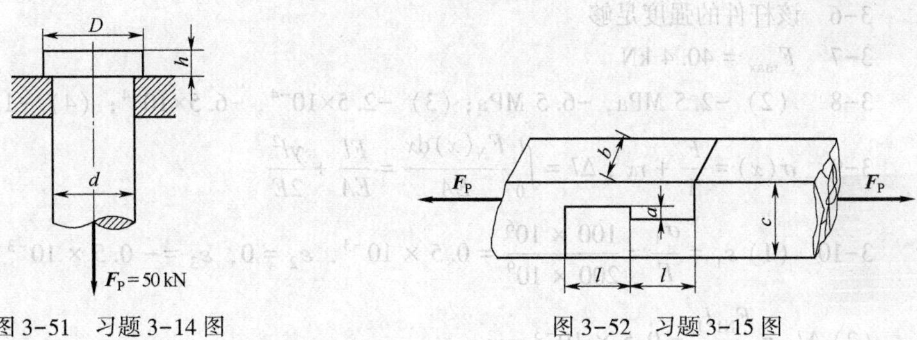

图 3-51　习题 3-14 图　　　　图 3-52　习题 3-15 图

3-16　如图 3-53 所示，已知 F_P = 100 kN，销钉直径 d = 30 mm，材料的许用剪应力 [τ] = 60 MPa。试校核连接销钉的剪切强度。如果强度不够，应改用多大直径的销钉？

3-17　图 3-54 所示螺栓接头，F_P = 40 MPa，螺栓的许用剪应力 [τ] = 130 MPa，许用挤压应力 σ_C = 300 MPa，试按强度条件计算螺栓所需的直径。

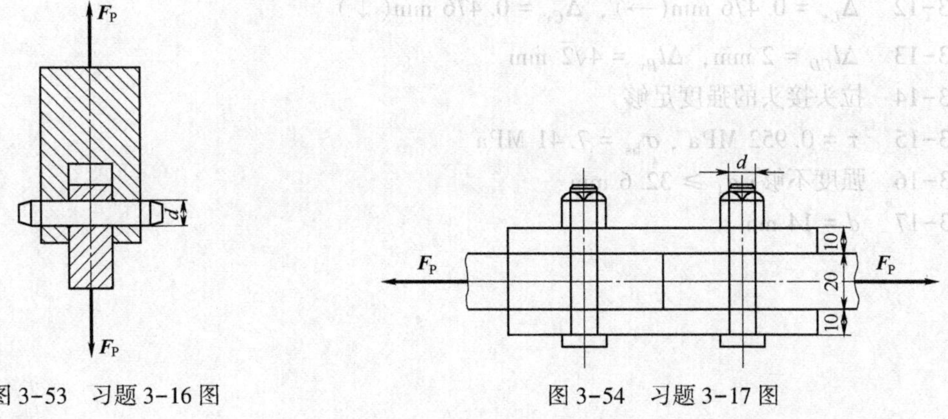

图 3-53　习题 3-16 图　　　　图 3-54　习题 3-17 图

习题参考答案

3-3 $\sigma_{1-1}=-100\ \text{MPa}$，$\sigma_{2-2}=-33.33\ \text{MPa}$，$\sigma_{3-3}=25\ \text{MPa}$

3-4 $\sigma_{0^\circ}=\dfrac{F_N}{A}=\dfrac{F}{A}=\dfrac{10\times10^3}{100\times10^{-6}}\text{Pa}=100\ \text{MPa}$, $\tau_{0^\circ}=0$,

$\sigma_{30^\circ}=75\ \text{MPa}$，$\tau_{30^\circ}=43.3\ \text{MPa}$，

$\sigma_{45^\circ}=50\ \text{MPa}$，$\tau_{45^\circ}=50\ \text{MPa}$，

$\sigma_{60^\circ}=25\ \text{MPa}$，$\tau_{60^\circ}=43.3\ \text{MPa}$，

$\sigma_{90^\circ}=0$, $\tau_{90^\circ}=0$

3-5 (1) $\sigma=6.37\times10^5\ \text{Pa}$, (2) $\sigma_{30^\circ}=4.75\times10^5\ \text{Pa}$，$\tau_{30^\circ}=7.96\times10^4\ \text{Pa}$,

(3) $\sigma_{max}=6.37\times10^5\ \text{Pa}$，$\tau_{max}=3.185\times10^5\ \text{Pa}$

3-6 该杆件的强度足够

3-7 $F_{max}=40.4\ \text{kN}$

3-8 （2）-2.5 MPa，-6.5 MPa；（3）-2.5×10^{-4}，-6.5×10^{-4}；（4）-1.35 mm

3-9 $\sigma(x)=\dfrac{F}{A}+rx$, $\Delta l=\int_0^l\dfrac{F_N(x)\,dx}{EA}=\dfrac{Fl}{EA}+\dfrac{\gamma l^2}{2E}$

3-10 (1) $\varepsilon_1=\dfrac{\sigma_1}{E}=\dfrac{100\times10^6}{200\times10^9}=0.5\times10^{-3}$，$\varepsilon_2=0$，$\varepsilon_3=-0.5\times10^{-3}$

(2) $\Delta l_1=\dfrac{F_{N1}l_1}{EA}=0.5\times10^{-3}\ \text{mm}$,

$\Delta l_2=0$,

$\Delta l_3=-0.5\times10^{-3}\times2=-1\times10^{-3}\ \text{mm}$

(3) $\Delta l=\Delta l_1+\Delta l_2+\Delta l_3=-0.5\times10^{-3}\ \text{mm}$

3-11 （2）-50 MPa，30 MPa，60 MPa，（3）0.105 mm

3-12 $\Delta_{Cx}=0.476\ \text{mm}(\rightarrow)$，$\Delta_{Cy}=0.476\ \text{mm}(\downarrow)$

3-13 $\Delta l_{CD}=2\ \text{mm}$，$\Delta l_{By}=4\sqrt{2}\ \text{mm}$

3-14 拉头接头的强度足够

3-15 $\tau=0.952\ \text{MPa}$, $\sigma_{bs}=7.41\ \text{MPa}$

3-16 强度不够；$d_1\geqslant32.6\ \text{mm}$

3-17 $d=14\ \text{mm}$

第4章　扭　　转

扭转是杆件变形的一种基本形式。本章以圆截面轴类杆件为研究对象，主要讨论了产生扭转变形杆件的外力和横截面的内力，圆轴扭转时的应力和强度，以及变形和刚度。此外，对非圆截面轴扭转的应力进行了简单介绍。

4.1　扭转的外力与内力

工程实际中，有很多受扭杆件，以汽车转向轴为例（图 4-1），方向盘上作用有一对大小相等、方向相反且作用于与轴垂直平面上的力，构成一力偶，轴的下端则受到与之大小相等、转向相反的力偶作用。

再如攻丝时的丝锥、机器传动轴（图 4-2）等，这些杆件受力的共同特点是：构件为直杆，并在杆件的两端作用两个大小相等、方向相反、且作用平面垂直于杆件轴线的力偶，使杆件的任意两个横截面都发生了绕轴线的相对转动。这样的变形形式，称为扭转。以扭转为主要变形形式的杆件称为轴。

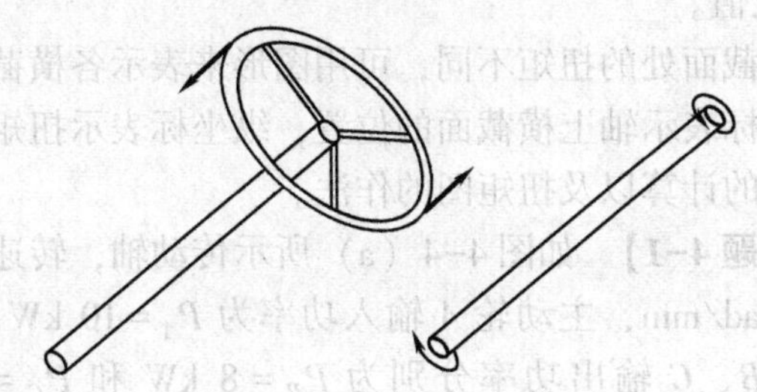

图 4-1　汽车转向轴

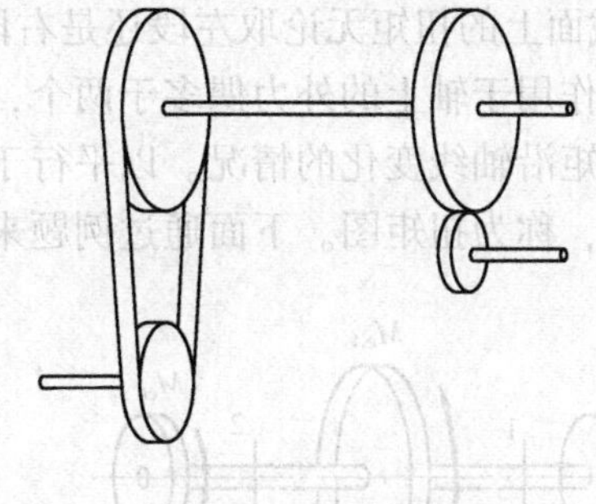

图 4-2　机器传动轴

本章主要研究圆截面等直杆的扭转，这是工程中最常见的情况，也是扭转中较为简单的问题。对非圆截面杆的扭转，只做简单介绍。

研究受扭杆件的内力，首先应该知道作用于其上的外力，即外力偶矩。作用于轴上的外力偶矩往往不直接给出，通常给出轴的转速和它所传送的功率。因此，需要根据已知的转速和功率计算轴上作用的外力偶矩。

由理论力学可知，传动轴传递的功率 P、轴的角速度 ω 与扭转外力偶矩 M_e 有如下关系：

$$P = M_e\omega$$

将 $\omega = \dfrac{2\pi n}{60}\mathrm{rad/s}$，1 kW = 1 000 N · m/s 代入上式，得

$$M_e = 9\ 549\frac{P}{n}(\mathrm{N\cdot m}) \tag{4-1}$$

式中：M_e 为轴所受外力偶矩，N·m；P 为轴传递的功率，kW；n 为轴的转速，r/min。

作用于轴上的外力偶矩求出后，应用截面法可求轴任意横截面上的内力。如图 4-3 所示圆截面轴，两端分别受到大小相等、方向相反的外力偶 M_e 作用，处于平衡。

假想地用截面 $m-m$ 将轴分为两部分，选择其中一段作为研究对象。若取左段为研究对象，为保持其平衡，$m-m$ 截面上的分布内力系必合成一个力偶矩 T，由平衡方程 $\sum M_x = 0$，得

$$T - M_e = 0$$

$$T = M_e$$

T 是截面上的内力偶矩，称为扭矩。它是 $m-m$ 截面左、右两部分相互作用的分布内力系的合力偶矩。

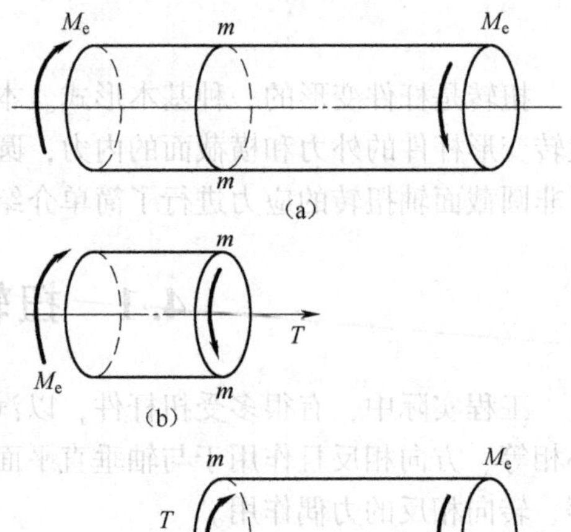

图 4-3　截面法求扭矩

若取右段为研究对象，仍然可以得出截面 $m-m$ 上的扭矩 $T = M_e$，方向则与用左段求得的方向相反。但同一截面处内力应相同，因此对扭矩的符号规定如下：按右手螺旋法将扭矩用矢量表示，扭矩矢量的方向与截面的外法线方向一致时为正，反之为负。根据这一规则，图 4-3 中，$m-m$ 截面上的扭矩无论取左段还是右段，都是正值。

若作用于轴上的外力偶多于两个，则轴各横截面处的扭矩不同，可用图形来表示各横截面上扭矩沿轴线变化的情况。以平行于轴线的坐标表示轴上横截面的位置，纵坐标表示扭矩的大小，称为扭矩图。下面通过例题来说明扭矩的计算以及扭矩图的作法。

【例题 4-1】　如图 4-4（a）所示传动轴，转速 $n = 200$ rad/min，主动轮 A 输入功率为 $P_A = 10$ kW，从动轮 B、C 输出功率分别为 $P_B = 8$ kW 和 $P_C = 2$ kW。试计算轴的扭矩，并作扭矩图。

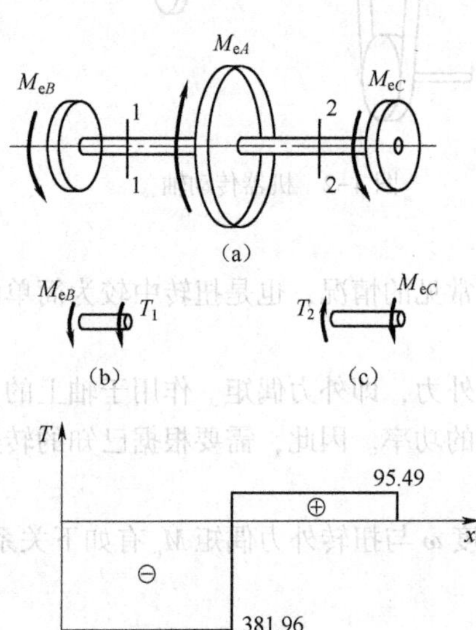

图 4-4　例题 4-1 图

解　(1) 利用公式（4-1）计算各轮上的外力偶矩。

$$M_{eA} = 9\,549\frac{P_A}{n} = 9\,549 \times \frac{10}{200} = 477.45\ \text{N} \cdot \text{m}$$

$$M_{eB} = 9\,549\frac{P_B}{n} = 9\,549 \times \frac{8}{200} = 381.96\ \text{N} \cdot \text{m}$$

$$M_{eC} = 9\,549\frac{P_C}{n} = 9\,549 \times \frac{2}{200} = 95.49\ \text{N} \cdot \text{m}$$

(2) 利用截面法计算扭矩。

从受力情况看出，轴在 BA、AC 段扭矩是不相等的。利用截面法，根据平衡方程式可计算出各段的扭矩。

在 BA、AC 段内，分别取截面 1-1、2-2，并设截面上扭矩为正，分别用 T_1、T_2 表示，则由图 4-4（b）和图 4-4（c）可知：

$$T_1 = -M_{eB} = -381.96\ \text{N}\cdot\text{m}$$
$$T_2 = M_{eC} = 95.49\ \text{N}\cdot\text{m}$$

（3）作扭矩图。

根据以上分析，把各截面上的扭矩沿轴线变化的情况用图 4-4（d）表示出来，即得扭矩图。从图中看出，最大扭矩发生于 BA 段内，且 $T_{max} = 381.96\ \text{N}\cdot\text{m}$。

4.2 扭转的应力与强度

扭转应力（twist stress）分析是一个比较复杂的问题。为了进一步研究圆轴剪应力和剪应变的规律以及两者间的关系，先考察薄壁圆筒的扭转。

4.2.1 薄壁圆筒扭转时的应力

取一薄壁圆筒，为便于观察，如图 4-5（a）所示，在表面画两条纵向线、两条圆周线。在圆筒两端施加一对大小相等、方向相反的力偶，圆筒发生扭转变形。试验结果表明：圆周线的形状不变，间距也不变，只绕轴线做相对旋转；各纵向线倾斜同一角度，方格变为同样大小的平行四边形［图 4-5（b）］。

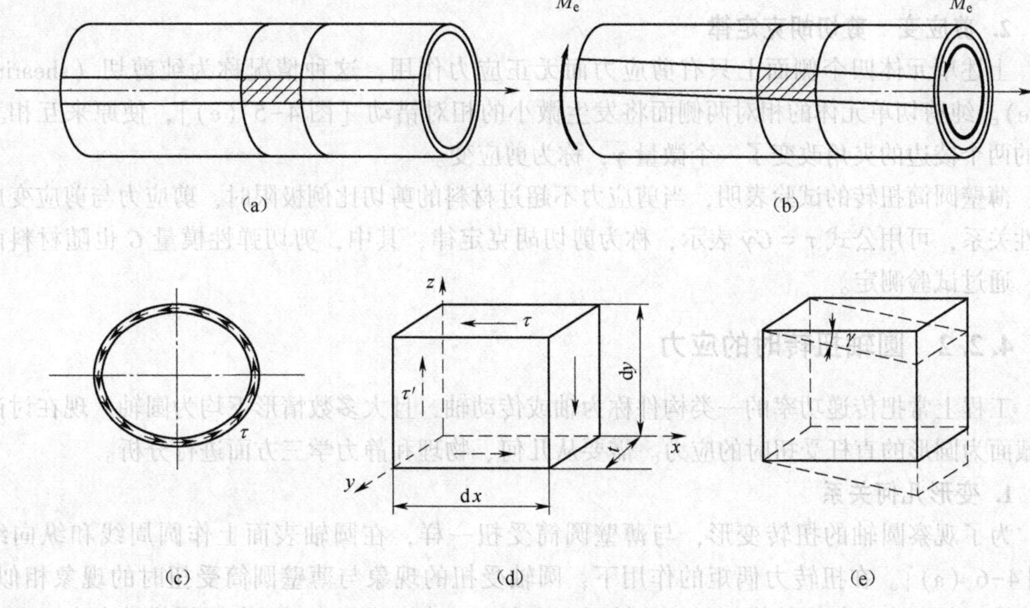

图 4-5　薄壁圆筒扭转

这表明，圆筒横截面和包含轴线的纵向截面上都没有正应力，圆筒横截面上只有切于截面的剪应力 τ，由它构成与外力偶矩 M_e 相平衡的内力系。由于筒壁很薄，可以认为沿筒壁厚度剪应力均匀分布。又因在同一圆周上各点情况完全相同，应力也应相同［图 4-5

(c)]。由此可知横截面上内力系对 x 轴的力矩应为 $2\pi r \cdot \tau \cdot r$。这里 r 是圆筒的平均半径。由 m-m 截面以左的部分圆筒的平衡方程 $\sum M_x = 0$，得

$$M_e = 2\pi rt \cdot \tau \cdot r$$

得

$$\tau = \frac{M_e}{2\pi r^2 t} \tag{4-2}$$

此即薄壁圆筒扭转剪应力公式。

根据上述分析，下面简要介绍两个定理或定律。

1. 剪应力互等定理

用相邻的两个横截面和两个纵向面，从薄壁圆筒中截取一个边长分别为 dx、dy 和 t 的单元体，单元体的左、右两侧面是圆筒横截面的一部分，因此只有剪应力而无正应力[图 4-5（d)]，剪应力可由式（4-2）求出。左右两侧面上的剪应力数值相等、方向相反，组成一个力偶矩为 $(\tau t dy)dx$ 的力偶。为保持平衡，单元体的上、下两个侧面上必须有剪应力 τ'，组成力偶 $(\tau' t dx)dy$ 与力偶 $(\tau t dy)dx$ 相平衡，这两个力偶必然大小相等、方向相反，即

$$(\tau \cdot t \cdot dy)dx = (\tau' \cdot t \cdot dx)dy$$

$$\tau = \tau' \tag{4-3}$$

式（4-3）表明，在互相垂直的两个平面的交线上，剪应力必成对存在，且大小相等，方向则同时指向或同时背离两平面的交线。这就是剪应力互等定理（theorem of conjugate shearing stress）。

2. 剪应变 剪切胡克定律

上述单元体四个侧面上只有剪应力而无正应力作用，这种情况称为纯剪切（shearing state）。纯剪切单元体的相对两侧面将发生微小的相对错动[图 4-5（e)]，使原来互相垂直的两个棱边的夹角改变了一个微量 γ，称为剪应变。

薄壁圆筒扭转的试验表明，当剪应力不超过材料的剪切比例极限时，剪应力与剪应变成线性关系，可用公式 $\tau = G\gamma$ 表示，称为剪切胡克定律，其中，剪切弹性模量 G 也随材料而异，通过试验测定。

4.2.2 圆轴扭转时的应力

工程上常把传递功率的一类构件称为轴或传动轴，且大多数情形下均为圆轴。现在讨论横截面为圆形的直杆受扭时的应力。需要从几何、物理和静力学三方面进行分析。

1. 变形几何关系

为了观察圆轴的扭转变形，与薄壁圆筒受扭一样，在圆轴表面上作圆周线和纵向线[图 4-6（a)]。在扭转力偶矩的作用下，圆轴受扭的现象与薄壁圆筒受扭时的现象相似。圆周线形状不变，仅绕轴线相对地旋转了一个角度，当变形很小时，各圆周线的大小以及两圆周线间距离均保持不变。纵向线仍近似为直线，且倾斜同一微小角度。变形前的方格，变形后错动成平行四边形。

根据以上现象由表及里地推断，可做出下述假设：圆轴扭转变形前原为平面的横截面，变形后仍保持为平面，形状、大小以及各截面间距不变，半径仍为直线。此假设称为圆轴扭

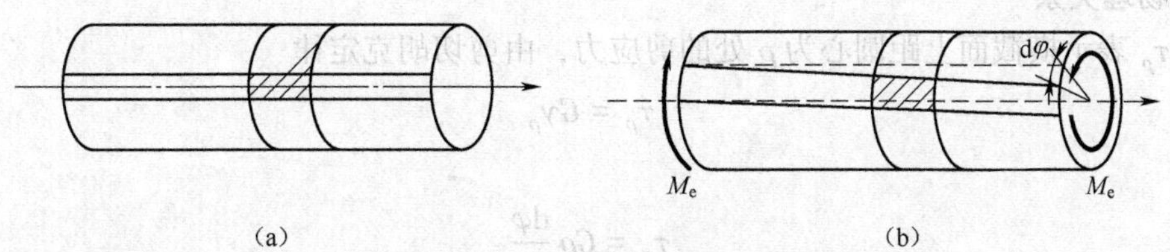

图 4-6　圆轴扭转变形

转的平面假设。按照这一假设，扭转变形中，圆轴的各横截面保持其形状和大小，并只在其所在平面内绕轴线旋转了一个角度。又由于纵向线倾斜了同一角度，于是可推断：扭转时横截面上只有剪应力而无正应力，同时剪应力垂直于半径。

在图 4-6（b）中，$d\varphi$ 表示圆轴两端截面的相对转角，称为扭转角（angle of twist），用弧度来度量。用相邻的两个横截面切出 dx 微段，再用夹角无限小的两个径向纵截面，从微段中切取一微小楔形体（图 4-7）。

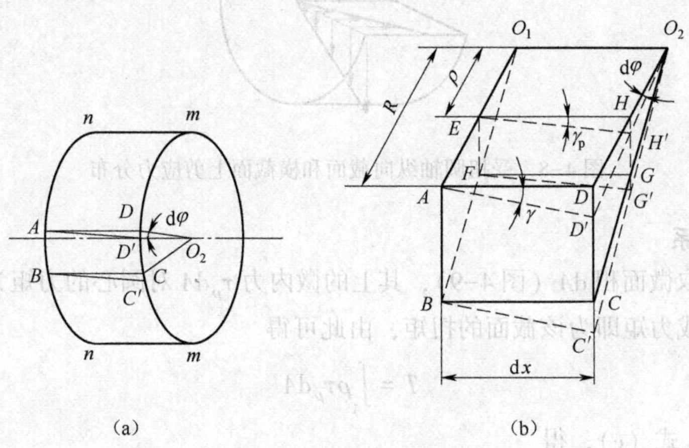

图 4-7　变形几何关系

楔形体的变形如图 4-7（b）中虚线所示。若截面 $m-m$ 相对于截面 $n-n$ 转动一角度 $d\varphi$，则截面 $m-m$ 的两半径 O_2C 和 O_2D 均旋转同一角度 $d\varphi$。由图 4-7（b）可见，处于表层的矩形 $ABCD$ 变成平行四边形 $ABC'D'$，在垂直于半径 O_2C 的平面内产生剪切变形，剪应变为 γ，可表示为

$$\gamma = \frac{\overline{CC'}}{BC} = R\frac{d\varphi}{dx} \tag{a}$$

同理，在任意半径 ρ 处的矩形 $EFGH$，变为平行四边形 $EFG'H'$，于是求得距圆心为 ρ 处的剪应变为

$$\gamma_\rho = \frac{\overline{GG'}}{FG} = \rho\frac{d\varphi}{dx} \tag{b}$$

对于同一横截面上的各点，$\frac{d\varphi}{dx}$ 为一常量，故式（b）表明：横截面上任意点的剪应变 γ_ρ 与该点到圆心的距离 ρ 成正比。

2. 物理关系

以 τ_ρ 表示横截面上距圆心为 ρ 处的剪应力，由剪切胡克定律

$$\tau_\rho = G\gamma_\rho$$

得

$$\tau_\rho = G\rho\frac{\mathrm{d}\varphi}{\mathrm{d}x} \tag{4-4}$$

式（4-4）表明，横截面上任意点处的剪应力 τ_ρ 与该点到圆心的距离 ρ 成正比，而沿同一圆周上的各点，其剪应力均相同。由于剪应变发生在垂直于半径的平面内，故剪应力的方向也垂直于半径。

根据剪应力互等定理，则在纵向截面和横截面上，沿半径剪应力的分布如图 4-8 所示。

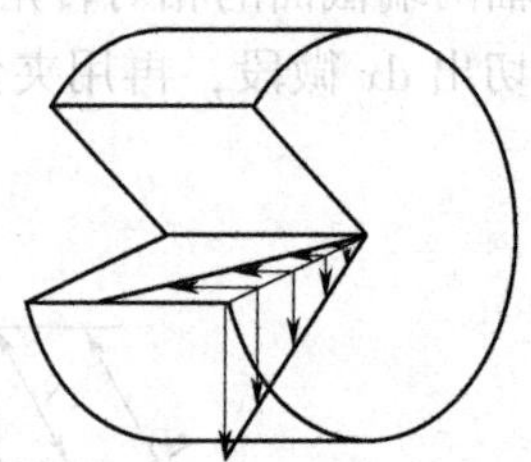

图 4-8 受扭圆轴纵向截面和横截面上剪应力分布

3. 静力学关系

在横截面上取微面积 dA（图 4-9），其上的微内力 $\tau_\rho \mathrm{d}A$ 对圆心的力矩为 $\rho \cdot \tau_\rho \cdot \mathrm{d}A$，整个横截面上的合成力矩即为该截面的扭矩，由此可得

$$T = \int_A \rho\tau_\rho \mathrm{d}A \tag{c}$$

将式（4-4）代入式（c），得

$$T = \int_A \rho\tau_\rho \mathrm{d}A = G\frac{\mathrm{d}\varphi}{\mathrm{d}x}\int_A \rho^2 \mathrm{d}A \tag{d}$$

以 I_P 表示上式中的积分，即

$$I_\mathrm{P} = \int_A \rho^2 \mathrm{d}A \tag{e}$$

I_P 称为横截面对圆心 O 点的极惯性矩（polar moment of inertia）。因此，式（d）可写成

$$T = GI_\mathrm{P}\frac{\mathrm{d}\varphi}{\mathrm{d}x}$$

或

$$\frac{\mathrm{d}\varphi}{\mathrm{d}x} = \frac{T}{GI_\mathrm{P}} \tag{4-5}$$

$\frac{\mathrm{d}\varphi}{\mathrm{d}x}$表示圆轴单位长度的扭转角（angle of twist per unit length of a shaft），式（4-5）称为圆轴扭转变形的基本公式。

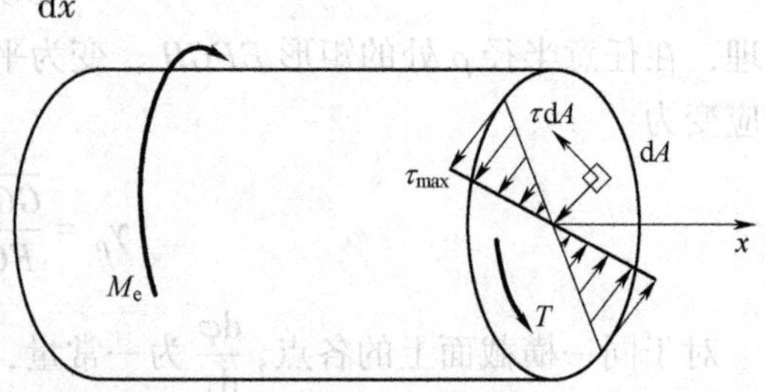

图 4-9 静力学关系

由式（4-4）和式（4-5），得

$$\tau_\rho = \frac{T \cdot \rho}{I_P} \tag{4-6}$$

称为圆轴扭转剪应力的一般公式，可以算出横截面上距圆心为 ρ 的任意点的剪应力。

由公式（4-6）可知，当 $\rho = R$ 时，即在圆截面边缘上，剪应力达到最大值，即

$$\tau_{max} = \frac{T \cdot R}{I_P} \tag{4-7}$$

令

$$W_t = \frac{I_P}{R} \tag{f}$$

则

$$\tau_{max} = \frac{T}{W_t} \tag{4-8}$$

式中 W_t 称为抗扭截面模量（section modulus of torsion）。

以上诸式是以圆轴扭转平面假设及剪切胡克定律为基础推导得到的，所以这些公式只适用于等截面圆轴受扭和最大剪应力不大于比例极限的情况。对于圆截面沿轴线变化缓慢的小锥度锥形杆，也可近似地用这些公式计算。

式（4-6）和式（4-8）中，引入了截面极惯性矩 I_P 和抗扭截面模量 W_t，现对这两个量进行分析。

对于直径为 D 的实心圆轴，$dA = \rho d\theta d\rho$，代入式（e），得其极惯性矩为

$$I_P = \int_A \rho^2 dA = \int_0^{2\pi}\int_0^R \rho^3 d\rho d\theta = \frac{\pi R^4}{2} = \frac{\pi D^4}{32}$$

由式（f），可得抗扭截面模量为

$$W_t = \frac{I_P}{R} = \frac{\pi R^3}{2} = \frac{\pi D^3}{16}$$

对于内、外直径分别为 d 和 D 的空心圆轴，则

$$I_P = \int_A \rho^2 dA = \int_0^{2\pi}\int_{\frac{d}{2}}^{\frac{D}{2}} \rho^3 d\rho d\theta = \frac{\pi D^4}{32}(1-\alpha^4)$$

$$W_t = \frac{I_P}{R} = \frac{\pi D^3}{16}(1-\alpha^4)$$

其中 $\alpha = \frac{d}{D}$，即空心圆截面内、外径之比。

4.2.3　圆轴扭转时的强度条件

由公式（4-7）可知，对于等截面圆轴，全轴最大剪应力 τ_{max} 发生在最大扭矩 T_{max} 所在截面的周边各点处。为保证轴工作时不致因强度不够而破坏，最大扭转剪应力 τ_{max} 不能超过材料的扭转许用剪应力［τ］，即

$$\tau_{max} = \left(\frac{T}{W_t}\right)_{max} \leqslant [\tau] \tag{4-9}$$

许用剪应力［τ］和许用正应力［σ］的确定类似，可通过试验并考虑安全系数加以确定。对于钢材的扭转许用剪应力，在静载情况下，它与许用拉应力的关系如下：

$$[\tau] = (0.5 \sim 0.6)[\sigma]$$

对于传动轴这类构件，由于其上的荷载并非静载，而且还要考虑其他因素，故许用剪应力值较静载时要低。

【例题 4-2】 某传动轴，外径 $D = 90$ mm，壁厚 $t = 2.5$ mm，传递扭矩 $T = 1.5$ kN·m。若已知材料的 $[\tau] = 60$ MPa，则：(1) 试校核轴的强度；(2) 如把传动轴换为实心轴，要求它与原来的空心轴强度相同，试设计实心圆截面的直径 D_1，并比较其重量。

解 (1) 根据轴的截面尺寸计算抗扭截面系数：

$$\alpha = \frac{d}{D} = \frac{90 - 2.5 \times 2}{90} = 0.944$$

$$W_t = \frac{\pi D^3}{16}(1 - \alpha^4) = \frac{\pi \times 90^3}{16}(1 - 0.944^4) = 29\ 400\ \text{mm}^3$$

则轴的最大扭转剪应力

$$\tau_{\max} = \frac{T}{W_t} = \frac{1.5 \times 10^3}{29\ 400 \times 10^{-9}} = 51 \times 10^6\ \text{Pa} = 51\ \text{MPa} \leqslant [\tau]$$

故轴满足强度条件。

(2) 要求实心轴与空心轴强度相同，故实心轴的最大剪应力也应为 51 MPa，即

$$\tau_{\max} = \frac{T}{W_t} = \frac{1.5 \times 10^3}{\frac{\pi}{16}D_1^3} = 51 \times 10^6\ \text{Pa}$$

则

$$D_1 = \sqrt[3]{\frac{1.5 \times 10^3 \times 16}{\pi \times 51 \times 10^6}} = 0.053\ 1\ \text{m}$$

此例中，由同一材料制成的长度相同的轴，其重量比等于截面积之比，实心轴横截面面积是

$$A_1 = \frac{\pi D_1^2}{4} = \frac{\pi \times 0.053\ 1^2}{4} = 22.2 \times 10^{-4}\ \text{m}^2$$

空心轴的横截面面积为

$$A_2 = \frac{\pi}{4}(D^2 - d^2) = \frac{\pi D^2}{4}(1 - \alpha^2) = \frac{\pi}{4}(90^2 - 85^2) \times 10^{-6} = 6.87 \times 10^{-4}\ \text{m}^2$$

所以两轴重量之比为

$$\beta = \frac{A_2}{A_1} = \frac{6.87}{22.2} = 0.31$$

可见在荷载相同的条件下，空心轴的重量只为实心轴的31%。

*4.2.4 非圆轴扭转的应力与强度

前面讨论了圆形截面杆的扭转。但工程实际中有些受扭杆件的横截面并非圆形。例如农业机械中有时采用方轴作为传动轴，因此对非圆截面轴做简单介绍。

取一横截面为矩形的杆，在其侧面上画上纵向线和横向周边线［图 4-10（a）］，扭转变形后发现横向周边线变为空间曲线［图 4-10（b）］，这表明变形后杆的横截面已不再保

持为平面，这种现象称为翘曲（warping）。所以平面假设对非圆截面杆件的扭转已不再适用。

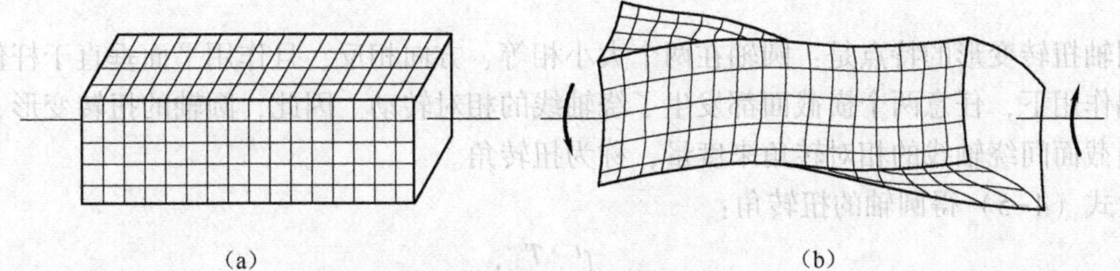

图 4-10　矩形截面杆自由扭转

非圆截面杆件的扭转可分为自由扭转和约束扭转。等直杆两端受扭转力偶作用，且翘曲不受任何限制的情况，称为自由扭转。这种情况下杆件各横截面的翘曲程度相同、纵向纤维长度不变，故横截面上没有正应力而只有剪应力。若受到约束条件的限制，称为约束扭转。这种情况下，杆件各横截面的翘曲程度不同，纵向纤维长度相应改变，则横截面上除剪应力以外还有正应力。在此只讨论自由扭转的情况。

根据剪应力互等定理可以证明，矩形截面杆件扭转时，横截面上边缘各点的剪应力都与截面边界相切。根据弹性力学的研究结果，矩形截面杆横截面上的剪应力分布如图 4-11 所示。边缘各点的剪应力形成与边界相切的顺流。四个角点上剪应力等于零。

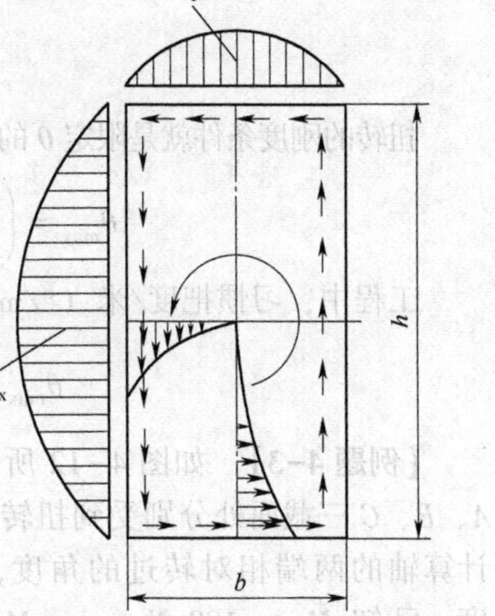

图 4-11　矩形截面杆扭转剪应力

最大剪应力发生于矩形长边的中点，且按下式计算：

$$\tau_{\max} = \frac{T}{\alpha h b^2} \tag{4-10}$$

式中 α 是一个与比值 h/b 有关的系数，其数值见表 4-1。$\tau'_{\max}$ 是短边中点的最大剪应力，按以下公式计算：

$$\tau'_{\max} = \zeta \tau_{\max} \tag{4-11}$$

式中 $\tau_{\max}$ 就是式（4-10）求出的长边中点的最大剪应力。系数 ζ 与比值 h/b 有关，也列于表 4-1。杆件两端相对扭转角 φ 的计算公式为

$$\varphi = \frac{Tl}{G\beta h b^3} = \frac{Tl}{GI_{\mathrm{P}}} \tag{4-12}$$

式中 $GI_{\mathrm{P}} = G\beta h b^3$，也称为杆件的抗扭刚度。$\beta$ 也是与 h/b 有关的系数，见表 4-1。

表 4-1　矩形截面杆扭转时的系数 α、ζ、β

h/b	1.00	1.20	1.50	1.75	2.00	2.50	3.00	4.00	5.00	6.00	7.00	10.00	∞
α	0.28	0.219	0.231	0.239	0.246	0.258	0.267	0.282	0.291	0.299	0.307	0.313	0.333
ζ	1.00	0.93	0.86	0.82	0.80	0.77	0.75	0.74	0.74	0.74	0.74	0.74	0.74
β	0.141	0.166	0.196	0.214	0.229	0.249	0.263	0.281	0.291	0.299	0.307	0.313	0.333

4.3 圆轴扭转的变形和刚度

圆轴扭转变形的特点是：圆轴在两个大小相等、方向相反、且作用平面垂直于杆件轴线的力偶作用下，任意两个横截面都发生了绕轴线的相对转动。因此，圆轴的扭转变形，可以用两横截面间绕轴线的相对转角来度量，称为扭转角。

由式（4-5）得圆轴的扭转角：

$$\varphi = \int_0^L \frac{T}{GI_P}\mathrm{d}x$$

若为同种材料的均匀等截面杆，即 G、I_P 为常数，且在 L 范围内 M 为常量，则上式化为

$$\varphi = \frac{T}{GI_P}\int_0^L \mathrm{d}x = \frac{TL}{GI_P} \tag{4-13}$$

式（4-13）表明，扭转角 φ 与扭矩 T、轴长 L 成正比，与 GI_P 成反比。即 GI_P 越大，扭转角 φ 越小，故 GI_P 称为圆轴的扭转刚度（section torsional rigidity）。

受扭杆件除应满足强度要求外，一般还不应有过大的扭转变形，即满足刚度要求。一般地，用单位长度的扭转角 θ 来表示扭转变形的大小，即

$$\theta = \frac{\varphi}{L} = \frac{T}{GI_P}$$

扭转的刚度条件就是限定 θ 的最大值不得超过规定的允许值［θ］，对于均质杆，即规定

$$\theta_{max} = \left(\frac{T}{GI_P}\right)_{max} = \frac{T_{max}}{GI_P} \leqslant [\theta] \quad (\mathrm{rad/m}) \tag{4-14}$$

工程中，习惯把度/米（°/m）作为［θ］的单位。因此，上式换算为

$$\theta_{max} = \frac{T_{max}}{GI_P} \times \frac{180}{\pi} \leqslant [\theta] \quad (°/\mathrm{m}) \tag{4-15}$$

【例题 4-3】 如图 4-12 所示圆截面轴，在 A、B、C 三截面处分别受到扭转力偶的作用。试计算轴的两端相对转过的角度，并校核轴的刚度。已知 M_{eA} = 180 N·m，M_{eB} = 320 N·m，M_{eC} = 140 N·m，$I_P = 3.0\times10^5\ \mathrm{mm}^4$，$l$ = 2 m，G = 80 GPa，［θ］= 0.5°/m。

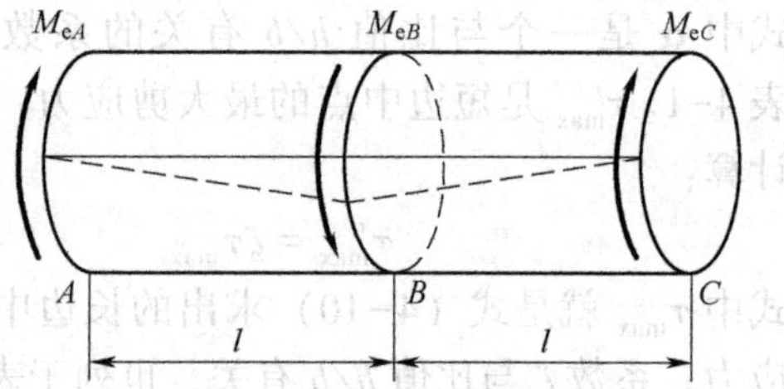

图 4-12 例题 4-3 图

解 （1）计算 AC 截面相对扭转角。

利用截面法，求出 AB、BC 段扭矩分别为

$$T_1 = 180\ \mathrm{N\cdot m}$$
$$T_2 = -140\ \mathrm{N\cdot m}$$

利用公式（4-13）求出 AB、BC 段轴的扭转角：

$$\varphi_{AB} = \frac{T_1 l}{GI_P} = \frac{180\times 2}{80\times10^9\times3.0\times10^{-7}} = 1.5\times10^{-2}\ \mathrm{rad}$$

$$\varphi_{BC} = \frac{T_2 l}{GI_P} = \frac{-140\times 2}{80\times10^9\times3.0\times10^{-7}} = -1.17\times10^{-2}\ \mathrm{rad}$$

则 A 与 C 截面之间的相对扭转角为

$$\varphi_{AC} = \varphi_{AB} + \varphi_{BC} = 1.5 \times 10^{-2} - 1.17 \times 10^{-2} = 0.33 \times 10^{-2}\ \text{rad}$$

（2）校核轴的刚度。

利用式（4-15）对轴进行刚度校核。因轴为等截面轴，AB 段扭矩较大，则应对 AB 段进行刚度校核。

$$\theta_{\max} = \frac{T_{\max}}{GI_{\text{P}}} \times \frac{180}{\pi} = \frac{180}{80 \times 10^{9} \times 3.0 \times 10^{-7}} \times \frac{180}{\pi} = 0.43°/\text{m} < [\theta]$$

故轴满足刚度要求。

本 章 小 结

本章主要分析了受扭杆件的应力与强度条件以及变形与刚度计算。

1. 杆件扭转变形特点

（1）在杆件两端作用两个大小相等、方向相反且作用平面垂直于杆件轴线的力偶，使杆件的任意两个横截面都发生绕轴线的相对转动，就是扭转变形。

（2）扭转力偶矩的计算公式：

$$M_{\text{e}} = 9\,549\,\frac{P}{n} \quad (\text{N} \cdot \text{m})$$

（3）利用截面法可计算轴截面上扭矩的大小，并可用扭矩图来表示各横截面上扭矩沿轴线变化的情况。

（4）对扭矩的符号规定如下：按右手螺旋法将扭矩用矢量表示，扭矩矢量的方向与截面的外法线方向一致时为正，反之为负。

2. 杆件的应力与强度

（1）薄壁圆筒横截面上只有切于截面的剪应力 τ，且圆周上各点应力相等：

$$\tau = \frac{M_{\text{e}}}{2\pi r^{2} t}$$

（2）从薄壁圆筒中截取一个边长分别为 dx、dy 和 t 的单元体，在互相垂直的两个平面上，剪应力必成对存在，且大小相等，方向则同时指向或同时背离两平面的交线。这就是剪应力互等定理。

（3）圆轴扭转横截面上任意点处的剪应力 τ_{ρ} 与该点到圆心的距离 ρ 成正比，而沿同一圆周上的各点其剪应力均相同：

$$\tau_{\rho} = \frac{T \cdot \rho}{I_{\text{P}}}$$

（4）在圆截面边缘上剪应力达到最大值：

$$\tau_{\max} = \frac{T}{W_{t}}$$

（5）圆轴扭转强度条件：

$$\tau_{\max} = \left(\frac{T}{W_{t}}\right)_{\max} \leqslant [\tau]$$

*（6）矩形截面杆件扭转，横截面不再保持为平面而发生翘曲，最大剪应力发生于矩形长边的中点：

$$\tau_{\max} = \frac{T}{\alpha h b^2}$$

3. 圆轴扭转的变形和刚度

（1）圆轴的扭转变形，可以用两个横截面之间的相对扭转角来度量：

$$\varphi = \int_0^L \frac{T}{GI_P} dx$$

（2）圆轴扭转的刚度条件：

$$\theta_{\max} = \left(\frac{T}{GI_P}\right)_{\max} = \frac{T_{\max}}{GI_P} \leqslant [\theta] \quad (\mathrm{rad/m})$$

$$\theta_{\max} = \frac{T_{\max}}{GI_P} \times \frac{180}{\pi} \leqslant [\theta] \quad (°/\mathrm{m})$$

思　考　题

4-1　试列举日常生活中主要发生扭转变形的事例，并分析其产生扭转变形的受力特点和变形特点。

4-2　用截面法计算扭转变形的内力时，为什么要对内力的正负做出规定，对于扭转变形截面上的内力是如何规定的？

4-3　圆轴扭转平面假设在扭转变形分析中起什么作用？

4-4　试述圆轴扭转时横截面上的剪应力是如何分布的。

4-5　从强度和变形的公式中，试分析极惯性矩、抗扭截面模量代表意义。

4-6　当剪应力超过材料的剪切比例极限时，剪应力互等定理是否仍然成立？

4-7　提高圆轴扭转强度和刚度的方法分别有哪些？

4-8　从强度方面考虑，空心圆轴为什么比实心圆轴更为合理？空心圆轴的壁是否越薄越好？

4-9　圆轴改为相同截面积的方轴，其扭转强度是提高还是降低？

习　　题

4-1　用截面法求图 4-13 所示各杆在截面 1-1、2-2、3-3 上的扭矩。作出各杆扭矩图。

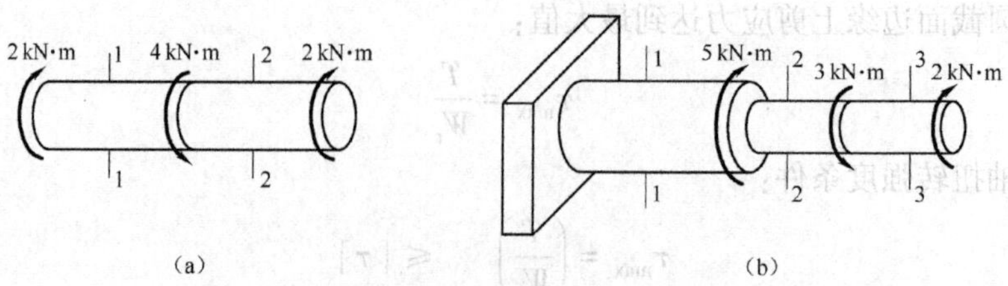

图 4-13　习题 4-1 图

4-2 作图4-14所示各轴的扭矩图。

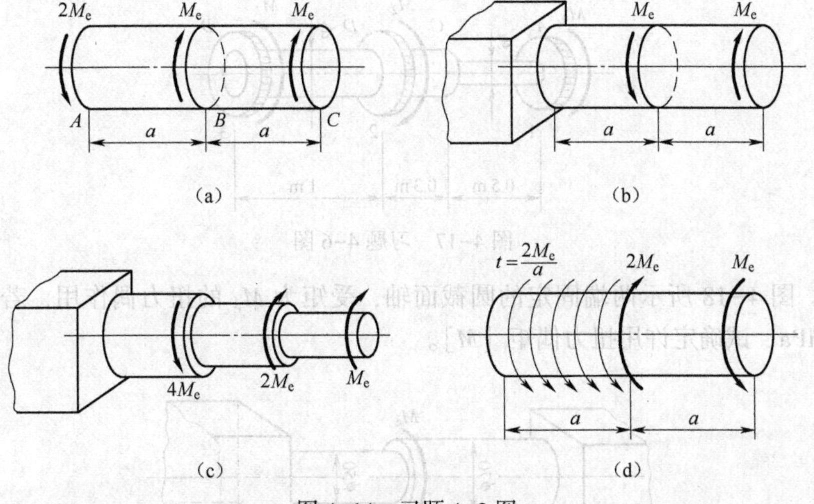

图4-14 习题4-2图

4-3 直径 $d=50$ mm 的圆截面轴，受到扭矩 $T=1$ kN·m的作用，试计算距离轴心 20 mm 处的扭转剪应力，以及横截面上的最大扭转剪应力。

4-4 发电量为1 500 kW的水轮机主轴如图4-15所示。$D=550$ mm，$d=300$ mm，正常转速 $n=250$ rad/min。材料的许用剪应力 $[\tau]=500$ MPa。试校核水轮机主轴的强度。

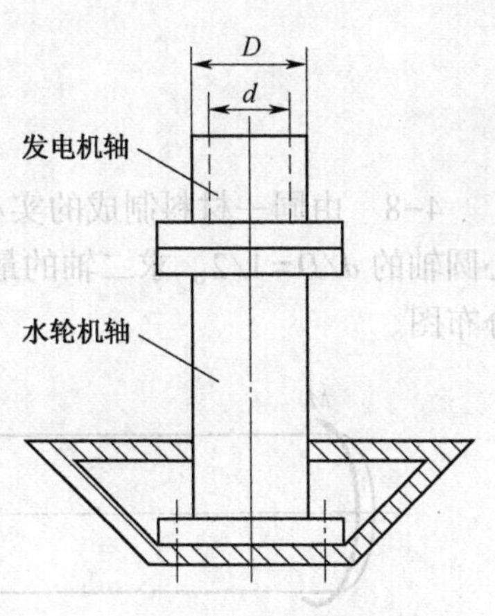

图4-15 习题4-4图

4-5 图4-16所示轴 AB 的转速 $n=120$ rad/min，从 B 轮输入功率 $P=44.1$ kW，功率的一半通过锥形齿轮传送给轴 C，另一半由水平轴 H 输出。已知 $D_1=60$ cm，$D_2=24$ cm，$d_1=10$ cm，$d_2=8$ cm，$d_3=6$ cm，$[\tau]=20$ MPa。试对各轴进行强度校核。

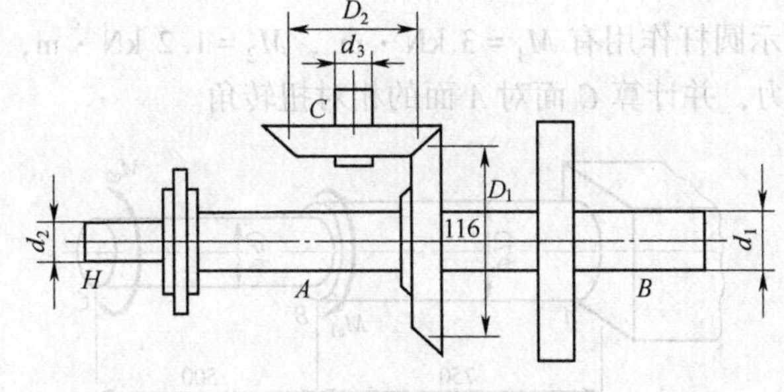

图4-16 习题4-5图

4-6 图4-17所示阶梯形圆轴直径分别为 $d_1=40$ mm，$d_2=70$ mm，轴上装有3个带轮。已知由轮3输入的功率为 $P_3=30$ kW，轮1输出的功率为 $P_1=13$ kW，轴做匀速转动，转速 $n=200$ rad/min，材料的许用剪应力 $[\tau]=60$ MPa，$G=80$ GPa，许用扭转角 $[\theta]=2$ °/m。

试校核轴的强度和刚度。

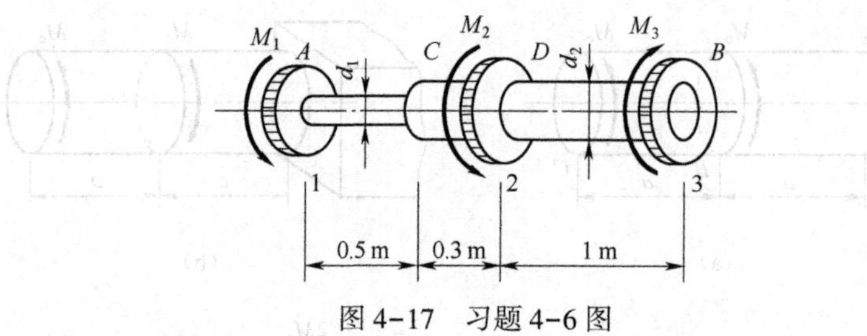

图 4-17　习题 4-6 图

*4-7　图 4-18 所示两端固定的圆截面轴，受矩为 M_e 的扭力偶作用，若许用剪应力 $[\tau]=60$ MPa，试确定许用扭力偶矩 $[M]$。

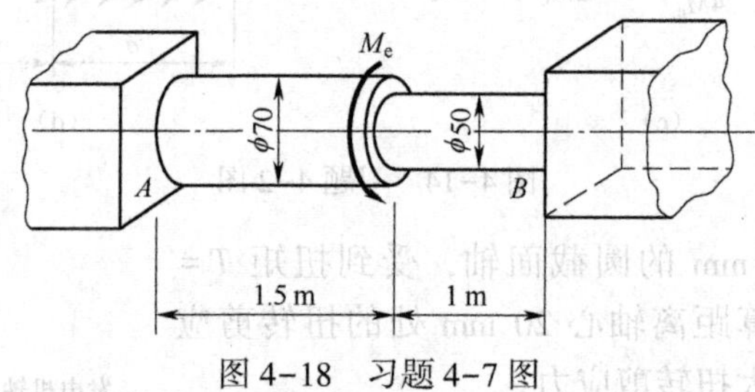

图 4-18　习题 4-7 图

4-8　由同一材料制成的实心圆轴与空心圆轴的尺寸及受力情况如图 4-19 所示。设空心圆轴的 $d/D=1/2$。求二轴的最大剪应力，并画出横截面上与通过直径的纵面上的剪应力分布图。

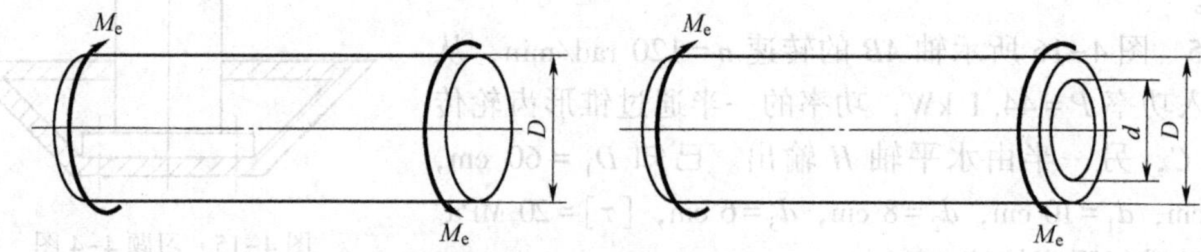

图 4-19　习题 4-8 图

4-9　图 4-20 所示圆杆作用有 $M_1=3$ kN · m，$M_2=1.2$ kN · m，材料的切变模量 $G=82$ GPa。求最大剪应力，并计算 C 面对 A 面的相对扭转角。

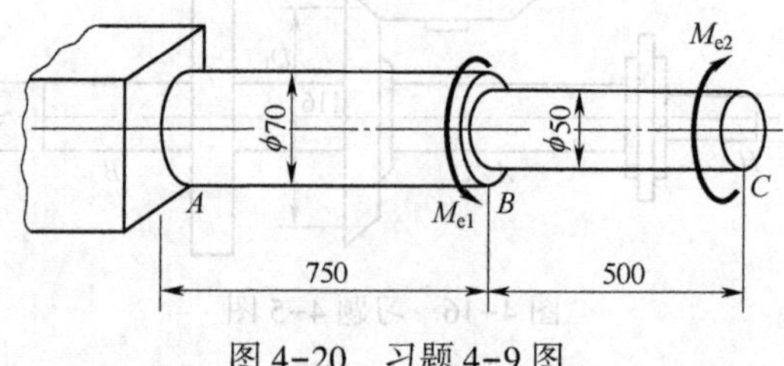

图 4-20　习题 4-9 图

4-10　试作图 4-21 所示圆轴的扭矩图，并求 B 截面相对 A 截面的相对扭转角以及 AB 段中相对于截面 A 的最大相对扭转角。

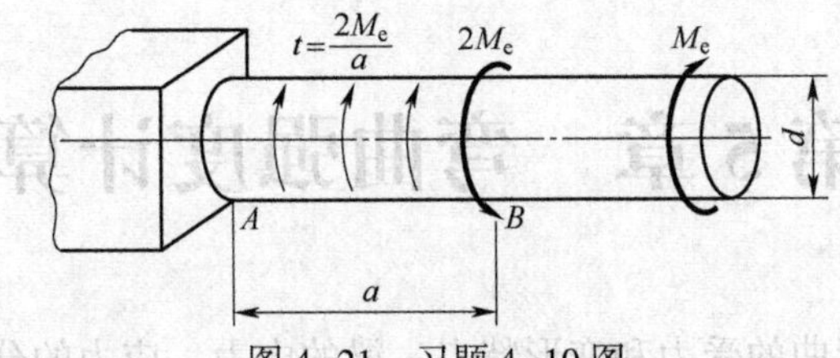

图 4-21　习题 4-10 图

4-11　设圆轴横截面上的扭矩为 T，试求图 4-22 所示 1/4 截面上内力系的合力大小、方向及作用点。

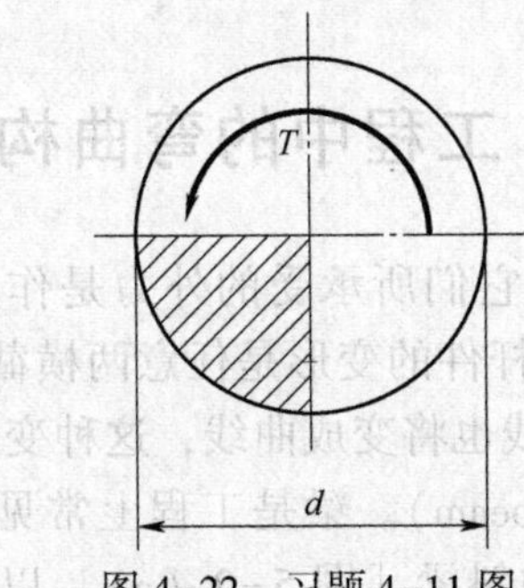

图 4-22　习题 4-11 图

*4-12　横截面面积、杆长、材料均相同的 3 根轴，截面分别为圆形、正方形与 $h/b=2$ 的矩形，试比较其扭转刚度。

*4-13　拖拉机通过方轴带动悬挂在后面的旋耕机，方轴的转速 $n=720$ rad/min，传递的最大功率 $P=25.72$ kW，截面尺寸 30 mm×30 mm，材料的 $[\tau]=100$ MPa。试校核方轴的强度。

习题参考答案

4-3　$\tau = 32.6\ \text{MPa}$，$\tau_{max} = 40.7\ \text{MPa}$

4-4　$\tau = \dfrac{T}{W_t} = \dfrac{57.29 \times 10^3}{29.8 \times 10^{-3}} = 19.2\ \text{MPa} < [\sigma]$

4-5　$\tau_{max} = 17.9\ \text{MPa} \leqslant [\tau]$

4-6　$\tau_{max} = 49.42\ \text{MPa} \leqslant [\tau]$，$\theta_{max} = 1.77°/\text{m} \leqslant [\theta]$

4-7　$[M] = 5.24\ \text{kN}\cdot\text{m}$

4-8　实心轴 $\tau_{max} = \dfrac{16T}{\pi D^3}$，空心轴 $\tau_{max} = \dfrac{16}{15}\cdot\dfrac{16T}{\pi D^3}$

4-9　$\tau_{max} = 49.0\ \text{MPa}$，$\varphi_{CA} = -0.38°$

4-10　$\varphi_{AB} = 0$，$\varphi_{max} = \dfrac{Ta}{4GI_P}$

4-11　$R_O = \dfrac{4\sqrt{2}}{3\pi d}T$，$M_O = \dfrac{T}{4}$，$\alpha = \dfrac{\pi}{4}$

4-12　1 : 0.886 : 0.720

4-13　60.8 MPa< $[\tau]$

第 5 章　弯曲强度计算

本章主要介绍杆件弯曲的受力和变形特点，梁的内力、应力的分析方法，如何依据剪力方程和弯矩方程绘制剪力图和弯矩图，讨论荷载、剪力、弯矩之间的微分关系及其在绘制剪力图和弯矩图中的应用，通过应用平衡、变形协调以及物理关系，导出了梁的弯曲应力计算公式，讨论了梁弯曲强度计算方法。

5.1　工程中的弯曲构件

工程中常遇到这样一类直杆，它们所承受的外力是作用线垂直于杆轴线的平行力系(包括力偶)，在这些外力作用下，杆件的变形是任意两横截面绕垂直于杆轴线轴做相对转动，形成相对角位移，同时杆的轴线也将变成曲线，这种变形称为弯曲（bend)。凡以弯曲为主要变形的构件，通常称为梁（beam)。梁是工程上常见的构件，如房屋建筑中的大梁［图 5-1（a)]、简易挡水结构中的斜梁［图 5-2（a)］以及摇臂钻床的悬臂杆［图 5-3（a)］等都是受弯杆的实例。由这些例子可以看到，尽管这些杆件的支承情况与所受荷载等都不相同，但它们受力所产生的主要变形都是弯曲变形。

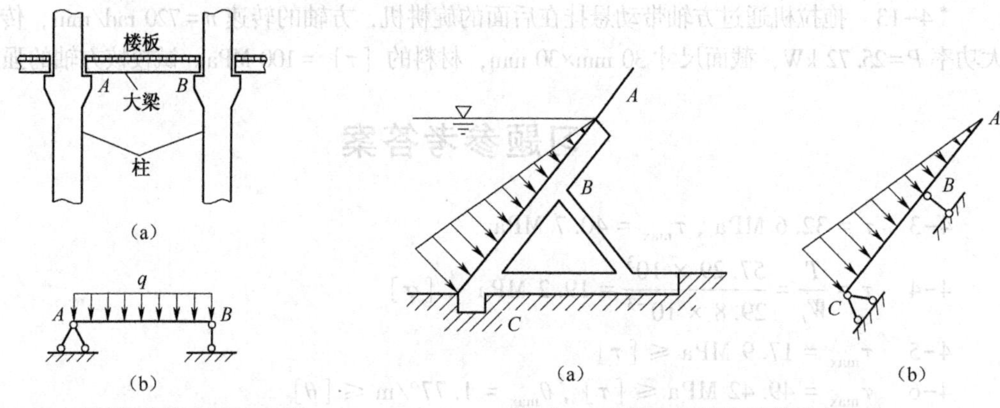

图 5-1　可简化为简支梁的大梁　　图 5-2　可简化为外伸梁的挡水结构

5.1.1　梁的计算简图

工程实际中梁的截面、支座与荷载形式多种多样，为计算方便必须对其进行简化，抽象出代表梁几何与受力特征的力学模型，即梁的计算简图。

选取梁的计算简图的原则：①反映梁的真实受力规律；②使力学计算简便。

一般从梁本身、支座及荷载三方面进行简化。

(1) 梁本身简化——以轴线代替梁，梁的长度称为跨度。

(2) 荷载简化——将荷载简化为集中力、分布力或力偶等。

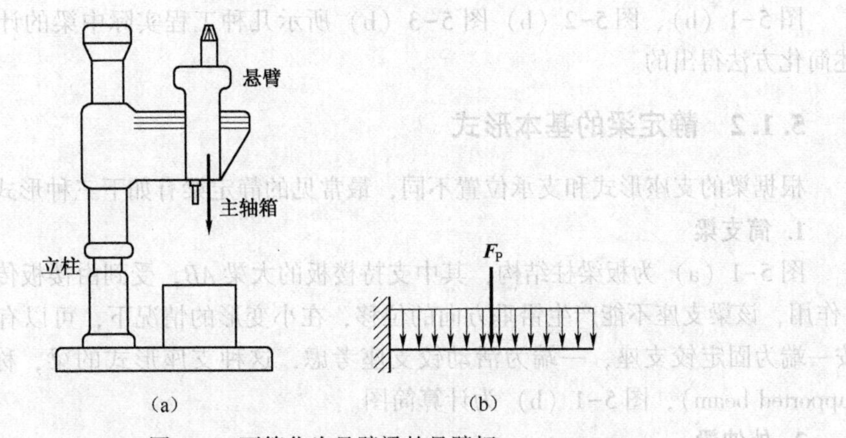

图 5-3　可简化为悬臂梁的悬臂杆

（3）支座简化——依据前述工程静力学的知识主要简化为以下三种典型支座。

① 活动铰支座，其构造图及支座简图如图 5-4（a）所示。这种支座只限制梁在沿垂直于支承平面方向的位移，其支座反力过铰心且垂直于支承面，用 F_{Ay} 表示。

② 固定铰支座，其构造与支座简图如图 5-4（b）所示。这种支座限制梁在支承处沿任何方向的线位移，但不限制角位移。其支座反力为过铰心两互相垂直分力，用 F_{Ax}、F_{Ay} 表示。

③ 固定端支座，其构造与支座简图如图 5-4（c）所示。这种支座限制梁端的线位移及角位移，其反力可用三个分量 F_{Ax}、F_{Ay} 及 M_A 来表示。

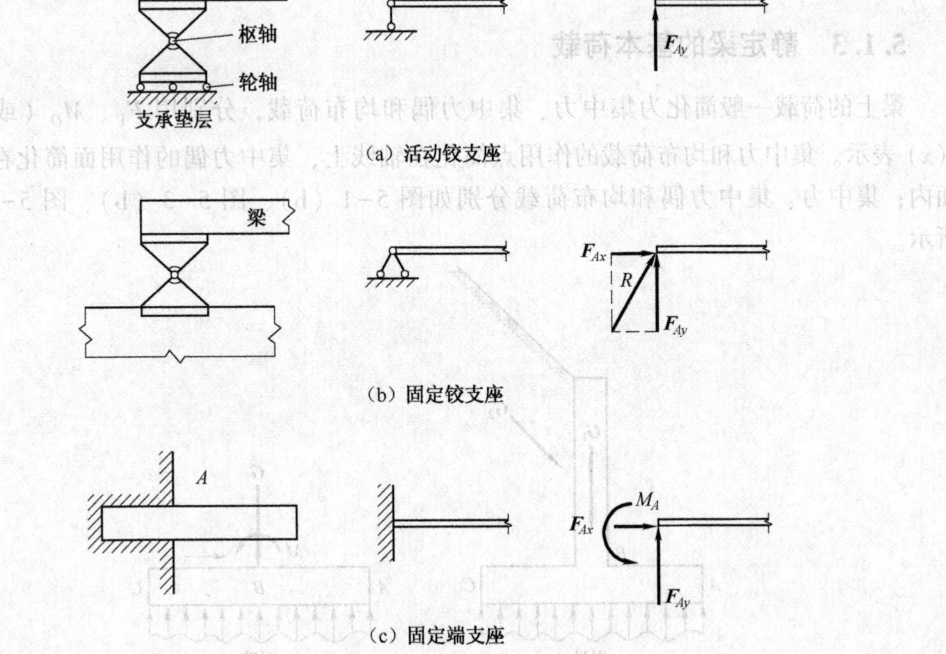

图 5-4　典型支座

图 5-1（b）、图 5-2（b）图 5-3（b）所示几种工程实际中梁的计算简图就是采用上述简化方法得出的。

5.1.2 静定梁的基本形式

根据梁的支座形式和支承位置不同，最常见的静定梁有如下三种形式。

1. 简支梁

图 5-1（a）为板梁柱结构，其中支持楼板的大梁 AB，受到由楼板传递下来的均布荷载 q 作用，该梁支座不能产生铅垂方向的位移，在小变形的情况下，可以有微小转动，因此可按一端为固定铰支座，一端为活动铰支座考虑，这种支座形式的梁，称为简支梁（simple supported beam），图 5-1（b）为计算简图。

2. 外伸梁

图 5-2（a）表示一种简易的挡水结构，其支持面板的斜梁 AC 受到由面板传递来的不均匀分布水压力作用，根据受力情况画出的计算简图为一端（或两端）伸出支座的梁，称为外伸梁（over handing beam），图 5-2（b）为计算简图。

3. 悬臂梁

图 5-3（a）为一摇臂钻床的悬臂杆，一端套在立柱上、一端自由，空车时悬臂除受自重外，还有主轴箱的重力作用，立柱刚性较大，使悬臂既不能转动，也不能有任何方向的移动，故可简化成一端为固定端、一端为自由端的梁，称为悬臂梁（cantilever beam），图 5-3（b）为计算简图。

这三种梁的共同特点是支座反力仅有三个，可由静力平衡条件全部求得，故称为静定梁。

5.1.3 静定梁的基本荷载

梁上的荷载一般简化为集中力、集中力偶和均布荷载，分别用 $\boldsymbol{F}_{\mathrm{P}}$、$M_O$（或者 m）和 $q(x)$ 表示。集中力和均布荷载的作用点简化在轴线上，集中力偶的作用面简化在纵向对称面内；集中力、集中力偶和均布荷载分别如图 5-1（b）、图 5-3（b）、图 5-5（b）等所示。

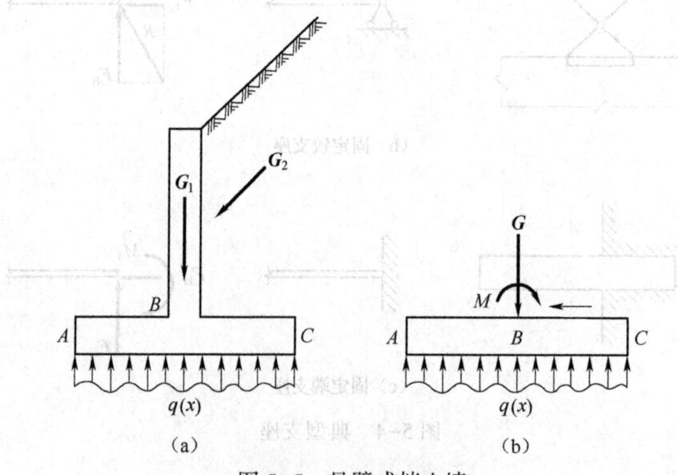

图 5-5 悬臂式挡土墙

5.2 弯曲内力与内力图

5.2.1 梁的剪力与弯矩

在解决了梁受荷载的支反力后，进一步研究梁的内力情况。

简支梁 AB［图 5-6（a）］，荷载 $\boldsymbol{F}_{P1}$、$\boldsymbol{F}_{P2}$ 为已知值，支反力 $\boldsymbol{F}_{Ay}$、$\boldsymbol{F}_{By}$ 根据平衡条件已求得，现研究离左端距离为 x 处截面 1-1 的内力。

1. 截面法求梁的内力

内力分量 $\boldsymbol{F}_Q$ 位于横截面上，称为剪力（shearing force）；内力偶矩 M 位于纵向对称平面内，称为弯矩（bending moment）。求梁任一截面内力的基本方法为截面法，以图 5-6（a）为例，梁在外力（荷载 $\boldsymbol{F}_P$ 和反力 $\boldsymbol{F}_{Ay}$、$\boldsymbol{F}_{By}$）作用下处于平衡状态。在需求内力 x 处用一假想截面 1—1 将梁截开分为两段；取任意一段为脱离体，用该截面内力代替另一部分的作用，取任一部分列平衡方程。

注意：*截开任何一段杆件后应有三个内力，由于在本章仅有垂直梁轴的外力，故而沿轴线方向的内力为零，为了简便在图中没有表示，以后也照此处理。*

从图 5-6（b）可知，对左脱离体列平衡方程：

由 $\sum F_y = 0$，得 $F_{Ay} + F_{P1} - F_Q = 0$，得 $F_Q = F_{Ay} - F_{P1}$；

由 $\sum M_C = 0$，有 $-F_{Ay}x + F_{P1}(x-a) + M = 0$，得 $M = F_{Ay}x - F_{P1}(x-a)$。

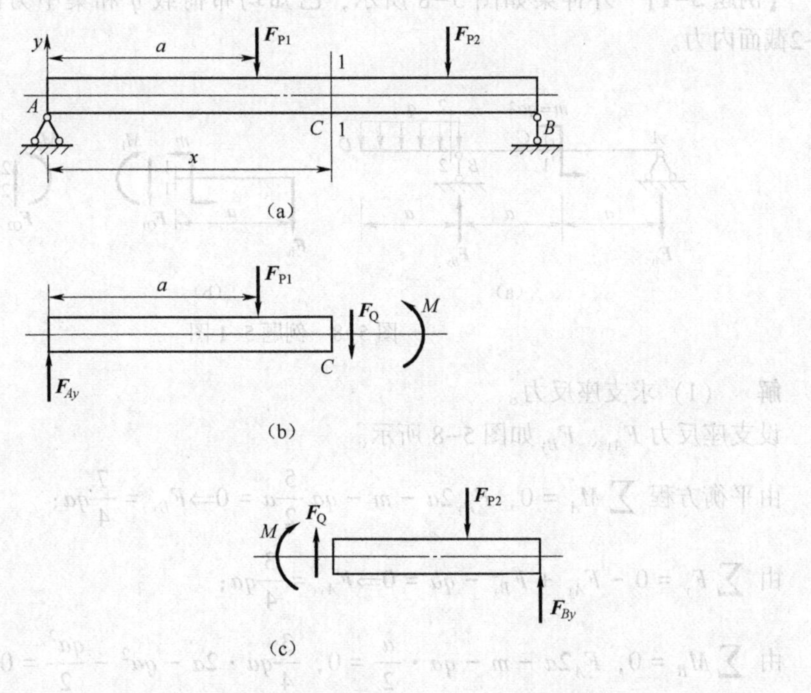

图 5-6　用截面法求内力

注意此处是对截面形心 C 取矩，因剪力 $\boldsymbol{F}_Q$通过截面形心 C 点，故在力矩方程中为零。同样可取右脱离体，由平衡方程求出梁截面 1-1 上的内力 $\boldsymbol{F}_Q$和 M，其结果与左脱离体求得的 $\boldsymbol{F}_Q$、M 大小相等，方向相反，互为作用力与反作用力关系。

2. 内力正负号

为使梁同一截面内力符号一致，必须根据变形特点统一内力的正负号。若从梁 1-1 处取一微段梁 dx，由于剪力 $\boldsymbol{F}_Q$作用会使微段发生上下错动的剪切变形。

规定：使微段梁发生顺时针转动的剪力 $\boldsymbol{F}_Q$为正［图 5-7（a）］，反之为负［图 5-7（b）］，或者表述为左截面向上错动，右截面向下错动为正，反之为负；使微段梁弯曲下凸时的弯矩 M 为正，反之为负［图 5-7（c）、（d）］。

根据如上符号规定，图 5-6 中 1-1 截面内力符号均为正，实现了同一截面上内力符号的统一。

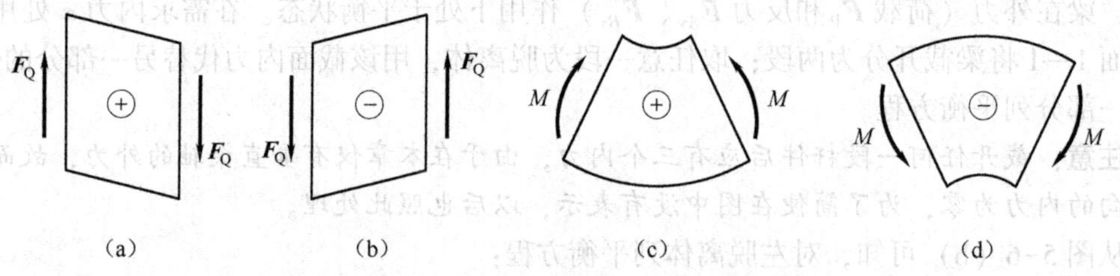

图 5-7　剪力、弯矩的正负号规定

下面举例说明怎样用截面法求梁指定截面的内力。

【例题 5-1】 外伸梁如图 5-8 所示，已知均布荷载 q 和集中力偶 qa^2，求指定 1-1、2-2截面内力。

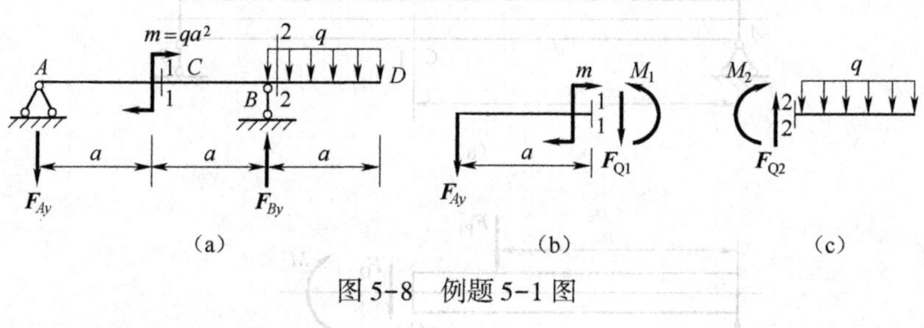

图 5-8　例题 5-1 图

解　（1）求支座反力。

设支座反力 F_{Ay}、F_{By}如图 5-8 所示。

由平衡方程 $\sum M_A = 0$，$F_{By}2a - m - qa\dfrac{5}{2}a = 0 \Rightarrow F_{By} = \dfrac{7}{4}qa$；

由 $\sum F_y = 0 - F_{Ay} + F_{By} - qa = 0 \Rightarrow F_{Ay} = \dfrac{3}{4}qa$；

由 $\sum M_B = 0$，$F_A 2a - m - qa \cdot \dfrac{a}{2} = 0$，$\dfrac{3}{4}qa \cdot 2a - qa^2 - \dfrac{qa^2}{2} = 0$。

校核，所求反力无误。

（2）求 1-1 截面内力。

由 1-1 截面将梁分为两段，取左段梁为脱离体，并假设该截面剪力 $\boldsymbol{F}_{Q1}$ 和弯矩 M_1 均为正，如图 5-8（b）所示。

由 $\sum F_y = 0$，$-F_{Ay} - F_{Q1} = 0 \Rightarrow F_{Q1} = -F_{Ay} = -\dfrac{3}{4}qa$，

由 $\sum M_{C1} = 0$（对 1-1 截面的形心 C_1 取矩，下同）

$$F_A \cdot a + M_1 - m = 0 \Rightarrow M_1 = m - F_A \cdot a = qa^2 - \frac{3}{4}qa^2 = \frac{q}{4}a^2$$

求得的 $\boldsymbol{F}_{Q1}$ 结果为负值，说明剪力实际方向与假设相反，且为负剪力；M_1 结果为正值，说明弯矩实际转向与假设相同，且为正弯矩。

（3）求 2-2 截面（B 截面右侧一点）内力。

由 2-2 截面将梁分为两段，取右段梁内为脱离体，截面上剪力 $\boldsymbol{F}_{Q2}$ 和弯矩 M_2 均设为正，如图 5-8（c）所示。

由 $\sum F_y = 0$，$F_{Q2} - qa = 0 \Rightarrow F_{Q2} = qa$；

由 $\sum M_{C2} = 0$，$-M_2 - qa \cdot \dfrac{a}{2} = 0 \Rightarrow M_2 = -\dfrac{qa^2}{2}$。

【例题 5-2】 简支梁如图 5-9 所示，已知两个集中荷载分别为 14 kN 和 28 kN，求指定 1-1、2-2、3-3 截面（区间任意截面）的内力。

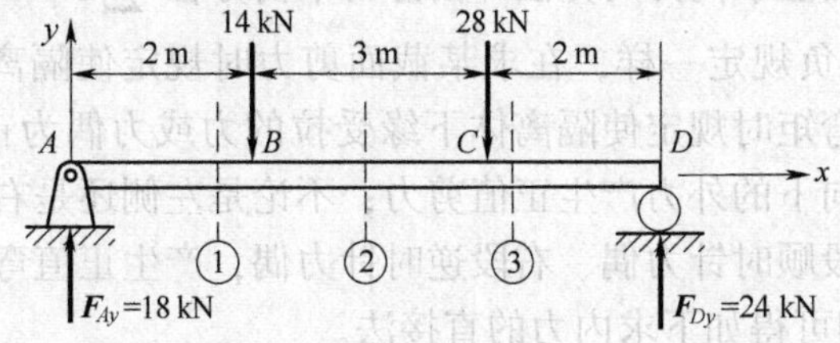

（a）

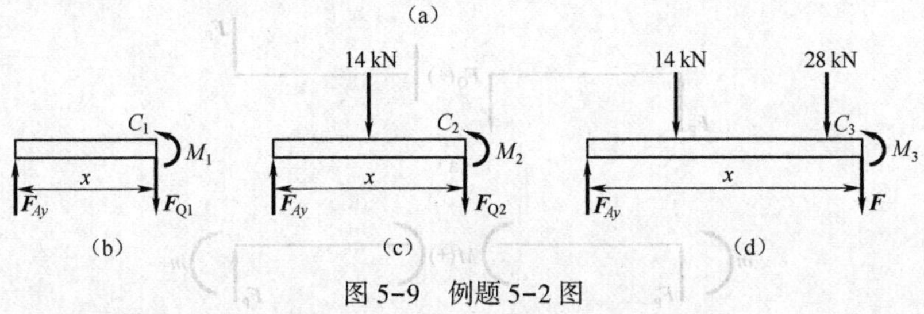

（b）　（c）　（d）

图 5-9　例题 5-2 图

解　（1）求支座反力。

设支座反力 $\boldsymbol{F}_{Ay}$、$\boldsymbol{F}_{Dy}$ 如图 5-9 所示。

由平衡方程 $\sum M_A = 0$，$7 \times F_{Dy} - 14 \times 2 - 28 \times 5 = 0 \Rightarrow F_{Dy} = 24$ kN；

由 $\sum F_y = 0$，$F_{Ay} + F_{Dy} - 42 = 0 \Rightarrow F_{Ay} = 18$ kN；

由 $\sum M_D = 0$，$F_{Ay} \times 7 - 14 \times 5 - 28 \times 2 = 0$，$18 \times 7 - 14 \times 5 - 28 \times 2 = 0$。

校核，所求反力无误。

（2）求 1-1 截面（AB 段任意截面）内力。

由 1-1 截面将 AB 段梁分为两段，取左段梁为脱离体，并假设该截面剪力 $\boldsymbol{F}_{Q1}$ 和弯矩 M_1 均为正，如图 5-9（b）所示。

由 $\sum F_y = 0$，$F_{Ay} - F_{Q1} = 0 \Rightarrow F_{Q1} = F_{Ay} = 18\ \text{kN}$；

由 $\sum M_{C1} = 0$，$-18 \cdot x + M_1 = 0 \Rightarrow M_1 = 18x\ \text{kN} \cdot \text{m}$。

（3）求 2-2 截面（BC 段任意截面）内力。

由 2-2 截面将 AC 段梁分为两段，取左段梁为脱离体，截面上剪力 $\boldsymbol{F}_{Q2}$ 和弯矩 M_2 均设为正，如图 5-9（c）所示。

由 $\sum F_y = 0$，$F_{Q2} - 18 + 14 = 0 \Rightarrow F_{Q2} = 4\ \text{kN}$；

由 $\sum M_{C2} = 0$，$M_2 - 18x + 14(x-2) = 0 \Rightarrow M_2 = 4x + 28\ \text{kN} \cdot \text{m}$。

（4）求 3-3 截面（CD 段任意截面）内力。

由 3-3 截面将 AD 段梁分为两段，取左段梁为脱离体，截面上剪力 $\boldsymbol{F}_{Q3}$ 和弯矩 M_3 均设为正，如图 5-9（d）所示。

由 $\sum F_y = 0$，$F_A - F_{Q3} - 14 - 28 = 0 \Rightarrow F_{Q3} = -24\ \text{kN}$；

由 $\sum M_{C3} = 0$，$M_3 - 18x + 14(x-2) + 28(x-5) = 0 \Rightarrow M_3 = -24x + 168\ \text{kN} \cdot \text{m}$。

3. 直接法求内力

以上例题说明由截面法求内力的方法即由静力平衡方程 $\sum F_y = 0$ 和 $\sum M_C = 0$ 求解剪力 F_Q 和弯矩 M。与内力正负规定一样，在求某截面剪力时规定使隔离体顺时针转的力为正，反之为负；在求某截面弯矩时规定使隔离体下缘受拉的力或力偶为正，反之为负；或者讲：左侧向上的外力、右侧向下的外力产生正值剪力；不论是左侧还是右侧向上的外力都产生正值弯矩，反之为负；左段顺时针力偶、右段逆时针力偶，产生正值弯矩。

如图 5-10 所示，即可得如下求内力的直接法。

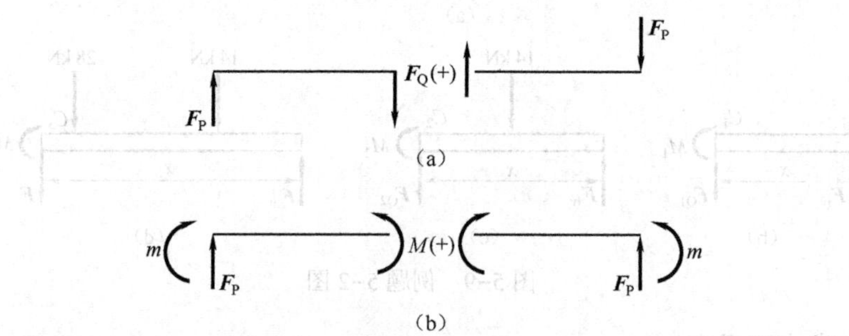

图 5-10　直接法外力正负号规定

（1）某截面的剪力等于该截面一侧所有外力在截面上投影的代数和，即

$$F_Q = \sum F_{P左侧外力}（或 \sum F_{P右侧外力}） \tag{5-1}$$

（2）某截面的弯矩等于该截面一侧所有外力对该截面形心力矩的代数和，即

$$M = \sum M_{C左侧外力}（或 \sum M_{C右侧外力}） \tag{5-2}$$

这样，运用上述两法则就不必取脱离体，可用式（5-1）和式（5-2）直接由截面左侧（或右侧）外力计算任一截面剪力和弯矩。此两法则是由截面法推出的，但比截面法用起来

更方便快捷，对于求梁的内力极为有用，必须熟练掌握。读者可用此方法验证例题 5-1、例题 5-2 的结果是否正确。

下面举例说明直接用所研究的梁截面任意一边梁上的外力计算剪力和弯矩的方法。

【例题 5-3】 梁上受荷载情况如图 5-11 所示，试求截面 1-1 和 2-2 上的剪力和弯矩。

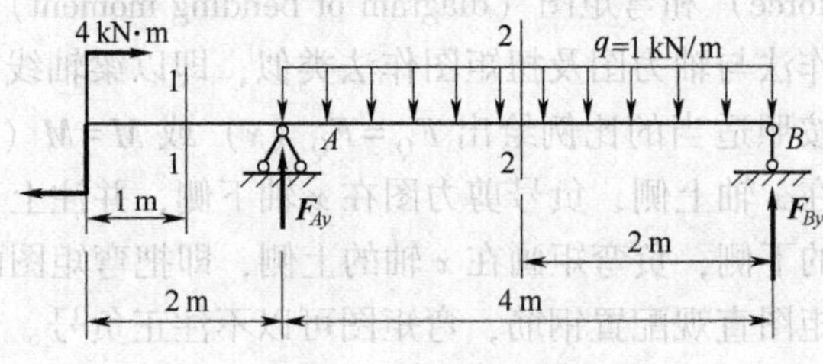

图 5-11　例题 5-3 图

解　(1) 求支反力。

$$F_{Ay} = 1\ \text{kN},\ F_{By} = 3\ \text{kN}$$

(2) 求截面 1-1 和 2-2 上的剪力和弯矩，均取左边分离体为研究对象。

截面 1-1：
$$F_{Q1} = 0,\ M_1 = 4\ \text{kN}\cdot\text{m}$$

截面 2-2：
$$F_{Q2} = F_{Ay} - 1 \times 2 = 1 - 2 = -1\ \text{kN}$$

$$M_2 = 4 + F_{Ay} \times 2 - 1 \times 2 \times 1 = 4 + 1 \times 2 - 2 = 4\ \text{kN}\cdot\text{m}$$

【例题 5-4】 悬臂梁受荷载情况如图 5-12 所示，试求截面 1-1 和 2-2 上的剪力与弯矩。

解　截面 1-1：

$$F_{Q1} = -qa - qa = -2qa$$

$$M_1 = -qa \cdot a - qa \cdot \left(\frac{a}{2}\right) = -\frac{3qa^2}{2}$$

截面 2-2：

$$F_{Q2} = -qa - qa = -2qa$$

$$M_2 = -qa \cdot a - qa \cdot \left(\frac{a}{2}\right) + qa^2 = -\frac{qa^2}{2}$$

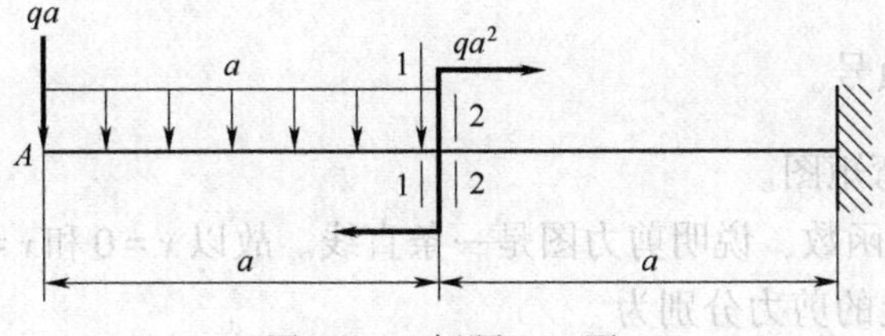

图 5-12　例题 5-4 图

5.2.2　剪力图与弯矩图

梁截面上的内力（剪力和弯矩）一般随截面位置 x 的不同而变化，故横截面的剪力和弯矩都可表示为截面位置 x 的函数，即 $F_Q = F_Q(x)$，$M = M(x)$，如例题 5-2 中的 M_1 等。通常把它们分别叫作剪力方程（equation of shearing force）和弯矩方程（equation of bending moment)。在写这些方程时，一般是以梁左端为 x 坐标原点，有时为计算方便，也可将原点取在梁右端或梁上任意点。

由剪力方程和弯矩方程可以反映剪力和弯矩沿全梁的变化情况，从而找出内力最大截面即危险截面作为设计依据。为了更加直观地表示剪力、弯矩沿梁长的变化情况，可绘制剪力图（diagram of shearing force）和弯矩图（diagram of bending moment）。

剪力图和弯矩图的作法与轴力图及扭矩图作法类似，即以梁轴线为 x 轴，以横截面上的剪力或弯矩为纵坐标，按照适当的比例绘出 $F_Q=F_Q(x)$ 或 $M=M(x)$ 的曲线。绘制剪力图时，规定正号剪力图在 x 轴上侧，负号剪力图在 x 轴下侧，并注上正负号；绘制弯矩图时则规定正弯矩画在 x 轴的下侧，负弯矩画在 x 轴的上侧，即把弯矩图画在梁受拉的一侧，以便钢筋混凝土梁根据弯矩图直观配置钢筋，弯矩图可以不注正负号。

由剪力图和弯矩图可直观确定梁剪力、弯矩的最大值及其所在截面位置。

【例题 5-5】 作图 5-13 所示简支梁受均布荷载的剪力图和弯矩图。

解 （1）求支座反力。由 $\sum F_y=0$ 和对称条件知：

$$F_{Ay}=F_{By}=\frac{ql}{2}$$

（2）列出剪力方程和弯矩方程：以左端 A 为原点，并将 x 表示在图上。

$$F_Q(x)=F_{Ay}-qx=\frac{ql}{2}-qx \quad (0<x<l) \tag{a}$$

（F_Q在集中力作用处为未定值，所以这里为开区间，在例题 5-6 有详细说明）

$$M(x)=F_{Ay}x-qa\cdot\frac{x}{2}=\frac{ql}{2}x-\frac{qx^2}{2} \quad (0\leqslant x\leqslant l) \tag{b}$$

注意，由于反力 $F_{Ay}=\dfrac{ql}{2}$ 使隔离体顺时针转动，且使隔离体下缘受拉，因此在用直接法时一直取正；但由于均布荷载 q 不仅使隔离体反时针转，且使上缘受拉，因此在用直接法时一直取负。分布力 q 的合力为分布力图的面积 qx，且作用在分布力图的形心 $\dfrac{x}{2}$ 处，而分布力对截面形心的力矩的大小为其合力乘以合力到截面形心的距离即 $qx\cdot\dfrac{x}{2}$，因此在上式中的 qx 项和$\dfrac{qx^2}{2}$项都带负号。

（3）作剪力图和弯矩图。

$F_Q(x)$ 是 x 的一次函数，说明剪力图是一条直线。故以 $x=0$ 和 $x=l$ 分别代入，就可得到梁的左端和右端截面上的剪力分别为

$$F_{QA(x=0)}=F_{Ay}=\frac{ql}{2}$$

$$F_{QB(x=l)}=\frac{ql}{2}-ql=-\frac{ql}{2}=-F_{By}$$

由这两个控制数值可画出一条直线，即为梁的剪力图，如图 5-13（b）所示。

从式（b）可知弯矩方程是 x 的二次式，说明弯矩图是一条二次抛物线，至少需由三个

控制点确定。故以 $x=0$，$x=l/2$，$x=l$ 分别代入式（b）得

$$M_{x=0}=0，M_{x=\frac{l}{2}}=\frac{ql^2}{8}，M_{x=l}=0$$

有了这三个控制数值，就可画出式（b）表示的抛物线，即弯矩图，如图 5-13（c）所示。

（a）
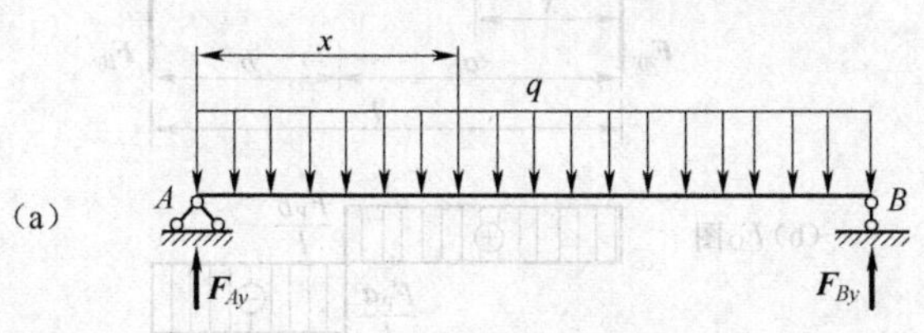

（b）
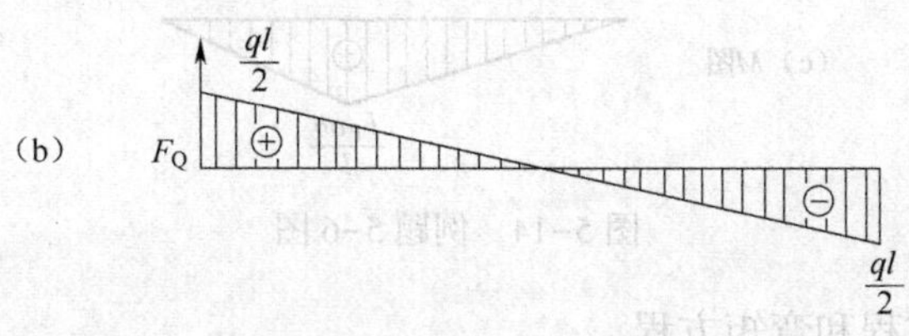

（c）
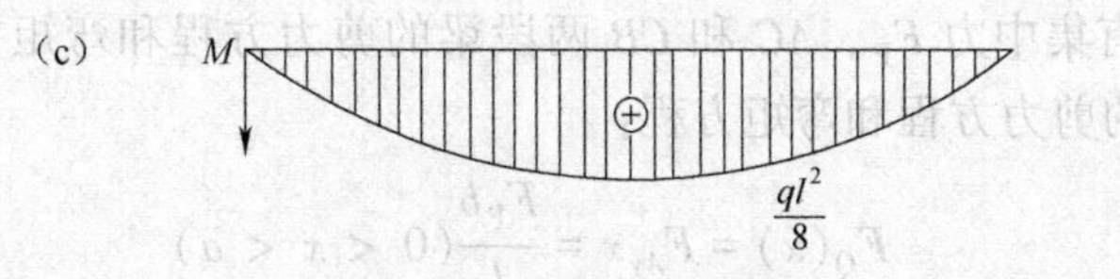

图 5-13　例题 5-5 图

为便于作图，可先将上面求得的各控制点的 F_Q、M 值排列见表 5-1，然后根据表中数据及剪力方程和弯矩方程所示曲线的性质作出剪力图和弯矩图。

由作出的剪力图和弯矩图可以看出，最大剪力发生在梁的两端，并且其绝对值相等，数值为 $F_{Q_{max}}=\frac{ql}{2}$，最大弯矩发生在跨中点处（$F_Q=0$），$M_{max}=\frac{ql^2}{8}$。

表 5-1　例题 5-5 中 F_Q、M 值列表

x	0	$\frac{l}{2}$	l
$F_Q(x)$	$\frac{ql}{2}$	0	$-\frac{ql}{2}$
$M(x)$	0	$\frac{ql^2}{8}$	0

如果已知 $q=80$ kN/m 和 $l=4$ m，则分别代入可得

$$F_{Q\max}=\frac{ql}{2}=\frac{80\times 4}{2}=160.0\ \text{kN}$$

$$M_{\max}=\frac{ql^2}{8}=\frac{80\times 40^2}{8}=160.0\ \text{kN}\cdot\text{m}$$

【例题 5-6】 作图 5-14（a）所示简支梁在集中力 $\boldsymbol{F}_P$ 作用下的剪力图及弯矩图。

解　（1）求支座反力。

由 $\sum M_B$ 求得 $F_{Ay}=\frac{F_P}{l}b$。

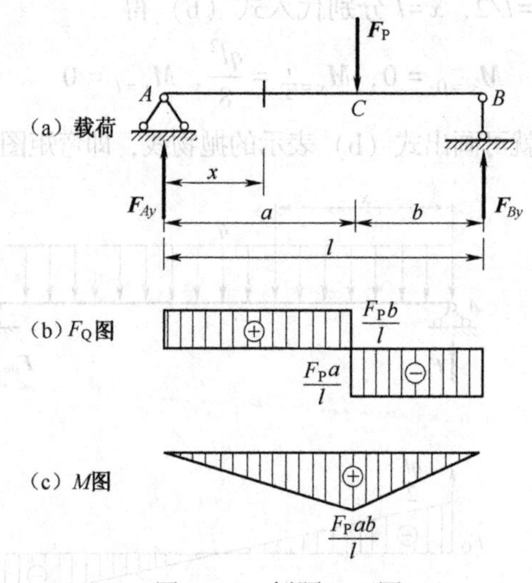

图 5-14　例题 5-6 图

(2) 分段列剪力方程和弯矩方程。

由于 C 点作用有集中力 F_P，AC 和 CB 两段梁的剪力方程和弯矩方程并不相同。因此，必须分别列出各段的剪力方程和弯矩方程：

AC 段：

$$F_Q(x) = F_{Ay}x = \frac{F_P b}{l}(0 < x < a) \tag{a}$$

$$M(x) = F_{Ay}x = \frac{F_P}{l}x(0 \leqslant x \leqslant a) \tag{b}$$

CB 段：

$$F_Q(x) = F_{Ay} - F_P = \frac{F_P b}{l} - F_P = - F_P\frac{(l-b)}{l} = - \frac{F_P a}{l}(a < x < l) \tag{a'}$$

$$M(x) = F_{Ay}x - F_P(x-a) = \frac{F_P}{l}x - F_P(x-a) = F_P a - \frac{F_P a}{l}x\ (a \leqslant x \leqslant l) \tag{b'}$$

(3) 根据 F_Q、M 方程作 F_Q、M 图。

由式 (a)、式 (a′) 知，两段梁的剪力均为常数，故剪力图为平行于 x 轴的水平线，由式 (b)、式 (b′) 知，两段梁弯矩为 x 的一次函数，故弯矩图图形为斜直线。计算各控制点处的剪力和弯矩见表 5-2。并作出剪力图和弯矩图，如图 5-14 (b)、(c) 所示。

表 5-2　例题 5-6 中 F_Q、M 值列表

x	0	a		l
$F_Q(x)$	$\frac{F_P b}{l}$	左侧 $\frac{F_P b}{l}$	右侧 $\frac{-F_P a}{l}$	$\frac{-F_P a}{l}$
$M(x)$	0	$\frac{F_P ab}{l}$		0

由图 5-14 可知，若 $a>b$，则最大剪力发生在 BC 段，即 $|F_Q|_{max} = \frac{F_P a}{l}$。而最大弯矩发

生在力 $\boldsymbol{F}_P$ 作用截面处，$M_{max}=\dfrac{F_P ab}{l}$；若 $a=b$，即当梁中点受集中力时，最大弯矩发生在梁中点截面上，$M_{max}=\dfrac{F_P l}{4}$。

由图 5-14 还可看出，在集中力 $\boldsymbol{F}_P$ 作用的截面 C 处，弯矩图的斜率发生突变，形成尖角；同时剪力图上的数值也突然由 $+\dfrac{F_P b}{l}$ 变为 $-\dfrac{F_P a}{l}$，突变值大小为集中力的数值 F_P。剪力图的这种突变现象是由于假设集中力作用在梁的一"点"上而造成的，实际上是分布在很短的一段梁上，如图 5-15（a）所示。因此，剪力和弯矩在此梁段上还是连续变化的［图5-15（b）、（c）］。

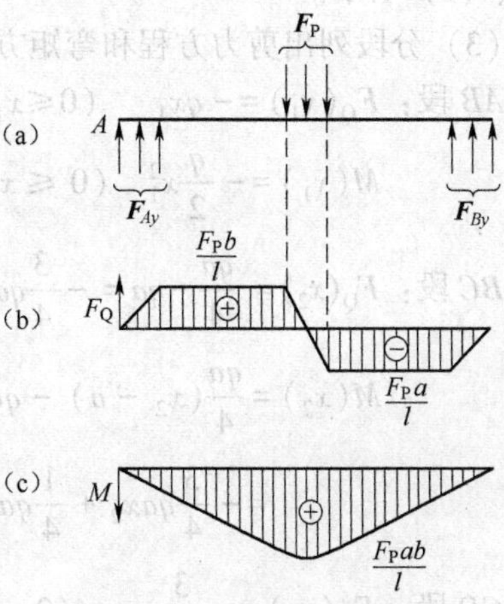

图 5-15　集中荷载简化

【例题 5-7】 悬臂梁受集中力及集中力偶作用。如图 5-16（a）所示，试作梁的剪力图和弯矩图。

解　可不必求约束反力，直接由自由端截取梁段研究。

（1）分段列出剪力方程和弯矩方程。

AC 段：

$$F_Q(x_1)=-F_P\quad\left(0<x_1\leqslant\frac{l}{2}\right)\tag{a}$$

$$M(x_1)=-F_P(x_1)\quad\left(0\leqslant x_1<\frac{l}{2}\right)\tag{b}$$

CB 段：

$$F_Q(x_2)=-F_P\quad\left(\frac{l}{2}\leqslant x_2<l\right)\tag{c}$$

$$M(x_2)=-F_P x_2+\frac{F_P l}{2}\quad\left(\frac{l}{2}<x_2<l\right)\tag{d}$$

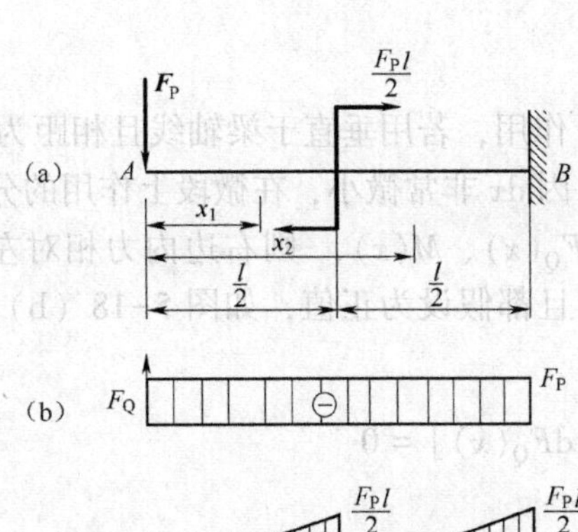

图 5-16　例题 5-7 图

（2）画剪力图和弯矩图。

根据式（a）、式（c）作剪力图，如图 5-16（b）所示。

根据式（b）、式（d）作弯矩图，如图 5-16（c）所示。可以看出

$$|F_Q|_{max}=F_P,\quad |M|_{max}=\frac{F_P l}{2}$$

【例题 5-8】 试作图 5-17（a）所示外伸梁的剪力图、弯矩图。

解　（1）确定约束反力。

由 $\sum M_B=0$，$\sum M_D=0$ 可求得 B、D 二处的约束反力：

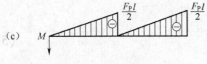

$$F_{By}=\frac{qa}{4},\ F_{Dy}=\frac{7}{4}qa$$

（2）建立坐标系。

建立 F_Q-x 和 $M-x$ 坐标系，分别如图 5-17（b）、（c）所示。

（3）分段列出剪力方程和弯矩方程。

AB 段：$F_Q(x_1)=-qx_1 \quad (0\leqslant x_1<a)$

$$M(x_1)=-\frac{q}{2}x_1^2 \quad (0\leqslant x_1\leqslant a)$$

BC 段：$F_Q(x_2)=\frac{qa}{4}-qa=-\frac{3}{4}qa \quad (a<x_2\leqslant 2a)$

$$M(x_2)=\frac{qa}{4}(x_2-a)-qa\left(x_2-\frac{a}{2}\right)$$

$$=-\frac{3}{4}qax_2+\frac{1}{4}qa^2(a\leqslant x_2<2a)$$

CD 段：$F_Q(x_3)=-\frac{3}{4}qa \quad (2a\leqslant x_3<3a)$

$$M(x_3)=\frac{5}{4}qa^2-\frac{3}{4}qax_3 \quad (2a<x_3\leqslant 3a)$$

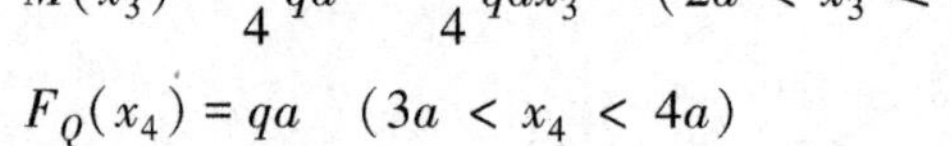

DE 段：$F_Q(x_4)=qa \quad (3a<x_4<4a)$

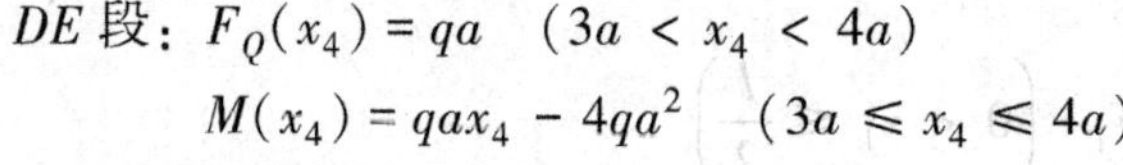

$$M(x_4)=qax_4-4qa^2 \quad (3a\leqslant x_4\leqslant 4a)$$

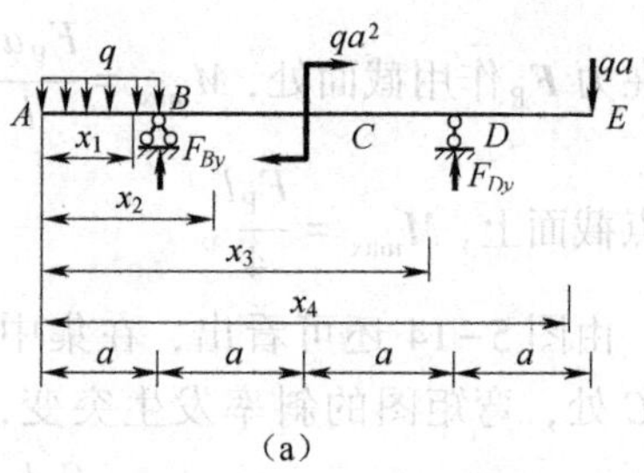

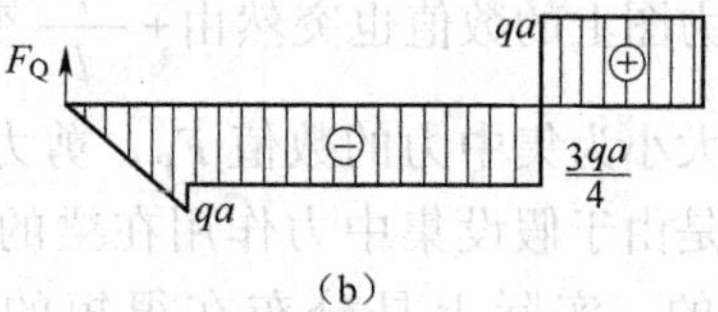

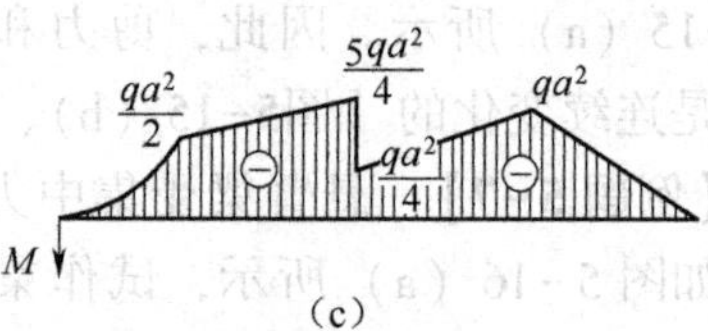

图 5-17　例题 5-8 图

（4）画出剪力图、弯矩图。

根据上述剪力方程、弯矩方程作出剪力图和弯矩图如图 5-17（b）、（c）所示。从图上可见，$|F_Q|_{max}=qa$，$|M|_{max}=\frac{5}{4}qa^2$。

从图 5-17 可见，当梁上有力偶作用时，剪力图不受影响，弯矩图发生突变，突变值为 qa^2 值的大小。

5.2.3　荷载、剪力和弯矩间的关系

如图 5-18（a）所示的梁，受向上分布荷载 $q(x)$ 作用，若用垂直于梁轴线且相距为 dx 的两个假想截面 $m-m$ 和 $n-n$ 由梁 x 处切出一微梁段。因 dx 非常微小，在微段上作用的分布荷载 $q(x)$ 可看作是均布的，设截面左边内力分别为 $F_Q(x)$、$M(x)$，则右边内力相对左边有一增量，故为 $F_Q(x)+\mathrm{d}F_Q(x)$、$M(x)+\mathrm{d}M(x)$，且都假设为正值，如图 5-18（b）所示，根据微段平衡条件，由 $\sum F_y=0$，有

$$F_Q(x)+q(x)\mathrm{d}x-[F_Q(x)+\mathrm{d}F_Q(x)]=0$$

整理可得

$$\frac{\mathrm{d}F_Q(x)}{\mathrm{d}x}=q(x) \tag{5-3}$$

由 $\sum M_C=0$，有

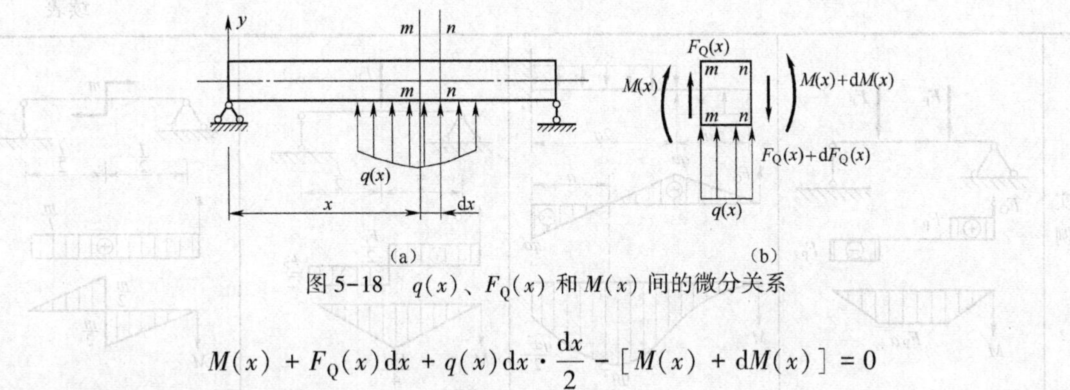

图 5-18　$q(x)$、$F_Q(x)$ 和 $M(x)$ 间的微分关系

$$M(x)+F_Q(x)\,dx+q(x)\,dx\cdot\frac{dx}{2}-[M(x)+dM(x)]=0$$

忽略高阶微量 $q(x)\dfrac{d^2x}{2}$ 项，整理可得

$$\frac{dM(x)}{dx}=F_Q(x) \tag{5-4}$$

对上式再求一次导数并由式（5-3）可得

$$\frac{dM^2(x)}{dx^2}=q(x) \tag{5-5}$$

此三式就是荷载集度 $q(x)$，剪力 $F_Q(x)$ 和弯矩 $M(x)$ 间的微分关系。即

（1）截面上剪力对 x 的一阶导数，等于同一截面上分布荷载的集度。

（2）截面上弯矩对 x 的一阶导数，等于同一截面上的剪力。

（3）截面上弯矩对 x 的二阶导数，等于同一截面上分布荷载的集度。

根据以上微分关系可将梁的荷载、剪力图和弯矩图的相互关系归纳见表 5-3，利用表 5-3可以校核剪力图和弯矩图。

表 5-3　梁的荷载、剪力图和弯矩图的相互关系

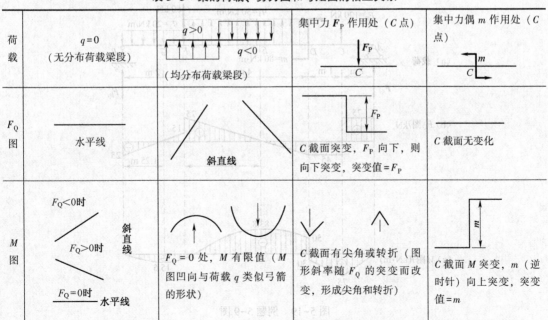

荷载	$q=0$（无分布荷载梁段）	$q>0$　$q<0$（均分布荷载梁段）	集中力 $\boldsymbol{F}_P$ 作用处（C 点）F_P　C	集中力偶 m 作用处（C 点）m　C
F_Q 图	水平线	斜直线	F_P　C 截面突变，F_P 向下，则向下突变，突变值 $=F_P$	C 截面无变化
M 图	$F_Q<0$时　$F_Q>0$时　斜直线　$F_Q=0$时　水平线	$F_Q=0$ 处，M 有限值（M 图凹向与荷载 q 类似弓箭的形状）	C 截面有尖角或转折（图形斜率随 F_Q 的突变而改变，形成尖角和转折）	m　C 截面 M 突变，m（逆时针）向上突变，突变值 $=m$

续表

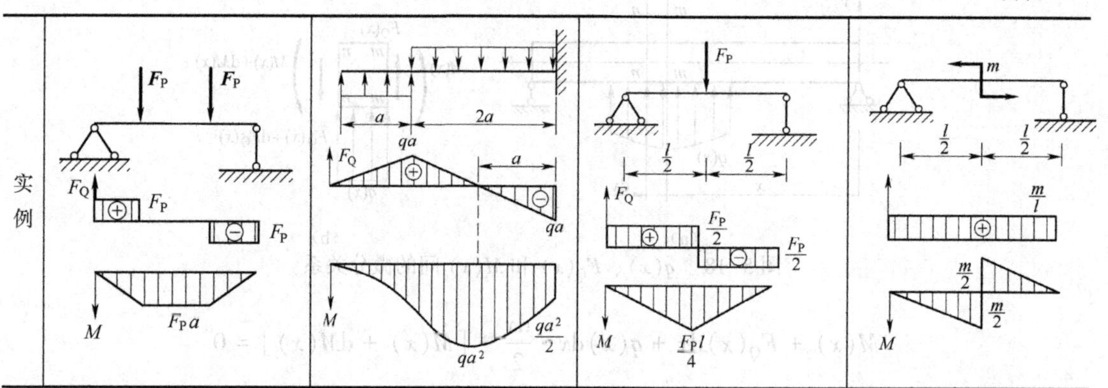

【例题 5-9】 梁的荷载及剪力图、弯矩图如图 5-19 所示，试用微分关系校核其正确性。

解 （1）由平衡方程求反力得 $F_{Ay}=75\ \text{kN}$，$F_{By}=25\ \text{kN}$。

（2）列表校核如下：

$$M_E = 4.5F_{By} - 2q_2 \times 3.5 + 2.5q_1 \times \frac{2.5}{2}$$

$$= 4.5 \times 25 - 2 \times 20 \times 3.5 - 60 \times 2.5 + 30 \times \frac{2.5^2}{2}$$

$$= -83.8\ \text{kN} \cdot \text{m}$$

表中弯矩为 $M_G = 1.25F_{By} - \dfrac{q_2 \times 1.25^2}{2} = 1.25 \times 25 - \dfrac{20}{2} \times 1.25^2$

$= 15.6\ \text{kN} \cdot \text{m}$（看右脱离体）

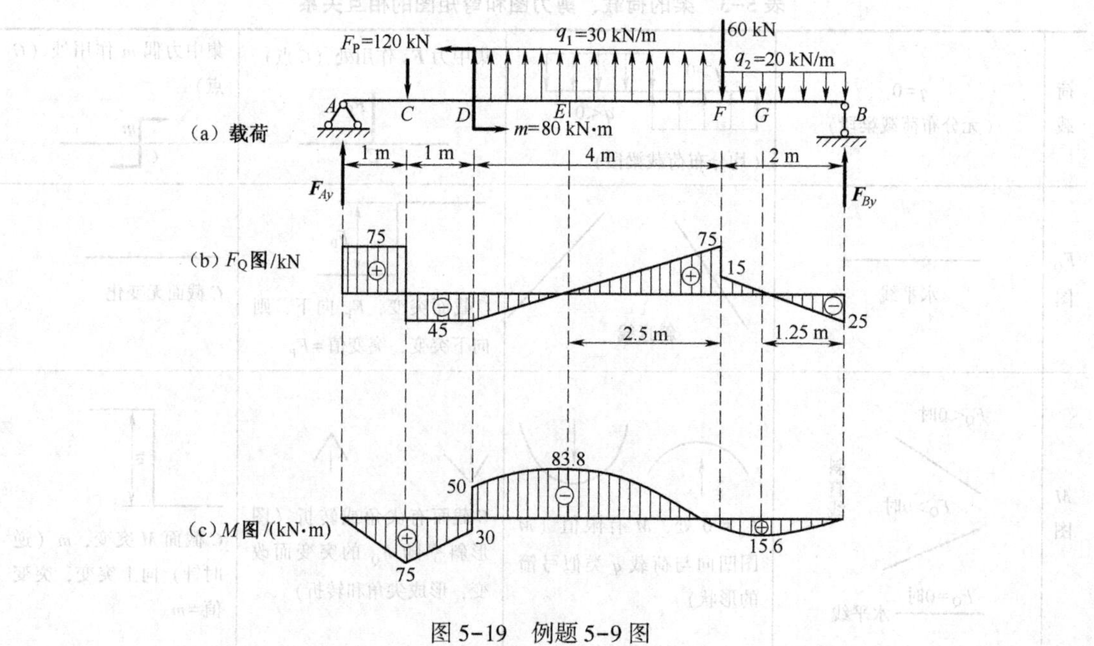

图 5-19 例题 5-9 图

各截面的内力变化均与表 5-4 相符，所作 F_Q图、M 图正确。

表 5-4　例题 5-9 表

梁段或截面	AC	C	CD	D	DF	FB
荷载	$q=0$	$F_{P1}=120$ kN↓	$q=0$	$m=80$ kN·m	$q_1=30$ kN/m↑	$q_2=20$ kN/m↓
F_Q图	$F_Q=75$ kN 水平线 —	向下突变 120 kN $F_{QC}^{右}=75-120=-45$ kN	$F_Q=-45$ kN —	无变化	斜直线 $F_Q=0$ 处 E 点	斜直线 $F_Q=0$ 处 G 点
M 图	斜直线	斜率有改变 有尖点 ↓ $M_C=75$ kN·m	斜直线	有突变↑ 突变值=80 kN	E 点有极值 $M_E=83.8$ kN·m	G 处有极值 $M_G=15.6$ kN·m

由式（5-3）可得，在 $x=a$ 和 $x=b$ 处两截面间的积分为 $\int_a^b \mathrm{d}F_Q(x)=\int_a^b q(x)\mathrm{d}x$，也可写成

$$F_Q(b)-F_Q(a)=\int_a^b q(x)\mathrm{d}x \tag{5-6}$$

同理，由式（5-4）可得

$$M(b)-M(a)=\int_a^b F_Q(x)\mathrm{d}x \tag{5-7}$$

式（5-6）和式（5-7）表示荷载集度 $q(x)$、剪力 $F_Q(x)$ 和弯矩 $M(x)$ 间的积分关系。式（5-6）和式（5-7）分别说明以下两点。

（1）剪力图上任意二截面的剪力差值（或改变）等于此二截面间的分布荷载图的面积。

（2）弯矩图上任意二截面的弯矩差值（或改变）等于此二截面间剪力图的面积。

运用上述积分关系时需注意：a、b 之间不能有集中力或集中力偶，此外图中面积有正负之分。

综合运用上面介绍的微分关系和积分关系，除了可校核剪力图和弯矩图的正确性之外，还可更简捷地绘制剪力图和弯矩图，并可从荷载图、剪力图、弯矩图中的任一个图直接画出其他的两个图。

【例题 5-10】 试作图 5-20（a）所示悬臂梁的剪力图和弯矩图。

解　此题无须求支座约束反力。

（1）建立坐标系。

建立 F_Q-x 和 $M-x$ 坐标系，分别如图 5-20（b）、（c）所示。

（2）确定控制面及剪力、弯矩、根据微分关系连图线，见表 5-5。

$A_{右}$表示 A 的右截面，$B_{左}$表示 B 的左截面，下同。

（3）M 图的极值。

由梁 BC 的 D 截面有 $F_{QD}=0$，可见 M 曲线在该处存在极值，由图 5-20（b）可知 $x_D=2a$，可得 D 截面的 $M=q\cdot a\left(x_D-\dfrac{a}{2}\right)-\dfrac{q}{2}a\cdot a=\dfrac{qa^2}{2}$。

表 5-5 例题 5-10 中 F_Q、M 值列表

梁段	AB		BC	
截面	$A_右$	$B_左$	$B_右$	$C_左$
剪力	0	qa	qa	$-2qa$
荷载集度	$q>0$		$q<0$	
剪力图	/		\	
弯矩图	⌒		⌣	

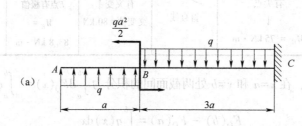

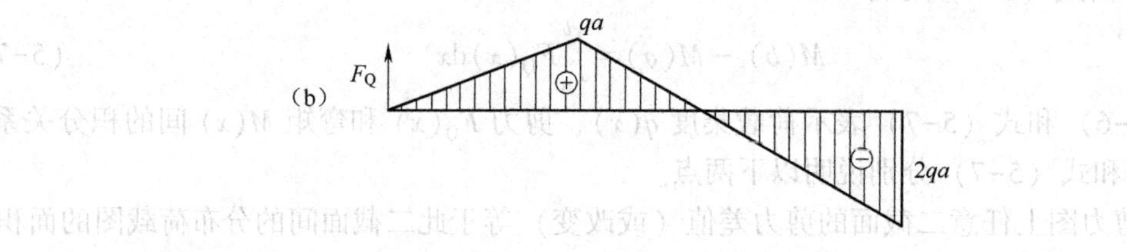

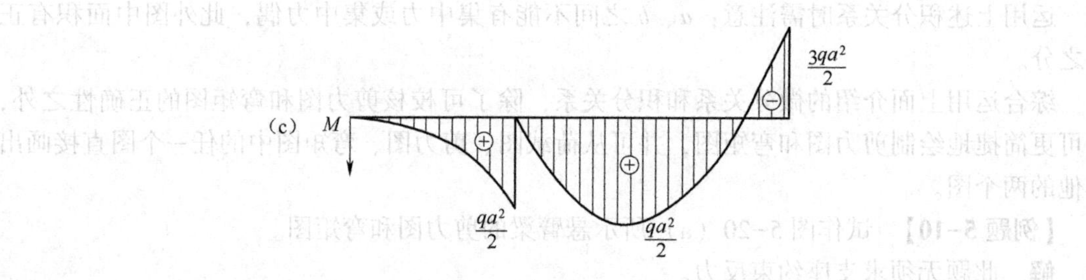

图 5-20 例题 5-10 图

【例题 5-11】 三支座梁如图 5-21（a）所示，B 处为铰接，BD 段受均布荷载 q 作用，试作梁的剪力图和弯矩图。

解 在中间铰处 $F_Q \neq 0$，$M=0$，故在中间铰处将梁分解为两个梁，如图 5-21（b）所示。对于 BD 梁，支反力 $F_{By}=F_{Dy}=qa$，对于 AB 梁，B 点受力为 $\boldsymbol{F}'_{By}$。$\boldsymbol{F}'_{By}$ 力必与 $\boldsymbol{F}_{By}$ 力等值反向，可分别作出 AB 及 BD 梁的剪力图与弯矩图，最后将两梁的剪力图和弯矩图衔接起来，即为原来梁的剪力图及弯矩图，见图 5-21（c）、（d）。

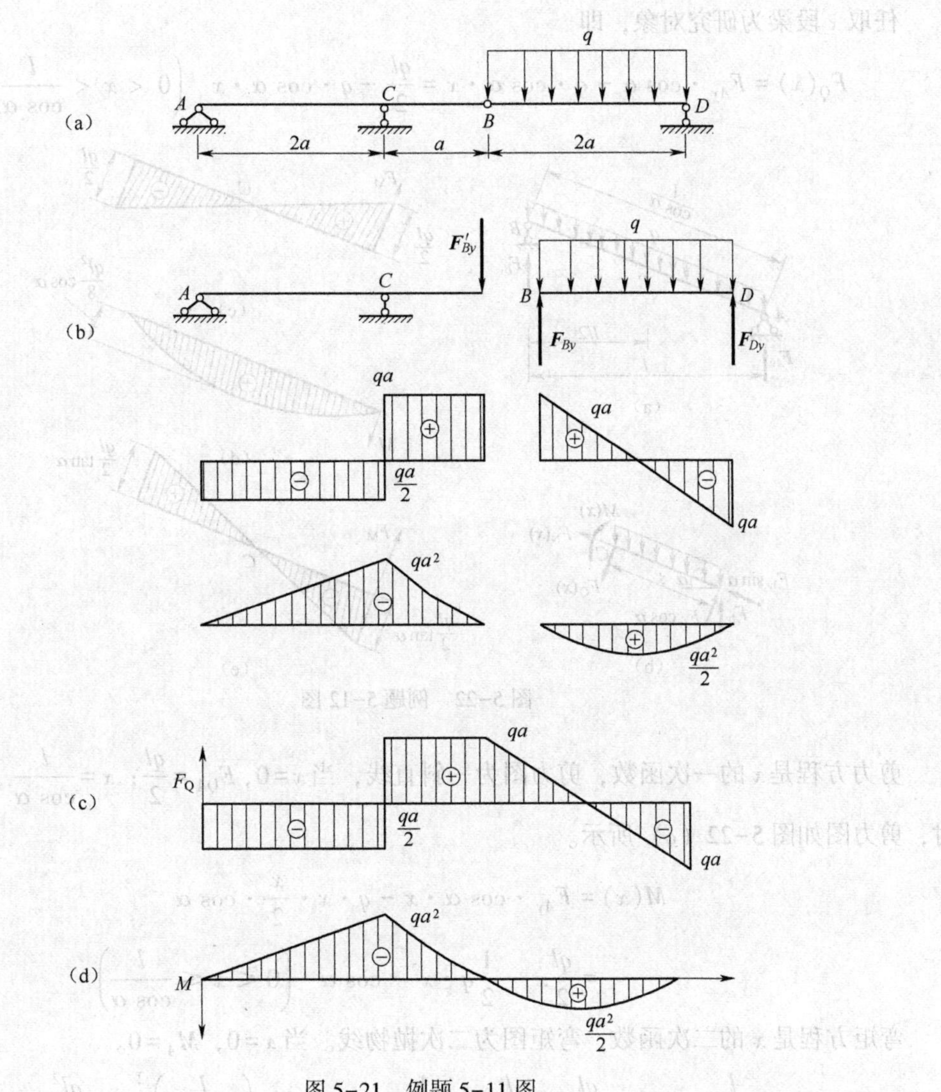

图 5-21　例题 5-11 图

【例题 5-12】　图 5-22（a）为一简支楼梯斜梁，沿斜梁方向每米长度上的荷载为 q，试作梁的内力图（F_Q、M、F_N）。

解

（1）约束反力。

$$\sum M_B = 0 \text{ , } -F_{Ay} \cdot l + q \cdot \frac{l}{\cos \alpha} \cdot \frac{l}{2} = 0$$

$$\sum M_A = 0 \text{ , } F_{By} \cdot l - q \cdot \frac{l}{\cos \alpha} \cdot \frac{l}{2} = 0$$

得
$$F_{Ay} = F_{By} = \frac{ql}{2\cos \alpha} (\uparrow)$$

（2）建立图 5-22（b）所示坐标系。

（3）列剪力方程、弯矩方程和轴力方程。

任取 x 段梁为研究对象，即

$$F_Q(x)=F_{Ay}\cdot\cos\alpha-q\cdot\cos\alpha\cdot x=\frac{ql}{2}-q\cdot\cos\alpha\cdot x\quad\left(0<x<\frac{l}{\cos\alpha}\right)$$

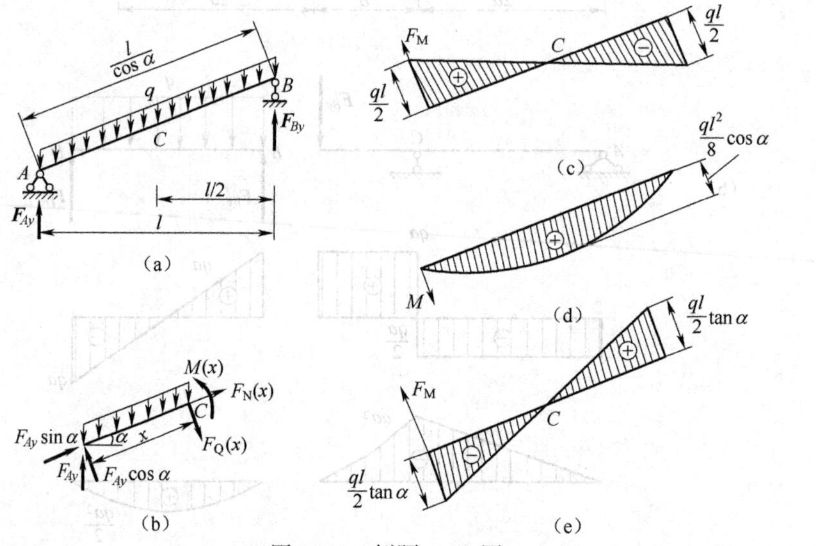

图 5-22 例题 5-12 图

剪力方程是 x 的一次函数，剪力图为一斜直线，当 $x=0$，$F_{QA}=\dfrac{ql}{2}$；$x=\dfrac{l}{\cos\alpha}$，$F_{QB}=-\dfrac{ql}{2}$ 时，剪力图如图 5-22（c）所示。

$$M(x)=F_{Ay}\cdot\cos\alpha\cdot x-q\cdot x\cdot\frac{x}{2}\cdot\cos\alpha$$

$$=\frac{ql}{2}x-\frac{1}{2}q\cdot x^2\cdot\cos\alpha\quad\left(0\leqslant x\leqslant\frac{l}{\cos\alpha}\right)$$

弯矩方程是 x 的二次函数，弯矩图为二次抛物线。当 $x=0$，$M_A=0$。

$$x=\frac{l}{2\cos\alpha},\ M_C=\frac{ql}{2}\cdot\frac{l}{2\cos\alpha}-\frac{1}{2}\cdot q\cdot\cos\alpha\cdot\left(\frac{l}{2\cos\alpha}\right)^2=\frac{ql^2}{8\cos\alpha}$$

$$x=\frac{l}{\cos\alpha},\ M_B=0$$

弯矩图如图 5-22（d）所示。

$$F_N(x)+F_{Ay}\cdot\sin\alpha-q\cdot\sin\alpha\cdot x=0$$

$$F_N(x)=q\cdot x\sin\alpha-\frac{ql}{2}\tan\alpha\quad\left(0<x<\frac{l}{\cos\alpha}\right)$$

轴力方程是 x 的一次函数，故轴力图为斜直线。

$$x=0,\ F_{NA}=\frac{-ql}{2}\tan\alpha$$

$$x=\frac{l}{\cos\alpha},\ F_{NB}=\frac{ql}{2}\tan\alpha$$

轴力图如图 5-22（e）所示。

必须指出，作梁的剪力图、弯矩图方法有多种，如分段列出内力方程，根据方程作图；用积分关系作图；直接用微分关系作剪力图和弯矩图等。后两种方法是作梁的内力图的简捷快速的方法。用微分关系作内力图的步骤是：第一步，求反力；第二步，分段求各段控制截面的内力值；第三步，按微分关系分析各段在荷载作用下内力图的形状，并将控制截面内力绘成曲线。

【例题 5-13】 图 5-23（a）为梁剪力图，试求此梁的荷载图与弯矩图（已知梁上无集中力偶）。

解 （1）求荷载图。

由 $F_{QA}=-50$ kN 知梁在 A 处有一向下集中力为 50 kN，B 截面两侧剪力由 -50 kN 突变到 50 kN，故梁在 B 截面必有一向上荷载 100 kN。

AB 段、BC 段 F_Q图为水平线，故两段分布荷载作用，$q=0$。CE 段为右下斜直线，斜率为常量，故梁上必有向下的均布荷载，荷载集度大小等于剪力图的斜率，即

$$q=\frac{50}{2}=25\ \mathrm{kN/m}$$

E 截面的剪力图由 -50 kN 变到 0，故梁上必有向上的集中力 50 kN。根据以上分析结果，可画出梁的荷载图如图 5-23（b）所示。

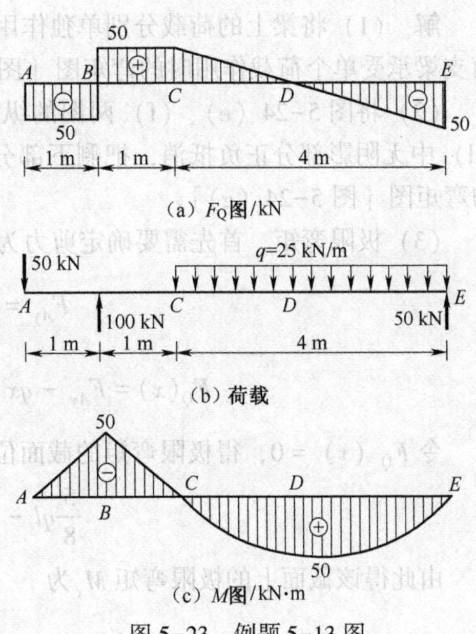

图 5-23　例题 5-13 图

（2）求弯矩图。

AB 段：F_Q为负值，且为水平线，故 M 为一向上斜直线。$M_A=0$，M_B的大小等于 AB 间剪力图面积，即

$$M_B=-50\times1=-50\ \mathrm{kN\cdot m}$$

BC 段：F_Q为正值，且为水平线，故 M 为一向下的斜直线。

$$M_C=M_B-\int_a^b F_Q(x)\,\mathrm{d}x=-50+50\times1=0$$

CE 段：$q<0$，M 为一下凸曲线。$q=-25$ kN/m，D 点 $F_{QD}=0$，M 有极值。

$$M_D=M_C+\frac{1}{2}(50\times2)=0+50=50\ \mathrm{kN\cdot m}$$

E 端铰处无集中力偶，$M_A=0$。

根据上述分析，画出梁的弯矩图，如图 5-23（c）所示。

5.2.4　按叠加原理作剪力图和弯矩图

上述剪力方程和弯矩方程表明，剪力和弯矩均为荷载的线性函数，因此画剪力图和弯矩图均可应用叠加原理（superposition principle）。叠加原理是指，结构在几个外界因素（如多种荷载、温度等）共同作用下产生的某种效应（如内力、应力、约束反力和位移）的值，

等于各个外界因素分别单独作用于结构时所产生的该种效应值的代数和。

由于剪力图比较简单，不再赘述，这里主要介绍用叠加原理作弯矩图，即在梁上同时作用若干荷载时产生的弯矩，等于各荷载单独作用时所产生弯矩的代数和。

【例题 5-14】　试按叠加原理作图 5-24（a）所示简支梁的弯矩图，设 $m=\frac{ql^2}{8}$，求梁的极限弯矩和最大弯矩。

解　（1）将梁上的荷载分别单独作用于简支梁［图 5-24（b）、（c）］上，并分别画出简支梁承受单个荷载作用时的弯矩图［图 5-24（e）、（f）］。

（2）将图 5-24（e）、（f）两图的纵坐标叠加，并把它们画在 x 轴的同一侧，图 5-24（d）中无阴影部分正负抵消，把剩下部分改画为以水平直线为基线的图形，则为原简支梁的弯矩图［图 5-24（g）］。

（3）极限弯矩，首先需要确定剪力为零的截面位置，还应先求出约束反力。

$$F_{Ay}=\frac{m}{l}+\frac{ql}{2}=\frac{5}{8}ql$$

$$F_Q(x)=F_{Ay}-qx=\frac{5}{8}ql-qx\quad(0<x<l)$$

令 $F_Q(x)=0$，得极限弯矩的截面位置距支座 A 的距离 x 为

$$\frac{5}{8}ql-qx=0\ ,\ x=\frac{5}{8}l$$

由此得该截面上的极限弯矩 M_x 为

$$M_x=F_{Ay}x-m-\frac{1}{2}qx^2=\frac{9}{128}ql^2$$

梁 A 端截面上的弯矩 $M_A=-m=-\frac{ql^2}{8}$，其数值大于极限弯矩，故全梁的最大弯矩为 $|M_{\max}|=|M_A|=\frac{ql^2}{8}$。

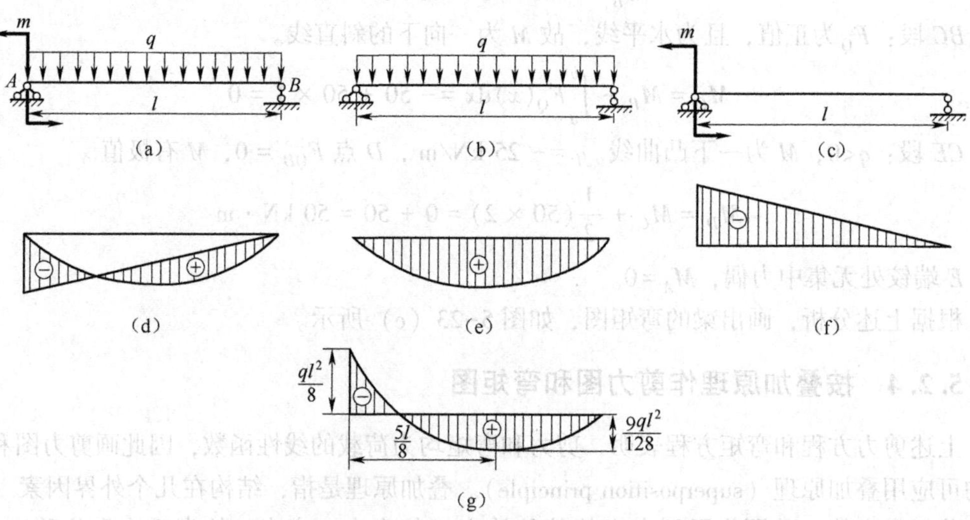

图 5-24　例题 5-14 图

所以梁的极限弯矩不一定是全梁的最大弯矩。

利用叠加法应该注意的是，截面的内力是以纵坐标来度量的，所谓内力图的叠加是指内力图纵坐标的代数相加。其次，应用叠加法的原则必须是使计算简单，每个计算简图都可不求约束反力，而直接画出内力图，再进行叠加。

5.3 平面刚架的弯曲内力

刚架是将若干个杆件通过刚节点连接而成的结构，刚节点是指各个杆件在此节点上连成一整体，各杆的杆端之间既不能互相转动，也不能互相移动。因此，当杆件发生弯曲变形时，在刚节点处各杆端之间的夹角仍保持不变。

求刚架的内力，仍需采用截面法。一般情况下，刚架横截面上的内力有轴力、剪力和弯矩。弯矩图画在受拉一侧。剪力图和轴力图可画在杆的任意一侧，但需注明正负号。

【例题 5-15】 试作如图 5-25（a）所示刚架的内力图。

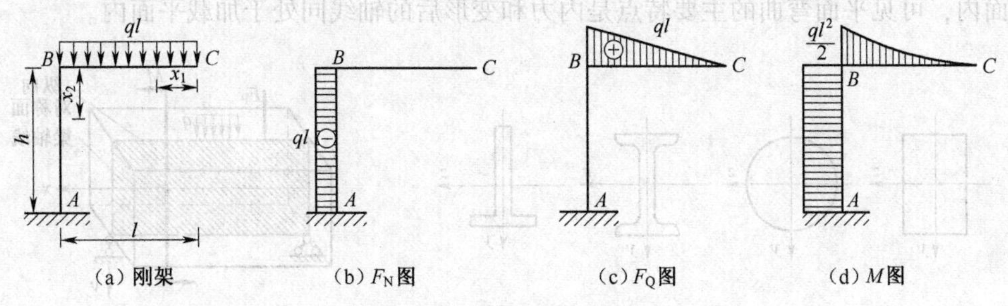

（a）刚架　（b）F_N图　（c）F_Q图　（d）M图

图 5-25　例题 5-15 图

解　由于 C 端为自由端，可由自由端截取梁段研究，故不必求约束反力。

（1）分段列内力方程。

BC 段：$F_N(x_1)=0\ (0\leqslant x_1\leqslant l)$

$F_Q(x_1)=qx_1\ (0\leqslant x_1<l)$

$M(x_1)=\dfrac{1}{2}qx_1^2\ (0\leqslant x_1<l)$

AB 段：$F_N(x_2)=-ql\ (0<x_2<h)$

$F_Q(x_2)=0\ (0\leqslant x_2\leqslant h)$

$M(x_2)=-\dfrac{1}{2}ql^2\ (0<x_2<h)$

（2）画内力图。

F_N图：BC 段轴力为零，AB 段轴力为受压常量，如图 5-25（b）所示。

F_Q图：BC 段为斜直线，$F_{QC}=0$，$F_{QB}=ql$。

AB 段剪力为零。如图 5-25（c）所示。

M 图：BC 段为二次抛物线，$M_C=0$，$M_B=\dfrac{ql^2}{2}$。

AB 段弯矩为常量，如图 5-25（d）所示。

5.4 梁的正应力分析

5.4.1 概述

上几节我们已经掌握了梁横截面上剪力 $\boldsymbol{F}_Q$ 和弯矩 M 的计算方法。实际上梁上剪力及弯矩分别是梁横截面上切向剪应力 $\boldsymbol{\tau}$ 和法向正应力 $\boldsymbol{\sigma}$ 的合力。而梁的强度破坏是由应力过大导致的，因此为了进行梁的截面设计和强度校核必须研究梁横截面上的应力。

1. 平面弯曲及其内力和变形的特点

工程中大多数的梁，横截面都具有竖向对称轴［图 5-26（a）］，所有横截面的竖向对称轴形成一纵向对称面［图 5-26（b）］，如果梁上所有外力都作用在包含梁轴线的纵向对称面内，则梁变形后的轴线（挠曲线）仍在此纵向对称平面内，称为平面弯曲（plane bending）或确切地说为对称弯曲（symmetric bending）。并且梁的剪力和弯矩也作用在此纵向对称平面内，可见平面弯曲的主要特点是内力和变形后的轴线同处于加载平面内。

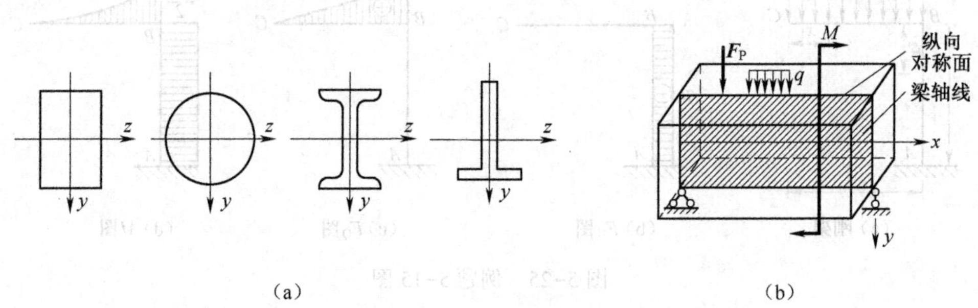

图 5-26　平面弯曲

2. 纯弯曲和横弯曲

平面弯曲时，如果梁的横截面上只有弯矩而没有剪力，这种弯曲称为纯弯曲（pure bending）；如果梁横截面上既有弯矩，又有剪力，则这种弯曲称为横向弯曲，简称横弯曲（transverse bending）。如图 5-27（c）、（d）所示的梁，CD 段是纯弯曲，而 AC 段和 DB 段则是横弯曲。显然，在纯弯曲时，梁的横截面上只有正应力，而横弯曲时，梁横截面上既有正应力，又有剪应力。

3. 纯弯曲时梁的变形

考察图 5-27（e）所示的一段纯弯曲梁的变形，预先在梁的表面画上垂直于轴线和平行于轴线的直线。当梁变形后，可观察到横线变成了圆弧线，纵线仍保持直线，只是相对转过了一个角度，但仍与横线正交。上部的横线缩短，下部的横线伸长，而中间的一条横线长度不变，如图 5-27（f）所示。

4. 中性层与中性轴

如果将梁看成由许多纵向纤维组成的，梁中必然存在着这样一层纤维，它们既不伸长，也不缩短，梁中的这一层纤维称为梁的中性层（neutral surface）。中性层与梁横截面的交线称为该截面的中性轴（neutral axis）。梁的横截面上，中性轴两侧分别承受拉应力和压应力。而中性轴上各点则不受力。需要注意的是，中性层是对整个梁讲的，而中性轴则是就梁的某

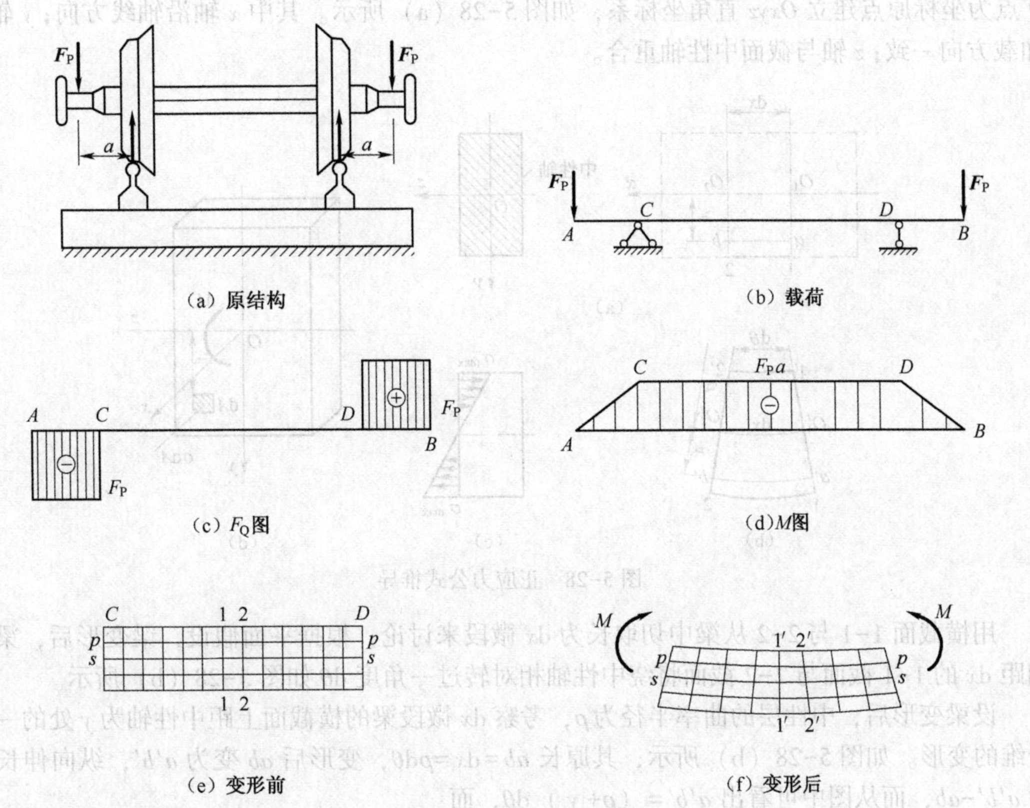

图 5-27　火车轴的内力图

个横截面而言的。在平面弯曲中，中性层和中性轴都垂直于加载方向。

5. 平面假设

根据上述梁表面的变形情况，做出如下假设。

(1) 纵向纤维间互不挤压，即假设纵向纤维之间无挤压应力。

(2) 平面假设，即假设梁的横截面在变形前是平面，变形后仍然是平面，只是绕其中性轴转动了一角度。这一假设对纯弯曲梁是完全正确的。对于横弯曲梁，由于截面上有非均匀分布剪应力的存在，截面将发生翘曲，但这种翘曲对正应力的影响极小。因此，上述假设仍成立，只是有一定的近似性。

此外，对于材料的力学性能还需做以下两条假设，以使应力分析过程简化。

(1) 材料的应力—应变关系是线弹性的。

(2) 材料在拉伸和压缩时有相同的弹性模量。

5.4.2　纯弯曲时梁的正应力分析

梁纯弯曲时的正应力分析与圆轴扭转时的应力分析相似，具有超静定的性质。因此，必须应用几何、物理和静力学三方面的条件综合分析。

1. 几何方面

由于梁的横截面保持平面，所以横截面上同一高度上的纤维具有相同的变形，处于不同高度的纤维的变形保持线性关系。为了确定变形沿高度方向分布的数学表达式，以截面上的

O 点为坐标原点建立 $Oxyz$ 直角坐标系，如图 5-28（a）所示。其中 x 轴沿轴线方向；y 轴与加载方向一致；z 轴与截面中性轴重合。

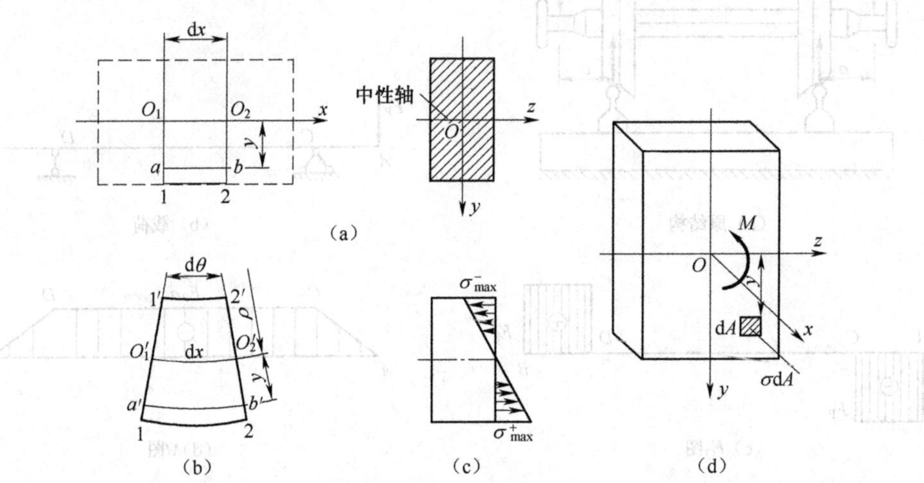

图 5-28　正应力公式推导

用横截面 1-1 与 2-2 从梁中切取长为 dx 微段来讨论，根据平面假设，梁变形后，梁上相距 dx 的 1-1 截面与 2-2 截面将绕中性轴相对转过一角度 dθ 如图 5-28（b）所示。

设梁变形后，中性层的曲率半径为ρ，考察 dx 微段梁的横截面上距中性轴为 y 处的一层纤维的变形。如图 5-28（b）所示，其原长 $ab=\mathrm{d}x=\rho\mathrm{d}\theta$，变形后 ab 变为 $a'b'$，纵向伸长量为 $a'b'-ab$，而从图中可看出 $a'b'=(\rho+y)\mathrm{d}\theta$，而

$$a'b'-ab=y\mathrm{d}\theta$$

则纵线 ab 的线应变为

$$\varepsilon=\frac{a'b'-ab}{ab}=\frac{y\mathrm{d}\theta}{\mathrm{d}x}=\frac{y}{\rho} \tag{5-8}$$

这就是梁弯曲时，线应变沿横截面高度方向分布表达式。其中：

$$\frac{1}{\rho}=\frac{\mathrm{d}\theta}{\mathrm{d}x} \tag{5-9}$$

式中 ρ 对于确定的横截面是一常量。所以该方程表明：线应变沿高度成线性分布，在中性轴上线应变为零，在中性轴两侧分别为拉应变和压应变。

2. 物理方面

对于线弹性材料，若在弹性范围内加载，则根据单向拉（压）胡克定律

$$\sigma=E\varepsilon$$

将式（5-8）代入得到

$$\sigma=\frac{E}{\rho}y \tag{5-10}$$

这是纯弯曲时的物理方程，其中 E、ρ 均为常数。该方程表明，纯弯曲时，梁的横截面上正应力沿截面高度线性分布，在中性轴上应力为零，距中性轴最远处的横截面边缘各点，分别有最大拉力和最大压应力。其沿高度方向的分布如图 5-28（c）所示。

3. 静力学方面

公式（5-10）表明了梁横截面上正应力的分布规律，但要计算横截面上的正应力，还

必须知道曲率半径 ρ 的大小和中性轴的位置。这些都需要运用静力平衡条件求得。

在横截面上任取微面积 dA，如图 5-28（d）所示，其形心坐标为（y, z），微面积上的法向微内力的大小为 σdA。所有法向微内力组成了一个空间平行力系。该力系向图 5-28（d）的原点简化，只能有三个内力分量。

根据平衡条件，纯弯曲时，横截面上只有一个位于 xOy 平面内的内力弯矩（M），而没有轴力。于是有

$$F_{\mathrm{N}}=\int_A \sigma \mathrm{d}A=0 \tag{a}$$

$$M_z=\int_A y\sigma \mathrm{d}A=M \tag{b}$$

$$M_y=\int_A z\sigma \mathrm{d}A=0 \tag{c}$$

将式（5-10）代入式（a），并依据静矩的定义得

$$\frac{E}{\rho}\int_A y\mathrm{d}A=\frac{E}{\rho}S_z=0$$

其中$\frac{E}{\rho}$不可能为零，故只有积分表达式为零（$S_z=0$）。该积分就是截面对于 z 轴的静矩。这一结果表明 z 轴通过截面形心，即中性轴通过截面形心。

将式（5-10）代入式（b），注意到 E、ρ 对于确定的截面为常量，得到

$$\frac{E}{\rho}\int_A y^2\mathrm{d}A=M_z=M$$

其中，$\int_A y^2\mathrm{d}A=I_z$，为截面对于 z 轴的惯性矩，上式写成

$$\frac{1}{\rho}=\frac{M}{EI_z} \tag{5-11}$$

这是纯弯曲时，梁轴线的变形公式。其中 EI_z 称为梁的弯曲刚度（flexural rigidity）。将式（5-11）代入式（5-10），得到纯弯曲时正应力的表达式

$$\sigma=\frac{M}{I_z}y \tag{5-12}$$

式（5-11）、式（5-12）是梁弯曲情况下的两个基本公式，前者描述了梁弯曲后的变形，后者描述了弯曲后梁横截面上的应力分布及各点应力的大小。

将式（5-10）代入式（c）得到：$\frac{E}{\rho}\int_A yz\mathrm{d}A=0$

同样$\frac{E}{\rho}$不可能为零，所以要求式中的积分表达式为零。根据惯性积的定义有

$$I_{yz}=\int_A yz\mathrm{d}A=0 \tag{d}$$

这一结论说明：y、z 这对轴为截面过 C 点的主轴。前面已经证明了 z 轴通过截面形心，所以，y、z 轴为截面的一对形心主轴。这里研究的是对称弯曲，y 轴为横截面的对称轴，所以 I_{yz} 必然等于零，式（d）自然满足。

4. 最大弯曲正应力

由式（5-12）可知，在 $y=y_{\max}$ 即横截面上离中性轴最远的各点处，弯曲正应力最大，其值为

$$\sigma_{\max} = \frac{My_{\max}}{I_z} = \frac{M}{\dfrac{I_z}{y_{\max}}}$$

式中，比值 $\dfrac{I_z}{y_{\max}}$ 仅与截面的形状与尺寸有关，称为抗弯截面模量（section modulus in bending），并用 W_z 表示，即

$$W_z = \frac{I_z}{y_{\max}} \tag{5-13}$$

于是，最大弯曲正应力即为

$$\sigma_{\max} = \frac{M}{W_z} \tag{5-14}$$

可见，最大弯曲正应力与弯矩成正比，与抗弯截面模量成反比。抗弯截面模量 W_z 综合地反映了横截面的形状与尺寸对弯曲正应力的影响。

由式（5-13）和附录 B 可知，矩形与圆形截面［图 5-29（a）、(b)］的抗弯截面模量分别为

$$W_z = \frac{bh^2}{6}$$

$$W_z = \frac{\pi d^3}{32}$$

而空心圆截面［图 5-29（c）］的抗弯截面模量则为

$$W_z = \frac{\pi D^3}{32}(1 - a^4)$$

式中，$a = \dfrac{d}{D}$，代表内、外径的比值（也称空心比）。

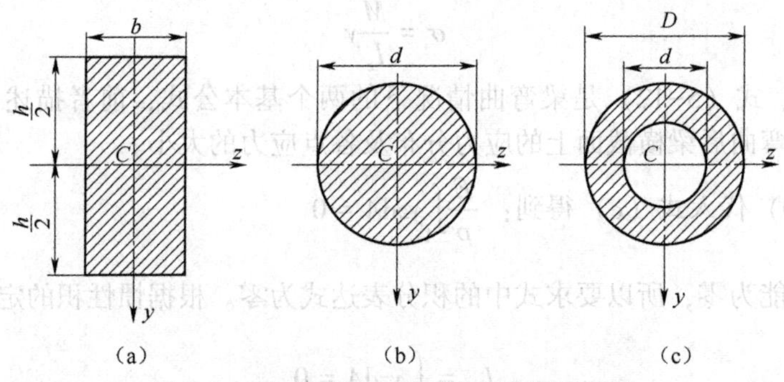

图 5-29　矩形截面、圆形截面和圆环截面

另外有些梁横截面的中性轴不具有对称性，则截面上最大拉应力 $\sigma^+_{\max}$ 与最大压应力 $\sigma^-_{\max}$ 的数值并不相等，这时可以将距中性轴上、下最远的距离 $y^+_{\max}$ 和 $y^-_{\max}$ 分别代入公式 (5-12) 中，以计算出截面下边缘处的最大拉应力 $\sigma^+_{\max}$ 和上边缘处的最大压应力 $\sigma^-_{\max}$。

$$\sigma^+_{\max} = \frac{My^+_{\max}}{I_z}$$

$$\sigma_{max}^{-} = \frac{My_{max}^{-}}{I_z}$$

至于各种型钢截面的惯性矩和抗弯截面模量，可以从型钢表中直接查得。

5.4.3 纯弯曲正应力公式和变形公式的应用与推广

5.4.2 小节所得到的式（5-11）和式（5-12），是计算纯弯曲时正应力和变形的基本公式。二者都是在确定的条件下导出的，因此只能在确定的条件下应用，但是可以在一定的条件下加以推广。

1. 关于公式的应用

由于在推导公式的过程中有平面弯曲和线弹性的条件限制，因此，在应用公式时不能超出这些条件。根据 5.4.2 节的分析，无论是对称截面还是非对称截面，上述公式都可以应用，但是加载必须满足下列条件。

（1）对于有对称轴的实心截面，荷载必须作用在纵向对称平面内，并垂直于梁的轴线。

（2）对于非对称截面，荷载必须作用在梁的形心主轴平面内（或平行于梁的形心主轴方向的平面内），并垂直于梁的轴线。

2. 关于公式的推广

1）推广到横弯曲

横弯曲时，梁的横截面上既有弯矩，又有剪力，因而截面上同时存在着正应力和剪应力，而剪应力沿截面的高度非均匀分布，这样的剪应力将使截面产生翘曲变形，因而平面假设不再成立。所以，将纯弯曲应力和变形公式推广到横弯曲时，会带来一定的误差。但是，这种误差和梁截面的高度 h 与长度 l 的比值 h/l 成比例。所以，对于细长梁，其 h/l 值很小，采用纯弯曲公式所引起的误差便很小。弹性力学的精确计算结果表明，对于承受集中荷载的简支梁，当 $h/l<0.2$ 时，最大应力的误差小于 8%；当 $h/l=1$ 时，误差增加到 60%。对于承受均布荷载的简支梁，当 $h/l<0.2$ 时，误差小于 1%。

2）推广到具有初曲率的曲梁

对于具有初曲率的曲梁，平面假设依然成立。但是由于两相邻截面（均与曲梁轴线正交）间各层纤维的原长不等，因此，线性分布应变表达式（5-8）将不再成立。将直梁的应力和变形公式应用于曲梁时是有误差的。误差的大小和截面的高度与初曲率之比 h/ρ_0 有关。当这个比值远小于 1（一般认为 $h/\rho_0 \leqslant 0.2$）时，应用直梁公式计算的误差不超过 7%；当 $h/\rho_0=0.5$ 时，误差增加到 17%；当 $h/\rho_0=1$ 时，误差达到 52%。

此外，当 h/ρ_0 很小，而应用直梁的变形公式（5-11）时，公式应改为

$$\frac{1}{\rho} - \frac{1}{\rho_0} = \frac{M_z}{EI_z} \tag{5-15}$$

【例题 5-16】 简支梁如图 5-30 所示，$b=50$ mm，$h=100$ mm，$l=2$ m，$q=2$ kN/m，试求：（1）梁的截面竖着放，即荷载作用在沿 y 轴的对称平面内时，其最大正应力为多少？（2）如果平着放，其最大正应力为多少？（3）比较矩形截面竖着放和平着放的效果。

解 竖放和平放两种情况的最大弯矩 M_{max} 都发生在梁的中点，其值为

$$M_{max} = \frac{ql^2}{8} = \frac{2 \times 2^2}{8} = 1\ \text{kN} \cdot \text{m}$$

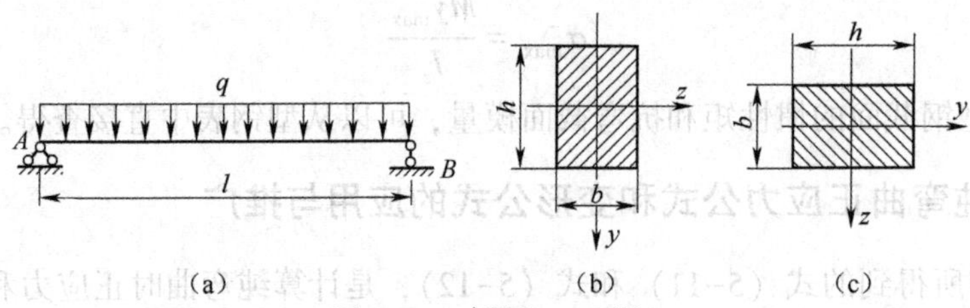

图 5-30　例题 5-16 图

由式（5-12），得　$\sigma_{\max}=\dfrac{M_{\max}y_{\max}}{I_z}$

如引用符号　$W_z=\dfrac{I_z}{y_{\max}}=\dfrac{1}{6}bh^2$

同理　$W_y=\dfrac{1}{6}hb^2$

（1）梁竖放时，中性轴为 z 轴。

$$W_z=\frac{bh^2}{6}=\frac{50\times10^{-3}\times(100\times10^{-3})^2}{6}=83.3\times10^{-6}\ \text{m}^3$$

$$\sigma_{\max1}=\frac{M_{\max}}{W_z}=\frac{1\times10^3}{83.3\times10^{-6}}=12\ \text{MPa}$$

应力分布如图 5-31（a）所示。

（2）梁平放时，中性轴为 y 轴。

$$W_y=\frac{hb^2}{6}=\frac{100\times10^{-3}\times(50\times10^{-3})^2}{6}=41.6\times10^{-6}\ \text{m}^3$$

$$\sigma_{\max2}=\frac{M_{\max}}{W_y}=\frac{1\times10^3}{41.6\times10^{-6}}=24\ \text{MPa}$$

应力分布如图 5-31（b）所示。

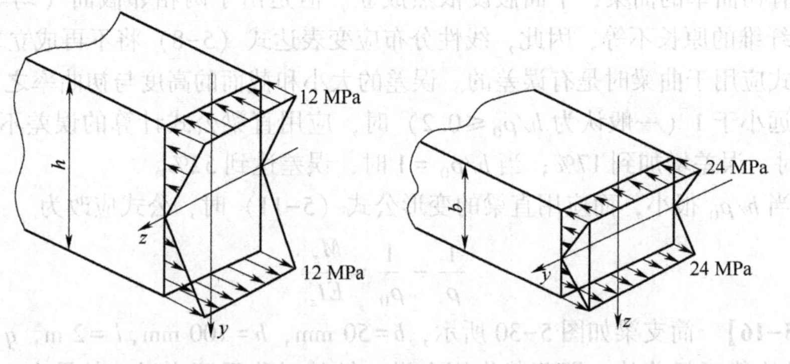

图 5-31　梁竖放与平放正应力的比较

（3）梁竖放和平放比较。

$$\frac{\sigma_{\max1}}{\sigma_{\max2}}=\frac{12}{24}=\frac{1}{2}$$

梁内最大正应力计算表明，同一根梁，竖放时应力为平放时的 1/2，从计算中可以看出，这与 W 有关

$$\frac{W_z}{W_y}=\frac{\dfrac{bh^2}{6}}{\dfrac{hb^2}{6}}=\frac{h}{b}$$

即矩形截面梁竖放时的 W 值为平放时的 h/b 倍，也即竖放比平放具有较高的抗弯强度，更加经济、合理。

* 5.5　横弯曲时的剪应力分析

考虑到纯弯曲时正应力公式在横弯曲中应用的近似性，同时对横截面上剪应力的分布规律做某些假定，这样，分析横弯曲的剪应力时不必采用分析弯曲正应力那样的方法，而只需应用平衡方法，从而使分析过程大为简化。现在按梁截面的形状分几种情况讨论弯曲剪应力。

5.5.1　矩形截面梁

对于弯曲剪应力，由于其在横截面上的分布情况比较复杂，故首先需根据截面形状对剪应力的分布做出假设。为此，从图 5-32（a）所示的矩形截面梁中取出一段梁来进行分析[图 5-32（b）]。

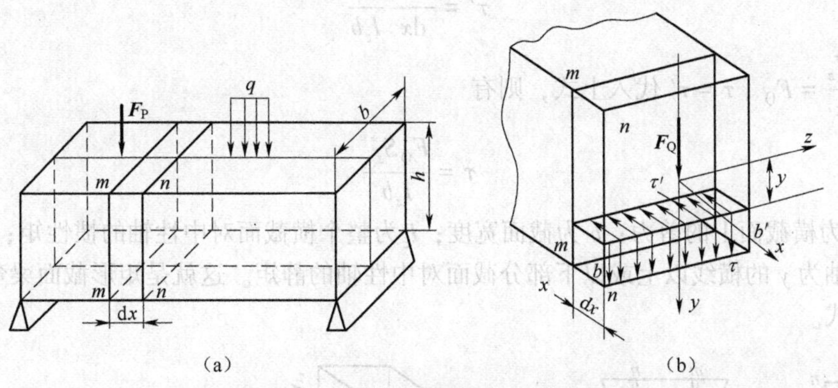

图 5-32　横弯曲时横截面上的剪应力

因梁的侧面上无剪应力，故由剪应力互等定理可知，在横截面两侧边缘处的各点剪应力方向与侧边平行。又由于剪力 $\boldsymbol{F}_Q$ 沿对称轴 y 作用，关于横截面上剪应力的分布规律可做出如下两个假设。

（1）横截面上各点的剪应力的方向都平行于剪力 $\boldsymbol{F}_Q$。

（2）剪应力沿截面宽度均匀分布。

在截面高度 h 大于宽度 b 的情况下，在上述假定基础上得到的解与精确解相比，具有足够的精度。按照这两个假设，在距中性轴为 y 的横线 bb' 上，各点的剪应力 τ 都相等，且都平行于 $\boldsymbol{F}_Q$。再由剪应力互等定理可知，在沿 bb' 切出的平行于中性层的纵截面上必有与剪

应力 τ 相等的 τ'存在［图 5-32（b)］，而且沿宽度 b 也是均匀分布的。

为了推导剪应力计算公式，首先用两截面 $m-m$ 和 $n-n$ 从图 5-32 所示梁中截取微段 dx［图 5-33（a)］，设两截面上的弯矩分别为 M_z和 M_z+dM_z（剪力则均为 $\boldsymbol{F}_Q$），其应力分布情况如图 5-33（b）所示。再以距中性层为 y 的水平纵向截面截取六面体［图 5-33（c)］来研究。则六面体左右两侧横截面上由正应力所组成的轴力分别为

$$F_{N1} = \int_A \sigma_1 dA = \frac{M_z}{I_z}\int_{A_1} y_1 dA = \frac{M_z}{I_z}S_z^*$$

$$F_{N2} = \int_A \sigma_2 dA = \frac{M_z + dM_z}{I_z}\int_{A_1} y_1 dA = \frac{M_z + dM_z}{I_z}S_z^*$$

式中：A_1为侧面 $a-m$ 的面积（两侧面相同）；S_z^* 是横截面的部分面积 A_1对中性轴的静矩，也就是距中性轴为 y 的横线 bb'以下的面积对中性轴的静矩。在顶面 $abb'a'$上，与顶面相切的内力系的合力是

$$F'_Q = \tau' b dx$$

由静力平衡条件 $\sum F_x = 0$，得

$$F_{N2} - F_{N1} - F'_Q = 0$$

即

$$\frac{M_z + dM_z}{I_z}S_z^* - \frac{M_z}{I_z}S_z^* - \tau' b dx = 0$$

化简后得

$$\tau' = \frac{dM_z}{dx}\frac{S_z^*}{I_z b}$$

以 $\frac{dM_z}{dx} = F_Q$，$\tau = \tau'$ 代入上式，则有

$$\tau = \frac{F_Q S_z^*}{I_z b} \tag{5-16}$$

式中：F_Q为横截面上的剪力；b 为截面宽度；I_z为整个横截面对中性轴的惯性矩；S_z^* 为截面上距中性轴为 y 的横线以上或以下部分截面对中性轴的静矩。这就是矩形截面梁弯曲剪应力的计算公式。

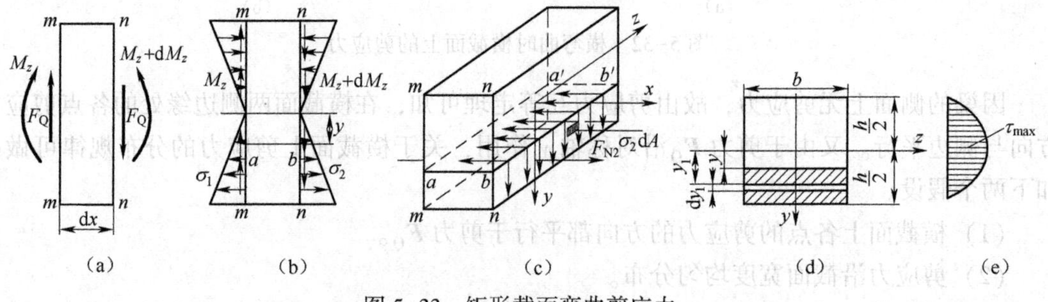

图 5-33 矩形截面弯曲剪应力

下面讨论剪应力沿截面高度的分布规律。对于矩形截面，可取 $dA = b dy_1$［图 5-33(d)］，于是

$$S_z^* = \int_{A_1} y_1 \mathrm{d}A = \int_{A_1} b y_1 \mathrm{d}y_1 = \frac{b}{2}\left(\frac{h^2}{4} - y^2\right)$$

这样式（5-16）可以写成

$$\tau = \frac{F_Q}{2I_z}\left(\frac{h^2}{4} - y^2\right)$$

式（5-16）表明，矩形截面梁的剪应力 $\boldsymbol{\tau}$ 沿截面高度按二次抛物线规律变化［图 5-33(e)］。当 $y=\pm h/2$ 时，即横截面上、下边缘处，剪应力为零；在越靠近中性轴处剪应力就越大，当 $y=0$ 时，即中性轴上各点处，剪应力达到最大值，且

$$\tau_{\max} = \frac{F_Q h^2}{8I_z}$$

如以 $I_z = \dfrac{bh^3}{12}$ 代入上式，即可得出

$$\tau_{\max} = \frac{3}{2} \cdot \frac{F_Q}{bh} \tag{5-17}$$

可见矩形截面梁横截面上的最大剪应力值为其平均剪应力的 1.5 倍。

5.5.2　圆形截面梁

对于圆形截面，如图 5-34 所示，由剪应力互等定理可知，截面边缘各点处，剪应力的方向必与圆周相切，因此，不能再假设截面上各点剪应力都平行于剪力 $\boldsymbol{F}_Q$。但圆截面的最大剪应力仍在中性轴上各点处，而在该轴（直径）两端的剪应力方向必平行于外力所作用的平面。所以假设在中性轴上各点的剪应力大小相等，且平行于外力所作用的平面。于是可用式（5-16）来计算最大剪应力。该式中的 b，此时为圆的直径 d，而 S_z^* 则为半圆面积对中性轴的静矩，从而得到

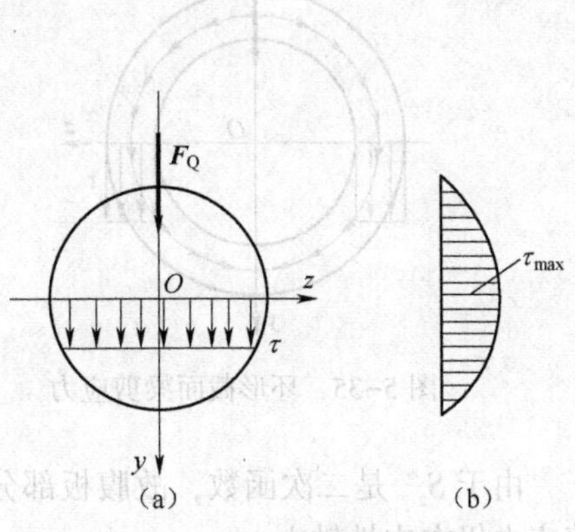

图 5-34　圆形截面梁剪应力

$$\tau_{\max} = \frac{F_Q S_{z\max}^*}{bI_z} = \frac{F_Q\left(\dfrac{d^3}{12}\right)}{d\left(\dfrac{\pi d^4}{64}\right)} = \frac{4}{3} \cdot \frac{F_Q}{A} \tag{5-18}$$

式中，$A = \dfrac{\pi d^2}{4}$，由此式可知，对圆形截面梁，其横截面上最大剪应力是平均剪应力的 1.33 倍。

5.5.3　环形截面梁

如图 5-35 所示，一段薄壁环形截面梁，壁厚为 t，平均半径为 R_0，由于 t 与 R_0 相比很小，故可假设：①截面上剪应力的大小沿壁厚无变化；②剪应力的方向与周边相切。对于这样的截面，其最大剪应力仍在中性轴上。式（5-16）中的 b，这里为 $2t$，而 S_z^* 则为半个圆

环的面积对中性轴的静矩。于是有

$$\tau_{\max} = \frac{F_Q S_z^*}{bI_z} = \frac{F_Q \cdot 2R_0^2 t}{2t \cdot \pi R_0^3 t} = \frac{2F_Q}{A} \tag{5-19}$$

式中，$A=2\pi R_0 t$，由此式可知，薄壁环形截面上的最大剪应力值为平均剪应力的 2 倍。

5.5.4 工字形截面梁

对于工字形截面，如图 5-36 所示，在腹板和翼缘上由于宽度相差很大，$S_z^*(y)$ 亦不相同，二者剪应力相差很大，计算结果表明，其剪应力主要分布在腹板上，由于腹板是狭长的矩形，故完全可以认为在腹板上任一点处剪应力的方向与腹板的竖边平行，如图 5-36 所示。于是由式（5-16）得

$$\tau = \frac{F_Q}{\dfrac{bI_z}{S_z^*}} \tag{5-20}$$

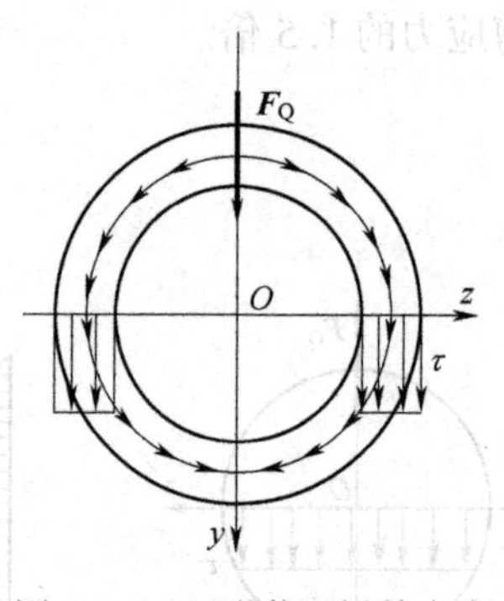

图 5-35 环形截面梁剪应力

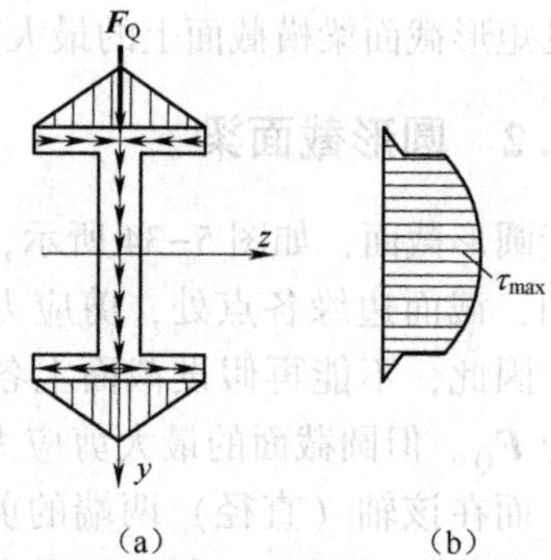

图 5-36 工字形截面梁剪应力

由于 S_z^* 是二次函数，故腹板部分的剪应力沿高度也是二次抛物线规律变化的。且最大剪应力仍在中性轴上。

至于截面的翼缘上，剪应力的分布情况则比较复杂，它除了平行于 y 轴的分布外，还有与翼缘长边平行的剪应力分量。但是由于翼缘上的最大剪应力远小于腹板上的最大剪应力，所以通常并不计算它。

5.6 弯曲强度计算

一般情况下，梁各个截面上的弯矩和剪力是不相等的，有可能在一个或几个截面上出现弯矩最大值或剪力最大值，也可能在同一截面上二者的数值都比较大。这些截面称为危险截面。进行强度计算时，必须首先根据弯矩图、剪力图，判断内力大的危险截面。同时还要考虑到截面尺寸的变化情况，以及材料的力学性能两个方面，找到其他可能的危险截面。另一方面，梁的横截面上，既有正应力，又有剪应力，而且二者都是非均匀分布的，于是梁内可能存在三类危险点：正应力最大的点；剪应力最大的点；正应力和剪应力都比较大的点。因此，在进行强度计算时，对于不同类型的危险点必须采用相应的强度条件。

5.6.1　弯曲正应力强度条件

最大弯曲正应力发生在横截面上离中性轴最远的各点处，而该处的剪应力一般为零或很小，因而最大弯曲正应力作用点可看成处于单向受力状态，所以，弯曲正应力强度条件为

$$\sigma_{max} = \left(\frac{M}{W_z}\right)_{max} \leqslant [\sigma] \tag{5-21}$$

即要求梁内的最大弯曲正应力 σ_{max} 不超过材料在单向受力时的许用应力 $[\sigma]$。对于等截面直梁，上式变为

$$\sigma_{max} = \frac{M_{max}}{W_z} \leqslant [\sigma] \tag{5-22}$$

式（5-21）与式（5-22）仅适用于许用拉应力 $[\sigma]^+$ 与许用压应力 $[\sigma]^-$ 相同的梁，如果二者不同，例如铸铁等脆性材料的许用压应力超过许用拉应力，则应按拉伸与压缩分别进行强度计算。

5.6.2　弯曲剪应力强度条件

最大弯曲剪应力通常发生在中性轴上各点处，而该处的弯曲正应力为零，因此，最大弯曲剪应力作用点处于纯剪切状态，相应的强度条件则为

$$\tau_{max} = \left(\frac{F_Q S_{z,max}}{I_z b}\right)_{max} \leqslant [\tau] \tag{5-23}$$

即要求梁内的最大弯曲剪应力 τ_{max} 不超过材料在纯剪切时的许用剪应力 $[\tau]$。对于等截面直梁，上式变为

$$\tau_{max} = \frac{F_{Q,max} S_{z,max}}{I_z b} \leqslant [\tau] \tag{5-24}$$

在一般细长的非薄壁截面梁中，最大弯曲正应力远大于最大弯曲剪应力。因此，对于一般细长的非薄壁截面梁，通常只需按弯曲正应力强度条件进行分析即可。但是，对于薄壁截面梁与弯矩较小而剪力却较大的梁，后者如短而粗的梁、集中荷载作用在支座附近的梁等，则不仅应考虑弯曲正应力强度条件，而且应考虑弯曲剪应力强度条件。

还应指出，在某些薄壁梁的某些点处，如在工字形截面的腹板与翼缘的交点处，弯曲正应力与弯曲剪应力可能均具有相当大的数值，这种正应力与剪应力联合作用下的强度问题，将在第 7 章详细讨论。

【例题 5-17】　如图 5-37（a）所示的支架，其 A-A 截面的形状尺寸如图 5-37（b）所示。已知 $F_P = 1$ kN，求：（1）A-A 截面上的最大弯曲正应力；（2）若支架中间部分未挖去，试计算 A-A 截面上的最大弯曲正应力。

解　（1）由截面法可求得 A-A 截面弯矩：

$$M_z = 1 \times 10^3 \times 760 \times 10^{-3} = 0.76\ \text{kN} \cdot \text{m}$$

（2）计算有孔时的最大弯曲正应力：

$$I_z = \frac{1.6 \times 2^3}{12} \times 10^{-4} - \frac{1.4 \times 1.8^3}{12} \times 10^{-4} - \frac{0.2 \times 0.8^3}{12} \times 10^{-4}$$

$$= 3.78 \times 10^{-5}\ \text{m}^4$$

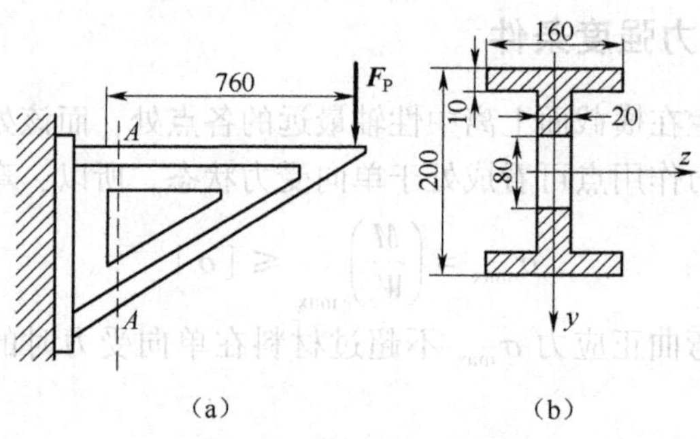

图 5-37 例题 5-17 图

这时，截面上的最大弯曲正应力为

$$\sigma_{\max}=\frac{M_z}{I_z}y_{\max}=\frac{0.76\times10^3\times100\times10^{-3}}{3.78\times10^{-5}}=2.01\ \text{MPa}$$

(3) 计算无孔时的最大正应力。

这时的惯性矩为

$$I_z=\frac{1.6\times2^3}{12}\times10^{-4}-\frac{1.4\times1.8^3}{12}\times10^{-4}=3.86\times10^{-5}\ \text{m}^4$$

这时，截面上的最大弯曲正应力为

$$\sigma_{\max}=\frac{M_z y_{\max}}{I_z}=\frac{0.76\times10^3\times100\times10^{-3}}{3.86\times10^{-5}}=1.97\ \text{MPa}$$

二者相差 $(2.01-1.97)/1.97\times100\%=2\%$

读者可以根据弯曲应力分布的特点，解释本例中两种情况下的最大弯曲正应力非常接近的原因，并说明某些工程中为了减小梁的自重，常将梁的轴线附近做成孔洞，而对梁的强度影响甚小。

【例题 5-18】 简支梁受力如图 5-38 所示，已知 $F_P=10$ kN，$l=4$ m，$[\sigma]=160$ MPa。试为梁选择截面形状（圆截面、方截面、矩形截面和方圆截面），并比较它们横截面面积的大小。

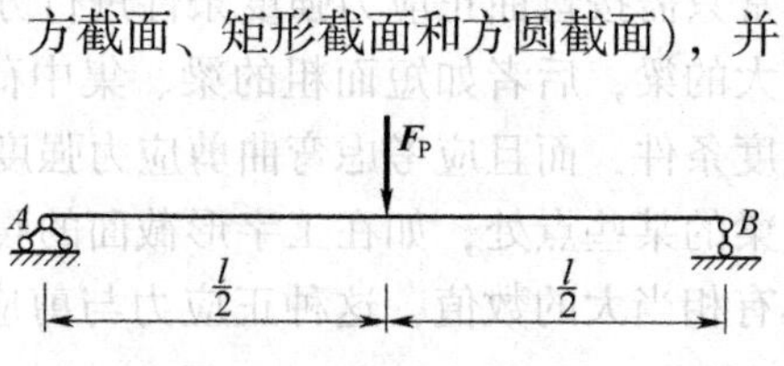

图 5-38 例题 5-18 图

解 由图 5-38 可知 $M_{\max}=\dfrac{F_P l}{4}=10\text{kN}\cdot\text{m}$，根据强度条件得该梁所需的抗弯截面模量为

$$W_z=\frac{M_{\max}}{[\sigma]}=\frac{10\times10^3}{160\times10^6}=62.5\times10^{-6}\ \text{m}^3。$$

各种截面形状所需的截面面积见表 5-6。

【例题 5-19】 图 5-39（a）所示外伸梁用铸铁制成，横截面为 T 字形，并受均布荷载 q 作用。试校核梁的强度。已知荷载集度 $q=25$ kN/m，截面形心离底边与顶边的距离分别为 $y_1=45$ mm 和 $y_2=95$ mm，惯性矩 $I_z=8.84\times10^{-6}$ m^4，许用拉应力 $[\sigma]^+=35$ MPa，许用压

应力 $[\sigma]^- = 140$ MPa。

解　(1) 危险截面与危险点判断。

梁的弯矩如图 5-39 (b) 所示，在横截面 D 与 B 上，分别作用有最大正弯矩与最大负弯矩，因此，该二截面均为危险截面。

表 5-6　例题 5-18 表

	圆截面	方截面	矩形截面	方圆截面
截面形状				
W_z/m^3	$\dfrac{\pi d^3}{32}$	$\dfrac{d^3}{6}$	$\dfrac{4d^3}{6}$	$\dfrac{d^3}{6}-\dfrac{\pi R^4}{2d}$
d/m	8.6×10^{-2}	7.21×10^{-2}	4.54×10^{-2}	7.9×10^{-2}
A/m^2	$\dfrac{\pi d^2}{4}=58.12\times10^{-4}$	$d^2=52\times10^{-4}$	$2d^2=41.27\times10^{-4}$	$d^2-\pi(0.4d)^2=31.1\times10^{-4}$
比例	1	0.89	0.71	0.54
结论	在相同的弯曲强度下 $A_{圆}>A_{方}>A_{矩}>A_{方圆}$			

截面 D 与 B 的弯曲正应力分布分别如图 5-39 (c) 与 (d) 所示。截面 D 的 a 点与截面 B 的 d 点处均受压；而截面 D 的 b 点与截面 B 的 c 点处则均受拉。由于 $|M_D|>|M_B|$，$|y_a|>|y_d|$，因此，$|\sigma_a|>|\sigma_d|$。

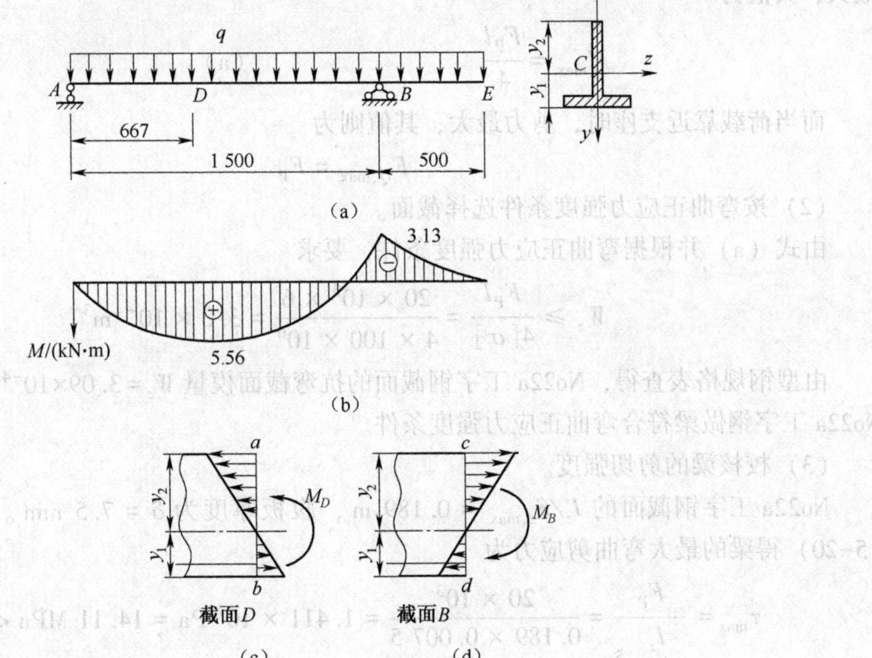

图 5-39　例题 5-19 图

即梁内的最大弯曲压应力 σ_{max}^{-} 发生在截面 D 的 a 点处。至于最大弯曲拉应力 σ_{max}^{+} 究竟发生在 b 点处还是 c 点处，则须经计算后才能确定。综上所述，a、b、c 三点处为可能最先发生破坏的部位，简称为危险点。

（2）强度校核。

由式（5-7）得 a、b、c 三点处的弯曲正应力分别为

$$\sigma_a = \frac{M_D y_a}{I_z} = \frac{5.56 \times 10^3 \times 0.095}{8.84 \times 10^{-6}} = 5.98 \times 10^7 \text{ Pa} = 59.8 \text{ MPa}\,(\text{压应力})$$

$$\sigma_b = \frac{M_D y_b}{I_z} = \frac{5.56 \times 10^3 \times 0.045}{8.84 \times 10^{-6}} = 2.83 \times 10^7 \text{ Pa} = 28.3 \text{ MPa}\,(\text{拉应力})$$

$$\sigma_c = \frac{M_D y_c}{I_z} = \frac{3.13 \times 10^3 \times 0.095}{8.84 \times 10^{-6}} = 3.36 \times 10^7 \text{ Pa} = 33.6 \text{ MPa}\,(\text{拉应力})$$

由此得

$$\sigma_{max}^{-} = \sigma_a = 59.8 \text{ MPa} < [\sigma]^{-}$$

$$\sigma_{max}^{+} = \sigma_c = 33.6 \text{ MPa} < [\sigma]^{+}$$

可见，梁的弯曲强度符合要求。

【例题 5-20】 图 5-40 所示简易起重机梁，用工字钢制成。若荷载 $F_P = 20$ kN，并可沿梁轴移动（$0<\eta<l$），试选择工字钢型号。已知梁的跨度 $l = 6$ m，许用应力 $[\sigma] = 100$ MPa，许用剪应力 $[\tau] = 60$ MPa。

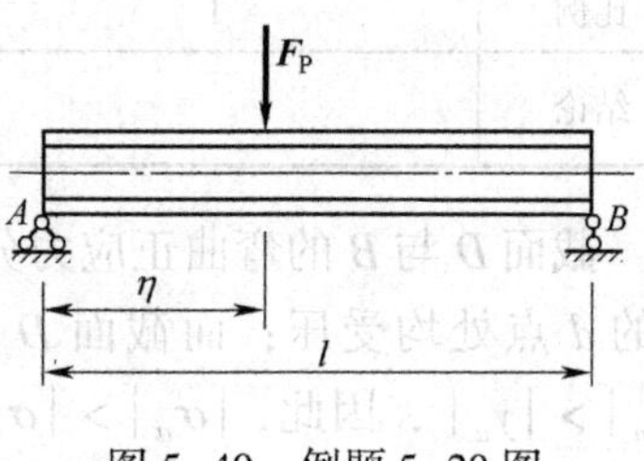

图 5-40 例题 5-20 图

解 （1）内力分析。

由例题 5-6 可知，当荷载位于梁跨度中点时，弯矩最大，其值为

$$M_{max} = \frac{F_P l}{4} \tag{a}$$

而当荷载靠近支座时，剪力最大，其值则为

$$F_{Q,max} = F_P \tag{b}$$

（2）按弯曲正应力强度条件选择截面。

由式（a）并根据弯曲正应力强度条件，要求

$$W_z \geq \frac{F_P l}{4[\sigma]} = \frac{20 \times 10^3 \times 6}{4 \times 100 \times 10^6} = 3.0 \times 10^{-4} \text{m}^3$$

由型钢规格表查得，No22a 工字钢截面的抗弯截面模量 $W_z = 3.09 \times 10^{-4}$ m^3，所以，选择 No22a 工字钢做梁符合弯曲正应力强度条件。

（3）校核梁的剪切强度。

No22a 工字钢截面的 $I_z/S_{z,max} = 0.189$ m，腹板厚度为 $\delta = 7.5$ mm。由式（b）与式（5-20）得梁的最大弯曲剪应力为

$$\tau_{max} = \frac{F_P}{\dfrac{I_z}{S_{z,max}}\delta} = \frac{20 \times 10^3}{0.189 \times 0.0075} = 1.411 \times 10^7 \text{ Pa} = 14.11 \text{ MPa} < [\tau]$$

可见，选择 No22a 工字钢做梁，将同时满足弯曲正应力与弯曲剪应力强度条件。

* 5.7　开口薄壁截面梁的剪应力弯曲中心的概念

开口薄壁截面梁承受横弯曲时，其横截面上的剪应力可以用与确定实心截面梁弯曲剪应力相同的方法求得，即先用两相邻截面从梁上截取 dx 微段梁，然后再用纵向截面从 dx 微段上截取一部分，考察作用在这一部分两侧横截面上的弯曲正应力所组成的合力 F_n^* 和 $F_n^* + \mathrm{d}F_n^*$，以及作用在纵截面上的剪应力所组成的合力，根据平衡条件，即可求得剪应力的大小和方向。

这种梁和实心截面梁不同的是，所作的纵截面不总是平行于中性面的，而是垂直于薄壁截面周边中心线，如图 5-41 所示的 $ABCD$ 截面。因为这样作出的纵截面与横截面相交所得到的截面壁厚 t 为最小厚度，其上的剪应力比其他任何取向的纵截面上的剪应力都要大。这时，只要将实心截面梁中的弯曲剪应力公式（5-16）中的 b 变为薄壁截面在所求点处的厚度 t，即可求得该点剪应力，即

$$\tau = \frac{F_Q S_z^*}{tI_z} \tag{5-25}$$

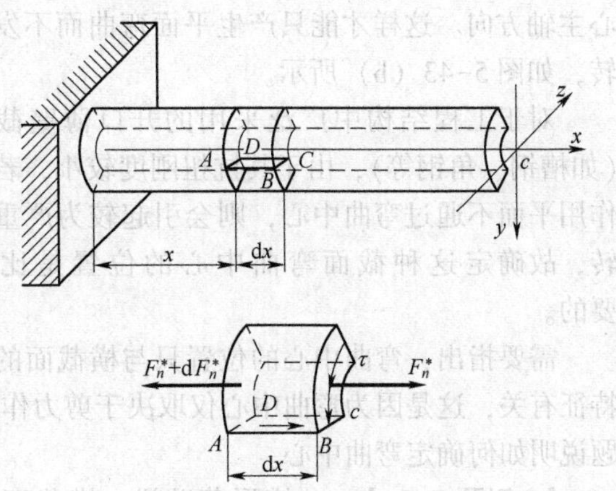

图 5-41　开口薄壁截面梁的剪应力

此外，由于壁很薄，剪应力沿厚度方向可视为均匀分布，而且，由于梁表面没有外力作用，根据剪应力互等定理，薄壁截面上的剪应力沿着截面周边的切线方向，从而在截面上形成剪应力流（shearing stress flow）。

开口薄壁截面上剪应力对应的分布力系向某点简化，所得的主矢不为零而主矩为零，则这点称为截面上的弯曲中心（bending center）或剪切中心。一般情况下，弯曲中心不与截面形心重合。

以图 5-42 中的等厚度薄壁槽形截面为例，来说明如何确定弯曲中心。

根据以上分析，槽形截面梁在横弯曲时，其翼缘和腹板上均有剪应力形成的剪应力流，应用式（5-25）不难求得翼缘和腹板上的剪应力分布，如图 5-42（b）所示。从中可看出，上、下翼缘上的剪应力分别组成大小相等、方向相反、互相平行的一对力 F_{Q1}，腹板上的剪应力将合成垂直方向的剪力 F_Q，如图 5-42（c）所示。显然上、下翼缘上的一对力 F_{Q1} 将组成一力偶，其力偶矩为 $F_{Q1}h$。这一力偶与剪力的合力作用点当然不在形心 C 上，而在腹板外的某一点 O 处，如设 O 点至腹板中线的距离为 e，经计算可知 $e = \dfrac{b^2h^2t}{4I_z}$，$O$ 点便是槽形薄壁截面的弯曲中心，如图 5-42（d）所示。

由于剪应力合力作用点不在截面形心上，因此，对于开口薄壁截面，当外力作用在通过形心主轴的平面内时，梁除了弯曲外，还将产生扭转，如图 5-43（a）所示。薄壁截面梁扭转时，截面将发生翘曲，如果这种翘曲客观存在到约束，还会产生附加正应力，这种情况在

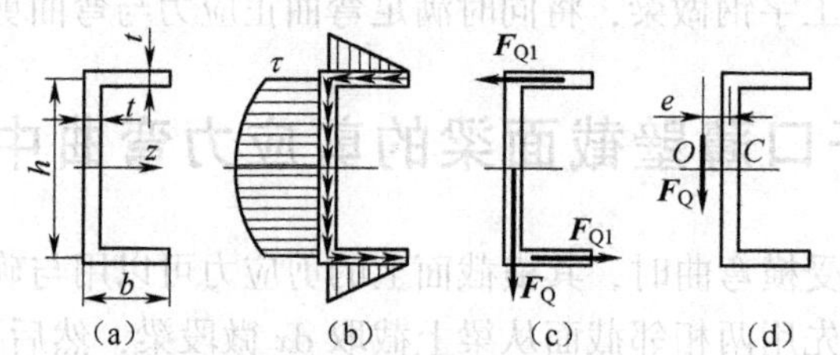

图 5-42　弯曲中心

工程中是不希望出现的。为此，对于开口薄壁截面梁，外力应当加在通过弯曲中心处，并且平行于形心主轴方向。这样才能只产生平面弯曲而不发生扭转，如图 5-43（b）所示。

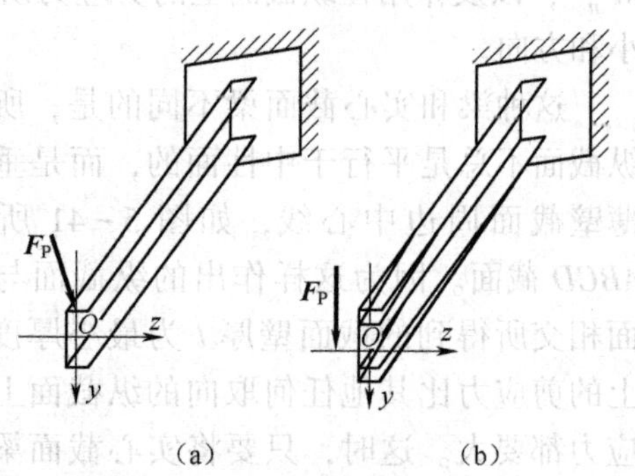

图 5-43　开口薄梁受横力作用

对于工程结构中广泛采用的开口薄壁截面梁（如槽钢、角钢等），由于其抗扭刚度较小，若外力作用平面不通过弯曲中心，则会引起较为严重的扭转，故确定这种截面弯曲中心的位置是比较重要的。

需要指出，弯曲中心的位置只与横截面的几何特征有关，这是因为弯曲中心仅取决于剪力作用线的位置，而与剪力的大小无关。下面以例题说明如何确定弯曲中心。

【*例题 5-21】　一槽形薄壁梁，横截面如图 5-44（a）所示。试确定其弯曲中心的位置。

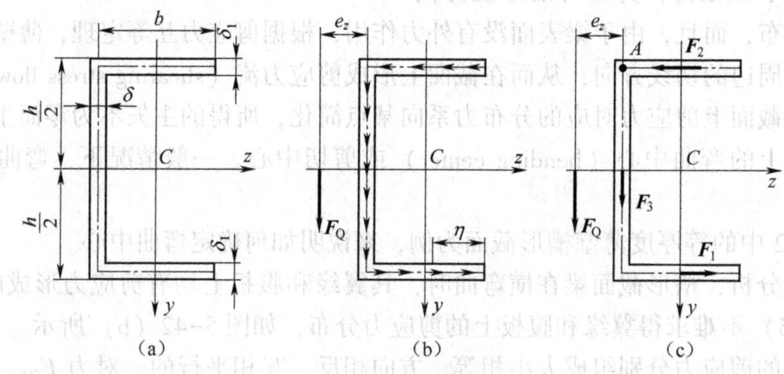

图 5-44　例题 5-21 图

解　由于 z 轴是截面的对称轴，所以，弯曲中心 E 必位于该轴上。

设剪力 F_Q 通过弯曲中心，横截面上的弯曲剪应力流如图 5-44（b）所示，下翼缘 η 处的剪应力流为

$$q(\eta)=\frac{F_Q S_z(\eta)}{I_z}=\frac{F_Q h\delta_1\eta}{2I_z}$$

而整个下翼缘上由剪应力流所构成的剪力则为

$$F_1 = \int_0^b q(\eta)\mathrm{d}\eta = \int_0^b \frac{F_Q h\delta_1}{2I_z}\eta\mathrm{d}\eta = \frac{F_Q h\delta_1 b^2}{4I_z} \tag{a}$$

横截面对 z 轴的惯性矩为

$$I_z = \frac{\delta h^3}{12} + 2b\delta_1\left(\frac{h}{2}\right)^2 = \frac{h^2(\delta h + 6b\delta_1)}{12}$$

代入式（a），得

$$F_1 = \frac{3F_Q\delta_1 b^2}{h(\delta h + 6b\delta_1)} \tag{b}$$

如图 5-44（c）所示，作用在上翼缘和腹板上的剪力 $\boldsymbol{F}_2$和 $\boldsymbol{F}_3$相交于线的角点 A，于是，以 A 点为矩心，由合力矩定理得

$$e_z = \frac{F_1 h}{F_Q}$$

将式（b）代入上式，于是得

$$e_z = \frac{3\delta_1 b^2}{\delta h + 6b\delta_1} \tag{c}$$

5.8 提高梁抗弯强度的措施

设计梁的主要依据是强度条件。从该条件中可以看出，梁的抗弯强度与所用材料、横截面的形状和尺寸以及外力引起的弯矩有关。因此，为了提高梁的抗弯强度可从以下三方面考虑。

5.8.1 选择合理的截面形状

从抗弯强度方面考虑，最合理的截面形状是用最少的材料获得最大的抗弯截面模量。在一般截面中，抗弯截面模量与截面高度的平方成正比。因此，当截面面积一定时，应将较多的材料配置在远离中性轴的部位。实际上，由于弯曲正应力沿截面高度按线性规律分布，当离中性轴最远处的正应力到达许用应力时，中性轴附近各点处的正应力仍很小。所以，将较多的材料放置在远离中性轴的部位，必然会提高材料的利用率。

在研究截面的合理形状时，除应注意使材料远离中性轴外，还应考虑到材料的特性，最理想的应是截面上的最大拉应力和最大压应力同时达到各自的许用应力。

根据以上原则，对于抗拉强度和抗压强度相同的塑性材料，应采用对中性轴对称的截面，如工字形，箱形截面如图 5-45（a）、(b）所示。而对于抗压强度高于抗拉强度的脆性材料，则最好采用截面形心偏于受拉一侧的截面形状，如 T 字形、U 字形等截面，如图 5-45（c）、(d）所示，以使截面上的最大拉应力和最大压应力也相应不同。应指出，在设计梁时，除应满足正应力强度条件外，还应满足弯曲剪应力强度条件，因此，在设计工字形、T 字形等薄壁截面梁时，也应注意使腹板具有一定的厚度，以保证梁的抗剪强度。图 5-46所示为现浇钢筋混凝土空心楼板。

5.8.2 采用变截面梁或等强度梁

在一般情况下，梁内不同横截面上的弯矩不同。因此，在按最大弯矩所设计的等截面梁

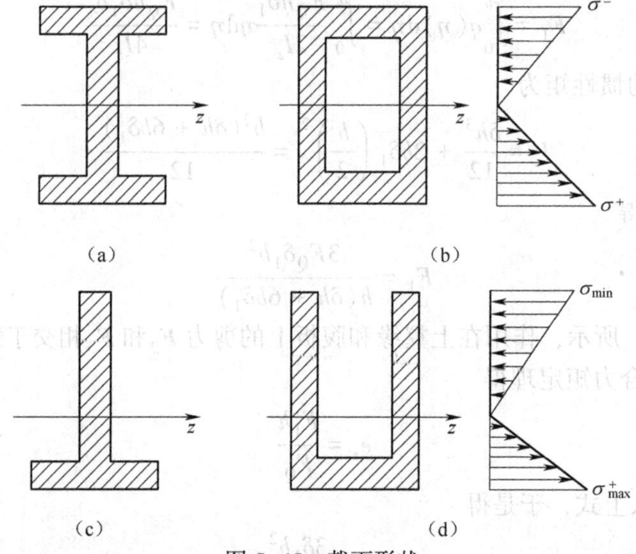

图 5-45　截面形状

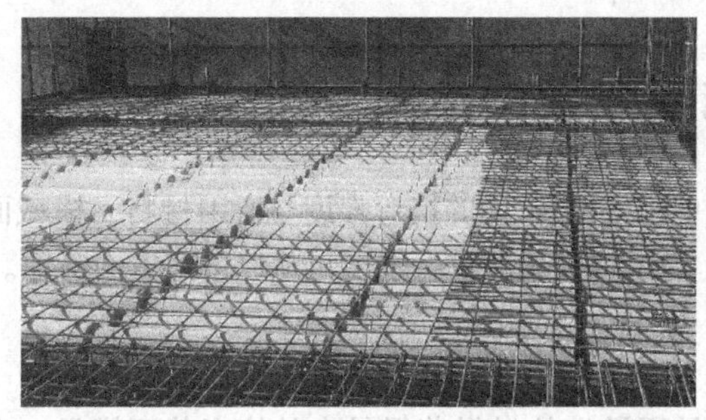

图 5-46　现浇钢筋混凝土空心楼板

中，除最大弯矩所在截面外，其余截面的材料强度均未得到充分利用。鉴于上述情况，为了减轻构件重量和节省材料，在工程实际中，常根据弯矩沿梁轴的变化情况，将梁也相应设计成变截面的。在弯矩较大处，采用较大的截面，在弯矩较小处，采用较小的截面。这种截面沿梁轴变化的梁称为变截面梁。

从抗弯强度方面考虑，理想的变截面梁应使所有截面上的最大弯曲正应力均相同，并且等于许用应力，即

$$\sigma_{\max}=\frac{M(x)}{W(x)}=[\sigma] \tag{5-26}$$

这种梁称为等强度梁。

例如图 5-47（a）所示悬臂梁，在集中荷载 F_P 作用时，弯矩方程为

$$M(x)=F_P\cdot x$$

根据等强度的特点，如果梁截面宽度 b 保持一定，则由式（5-26）可知，截面高度 $h(x)$ 应按下面规律变化

$$\frac{F_P x}{\dfrac{bh^2(x)}{6}}=[\sigma]$$

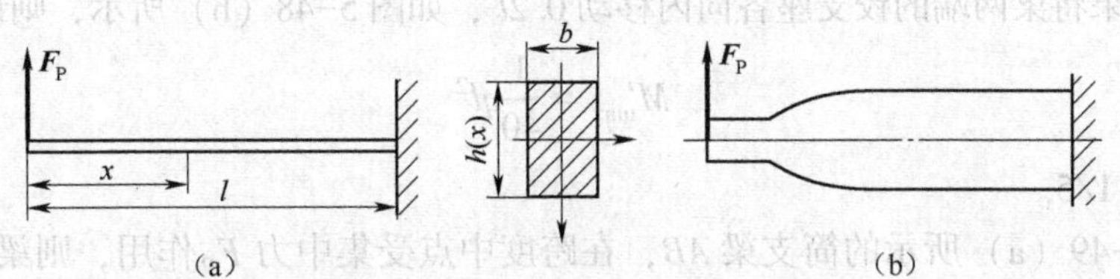

图 5-47　等强度梁

由此得

$$h(x)=\sqrt{\frac{6F_{\mathrm{P}}x}{b[\sigma]}}$$

即截面高度沿梁轴按抛物线规律变化，如图 5-47（b）所示。在固定端处 h 最大，其值为

$$h_{\max}=\sqrt{\frac{6F_{\mathrm{P}}\cdot l}{b[\sigma]}}$$

在自由端处 h 为零。但是为了保证梁的抗剪强度，设此处的截面高度为 h_1，则由抗剪强度条件

$$\tau_{\max}=\frac{3}{2}\frac{F_{\mathrm{Q}}}{A}=\frac{3}{2}\frac{F_{\mathrm{P}}}{bh_1}\leqslant[\tau]$$

得

$$h_1\geqslant\frac{3F_{\mathrm{P}}}{2b[\tau]}$$

应当指出，等强度设计虽然是一种较理想的设计，但考虑到加工制造的方便以及构造上的需要等，实际构件往往只能设计成近似等强度的，例如，阶梯轴、梯形梁等。

5.8.3　改善梁的受力情况

提高梁弯曲强度的另一措施是合理安排梁的约束和加载方式，从而达到提高梁的承载能力的目的。

例如，图 5-48（a）所示简支梁，受均布荷载 q 作用，梁的最大弯矩为

$$M_{\max}=\frac{1}{8}ql^2$$

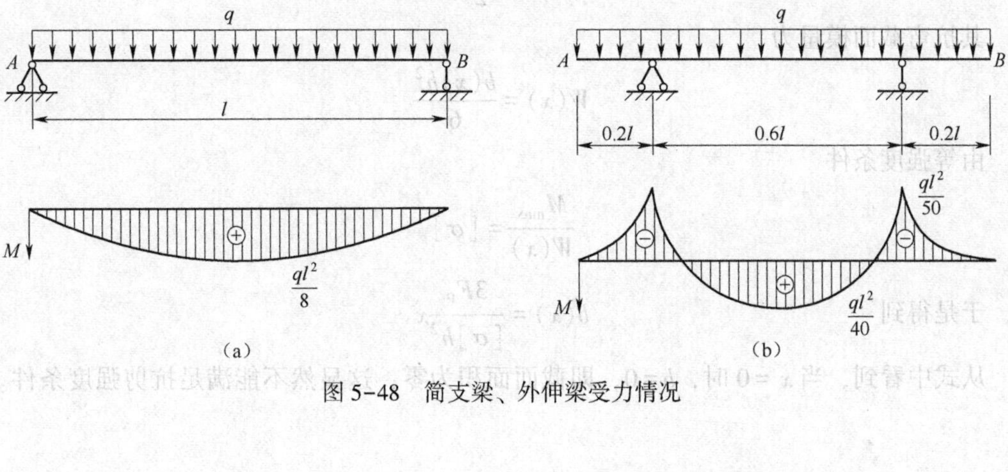

（a）　　（b）

图 5-48　简支梁、外伸梁受力情况

然而，如果将梁两端的铰支座各向内移动 0.2l，如图 5-48（b）所示，则最大弯矩变为

$$M'_{\max} = \frac{1}{40}ql^2$$

即仅为前者的 1/5。

又如图 5-49（a）所示的简支梁 AB，在跨度中点受集中力 F_P 作用，则梁的最大弯矩为

$$M_{\max} = \frac{1}{4}F_P l$$

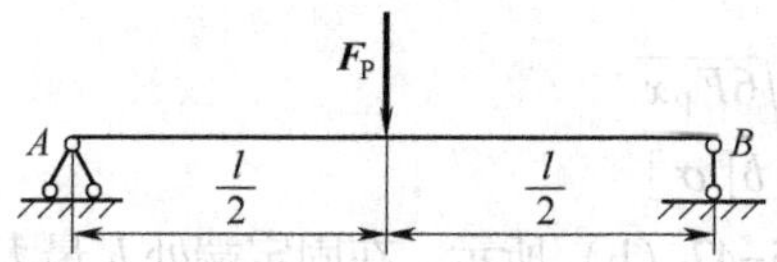

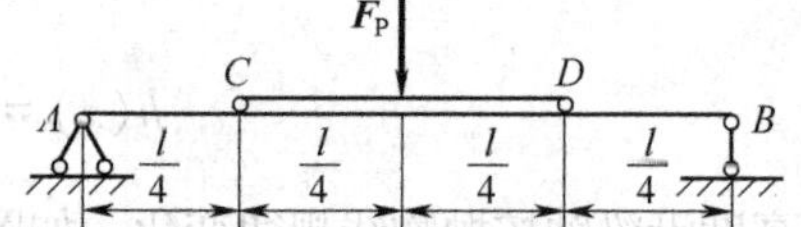

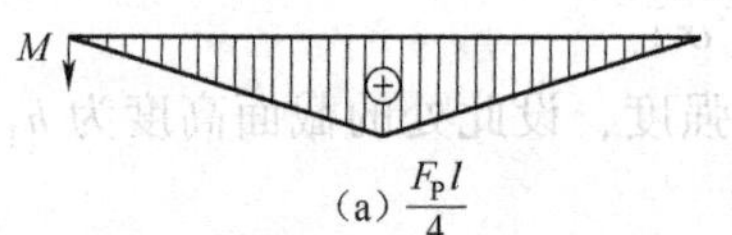

（a）$\frac{F_P l}{4}$

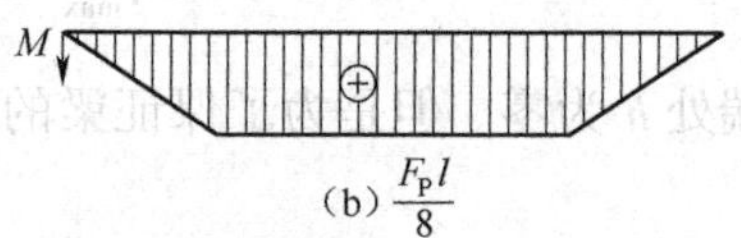

（b）$\frac{F_P l}{8}$

图 5-49 梁的受力情况

然而，如果将该梁上的荷载分解成几个大小相等、方向相同的力加在梁上，梁内的弯矩将会显著减小。例如，在梁上加一长为 $l/2$ 的辅梁 CD，如图 5-49（b）所示，这时梁 AB 内的最大弯矩将减为

$$M'_{\max} = \frac{1}{8}F_P l$$

即仅为前者的一半。

这些例子说明，在条件允许的情况下，合理安排约束和加载方式，将会提高梁的抗弯强度。

【例题 5-22】 如图 5-50（a）所示，一矩形截面简支梁，在跨度中点受集中力 F_P 作用，设横截面高度 h 为常量，按等强度条件设计该梁的宽度变化规律 $b(x)$。

解 梁内的弯矩方程为

$$M = \frac{F_P}{2}x$$

其抗弯截面模量为

$$W(x) = \frac{b(x)h^2}{6}$$

由等强度条件

$$\frac{M_{\max}}{W(x)} = [\sigma]$$

于是得到

$$b(x) = \frac{3F_P}{[\sigma]h^2}x$$

从式中看到，当 $x=0$ 时，$b=0$，即截面面积为零，这显然不能满足抗剪强度条件。因

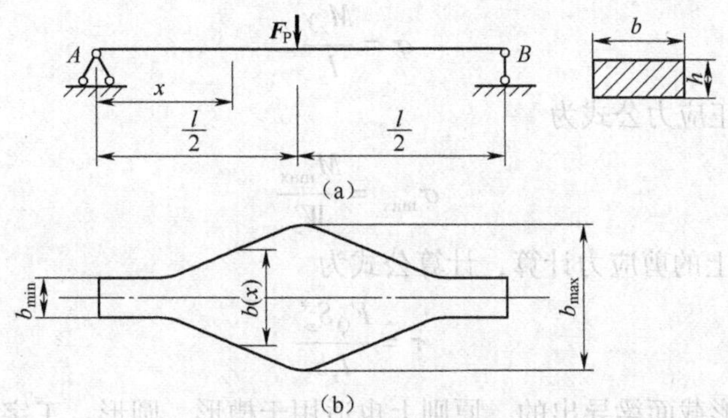

图 5-50　例题 5-22 图

此，须按梁的剪应力强度条件来确定该处截面的最小宽度 $b_{\min}$，即

$$\tau_{\max}=\frac{3}{2}\times\frac{F_Q}{b_{\min}h}=[\tau]$$

$$b_{\min}=\frac{3F_P}{4h[\tau]}$$

梁横截面的宽度 $b(x)$ 按直线规律变化，整个等强度梁为一块等高的菱形板，如图 5-50 (b) 所示。

本 章 小 结

(1) 杆件的弯曲受力和变形特点，梁截面上内力的计算方法，梁的内力方程与内力图。计算梁的内力即弯矩和剪力的基本方法仍是截面法。在实用上，主要是运用简化计算的方法，即通过指定截面一侧的全部外力直接计算该截面的弯矩和剪力。

剪力的符号以微段梁左端向上、右端向下相对错动时定为正，反之为负（或者使隔离体顺时针转动的剪力为正，反之为负）。

弯矩的符号以使梁下面纤维受拉为正，反之则为负，弯矩图画在梁受拉的一侧。

(2) 梁的内力与分布荷载之间的关系为

$$\frac{dF_Q(x)}{dx}=q(x)\,,\qquad \frac{dM(x)}{dx}=F_Q(x)\,,\qquad \frac{d^2M(x)}{dx^2}=q(x)$$

根据上述关系得到了一些重要结论，即在各种常见荷载下梁的弯矩图与剪力图的特征以及剪力图与弯矩图的关系特征。利用这些特征可以更加准确地画出梁的内力图，称之简易法画内力图。

(3) 叠加法作弯矩图。在梁上同时作用若干荷载时产生的弯矩，等于各荷载单独作用时所产生弯矩的代数和。

由于梁的弯矩分布通常比较复杂，并考虑到弯矩图在工程中的重要性，叠加法画弯矩图作为一种有效实用的方法，应当熟练地掌握。

(4) 梁横截面上的正应力计算，正应力公式是在梁纯弯曲情况下导出的，并被推广到横弯曲的场合。横截面上正应力公式为

$$\sigma = \frac{M_z y}{I_z}$$

横截面上最大正应力公式为

$$\sigma_{\max} = \frac{M_{\max}}{W_z}$$

（5）梁横截面上的剪应力计算，计算公式为

$$\tau = \frac{F_Q S_z^*}{I_z b}$$

该公式是从矩形截面梁导出的，原则上也适用于槽形、圆形、工字形、圆环形截面梁横截面剪应力的计算。

（6）非对称截面梁的平面弯曲问题，开口薄壁杆的弯曲中心。

（7）梁的正应力强度条件和剪应力强度条件为

$$\sigma_{\max} \leqslant [\sigma]$$

$$\tau_{\max} \leqslant [\tau]$$

根据上述条件，可以对梁进行强度校核、截面设计和许可荷载的计算，与此相关的还要考虑梁的合理截面问题。

本章的重要概念还有梁的平面弯曲、纯弯曲、横弯曲，梁的平面假设，梁的抗弯刚度等。

思 考 题

5-1 何为梁的内力？它与物理上所讲的内力有何区别？

5-2 怎样绘制剪力图、弯矩图？

5-3 弯矩、剪力和荷载集度之间的微分关系是什么？

5-4 何谓纯弯曲？为什么要研究纯弯曲？

5-5 在建立弯曲正应力公式时做了哪些假设？根据是什么？这些假设在建立公式的过程中起了什么作用？

5-6 何谓中性层？何谓中性轴？

5-7 弯曲正应力在横截面上如何分布？中性轴位于何处？如何计算最大弯曲正应力？弯曲正应力的正负号又如何确定？

5-8 矩形截面梁横弯曲时，横截面上的弯曲剪应力如何分布？其计算公式是如何建立的？又如何计算最大弯曲剪应力？

5-9 圆截面梁横截面上的弯曲剪应力如何分布？其最大弯曲剪应力发生在何处？

习 题

5-1 求图 5-51 所示各梁中指定截面上的剪力和弯矩。

5-2 试写出图 5-52 所示各梁的剪力方程和弯矩方程，作出剪力图和弯矩图，并求出 $|F_Q|_{\max}$ 和 $|M|_{\max}$。

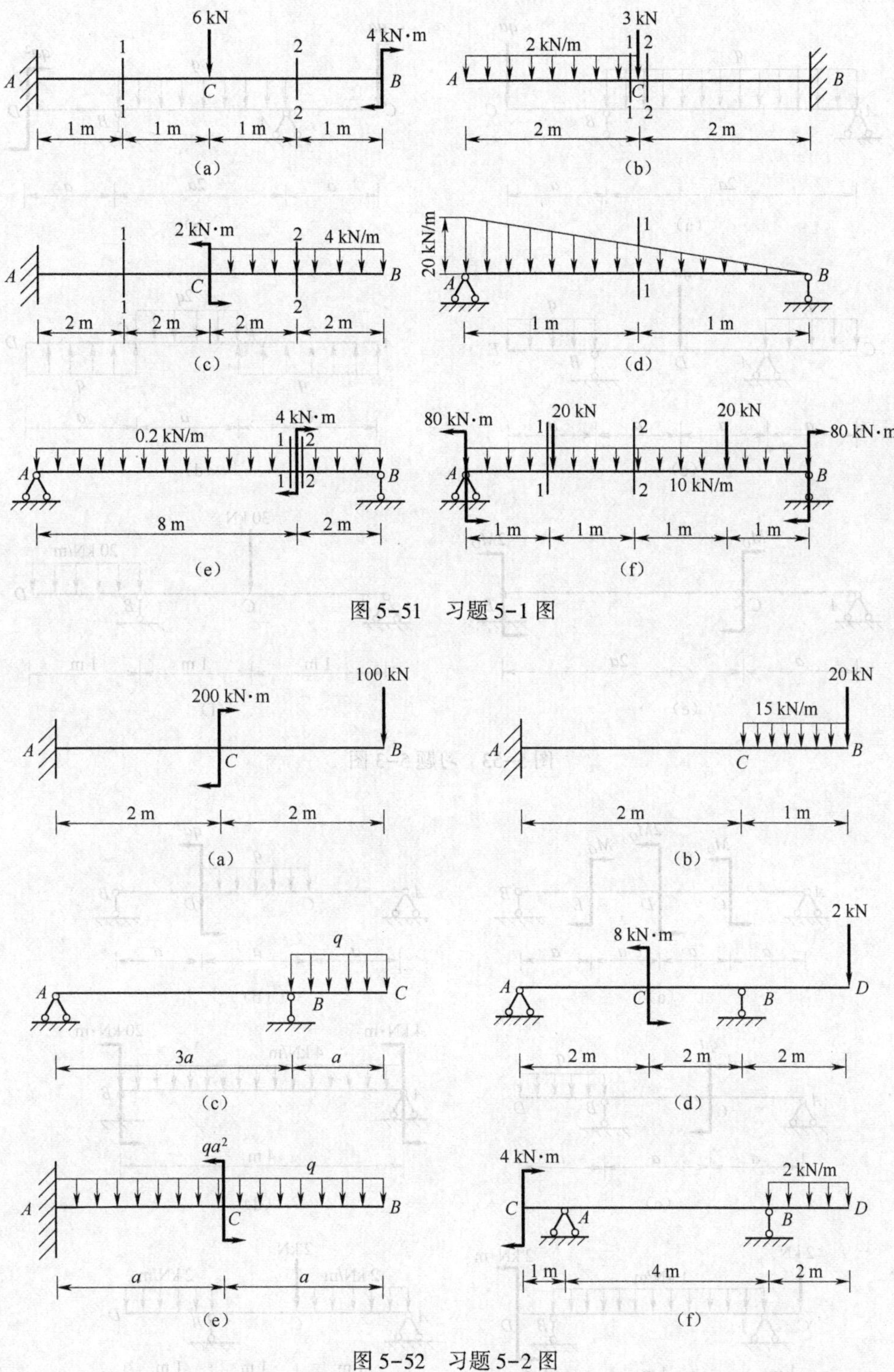

图 5-51　习题 5-1 图

图 5-52　习题 5-2 图

5-3　试用简易法作图 5-53 所示各梁的剪力图和弯矩图，求出 $|F_Q|_{max}$ 和 $|M|_{max}$。

5-4　根据弯矩、剪力与荷载集度之间的微分关系，作图 5-54 所示梁的剪力图和弯矩图。

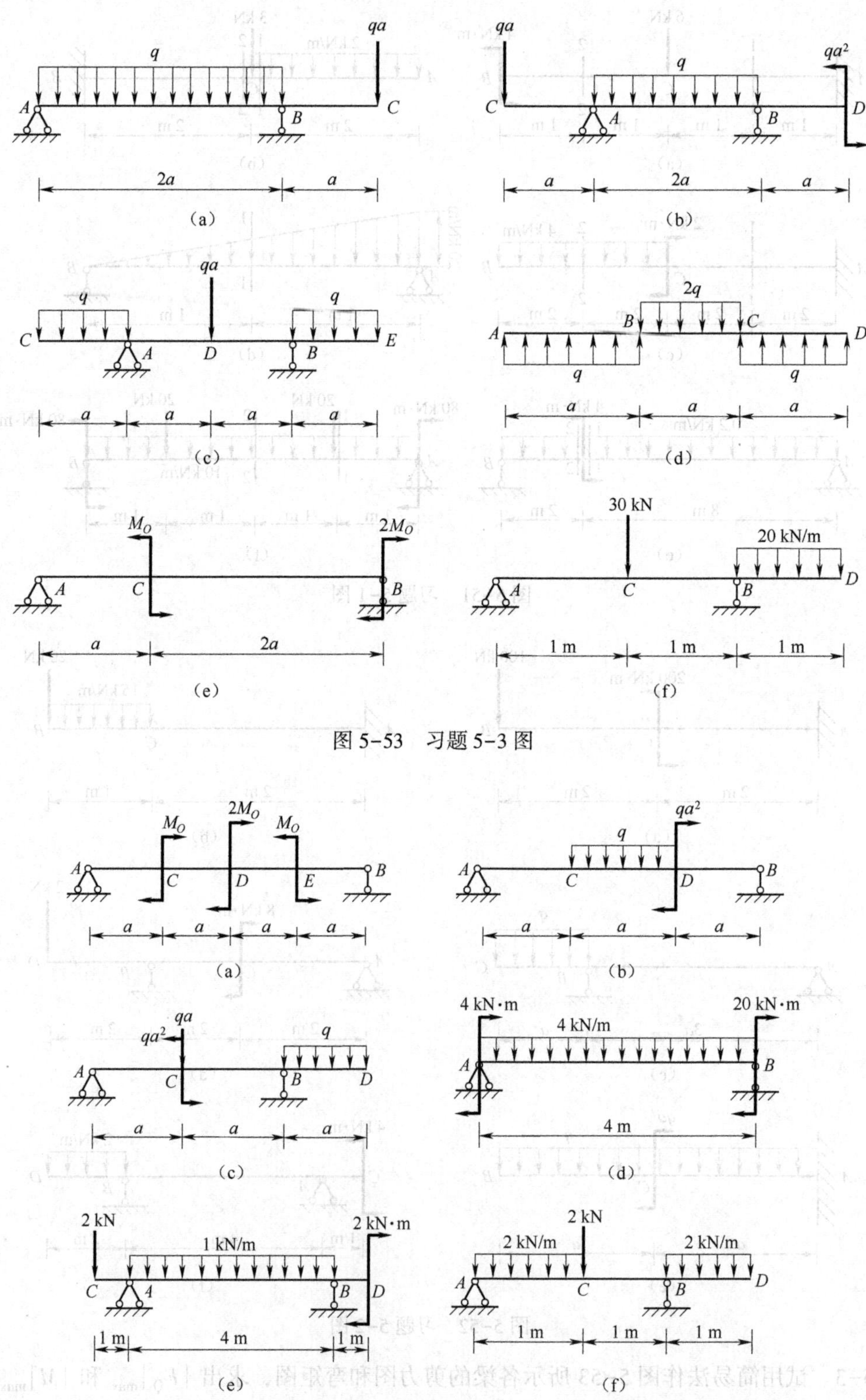

图 5-53　习题 5-3 图

图 5-54　习题 5-4 图

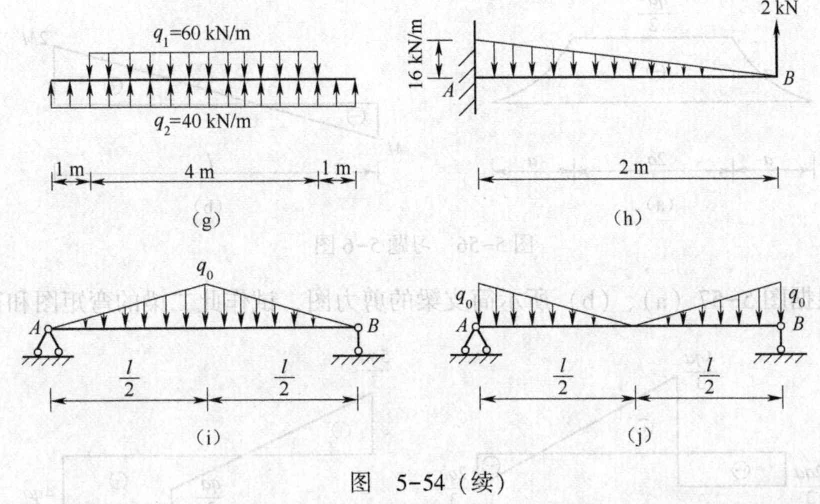

图　5-54（续）

5-5　试利用荷载、剪力和弯矩的关系检查图 5-55（a）、（b）中二梁的剪力图和弯矩图，并将错误处加以改正。

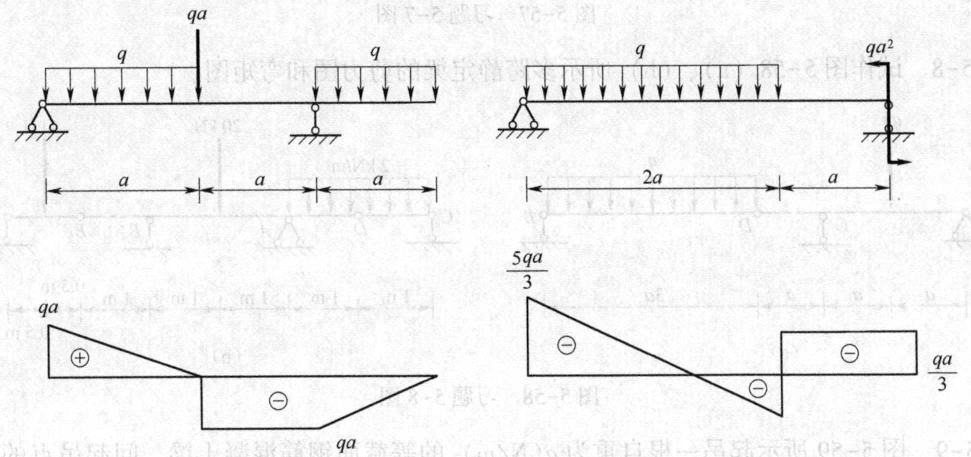

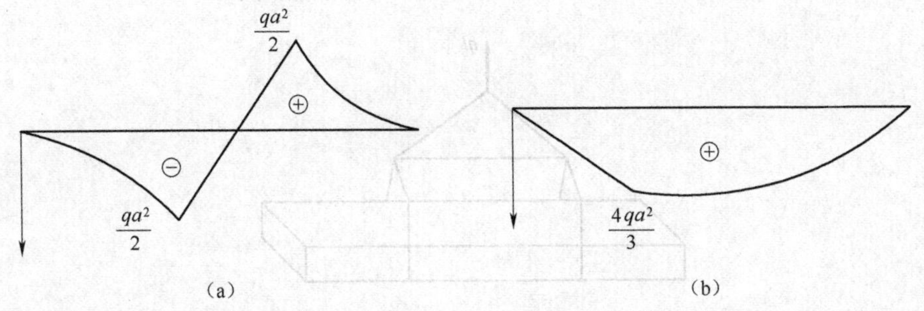

图 5-55　习题 5-5 图

5-6　已知简支梁的弯矩图如图 5-56（a）、（b）所示，试作出二梁的剪力图与荷载图。

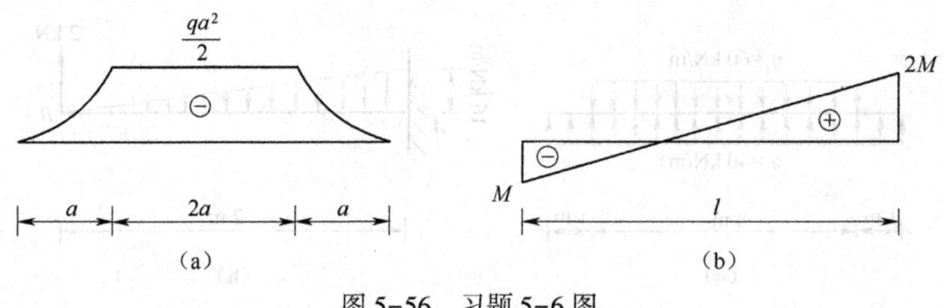

图 5-56 习题 5-6 图

5-7 根据图 5-57（a）、（b）所示简支梁的剪力图，试作此二梁的弯矩图和荷载图。

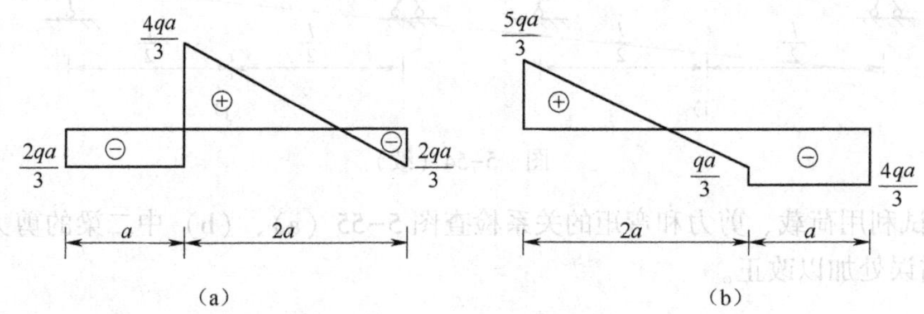

图 5-57 习题 5-7 图

5-8 试作图 5-58（a）、（b）所示多跨静定梁的剪力图和弯矩图。

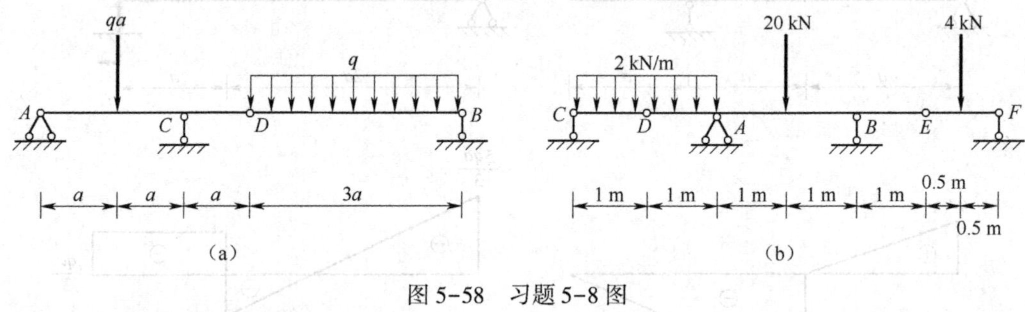

图 5-58 习题 5-8 图

5-9 图 5-59 所示起吊一根自重为 q(N/m) 的等截面钢筋混凝土梁，问起吊点的合理位置 x 为多少时，才能使梁在吊点处和中点处的正负弯矩值相等？

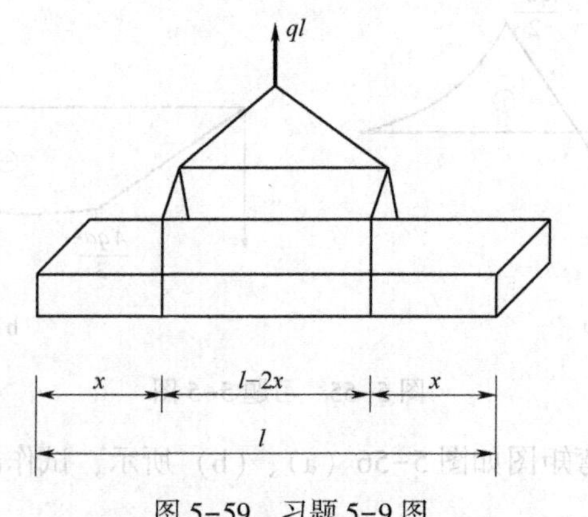

图 5-59 习题 5-9 图

5-10　试用叠加法作图 5-60 所示梁的弯矩图。

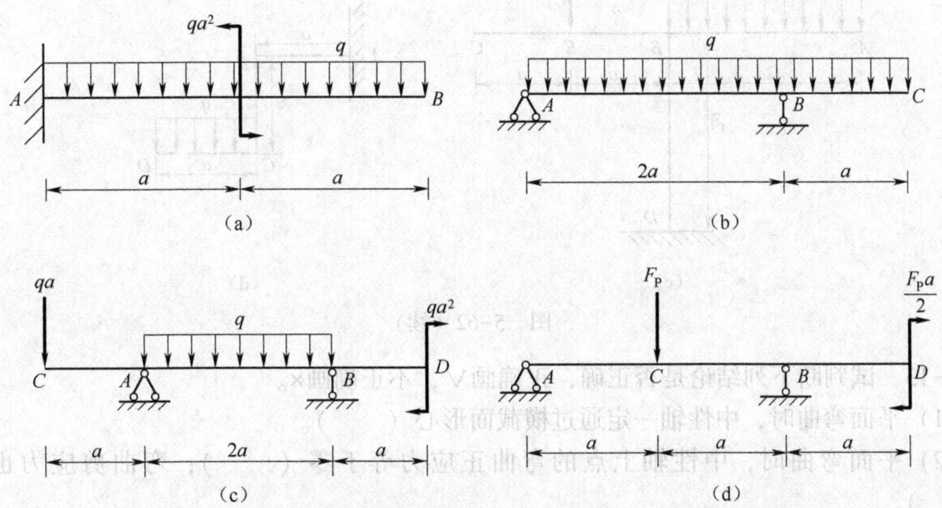

图 5-60　习题 5-10 图

5-11　试作图 5-61 所示斜梁的内力图（轴力图、剪力图、弯矩图）。

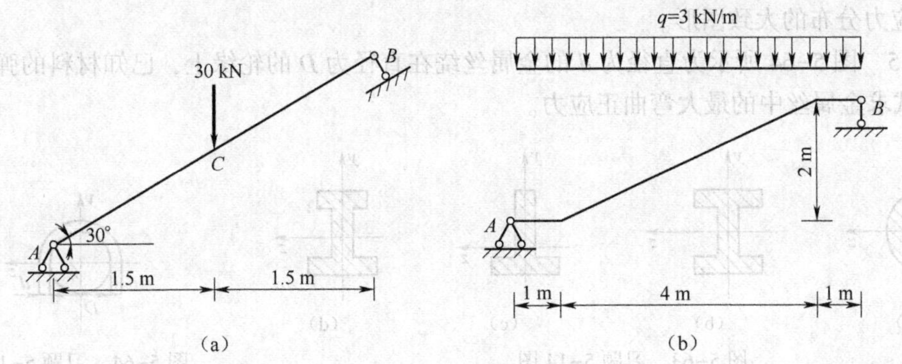

图 5-61　习题 5-11 图

5-12　试绘图 5-62 所示各刚架的内力图。

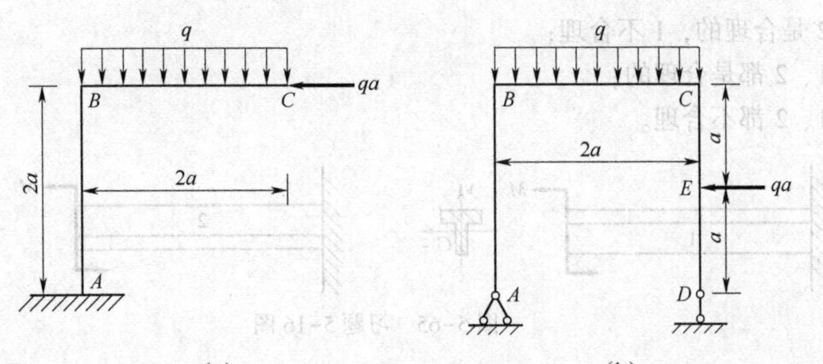

图 5-62　习题 5-12 图

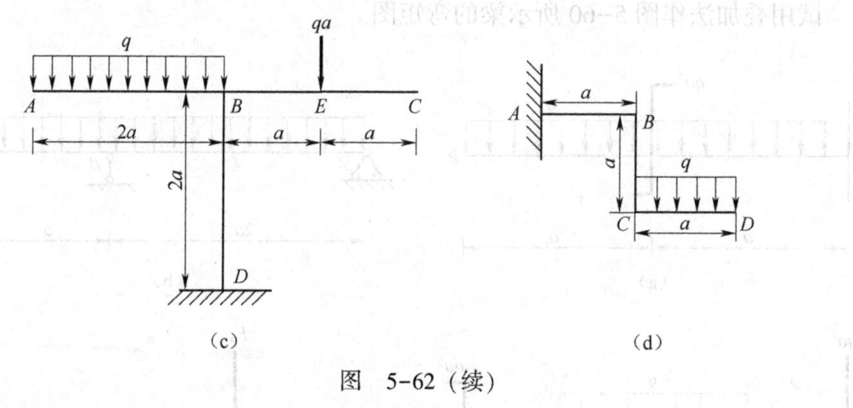

图 5-62（续）

5-13 试判断下列结论是否正确，正确画√，不正确画×。

（1）平面弯曲时，中性轴一定通过横截面形心（ ）。

（2）平面弯曲时，中性轴上点的弯曲正应力等于零（ ）；弯曲剪应力也等于零（ ）。

（3）平面弯曲时，中性轴必垂直于荷载作用面（ ）。

（4）最大弯曲正应力一定发生在弯矩值最大的横截面上（ ）。

5-14 图 5-63 所示为各种梁的横截面形状，若荷载加在对称面内，试画出沿截面高度方向正应力分布的大致图形。

5-15 图 5-64 所示为直径为 d 的金属丝绕在直径为 D 的轮缘上，已知材料的弹性模量为 E，试求金属丝中的最大弯曲正应力。

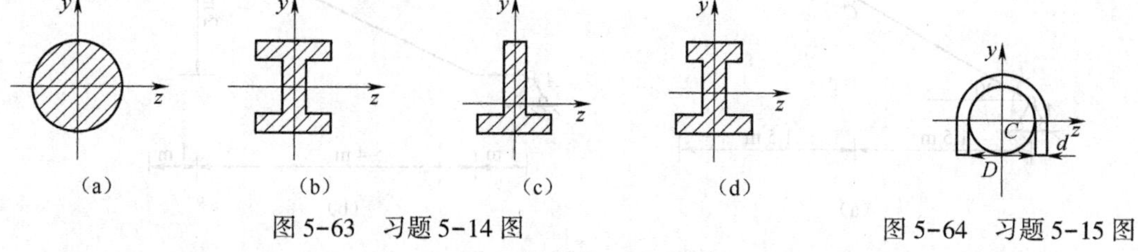

图 5-63 习题 5-14 图　　图 5-64 习题 5-15 图

5-16 图 5-65 所示 T 字形等截面铸铁梁，哪种承载方式是合理的，选择正确的答案。

（1）1 是合理的，2 不合理；

（2）2 是合理的，1 不合理；

（3）1、2 都是合理的；

（4）1、2 都不合理。

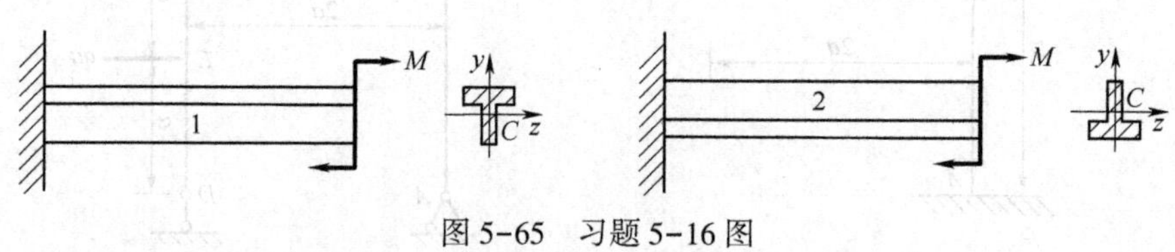

图 5-65 习题 5-16 图

5-17 矩形截面梁受荷载如图 5-66 所示，试计算图中所标明的 1、2、3、4、5、6 点的正应力和剪应力。

5-18　矩形截面悬臂梁，受集中力和集中力偶作用，如图 5-67 所示，试求Ⅰ截面和固定端Ⅱ截面上 A、B、C、D 四点的正应力，已知 $F_P=15$ kN，$m=20$ kN · m。

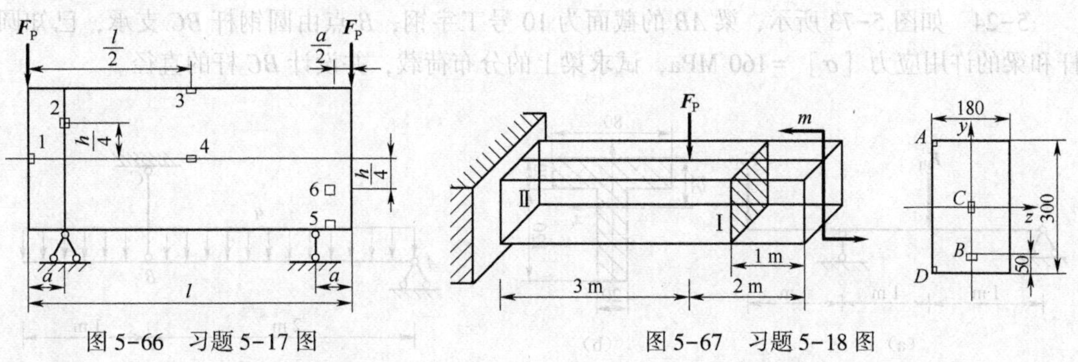

图 5-66　习题 5-17 图　　图 5-67　习题 5-18 图

5-19　如图 5-68 所示，一矩形截面简支梁由圆柱形木料锯成，已知 $F_P=5$ kN，$a=1.5$ m，$[\sigma]=10$ MPa。试确定抗弯截面模量为最大时矩形截面的高宽之比（h/b），以及锯成此梁所需木料的最小直径 d。

5-20　一木梁受载情况如图 5-69 所示，已知 $F_P=20$ kN，$q=10$ kN/m，$[\sigma]=10$ MPa，试设计如下三种截面尺寸 b，并比较其用料量。

（1）高 $h=2b$ 的矩形；

（2）高 $h=b$ 的正方形；

（3）直径 $d=b$ 的圆形。

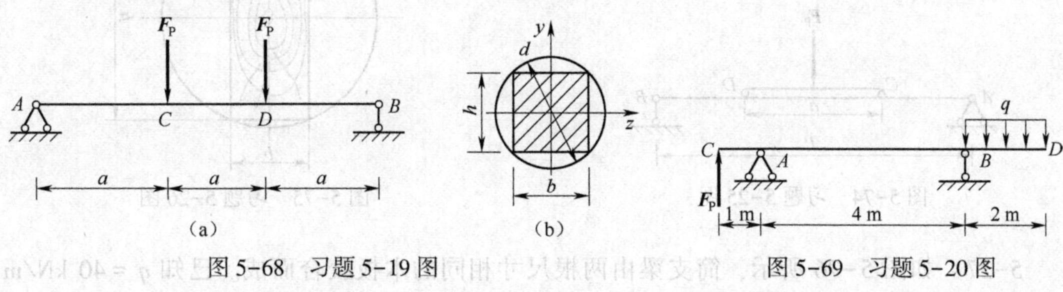

图 5-68　习题 5-19 图　　图 5-69　习题 5-20 图

5-21　一钢梁承受荷载如图 5-70 所示，材料的许用应力 $[\sigma]=150$ MPa，$F_P=50$ kN，$q=20$ kN/m，试选择如下两种型钢的型号。

（1）工字钢（　　）；（2）两个槽钢（　　）。

5-22　图 5-71 所示铸铁梁，若 $h=100$ mm，$t=25$ mm，欲使最大的拉应力与最大压应力之比为 1/3，试确定尺寸 b 应是多少。

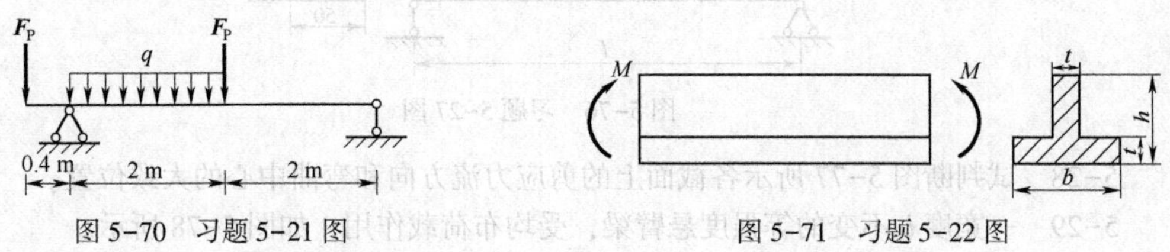

图 5-70　习题 5-21 图　　图 5-71　习题 5-22 图

5-23　图 5-72 所示为 T 字形截面铸铁梁，已知 $F_{P1}=9$ kN，$F_{P2}=4$ kN，$I_{zC}=7.63\times 10^{-6}$ m^4，$[\sigma]^+=30$ MPa，$[\sigma]^-=60$ MPa，试校核此梁的强度。

5-24　如图 5-73 所示，梁 AB 的截面为 10 号工字钢，B 点由圆钢杆 BC 支承，已知圆杆和梁的许用应力 $[\sigma]=160$ MPa，试求梁上的分布荷载，并设计 BC 杆的直径。

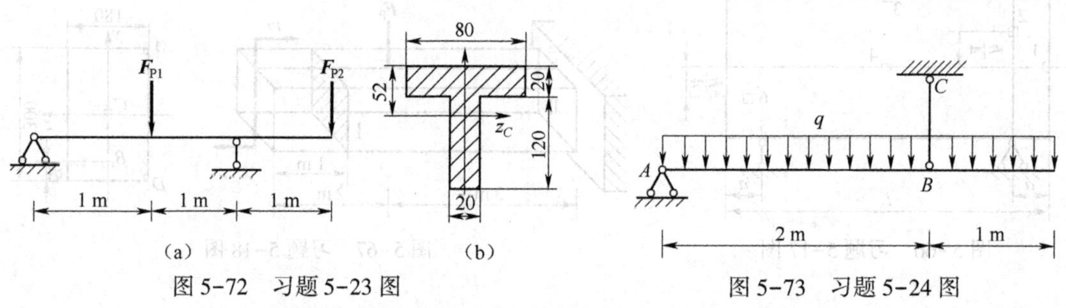

图 5-72　习题 5-23 图　　图 5-73　习题 5-24 图

5-25　当 F_P 直接作用在梁 AB 的中点时，梁内的最大正应力超过许用值 30%，为了消除过载现象，配置了图 5-74 所示的辅助梁 CD，试求此辅助梁的跨度 a，已知 $l=6$ m。

5-26　我国营造法式中，对矩形截面给出的尺寸比例是 $h:b=3:2$，如图 5-75 所示。试用弯曲正应力强度证明：从圆木锯出的矩形截面梁，上述尺寸比例接近最佳比值。

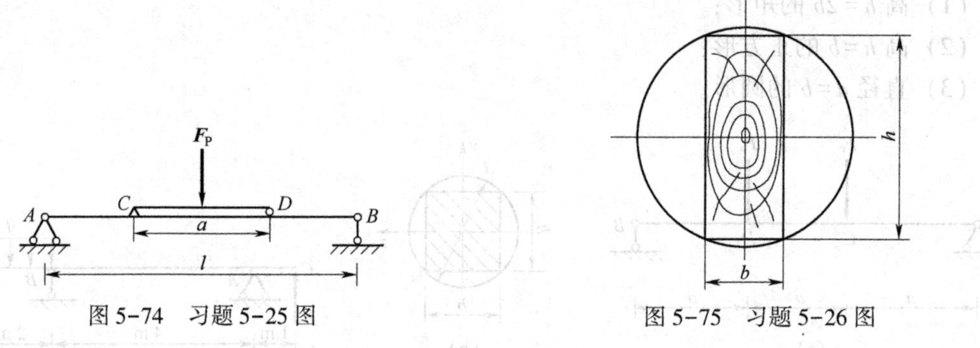

图 5-74　习题 5-25 图　　图 5-75　习题 5-26 图

5-27　如图 5-76 所示，简支梁由两根尺寸相同的木板胶合而成。已知 $q=40$ kN/m，$l=400$ mm，木板的许用正应力 $[\sigma]=7$ MPa，胶缝的许用剪应力 $[\tau]=5$ MPa，试校核该梁的强度。

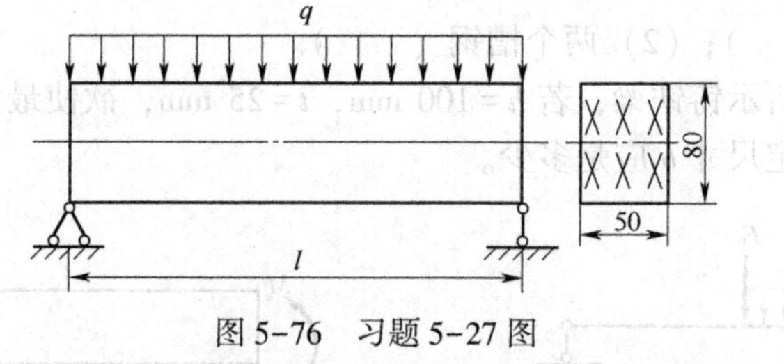

图 5-76　习题 5-27 图

5-28　试判断图 5-77 所示各截面上的剪应力流方向和弯曲中心的大致位置。

5-29　一宽度 b 不变的等强度悬臂梁，受均布荷载作用，如图 5-78 所示。

(1) 证明此等强度梁具有楔形体形式；

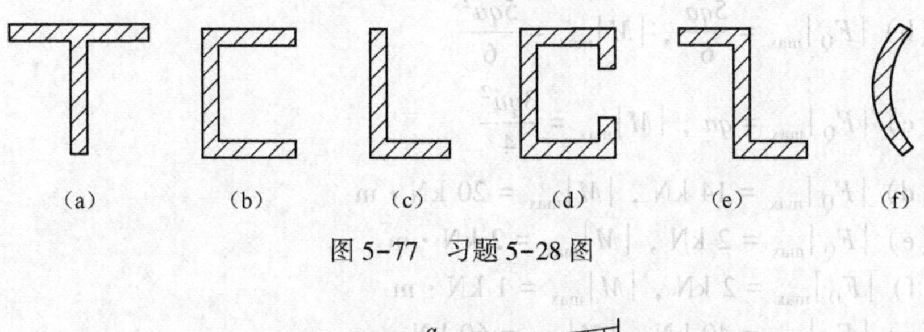

图 5-77　习题 5-28 图

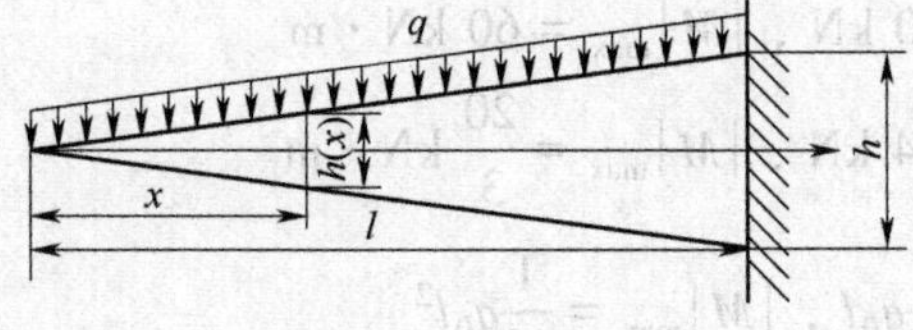

图 5-78　习题 5-29 图

(2) 此等强度梁所用的材料比等截面（$b\times h$）悬臂梁节省了百分之几？

习题参考答案

5-1　(a) $F_{Q1}=6\ \mathrm{kN}$，$M_1=-10\ \mathrm{kN\cdot m}$；$F_{Q2}=0$，$M_2=-4\ \mathrm{kN\cdot m}$

(b) $F_{Q1}=-4\ \mathrm{kN}$，$M_1=-4\ \mathrm{kN\cdot m}$；$F_{Q2}=-7\ \mathrm{kN}$，$M_2=-4\ \mathrm{kN\cdot m}$

(c) $F_{Q1}=-16\ \mathrm{kN}$，$M_1=-62\ \mathrm{kN\cdot m}$；$F_{Q2}=8\ \mathrm{kN}$，$M_2=-8\ \mathrm{kN\cdot m}$

(d) $F_{Q1}=-1.67\ \mathrm{kN}$，$M_1=5\ \mathrm{kN\cdot m}$

(e) $F_{Q1}=-1\ \mathrm{kN}$，$M_1=-1.6\ \mathrm{kN\cdot m}$；$F_{Q2}=-1\ \mathrm{kN}$，$M_2=2.4\ \mathrm{kN\cdot m}$

(f) $F_{Q1}=30\ \mathrm{kN}$，$M_1=-45\ \mathrm{kN\cdot m}$；$F_{Q2}=0$，$M_2=-40\ \mathrm{kN\cdot m}$

5-2　(a) $|F_Q|_{max}=100\ \mathrm{kN}$，$|M|_{max}=600\ \mathrm{kN\cdot m}$

(b) $|F_Q|_{max}=35\ \mathrm{kN}$，$|M|_{max}=97.5\ \mathrm{kN}$

(c) $|F_Q|_{max}=qa$，$|M|_{max}=\dfrac{qa^3}{2}$

(d) $|F_Q|_{max}=2\ \mathrm{kN}$，$|M|_{max}=6\ \mathrm{kN\cdot m}$

(e) $|F_Q|_{max}=2qa$，$|M|_{max}=qa^2$

(f) $|F_Q|_{max}=4\ \mathrm{kN}$，$|M|_{max}=4\ \mathrm{kN\cdot m}$

5-3　(a) $|F_Q|_{max}=qa$，$|M|_{max}=qa^2$

(b) $|F_Q|_{max}=2qa$，$|M|_{max}=qa^2$

(c) $|F_Q|_{max}=qa$，$|M|_{max}=\dfrac{qa^2}{2}$

(d) $|F_Q|_{max}=qa$，$|M|_{max}=1.25qa^3$

(e) $|F_Q|_{max}=\dfrac{M_O}{3a}$，$|M|_{max}=2M_O$

(f) $|F_Q|_{max}=20\ \mathrm{kN}$，$|M|_{max}=10\ \mathrm{kN\cdot m}$

5-4　(a) $|F_Q|_{max}=\dfrac{M_O}{2a}$，$|M|_{max}=2M_O$

(b) $|F_Q|_{max}=\dfrac{5qa}{6}$，$|M|_{max}=\dfrac{5qa^2}{6}$

(c) $|F_Q|_{max}=qa$，$|M|_{max}=\dfrac{3qa^2}{4}$

(d) $|F_Q|_{max}=14\ \text{kN}$，$|M|_{max}=20\ \text{kN}\cdot\text{m}$

(e) $|F_Q|_{max}=2\ \text{kN}$，$|M|_{max}=2\ \text{kN}\cdot\text{m}$

(f) $|F_Q|_{max}=2\ \text{kN}$，$|M|_{max}=1\ \text{kN}\cdot\text{m}$

(g) $|F_Q|_{max}=40\ \text{kN}$，$|M|_{max}=60\ \text{kN}\cdot\text{m}$

(h) $|F_Q|_{max}=14\ \text{kN}$，$|M|_{max}=\dfrac{20}{3}\ \text{kN}\cdot\text{m}$

(i) $|F_Q|_{max}=\dfrac{1}{4}q_0l$，$|M|_{max}=\dfrac{1}{12}q_0l^2$

(j) $|F_Q|_{max}=\dfrac{q_0l}{4}$，$|M|_{max}=\dfrac{1}{24}q_0l^2$

5-8 (a) $|F_Q|_{max}=1.5qa$，$|M|_{max}=1.5qa^2$

(b) $|F_Q|_{max}=10\ \text{kN}$，$|M|_{max}=8\ \text{kN}\cdot\text{m}$

5-9 $x=0.207l$

5-10 (a) $|F_Q|_{max}=2qa$，$|M|_{max}=qa^2$

(b) $|F_Q|_{max}=qa$，$|M|_{max}=\dfrac{qa^2}{2}$

(c) $|F_Q|_{max}=qa$，$|M|_{max}=qa^2$

(d) $|F_Q|_{max}=\dfrac{3F_P}{4}$，$|M|_{max}=\dfrac{F_Pa}{2}$

5-11 (a) $|F_N|_{max}=15\ \text{kN}$，$|F_Q|_{max}=13\ \text{kN}$，$M_{max}=22.5\ \text{kN}\cdot\text{m}$

(b) $|F_N|_{max}=2.682\ \text{kN}$，$|F_Q|_{max}=9\ \text{kN}$，$M_{max}=13.5\ \text{kN}\cdot\text{m}$

5-12 (a) $|F_N|_{max}=2qa$，$|F_Q|_{max}=2qa$，$|M|_{max}=2qa^2$

(b) $|F_N|_{max}=\dfrac{3}{2}qa$，$|F_Q|_{max}=\dfrac{3qa}{2}$，$|M|_{max}=2qa^2$

(c) $|F_N|_{max}=3qa$，$|F_Q|_{max}=2qa$，$|M|_{max}=2qa^2$

(d) $|F_N|_{max}=qa$，$|F_Q|_{max}=qa$，$|M|_{max}=\dfrac{3}{2}qa^2$

5-13 (1) √ (2) √，× (3) √ (4) ×

5-15 $\sigma_{max}=\dfrac{Ed}{d+D}$

5-16 (1)

5-17 1点：$\sigma=0$，$\tau=-\dfrac{3F_P}{2bh}$；2点：$\sigma=\dfrac{3F_Pa}{bh^2}$，$\tau=-\dfrac{9F_P}{8bh}$；3点：$\sigma=\dfrac{6F_Pa}{bh^2}$，$\tau=0$；

4点：$\sigma=0$，$\tau=0$；5点：$\sigma=-\dfrac{3F_Pa}{bh^2}$，$\tau=0$；6点：$\sigma=-\dfrac{3F_Pa}{2bh^2}$，$\tau=\dfrac{9F_P}{8bh}$

5-18　Ⅰ截面：$\sigma_A = -7.41\ \mathrm{MPa}$，$\sigma_B = 4.93\ \mathrm{MPa}$，$\sigma_C = 0$，$\sigma_D = 7.41\ \mathrm{MPa}$

Ⅱ截面：$\sigma_A = 9.26\ \mathrm{MPa}$，$\sigma_B = -6.17\ \mathrm{MPa}$，$\sigma_C = 0$，$\sigma_D = -9.26\ \mathrm{MPa}$

5-19　$h/b = \sqrt{2}$，$d = 224\ \mathrm{mm}$

5-20　（1）$b = 150\ \mathrm{mm}$；（2）$b = 230\ \mathrm{mm}$；（3）$b = 280\ \mathrm{mm}$

5-21　（1）工字钢 25a；（2）两个 22a 槽钢

5-22　225 mm

5-23　安全

5-24　$q = 15.7\ \mathrm{kN/m}$，$d = 20\ \mathrm{mm}$

5-25　$a = 1.385\ \mathrm{m}$

5-27　$\sigma_{\max} = 15\ \mathrm{MPa} > [\sigma]$，$\tau_{\max} = 3\ \mathrm{MPa} < [\tau]$，强度不够

5-29　（1）$h(x) = \sqrt{\dfrac{3q}{b[\sigma]}x}$；（2）50%

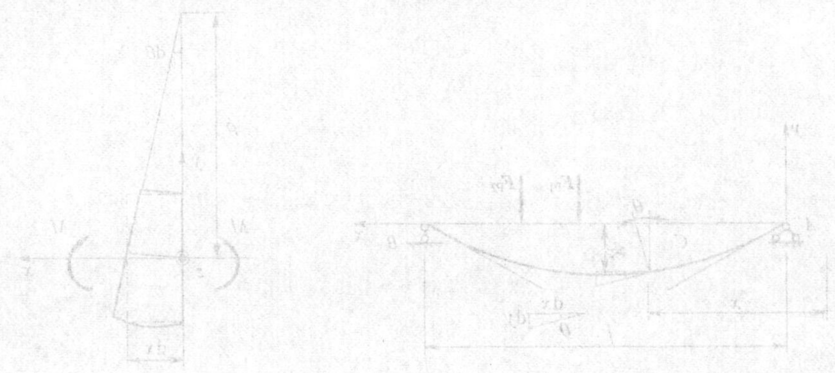

第 6 章　梁的变形计算

本章主要介绍梁弯曲变形的分析计算方法，根据第 5 章梁的弯曲变形基本公式建立梁的挠曲线近似微分方程；重点介绍了梁弯曲变形计算的积分法和叠加法，论述了梁弯曲刚度的计算方法。

6.1 梁的挠度和转角

梁在荷载作用下，在产生内力的同时，还会产生弯曲变形，如果弯曲变形过大，就不能保证正常工作。因此，梁在荷载作用下所产生的最大弯曲变形不能超过规定的允许值，即要满足刚度的要求。

在计算变形时，取 x 轴与梁轴线重合，y 轴垂直于轴线（图 6-1），且 xy 平面为梁的主形心惯性平面。

梁变形后，轴线变成曲线，此曲线称为挠曲线，由于所研究的问题在线弹性范围内，所以也称为弹性曲线。

梁的位移用两个基本量度量，轴线上的点 C 即为横截面形心。梁横截面形心 C 沿垂直于 x 轴方向的线位移 y 称为该点的挠度。横截面绕中性轴所转动的角度 θ 称为该截面的转角（图 6-1），微段变形如图 6-1（b）所示。

在图 6-1（a）所示的坐标中，规定正值的挠度向上，负值的挠度向下。并规定正值的转角为逆时针转向，负值的转角为顺时针转向。

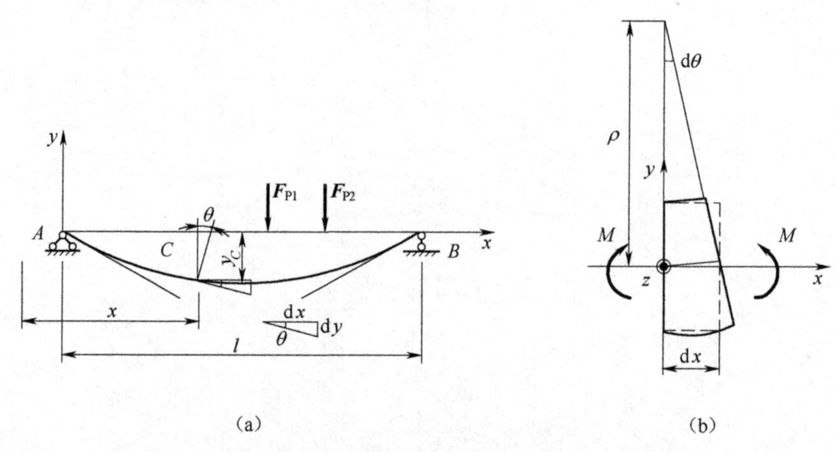

图 6-1　平面弯曲的挠曲变形

工程上常用的梁，其挠度远小于跨度，因此，梁变形后轴线是一条平坦的曲线，所以对于轴线上的每一点，都可以略去沿 x 轴方向的线位移。

研究梁的变形，必须计算每一个截面上的挠度 y 和转角 θ，它们都是截面位置 x 的函数，现用下式表达挠度函数，即

$$y = f(x) \tag{a}$$

式（a）称为挠曲线方程，在工程实际中，梁的转角 θ 一般均很小，例如不超过 1°或 0.017 5 rad，于是由图 6-1（a）与式（a）得转角的表达式为

$$\theta \approx \tan\theta = \frac{\mathrm{d}y}{\mathrm{d}x} = f'(x) \tag{b}$$

以上两式表明，挠曲线方程式（a）在任一截面 x 的函数值即为该截面的挠度，而挠曲线上任一点切线的斜率等于该点处横截面的转角，表达式（b）可称为转角方程。由式（a）、式（b）可知，只要求得挠曲线方程，就很容易求得梁的挠度和转角。因此，计算梁的变形时，关键在于确定挠曲线方程。

6.2　用积分法求弯曲变形

6.2.1　挠曲线近似微分方程

在第 5 章建立纯弯曲正应力计算公式时，曾推导出梁轴线上任意点处曲率与弯矩的关系为 $\frac{1}{\rho} = \frac{M}{EI}$（这里的惯性矩 I 即为 I_z，以后类似）。在横弯曲中，当梁的跨度远大于横截面高度时，剪力 F_Q 对变形的影响很小，可不予考虑，故上式仍可应用。在此情况下，曲率半径 ρ 和弯矩 M 均为 x 的函数，即

$$\frac{1}{\rho(x)} = \frac{M(x)}{EI} \tag{a}$$

式（a）表明，挠曲线上任一点的曲率与该处横截面上的弯矩成正比，与抗弯刚度成反比。

由高等数学可知，任一平面曲线 $y = f(x)$ 上任意一点的曲率为

$$\frac{1}{\rho(x)} = \pm\frac{y''}{[1 + (y')^2]^{\frac{3}{2}}} \tag{b}$$

由式（a）、式（b）可得

$$\pm\frac{y''}{[1 + (y')^2]^{\frac{3}{2}}} = \frac{M(x)}{EI} \tag{c}$$

前面曾指出，在工程实际中，梁的转角一般很小，因此 $\left(\frac{\mathrm{d}y}{\mathrm{d}x}\right)^2$ 之值远小于 1，于是式（c）可简化为

$$\pm y'' = \frac{M(x)}{EI} \tag{d}$$

式（d）中等式两边正负号的取舍与坐标系的选取及弯矩的符号有关，由于坐标系 xOy 已经选定（图 6-2），弯矩的正负号也在前面做了规定，因此，式中的符号也可确定。

当弯矩 $M(x)$ 为正时，挠曲线应为凹曲线［图 6-2（a）］，在所取的坐标系中，凹曲线的二阶导数 y'' 必大于零，即弯矩 $M(x)$ 与 y'' 同号。反之，当弯矩 $M(x)$ 为负值时，挠曲线应为凸曲线［图 6-2（b）］，二阶导数 y'' 必小于零，即弯矩 $M(x)$ 与 y'' 仍然同号。

由上述分析可知，按所规定的 x 轴向右，y 轴向上的直角坐标系中，挠曲线上任一点处

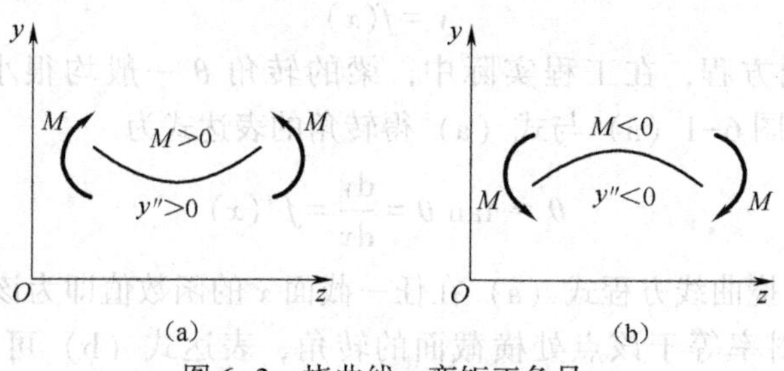

图 6-2 挠曲线、弯矩正负号

的二阶导数 y''与该处横截面上的弯矩 $M(x)$ 的正、负符号相一致，故式（d）可表示为

$$y'' = \frac{M(x)}{EI} \tag{6-1}$$

式（6-1）称为挠曲线近似微分方程，其近似的原因，是因为略去了剪力 F_Q的影响以及略去了 $(y')^2$项的计算，但对于大多数工程实际问题来说是能够满足其精度要求的。从式(6-1)的推导过程看到，挠曲线近似微分方程式只有在满足胡克定律的条件下且变形很小时才成立。

6.2.2 用积分法求弯曲变形

对挠曲线近似微分方程（6-1）积分，即可得到梁的转角方程和挠曲线方程。对于等截面梁，其抗弯刚度 EI 为一常量，故式（6-1）可改写为如下形式：

$$EIy'' = M(x) \tag{6-2}$$

对 x 积分一次，得转角方程

$$EIy' = EI\theta = \int M(x)\,\mathrm{d}x + C \tag{6-3}$$

再对 x 积分一次，得挠曲线方程

$$EIy = \iint [M(x)\,\mathrm{d}x]\,\mathrm{d}x + Cx + D \tag{6-4}$$

式中积分常数 C、D 可通过梁支座处的边界条件求得。例如，简支梁中，左右两铰支座处的挠度都等于零。在悬臂梁中，固定端处的挠度、转角均等于零。

当积分常数确定之后，将其代入式（6-3）和式（6-4），就可分别得到转角方程和挠曲线方程，从而可以确定梁上任一横截面的转角和挠度，这种方法称为积分法。从以上分析可知，梁的位移不但与荷载有关，而且和梁的刚度及支座情况有关。

下面举例说明利用积分法求梁的转角和挠度的方法与步骤。

【例题 6-1】 如图 6-3 所示悬臂梁 OA，在其自由端受一集中荷载 $\boldsymbol{F}_P$作用。试求此梁的挠曲线方程和转角方程。并确定其最大挠度 y_{max}和最大转角 θ_{max}，已知 EI 为常数。

解 （1）取坐标 xOy 如图 6-3 所示。现取 x 处横截面右边一段梁进行研究。

（2）列弯矩方程。

$$M(x) = -F_P(l - x) = -F_Pl + F_Px \quad (0 < x \leqslant l)$$

（3）建立挠曲线近似微分方程，并积分。

由式（6-2）得挠曲线近似微分方程

$$EIy'' = F_Px - F_Pl$$

积分一次，得

$$EIy' = \frac{F_P x^2}{2} - F_P l x + C \quad (a)$$

再积分一次，得

$$EIy = \frac{F_P x^3}{6} - \frac{F_P l x^2}{2} + Cx + D \quad (b)$$

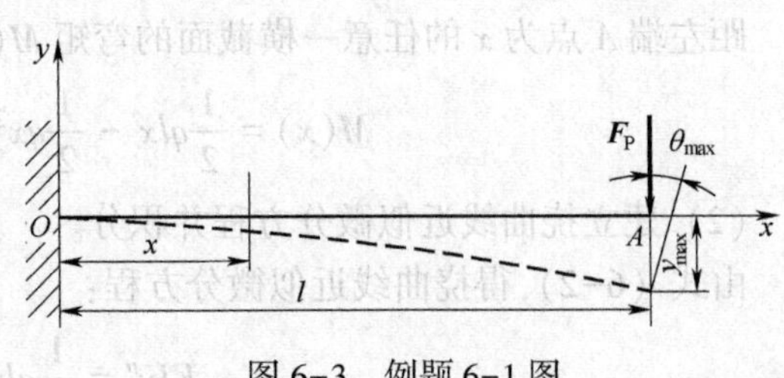

图6-3　例题6-1图

(4) 确定积分常数，列出转角方程和挠曲线方程。

在悬臂梁中，其边界条件是固定端处的挠度和转角都等于零，即

在 $x=0$ 处，$y=0$，由式（b）得 $D=0$。

在 $x=0$ 处，$\theta=0$，由式（a）得 $C=0$。

于是梁的挠度和转角方程为

$$EIy' = EI\theta = \frac{F_P x^2}{2} - F_P l x \quad (c)$$

$$EIy = \frac{F_P x^3}{6} - \frac{F_P l}{2} x^2 \quad (d)$$

(5) 求最大挠度和转角。

根据梁的受力情况及边界条件，画出梁的挠曲线（图6-3），从图中可知，此梁的最大挠度和最大转角都在自由端 $x=l$ 处，将 $x=l$ 代入式（c）、式（d），得 A 点的 y_{max} 和 θ_{max}

$$EI\theta_{max} = \frac{F_P l^2}{2} - F_P l^2 = \frac{-F_P l^2}{2}$$

得
$$\theta_{max} = -\frac{F_P l^2}{2EI}(\circlearrowright)$$

$$EIy_{max} = \frac{F_P l^3}{6} - \frac{F_P l^3}{2} = \frac{-F_P l^3}{3}$$

得
$$y_{max} = \frac{-F_P l^3}{3EI}(\downarrow)$$

求得的最大挠度和最大转角均为负值。

【例题6-2】　图6-4所示一简支梁，在均布荷载 q 作用下，试求梁的最大挠度和转角，EI 为常数。

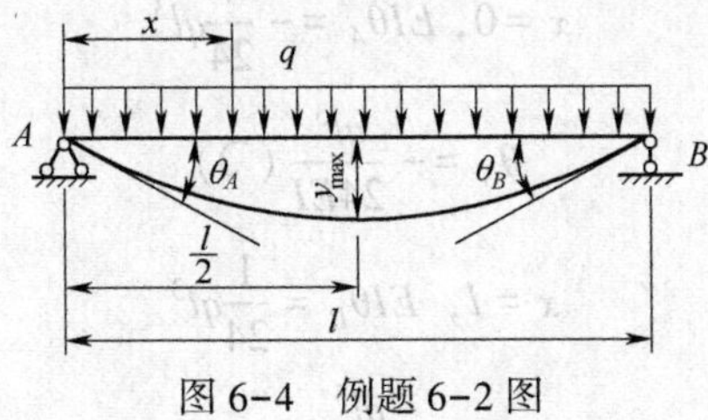

图6-4　例题6-2图

解　(1) 列弯矩方程。

支反力　$F_{Ay} = F_{By} = \frac{ql}{2}(\uparrow)$

距左端 A 点为 x 的任意一横截面的弯矩 $M(x)$ 为

$$M(x)=\frac{1}{2}qlx-\frac{1}{2}qx^2 \quad (0\leqslant x\leqslant l)$$

（2）建立挠曲线近似微分方程并积分。

由式（6-2）得挠曲线近似微分方程：

$$EIy''=\frac{1}{2}qlx-\frac{1}{2}qx^2$$

积分一次，得

$$EIy'=\frac{1}{4}qlx^2-\frac{1}{6}qx^3+C \tag{a}$$

再积分一次，得

$$EIy=\frac{1}{12}qlx^3-\frac{1}{24}qx^4+Cx+D \tag{b}$$

（3）确定积分常数，列出转角方程和挠曲线方程。

即 $x=0$，$y=0$，由式（b）得 $D=0$。

$x=l$，$y=0$，由式（b）得 $C=-\frac{1}{24}ql^3$。

于是得到梁的挠度和转角方程为

$$EI\theta=\frac{1}{4}qlx^2-\frac{1}{6}qx^3-\frac{1}{24}ql^3 \tag{c}$$

$$EIy=\frac{1}{12}qlx^3-\frac{1}{24}qx^4-\frac{1}{24}ql^3x \tag{d}$$

（4）求最大挠度和转角。

由于对称，梁的最大挠度发生在跨中，令 $x=\frac{l}{2}$，代入式（d），得

$$EIy=\frac{ql}{12}\left(\frac{l}{2}\right)^3-\frac{1}{24}q\left(\frac{l}{2}\right)^4-\frac{ql^3}{24}\cdot\left(\frac{l}{2}\right)=-\frac{5ql^4}{384}$$

$$y_{\max}=-\frac{5ql^4}{384EI}(\downarrow)$$

最大转角发生在梁的两端，令 $x=0$ 及 $x=l$，分别代入式（c）可得

$$x=0,\ EI\theta_A=-\frac{1}{24}ql^3$$

得

$$\theta_A=-\frac{ql^3}{24EI}(\curvearrowright)$$

$$x=l,\ EI\theta_B=\frac{1}{24}ql^3$$

得

$$\theta_B=\frac{ql^3}{24EI}(\curvearrowleft)$$

【例题 6-3】 图 6-5 所示一简支梁，在集中力 F_P 作用下，求梁的最大挠度和两端转角，EI 为常数。

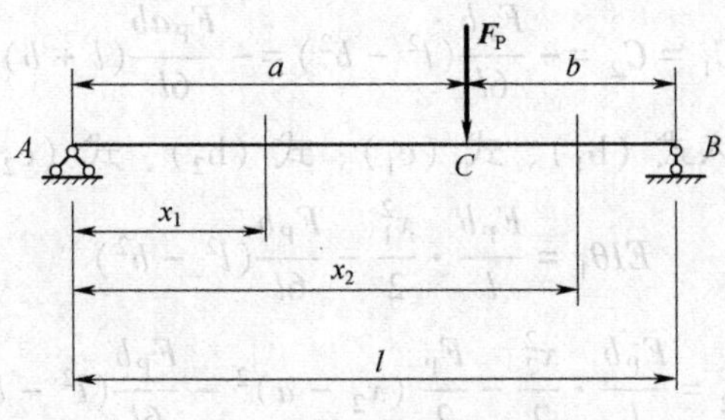

图 6-5　例题 6-3 图

解　(1) 列弯矩方程。

支反力：$F_{Ay}=\dfrac{F_Pb}{l}(\uparrow)$，$F_{By}=\dfrac{F_Pa}{l}(\uparrow)$

弯矩方程：

AC 段：$$M_1=\frac{F_Pb}{l}\cdot x_1(0\leqslant x_1\leqslant l)$$

CB 段：$$M_2=\frac{F_Pb}{l}x_2-F_P(x_2-a)(a\leqslant x_2\leqslant l)$$

(2) 建立挠曲线近似微分方程，并积分。

AC 段：$$EIy''_1=\frac{F_Pb}{l}\cdot x_1 \tag{a_1}$$

$$EIy'_1=\frac{F_Pb}{l}\cdot\frac{x_1^2}{2}+C_1 \tag{b_1}$$

$$EIy_1=\frac{F_Pb}{l}\cdot\frac{x_1^3}{6}+C_1x_1+D_1 \tag{c_1}$$

CB 段：$$EIy''_2=\frac{F_Pb}{l}\cdot x_2-F(x_2-a) \tag{a_2}$$

$$EIy'_2=\frac{F_Pb}{l}\cdot\frac{x_2^2}{2}-\frac{F_P}{2}(x_2-a)^2+C_2 \tag{b_2}$$

$$EIy_2=\frac{F_Pb}{l}\cdot\frac{x_2^3}{6}-\frac{F_P}{6}(x_2-a)^3+C_2x_2+D_2 \tag{c_2}$$

(3) 确定积分常数，列出转角方程及挠曲线方程。

四个积分常数 C_1、C_2、D_1、D_2 可由边界条件和连续条件确定。

连续条件：在 $x_1=x_2=a$ 处，$y'_1=y'_2$，$y_1=y_2$，将式 (b_1)、式 (b_2) 和式 (c_1)、式 (c_2) 代入上述条件，可得 $C_1=C_2$，$D_1=D_2$。

边界条件：当 $x_1=0$ 时，$y_1=0$，代入式 (c_1) 得 $EIy_1=D_1=0$，所以 $D_1=D_2=0$。

当 $x_2=l$ 时，$y_2=0$，代入式 (c_2) 得

$$0=\frac{F_Pb}{l}\cdot\frac{l^3}{6}-\frac{F_P}{6}(l-a)^3+C_2l$$

得 $$C_2=-\frac{F_Pb}{6l}(l^2-b^2)$$

所以 $$C_1 = C_2 = -\frac{F_P b}{6l}(l^2 - b^2) = -\frac{F_P ab}{6l}(l + b)$$

把求得的积分常数代入式（b_1）、式（c_1）、式（b_2）、式（c_2）中，得转角方程：

$$EI\theta_1 = \frac{F_P b}{l} \cdot \frac{x_1^2}{2} - \frac{F_P b}{6l}(l^2 - b^2) \tag{f_1}$$

$$EI\theta_2 = \frac{F_P b}{l} \cdot \frac{x_2^2}{2} - \frac{F_P}{2}(x_2 - a)^2 - \frac{F_P b}{6l}(l^2 - b^2) \tag{f_2}$$

得挠曲线方程：

$$EIy_1 = \frac{F_P b}{l} \cdot \frac{x_1^3}{6} - \frac{F_P b x_1}{6l}(l^2 - b^2) \tag{g_1}$$

$$EIy_2 = \frac{F_P b}{l} \cdot \frac{x_2^3}{6} - \frac{F_P}{6}(x_2 - a)^3 - \frac{F_P b x_2}{6l}(l^2 - b^2) \tag{g_2}$$

把 $x_1 = 0$ 代入式（f_1），得 A 截面的转角为

$$\theta_A = -\frac{F_P ab}{6EIl}(l + b) \ (\circlearrowright)$$

把 $x_2 = l$ 代入式（f_2），得 B 截面的转角为

$$\theta_B = \frac{F_P ab}{6EIl}(l + a) \ (\circlearrowleft)$$

（4）求梁的最大挠度和转角。

设 $a>b$，则最大挠度将发生在 AC 段，最大挠度所在截面的转角应为零。

令 $$\frac{dy_1}{dx_1} = \theta_1 = 0$$

则 $$EI\theta_1 = \frac{F_P b}{l} \cdot \frac{x_1^2}{2} - \frac{F_P b}{6l}(l^2 - b^2) = 0$$

得 $$x_1 = \sqrt{\frac{l^2 - b^2}{3}} \tag{h}$$

把 x_1 值代入式（g_1）得

$$y_{max} = -\frac{F_P b\sqrt{(l^2 - b^2)^3}}{9\sqrt{3}EIl}$$

最大挠度的截面将随集中力 F_P 的位置改变而改变。如果集中力 F_P 在梁的跨度中，即最大挠度所在位置为

$$x_1 = x = 0.5l \tag{i}$$

如果将力 F_P 向右移，而使 $b \to 0$，则式（h）为

$$x_1 = \frac{l}{\sqrt{3}} = 0.577l \tag{j}$$

比较式（i）、式（j）可见，两种极限情况下发生的最大挠度的截面位置相差不大，由于简支梁的挠曲线是光滑曲线，所以可以用跨度中点的挠度，近似地表示简支梁在任意位置

受集中力作用时所产生的最大挠度。当 $x=\dfrac{l}{2}$ 时，最大挠度为

$$|y|_{\max}=\frac{F_{\mathrm{P}}l^3}{48EI}$$

最大转角为

$$|\theta|_{\max}=\frac{F_{\mathrm{P}}l^2}{16EI}$$

从上面的例题中可以看到，在对各梁段写弯矩方程时，都是从坐标原点开始，这样，后一段梁的弯矩方程中总是包括了前一段梁的方程，只增加了包含（$x-a$）项。在对（$x-a$）项积分时，注意不要把 x 作为自变量，而是把（$x-a$）作为自变量，这样，计算挠曲线在 $x=a$ 处的两个连续条件时，就能使得两段梁上相应的积分常数都相等，从而简化了确定积分常数的工作。

6.3　用叠加法求弯曲变形

在弯曲变形很小，梁的材料又在线弹性范围内的情况下，所得梁的挠度和转角都是荷载的线性函数，在这种情况下，梁上某一荷载所引起的变形将不受其他荷载的影响，可以先分别计算每一荷载所引起的转角和挠度，然后再代数相加，从而得到这些荷载共同作用下梁的位移。这就是在前几章所应用过的叠加原理。

表 6-1 给出了简单荷载作用下的几种常用的挠曲线方程、最大挠度及端截面的转角。下面通过例题说明如何利用表 6-1 叠加计算梁的变形。

表 6-1　简单荷载作用下梁的变形

梁的类型及荷载	挠曲线方程	转角及挠度
y, F_{P}, A, O, θ_B, B, x, f, l	$y=-\dfrac{F_{\mathrm{P}}x^2}{6EI}(3l-x)$	$\theta_B=-\dfrac{F_{\mathrm{P}}l^2}{2EI}$ $f=-\dfrac{F_{\mathrm{P}}l^3}{3EI}$
y, q, O, A, θ_B, B, x, f, l	$y=-\dfrac{qx^2}{24EI}(x^2+6l^2-4lx)$	$\theta_B=-\dfrac{ql^3}{6EI}$ $f=-\dfrac{ql^4}{8EI}$
y, q, O, A, θ_B, B, x, f, l	$y=-\dfrac{qx^2}{120lEI}(10l-10l^2x+5lx^2-x^3)$	$\theta_B=-\dfrac{ql^3}{24EI}$ $f=-\dfrac{ql^4}{30EI}$
y, A, O, θ_B, B, m, x, f, l	$y=-\dfrac{mx^2}{2EI}$	$\theta_B=-\dfrac{ml}{EI}$ $f=-\dfrac{ml^2}{2EI}$

续表

梁的类型及荷载	挠曲线方程	转角及挠度
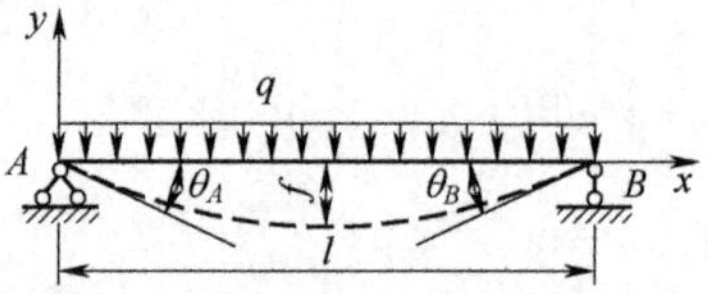	$y=-\dfrac{qx}{24EI}(l^3-2lx^2+x^3)$	$\theta_A=-\theta_B=-\dfrac{ql^3}{24EI}$ $f=-\dfrac{5ql^4}{384EI}$
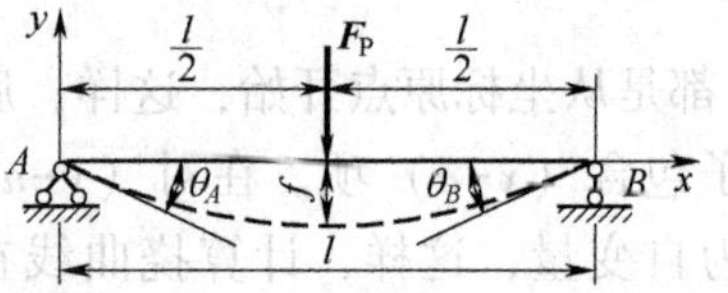	$y=-\dfrac{F_Px}{12EI}\left(\dfrac{3l^2}{4}-x^2\right)$ $0\leqslant x\leqslant\dfrac{l}{2}$	$\theta_A=-\theta_B=\dfrac{F_Pl^2}{16EI}$ $f=-\dfrac{F_Pl^3}{48EI}$
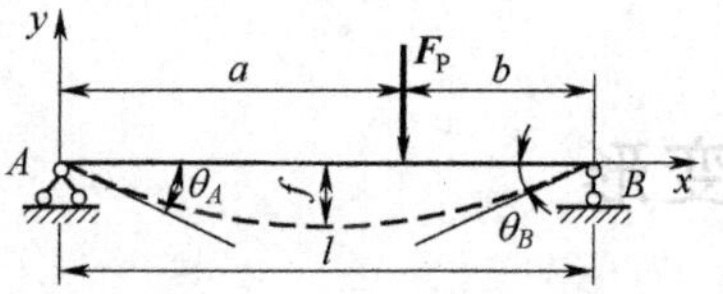	$y=-\dfrac{F_Pbx}{6lEI}(l^2-x^2-b^2)\ (0\leqslant x\leqslant a)$ $y=-\dfrac{F_Pb}{6lEI}\left[(l^2-b^2)x-x^3+\dfrac{l}{b}(x-a)^3\right]\ (a\leqslant x\leqslant l)$	$\theta_A=-\dfrac{F_Pab(l+b)}{6lEI}$ $\theta_B=\dfrac{F_Pab(l+a)}{6lEI}$ 若 $a>b$，在 $x=\sqrt{\dfrac{l^2-b^2}{3}}$ 处 $f=-\dfrac{\sqrt{3}F_Pb}{27lEI}(l^2-b^2)^{\frac{3}{2}}$
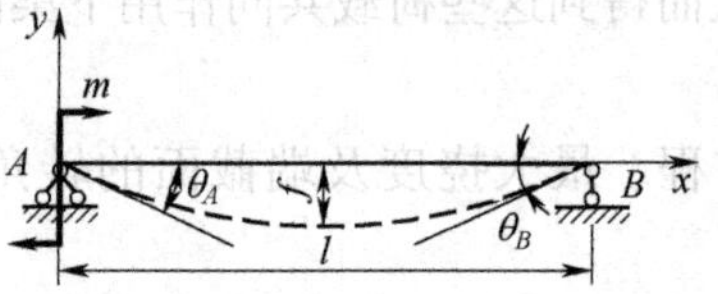	$y=-\dfrac{mx}{6lEI}(l-x)(2l-x)$	$\theta_A=-\dfrac{ml}{3EI}$，$\theta_B=\dfrac{ml}{6EI}$ 在 $x=\left(1-\dfrac{\sqrt{3}}{3}\right)l$ 处，$f=-\dfrac{\sqrt{3}ml^2}{27EI}$ 在 $x=\dfrac{l}{2}$ 处，$y_{\frac{l}{2}}=-\dfrac{ml^2}{16EI}$
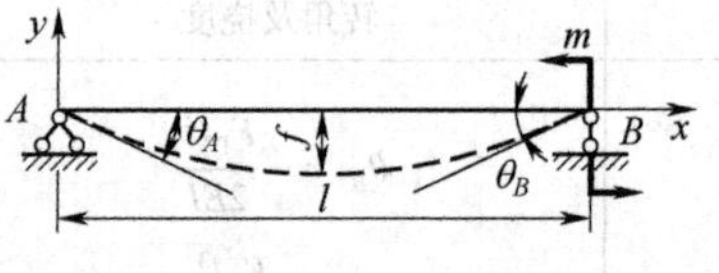	$y=-\dfrac{mlx}{6EI}\left(1-\dfrac{x^2}{l^2}\right)$	$\theta_A=-\dfrac{ml}{6EI}$，$\theta_B=\dfrac{ml}{3EI}$ 在 $x=\dfrac{\sqrt{3}}{3}l$ 处，$f=-\dfrac{\sqrt{3}ml^2}{27EI}$ 在 $x=\dfrac{l}{2}$ 处，$y_{\frac{l}{2}}=-\dfrac{ml^2}{16EI}$

【例题 6-4】 如图 6-6 所示简支梁在集中力 $\boldsymbol{F}_P$ 及均布荷载 q 作用下，用叠加法求梁中点挠度 y_C 和支座处的转角 θ_A 和 θ_B。已知 EI 为常数。

解 把梁所受荷载分解为只受均布荷载 q 及只受集中力 F_P 的两种情况［图 6-6（b）、（c）］，应用表 6-1 分别查出相应的位移值，然后叠加

$$y_C=y_{Cq}+y_{CF}=-\frac{5ql^4}{384EI}-\frac{F_Pl^3}{48EI}(\downarrow)$$

$$\theta_A=\theta_{Aq}+\theta_{AF}=-\frac{-ql^3}{24EI}-\frac{F_Pl^2}{16EI}(\curvearrowright)$$

$$\theta_B=\theta_{Bq}+\theta_{BF}=\frac{ql^3}{24EI}+\frac{F_Pl^2}{16EI}(\curvearrowleft)$$

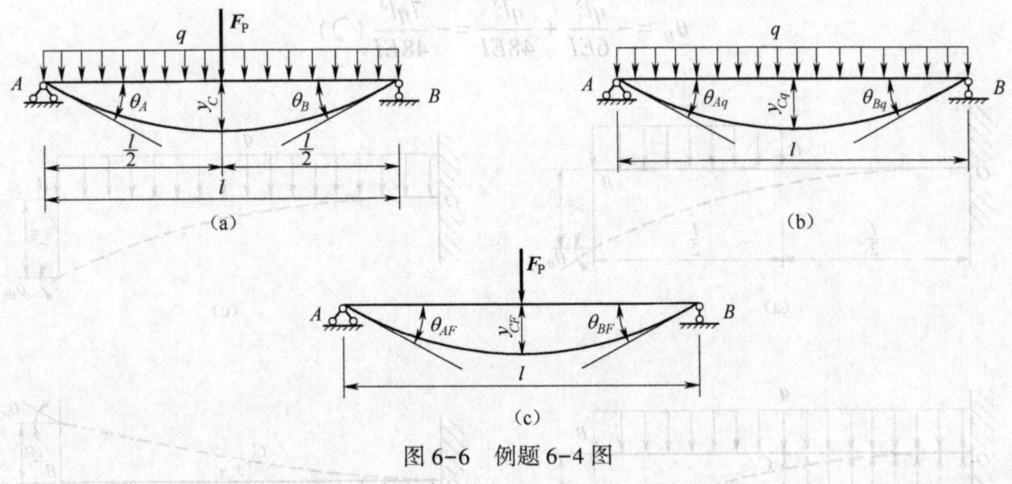

图 6-6 例题 6-4 图

【例题 6-5】 如图 6-7（a）所示悬臂梁，沿自由端$\dfrac{l}{2}$梁长受均布荷载 q 作用，试用叠加法求梁自由端 B 点的挠度和转角。已知 EI 为常量。

解 为了能直接利用表 6-1 查出相应的挠度和转角，可将梁上的均布荷载延伸至 A 点。并在 AC 段上再加荷载集度相同、面方向相反的均布荷载 q，这样图 6-7（b）所受的荷载与原结构相符。再将图 6-7（b）分解成图 6-7（c）和图 6-7（d），表示成简单荷载作用下的梁。应用叠加原理得

$$y_B = y_{B1} + y_{B2}$$

$$y_{B1} = -\frac{ql^4}{8EI}(\downarrow)$$

$$y_{B2} = y_{C2} + \theta_{C2} \cdot \left(\frac{l}{2}\right)(\uparrow)$$

$$y_{C2} = \frac{q\left(\dfrac{l}{2}\right)^4}{8EI} = \frac{ql^4}{128EI}(\uparrow)$$

$$\theta_{C2} = \frac{q\left(\dfrac{l}{2}\right)^3}{6EI} = \frac{ql^3}{48EI}(\circlearrowleft)$$

$$y_{B2} = \frac{ql^2}{128EI} + \frac{ql^3}{48EI}\left(\frac{l}{2}\right) = \frac{7ql^4}{384EI}(\uparrow)$$

得

$$y_B = -\frac{ql^4}{8EI} + \frac{7ql^4}{384EI} = -\frac{41ql^4}{384EI}(\downarrow)$$

$$\theta_B = \theta_{B1} + \theta_{B2}$$

$$\theta_{B1} = -\frac{ql^3}{6EI}(\circlearrowright)$$

$$\theta_{B2} = \theta_C = \frac{q\left(\dfrac{l}{2}\right)^3}{6EI} = \frac{ql^3}{48EI}(\circlearrowleft)$$

得
$$\theta_B=-\frac{ql^3}{6EI}+\frac{ql^3}{48EI}=-\frac{7ql^3}{48EI}(\circlearrowright)$$

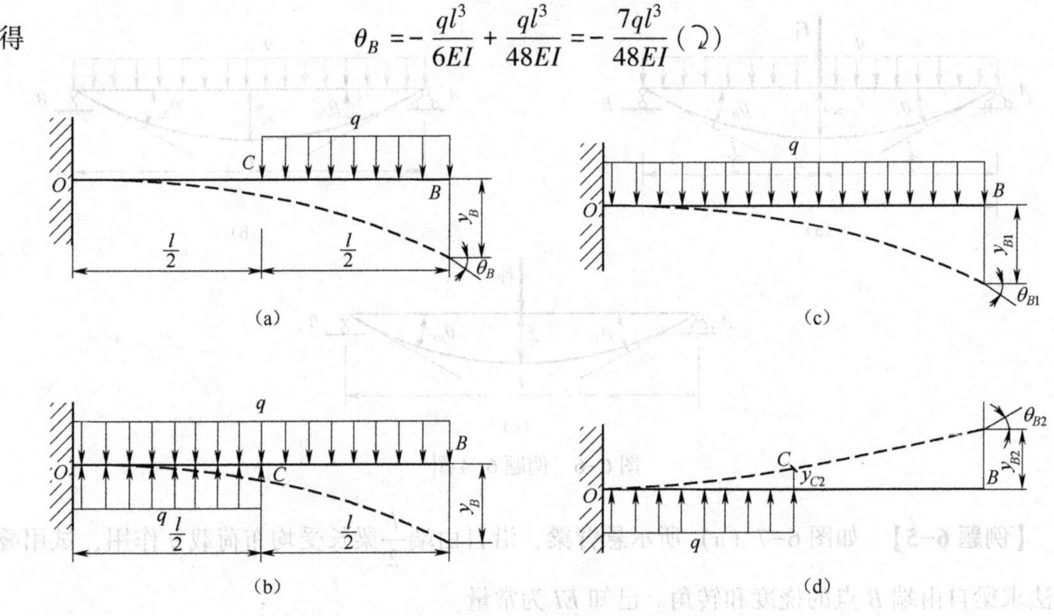

图 6-7 例题 6-5 图

【例题 6-6】 试用叠加法求图 6-8（a）所示外伸梁 C、D 点的挠度及 A、B、D 点的转角。

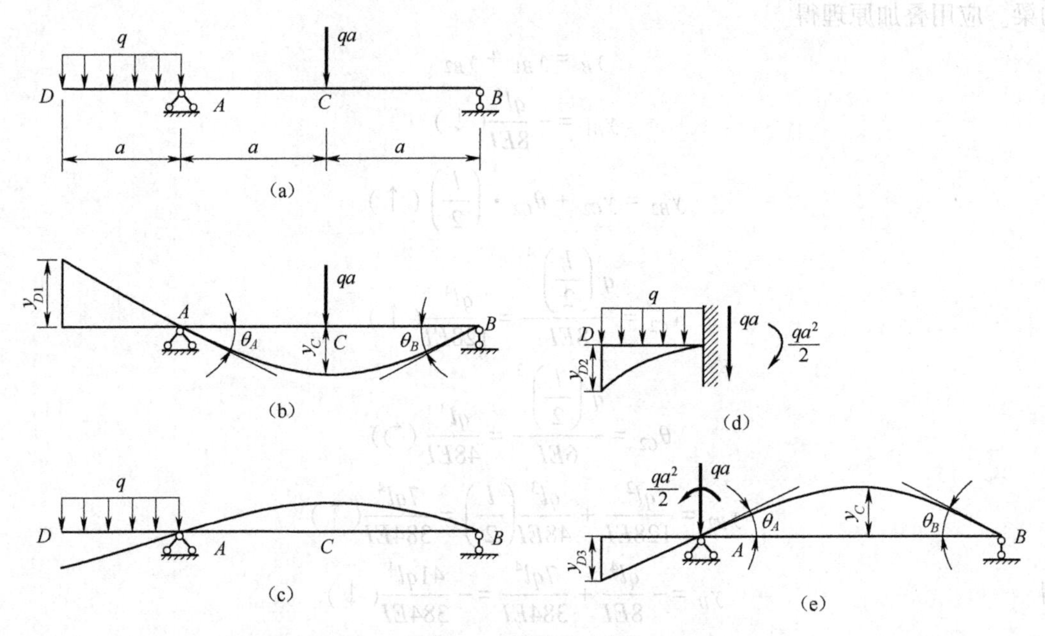

图 6-8 例题 6-6 图

解 分别画出集中力 qa 及均布荷载 q 作用下的受力图 6-8（b）和图 6-8（c）。集中力 qa 作用下的挠度及转角值可查表 6-1 得

$$y_{C1}=-\frac{qa\cdot(2a)^3}{48EI}=-\frac{qa^4}{6EI}(\downarrow)$$

$$y_{D1}=\theta_{A1}\cdot a=\frac{qa\,(2a)^2}{16EI}\cdot a=\frac{qa^3}{4EI}(\uparrow)$$

$$\theta_{A1}=-\frac{qa^3}{4EI}(\circlearrowright),\ \theta_{B1}=\frac{qa^3}{4EI}(\circlearrowleft)$$

$$\theta_{D1}=\theta_{A1}=-\frac{qa^3}{4EI}(\circlearrowright)$$

均布荷载 q 作用下的外伸梁图 6-8（c）不能直接查表 6-1，为此，假想在悬臂段 A 截面处进行刚化，即使 A 截面既不能转动，也不能移动（相当于 A 截面为一固定端）。其转动力偶及移动力即为 AD 梁上固定端 A 点的约束反力偶 $\frac{qa^2}{2}$ 及约束力 qa［图 6-8（d）］。为了与实际情况相符，又必须将刚化产生的转动力偶与移动力去掉，即放松。所放松的转动力偶与移动力必与所加的转动力偶与移动力大小相等、方向相反［图 6-8（e）］。这样将图 6-8（b）、（d）、（e）三种情况叠加，即与原结构相符。

$$y_{D2}=\frac{qa^4}{8EI}(\downarrow),\ \theta_{D2}=\frac{qa^3}{6EI}(\circlearrowleft)$$

$$y_{D3}=-\theta_{A2}\cdot a=-\frac{Ml}{3EI}\cdot a=-\frac{\frac{qa^2}{2}(2a)}{3EI}\cdot a=-\frac{qa^4}{3EI}(\downarrow)$$

$$y_{C2}=\frac{Ml^2}{16EI}=\frac{\left(\frac{qa^2}{2}\right)\cdot(2a)^2}{16EI}=\frac{qa^4}{8EI}(\uparrow)$$

$$\theta_{A2}=\frac{Ml}{3EI}=\frac{\left(\frac{qa^2}{2}\right)\cdot(2a)}{3EI}=\frac{qa^3}{3EI}(\circlearrowleft)$$

$$\theta_{B2}=-\frac{Ml}{6EI}=-\frac{\left(\frac{qa^2}{2}\right)\cdot(2a)}{6EI}=-\frac{qa^3}{6EI}(\circlearrowright)$$

$$\theta_{D2}=\theta_{A2}=\frac{qa^3}{3EI}(\circlearrowleft)$$

将图 6-8（b）、（d）、（e）的挠度与转角叠加为

$$\begin{aligned}y_D&=y_{D1}+y_{D2}+y_{D3}\\&=\frac{qa^4}{4EI}-\frac{qa^4}{8EI}-\frac{qa^4}{3EI}=-\frac{5qa^4}{24EI}(\downarrow)\end{aligned}$$

$$\begin{aligned}y_C&=y_{C1}+y_{C2}\\&=-\frac{qa^4}{6EI}+\frac{qa^4}{8EI}=-\frac{qa^4}{24EI}(\downarrow)\end{aligned}$$

$$\begin{aligned}\theta_A&=\theta_{A1}+\theta_{A2}\\&=-\frac{qa^3}{4EI}+\frac{qa^3}{3EI}=\frac{qa^3}{12EI}(\circlearrowleft)\end{aligned}$$

$$\theta_B = \theta_{B1} + \theta_{B2} = \frac{qa^3}{4EI} - \frac{qa^3}{6EI} = \frac{qa^3}{12EI}(\circlearrowleft)$$

$$\theta_D = \theta_{D1} + \theta_{D2} + \theta_{D3} = -\frac{qa^3}{4EI} + \frac{qa^3}{6EI} + \frac{qa^3}{3EI} = \frac{qa^3}{4EI}(\circlearrowleft)$$

【例题 6-7】 图 6-9（a）所示一变截面悬臂梁，其惯性矩分别为 I 和 $2I$，在 C 端受集中力 F_P 作用。试求截面 C 的挠度。

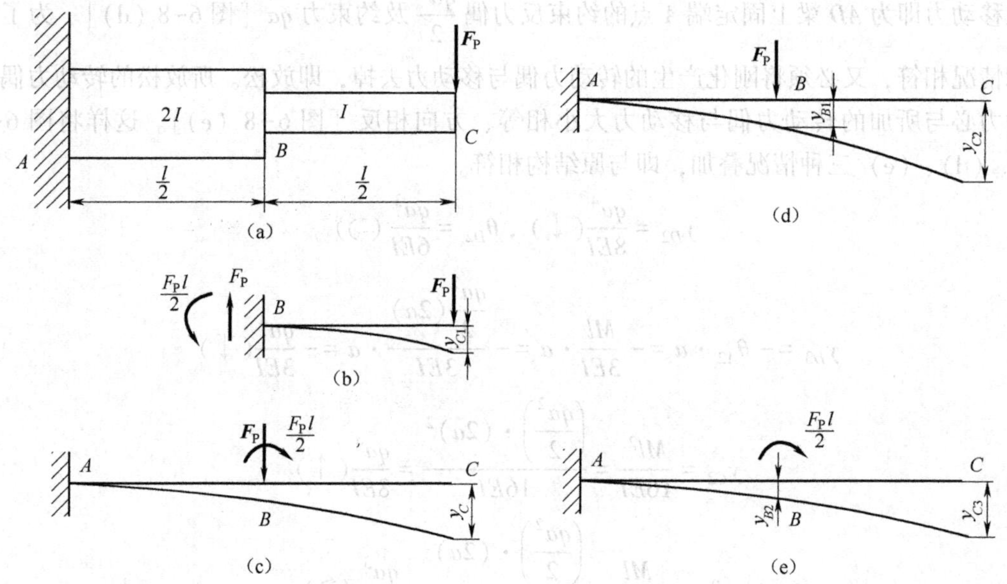

图 6-9 例题 6-7 图

解 因 AB 段与 BC 段抗弯刚度不同，不能直接查表，因而还要和上例一样，在 B 点进行刚化、放松。如图 6-9（b）、（c）所示，而图 6-9（c）又可分解成图 6-9（d）、（e），将图 6-9（b）、（d）、（e）进行叠加，即可求出原梁的变形。

$$y_{C1} = -\frac{F_P\left(\dfrac{l}{2}\right)^3}{3EI} = \frac{-F_P l^3}{24EI}(\downarrow)$$

$$y_{C2} = y_{B1} + \theta_{B1}\cdot\frac{l}{2} = -\left(\frac{F_P\left(\dfrac{l}{2}\right)^3}{3E(2I)} + \frac{F_P\left(\dfrac{l}{2}\right)^2}{2E(2I)}\cdot\frac{l}{2}\right) = -\frac{5F_P l^3}{96EI}(\downarrow)$$

$$y_{C3} = y_{B2} + \theta_{B2}\cdot\frac{l}{2} = -\left(\frac{\dfrac{F_P l}{2}\left(\dfrac{l}{2}\right)^2}{2E(2I)} + \frac{\dfrac{F_P l}{2}\cdot\left(\dfrac{l}{2}\right)}{E(2I)}\cdot\frac{l}{2}\right) = -\frac{3F_P l^3}{32EI}(\downarrow)$$

$$y = y_{C1} + y_{C2} + y_{C3} = -\left(\frac{F_P l^3}{24EI} + \frac{5F_P l^3}{96EI} + \frac{3F_P l^3}{32EI}\right) = -\frac{3F_P l^3}{16EI}(\downarrow)$$

6.4　梁的刚度校核

求出最大挠度及转角数值之后，就可以进行刚度校核，在建筑工程中，通常只校核挠度。即

$$\frac{y_{max}}{l} \leqslant \left[\frac{y}{l}\right]$$

式中$\left[\frac{y}{l}\right]$的值通常限制在$\frac{1}{1\,000}$~$\frac{1}{200}$范围内。

在机械工程中，一般对转角和挠度都进行校核，刚度条件为

$$|y|_{max} \leqslant [y],\quad |\theta|_{max} \leqslant [\theta]$$

［y］及［θ］的值均由具体工作条件决定，一般可以在设计规范中查到。例如普通机床主轴：

$$[y] = (0.000\,1 \sim 0.000\,5)\,l$$

$$[\theta] = (0.001 \sim 0.005)\ \text{rad}$$

其中 l 是两轴承间的跨度。

【例题 6-8】　图 6-10 所示矩形截面悬臂梁，受均布荷载作用。若已知 $q=10$ kN/m，$l=3$ m，许可单位长度内的挠度$\left[\frac{y}{l}\right]=\frac{1}{250}$，已知［$\sigma$］=120 MPa，$E=2.0\times10^5$ MPa，$h=2b$，试求截面尺寸 b、h。

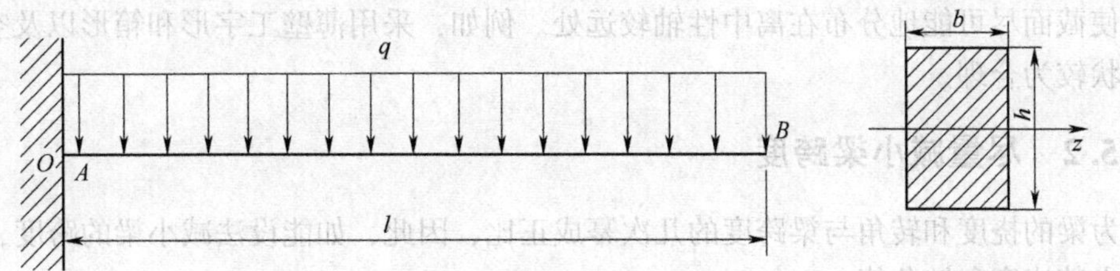

图 6-10　例题 6-8 图

解　通常先按强度条件设计截面，然后按刚度条件校核，也可以同时按强度条件和刚度条件设计截面尺寸，最后选二者之较大尺寸。

（1）根据强度条件

$$\sigma_{max} = \frac{M_{max}}{W_z} \leqslant [\sigma]$$

$$M_{max} = \frac{1}{2}ql^2 = \frac{1}{2} \times 10 \times 3^2 = 45\ \text{kN} \cdot \text{m}$$

$$W_z = \frac{bh^2}{6} = \frac{b\,(2b)^2}{6} = \frac{2b^3}{3}$$

代入上式，得 $b = \sqrt[3]{\frac{45 \times 10^6 \times 3}{120 \times 2}} = 82.5$ mm，$h = 2b \geqslant 165$ mm。

（2）根据刚度条件 $y_{\max}=\dfrac{ql^4}{8EI_z}$，$\dfrac{y_{\max}}{l}=\dfrac{ql^3}{8EI_z}$得

$$I_z=\frac{bh^3}{12}=\frac{b\ (2b)^3}{12}=\frac{2b^4}{3}$$

代入上式得

$$\frac{3ql^3}{16Eb^4}\leqslant\left[\frac{y}{l}\right]$$

则 $b\geqslant\sqrt[4]{\dfrac{3\times10\times(3\times10^3)^3}{16\times2\times10^5\times\dfrac{1}{250}}}=89.2\ \text{mm}$，$h=2b=2\times89.2=178.4\ \text{mm}$。

综合上述计算结果，按刚度计算所得的截面尺寸较大，即取 $b=90$ mm，$h=180$ mm。

6.5 提高弯曲刚度的主要措施

梁的挠度和转角与荷载的大小、跨度、支座情况、截面形状与尺寸以及材料有关，因此要提高弯曲刚度，必须从以下几方面考虑。

6.5.1 提高梁的抗弯刚度

抗弯刚度 EI 包括弹性模量和截面惯性矩两个因素，由于碳钢和合金钢的弹性模量 E 很接近，所以采用高强度优质钢代替普通钢的意义不大，故应当选择合理截面形状以加大惯性矩，即使截面尽可能地分布在离中性轴较远处。例如，采用薄壁工字形和箱形以及空心轴等截面形状较为合理。

6.5.2 尽量减小梁跨度

因为梁的挠度和转角与梁跨度的几次幂成正比，因此，如能设法减小梁的跨度，将能显著地减小其挠度和转角值。

6.5.3 增加支座

增加支座可以大大提高梁的刚度。例如，简支梁中间加支座，悬臂梁在自由端加支座等。当然，增加支座后，静定梁将变成超静定梁。

6.5.4 改善受力情况

尽量使弯矩值减小。例如，悬臂梁在自由端受集中力 $\boldsymbol{F}_{\mathrm{P}}$作用，如果将集中力 $\boldsymbol{F}_{\mathrm{P}}$变成均布荷载 q，自由端的位移将明显减小。简支梁上的集中力如果分散成为几个力或分布荷载，也会减小梁的挠度。

本章小结

（1）梁的挠曲线近似微分方程及其积分。梁的挠曲线近似微分方程为

$$y'' = \frac{M(x)}{EI_z}$$

建立这一方程应用了梁的小变形的假设，所以这一方程只适用于小挠度情况。对这一方程积分，并利用梁的边界条件和连续条件确定积分常数，就可以得到梁的挠曲线方程和转角方程。

在小变形和材料线弹性的约定条件下，在求解梁的位移时可以利用叠加原理。当梁受到几项荷载作用时，可以先分别计算各项荷载单独作用下梁的位移，然后求它们的代数和，就得到了这几项荷载共同作用下的位移。

（2）梁的刚度条件为

$$\frac{y_{\max}}{l} \leqslant \left[\frac{y}{l}\right]$$

$$\theta_{\max} \leqslant [\theta]$$

利用上述条件可以对梁进行刚度校核、截面设计和许可荷载的计算。

本章的重要概念还有：梁的挠曲线近似微分方程、积分法、梁的边界条件、梁的抗弯刚度等。

思　考　题

6-1　什么是梁的挠曲线、挠度、转角？梁的挠度和转角之间有什么关系？其正负号是如何规定的？

6-2　用挠曲线近似微分方程求解梁的挠度和转角时，其近似性表现在哪里？在哪些情况下用它来求解是不正确的？

6-3　用二次积分法求表 6-1 中第 2 行所示一悬臂梁的变形时，确定积分常数所用到的边界条件是（　　）。

A. $x=0$，$y=0$；$x=l$，$y=0$

B. $x=0$，$\theta=0$；$x=l$，$\theta=0$

C. $x=0$，$y=0$；$x=0$，$\theta=0$

D. $x=0$，$\theta=0$；$x=l$，$y=0$

6-4　梁最大挠度处的截面转角是否一定为零？梁的最大弯矩截面处的挠度是否是最大？挠度为零的截面，转角是否一定为零？在集中力偶 m 作用的截面上，弯矩发生突变，挠曲线是否在此也发生突变？

6-5　梁弯曲变形时，关于挠曲线形状和内力图图形的相互关系，正确说法应该是(　　)。

A. 若剪力图对称，则挠曲线对称；若剪力图反对称，则挠曲线也反对称

B. 若弯矩图对称，则挠曲线对称；若弯矩图反对称，则挠曲线也反对称

C. 挠曲线的形状与内力图的对称性并无相一致的联系

D. 挠曲线的形状有时与剪力图的对称性相一致，有时与弯矩图的对称性相一致

6-6　怎样用积分法求梁的挠度和转角？试说明积分常数的意义和确定方法。

习　题

6-1　根据荷载及支座情况，试画出图 6-11 所示各梁的挠曲线大致形状。

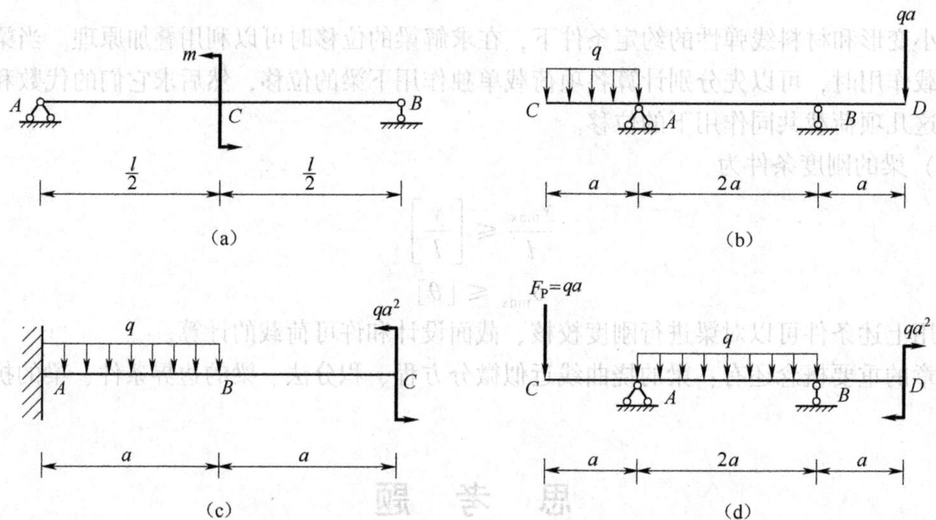

图 6-11　习题 6-1 图

6-2　试写出图 6-12 所示各梁的边界条件及连续条件，其中图 6-12（c）BC 杆的抗拉刚度为 EA，图 6-12（d）的弹性支座 B 处的弹簧刚度为 K（N/m）。梁的抗弯刚度均为常数。

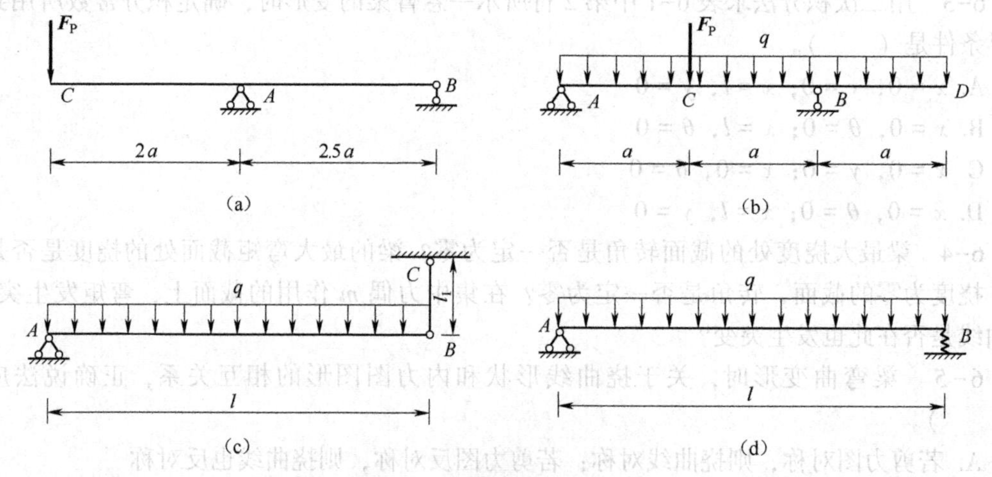

图 6-12　习题 6-2 图

6-3　如图 6-13 所示，简支梁受三角形荷载作用，已知 B 截面最大分布荷载 q，试用积分法求 θ_A、θ_B、$y_{\max}$。已知 EI 为常数。

6-4　试用积分法求图 6-14 所示外伸梁 AC 的 θ_A、y_C、y_D。已知 EI 为常数。

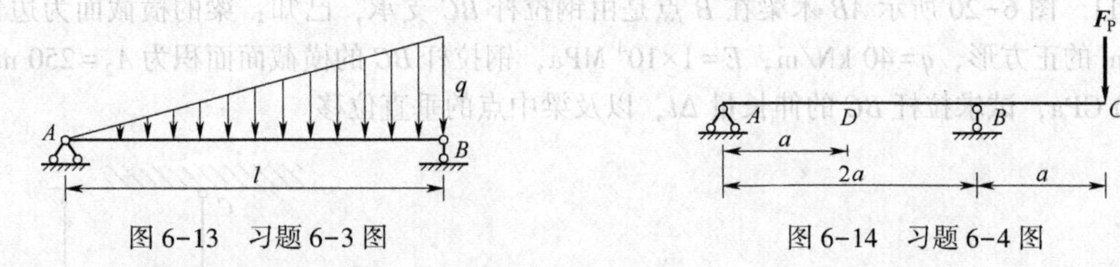

图 6-13　习题 6-3 图　　　　图 6-14　习题 6-4 图

6-5　试用积分法求图 6-15 所示外伸梁的 θ_B、y_C，已知 EI 为常数。

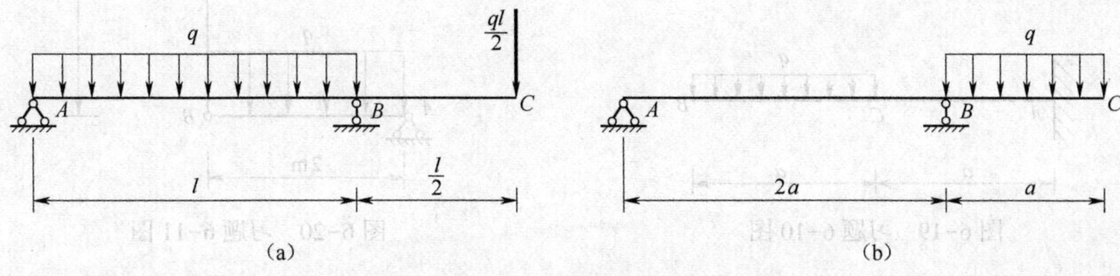

图 6-15　习题 6-5 图

6-6　用叠加法求图 6-11（b）、（d）所示梁的 y_C、y_D、θ_A、θ_B。

6-7　用叠加法求图 6-16 所示外伸梁的 y_C、θ_B。

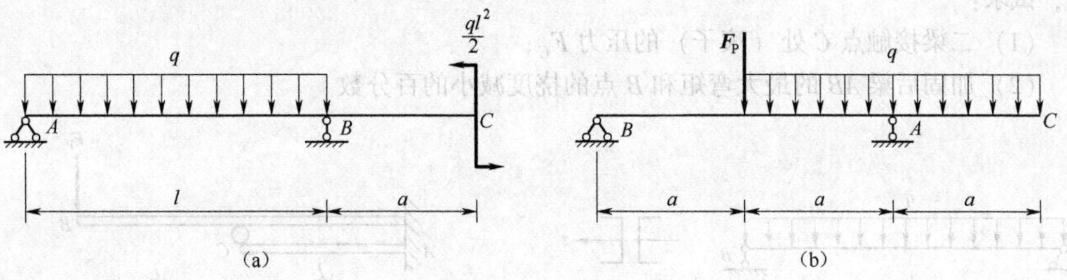

图 6-16　习题 6-7 图

6-8　若图 6-17 所示梁 D 截面的挠度为零，试求 F_P 与 ql 间的关系。

6-9　如图 6-18 所示，变截面悬臂梁 AB，试求该梁 A 点处的挠度。

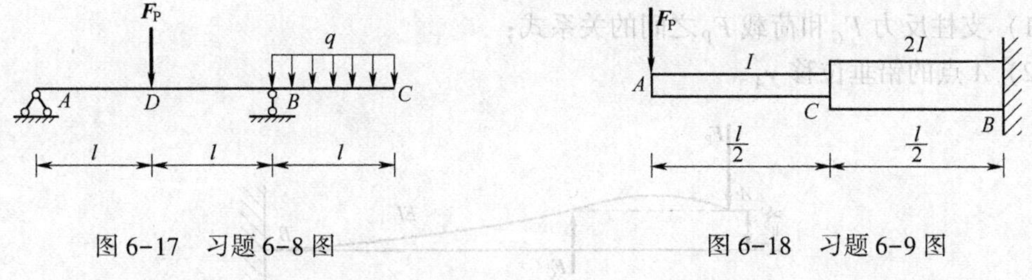

图 6-17　习题 6-8 图　　　　图 6-18　习题 6-9 图

6-10　悬臂梁承受荷载如图 6-19 所示，已知：$q=15$ kN/m，$a=1$ m，$E=200$ GPa，$[y]=\frac{l}{500}$（其 $l=2a$），试选择工字钢型号。

6-11　图 6-20 所示 AB 木梁在 B 点是由钢拉杆 BC 支承，已知：梁的横截面为边长等于 0.2 m 的正方形，$q=40$ kN/m，$E=1\times10^4$ MPa，钢拉杆 BC 的横截面面积为 $A_2=250$ mm^2，$E_2=210$ GPa，试求拉杆 BC 的伸长量 Δl，以及梁中点的垂直位移。

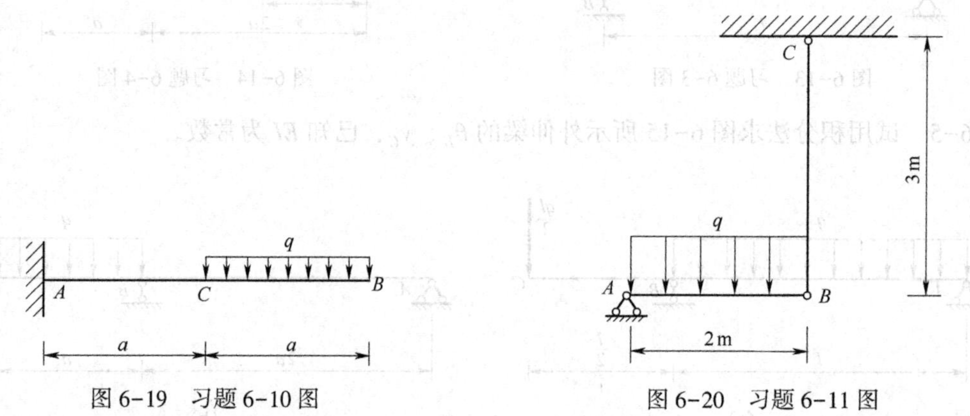

图 6-19　习题 6-10 图　　图 6-20　习题 6-11 图

6-12　简支梁如图 6-21 所示，已知：$l=4$ m，$q=10$ kN/m，$[\sigma]=100$ MPa，若许用挠度 $[y]=\frac{l}{1\,000}$，截面为两个槽钢组成的组合截面，试选定槽钢的型号，并对自重影响进行校核。

6-13　梁 AB 因强度和刚度不足，用同一材料和同样截面的梁 AC 加固，如图 6-22 所示，试求：

（1）二梁接触点 C 处（滚子）的压力 F_C；

（2）加固后梁 AB 的最大弯矩和 B 点的挠度减小的百分数。

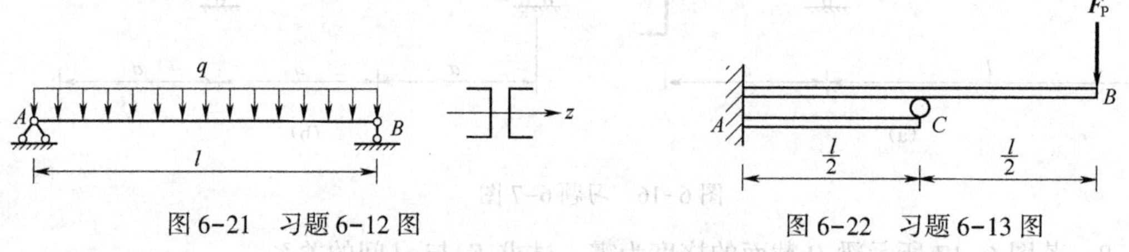

图 6-21　习题 6-12 图　　图 6-22　习题 6-13 图

6-14　悬臂梁如图 6-23 所示，自由端 A 处用一集中力 $\boldsymbol{F}_P$，若在距 A 端为 a 的 C 点处设置一支柱，欲使 A、C 两点在变形后保持在同一水平线上。试求：

（1）支柱反力 F_C 和荷载 F_P 之间的关系式；

（2）A 点的铅垂位移 y_A。

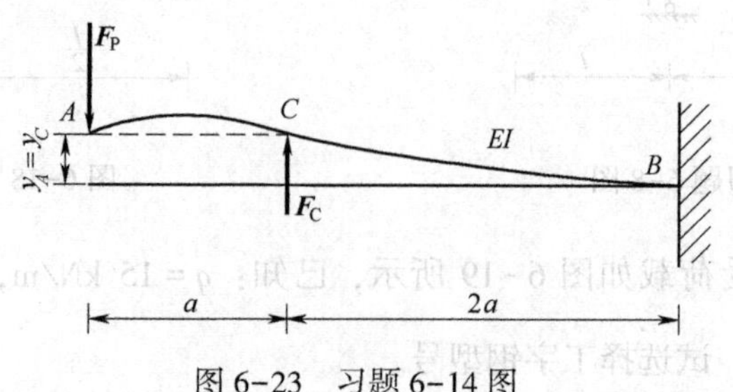

图 6-23　习题 6-14 图

习题参考答案

6-2　(a) $x_1 = 2a$，$y_1 = 0$，$x_2 = 4.5a$，$y_2 = 0$；$x_1 = x_2 = 2a$，$y_1 = y_2$，$\theta_1 = \theta_2$

(b) $x_1 = 0$，$y_1 = 0$，$x_2 = 2a$，$y_2 = 0$；$x_1 = a$，$y_1 = y_2$，$\theta_1 = \theta_2$，$x_2 = 2a$，$y_2 = y_3$，$\theta_2 = \theta_3$

(c) $x = 0$，$y = 0$；$x = l$，$y = \Delta l_{BC}$

(d) $x = 0$，$y = 0$；$x = l$，$y = -\dfrac{ql}{2k}$

6-3　$\theta_A = -\dfrac{7ql^3}{360EI}$ (↻)，$\theta_B = \dfrac{ql^3}{45EI}$ (↺)，$y_{\max} = -0.00652\dfrac{ql^4}{EI}$ (↓)

6-4　$y_C = -\dfrac{F_P a^3}{EI}$ (↓)，$y_D = \dfrac{F_P a^3}{4EI}$ (↓)，$\theta_A = \dfrac{F_P a^3}{3EI}$ (↺)

6-5　(a) $\theta_B = \dfrac{ql^3}{24EI}$ (↺)，$y_C = -\dfrac{ql^4}{24EI}$ (↓)

(b) $\theta_B = \dfrac{-qa^3}{3EI}$ (↻)，$y_C = -\dfrac{11ql^4}{24EI}$ (↓)

6-6　(b) $y_C = -\dfrac{-19qa^4}{24EI}$ (↓)，$y_D = -\dfrac{7qa^4}{6EI}$ (↓)

(d) $y_C = -\dfrac{qa^4}{EI}$ (↓)，$y_D = \dfrac{-qa^4}{EI}$ (↓)

6-7　(a) $y_C = -\dfrac{qal^2}{24EI}(5l + 6a)$ (↓)，$\theta_B = \dfrac{5ql^3}{24EI}$ (↺)

(b) $y_C = -\dfrac{1}{EI}\left(\dfrac{F_P a^3}{4} - \dfrac{13qa^4}{48}\right)$ (↓)，$\theta_B = -\dfrac{a^2}{48EI}(qa - 12F_P)$ (↻)

6-8　$F_P = \dfrac{3ql}{4}$

6-9　$y_C = -\dfrac{3qa^4}{16EI}$ (↓)

6-10　工字钢 22a

6-11　$\Delta l = 2.28$ mm，$\Delta = 7.39$ mm

6-12　选用两个 22a 槽钢

6-13　$F_C = \dfrac{5}{4}F_P$，$M_{\max}$减小 50%，y_B减小 39%

6-14　$F_C = \dfrac{13F_P}{6}$，$y_A = y_C = \dfrac{10F_P a^3}{9EI}$

第 7 章　应力状态与强度理论

本章首先介绍应力状态的概念，并重点研究平面应力状态理论，然后介绍一般应力状态下的应力、应变关系及其应用，最后介绍常见的强度理论。

7.1　一点的应力状态

在前面几章中，分别讨论了拉伸、压缩、扭转和弯曲的强度问题，这些强度问题的共同特点有两点：其一，杆件危险截面上的危险点只承受正应力或剪应力；其二，杆件的强度条件根据实验得到的极限应力而建立。但工程实际中还有一些杆件或结构，其危险点的应力状态大都既有正应力又有剪应力，比较复杂；同时其种类繁多，不可能都通过实验得到其极限应力。因而，有必要研究各种不同的复杂应力状态，同时研究不同应力状态下构件的破坏规律，寻找破坏的共同原因，建立复杂受力时的强度条件。

在第 5 章进行梁的应力分析时，我们知道，在同一横截面上各点处的应力并不相同。同时，在关于杆件强度问题的研究中，我们往往计算的是杆件横截面上的应力，这是远远不够的。因为杆件的破坏并不总是发生在横截面上，如铸铁圆轴扭转的断裂面与轴线成 45°角，低碳钢试件拉伸屈服时的滑移线也与轴线成 45°角等。这些破坏现象都与斜截面上的应力有密切关系。因此有必要研究构件内各点在不同方位截面上的应力。

通过一点处的所有不同截面上应力值的集合，称为该点的应力状态（state of stress）。

研究一点的应力状态是非常有意义的。首先，可以使我们了解一点的应力值随截面方位的变化规律，掌握正应力、剪应力的最大值、最小值及其所在截面方位；其次，可以使我们加深对构件破坏规律的认识；最后，有助于我们揭示更复杂情况下破坏的一般规律，从而建立复杂受力状态下构件的强度条件，即为强度理论。

为了研究构件中一点的应力状态，首先围绕该点截取微小正六面体作为分离体，该微小正六面体称为单元体，然后给出此单元体各侧面上的应力，如图 7-1 所示。由于单元体各边边长均为无穷小量，因此各面上的应力都可看成是均匀分布的，且两平行面上对应的应力数值相等。将法线与 x 轴、y 轴、z 轴平行的面分别称为 x 面、y 面、z 面。用 σ_x 、σ_y 、σ_z 分别表示 x 面、y 面、z 面上的正应力，而剪应力采用双下标表示，即第一个下标表示该剪应力的所在面，第二个下标表示它的指向，如 τ_{xy} 表示 x 面上平行于 y 轴的剪应力。

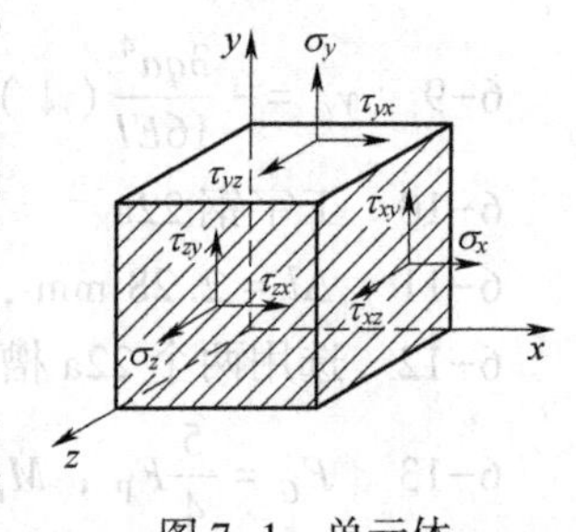

图 7-1　单元体

当单元体三对面上的应力已经确定时，为求某个方位面（斜截面）上的应力，其基本方法是截面法：用一假想截面将单元体从所考察的斜截面处截为两部分，如图 7-2 所示，考察其中任意一部分的平衡，利用平衡条件求得这一斜截面上的正应力和剪应力。

在应力单元体上，剪应力等于零的截面称为主平面（principal planes of stress），主平面

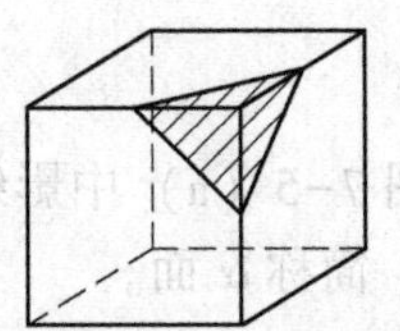
图 7-2　求斜截面应力

上的正应力称为主应力（principal stresses）。若规定拉应力为正，压应力为负，则三个主应力按代数值从大到小依次称为第一、第二、第三主应力，分别记为 σ_1、σ_2、σ_3（$\sigma_1 \geqslant \sigma_2 \geqslant \sigma_3$）。全部由主平面组成的应力单元体称为主应力单元体。

一点处应力状态根据主应力情况可分成三类：只有一个主应力不为零的称为单向（单轴）应力状态［图 7-3（a）］，两个主应力不为零的称为二向应力状态［图 7-3（b）］，三个主应力都不为零的称为三向（空间或一般）应力状态［图 7-3（c）］。通常将单向和二向应力状态统称为平面应力状态。在二向应力状态中，若 σ_x、σ_y 均为零，只有 τ_{xy} 与 τ_{yx}，称为纯剪切状态（shearing state of stresses）。可见，纯剪切状态与单向应力状态均是二向应力状态的特例，而二向应力状态与单向应力状态又是三向（空间或一般）应力状态的特例。一般工程中常见的是平面应力状态，因此，本章主要研究平面应力状态并介绍一般应力状态的主要结论。平面应力状态的研究方法通常分为解析法与图解法两种。

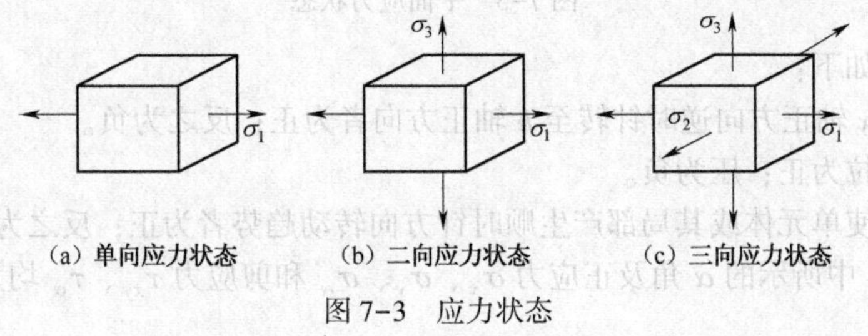

图 7-3　应力状态

7.2　平面应力状态分析——解析法

7.2.1　斜截面上的应力

对于平面应力状态，由于单元体有一对面上没有应力作用，所以三维单元体可以用一平面微元表示。以图 7-4（a）所示的悬臂梁弯曲为例，在梁上边缘点 A 处截取如图 7-4（b）所示单元体，其左右两侧面上的正应力可按弯曲正应力公式 $\sigma_{max} = M/W$ 算出。在离中性层为 y 的 B 点处截取如图 7-4（c）所示单元体，其左右两侧面上的正应力和剪应力可由 $\sigma = \dfrac{My}{I}$ 和 $\tau = \dfrac{F_Q S_z}{Ib}$ 求得，再根据剪应力互等定理，在上下两个平面上还有剪应力 τ。单元体 A、B 的前后两个侧面上都没有应力作用。按照应力状态的分类，A 点属于单向应力状态，B 点属于二向应力状态。

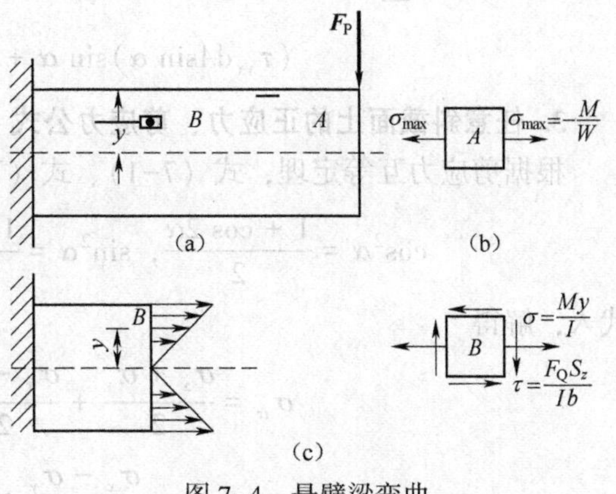

图 7-4　悬臂梁弯曲

运用截面法来建立任意斜截面上的应力计算公式。

1. 正负号规则

如图 7-5（a）所示，任意斜截面是指所有平行于 z 轴的截面［图 7-5（a）中影线部分］，可用其外法线 n 与 x 轴正向的夹角表示 α，如图 7-5（b）所示，简称 α 面。

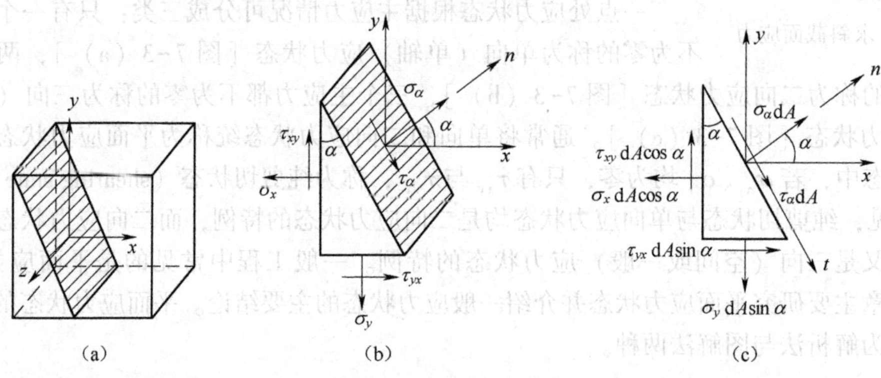

图 7-5　平面应力状态

正负号规则如下：

α 角——从 x 轴正方向逆时针转至 n 轴正方向者为正；反之为负。

正应力——拉为正；压为负。

剪应力——使单元体或其局部产生顺时针方向转动趋势者为正；反之为负。

图 7-5（b）中所示的 α 角及正应力 σ_x、σ_y、σ_α 和剪应力 τ_{xy}、τ_α 均为正，τ_{yx} 为负。

2. 平衡方程

设 α 面的面积为 $\mathrm{d}A$，则图 7-5（c）的平衡方程为（对其法线和切线投影得）

$$\sum F_n = 0,\ \sigma_\alpha \mathrm{d}A + (\tau_{xy}\mathrm{d}A\cos\alpha)\sin\alpha - (\sigma_x \mathrm{d}A\cos\alpha)\cos\alpha + (\tau_{yx}\mathrm{d}A\sin\alpha)\cos\alpha - (\sigma_y\mathrm{d}A\sin\alpha)\sin\alpha = 0 \tag{7-1}$$

$$\sum F_t = 0,\ \tau_\alpha \mathrm{d}A - (\tau_{xy}\mathrm{d}A\cos\alpha)\cos\alpha - (\sigma_x \mathrm{d}A\cos\alpha)\sin\alpha + (\tau_{yx}\mathrm{d}A\sin\alpha)\sin\alpha + (\sigma_y\mathrm{d}A\sin\alpha)\cos\alpha = 0 \tag{7-2}$$

3. 任意斜截面上的正应力、剪应力公式

根据剪应力互等定理，式（7-1）、式（7-2）中 $\tau_{xy} = \tau_{yx}$，并将

$$\cos^2\alpha = \frac{1+\cos 2\alpha}{2},\ \sin^2\alpha = \frac{1-\cos 2\alpha}{2},\ 2\sin\alpha\cos\alpha = \sin 2\alpha$$

代入，解得

$$\sigma_\alpha = \frac{\sigma_x+\sigma_y}{2} + \frac{\sigma_x-\sigma_y}{2}\cos 2\alpha - \tau_{xy}\sin 2\alpha \tag{7-3}$$

$$\tau_\alpha = \frac{\sigma_x-\sigma_y}{2}\sin 2\alpha + \tau_{xy}\cos 2\alpha \tag{7-4}$$

式（7-3）和式（7-4）就是平面应力状态任意斜截面上的应力计算公式。利用此二式可由单元体上的已知正应力 σ_x、σ_y 和剪应力 τ_{xy} 求得任意斜截面上的正应力 σ_α 和剪应力 τ_α。

【例题 7-1】 单元体上的应力如图 7-6 所示，其垂直方向和水平方向各平面上的应力为已知，互相垂直的两斜截面 $a-b$ 和 $b-c$ 的外法线分别与 x 轴夹角为 30°和-60°。试求两斜截面 $a-b$ 和 $b-c$ 上的应力。

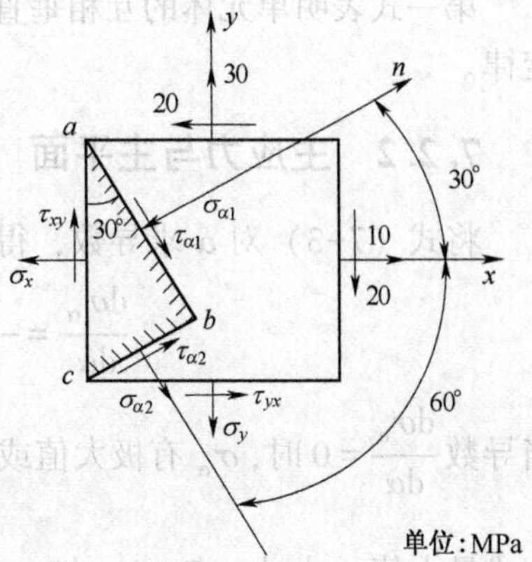

单位：MPa

图 7-6　例题 7-1 图

解　按应力和夹角的符号规定，此题中 $\sigma_x=+10\ \text{MPa}$，$\sigma_y=+30\ \text{MPa}$，$\tau_{xy}=+20\ \text{MPa}$，$\tau_{yx}=-20\ \text{MPa}$，$\alpha_1=+30°$，$\alpha_2=-60°$。

(1) 求 $\alpha_1=+30°$ 斜截面上的应力。

将有关数据代入式 (7-3) 和式 (7-4)，可得此斜截面上的正应力为

$$\sigma_{\alpha1}=\frac{\sigma_x+\sigma_y}{2}+\frac{\sigma_x-\sigma_y}{2}\cos 2\alpha_1-\tau_{xy}\sin 2\alpha_1$$

$$=\frac{10+30}{2}+\frac{10-30}{2}\cos 60°-20\sin 60°$$

$$=20-10\times 0.5-20\times 0.866=-2.32\ \text{MPa}$$

在此斜截面上的剪应力为

$$\tau_{\alpha1}=\frac{\sigma_x-\sigma_y}{2}\sin 2\alpha_1+\tau_{xy}\cos 2\alpha_1$$

$$=\frac{10-30}{2}\sin 60°+20\cos 60°$$

$$=-10\times 0.866+20\times 0.5=1.33\ \text{MPa}$$

所得正应力 $\sigma_{\alpha1}$ 为负值，表明它是压应力；剪应力 $\tau_{\alpha1}$ 为正值，其方向如图 7-6 所示。

(2) 求 $\alpha_2=-60°$ 斜截面上的应力。

由式 (7-3) 和式 (7-4) 求得此斜截面上的正应力和剪应力为

$$\sigma_{\alpha2}=\frac{\sigma_x+\sigma_y}{2}+\frac{\sigma_x-\sigma_y}{2}\cos 2\alpha_2-\tau_{xy}\sin a2\alpha_2$$

$$=\frac{10+30}{2}+\frac{10-30}{2}\times\cos(-120)°-20\sin(-120)°$$

$$=20-10\times\left(-\frac{1}{2}\right)-20\times(-0.866)=42.32\ \text{MPa}$$

$$\tau_{\alpha2}=\frac{\sigma_x-\sigma_y}{2}\sin 2\alpha_2+\tau_{xy}\cos 2\alpha_2$$

$$=\frac{10-30}{2}\sin(-120°)+20\cos(-120°)$$

$$=-10\times(-0.866)+20\times\left(-\frac{1}{2}\right)=-1.33\ \text{MPa}$$

由上面的计算结果可得，两相互垂直平面上的应力关系为

$$\sigma_{\alpha1}+\sigma_{\alpha2}=\sigma_x+\sigma_y=+40\ \text{MPa}$$

$$\tau_{\alpha1}=-\tau_{\alpha2}=+1.33\ \text{MPa}$$

第一式表明单元体的互相垂直平面上的正应力之和是不变的。第二式验证了剪应力互等定律。

7.2.2 主应力与主平面

将式（7-3）对 α 求导数，得

$$\frac{d\sigma_\alpha}{d\alpha}=-2\left(\frac{\sigma_x-\sigma_y}{2}\sin 2\alpha+\tau_{xy}\cos 2\alpha\right)$$

当导数 $\frac{d\sigma_\alpha}{d\alpha}=0$ 时，σ_α 有极大值或极小值，这时得出的 $\alpha=\alpha_0$ 所确定的截面上正应力为最大值或最小值。由式（7-4）知，此截面上 τ_α 也必为零，即当 $\left.\frac{d\sigma_\alpha}{d\alpha}\right|_{\alpha=\alpha_0}=0$ 时，必有 $\left.\tau_\alpha\right|_{\alpha=\alpha_0}=0$。 (7-5)

可见，最大或最小正应力所在截面恰是剪应力 τ_α 等于零的截面。按主平面的定义，它就是主平面，其上的正应力就是主应力，所以主应力就是最大或最小正应力。

把式（7-4）代入式（7-5），得

$$\frac{\sigma_x-\sigma_y}{2}\sin 2\alpha_0+\tau_{xy}\cos 2\alpha_0=0$$

解出

$$\tan 2\alpha_0=-\frac{2\tau_{xy}}{\sigma_x-\sigma_y} \tag{7-6}$$

将 $\alpha_0+90°$ 代入式（7-6）仍然成立，可见两个主平面是相互垂直的。

为了求得 $\sin 2\alpha_0$ 和 $\cos 2\alpha_0$ 的值，将式（7-6）表示成图 7-7（a）、（b）所示的直角三角形，则可得到

$$\left.\begin{aligned}\sin 2\alpha_0&=\mp\frac{2\tau_{xy}}{\sqrt{(\sigma_x-\sigma_y)^2+4\tau_{xy}^2}}\\ \cos 2\alpha_0&=\pm\frac{\sigma_x-\sigma_y}{\sqrt{(\sigma_x-\sigma_y)^2+4\tau_{xy}^2}}\end{aligned}\right\} \tag{7-7}$$

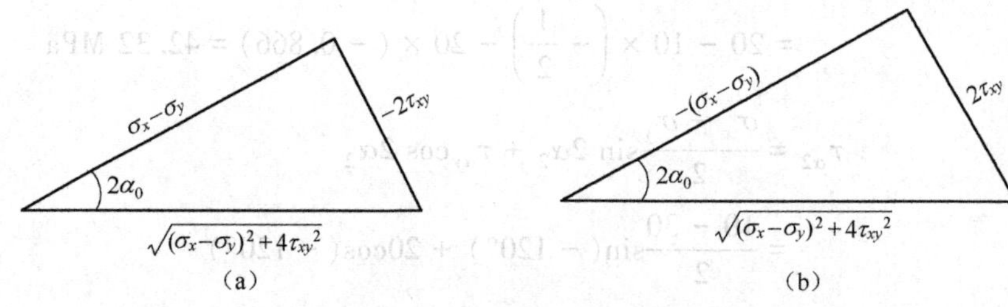

图 7-7 $\sigma\rightarrow\sigma_{max}$ 的关系图形

式（7-7）右侧上面符号表示图 7-7（a）的结果，下面符号表示图 7-7（b）的结果。现将式（7-7）中符号相反的两组表达式分别代入式（7-3），即得出两个主应力

$$\left.\begin{matrix}\sigma_{max}\\ \sigma_{min}\end{matrix}\right\} = \frac{\sigma_x + \sigma_y}{2} \pm \sqrt{\left(\frac{\sigma_x - \sigma_y}{2}\right)^2 + \tau_{xy}^2} \tag{7-8}$$

σ_{max} 是由公式（7-7）上面符号得出的结果。由此可见：图 7-7（a）即为 $\sigma \rightarrow \sigma_{max}$ 的关系图形，由图 7-7（a）可得 σ_{max} 作用面的外法线与 x 轴的夹角 α_0 为

$$\tan\alpha_0 = \frac{-2\tau_{xy}}{\sigma_x - \sigma_y} = \frac{\sin 2\alpha_0}{\cos 2\alpha_0} \tag{7-9}$$

$\sin 2\alpha_0$、$\cos 2\alpha_0$ 的正负号确定 $2\alpha_0$ 所在象限，即 α_0 的象限，此位置为 σ_{max} 所在位置。

需要指出的是式（7-8）计算的主应力是平面应力状态（二向应力状态）中的两个主应力，这时与该平面垂直的另一个主应力为零。由此得出结论：任一点至少有三个主平面，且相互垂直。

7.2.3　最大切应力及其作用面

将式（7-4）对 α 求导数，并令其等于零，设此时的 $\alpha = \alpha_1$，得

$$\left.\frac{d\tau_\alpha}{d\alpha}\right|_{\alpha=\alpha_1} = (\sigma_x - \sigma_y)\cos 2\alpha_1 - 2\tau_{xy}\sin 2\alpha_1 = 0 \tag{7-10}$$

解得

$$\tan 2\alpha_1 = \frac{\sigma_x - \sigma_y}{2\tau_{xy}} \tag{7-11}$$

显然 α_1 也有两个值，它们相差 90°，这说明 τ_α 的极值——最大剪应力和最小剪应力的作用面是互相垂直的。由式（7-10）解出 $\sin 2\alpha_1$ 和 $\cos 2\alpha_1$，代入式（7-4）即求得剪应力的最大和最小值

$$\left.\begin{matrix}\tau_{max}\\ \tau_{min}\end{matrix}\right\} = \pm\sqrt{\left(\frac{\sigma_x - \sigma_y}{2}\right)^2 + \tau_{xy}^2} \tag{7-12}$$

比较式（7-6）和式（7-11），可以看出

$$\tan 2\alpha_1 = -\frac{1}{\tan 2\alpha_0} = -\cot 2\alpha_0 = \tan(2\alpha_0 \pm 90°)$$

所以有

$$2\alpha_1 = 2\alpha_0 \pm 90°,\ \alpha_1 = \alpha_0 \pm 45°$$

这就是说，最大剪应力和最小剪应力所在平面与两个主平面的夹角都是 45°（图 7-8）。

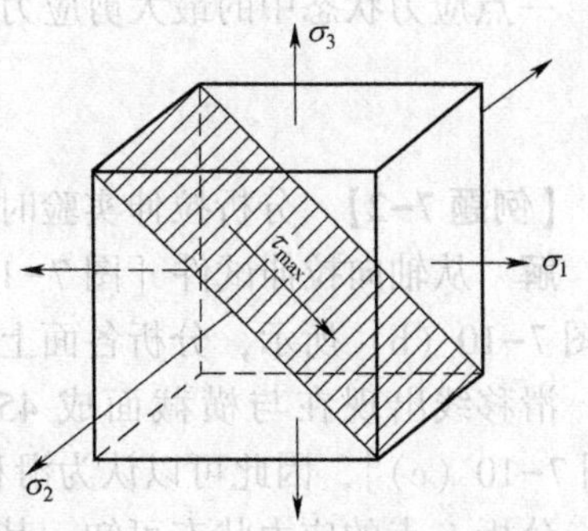

图 7-8　τ_{max} 所在平面与主平面的夹角

在剪应力的极值作用面上还有正应力，将 α_1 值代入斜截面应力计算式（7-3）中得

$$\sigma_{\alpha 1} = \frac{\sigma_x + \sigma_y}{2} + \frac{\sigma_x - \sigma_y}{2}\cos 2\alpha_1 - \tau_{xy}\sin 2\alpha_1$$

考虑到式（7-10），上式中的后两项计算结果为零。因此，在最大剪应力和最小剪应力作用面上，正应力为

$$\sigma_{\alpha 1} = \frac{\sigma_x + \sigma_y}{2}$$

该式表明，在最大剪应力和最小剪应力作用面上，正应力的值都等于原单元体上的正应力 σ_x 和 σ_y 的平均值。

需要指出的是，式（7-12）所求得的极值剪应力仅对垂直于 xy 坐标平面的一组方向面而言，因而是这一组方向面内的最大和最小剪应力，但却不一定是过这一点的所有方向面中剪应力的最大值和最小值。为确定过一点所有方向面上的最大剪应力，可以将平面应力状态视为有三个主应力作用的应力状态的特殊情形，如图 7-9（a）所示。在平行于主应力 σ_1 方向的任意方向面Ⅰ上［图 7-9（b）］，其斜截面的正应力 σ_α 和剪应力 τ_α 均与 σ_1 无关，作为平面应力状态，其应力计算式（7-3）、式（7-4）中的 $\sigma_x=\sigma_3$，$\sigma_y=\sigma_2$，$\tau_{xy}=0$；同理，在平行于主应力 σ_2 和平行于主应力 σ_3 的任意方向面Ⅱ和Ⅲ上［图 7-9（c）和图 7-9（b）］，其斜截面的正应力 σ_α 和剪应力 τ_α 均分别与 σ_2 和 σ_3 无关，同样可分别利用式(7-3)、式（7-4）求斜截面的正应力 σ_α 与剪应力 τ_α。对比式（7-12）与式（7-8），可得

$$\tau_{max}=\frac{\sigma_{max}-\sigma_{min}}{2}$$

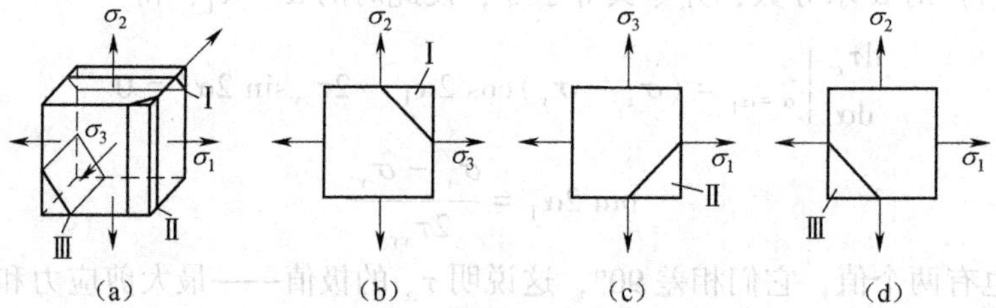

图 7-9　三组平面内的最大剪应力

于是，Ⅰ、Ⅱ和Ⅲ三组方向面内的最大剪应力分别为

$$\tau'=\frac{\sigma_2-\sigma_3}{2}$$

$$\tau''=\frac{\sigma_1-\sigma_3}{2}$$

$$\tau'''=\frac{\sigma_1-\sigma_2}{2}$$

一点应力状态中的最大剪应力应为上述三个极值剪应力中最大的，即

$$\tau_{max}=\frac{\sigma_1-\sigma_3}{2} \tag{7-13}$$

【例题 7-2】　分析拉伸实验时低碳钢试件出现滑移线的原因。

解　从轴向拉伸试件［图 7-10（a）］上任意点 K 处沿横截面和纵截面取应力单元体如图 7-10（b）所示，分析各面上应力后可知它是主应力单元体，各面均为主平面。

滑移线出现在与横截面成 45° 角的斜截面上，该面恰好为极值剪应力所在的截面［图 7-10（c）］，因此可以认为滑移线是最大剪应力引起的。

分析 K 点的应力状态可知，其最大正应力为 $\sigma_{max}=\sigma$，最大剪应力可由式（7-12）算出为 $\tau_{max}=\dfrac{\sigma}{2}$，$\tau_{max}$ 的数值仅为 σ_{max} 的一半却引起了屈服破坏，表明低碳钢一类塑性材料抗剪能力低于抗拉能力。

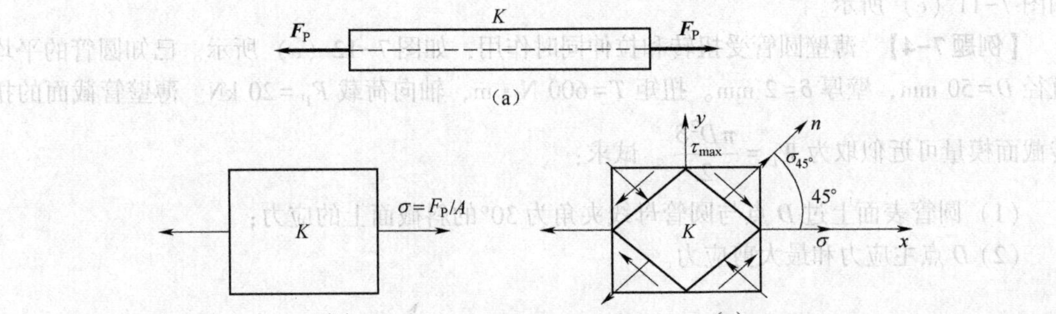

图 7-10　例题 7-2 图

【例题 7-3】　讨论圆轴扭转时的应力状态，并分析铸铁试样受扭时的破坏现象。

解　圆轴扭转时，在横截面的边缘处剪应力最大，其数值为

$$\tau = \frac{T}{W_t}$$

在圆轴的表层，按图 7-11（a）所示方式取出单元体，单元体各面上的应力如图 7-11（b）所示。

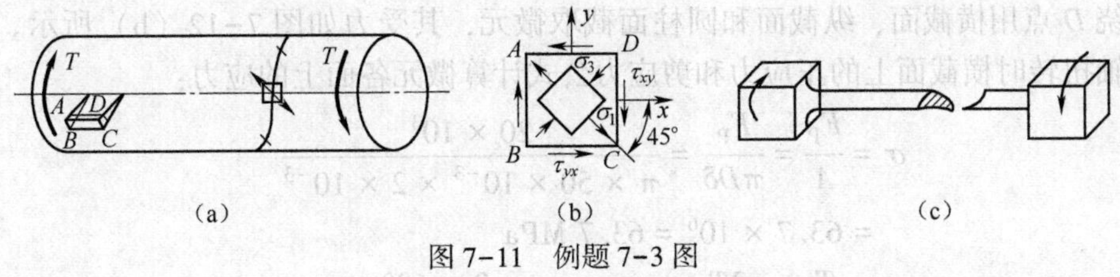

图 7-11　例题 7-3 图

$$\sigma_x = \sigma_y = 0,\ \tau_{xy} = \tau$$

这就是纯剪剪应力状态。把上式代入公式（7-8）得

$$\left.\begin{matrix}\sigma_{max}\\ \sigma_{min}\end{matrix}\right\} = \frac{\sigma_x + \sigma_y}{2} \pm \sqrt{\left(\frac{\sigma_x - \sigma_y}{2}\right)^2 + \tau_{xy}^2} = \pm\tau$$

由公式（7-6）得

$$\tan 2\alpha_0 = -\frac{2\tau_{xy}}{\sigma_x - \sigma_y} \to -\infty$$

所以

$$2\alpha_0 = -90° \text{ 或 } -270°$$

$$\alpha_0 = -45° \text{ 或 } -135°$$

以上结果表明，从 x 轴量起，由 $\alpha_0 = -45°$（顺时针方向）所确定的主平面上的主应力为 σ_{max}，而由 $\alpha_0 = -135°$ 所确定的主平面上的主应力为 σ_{min}。按照主应力的记号规定：

$$\sigma_1 = \sigma_{max} = \tau,\ \sigma_2 = 0,\ \sigma_3 = \sigma_{min} = -\tau$$

所以，纯剪切的主应力绝对值相等，都等于剪应力 τ，但一为拉应力，一为压应力。

圆截面铸铁试样扭转时，表面各点 σ_{max} 所在的主平面联成倾角为 45° 的螺旋面，如图 7-11（a）所示。由于铸铁抗拉强度较低，试件将沿这一螺旋面因拉伸而发生断裂破坏，

如图 7-11（c）所示。

【例题 7-4】 薄壁圆管受扭转和拉伸同时作用，如图 7-12（a）所示。已知圆管的平均直径 $D=50$ mm，壁厚 $\delta=2$ mm。扭矩 $T=600$ N·m，轴向荷载 $F_P=20$ kN。薄壁管截面的扭转截面模量可近似取为 $W_t=\frac{\pi D^2\delta}{2}$。试求：

（1）圆管表面上过 D 点与圆管母线夹角为 30°的斜截面上的应力；

（2）D 点主应力和最大剪应力。

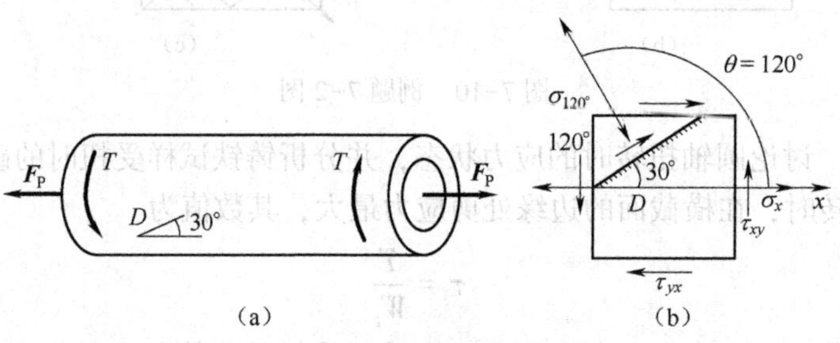

图 7-12 例题 7-4 图

解 （1）取微元，确定各个面上的应力。

围绕 D 点用横截面、纵截面和圆柱面截取微元，其受力如图 7-12（b）所示。利用拉伸和圆轴扭转时横截面上的正应力和剪应力公式计算微元各面上的应力：

$$\sigma=\frac{F_P}{A}=\frac{F_P}{\pi D\delta}=\frac{20\times10^3}{\pi\times50\times10^{-3}\times2\times10^{-3}}$$

$$=63.7\times10^6=63.7\ \text{MPa}$$

$$\tau=\frac{T}{W_t}=\frac{2T}{\pi D^2\delta}=\frac{2\times600}{\pi\times(50\times10^{-3})^2\times2\times10^{-3}}$$

$$=76.4\times10^6=76.4\ \text{MPa}$$

（2）求斜截面上的应力。

根据图 7-12（b）所示之应力状态以及关于 θ、σ_x、σ_y、τ_{xy} 的正负号规则，本例中有：$\sigma_x=63.7$ MPa，$\sigma_y=0$，$\tau_{xy}=-76.4$ MPa。将这些数据代入式（7-3）和式（7-4），求得过 D 点与圆管母线夹角为 30° 的斜截面上的应力：

$$\sigma_{120°}=\frac{\sigma_x+\sigma_y}{2}+\frac{\sigma_x-\sigma_y}{2}\cos2\alpha-\tau_{xy}\sin2\alpha$$

$$=\frac{63.7+0}{2}+\frac{63.7-0}{2}\cos(2\times120°)-(-76.4)\sin(2\times120°)$$

$$=-50.3\ \text{MPa}$$

$$\tau_{120°}=\frac{\sigma_x-\sigma_y}{2}\sin2\alpha+\tau_{xy}\cos2\alpha$$

$$=\frac{63.7-0}{2}\sin(2\times120°)+(-76.4)\cos(2\times120°)$$

$$=10.7\ \text{MPa}$$

二者的方向均示于图 7-12（b）中。

(3) 确定主应力和最大剪应力。

根据式 (7-8)：

$$\sigma' = \frac{\sigma_x + \sigma_y}{2} + \frac{1}{2}\sqrt{(\sigma_x - \sigma_y)^2 + 4\tau_{xy}^2}$$

$$= \frac{63.7 + 0}{2} + \frac{1}{2}\sqrt{(63.7 - 0)^2 + 4 \times (-76.4)^2}$$

$$= 114.6 \text{ MPa}$$

$$\sigma'' = \frac{\sigma_x + \sigma_y}{2} - \frac{1}{2}\sqrt{(\sigma_x - \sigma_y)^2 + 4\tau_{xy}^2}$$

$$= \frac{63.7 + 0}{2} - \frac{1}{2}\sqrt{(63.7 - 0)^2 + 4 \times (-76.4)^2}$$

$$= -50.9 \text{ MPa}$$

$$\sigma''' = 0$$

于是，根据主应力代数值大小顺序排列，D 点的三个主应力为

$$\sigma_1 = 114.6 \text{ MPa},\ \sigma_2 = 0,\ \sigma_3 = -50.9 \text{ MPa}$$

根据式 (7-13)，D 点的最大剪应力为

$$\tau_{\max} = \frac{\sigma_1 - \sigma_3}{2} = \frac{114.6 - (-50.9)}{2} = 82.87 \text{ MPa}$$

【例题 7-5】 图 7-13 (a) 为一横力弯曲下的梁，求得截面 m-m 上的弯矩 M 及剪力 F_Q 后，算出截面上一点 A 处的弯曲正应力和剪应力分别为：$\sigma_x = -70$ MPa，$\tau = 50$ MPa [图 7-13 (b)]。试确定 A 点的主应力大小及主平面的方位，并讨论同一截面上其他点的应力状态。

解　把从 A 点处截取的单元体放大如图 7-13 (c) 所示。垂直方向大小等于零的应力是代数值较大的应力，故选定轴的方向垂直向上。

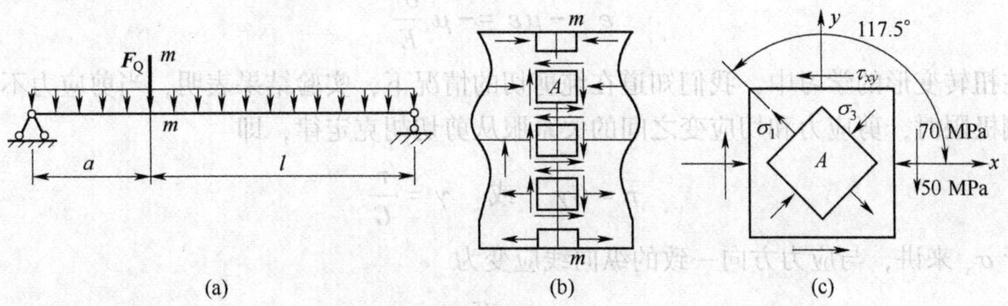

图 7-13　例题 7-5 图

$$\sigma_x = -70 \text{ MPa},\ \sigma_y = 0,\ \tau_{xy} = 50 \text{ MPa}$$

由公式 (7-6)

$$\tan 2\alpha_0 = -\frac{2\tau_{xy}}{\sigma_x - \sigma_y} = -\frac{2 \times 50}{-70 - 0} = 1.429$$

$$2\alpha_0 = 235°(\text{或} -125°)$$

$$\alpha_0 = 117.5°(\text{或} -62.5°)$$

从 x 轴逆时针方向旋转 117.5°（或者顺时针 62.5°），确定 σ_{max}所在的主平面；在同一方向旋转 27.5°，确定 σ_{min}所在的另一主平面。至于这两个主应力的大小，则可由公式（7-8）求出为

$$\left.\begin{matrix}\sigma_{max}\\ \sigma_{min}\end{matrix}\right\} = \frac{-70+0}{2} \pm \sqrt{\left(\frac{-70+0}{2}\right)^2 + (-50)^2} = \begin{cases}26\\ -96\end{cases} \text{MPa}$$

按照关于主应力的记号规定，

$$\sigma_1 = 26\ \text{MPa},\ \sigma_2 = 0,\ \sigma_3 = -96\ \text{MPa}$$

主应力及主平面的位置已表示于图 7-13（c）中。

在梁的横截面 m—m 上，其他点的应力状态都可用相同的方法进行分析。截面上下边缘处的各点为单向拉伸或压缩，横截面即为它们的主平面。在中性轴上，各点的应力状态为纯剪切，主平面与梁轴成 45°，如图 7-13（b）所示。

7.3 一般应力状态下的应力—应变关系

在最一般的情况下，描述一点的应力状态需要九个应力分量，见图 7-1。利用剪应力互等定理，$\tau_{xy}=\tau_{yx}$，$\tau_{xz}=\tau_{zx}$，$\tau_{yz}=\tau_{zy}$，则原来的九个应力分量中独立的就只有六个。这种普遍情况可以看作三组单向应力和三组纯剪切的组合。对于各向同性材料，当变形很小且在线弹性范围内时，正应力只引起线应变，而剪应力只引起同一平面内的切应变。

在前面讨论单向拉伸或压缩时，根据实验结果，曾得到线弹性范围内应力与应变的关系，即拉压胡克定律，

$$\sigma = E\varepsilon \quad \text{或} \quad \varepsilon = \frac{\sigma}{E}$$

此外，轴向的变形还将引起横向尺寸的变化，横向应变 ε 可表示为

$$\varepsilon = -\mu\varepsilon = -\mu\frac{\sigma}{E}$$

在扭转变形的学习中，我们知道在纯剪切的情况下，实验结果表明，当剪应力不超过剪切比例极限时，剪应力和切应变之间的关系服从剪切胡克定律，即

$$\tau = G\gamma \quad \text{或} \quad \gamma = \frac{\tau}{G}$$

如对于 σ_x 来讲，与应力方向一致的纵向线应变为

$$\varepsilon_x = \frac{\sigma_x}{E}$$

垂直于应力方向的横向应变为

$$\varepsilon_y = -\mu\varepsilon_x = -\mu\frac{\sigma_x}{E}$$

$$\varepsilon_z = -\mu\varepsilon_x = -\mu\frac{\sigma_x}{E}$$

在小变形条件下，考虑到正应力与剪应力的相互独立作用，应用叠加原理，可以得到一

般（空间或三向）应力状态下的应力—应变关系。

$$\left.\begin{aligned}\varepsilon_x &= \frac{1}{E}[\sigma_x - \mu(\sigma_y + \sigma_z)]\\ \varepsilon_y &= \frac{1}{E}[\sigma_y - \mu(\sigma_z + \sigma_x)]\\ \varepsilon_z &= \frac{1}{E}[\sigma_z - \mu(\sigma_x + \sigma_y)]\\ \gamma_{xy} &= \frac{\tau_{xy}}{G}\\ \gamma_{yz} &= \frac{\tau_{yz}}{G}\\ \gamma_{xz} &= \frac{\tau_{xz}}{G}\end{aligned}\right\} \tag{7-14}$$

称为一般应力状态下的应力—应变关系或广义胡克定律（Generalization Hooke Law）。

当三个主应力已知时，由于沿主应力方向只有线应变，而无切应变，则此时广义胡克定律成为

$$\left.\begin{aligned}\varepsilon_1 &= \frac{1}{E}[\sigma_1 - \mu(\sigma_2 + \sigma_3)]\\ \varepsilon_2 &= \frac{1}{E}[\sigma_2 - \mu(\sigma_3 + \sigma_1)]\\ \varepsilon_3 &= \frac{1}{E}[\sigma_3 - \mu(\sigma_1 + \sigma_2)]\end{aligned}\right\} \tag{7-15}$$

式中 ε_1、ε_2、ε_3 分别为沿主应力 σ_1、σ_2、σ_3 方向的应变，称为主应变（principal strain）。在线弹性范围内，由于各向同性材料的正应力只引起线应变，因此，任一点处的主应力指向与相应的主应变方向是一致的。

对于同一种各向同性材料，广义胡克定律中的三个弹性常数并不完全独立，它们之间存在下列关系：

$$G = \frac{E}{2(1+\mu)} \tag{7-16}$$

【例题 7-6】　图 7-14（a）所示扭转圆轴的直径 $d = 50$ mm，材料的弹性模量 $E = 210$ GPa，泊松比 $\mu = 0.28$，今测得表面 K 点与母线成 45° 方向的线应变 $\varepsilon_{45°} = -300 \times 10^{-6}$，试求作用在圆轴两端的扭矩 T。

解　(1) K 点应力状态分析。

K 点应力状态如图 7-14（b）所示，为纯剪应力状态。与母线成 45°的方向为主应力 σ_3 的方向，与 σ_3 垂直的则是 σ_1、σ_2 的方向，这里

$$\sigma_1 = \tau,\ \sigma_2 = 0,\ \sigma_3 = -\tau$$

(2) 建立应力-应变关系。

由式（7-14）

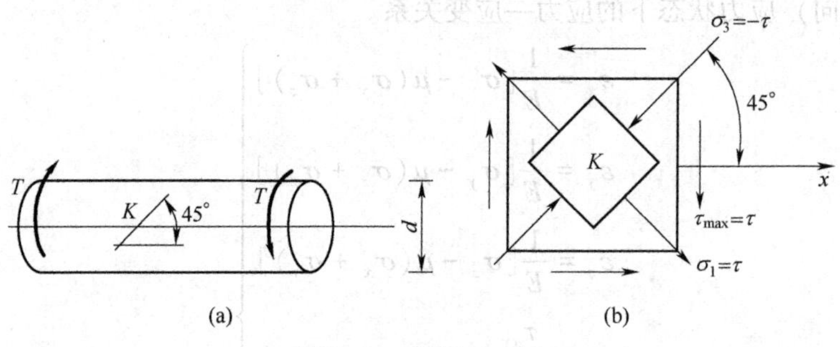

图 7-14　例题 7-6 图

$$\varepsilon_{45^\circ}=\varepsilon_3=\frac{1}{E}[\sigma_3-\mu(\sigma_1+\sigma_2)]=\frac{1}{E}(-\tau-\mu\tau)=-\frac{1+\mu}{E}\tau$$

所以

$$\tau=-\frac{E\varepsilon_{45^\circ}}{1+\mu} \tag{a}$$

（3）计算扭矩 T。

圆轴扭转变形时

$$\tau=\frac{T}{W_t} \tag{b}$$

式（b）与式（a）是相等的，所以

$$\frac{T}{W_t}=-\frac{E\varepsilon_{45^\circ}}{1+\mu}$$

从而可得

$$T=-\frac{E\varepsilon_{45^\circ}W_t}{1+\mu}=-\frac{E\varepsilon_{45^\circ}\pi d^3}{(1+\mu)\times 16}$$
$$=-\frac{210\times 10^9\times(-300\times 10^{-6})\pi\times 50^3\times 10^{-9}}{(1+0.28)\times 16}=1.21\ \mathrm{kN\cdot m}$$

7.4　一般应力状态下的应变比能

7.4.1　体应变

构件在受力变形后，通常将引起体积变化。每单位体积的变化，称为体应变（volume strain）。现在讨论体积变化与应力间的关系。设图 7-15 所示为一主应力单元体，边长分别是 dx、dy、dz，变形前六面体的体积为

$$V=\mathrm{d}x\mathrm{d}y\mathrm{d}z$$

变形后六面体的三个棱边分别变为

$$(1+\varepsilon_1)\mathrm{d}x,\ (1+\varepsilon_2)\mathrm{d}y,\ (1+\varepsilon_3)\mathrm{d}z$$

变形后的体积变为

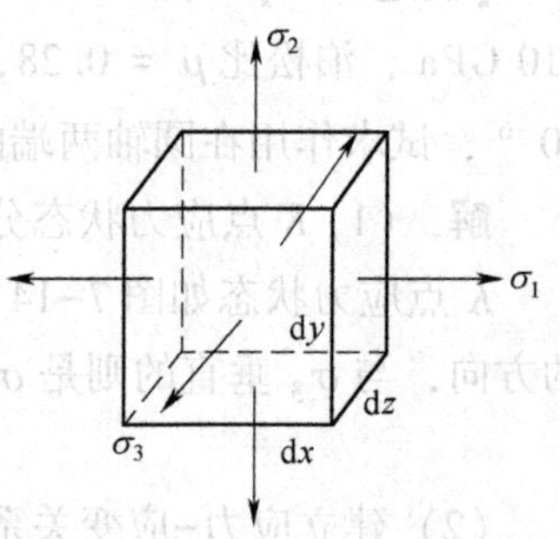

图 7-15　主应力单元体

$$V_1 = (1+\varepsilon_1)(1+\varepsilon_2)(1+\varepsilon_3)\mathrm{d}x\mathrm{d}y\mathrm{d}z$$

展开上式，并略去含有高阶微量 $\varepsilon_1\varepsilon_2$，$\varepsilon_2\varepsilon_3$，$\varepsilon_3\varepsilon_1$，$\varepsilon_1\varepsilon_2\varepsilon_3$ 的各项，得

$$V_1 = (1+\varepsilon_1+\varepsilon_2+\varepsilon_3)\mathrm{d}x\mathrm{d}y\mathrm{d}z$$

单位体积的体积改变即体应变为

$$\theta = \frac{V_1 - V}{V} = \varepsilon_1 + \varepsilon_2 + \varepsilon_3$$

将式（7-15）代入上式，整理后可得

$$\theta = \frac{1-2\mu}{E}(\sigma_1 + \sigma_2 + \sigma_3) \tag{7-17}$$

由上面的结论可以看出，任一点处的体应变 θ 与该点处的三个主应力之和成正比，而与三个主应力之间的比例无关。

对于平面纯剪应力状态，由于 $\sigma_1 = -\sigma_3 = \tau$，$\sigma_2 = 0$，由式（7-17）可知，材料的体应变等于零，即在小变形条件下，剪应力不引起各向同性材料的体积改变。因此，在一般空间应力状态下，材料的体应变只与三个线应变有关。于是，仿照上述推导可得

$$\theta = \frac{1-2\mu}{E}(\sigma_x + \sigma_y + \sigma_z) \tag{7-18}$$

即在任意形式的应力状态下，各向同性材料内一点处的体应变与通过该点的任意三个相互垂直的平面上的正应力之和成正比，而与剪应力无关。

令 $\sigma_m = \dfrac{\sigma_1 + \sigma_2 + \sigma_3}{3}$，为平均主应力，则式（7-18）可改写成

$$\theta = \frac{3(1-2\mu)}{E}\cdot\frac{\sigma_1 + \sigma_2 + \sigma_3}{3} = \frac{\sigma_m}{K} \tag{7-19}$$

式中，$K = \dfrac{E}{3(1-2\mu)}$，称为体积弹性模量，式（7-19）表明体应变 θ 与平均主应力 σ_m 成正比，称为体积胡克定律。

7.4.2　应变比能

材料在弹性范围内工作时，物体受外力作用而产生弹性变形，根据能量守恒原理，外力在弹性体位移上所做之功，全部转变为一种能量，储存于弹性体内部。这种能量称为弹性应变能，或称应变能（strain energy），用 V_ε 来表示，每单位体积物体内所积蓄的应变能称为应变能密度或比能（strain-energy density），用 v_ε 来表示。

当材料的应力—应变满足广义胡克定律时，在小变形的条件下，相应的力和位移亦存在线性关系，如图 7-16 所示。这时力做功为

$$W = \frac{1}{2}F_{\mathrm{P}}\Delta$$

对于弹性体，此功将转变为弹性应变能 V_ε。

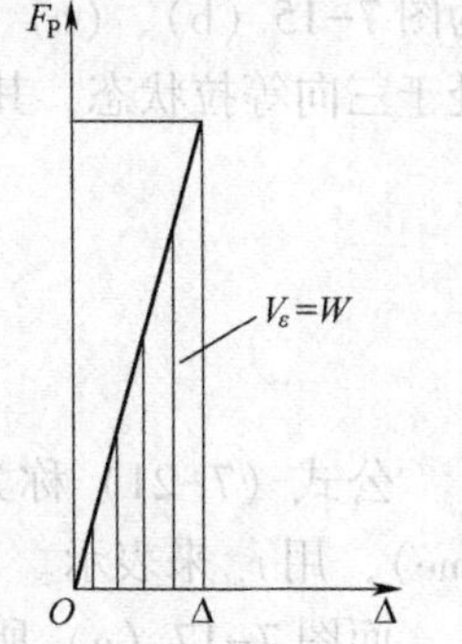

图 7-16　外力功与应变能

对于在线弹性范围内、小变形条件下受力的物体，所积蓄的应变能只取决于外力的最后数值，而与加力顺序无关。为便于分析，假设物体上的外力按同一比例由零增至最后值，因此，物体内任一单元体各面上的应力也按同一比例由零增至其最后值。设图 7-17 所示主应力单元体的三对边长分别为 $\mathrm{d}x$、$\mathrm{d}y$、$\mathrm{d}z$，则与力 $\sigma_1\mathrm{d}y\mathrm{d}z$、$\sigma_2\mathrm{d}x\mathrm{d}z$、$\sigma_3\mathrm{d}x\mathrm{d}y$ 相对应的位移分别为 $\varepsilon_1\mathrm{d}x$、$\varepsilon_2\mathrm{d}y$、$\varepsilon_3\mathrm{d}z$，这些力所做之功为

$$\mathrm{d}W = \frac{1}{2}(\sigma_1\varepsilon_1 + \sigma_2\varepsilon_2 + \sigma_3\varepsilon_3)\mathrm{d}x\mathrm{d}y\mathrm{d}z$$

则储存在单元体内部的应变能为

$$\mathrm{d}V_\varepsilon = \mathrm{d}W = \frac{1}{2}(\sigma_1\varepsilon_1 + \sigma_2\varepsilon_2 + \sigma_3\varepsilon_3)\mathrm{d}x\mathrm{d}y\mathrm{d}z$$

$$= \frac{1}{2}(\sigma_1\varepsilon_1 + \sigma_2\varepsilon_2 + \sigma_3\varepsilon_3)\mathrm{d}V$$

其中，$\mathrm{d}V = \mathrm{d}x\mathrm{d}y\mathrm{d}z$ 为单元体的体积。

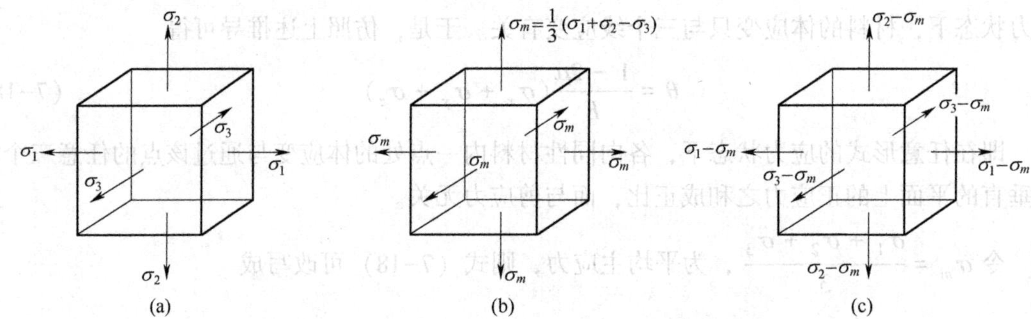

图 7-17 主应力单元体及形状改变与体积改变

根据应变比能的定义，有

$$v_\varepsilon = \frac{\mathrm{d}V_\varepsilon}{\mathrm{d}V} = \frac{1}{2}(\sigma_1\varepsilon_1 + \sigma_2\varepsilon_2 + \sigma_3\varepsilon_3)$$

将式（7-15）代入上式，整理得

$$v_\varepsilon = \frac{1}{2E}[\sigma_1^2 + \sigma_2^2 + \sigma_3^2 - 2\mu(\sigma_1\sigma_2 + \sigma_2\sigma_3 + \sigma_3\sigma_1)] \tag{7-20}$$

在一般情况下，单元体变形时将同时发生体积改变和形状改变。若将主应力单元体分解为图 7-15（b）、（c）所示两种单元体的叠加，在平均应力作用下［图 7-17（b）］，单元体处于三向等拉状态，其形状不变，仅发生体积改变，则其变形比能式（7-20）成为

$$v_v = \frac{1}{2E}[\sigma_m^2 + \sigma_m^2 + \sigma_m^2 - 2\mu(\sigma_m^2 + \sigma_m^2 + \sigma_m^2)]$$

$$= \frac{3(1-2\mu)}{2E}\sigma_m^2 = \frac{1-2\mu}{6E}(\sigma_1 + \sigma_2 + \sigma_3)^2 \tag{7-21}$$

公式（7-21）称为体积改变比能（strain-energy density corresponding to the change of volume），用 v_v 来表示。

而图 7-17（c）所示单元体的三个主应力之和为零，故其体积不变，仅发生形状改变。于是其变形比能式（7-20）可写成

$$v_d = \frac{1+\mu}{6E}[(\sigma_1-\sigma_2)^2+(\sigma_2-\sigma_3)^2+(\sigma_3-\sigma_1)^2] \tag{7-22}$$

公式（7-22）称为形状改变比能，又称畸变比能或歪形比能（strain-energy density corresponding to the distortion），用 v_d 来表示。

根据式（7-20）、式（7-21）、式（7-22）可以证明

$$v_\varepsilon = v_v + v_d \tag{7-23}$$

即弹性体的应变比能等于体积改变比能与形状改变比能之和。

7.5　强度理论

在工程结构中，由于材料的力学行为而使构件丧失正常功能的现象称为构件失效。在常温、静载条件下，构件失效可表现为强度失效、刚度失效等不同形式。其中，强度失效因材料不同会出现不同的失效现象，其失效方式大致可分成两类：塑性材料以发生屈服现象、出现塑性变形为失效标志，如低碳钢试件在拉伸（压缩）或扭转试验中会发生显著的塑性变形或出现屈服现象；脆性材料的失效标志为突然断裂，如铸铁试件在拉伸时会沿横截面突然断裂，铸铁圆轴在扭转中会沿斜截面断裂等。同一类失效方式是由某种相同的破坏因素引起的，可以根据实际观察推测破坏因素，从而提出各种假说，称为强度理论。

在单向受力的情况下，出现塑性变形时的屈服应力 σ_s 和发生断裂时的强度极限 σ_b 统称为失效应力，可由实验来测定，除以安全系数后便可得到许用应力 $[\sigma]$，从而建立强度条件

$$\sigma \leqslant [\sigma]$$

但是，在复杂应力状态下，构件失效与应力的组合形式、主应力的大小及相互比值均有关系。例如，脆性材料在三向等压的应力状态下会产生明显的塑性变形，而塑性材料在三向拉伸的应力状态下会发生脆性断裂。实际构件的受力是非常复杂的，其应力状态也是多种多样的，单单依靠实验来建立失效准则是不可能的。因为一方面，复杂应力状态各式各样，不可能一一通过实验确定极限应力；另一方面，有些复杂应力状态的实验，技术上难以实现。因此，通常的做法是依据部分实验结果，经过推理，提出一些假说，推测材料失效的原因，从而建立强度条件。

7.5.1　常用的强度理论

大量实验结果表明，在常温、静载条件下，材料主要发生两种形式的强度失效，即屈服与断裂。长期以来，通过实践和研究，针对这两种失效形式，曾产生过很多关于材料破坏因素的假说，本书将主要介绍经过实践检验并在工程上常用的强度理论。

1. 第一强度理论（最大拉应力准则）

最大拉应力准则（maximum tensile stress criterion）最早由英国的兰金（W. J. M. Rankine）提出，他认为最大拉应力是引起材料脆断破坏的因素，即不论在什么样的应力状态下，只要构件内一点处的三个主应力中最大的拉应力 $\sigma_{max}=\sigma_1$ 达到材料的极限应力，材料就发生脆性断裂。而材料的极限应力则可通过单向拉伸实验测得的强度极限 σ_b 来确定。于是可得脆性断裂的失效判据为

$$\sigma_1 = \sigma_b$$

将 σ_b 除以安全系数 n 后，可得材料的许用拉应力 $[\sigma]$，因此按第一强度理论建立的复杂应力状态下的强度条件为

$$\sigma_1 \leqslant [\sigma] \tag{7-24}$$

实验表明，第一强度理论对于均质脆性材料（如玻璃、石膏、铸铁、砖及岩石等）比较适合，但由于没有考虑其他两个主应力对材料破坏的影响，其强度条件具有一定的局限性，并且，对于没有拉应力的应力状态（如单向及三向压缩的情况）也无法应用。

2. 第二强度理论（最大拉应变或最大线应变准则）

最大拉应变准则（maximum tensile strain criterion）是在17世纪后期由马里奥特提出的。该理论认为无论材料处于什么应力状态，只要发生脆性断裂，其原因都是单元体的最大拉应变达到了某个极限值。用于作为限定标准的极限值取单向拉伸实验中试件拉断时伸长线应变的极限值 $\varepsilon_u = \dfrac{\sigma_b}{E}$，即在任意应力状态下，只要最大拉应变 ε_1 达到极限值 $\varepsilon_u = \dfrac{\sigma_b}{E}$，材料就发生断裂。故得断裂准则为

$$\varepsilon_1 = \frac{\sigma_b}{E}$$

若构件在发生脆断破坏前一直服从胡克定律，则由式（7-15），$\varepsilon_1 = \dfrac{1}{E}[\sigma_1 - \mu(\sigma_2 + \sigma_3)]$，断裂准则又可写成

$$\frac{1}{E}[\sigma_1 - \mu(\sigma_2 + \sigma_3)] = \frac{\sigma_b}{E}$$

即

$$\sigma_1 - \mu(\sigma_2 + \sigma_3) = \sigma_b$$

考虑安全系数 n 后，可得第二强度理论的强度条件为

$$\sigma_1 - \mu(\sigma_2 + \sigma_3) \leqslant [\sigma] \tag{7-25}$$

实验表明，对于少数脆性材料（如石、混凝土等）受轴向拉伸或压缩时，第二强度理论与实验结果大致相符，但对于塑性材料却不能为多数实验所证实。这一理论考虑了其余两个主应力对材料强度的影响，在形式上较最大拉应力理论更为完善。由于这一理论在应用上不如最大拉应力理论简便，故在工程实践中应用较少，只是在某些工业部门的特殊设计中应用较为广泛。

3. 第三强度理论（最大剪应力准则）

最大剪应力准则（maximum shearing stress criterion）最早由法国工程师、科学家库仑（C. A. Coulomb）于1773年提出，而后在1864年又由特雷斯卡（H. Tresca）提出，所以又称特雷斯卡理论。该理论认为材料的屈服破坏是由最大剪应力引起的，即认为无论什么应力状态，只要最大剪应力达到与材料性质有关的某一极限值，材料就发生屈服。至于材料屈服时剪应力的极限值 τ_s 同样可以通过单向拉伸实验来确定。对于像低碳钢一类的塑性材料，在单向拉伸实验时，材料沿最大剪应力所在的45°斜截面发生滑移而出现明显的屈服现象，此时试件在横截面上的正应力就是材料的屈服极限 σ_s，45°斜截面上的剪应力为 $\tau_{max} = \tau_u = \dfrac{\sigma_s}{2}$，在任意应力状态下，由式（7-13）可知

或

$$\tau_{\max} = \frac{\sigma_1 - \sigma_3}{2}$$

于是，可得材料的屈服准则

$$\frac{\sigma_1 - \sigma_3}{2} = \frac{\sigma_s}{2}$$

或

$$\sigma_1 - \sigma_3 = \sigma_s$$

引进安全系数，可得第三强度理论的强度条件为

$$\sigma_1 - \sigma_3 \leqslant [\sigma] \tag{7-26}$$

一些实验结果表明，对于塑性材料如低碳钢、铜等，这个理论是符合的。同时，该理论不但能解释塑性材料的流动，还能说明脆性材料的剪断。但是它未考虑到中间主应力 σ_2 对材料屈服的影响。

4. 第四强度理论（最大形状改变比能理论或畸变能密度准则）

根据功能原理，在静荷载作用下，若不计能量损失，外力做功等于弹性体的变形能。弹性体的变形能包括体积改变能和形状改变能两部分。单位体积内的形状改变能称为形状改变比能。

最大形状改变比能理论（criterion of strain energy density corresponding to distortion）假设形状改变能密度是引起材料屈服的因素，即认为不论在什么样的应力状态下，只要构件内一点处的形状改变比能达到了材料的极限值，该点处的材料就会发生塑性屈服。该理论首先由波兰学者胡勃（M. T. Hiber）在 1904 年提出，而后又由德国米泽斯（R. Von. Moses）和亨奇（H. Hencky）分别于 1913 年和 1924 年先后独立提出并做了进一步的解释，从而形成了畸变能密度准则，又称米泽斯准则。

对于主应力为 σ_1、σ_2、σ_3 的任意应力状态，其形状改变比能为

$$v_d = \frac{1+\mu}{6E}[(\sigma_1 - \sigma_2)^2 + (\sigma_2 - \sigma_3)^2 + (\sigma_3 - \sigma_1)^2]$$

通过简单的拉伸实验，即可确定各种应力状态下发生屈服时形状改变比能的极限值。因为单向拉伸实验至屈服时，对于像低碳钢一类的塑性材料，$\sigma_1 = \sigma_s$，$\sigma_2 = \sigma_3 = 0$，得材料屈服时形状改变比能的极限值

$$\frac{1+\mu}{6E}[(\sigma_1 - \sigma_2)^2 + (\sigma_2 - \sigma_3)^2 + (\sigma_3 - \sigma_1)^2] = \frac{1+\mu}{3E}\sigma_s^2$$

根据上述二式，可得复杂应力状态下材料的屈服条件为

$$\frac{1+\mu}{6E}[(\sigma_1 - \sigma_2)^2 + (\sigma_2 - \sigma_3)^2 + (\sigma_3 - \sigma_1)^2] = \frac{1+\mu}{3E}\sigma_s^2$$

整理后得

$$\sqrt{\frac{1}{2}[(\sigma_1 - \sigma_2)^2 + (\sigma_2 - \sigma_3)^2 + (\sigma_3 - \sigma_1)^2]} = \sigma_s$$

将 σ_s 除以安全系数后，即可得第四强度理论的强度条件为

$$\sqrt{\frac{1}{2}[(\sigma_1 - \sigma_2)^2 + (\sigma_2 - \sigma_3)^2 + (\sigma_3 - \sigma_1)^2]} \leqslant [\sigma] \tag{7-27}$$

此强度理论对于工程塑性材料如普通钢材和铜、铝等，能与实验结果较好符合。另外，实验表明，在平面应力状态下，一般地说，形状改变比能理论较最大剪应力理论更符合实验结果。由于最大剪应力理论是偏于安全的，且使用较为简便，故在工程实践中应用较为广泛。

7.5.2 相当应力

前面已介绍了常用强度理论的强度条件，即式（7-24）~式（7-27），各式的左边是按不同的强度理论得出的主应力综合值，称为相当应力，并用σ_r来表示。四个强度理论的相当应力分别为

第一强度理论 $\sigma_{r1}=\sigma_1$

第二强度理论 $\sigma_{r2}=\sigma_1-\mu(\sigma_2+\sigma_3)$

第三强度理论 $\sigma_{r3}=\sigma_1-\sigma_3$

第四强度理论 $\sigma_{r4}=\sqrt{\frac{1}{2}[(\sigma_1-\sigma_2)^2+(\sigma_2-\sigma_3)^2+(\sigma_3-\sigma_1)^2]}$

7.6 强度理论的应用

前面所讨论的强度理论着眼于材料的破坏规律，实验表明，不同材料的破坏因素可能不同，而同一种材料在不同的应力状态下也可能具有不同的破坏因素。因此，在实际应用中，除了要求材料满足常温、静荷载条件下的匀质、连续、各向同性的条件外，还应当注意根据构件的失效形式，即是屈服还是断裂，选择合适的强度理论。

根据实验资料及实践经验，可将各种强度理论的适用范围归纳如下：

（1）在大多数应力状态下，脆性材料将发生脆断破坏，因而应选择第一或第二强度理论；而在大多数应力状态下，塑性材料将发生屈服和剪断破坏，故应选择第三或第四强度理论。由于最大剪应力理论的物理概念较为直观，计算较为简捷，而且其计算结果偏于安全，因而工程上常采用最大剪应力理论。

（2）不论是脆性材料还是塑性材料，在三向拉伸应力状态下，都会发生脆性断裂，宜采用最大拉应力理论。但由于塑性材料在单向拉伸试验时不可能得到材料发生脆断的极限应力，所以，此时式（7-25）中的［σ］应用发生脆断时的最大主应力σ_1除以安全因数。

（3）对于脆性材料，在二向拉伸应力状态下应采用最大拉应力理论。

（4）在三轴压缩应力状态下，不论是塑性材料还是脆性材料，通常都发生屈服失效，故一般应采用形状改变能密度理论。但因脆性材料不可能由单向拉伸实验结果得到材料发生屈服的极限应力，所以，式（7-24）中的许用应力［σ］也不能用脆性材料在单向拉伸时的许用拉应力值。

【例题 7-7】 组合截面梁如图 7-18（a）所示。已知 $q=40$ kN/m，$F_P=48$ kN，梁材料的许用应力［σ］= 160 MPa。试根据第四强度理论对梁的强度做全面校核。

解 本例的剪力图和弯矩图如图 7-18（b）所示，根据 F_Q 图、M 图及组合截面上的正应力与剪应力分布规律［图 7-18（c）］，可以看出：梁横截面上的最大正应力将发生在梁跨度中点截面 D 的上、下边缘上各点，如点①；最大剪应力发生在梁支撑处内侧的截面中

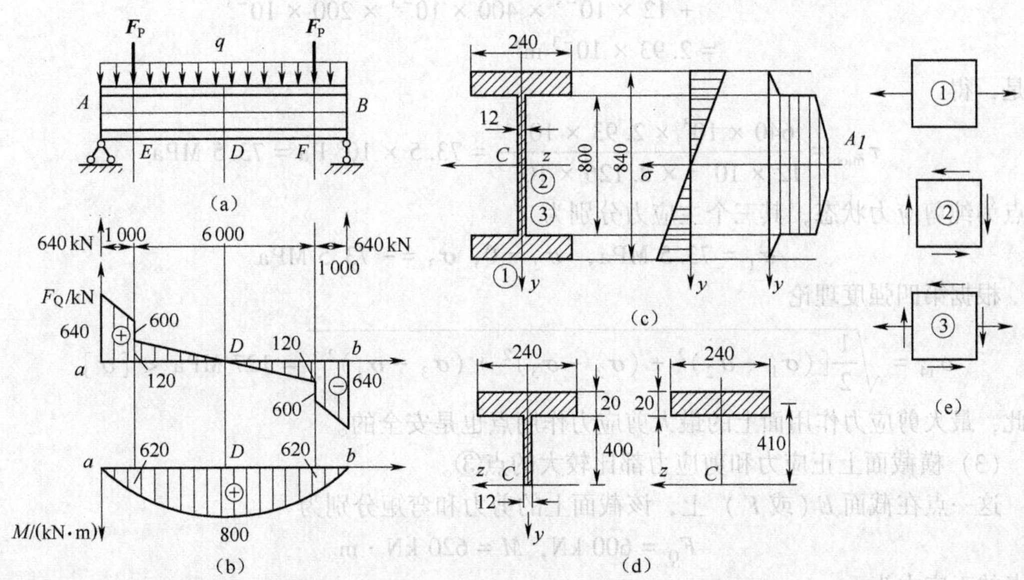

图 7-18　例题 7-7 图

性轴上，如图 7-18（c）所示的点②；剪应力和正应力都比较大的点，位于集中力作用点偏于支撑一侧的截面 E（或 F）上翼缘与腹板交接处，如图 7-18（c）中标出的点③。这三类危险点的应力状态均示于图 7-18（e）中。

现将上述各点的强度校核分述如下：

（1）横截面上最大正应力作用点①。

$$\sigma=\frac{My_{\max}}{I_z}$$

其中

$$M_{\max}=800\ \text{kN}\cdot\text{m}$$

$$y_{\max}=420\ \text{mm}$$

$$I_z=\left[\frac{240\times10^{-3}\times840\times10^{-3}}{12}-\frac{(240-12)\times10^{-3}\times800\times10^{-3}}{12}\right]$$
$$=2.126\times10^{-3}\ \text{m}^4$$

于是

$$\sigma=\frac{800\times10^{3}\times420\times10^{-3}}{2.126\times10^{-3}}=158\times10^{6}\ \text{Pa}=158\ \text{MPa}<[\sigma]$$

因此，截面上的点①是安全的。

（2）横截面上最大剪应力作用点②。

$$\tau_{\max}=\frac{|F_Q|_{\max}S_{z\max}}{\delta I_z}$$

其中

$$F_{Q\max}=640\ \text{kN},\ \delta=12\ \text{mm}$$

$$S_{z\max}=240\times10^{-3}\times20\times10^{-3}\times410\times10^{-3}$$

$$+ 12 \times 10^{-3} \times 400 \times 10^{-3} \times 200 \times 10^{-3}$$
$$= 2.93 \times 10^{-3}\ \mathrm{m}^3$$

于是，得

$$\tau_{\max} = \frac{640 \times 10^3 \times 2.93 \times 10^{-3}}{12 \times 10^{-3} \times 2.126 \times 10^{-3}} = 73.5 \times 10^6\ \mathrm{Pa} = 73.5\ \mathrm{MPa}$$

该点为纯剪应力状态，其三个主应力分别为

$$\sigma_1 = 73.5\ \mathrm{MPa},\ \ \sigma_2 = 0,\ \sigma_3 = -73.5\ \mathrm{MPa}$$

根据第四强度理论

$$\sigma_{r4} = \sqrt{\frac{1}{2}[(\sigma_1 - \sigma_2)^2 + (\sigma_2 - \sigma_3)^2 + (\sigma_3 - \sigma_1)^2]} = 127\ \mathrm{MPa} < [\sigma]$$

因此，最大剪应力作用面上的最大剪应力作用点也是安全的。

（3）横截面上正应力和剪应力都比较大的点③。

这一点在截面 E（或 F）上，该截面上的剪力和弯矩分别为

$$F_Q = 600\ \mathrm{kN},\ M = 620\ \mathrm{kN \cdot m}$$

该点的正应力为

$$\sigma = \frac{My}{I_z} = \frac{620 \times 10^3 \times 400 \times 10^{-3}}{2.126 \times 10^{-3}} = 116.7 \times 10^6\ \mathrm{Pa} = 116.7\ \mathrm{MPa}$$

该点的剪应力为

$$\tau = \frac{F_Q S_z^*}{\delta I_z}$$

其中

$$S_z^* = 240 \times 10^{-3} \times 20 \times 10^{-3} \times 410 \times 10^{-3} = 1.968 \times 10^{-3}\ \mathrm{m}^3$$

代入上式后得

$$\tau = \frac{F_Q S_z^*}{\delta I_z} = \frac{600 \times 10^3 \times 1.968 \times 10^{-3}}{12 \times 10^{-3} \times 2.126 \times 10^{-3}} = 46.3 \times 10^6\ \mathrm{Pa} = 46.3\ \mathrm{MPa}$$

对于这种平面应力状态，根据第四强度理论，有

$$\sigma_{r4} = \sqrt{\sigma^2 + 3\tau^2} = \sqrt{116.7 \times 10^{12} + 3 \times 46.3^2 \times 10^{12}}$$
$$= 141.6 \times 10^6\ \mathrm{Pa} = 141.6\ \mathrm{MPa} < [\sigma]$$

因此，点③也是安全的。

上述各项计算结果表明，组合梁在给定荷载作用下，强度是安全的。

【例题 7-8】 圆筒式薄壁容器如图 7-19（a）所示，容器内直径为 D，壁厚为 t，$t \ll D$，材料的许用应力为 $[\sigma]$，容器承受内压强为 p。试分别用第三、第四强度理论建立筒壁的强度条件。

解 （1）应力状态分析。

筒壁上任一点 A 的应力状态如图 7-19（a）所示，由对称性可知，A 点在纵、横截面上只有正应力，没有剪应力，忽略半径方向的内压 p，则可简化为平面应力状态。

沿任一横截面截取一段容器为研究对象［图 7-19（b）］得

$$\sum F_x = 0,\ \ \sigma_x \cdot \pi D t = p \cdot \frac{\pi D^2}{4}$$

$$\sigma_x = \frac{pD}{4t} \tag{1}$$

沿轴向取单位长度筒体，再沿任一直径取一半研究［图 7-19（c）］得

$$\sum F_y = 0,\quad \sigma_\theta \cdot 2t = pD$$

$$\sigma_\theta = \frac{pD}{2t} \tag{2}$$

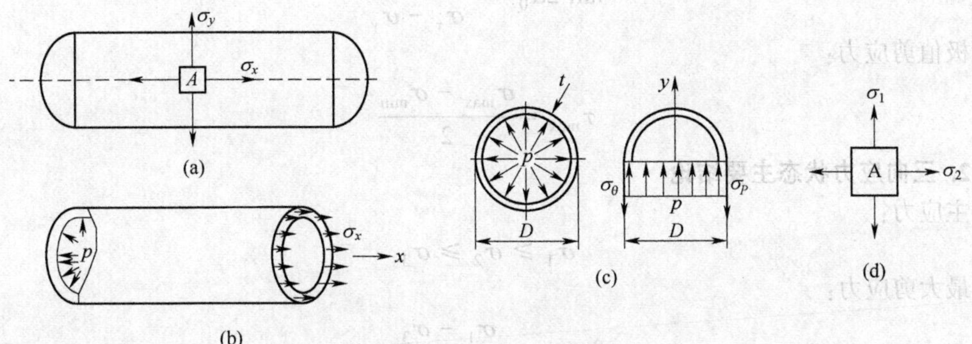

图 7-19　例题 7-8 图

（2）确定主应力。

比较式（1）、式（2），得

$$\left.\begin{aligned}\sigma_1 &= \sigma_\theta = \frac{pD}{2t}\\ \sigma_2 &= \sigma_x = \frac{pD}{4t}\\ \sigma_3 &= 0\end{aligned}\right\} \tag{3}$$

（3）建立强度条件。

将式（3）分别代入式（7-26）、式（7-27），整理后得

$$\sigma_{r3} = \sigma_1 - \sigma_3 = \frac{pD}{2t} \leqslant [\sigma] \tag{4}$$

$$\sigma_{r4} = \sqrt{\frac{1}{2}[(\sigma_1 - \sigma_2)^2 + (\sigma_2 - \sigma_3)^2 + (\sigma_3 - \sigma_1)^2]} = \frac{\sqrt{3}pD}{4t} \leqslant [\sigma] \tag{5}$$

本 章 小 结

本章给出了一点处应力状态的概念及分析方法，介绍了复杂应力状态时常用的强度理论。

1. 二向应力状态分析——解析法

斜截面上的应力：

$$\sigma_\alpha = \frac{\sigma_x + \sigma_y}{2} + \frac{\sigma_x - \sigma_y}{2}\cos 2\alpha - \tau_{xy}\sin 2\alpha$$

$$\tau_\alpha = \frac{\sigma_x - \sigma_y}{2}\sin 2\alpha + \tau_{xy}\cos 2\alpha$$

主应力与主平面：

$$\left.\begin{matrix}\sigma_{max}\\ \sigma_{min}\end{matrix}\right. = \frac{\sigma_x + \sigma_y}{2} \pm \sqrt{\left(\frac{\sigma_x - \sigma_y}{2}\right)^2 + \tau_{xy}^2}$$

$$\tan 2\alpha_0 = -\frac{2\tau_{xy}}{\sigma_x - \sigma_y}$$

极值剪应力：

$$\tau_{max} = \frac{\sigma_{max} - \sigma_{min}}{2}$$

2. 三向应力状态主要结论

主应力：

$$\sigma_1 \geqslant \sigma_2 \geqslant \sigma_3$$

最大剪应力：

$$\tau_{max} = \frac{\sigma_1 - \sigma_3}{2}$$

3. 广义胡克定律

$$\left.\begin{aligned}\varepsilon_x &= \frac{1}{E}[\sigma_x - \mu(\sigma_y + \sigma_z)]\\ \varepsilon_y &= \frac{1}{E}[\sigma_y - \mu(\sigma_z + \sigma_x)]\\ \varepsilon_z &= \frac{1}{E}[\sigma_z - \mu(\sigma_x + \sigma_y)]\\ \gamma_{xy} &= \frac{\tau_{xy}}{G}\\ \gamma_{yz} &= \frac{\tau_{yz}}{G}\\ \gamma_{xz} &= \frac{\tau_{xz}}{G}\end{aligned}\right\}$$

4. 常用强度理论

第一强度理论　$\sigma_1 \leqslant [\sigma]$

第二强度理论　$\sigma_1 - \mu(\sigma_2 + \sigma_3) \leqslant [\sigma]$

第三强度理论　$\sigma_1 - \sigma_3 \leqslant [\sigma]$

第四强度理论　$\sqrt{\frac{1}{2}[(\sigma_1 - \sigma_2)^2 + (\sigma_2 - \sigma_3)^2 + (\sigma_3 - \sigma_1)^2]} \leqslant [\sigma]$

思　考　题

7-1　受均匀的径向压力 p 作用的圆盘如图 7-20 所示。试证明盘内任一点均处于二向等值的压缩应力状态。

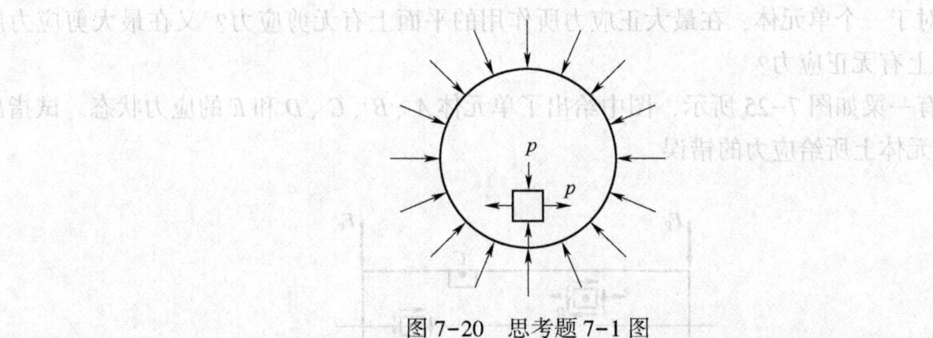

图 7-20　思考题 7-1 图

7-2　图 7-21（a）所示应力状态下的单元体，材料为各向同性，弹性常数为 $E=200\ \text{GPa}$，$\mu=0.3$。已知线应变 $\varepsilon_x=14.4\times10^{-5}$，$\varepsilon_y=40.8\times10^{-5}$，试问是否有 $\varepsilon_z=-\mu(\varepsilon_x+\varepsilon_y)=-16.56\times10^{-5}$？为什么？

7-3　从某压力容器表面上一点处取出的单元体如图 7-22 所示。已知 $\sigma_1=2\sigma_2$，试问是否存在 $\varepsilon_1=2\varepsilon_2$ 这样的关系？

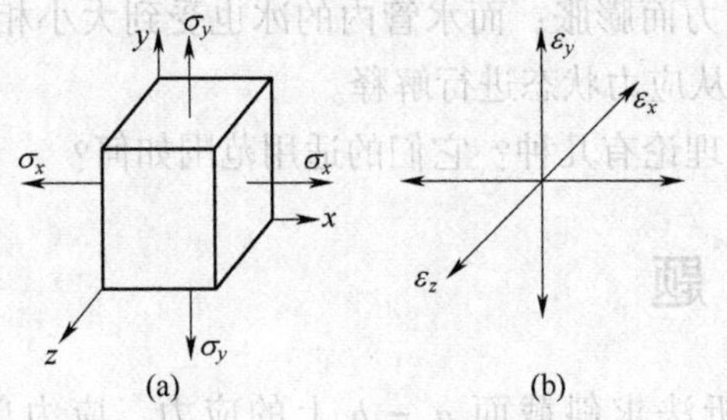

图 7-21　思考题 7-2 图

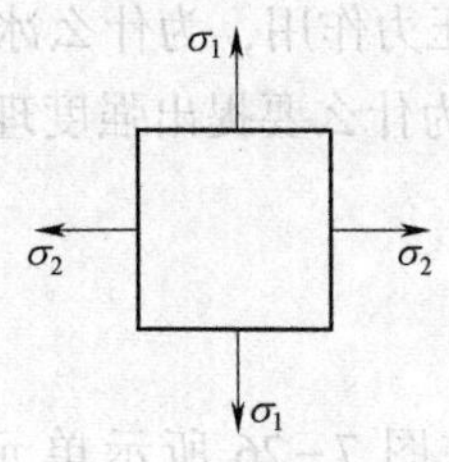

图 7-22　思考题 7-3 图

7-4　材料及尺寸均相同的三个立方块，其竖向压应力均为 σ_0，如图 7-23 所示。已知材料的弹性常数分别为 $E=200\ \text{GPa}$，$\mu=0.3$。若三立方块都在线弹性范围内，试问哪一立方块的体应变最大？

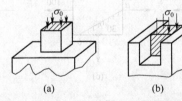

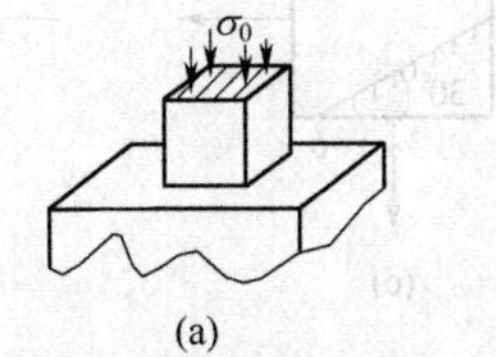

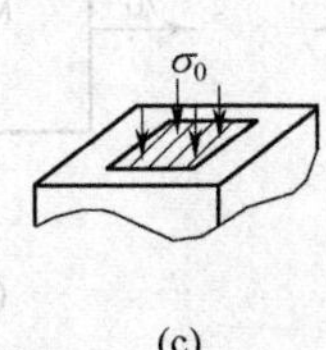

图 7-23　思考题 7-4 图

7-5　在塑性材料制成的构件中，有图 7-24（a）和图 7-24（b）所示的两种应力状态。若两者的 σ 和 τ 数值分别相等，试按第四强度理论分析比较两者的危险程度。

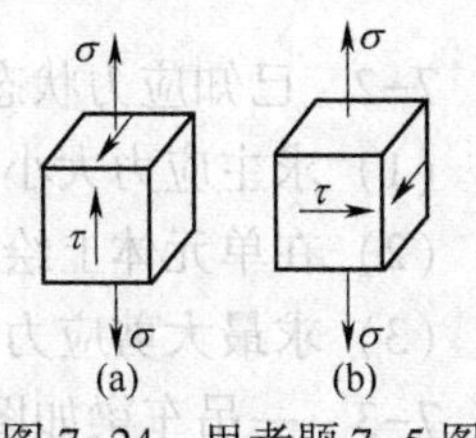

图 7-24　思考题 7-5 图

7-6　什么称为一点处的应力状态？为什么要研究一点处的应力状态？应力状态的研究方法是什么？

7-7　什么称为主平面和主应力？主应力和正应力有什么区别？

7-8 对于一个单元体，在最大正应力所作用的平面上有无剪应力？又在最大剪应力所作用的平面上有无正应力？

7-9 有一梁如图 7-25 所示，图中给出了单元体 A 、B 、C 、D 和 E 的应力状态。试指出并改正各单元体上所给应力的错误。

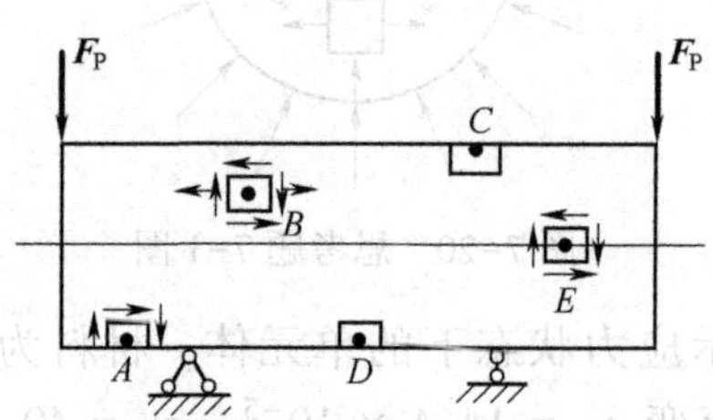

图 7-25 思考题 7-9 图

7-10 将沸水倒入厚玻璃杯中，如玻璃杯发生破裂，试问破裂是从壁厚的内部开始，还是从壁厚的外部开始？为什么？

7-11 自来水管在冬季结冰时，常因受内压力而膨胀；而水管内的冰也受到大小相等、方向相反的压力作用，为什么冰就不破坏呢？试从应力状态进行解释。

7-12 为什么要提出强度理论？常用的强度理论有几种？它们的适用范围如何？

习　　题

7-1 在图 7-26 所示单元体中，试用解析法求斜截面 $a-b$ 上的应力。应力单位为 MPa。

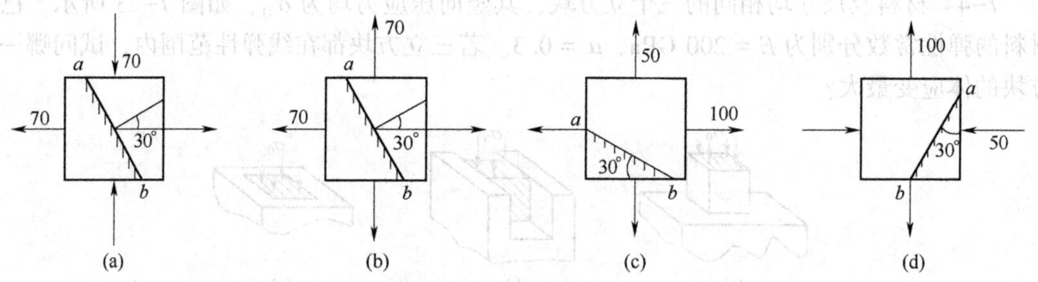

图 7-26 习题 7-1 图

7-2 已知应力状态如图 7-27 所示，图中应力单位皆为 MPa。运用解析法：

(1) 求主应力大小、主平面位置，并标注在单元体上；

(2) 在单元体上绘出主平面位置及主应力方向；

(3) 求最大剪应力。

7-3 一吊车梁如图 7-28 所示，试画出截面 $C-C$ 上 1、2、3、4、5 点处应力单元体。$F_P=10\ \text{kN}$，$l=2\ \text{m}$，$h=300\ \text{mm}$，$b=126\ \text{mm}$，$t_1=14.4\ \text{mm}$，$t=9\ \text{mm}$，试求截面 $C-C$ 上 1、2、3、4、5 点的主应力大小及方向。

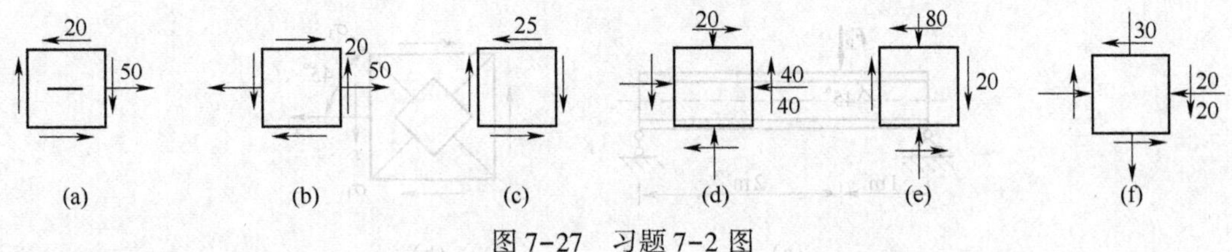

图 7-27 习题 7-2 图

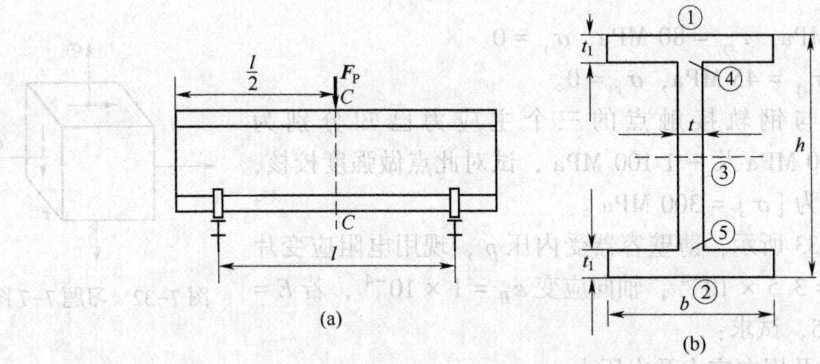
图 7-28 习题 7-3 图

7-4 一薄壁圆筒受扭矩 T 及轴向拉力 F_P 的作用，如图 7-29 所示。已知 $d = 50$ mm，$t = 2$ mm，$T = 600$ N · m，$F_P = 20$ kN，试求 A 点处指定斜截面上的应力。注：薄壁圆筒横截面上扭转剪应力为 $\tau = \dfrac{2T}{\pi d^2 t}$。

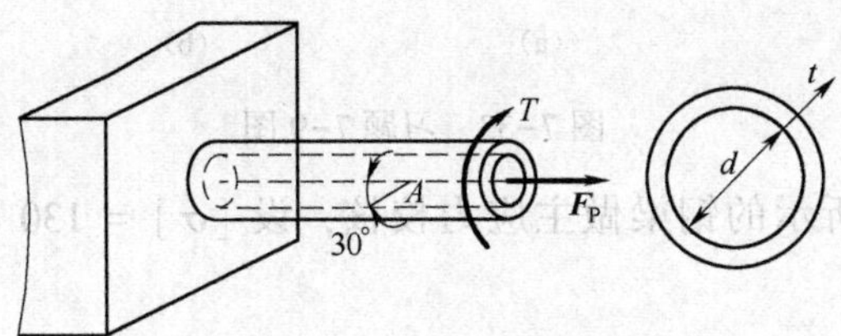
图 7-29 习题 7-4 图

7-5 在一块厚钢板上挖了一个各边长为 10 mm 的正方形小孔，如图 7-30 所示。在该孔内恰好放一钢立方块而不留间隙。该立方块受合力为 $\boldsymbol{F}_P$ 的均布压力作用，$F_P = 7$ kN，试求立方块三个主应力（设材料常数 E、μ 为已知）。

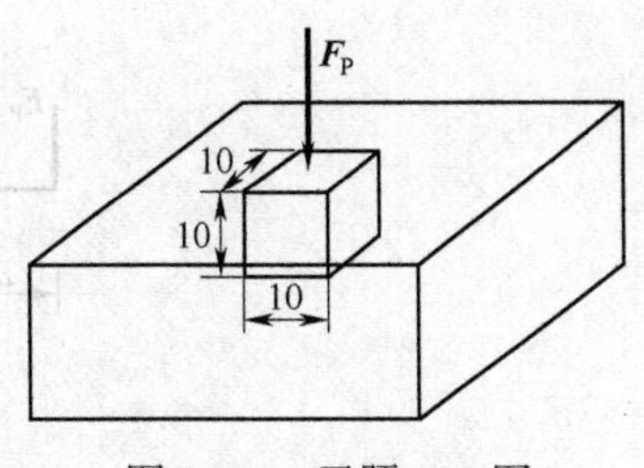
图 7-30 习题 7-5 图

7-6 由试验测得图 7-31（a）所示简支梁（截面为 28a 工字梁）轴线上 A 点处沿轴线成 45°方向的线应变 $\varepsilon = -2.8 \times 10^{-5}$，已知材料的 $E = 210$ GPa、$\mu = 0.3$，试求梁上的外力 F_P。

7-7 构件中某点处的应力单元体如图 7-32 所示，试按第三、第四强度理论计算单元体的相当应力。已知

(1) $\sigma_x = 60$ MPa，$\tau_{xy} = -40$ MPa，$\sigma_y = -80$ MPa。

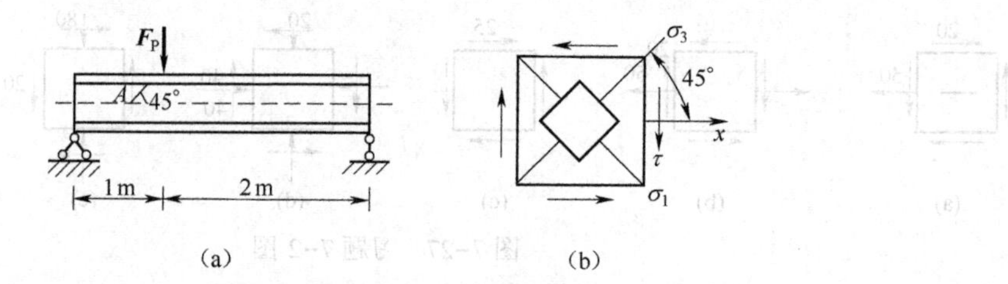

（a）（b）

图 7-31 习题 7-6 图

（2）$\sigma_x = 50$ MPa，$\tau_{xy} = 80$ MPa，$\sigma_y = 0$。

（3）$\sigma_x = 0$，$\tau_{xy} = 45$ MPa，$\sigma_y = 0$。

7-8 车轮与钢轨接触点的三个主应力已知分别为 -800 MPa、-900 MPa 及 $-1\ 100$ MPa，试对此点做强度校核，设材料的许用应力为 $[\sigma] = 300$ MPa。

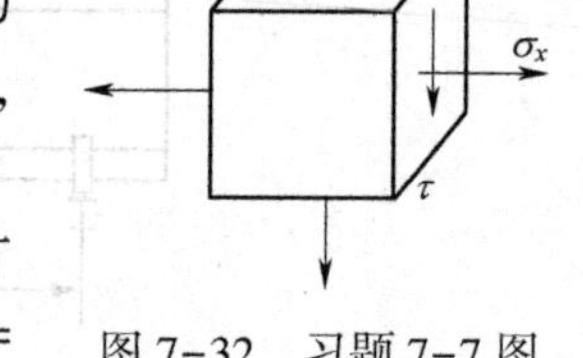

图 7-32 习题 7-7 图

7-9 如图 7-33 所示，薄壁容器受内压 p，现用电阻应变片测得周向应变 $\varepsilon_A = 3.5 \times 10^{-4}$，轴向应变 $\varepsilon_B = 1 \times 10^{-4}$，若 $E = 200$ GPa，$\mu = 0.25$，试求：

（1）筒壁轴向及周向应力及内压力 p；

（2）若材料的许用应力 $[\sigma] = 80$ MPa，试用第四强度理论校核筒壁的强度。

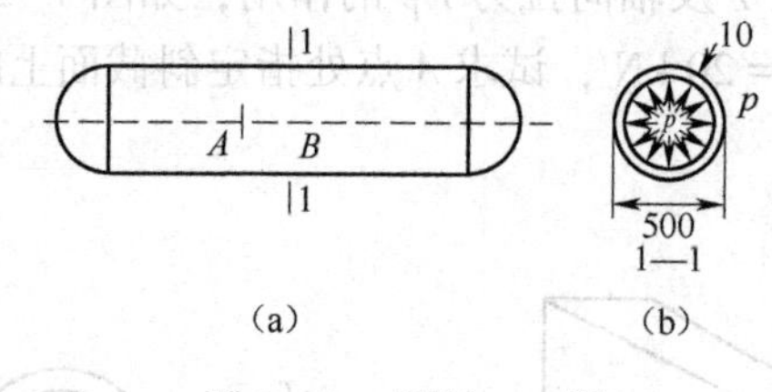

（a）（b）

图 7-33 习题 7-9 图

7-10 对图 7-34 所示的钢梁做主应力校核，设 $[\sigma] = 130$ MPa，$a = 0.6$ m，$F_P = 50$ kN。

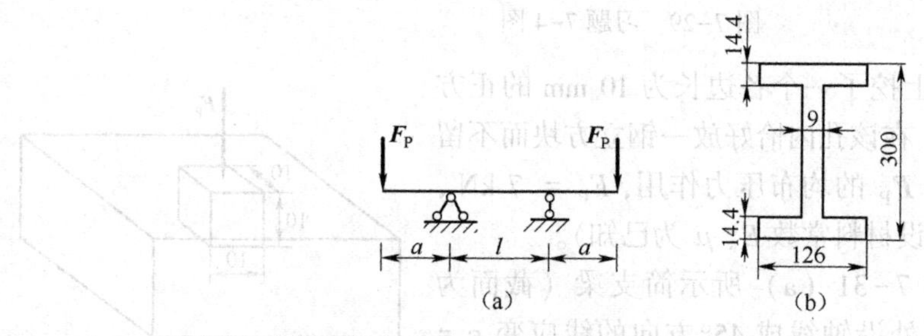

（a）（b）

图 7-34 习题 7-10 图

7-11 如图 7-35 所示的圆球形压力容器内径 $D = 200$ mm，承受内压力 $p = 15$ MPa，已知材料的许用应力 $[\sigma] = 160$ MPa，试用第三强度理论求出容器所需的壁厚 t。

7-12 构件受力如图 7-36 所示。

（1）确定危险点位置；

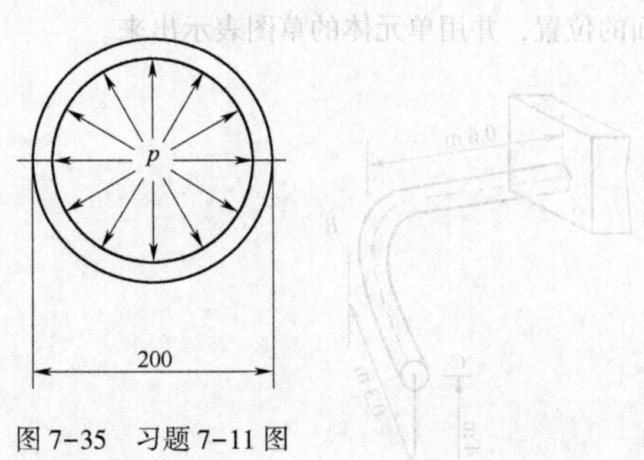

图 7-35　习题 7-11 图

（2）用单元体表示危险点的应力状态。

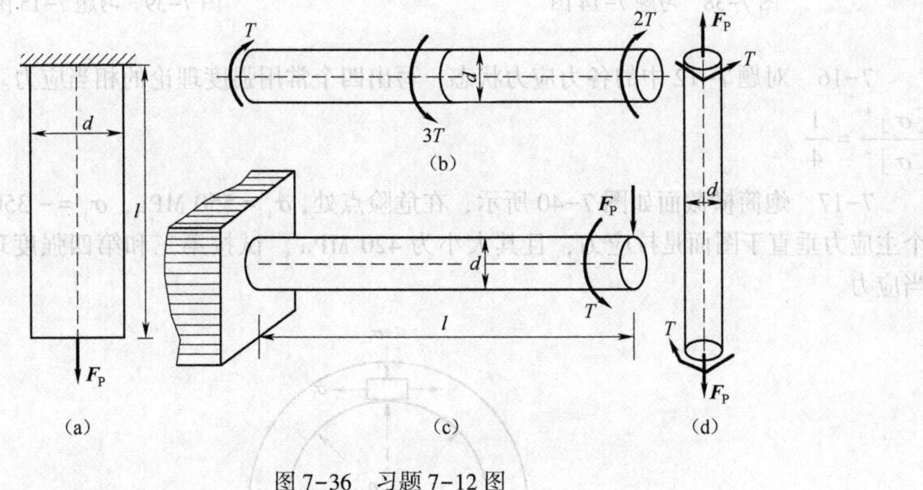

图 7-36　习题 7-12 图

7-13　如图 7-37 所示，已知矩形截面梁某截面上的弯矩及剪力分别为 $M=10\ \text{kN}\cdot\text{m}$，$F_Q=120\ \text{kN}$，试绘出截面上 1、2、3、4 各点的应力状态的单元体，并求出其主应力。

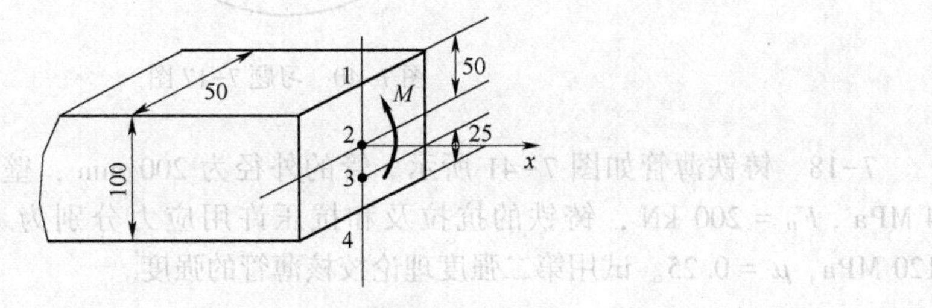

图 7-37　习题 7-13 图

7-14　如图 7-38 所示，钢制曲拐的横截面直径为 20 mm，C 端与钢丝相连，钢丝的横截面面积 $A=6.5\ \text{mm}^2$，曲拐和钢丝的弹性模量同为 $E=200\ \text{GPa}$，$G=84\ \text{GPa}$。若钢丝的温度降低 50 ℃，且 $\alpha=12.5\times10^{-6}\ ℃^{-1}$，试求曲拐截面 A 的顶点应力状态。

7-15　在通过一点的两个平面上，应力如图 7-39 所示，单位为 MPa。试求主应力的数值及主平面的位置，并用单元体的草图表示出来。

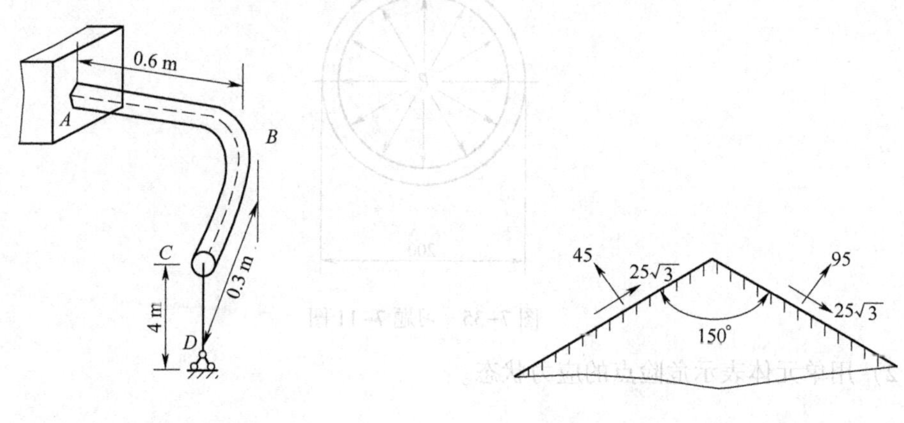

图 7-38　习题 7-14 图　　　　图 7-39　习题 7-15 图

7-16　对题 7-12 中的各力应力状态，写出四个常用强度理论的相当应力。设 $\mu = 0.25$，$\dfrac{[\sigma]^+}{[\sigma]^-} = \dfrac{1}{4}$。

7-17　炮筒横截面如图 7-40 所示，在危险点处，$\sigma_t = 550$ MPa，$\sigma_r = -350$ MPa，第三个主应力垂直于图面是拉应力，且其大小为 420 MPa。试按第三和第四强度理论计算其相当应力。

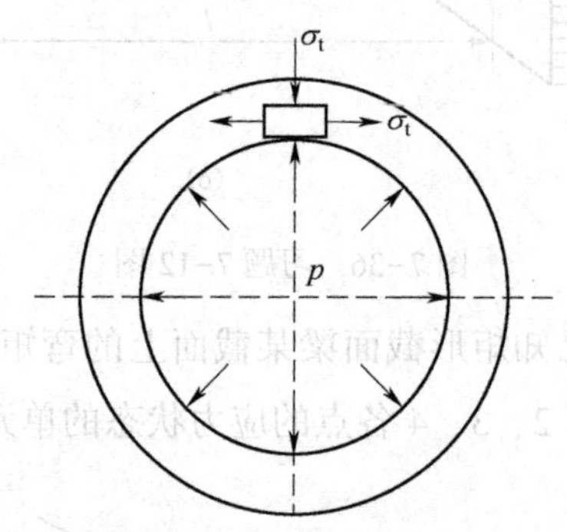

图 7-40　习题 7-17 图

7-18　铸铁薄管如图 7-41 所示。管的外径为 200 mm，壁厚 $\delta = 15$ mm，内压 $p = 4$ MPa，$F_P = 200$ kN，铸铁的抗拉及和抗压许用应力分别为 $[\sigma]^+ = 30$ MPa，$[\sigma]^- = 120$ MPa，$\mu = 0.25$。试用第二强度理论校核薄管的强度。

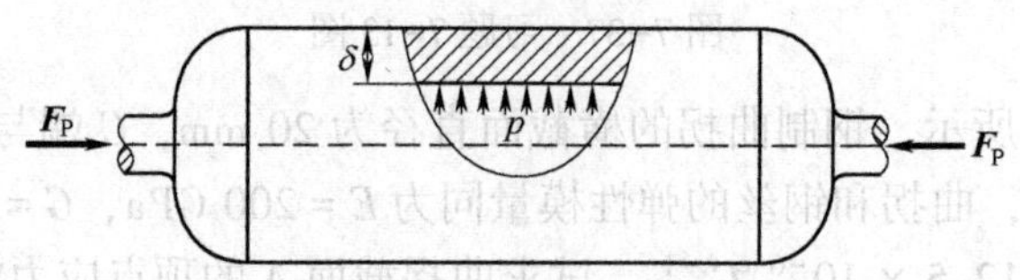

图 7-41　习题 7-18 图

习题参考答案

7-1　(a) $\sigma_\alpha = 35$ MPa, $\tau_\alpha = 60.6$ MPa

(b) $\sigma_\alpha = 70$ MPa, $\tau_\alpha = 0$

(c) $\sigma_\alpha = 62.5$ MPa, $\tau_\alpha = 21.6$ MPa

(d) $\sigma_\alpha = -12.5$ MPa, $\tau_\alpha = 65$ MPa

7-2　(a) $\sigma_1 = 57$ MPa, $\sigma_3 = -7$ MPa, $\alpha_0 = -19°20'$; $\tau_{max} = 32$ MPa

(b) $\sigma_1 = 57$ MPa, $\sigma_3 = -7$ MPa, $\alpha_0 = 19°20'$; $\tau_{max} = 32$ MPa

(c) $\sigma_1 = 25$ MPa, $\sigma_3 = -25$ MPa, $\alpha_0 = -45°$; $\tau_{max} = 25$ MPa

(d) $\sigma_1 = 11.2$ MPa, $\sigma_3 = -71.2$ MPa, $\alpha_0 = -37°59'$; $\tau_{max} = 41.2$ MPa

(e) $\sigma_1 = 4.7$ MPa, $\sigma_3 = -84.7$ MPa, $\alpha_0 = -13°17'$; $\tau_{max} = 44.7$ MPa

(f) 点: $\sigma_1 = 37$ MPa, $\sigma_3 = -27$ MPa, $\alpha_0 = 19°20'$; $\tau_{max} = 32$ MPa

7-3　①点: $\sigma_1 = \sigma_2 = 0$, $\sigma_3 = -8.43$ MPa, $\alpha_0 = 90°$

②点: $\sigma_1 = 8.43$ MPa, $\sigma_2 = \sigma_3 = 0$, $\alpha_0 = 0°$

③点: $\sigma_1 = 2.43$ MPa, $\sigma_2 = 0$, $\sigma_3 = -2.43$ MPa, $\alpha_0 = 45°$

④点: $\sigma_1 = 0.33$ MPa, $\sigma_2 = 0$, $\sigma_3 = -7.95$ MPa, $\alpha_0 = 78.5°$

⑤点: $\sigma_1 = 7.95$ MPa, $\sigma_2 = 0$, $\sigma_3 = -0.33$ MPa, $\alpha_0 = 11.5°$

7-4　$\sigma_\alpha = -50$ MPa, $\tau_\alpha = 10.6$ MPa

7-5　$\sigma_1 = \sigma_2 = -\dfrac{70\mu}{1-\mu}$ MPa, $\sigma_3 = -70$ MPa

7-6　$F_P = 13.73$ kN

7-7　(1) $\sigma_{r3} = 161.2$ MPa, $\sigma_{r4} = 141.0$ MPa

(2) $\sigma_{r3} = 167.6$ MPa, $\sigma_{r4} = 147.3$ MPa

(3) $\sigma_{r3} = 90$ MPa, $\sigma_{r4} = 77.9$ MPa

7-8　安全

7-9　$\sigma_x = 40$ MPa, $\sigma_\theta = 80$ MPa, $p = 3.2$ MPa, $\sigma_{r4} = 72.1$ MPa $< [\sigma]$

7-10　安全

7-11　$t = 7$ mm

7-13　1 点: $\sigma_1 = \sigma_2 = 0$, $\sigma_3 = -120$ MPa

2 点: $\sigma_1 = 36$ MPa, $\sigma_2 = 0$, $\sigma_3 = -36$ MPa

3 点: $\sigma_1 = 70.3$ MPa, $\sigma_2 = 0$, $\sigma_3 = -10.3$ MPa

4 点: $\sigma_1 = 120$ MPa, $\sigma_2 = \sigma_3 = 0$

7-14　$\sigma_A = 19.9$ MPa, $\tau_A = 4.99$ MPa

7-15　$\sigma_1 = 120$ MPa, $\sigma_2 = 20$ MPa, $\sigma_3 = 0$, $\alpha_0 = 30°$

7-17　$\sigma_{r3} = 900$ MPa, $\sigma_{r4} = 842$ MPa

7-18　$\sigma_{r2} = 26.8$ MPa $< [\sigma]^+$, 安全

第8章 组 合 变 形

杆件在外力作用下产生两种或两种以上的基本变形称为组合变形。本章介绍组合变形的概念及分析方法，主要对斜弯曲、拉伸（压缩）与弯曲的组合、偏心压缩（拉伸）以及扭转与弯曲的组合进行分析，以力的叠加原理为理论依据推导组合变形的有关计算公式，为承受组合变形构件的工程设计提供了计算依据。

8.1 组合变形的概念和实例

前面几章分别讨论了构件在一种基本变形下的强度和刚度计算，即拉伸（压缩）、剪切、扭转和弯曲变形下的强度和刚度计算。但在工程实际中，有许多构件在荷载作用下，往往不只产生某一种基本变形，而是同时产生两种或多种变形。这种由两种或多种基本变形组合而成的变形称为组合变形（combined deformation）。例如，图 8-1（a）表示的烟囱，在自重作用下产生的轴向压缩变形，在水平方向风力作用下产生的弯曲变形；图 8-1（b）表示的挡土墙，在自重作用下产生的轴向压缩变形，在土压力作用下产生的弯曲变形；图 8-1（c）表示的房屋构架，檩条受到从屋面传来的垂直作用力后，分解为相互垂直两个平面内的荷载作用，产生组合变形——斜弯曲（oblique bending）；图 8-1（d）表示齿轮传动轴，轴将产生在水平平面和垂直平面内的弯曲变形和扭转变形。

目前为止，我们研究的构件都是在弹性范围内、小变形条件下，因此可认为荷载单独作用下的基本变形彼此独立、互不影响，因此，可以应用叠加原理，采取先分解后综合的方法，对构件进行强度、刚度分析。

本章主要讨论斜弯曲、拉伸（压缩）与弯曲组合变形、扭转与弯曲组合变形的强度计算。

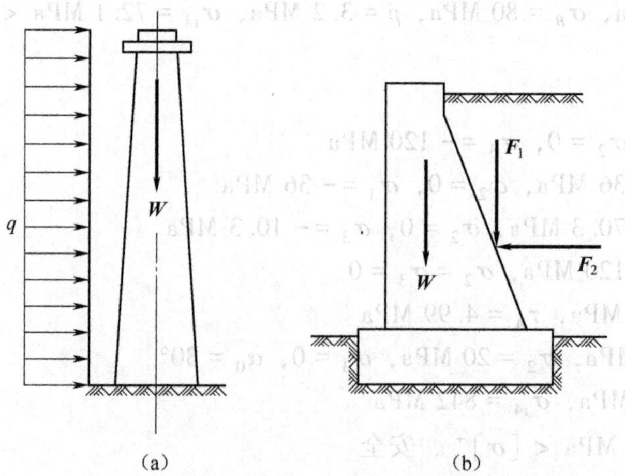

图 8-1　组合变形实例

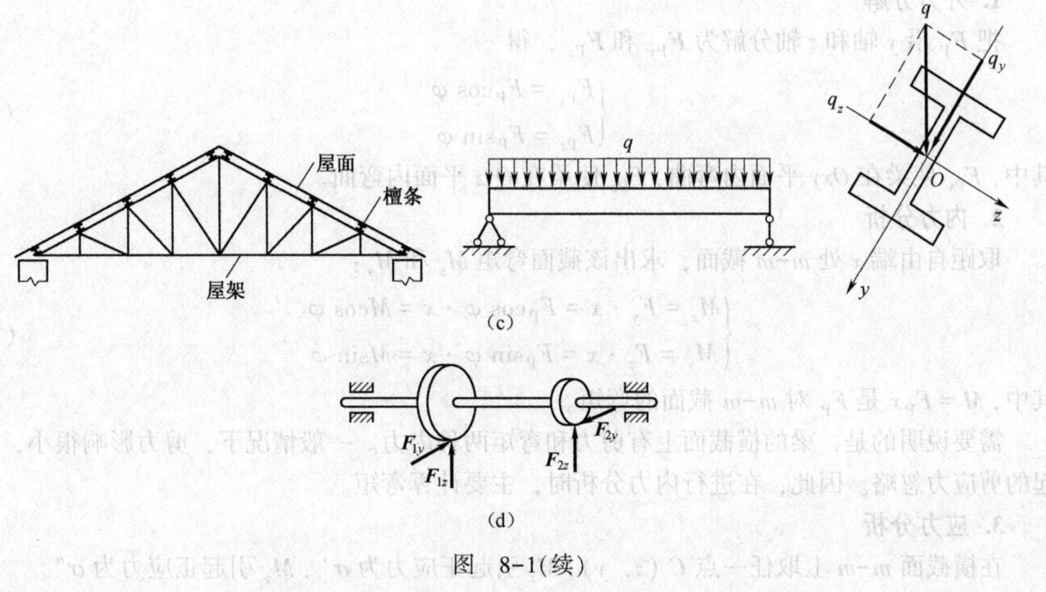

图 8-1(续)

8.2 斜 弯 曲

在前面研究梁弯曲变形时，讨论了梁平面弯曲的条件，即无论截面是否有对称轴，只要外力作用平面是通过截面形心主惯性轴平面，使梁的挠曲线是在主惯性平面内的一条平面曲线，则梁产生平面弯曲。但在许多工程问题中，外力不作用在形心主惯性轴平面内，这时，梁的挠曲线不在荷载作用面内，这种弯曲称为斜弯曲。

现以矩形截面悬臂梁为例说明应力与变形的计算。

设悬臂梁在自由端受集中力 $\boldsymbol{F}_{\mathrm{P}}$ 作用，$\boldsymbol{F}_{\mathrm{P}}$ 垂直于梁的轴并通过截面形心，与形心主轴 y 成 φ 角。如图 8-2 所示，建立坐标系。

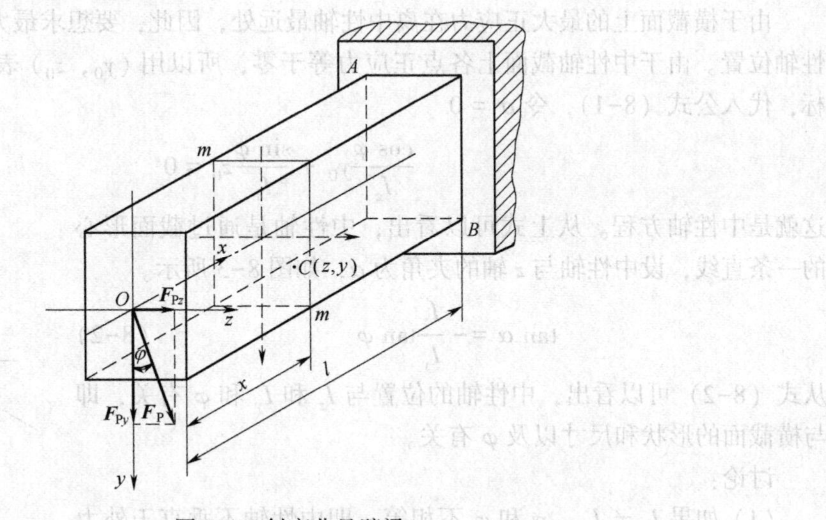

图 8-2　斜弯曲悬臂梁

1. 外力分解

把 $\boldsymbol{F}_{\mathrm{P}}$ 沿 y 轴和 z 轴分解为 $\boldsymbol{F}_{\mathrm{P}y}$ 和 $\boldsymbol{F}_{\mathrm{P}z}$，得

$$\begin{cases} F_{\mathrm{P}y} = F_{\mathrm{P}}\cos\varphi \\ F_{\mathrm{P}z} = F_{\mathrm{P}}\sin\varphi \end{cases} \tag{a}$$

其中，$F_{\mathrm{P}y}$ 使梁在 Oxy 平面内弯曲，$F_{\mathrm{P}z}$ 使梁在 Oyz 平面内弯曲。

2. 内力分析

取距自由端 x 处 m–m 截面，求出该截面弯矩 M_z 和 M_y：

$$\begin{cases} M_z = F_y \cdot x = F_{\mathrm{P}}\cos\varphi \cdot x = M\cos\varphi \\ M_y = F_z \cdot x = F_{\mathrm{P}}\sin\varphi \cdot x = M\sin\varphi \end{cases} \tag{b}$$

其中，$M = F_{\mathrm{P}}x$ 是 F_{P} 对 m–m 截面的弯矩。

需要说明的是，梁的横截面上有剪力和弯矩两种内力。一般情况下，剪力影响很小，引起的剪应力忽略。因此，在进行内力分析时，主要计算弯矩。

3. 应力分析

在横截面 m–m 上取任一点 C（z，y），M_z 引起正应力为 σ'，M_y 引起正应力为 σ''。

$$\begin{cases} \sigma' = \dfrac{M_z}{I_z}y = \dfrac{M\cos\varphi}{I_z}y \\ \sigma'' = \dfrac{M_y}{I_y}z = \dfrac{M\sin\varphi}{I_y}z \end{cases} \tag{c}$$

根据叠加原理，横截面 m–m 上任一点 C 处总弯曲正应力为

$$\sigma = \sigma' + \sigma'' = \frac{M_z}{I_z}y + \frac{M_y}{I_y}z = \frac{M\cos\varphi}{I_z}y + \frac{M\sin\varphi}{I_y}z \tag{8-1}$$

正应力正负号，可以通过直接观察 M_z 和 M_y 弯矩分别引起的正应力是拉应力还是压应力来决定。

4. 确定中性轴位置

由于横截面上的最大正应力在离中性轴最远处，因此，要想求最大正应力，必须找到中性轴位置。由于中性轴截面上各点正应力等于零，所以用（y_0，z_0）表示中性轴上一点的坐标，代入公式（8-1），令 $\sigma = 0$

$$\frac{\cos\varphi}{I_z}y_0 + \frac{\sin\varphi}{I_y}z_0 = 0 \tag{d}$$

这就是中性轴方程。从上式可以看出，中性轴是通过截面形心的一条直线，设中性轴与 z 轴的夹角为 α，如图 8-3 所示。

$$\tan\alpha = -\frac{I_z}{I_y}\tan\varphi \tag{8-2}$$

从式（8-2）可以看出，中性轴的位置与 I_z 和 I_y 和 φ 有关，即与横截面的形状和尺寸以及 φ 有关。

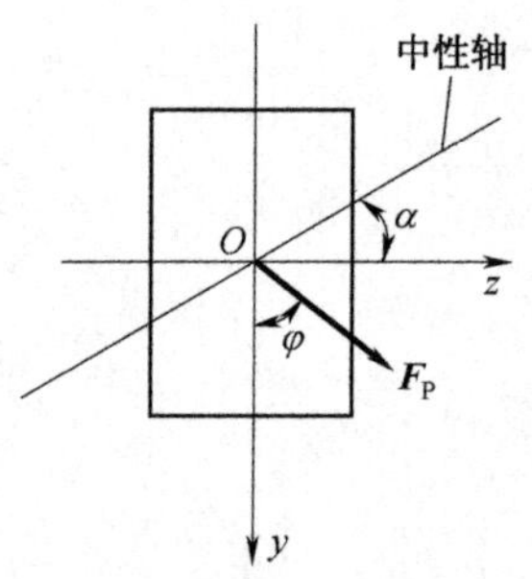

图 8-3　中性轴

讨论：

(1) 如果 $I_z \neq I_y$，α 和 φ 不相等，即中性轴不垂直于外力作用的平面（如矩形等）。

(2) 如果 $I_z = I_y$ ，α 和 φ 相等，即中性轴垂直于外力作用的平面（如圆形、正方形等）。

5. 最大正应力

为了进行强度计算，必须先确定危险截面，后在危险截面上确定危险点。由公式（b）看出，危险截面在悬臂梁固定端，最大正应力（危险点）在离中性轴最远处棱角 A、B 点，A 点为最大拉应力，B 点为最大压应力。

$$\sigma^{+} = M\left[\frac{\cos\varphi}{I_z}y_a + \frac{\sin\varphi}{I_y}z_a\right] \tag{8-3a}$$

$$\sigma^{-} = -M\left[\frac{\cos\varphi}{I_z}y_b + \frac{\sin\varphi}{I_y}z_b\right] \tag{8-3b}$$

对于不容易确定危险点的截面，如梁的横截面没有棱角，在确定中性轴位置以后，在横截面周边上作两条与中性轴平行的切线，切点距中性轴最远的点为危险点。

6. 强度条件

经过分析发现，危险截面上危险点 A、B 点都是单向应力状态，如果材料的抗拉与抗压许用应力相同，则强度条件可写为

$$\sigma_{\max} = \frac{M_{z\max}}{I_z}y_{\max} + \frac{M_{y\max}}{I_y}z_{\max} = \frac{M_{z\max}}{W_z} + \frac{M_{y\max}}{W_y} \leqslant [\sigma] \tag{8-4}$$

***7. 梁的挠曲线计算**

如图 8-4 所示，分力 F_{Py} 和 F_{Pz} 在自由端分别引起的挠度为（f 表示最大挠度）

$$f_y = \frac{F_{Py}\cdot l^3}{3EI_z} = \frac{F_P\cos\varphi\cdot l^3}{3EI_z} \tag{e}$$

$$f_z = \frac{F_{Pz}\cdot l^3}{3EI_y} = \frac{F_P\sin\varphi\cdot l^3}{3EI_y} \tag{f}$$

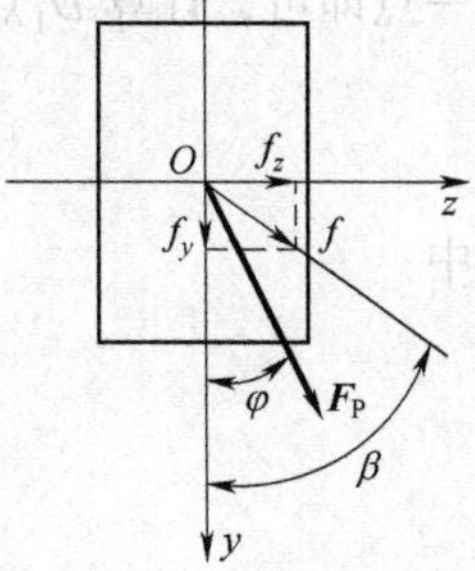

图 8-4　斜弯曲悬臂梁自由端挠度

则总挠度为两个挠度的几何和，大小为

$$f = \sqrt{f_y^2 + f_z^2} \tag{8-5}$$

设总挠度 f 与 y 轴方向的夹角为 β ，则总挠度方向为

$$\tan\beta = \frac{f_z}{f_y} = \frac{I_z}{I_y}\tan\varphi = -\tan\alpha \tag{8-6}$$

式（8-6）表明，梁的两个形心主惯性矩 I_y 和 I_z 不相等，β 和 φ 不相等，说明斜弯曲梁的变形与荷载作用面不重合。只有形心主惯性矩 I_y 和 I_z 相等，β 和 φ 相等，梁的变形与荷载作用面重合，即平面弯曲。但无论梁形心主惯性矩 I_y 和 I_z 是否相等，梁的变形在与中性轴垂直平面内。

【例题 8-1】　图 8-5 所示矩形截面的简支梁在跨中央受一个集中力 $\boldsymbol{F}_P$ 作用。已知，$F_P = 10$ kN，与形心主轴 y 形成 $\varphi = 15°$ 的夹角，$l = 1.5$ m，试求：危险截面上的最大正应力。

解　计算最大正应力。

把荷载沿 y 轴和 z 轴分解为 F_{Py} 和 F_{Pz}：

$$\begin{cases} F_{Py} = F_P\cos\varphi = F_P\cos 15° \\ F_{Pz} = F_P\sin\varphi = F_P\sin 15° \end{cases}$$

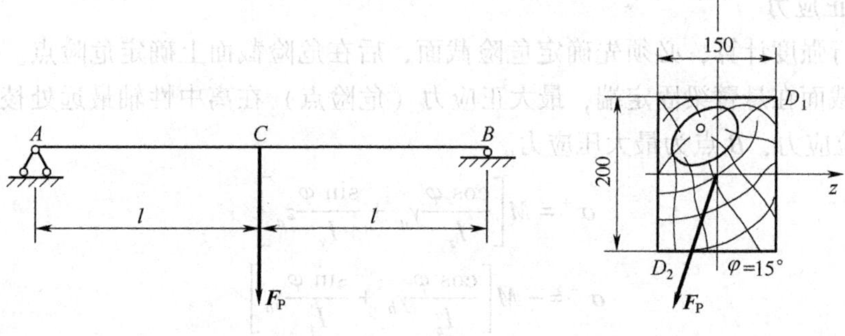

图 8-5 例题 8-1 图

危险截面在跨中，最大弯矩为

$$\begin{cases} M_{z\max} = \dfrac{1}{2}F_{Py} \cdot l = \dfrac{1}{2}F_P\cos\varphi \cdot l = \dfrac{1}{2} \times 10 \times \cos 15^\circ \times 1.5 = 7.25\ \text{kN} \cdot \text{m} \\ M_{y\max} = \dfrac{1}{2}F_{Pz} \cdot l = \dfrac{1}{2}F_P\sin\varphi \cdot l = \dfrac{1}{2} \times 10 \times \sin 15^\circ \times 1.5 = 1.94\ \text{kN} \cdot \text{m} \end{cases}$$

由于正应力线性分布，再根据两弯矩方向，最大正应力在 D_1 和 D_2 点，D_1 为最大拉应力点，D_2 为最大压应力点，由于矩形截面两点对称，因此，两点正应力的绝对值相等，只计算一点即可，计算 D_1 点。

$$\sigma_{\max} = \frac{M_{z\max}}{W_z} + \frac{M_{y\max}}{W_y}$$

其中

$$W_z = \frac{bh^2}{6} = \frac{150 \times 200^2}{6} = 10^6\ \text{mm}^3$$

$$W_y = \frac{hb^2}{6} = \frac{200 \times 150^2}{6} = 7.5 \times 10^5\ \text{mm}^3$$

因此，最大正应力为

$$\sigma_{\max} = \frac{M_{z\max}}{W_z} + \frac{M_{y\max}}{W_y} = \frac{7.25 \times 10^6}{10^6} + \frac{1.94 \times 10^6}{7.5 \times 10^5} = 9.84\ \text{MPa}$$

8.3 拉伸（压缩）与弯曲组合

杆件在受轴向拉（压）力作用时，还受通过其轴线的纵向平面内垂直于轴线的荷载作用，这时杆将发生拉伸（压缩）与弯曲的组合变形。

例如烟囱在自重和风力的作用下发生这样的组合变形［图 8-1（a）］。在自重作用下，发生轴向压缩，在风力作用下发生弯曲，所以是轴向压缩与弯曲的组合。但是，这里的杆件具有较大的抗弯刚度，即轴向拉（压）力引起的弯矩可略去不计，因此，计算这种组合变形强度，分别计算各种荷载单独引起的正应力，然后按叠加原理求其几何和。

现以图 8-6（a）所示矩形截面简支梁为例，梁受轴向拉力 F_S 和横向荷载 F_P 同时作用。

1. 外力

首先分析梁的外力作用引起哪种变形。

F_S ——轴向拉力，引起拉伸变形。

F_P ——横向荷载，引起弯曲变形。

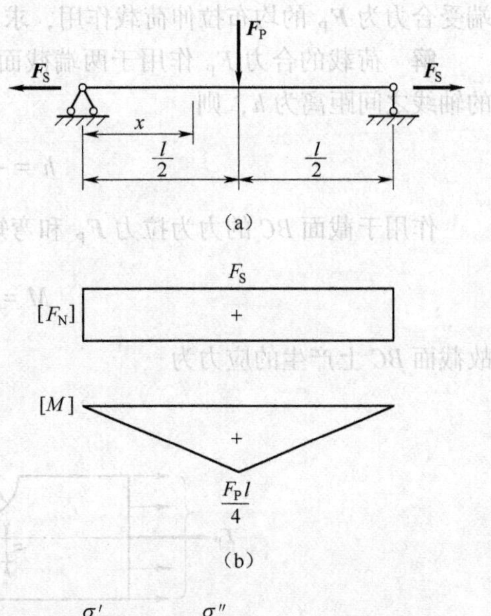

2. 内力

求出横截面上的内力。

F_N ——轴力。

$$M = \frac{F_P}{2}x \quad \left(0 \leqslant x \leqslant \frac{l}{2}\right) \text{——弯矩} \qquad (a)$$

由内力图 8-6（b）可看出，最大弯矩在梁的中点

$$M_{max} = \frac{F_P}{4}l \qquad (b)$$

由于梁剪应力引起破坏非常小，剪力可忽略。

3. 正应力分析

轴力 F_N 引起正应力为 σ'，在梁的横截面上均匀分布。

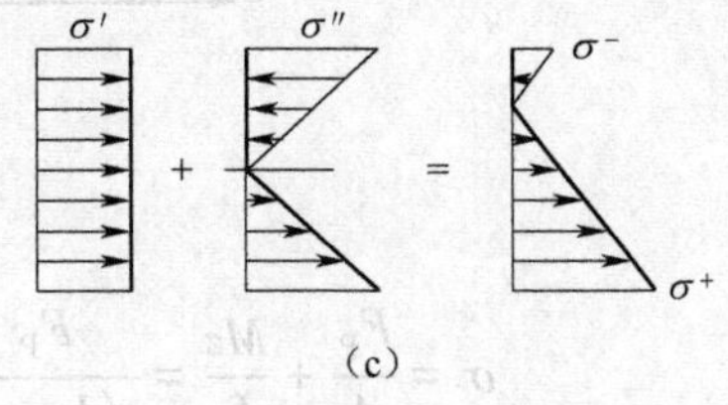

图 8-6　矩形截面梁

$$\sigma' = \frac{F_N}{A} = \frac{F_S}{A} \qquad (c)$$

其中 A 为梁的横截面面积。

弯矩 M 引起的正应力为 σ''，在梁的横截面上线性分布。离中性轴为 y 处的正应力为

$$\sigma'' = \frac{My}{I_z} \qquad (d)$$

根据叠加原理，横截面上正应力为

$$\sigma = \sigma' + \sigma'' = \frac{F_S}{A} \pm \frac{My}{I_z} \qquad (8-7)$$

设 $\sigma'' > \sigma'$，最大拉、压应力在梁的中点截面上、下边缘处，公式为

$$\sigma_{max} = \frac{F_S}{A} \pm \frac{M_{max}}{W_z} = \frac{F_S}{A} \pm \frac{F_P \cdot l}{4W_z} \qquad (8-8)$$

正应力分布如图 8-6（c）所示，正应力符号与以前所述相同。

4. 强度条件

危险点的应力为单向应力状态，因此直接建立强度条件

$$\sigma = \frac{F_S}{A} + \frac{F_P \cdot l}{4W_z} \leqslant [\sigma] \qquad (8-9)$$

如果杆件横截面为非对称，即许用拉应力与许用压应力不相等时，杆内的最大拉应力和最大压应力必须分别满足杆件的拉、压强度条件。

【例题 8-2】　如图 8-7 所示，宽度为 b、厚度为 t 的板，具有半径为 r 的半圆缺口，两

端受合力为 $\boldsymbol{F}_P$ 的均布拉伸荷载作用，求最小截面 BC 处的应力。

解　荷载的合力 F_P 作用于两端截面的形心，设过 BC 截面形心的轴线与过合力作用点的轴线之间距离为 h，则

$$h = \frac{b}{2} - \frac{b-r}{2} = \frac{r}{2}$$

作用于截面 BC 的力为拉力 $\boldsymbol{F}_P$ 和弯矩，

$$M = -F_P h = -\frac{F_P r}{2}$$

故截面 BC 上产生的应力为

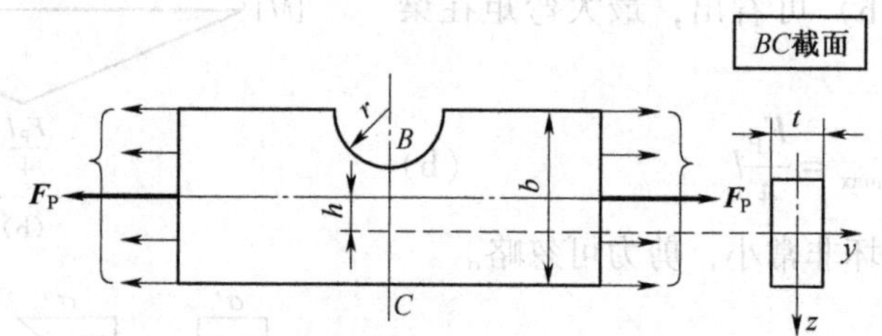

图 8-7　例题 8-2 图

$$\sigma = \frac{F_P}{A} + \frac{Mz}{I_y} = \frac{F_P}{t(b-r)} - \frac{F_P \frac{r}{2} z}{\frac{t(b-r)^3}{12}} = \frac{F_P}{t(b-r)} - \frac{6F_P rz}{t(b-r)^3}$$

因此，B、C 点的应力 σ_B、σ_C 为

$$\sigma_B = \frac{F_P}{t(b-r)} - \frac{6F_P r\left(-\frac{b-r}{2}\right)}{t(b-r)^3} = \frac{F_P}{t(b-r)}\left(1 + \frac{3r}{b-r}\right)$$

$$\sigma_C = \frac{F_P}{t(b-r)} - \frac{6F_P r\frac{b-r}{2}}{t(b-r)^3} = \frac{F_P}{t(b-r)}\left(1 - \frac{3r}{b-r}\right)$$

8.4　偏心压缩（拉伸）及截面核心

在工程上经常见到外力作用线与杆的轴线不重合，如图 8-8 厂房中吊车立柱，受到荷载 $\boldsymbol{F}_{P1}$ 和 $\boldsymbol{F}_{P2}$ 作用，$\boldsymbol{F}_{P1}$ 为轴向力，引起压缩变形，$\boldsymbol{F}_{P2}$ 作用线不经过立柱的轴线，因此，立柱将同时发生轴向压缩和弯曲变形。

当作用在直杆上的外力作用线与杆的轴线平行但不重合时，将引起偏心拉伸或偏心压缩（eccentric tension or compression）。

8.4.1　偏心压（拉）应力计算

下面以矩形截面柱为例（图 8-9），矩形截面杆在 A 点受压力 $\boldsymbol{F}_P$ 作用。设 $\boldsymbol{F}_P$ 力作用点

的坐标为 y_F 和 z_F 。

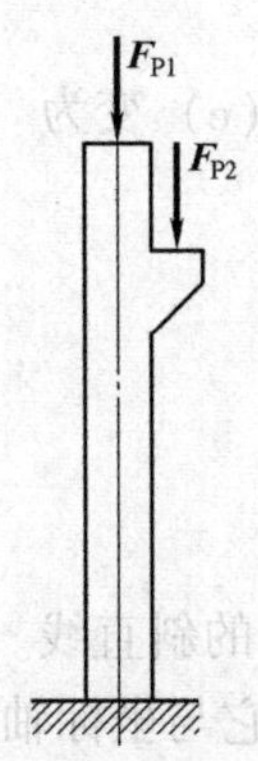

图 8-8　吊车立柱

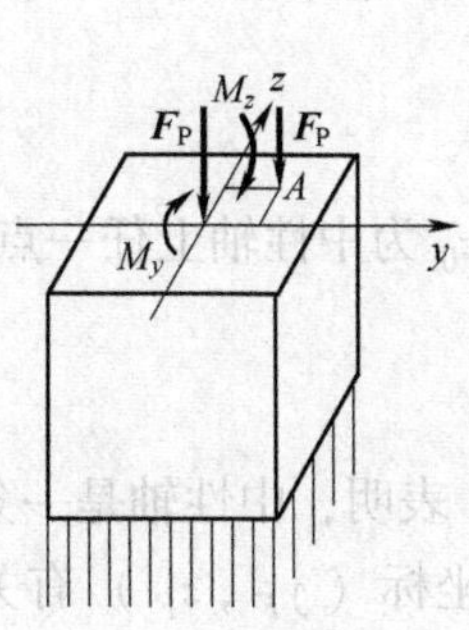

图 8-9　矩形截面柱

1. 外力分析

把力 $\boldsymbol{F}_P$ 移到形心轴上，有外力 $\boldsymbol{F}_P$，力矩 M_z、M_y

$$M_z = F_P \cdot y_F$$
$$M_y = F_P \cdot z_F \qquad \text{(a)}$$

2. 内力分析

求出任意截面上的内力为

轴力　$F_N = -F_P$

弯矩　M_z，M_y

因此，偏心压（拉）也是压（拉）弯组合变形。

3. 应力分析

设轴力 $\boldsymbol{F}_N$ 引起正应力为 σ'，M_z 引起正应力为 σ''，M_y 引起正应力为 σ'''。

$$\sigma' = -\frac{F_P}{A},\quad \sigma'' = -\frac{M_z y}{I_z},\quad \sigma''' = -\frac{M_y z}{I_y} \qquad \text{(b)}$$

其中，σ'' 和 σ''' 求的是压应力。

应用叠加原理，叠加后的正应力为

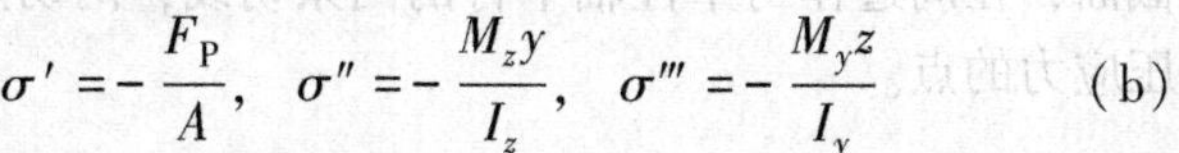

$$\sigma = \sigma' + \sigma'' + \sigma''' = -\frac{F_P}{A} - \frac{M_z y}{I_z} - \frac{M_y z}{I_y}$$

$$= -\frac{F_P}{A} - \frac{F_P y_F y}{I_z} - \frac{F_P z_F z}{I_y} \qquad (8\text{-}10)$$

正应力分布如图 8-10 所示（设两个同方向的正应力大于一个反方向的正应力）。

4. 中性轴

为了寻找危险点，先找中性轴，中性轴上正应力 $\sigma = 0$，

$$\sigma = -\frac{F_P}{A} - \frac{F_P y_F y}{I_z} - \frac{F_P z_F z}{I_y} = 0 \qquad \text{(c)}$$

σ'

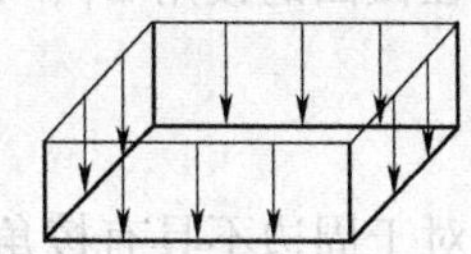

+

σ''

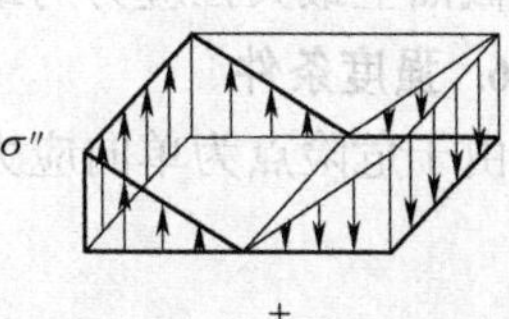

+

σ'''

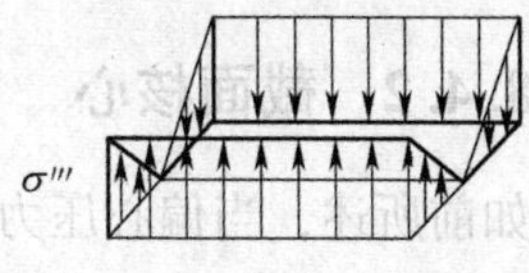

=

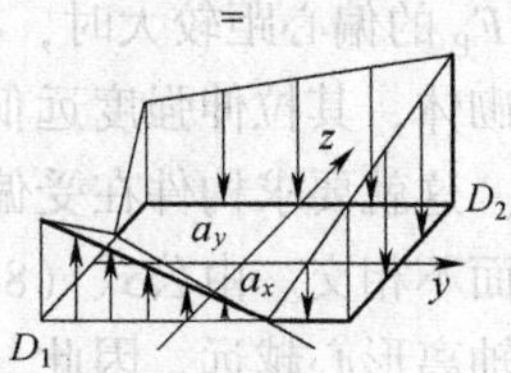

图 8-10　正应力分布

令 $$\frac{I_z}{A}=i_z^2\ ,\ \frac{I_y}{A}=i_y^2 \tag{d}$$

其中 i_z 和 i_y 为横截面面积对 z 轴和 y 轴的惯性半径。因此，式（c）变为

$$-\frac{F_P}{A}\left(1+\frac{y_F y}{i_z^2}+\frac{z_F z}{i_y^2}\right)=0$$

令 y_0，z_0 为中性轴上任一点的坐标，因此得到中性轴方程

$$1+\frac{y_F y_0}{i_z^2}+\frac{z_F z_0}{i_y^2}=0 \tag{e}$$

式（e）表明，中性轴是一条不通过坐标原点（截面形心）的斜直线。它的位置与偏心力作用点的坐标（y_F，z_F）有关，为了求出中性轴的位置，设它与坐标轴 y、z 的截距分别为 a_y 和 a_z。

令 $y_0=0$，$z_0=0$ 时

$$\begin{cases} a_z=-\dfrac{i_y^2}{z_F} \\ a_y=-\dfrac{i_z^2}{y_F} \end{cases} \tag{8-11}$$

式（8-11）表明，a_z 和 z_F，a_y 和 y_F 总是符号相反，所以，外力作用点与中性轴必分别处于截面形心两侧。

5. 危险点

对于周边具有棱角的横截面，其危险点一定在截面的棱角处，最大拉应力和最大压应力分别在截面的棱角 D_1 和 D_2 处。其值为

$$\sigma_-^+=-\frac{F_P}{A}\pm\frac{F_P z_F}{W_y}\pm\frac{F_P y_F}{W_z} \tag{8-12}$$

对于周边不具有棱角的横截面，在周边作与中性轴平行的两条切线，两切点为危险点，即横截面上最大拉应力与最大压应力的点。

6. 强度条件

由于危险点为单向应力状态，因此直接建立强度条件

$$\sigma_-^+=-\frac{F_P}{A}\pm\frac{F_P z_F}{W_y}\pm\frac{F_P y_F}{W_z}\leqslant[\sigma] \tag{8-13}$$

8.4.2 截面核心

如前所述，当偏心压力 F_P 的偏心距较小时，杆横截面上可能不出现拉应力，当偏心压力 F_P 的偏心距较大时，杆横截面上可能不出现压应力。土建工程中常用的混凝土构件和砖、石砌体，其拉伸强度远低于压缩强度，在这类构件的设计计算中，往往认为其拉伸强度为零。这就要求构件在受偏心压力作用时，其横截面上不出现拉应力。为此，应使中性轴与横截面不相交。由公式（8-11）可看出，（y_F，z_F）越小，即外力作用点离形心越近时，中性轴离形心越远。因此，当外力作用点位于截面形心附近的一个区域内时，就可以保证中性轴不与横截面相交，这个区域称为截面核心（core of section）。当外力作用在截面核心的边

界上时，与此相对应的中性轴正好与截面的周边相切，利用这一关系确定截面核心的边界。

为确定任意形状截面的截面核心边界（图 8-11），可将与截面周边相切的任意直线①看作中性轴，由公式（8-11）确定与该中性轴对应的外力作用点 1，即截面核心的边界上的一个坐标，同理，分别将与截面周边相切的任意直线②、③等看作中性轴，由公式确定与该中性轴对应的外力作用点 2、3 等坐标，连接这些点得到一条封闭的曲线，曲线所包围的带阴影的面积，即截面核心。

下面以矩形截面为例，说明确定截面核心的方法。

矩形截面边长为 b、h（图 8-12），y 轴、z 轴为截面形心主惯性轴，先将与 AB 边相切的直线①看作中性轴，其在 y、z 两轴上的截距分别为

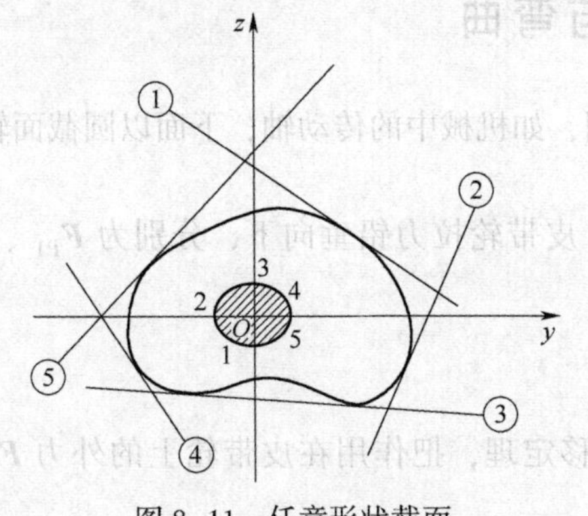

图 8-11　任意形状截面

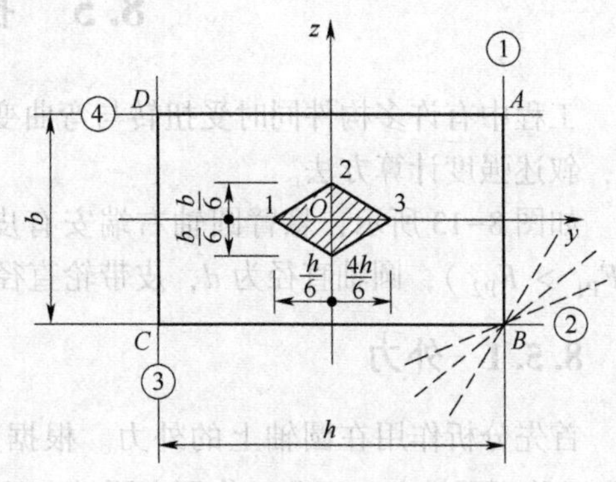

图 8-12　矩形截面

$$a_{y1} = \frac{h}{2},\ a_{z1} = \infty$$

其惯性半径为

$$i_y^2 = \frac{b^2}{12},\ i_z^2 = \frac{h^2}{12}$$

所以，得到截面核心边界 1 点的坐标为

$$y_{F1} = -\frac{i_z^2}{a_y} = -\frac{\frac{h^2}{12}}{\frac{h}{2}} = -\frac{h}{6},\ z_{F1} = -\frac{i_y^2}{a_z} = 0$$

同理，分别取与 BC、CD 和 DA 边相切的直线②、③、④为中性轴，可求得对应的截面核心边界点 2、3、4 的坐标分别为

$$y_{F2} = 0,\ z_{F2} = \frac{b}{6};\ y_{F3} = \frac{h}{6},\ z_{F3} = 0;\ y_{F4} = 0,\ z_{F4} = -\frac{b}{6}$$

这样，得到截面核心边界上的 4 个点。但是通过 4 个点，不能完全确定截面核心的形状，即外力作用点的规律，如果中性轴由 1 转到 2，可以求出每个中性轴相对应的截面边界的位置，得到截面核心形状。但是，这样做太烦琐，可通过中性轴方程确定。当中性轴由 1 转到 2 时，A 点坐标 $\left(\frac{h}{2},\ \frac{b}{2}\right)$ 为常数，中性轴方程中

$$1+\frac{y_F y_0}{i_z^2}+\frac{z_F z_0}{i_y^2}=0$$

式中，y_0、z_0 为常数。可以发现，y_F、z_F 的关系为一条直线，因而，可以确定 1、2 点之间的关系也为一条直线。同理，确定 2、3、4 点之间的关系也为一条直线。所以，确定矩形截面偏心压（拉）截面核心为菱形。

对于具有棱角的截面，均可按上述方法确定截面核心。对周边具有凹进部分的截面（如 T 字形截面），在选取中性轴边界时，凹进部分的周边不能作为中性轴，因为这种直线与横截面相交。

8.5 扭转与弯曲

工程中有许多构件同时受扭转与弯曲变形作用，如机械中的传动轴，下面以圆截面轴为例，叙述强度计算方法。

如图 8-13 所示，悬臂圆轴右端安有皮带轮，皮带轮拉力铅垂向下，分别为 $\boldsymbol{F}_{P1}$、$\boldsymbol{F}_{P2}$（$F_{P1}>F_{P2}$），圆轴直径为 d，皮带轮直径为 D。

8.5.1 外力

首先分析作用在圆轴上的外力。根据力的平移定理，把作用在皮带轮上的外力 $\boldsymbol{F}_{P1}$、$\boldsymbol{F}_{P2}$ 平移到圆轴上，因此，作用在圆轴上的外力有

$$F_P=F_{P1}+F_{P2}\,,\ M_e=(F_{P1}-F_{P2})\cdot\frac{D}{2} \tag{a}$$

根据外力分析知道，圆轴在外力 $\boldsymbol{F}_P$ 和外力偶 M_e 作用下为扭转与弯曲组合变形。

8.5.2 内力——画出内力图

任意截面上的内力：

弯矩 $\quad M_z=F_P x\quad(0\leqslant x<l)$

扭矩 $\quad T=M_e\quad(0<x<l)\qquad$ (b)

最大弯矩 $\quad M_{z\max}=F_P l$

8.5.3 应力

由内力分析得到危险截面为 A，则危险截面上离中性轴最远点 a、b 为危险点，弯矩和扭矩分别产生的应力为

$$\sigma=\pm\frac{M_{z\max}}{W_z}=\frac{F_P l}{W_z} \tag{c}$$

$$\tau=\frac{T}{W_\rho}=\frac{M_e}{W_\rho} \tag{d}$$

8.5.4 强度条件

在危险点 a 取出单元体，应力状态如图 8-13 所示，根据应力状态分析，应用第三、第

四强度理论，建立扭转与弯曲组合变形强度条件

$$\sigma_{r3} = \sqrt{\sigma^2 + 4\tau^2} \leqslant [\sigma] \qquad (8-14)$$

$$\sigma_{r4} = \sqrt{\sigma^2 + 3\tau^2} \leqslant [\sigma] \qquad (8-15)$$

如果将应力公式（c）代入式（8-14）、式（8-15），并且将圆轴中 $W_z = \frac{\pi d^3}{32}$，$W_P = \frac{\pi d^3}{16}$ 关系代入，那么，应用第三、第四强度理论，扭转与弯曲组合变形强度条件为

$$\sigma_{r3} = \frac{\sqrt{M^2 + T^2}}{W} \leqslant [\sigma] \qquad (8-16)$$

$$\sigma_{r4} = \frac{\sqrt{M^2 + 0.75T^2}}{W} \leqslant [\sigma] \qquad (8-17)$$

必须强调指出，公式（8-16）、公式（8-17）只适用于圆轴扭转与弯曲组合变形情况。

另外，工程上有许多构件同时承受两个垂直平面的弯矩 M_y、M_z 和扭转，这时，这里的弯矩为两个弯矩的合成，即 $M_{总} = \sqrt{M_y^2 + M_z^2}$。

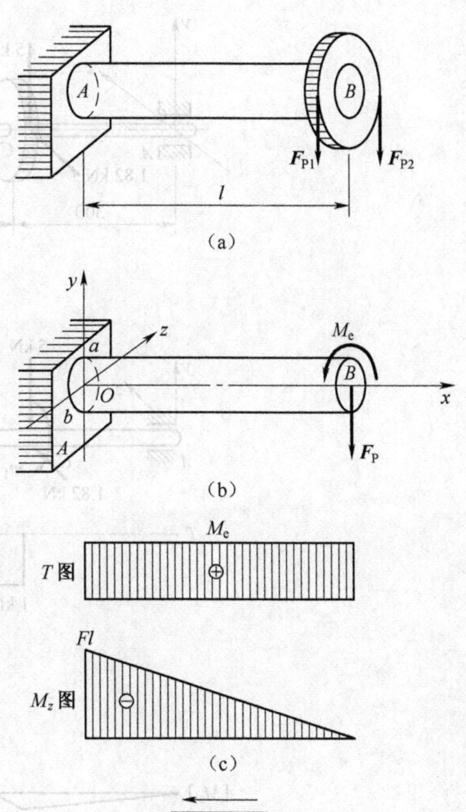

图 8-13 悬臂圆轴

【例题 8-3】 如图 8-14（a）所示一钢制实心圆轴，轴上的齿轮 C 上作用有铅垂切向力5 kN；径向力 1.82 kN；齿轮 D 上作用有水平切向力 10 kN；径向力 3.64 kN。齿轮 C 的直径 d_1 = 400 mm，齿轮 D 的直径 d_2 = 200 mm。设材料的许用应力［σ］= 100 MPa，试按第四强度理论求轴的直径。

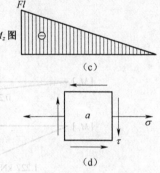

解 （1）外力简化，画出轴受力简图［图 8-14（b）］。齿轮 C 上的铅垂切向力与齿轮 D 上水平切向力向轴线简化，简化后得到力和力矩，力矩大小相等、方向相反，引起轴扭转变形。

$$M_e = m_1 = m_2 = 5 \times \frac{d_1}{2} = 5 \times \frac{0.4}{2} = 1 \text{ kN} \cdot \text{m}$$

齿轮 C 上径向力与齿轮 D 上水平切向力引起 xz 平面内的弯曲，齿轮 C 上铅垂切向力与齿轮 D 上径向力引起 xy 平面内的弯曲［图 8-14（c）］。

（2）分别作内力图——扭矩图 M_x，xy 平面内的弯矩 M_z，xz 平面内的弯矩 M_y。

（3）判断危险截面。

由内力图可以判断出轴的危险截面为截面 B。在截面 B 上，扭矩 T 和合成弯矩 M 分别为

$$T = M_e = 1 \text{ kN} \cdot \text{m}$$

$$M = \sqrt{M_z^2 + M_y^2} = \sqrt{1.09^2 + 3^2} = 3.19 \text{ kN} \cdot \text{m}$$

（4）按照第四强度理论，求轴的直径。由公式（8-17），得

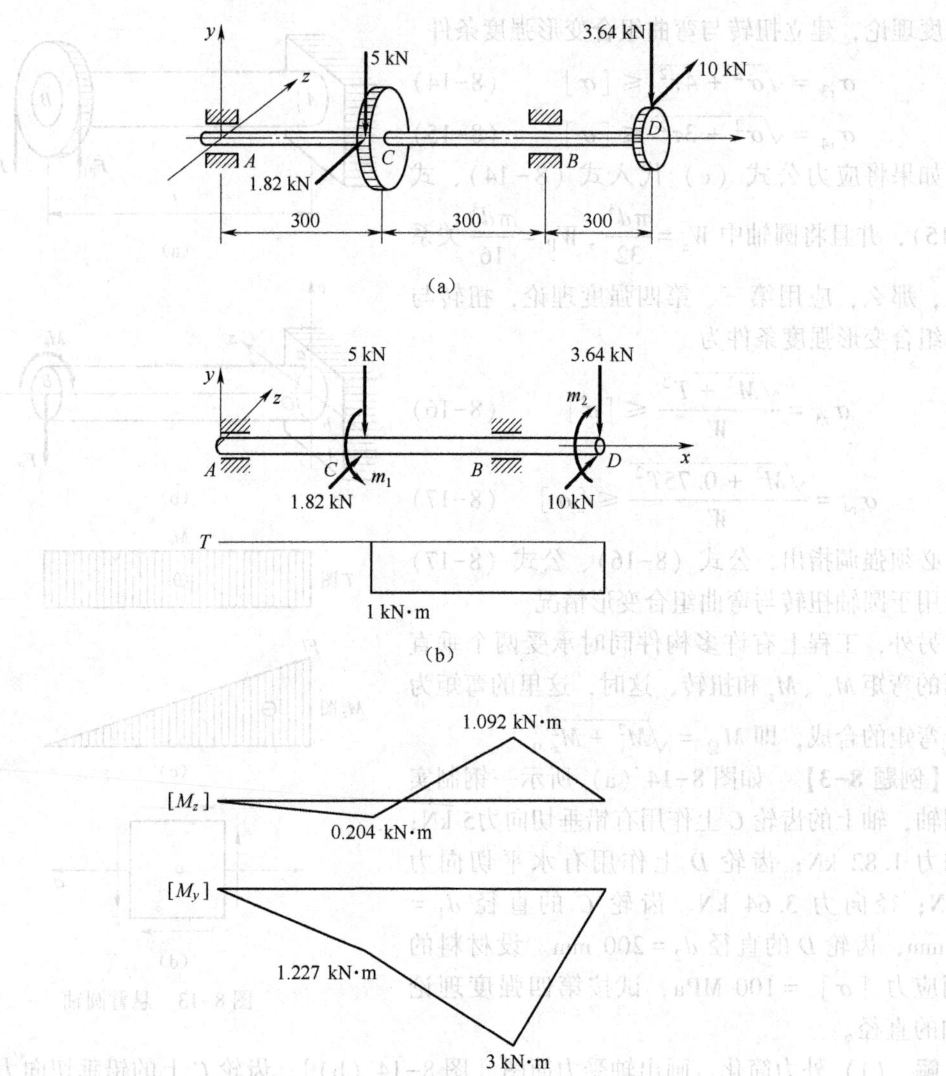

图 8-14 例题 8-3 图

$$\sigma_{r4}=\frac{\sqrt{M^2+0.75T^2}}{W}\leqslant[\sigma]$$

$$\sqrt{M^2+0.75T^2}=\sqrt{3.19^2+0.75\times1^2}=3.3\ \text{kN}\cdot\text{m}$$

$$d\geqslant\sqrt[3]{\frac{32\times3.3\times10^6}{\pi[\sigma]}}=\sqrt[3]{\frac{32\times3.3\times10^6}{\pi\times100}}=69.5\ \text{mm}$$

本 章 小 结

1. 组合变形概念

构件受力之后，同时产生两种或两种以上的基本变形，称为组合变形。

2. 组合变形构件强度分析方法

组合变形构件强度分析是在各种基本变形应力计算基础上进行的，具体步骤如下：

（1）对外力进行分解，分解成几组基本变形构件受力情况。

（2）分析基本变形的内力，确定危险截面。

（3）计算危险截面上的应力，确定危险点位置。

（4）根据危险点应力状态，建立相应的强度理论 。

3. 常见几种组合变形强度条件

斜弯曲
$$\sigma_{\max}=\frac{M_{z\max}}{I_z}y_{\max}+\frac{M_{y\max}}{I_y}z_{\max}=\frac{M_{z\max}}{W_z}+\frac{M_{y\max}}{W_y}\leqslant[\sigma]$$

拉（压）与弯曲
$$\sigma_{\max}=\frac{F_S}{A}+\frac{M_{\max}}{W_z}\leqslant[\sigma]$$

偏心压（拉）
$$\sigma_{-}^{+}=-\frac{F_P}{A}\pm\frac{M_{y\max}}{W_y}\pm\frac{M_{z\max}}{W_z}\leqslant[\sigma]$$

扭转与弯曲
$$\sigma_{r3}=\sqrt{\sigma^2+4\tau^2}\leqslant[\sigma]$$
$$\sigma_{r4}=\sqrt{\sigma^2+3\tau^2}\leqslant[\sigma]$$

如果为圆轴，则
$$\sigma_{r3}=\frac{\sqrt{M^2+T^2}}{W}\leqslant[\sigma]$$
$$\sigma_{r4}=\frac{\sqrt{M^2+0.75T^2}}{W}\leqslant[\sigma]$$

习 题

8-1 悬臂梁受到水平平面内 $\boldsymbol{F}_1$ 及铅垂面内 $\boldsymbol{F}_2$ 的作用，如图 8-15 所示，$F_{P1}=0.8$ kN，$F_{P2}=1.65$ kN，$l=1\,000$ mm，该梁的尺寸为 $b=90$ mm，$h=180$ mm；该梁的弹性模量为 $E=10$ GPa，试求最大正应力及其作用点位置，并求该梁的最大挠度。

8-2 矩形截面的悬臂木梁如图 8-16 所示，若 $F_P=0.24$ kN，$\frac{h}{b}=2$，$[\sigma]=10$ MPa，试选定截面尺寸。

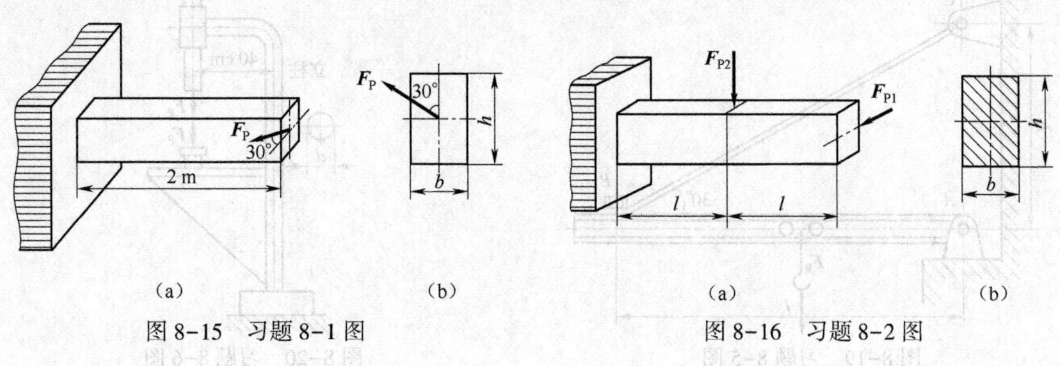

图 8-15 习题 8-1 图　　图 8-16 习题 8-2 图

8-3　工字形截面简支梁如图 8-17 所示，力 $\boldsymbol{F}_P$ 与截面铅垂轴的交角为 5°，若 F_P = 60 kN，l=4 m，[σ] =160 MPa，且最大挠度不超过 $\frac{l}{400}$，试选定工字钢的型号。

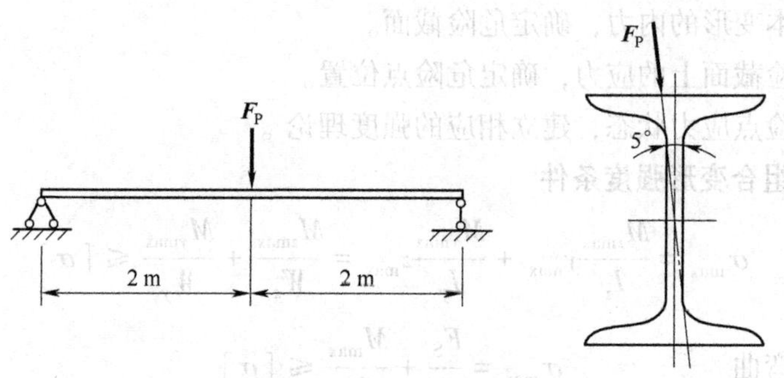

图 8-17　习题 8-3 图

8-4　图 8-18 所示由木材制成的矩形截面悬臂梁，在梁的水平对称面内受到 F_{P1} = 0.8 kN 的作用，在铅垂对称面内受到 F_{P2} = 1.65 kN 力的作用。已知 b=90 mm，h=180 mm。试指出危险截面及危险点的位置，并求最大正应力值。如果截面为圆形，直径 d=130 mm，试求梁内最大正应力。

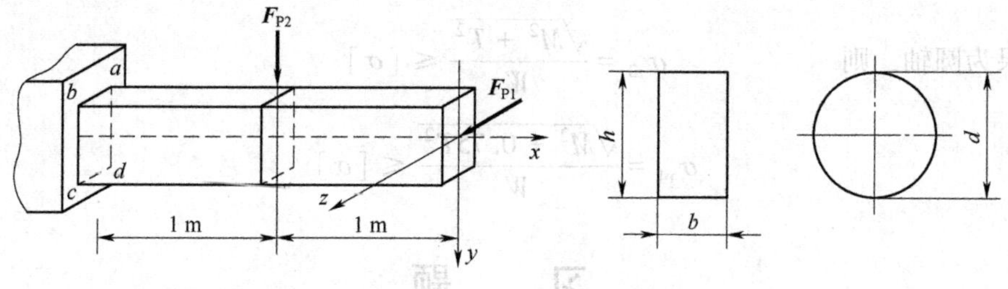

图 8-18　习题 8-4 图

8-5　如图 8-19 所示外悬式起重机，由工字梁 AB 及拉杆 BC 组成，起重荷载 F_P = 25 kN，l=2 m，若 [σ] =100 MPa，而 B 处支承可近似地视为铰接，支承反力通过两杆轴线的交点，试选择 AB 梁的截面。

8-6　图 8-20 所示为一钻床，若 F_P =15 kN，$[\sigma]^+$=35 MPa，试计算铸铁立柱所需的直径 d。

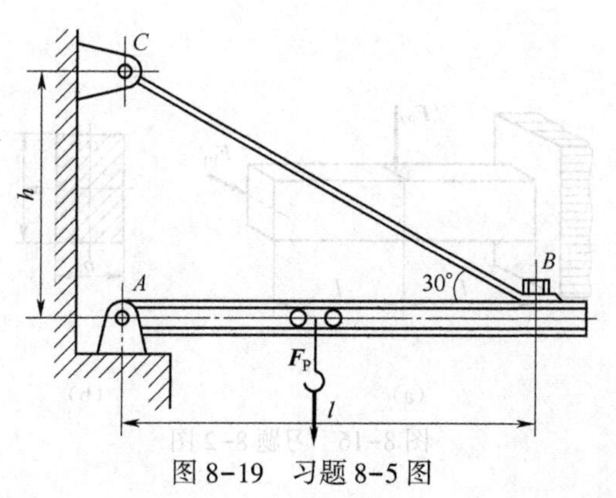

图 8-19　习题 8-5 图

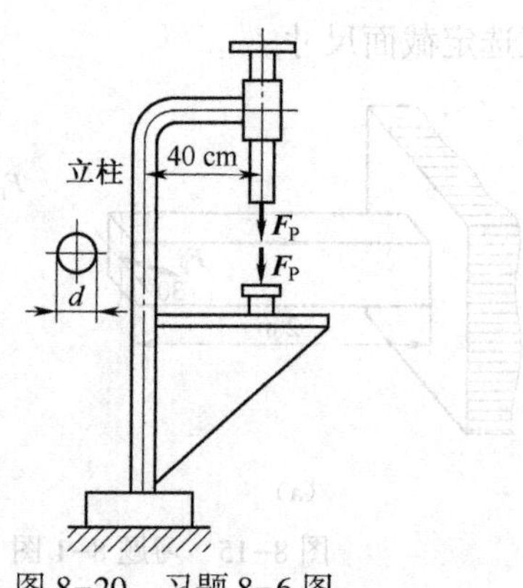

图 8-20　习题 8-6 图

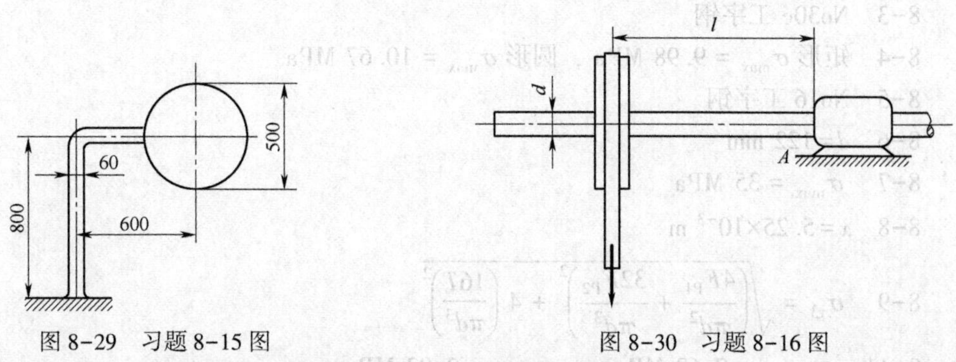

图 8-29　习题 8-15 图

图 8-30　习题 8-16 图

8-17　如图 8-31 所示，飞机起落架的折轴为管状截面，内径 $d=70$ mm，外径 $D=80$ mm。材料的许用应力 $[\sigma]=100$ MPa，$F_{P1}=1$ kN，$F_{P2}=4$ kN，试按第三强度理论校核折轴的强度。

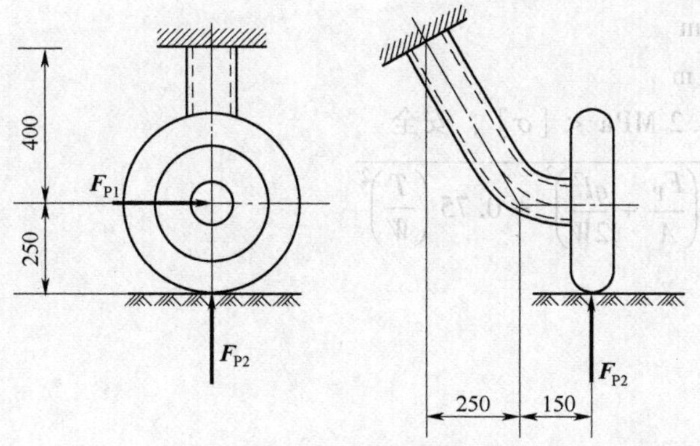

图 8-31　习题 8-17 图

8-18　圆截面梁如图 8-32 所示，已知抗弯截面模量为 W，横截面面积为 A，若梁同时承受轴向拉力 $\boldsymbol{F}_P$、横向力 q 和扭矩 T 的作用，试指出：（1）危险截面、危险点的位置；（2）危险点的应力状态；（3）试写出第四强度理论的相当应力。

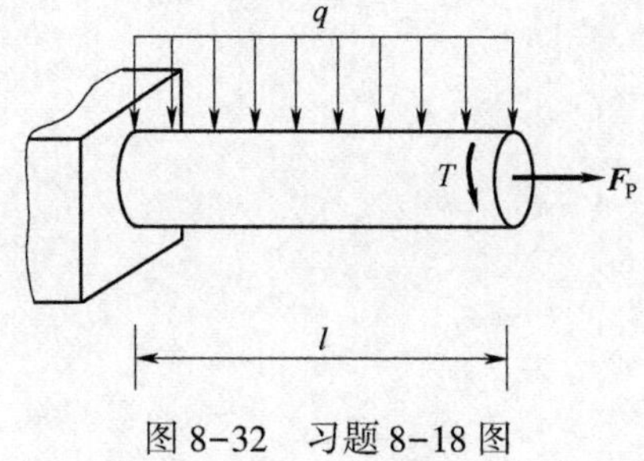

图 8-32　习题 8-18 图

习题参考答案

8-1　$\sigma_{max}=9.98$ MPa，$w_{max}=19.8$ mm

8-2　$h=108$ mm，$b=54$ mm

8-3　No30c 工字钢

8-4　矩形 $\sigma_{\max} = 9.98\ \text{MPa}$，圆形 $\sigma_{\max} = 10.67\ \text{MPa}$

8-5　No16 工字钢

8-6　$d = 122\ \text{mm}$

8-7　$\sigma_{\max} = 35\ \text{MPa}$

8-8　$x = 5.25\times10^{-3}\ \text{m}$

8-9　$\sigma_{r3} = \sqrt{\left(\dfrac{4F_{P1}}{\pi d^2} + \dfrac{32F_{P2}}{\pi d^3}\right)^2 + 4\left(\dfrac{16T}{\pi d^3}\right)^2}$

8-11　$\sigma_{t,\max} = 2.63\ \text{MPa}$，$\sigma_{c,\max} = -2.93\ \text{MPa}$

8-12　$\sigma_1 = 33.4\ \text{MPa}$，$\sigma_3 = -10\ \text{MPa}$，$\tau_{\max} = 21.7\ \text{MPa}$

8-13　$\sigma_{r3} = 58.3\ \text{MPa} < [\sigma]$，安全

8-14　按第三强度理论计算 $d = 112\ \text{mm}$，按第四强度理论计算 $d = 111\ \text{mm}$

8-15　$t = 2.7\ \text{mm}$

8-16　$l = 0.545\ \text{m}$

8-17　$\sigma_{r3} = 84.2\ \text{MPa} < [\sigma]$，安全

8-18　$\sigma_{r4} = \sqrt{\left(\dfrac{F_P}{A} + \dfrac{ql^2}{2W}\right)^2 + 0.75\left(\dfrac{T}{W}\right)^2}$

第9章　压　杆　稳　定

本章主要讨论受压杆件的稳定性问题。介绍压杆的稳定以及临界荷载的基本概念，推导细长理想中心压杆临界压力的计算公式（欧拉公式），并介绍压杆临界应力总图以及欧拉公式的适用范围，论述压杆柔度的含义和作用、压杆的分类以及计算中柔度压杆和非细长压杆临界应力的经验公式。介绍工程设计中两种常用的计算压杆稳定性的方法（安全系数法和折减系数法）。简述提高压杆稳定性的措施，为工程设计提供理论依据和实用方法。

9.1　压杆稳定的概念

在第3章中曾讨论过轴向拉伸（压缩）杆件的强度问题，并指出，在拉力作用下的杆件，当应力达到屈服极限或强度极限时，将发生塑性变形或断裂，这种破坏是强度不足引起的。长度很小的受压短杆也有相同的现象，这些破坏现象统属于强度问题。

可是工程结构中有受压的细长杆件时，其承载能力远小于按强度条件计算得到的许用荷载。这是因为，受压的细长杆件所承受的工作应力在还没有达到材料强度的许用应力［σ］之前就被压弯而失去了工作能力，这种现象称为压杆丧失了稳定性，简称失稳。压杆失稳后，改变了杆件单纯受压的受力性质，微小压力的增加都将引起杆件明显的弯曲变形。某个受压杆的失稳会引起整个工程结构或机器的破坏。失稳往往是突然发生的，会造成严重事故。所以，对于轴向受压的杆件除了要考虑其强度和刚度问题外，还应考虑其稳定性的问题。

稳定性指的是平衡状态的稳定性，如图9-1所示，同样的小球放在曲面A、B两个位置，由静力平衡条件可知，在A、B两处，曲面给小球的约束力都能使其保持平衡，但是，如果在A位置给小球一个干扰，使其稍微偏离平衡位置，待干扰撤除后，小球会回到原来的平衡位置，说明小球在A位置的平衡是稳定的平衡，这种平衡状态称为**稳定（stable）的平衡状态**。相反，如果在B位置干扰小球使其偏离平衡位置，干扰撤除后，它不能回到原来的平衡位置，则说明小球在B位置的平衡是不稳定的平衡，这种平衡状态就称为**不稳定（unstable）的平衡状态**。

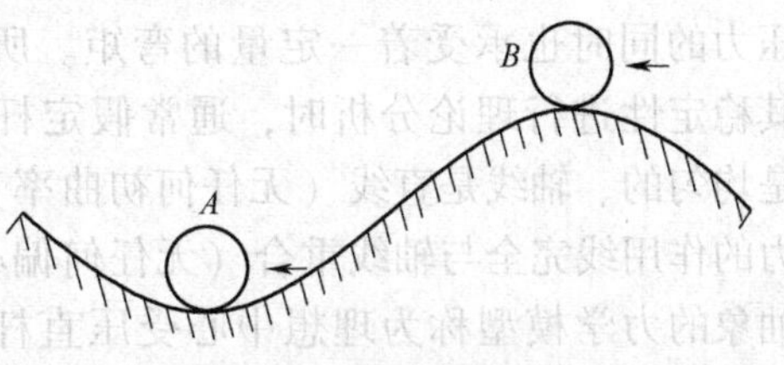

图9-1　平衡状态的稳定性

又如图9-2（a）所示的刚性直杆AB，A端铰支，B端用两根刚度为k的弹簧支承，使其在铅垂荷载$\boldsymbol{F}_P$作用时保持竖直状态的平衡。现用轻微的横向干扰使其向右偏转微小角度α［图9-2（b）］，则两弹簧会因为拉、压变形对B端增加$2F_P\alpha l$的左向反力，该反力对A点之矩是欲使AB杆复位的力矩，其值为$2k\alpha l^2$；而此时，压力$\boldsymbol{F}_P$也对A点有一力矩，其值为$F_P\alpha l$，显然，该力矩是欲使AB杆继续偏转的力矩。若$F_P\alpha l < 2k\alpha l^2 (F_P < 2kl)$，待干扰消失后，$AB$就会恢复到竖直状态，说明荷载小于$2kl$时，$AB$杆在竖直状态的平衡是稳定的。

但是如果 $F_P\alpha l > 2k\alpha l^2$（$F_P > 2kl$），干扰消失后，$AB$ 杆就不能复位而会继续偏转，说明荷载大于 $2kl$ 时，AB 杆在竖直状态的平衡是不稳定的；而如果 $F_P\alpha l = 2k\alpha l^2$（$F_P = 2kl$），干扰消失后，$AB$ 杆可能在竖直状态下平衡，也可能在有微小偏转角的状态下平衡。

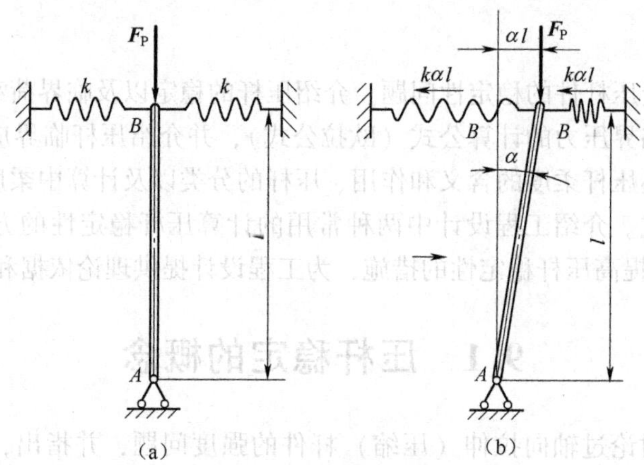

图 9-2　刚性直杆的平衡

由上述分析可知，当 AB 杆的长度 l 与弹簧的刚度 k 一定时，AB 杆在竖直状态下的平衡是否稳定取决于荷载 $\boldsymbol{F}_P$ 的大小。随着荷载 $\boldsymbol{F}_P$ 的逐渐增加，AB 杆在竖直状态下的平衡将由稳定的平衡逐渐变成不稳定的平衡，稳定和不稳定两种平衡状态的分界线称为临界平衡状态，AB 杆在临界平衡状态时所对应的荷载 $F_P = 2kl$，此值就是 AB 杆在竖直状态下的平衡是否具有稳定性的极限荷载值，称为临界荷载或临界压力（critical load）。

对于细长的弹性压杆也有类似现象。由于实际压杆总是存在初曲率、材料不均匀以及压力偏心等实际因素，这些都会使实际压杆在承受轴向压力的同时也承受着一定量的弯矩。所以，在对其稳定性进行理论分析时，通常假定杆件的材料是均匀的、轴线是直线（无任何初曲率）、轴向压力的作用线完全与轴线重合（无任何偏心）。这种抽象的力学模型称为理想中心受压直杆。对这种理想的杆件，仅轴向压力的作用不会使其产生弯曲，只能在直线形态下保持平衡，但这种直线形态的平衡也存在稳定与不稳定两种情况。如图 9-3（a）所示压杆，为一端固定、一端自由，自由端受轴向压力 $\boldsymbol{F}_P$ 作用，保持着直线形态平衡的理想中心压杆，用轻微的横向干扰使其发生微小的弹性弯曲［图 9-3（a）］，如果轴向压力较小，干扰解除后，压杆最终会恢复到原来的直线形态［图 9-3（b）］，说明这时压杆直线形态的平衡是稳定的。但如果轴向压力较大，解除干扰后，压杆就不会回到原来的直线形态而成弯曲的形态［图 9-3（c）］，说明这时直线形态的平衡是不稳定的。显然，一旦有了不可恢复的弯曲变形，压力就会在杆件的横截面上引起弯矩，若弯矩值不断增加，压杆的弯曲变形也随之增大，杆件就有可能因弯曲变形过大而破坏。可见，随着轴向压力逐渐增大，

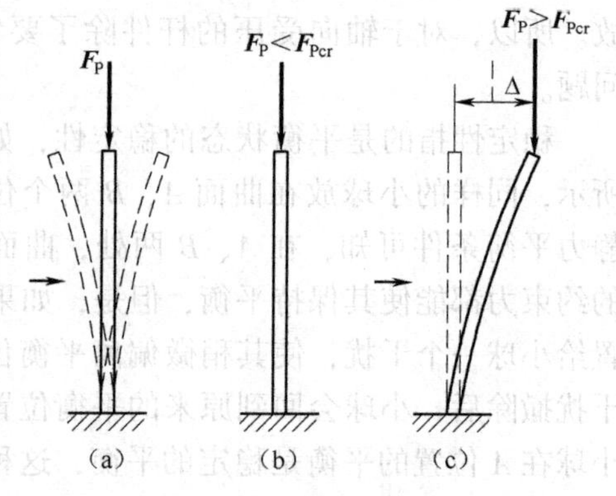

图 9-3　压杆的平衡

该压杆直线形态的平衡也会从稳定的平衡变为不稳定的平衡，而由稳定的平衡向不稳定的平衡开始转变时所对应的轴向压力值就是该压杆的直线形态平衡是否稳定的临界荷载，称为临界压力，简称临界力，记为 F_{Pcr}。在临界压力 F_{Pcr} 作用下，理想中心压杆既可在直线形态下保持平衡，也可在微弯状态下保持平衡。故认为当轴向压力达到或超过临界压力时，该压杆在直线形态下的平衡将丧失稳定性。

除了压杆以外，还有许多其他形式的构件也同样存在稳定性问题，如狭长的板条梁或工字梁在最大刚度平面内弯曲时，会因荷载达到临界值发生侧弯而失稳［图 9-4（a）］；球形或圆柱形薄壳在径向均匀外压力作用下，内壁应力为压应力，当外压力达到临界值时，会突然变成椭圆形而失稳［图 9-4（b）］；拱起的薄板或薄拱在临界压力作用下也会突然变为点画线所示形状而失稳［图 9-4（c）］。失稳都是构件内部压应力造成的，而失稳时构件内部的压应力并未超过其材料的许用压应力，甚至远小于材料的比例极限。这些都是稳定性问题。本章只讨论压杆的稳定性问题。

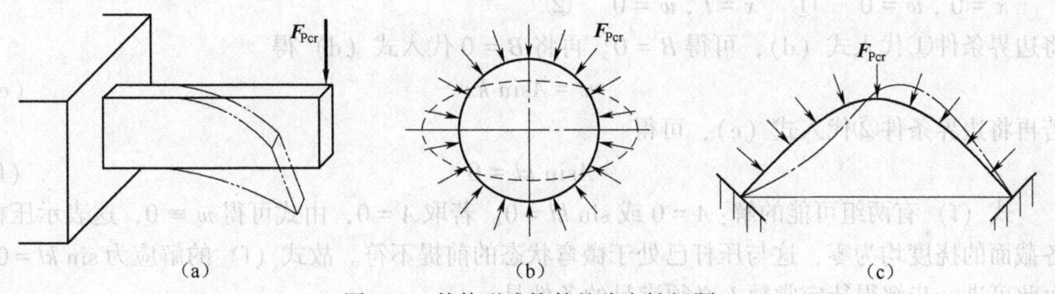

图 9-4 其他形式构件的稳定性问题

综上所述，如若压杆的工作荷载小于由临界荷载所确定的许用荷载，压杆就不会失稳，故研究压杆稳定性问题的关键是确定其临界荷载的大小。

9.2 细长压杆的临界荷载

9.2.1 两端铰支细长压杆的临界压力

由上节分析可知，对于细长的理想中心直压杆，只有当轴向压力等于临界压力 F_{Pcr} 时，压杆才能在微弯状态下保持平衡。

设一根两端球铰支承的细长等直理想中心压杆，在轴向压力等于临界压力 F_{Pcr} 时处于微弯的平衡状态，压杆内部压应力没有超过材料的比例极限，即压杆微弯的轴线是弹性曲线。为微弯压杆建立 $w-x$ 坐标系如图9-5（a）所示。若设距坐标原点为 x 的任一截面的挠度为 w、弯矩为 $M(x)$［图 9-5（b）］，考虑到所取坐标系中 w 的正向，弯矩为

$$M(x)=F_{Pcr}w \tag{a}$$

式（a）即为此压杆的弯矩方程。若压杆的最小弯曲刚度为 EI，则压杆微弯挠曲线的近似微分方程为

$$\frac{d^2w}{dx^2}=\frac{M(x)}{EI}=\frac{F_{Pcr}w}{EI} \tag{b}$$

为方便表达，令 $k^2=\dfrac{F_{Pcr}}{EI}$，则近似微分方程(b)可写成

$$\frac{d^2w}{dx^2}+k^2w=0 \quad 或 \quad w''+k^2w=0 \tag{c}$$

式（c）为二阶齐次常微分方程，其通解为

$$w=A\sin kx+B\cos kx \tag{d}$$

式中，A、B 及 k 为待定常数，可以利用挠曲线的边界条件来确定。而杆件两端铰支的边界条件分别为

$$x=0,\ w=0 \quad ① \quad x=l,\ w=0 \quad ②$$

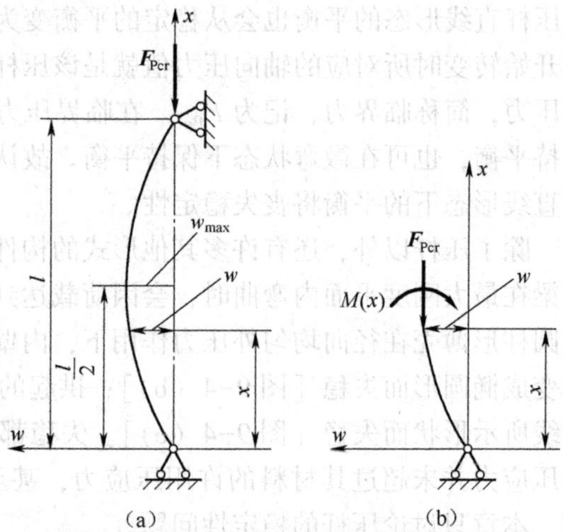

图 9-5　两端球铰支承的细长等直压杆

将边界条件①代入式（d），可得 $B=0$。再将 $B=0$ 代入式（d）得

$$w=A\sin kx \tag{e}$$

若再将边界条件②代入式（e），可得

$$A\sin kl=0 \tag{f}$$

式（f）有两组可能的解：$A=0$ 或 $\sin kl=0$。若取 $A=0$，由式可得 $w\equiv0$，这表示压杆各截面的挠度均为零，这与压杆已处于微弯状态的前提不符。故式（f）的解应为 $\sin kl=0$。由此可进一步解得待定常数 k 必须满足的条件是

$$kl=n\pi \quad (n=0,\ 1,\ 2,\ 3,\ \cdots) \tag{g}$$

因 $k^2=\dfrac{F_{Pcr}}{EI}$，代入式（g）可得

$$F_{Pcr}=\frac{n^2\pi^2EI}{l^2}\ (n=0,\ 1,\ 2,\ 3,\ \cdots) \tag{h}$$

式（h）表明，使压杆保持微弯状态下平衡的压力理论上有多个解，但应取其中不为零的最小值为压杆的临界压力。故取 $n=1$ 代入式（h）可得

$$F_{Pcr}=\frac{\pi^2EI}{l^2} \tag{9-1}$$

式（9-1）即为两端铰支的细长等直理想中心压杆的临界力或临界荷载的计算公式，因该公式最早由欧拉（L. Euler）推出，故又称**欧拉公式**。此临界荷载也称**欧拉临界荷载**。

由式（9-1）可得 $k=\dfrac{\pi}{l}$，再将其代入式（e）可得 $w=A\sin\dfrac{\pi x}{l}$。这表明，在临界荷载作用下，两端铰支的细长等直理想中心压杆的微弯挠曲线为半波正弦曲线，其最大幅值为 A，即 A 为压杆中部的最大挠度 w_{max}。但由于在推导公式过程中使用的是挠曲线的近似微分方程，所以，A 的值是无法确定的。若用精确微分方程就可确定 $A(w_{max})$ 的值。

9.2.2　其他支座约束形式下细长压杆的临界压力

除两端铰支的压杆外，还有其他类型支座约束条件下的压杆，其临界压力计算式仍然可

用上述方法导出。表 9–1 列出了几种典型支座约束条件下细长等直理想中心压杆的临界压力计算式和长度因数。

表 9–1 几种典型支座约束条件下细长等直理想中心压杆的临界压力计算式和长度因数

杆端支座约束方式	两端铰支	一端固定，一端自由	两端固定	一端固定，一端铰支
临界压力下微弯挠曲线的形状	F_{Pcr}，l	F_{Pcr}，l	F_{Pcr}，$\frac{l}{4}$，$\frac{l}{2}$，$\frac{l}{4}$，l	F_{Pcr}，$0.7l$，l
临界压力计算式 F_{Pcr}	$F_{Pcr}=\dfrac{\pi^2 EI}{l^2}$	$F_{Pcr}=\dfrac{\pi^2 EI}{(2l)^2}$	$F_{Pcr}=\dfrac{\pi^2 EI}{(0.5l)^2}$	$F_{Pcr}\approx\dfrac{\pi^2 EI}{(0.7l)^2}$
长度因数 μ	$\mu=1$	$\mu=2$	$\mu=0.5$	$\mu\approx0.7$

从表中所列几种不同压杆临界压力的计算式可以看出，压杆的临界压力与杆端所受支座的约束条件有关，杆端受到的约束越牢固，其临界力越大，稳定性就越好。可将不同支座约束条件下细长等直理想中心压杆临界压力的计算公式用通式表达为

$$F_{Pcr}=\frac{\pi^2 EI}{(\mu l)^2} \tag{9-2}$$

式（9–2）是欧拉公式的普遍形式，而式（9–1）是 $\mu=1$ 时的特殊情况。μ 称为压杆的长度因数（coefficient of length），它反映了两端支座的约束条件对压杆临界荷载的影响。式（9–2）表明，压杆的临界荷载 F_{Pcr}与压杆的长度 l 的平方和长度因数 μ 的平方成反比，与压杆的抗弯刚度 EI 成正比，说明压杆的临界荷载对压杆的长度和支座条件非常敏感。μl 称为压杆的计算长度或相当长度（effective lengh）。相当长度的含义是"相当于两端铰支压杆的长度"。如图 9–6 所示，若将一端固定、一端自由、长为 l 的压杆在临界压力 F_{Pcr} 作用下的挠曲线 AB 向下对称延长一倍（如图9–6 中虚线 AC），则可看到，在 wCx' 坐标系中的曲线 BAC，就相当于刚度相同，在 B、C 两端铰支，长度为 $2l$ 的压杆在相同临界压力 F_{Pcr} 作用下的挠曲线。所以，压杆 AB 的长度因数 $\mu=2$，相当长度为 $2l$。表 9–1 中也标出了其他几种压杆的相当长度。在实际结构中，压杆两端的支座形式还有很多；另外作用在压杆上的荷载也有多种形式（如沿压杆轴线

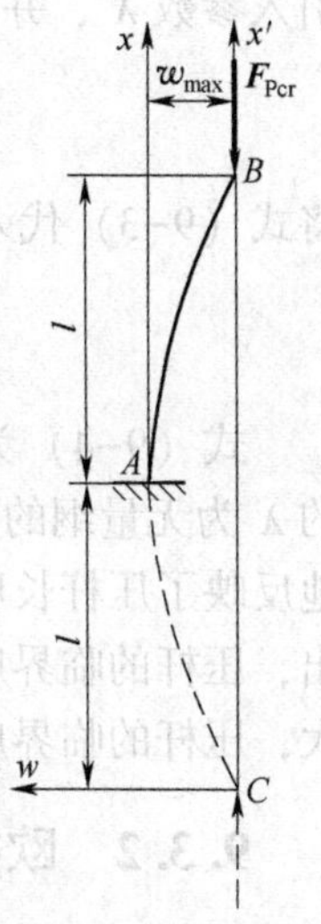

图 9–6 压杆的临界荷载

的分布压力而不是作用在两端的集中力），这些不同情况对压杆临界压力的影响一般都可以用不同的长度因数来反映。长度因数可从相应设计手册或设计规范中查到。

要注意的是，欧拉公式（9-1）和式（9-2）中的 I 是压杆横截面对某一形心主惯性轴的惯性矩，如果支座对杆端在各个方向的约束条件相同（如球铰、固定端），压杆的失稳将发生在抗弯能力最弱的纵向平面，即压杆首先沿横截面惯性矩最小的方向失稳，则当压杆截面在不同方向有不同的惯性矩时（如工字形截面或矩形截面等），应取其中最小惯性矩 $I_{\min}$ 代入欧拉公式。

欧拉公式是以理想中心细长压杆为力学模型得出的，这种理想的压杆在实际中是不存在的，但仍然可用欧拉公式对小偏心或小曲率的实际压杆进行计算，各种实际因素造成的误差可用安全系数来弥补和调整。

9.3 压杆的临界应力与临界应力总图

9.3.1 临界应力与柔度

若压杆的横截面面积为 A，在临界应力 F_{Pcr} 的作用下，压杆横截面的平均正应力称为压杆的临界应力（critical stress），用 σ_{cr} 表示。则由式（9-2）可得细长等直理想中心压杆的临界应力为

$$\sigma_{\mathrm{cr}} = \frac{F_{\mathrm{Pcr}}}{A} = \frac{\pi^2 EI}{(\mu l)^2 A} \tag{a}$$

因截面的最小惯性半径 $i = \sqrt{I/A}$，代入式（a）得

$$\sigma_{\mathrm{cr}} = \frac{\pi^2 E}{(\mu l/i)^2} \tag{b}$$

引入参数 λ，并令

$$\lambda = \frac{\mu l}{i} \tag{9-3}$$

将式（9-3）代入式（b）得

$$\sigma_{\mathrm{cr}} = \frac{\pi^2 E}{\lambda^2} \tag{9-4}$$

式（9-4）为细长等直理想中心压杆的临界应力计算式，称为欧拉临界应力公式。式中的 λ 为无量纲的量，称为压杆的**柔度（compliance）**或**细长比（slenderness ratio）**。它综合地反映了压杆长度、支承情况以及横截面形状和尺寸对临界应力的影响。由公式（9-4）看出，压杆的临界应力与其柔度的平方成反比，可见柔度对细长压杆的影响很大。柔度值越大，压杆的临界应力越小，其稳定性就越差。

9.3.2 欧拉公式的适用范围

欧拉公式是由压杆的挠曲线近似微分方程导出的，该方程只有在材料符合胡克定律的条件下才能够成立，亦即，欧拉公式只有在压杆的工作应力不超过材料的比例极限 σ_{p} 时才有效，故欧拉公式的适用范围可用数学式描述为

$$\sigma_{cr} = \frac{\pi^2 E}{\lambda^2} \leqslant \sigma_p$$

或写成

$$\lambda \geqslant \pi \cdot \sqrt{\frac{E}{\sigma_p}}$$

若令

$$\lambda_p = \pi \cdot \sqrt{\frac{E}{\sigma_p}} \tag{9-5}$$

则欧拉公式的适用的范围可表达为

$$\lambda \geqslant \lambda_p \tag{9-6}$$

由式（9-5）可知，式（9-6）中的 λ_p 是一个仅与材料的比例极限 σ_p 和弹性模量 E 有关的量。所以，不同的材料有不同值的 λ_p； 也就是说，式（9-6）表明，只有当压杆的实际柔度 λ 大于或等于由材料的力学性能所确定的 λ_p 值时，才能用欧拉公式计算该压杆的临界压力或临界应力。柔度 $\lambda \geqslant \lambda_p$ 的这类压杆，称为大柔度杆或细长杆，由此可见，前面反复提到的所谓细长杆即指大柔度杆。

9.3.3 临界应力的经验公式和临界应力总图

由上述分析可知，欧拉公式只适用于大柔度杆（细长杆）。但当压杆的实际柔度值 $\lambda < \lambda_p$ 时，说明该压杆的临界应力已超过了材料的比例极限 σ_p，它的稳定性问题就不再是弹性失稳的问题，而是非弹性失稳的问题。对这种"非细长杆"就不能用欧拉公式计算其临界力或临界应力。工程计中常采用建立在实验基础上的经验公式来计算其临界应力。常用的经验公式有直线经验公式和抛物线经验公式。

1. 直线经验公式

直线经验公式一般表达式为

$$\sigma_{cr} = a - b\lambda \tag{9-7}$$

式中：λ 为压杆的实际柔度；a、b 为与材料力学性能有关的参数，MPa，由实验确定。式（9-7）所反映的压杆临界应力与柔度的关系是线性关系。压杆的柔度越小，其临界应力就越大。但是，压杆的临界应力达到塑性材料的屈服极限或脆性材料的强度极限时，压杆的失效已经属于强度问题了。所以，直线经验公式也有一个适用范围，对塑性材料来说，这个范围就是由经验公式算出的临界应力，不能超过压杆材料的压缩屈服极限应力。即

$$\sigma_{cr} = a - b\lambda < \sigma_s$$

若用柔度来表达直线经验公式的适用范围，可得

$$\lambda > \frac{a - \sigma_s}{b}$$

令

$$\lambda_s = \frac{a - \sigma_s}{b} \tag{9-8}$$

则直线经验公式的适用范围可写成

$$\lambda > \lambda_s \tag{9-9}$$

则由式（9-8）可知，式（9-9）中的 λ_s 也是只与材料力学性能有关的参数。例如 Q235 钢的屈服极限 $\sigma_s = 235\ \text{MPa}$，常数 $a = 304\ \text{MPa}$、$b = 1.12\ \text{MPa}$，则 Q235 钢的 λ_s 值为

$$\lambda_s = \frac{a - \sigma_s}{b} = \frac{304 - 235}{1.12} \approx 61.6$$

直线经验公式中一些常用材料的 a、b、λ_p、λ_s 值见表 9-2。

表 9-2　直线经验公式中一些常用材料的 a、b、λ_p、λ_s 值

材　料		a/MPa	b/MPa	λ_p	λ_s
Q235 钢	$\sigma_b = 372\ \text{MPa}$，$\sigma_s = 235\ \text{MPa}$	304	1.12	101	61
优质碳素钢	$\sigma_b = 470\ \text{MPa}$，$\sigma_s = 306\ \text{MPa}$	461	2.568	86	60
硅钢	$\sigma_b = 510\ \text{MPa}$，$\sigma_s = 353\ \text{MPa}$	578	3.744	100	60
铬钼钢	—	980.7	5.296	55	0
硬铝	—	373	2.15	50	0
铸铁	—	332.2	1.454	80	—
松木	—	28.7	0.19	59	0

可见，直线经验公式（9-7）只能用于计算实际 λ 柔度在 λ_s 至 λ_p 这一范围内压杆的临界应力，故直线经验公式的适用范围为 $\lambda_s < \lambda < \lambda_p$。实际柔度在这一范围内的压杆称为中柔度杆，也称中长杆。

当压杆的实际柔度值 $\lambda \leqslant \lambda_s$ 时，其临界应力就达到或超过了材料的屈服极限，这种压杆的失效属于强度问题。这类压杆称为小柔度杆，也称短粗杆。若将小柔度杆的临界应力也用 σ_{cr} 表示，则这个临界应力 σ_{cr} 就是材料的抗压极限应力，即塑性材料小柔度杆的 $\sigma_{cr} = \sigma_s$，脆性材料小柔度杆的 $\sigma_{cr} = \sigma_b$。

综上所述，在计算压杆的临界应力时，应根据其柔度值来选择相应的计算公式。即使是同一种材料制成的压杆，只要柔度不同就有不同的临界应力。某种材料制成的压杆，其临界应力与柔度的关系曲线称为临界应力总图（figures of critical stresses）。图 9-7 为某种塑性材料压杆的临界应力总图，它清楚地反映了压杆的荷载能力随柔度变化的规律。

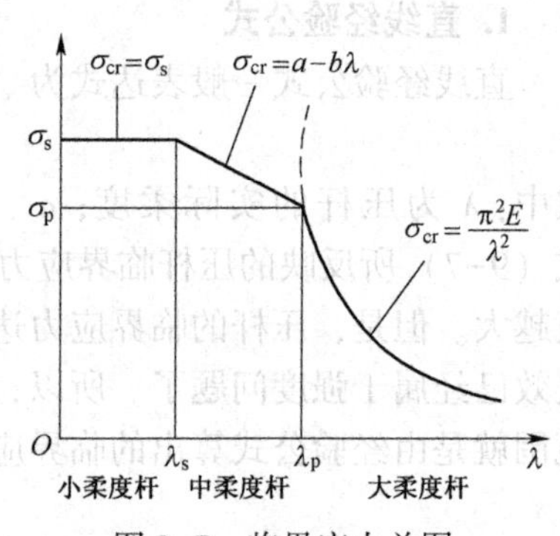

图 9-7　临界应力总图

（1）对大柔度杆（细长杆），$\lambda \geqslant \lambda_p$，可用欧拉公式（9-4）计算其临界应力。

（2）对中柔度杆（中长杆），$\lambda_s < \lambda < \lambda_p$，可用直线经验公式（9-7）计算其临界应力。

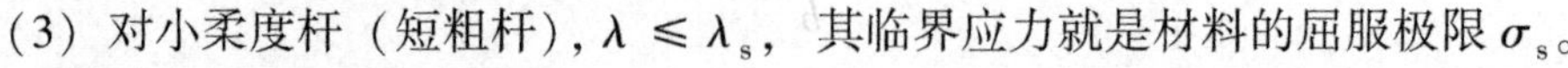

（3）对小柔度杆（短粗杆），$\lambda \leqslant \lambda_s$，其临界应力就是材料的屈服极限 σ_s。

2. 抛物线经验公式

抛物线经验公式的一般表达式为

$$\sigma_{cr} = a_1 - b_1 \lambda^2 \tag{9-10}$$

式（9-10）表明，压杆的临界应力与其柔度成二次抛物线关系。式中，a_1、b_1 也是与材料性质有关的常数。在钢结构的设计中，常用如下形式的抛物线经验公式：

$$\sigma_{cr} = \sigma_s\left[1 - \alpha\left(\frac{\lambda}{\lambda_c}\right)^2\right] \qquad (9-11)$$

式中：σ_s 为钢材料的屈服极限；α、λ_c 是与材料有关的常数，可由相关手册查得。与直线经验公式有所不同的是，抛物线经验公式的适用范围，并不是以压杆材料的比例极限所对应的柔度值 λ_p 为分界点，而是以与材料相关的经验数值 λ_c 为分界点，而且只将压杆分为细长杆和非细长杆两类。

（1）对于实际柔度 $\lambda \geqslant \lambda_c$ 的压杆，称为细长杆，可用欧拉公式计算其临界应力。

（2）对于实际柔度 $\lambda < \lambda_c$ 的压杆，称为非细长杆，可用抛物线经验公式计算其临界应力。

例如 Q235 钢的 $\alpha = 0.43$，$\lambda_c = 123$，所以，对于用 Q235 钢制作的压杆，当压杆的实际柔度值 $\lambda < 123$ 时属于非细长杆，其临界应力要用抛物线经验公式（9-11）计算。当压杆的柔度值 $\lambda \geqslant 123$ 时，属于细长杆，其临界应力可用欧拉公式（9-4）计算。用抛物线经验公式时，压杆的临界应力总图如图 9-8 所示。

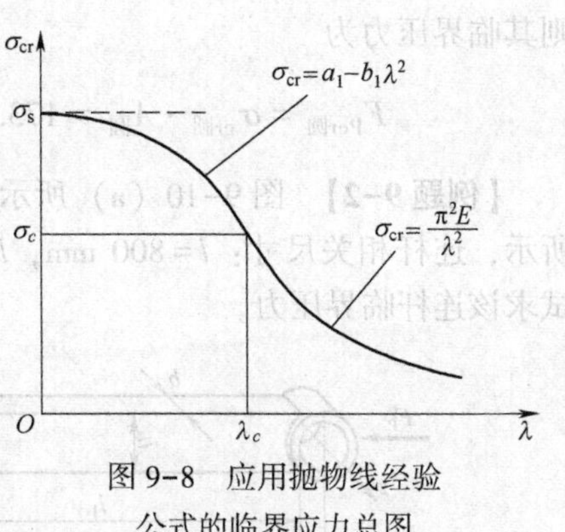

图 9-8　应用抛物线经验公式的临界应力总图

除以上两种经验公式以外，压杆的临界应力的计算还有很多不同的观点，如折减弹性模量理论等，可查阅相关书籍。

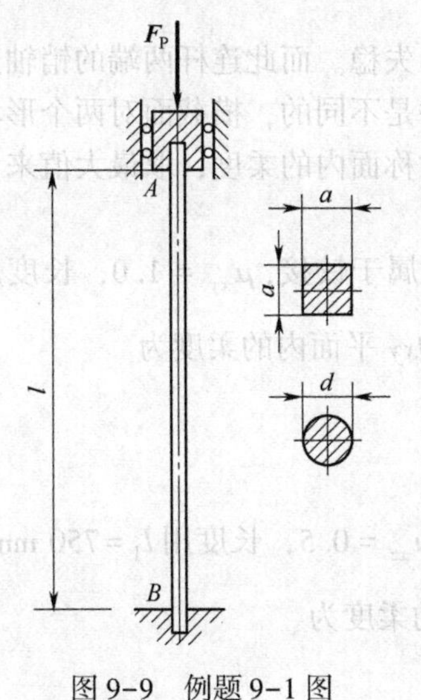

图 9-9　例题 9-1 图

【例题 9-1】　压杆 AB 如图 9-9 所示，两端固定，杆长 l= 1.6 m，材料为 Q235 钢，若横截面形状分别采用正方形和圆形制作，正方形的边长与圆截面的直径均为 30 mm（$a = d$ = 30 mm），试求方、圆两种不同截面压杆的临界荷载。

解　（1）计算两种压杆的柔度：

正方形截面的最小惯性半径　$i_{方} = \dfrac{a}{2\sqrt{3}} = 8.66\ \text{mm}$

圆截面的最小惯性半径　$i_{圆} = \dfrac{d}{4} = 7.5\ \text{mm}$

因压杆两端固定，则 $\mu = 0.5$，由公式 $\lambda = \dfrac{\mu l}{i}$ 分别得两压杆的柔度

$$\lambda_{方} = \frac{0.5 \times 1.6 \times 10^3}{8.66} = 92.38$$

$$\lambda_{圆} = \frac{0.5 \times 1.6 \times 10^3}{7.5} = 106.67$$

（2）计算两种压杆的实际柔度：

查表得 Q235 钢的 $\lambda_s \approx 61.6$，$\lambda_p \approx 100$，a=304 MPa，b=1.12 MPa。

因正方形截面压杆的实际柔度 $\lambda_{方}$ 在 λ_s 和 λ_p 两者之间，属于中柔度杆，可用直线经验公式求其临界应力

$$\sigma_{cr方} = a - b\lambda^2 = 304 - 1.12 \times 92.38 = 200.5 \text{ MPa}$$

则其临界压力为

$$F_{Pcr方} = \sigma_{cr方} \cdot A_{方} = 200.5 \times 30^2 \times 10^{-6} = 18.05 \times 10^4 \text{ N} = 180.5 \text{ kN}$$

因圆截面压杆的实际柔度 $\lambda_{圆} > \lambda_p$，故属于细长杆，可用欧拉公式计算其临界应力：

$$\sigma_{cr圆} = \frac{\pi^2 E}{\lambda^2} = \frac{\pi^2 \times 200 \times 10^3}{106.67^2} = 173.47 \text{ MPa}$$

则其临界压力为

$$F_{Pcr圆} = \sigma_{cr圆} \cdot A_{圆} = 173.47 \times \frac{\pi \times 30^2}{4} = 12.26 \times 10^4 \text{ N} = 122.6 \text{ kN}$$

【例题 9-2】 图 9-10（a）所示连杆，两端用销轴与支座连接，其结构如图 9-10（b）所示，连杆相关尺寸：$l = 800$ mm，$l_1 = 750$ mm，$h = 40$ mm，$b = 15$ mm，材料为优质碳钢，试求该连杆临界压力。

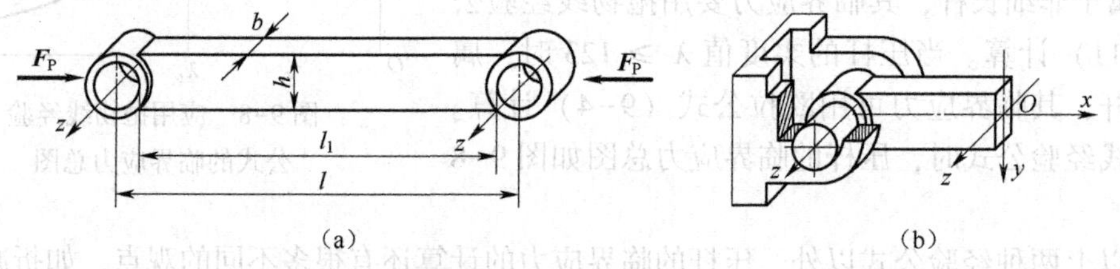

图 9-10 例题 9-2 图

解 (1) 分析并求连杆最大柔度：

因为杆件在轴向压力作用下，将在柔度最大的纵向平面内失稳。而此连杆两端的销轴连接是一种柱铰约束，它对连杆在两个纵向对称面内的约束条件是不同的，横截面对两个形心主惯性轴的惯性半径也不同，故应先求出该连杆在两个纵向对称面内的柔度，取最大值来计算其临界应力。

因在 Oxy 平面内销轴不限制杆端转动（绕 z 轴），故两端属于铰接，$\mu_{xy} = 1.0$，长度用 $l = 800$ mm，截面惯性半径 $i_z = \frac{h}{2\sqrt{3}} \approx 11.55$ mm。则连杆在 Oxy 平面内的柔度为

$$\lambda_{xy} = \frac{\mu_{xy} l}{i_z} = \frac{1.0 \times 800}{11.55} = 69.26$$

在 Oxz 平面内销轴限制杆端转动，故属于两端固定连接，$\mu_{xz} = 0.5$，长度用 $l_1 = 750$ mm，截面惯性半径为 $i_y = \frac{b}{2\sqrt{3}} \approx 4.33$ mm。则连杆在 Oxz 平面内的柔度为

$$\lambda_{xz} = \frac{\mu_{xz} l_1}{i_y} = \frac{0.5 \times 750}{4.33} = 86.6$$

可见 $\lambda_{max} = \lambda_{xz} = 86.6$，随着压力的增大，该连杆将首先在 Oxz 平面内失稳。

(2) 求连杆临界应力和临界压力：

查表得优质碳钢的 $\lambda_s \approx 60$，$\lambda_p \approx 86$，$a = 461$ MPa，$b = 2.57$ MPa，因 $\lambda_s < \lambda_{max} < \lambda_p$，连杆属于中柔度杆，可用直线经验公式求其临界应力

$$\sigma_{cr} = a - b\lambda_{max}^2 = 461 - 2.57 \times 86.6 = 238.44 \text{ MPa}$$

则其临界压力为

$$F_{Pcr}=\sigma_{cr}\cdot A=238.44\times(40\times15)=14.3\times10^4\ \text{N}=143\ \text{kN}$$

由以上各例可知，计算临界压力首先需计算压杆的柔度，由柔度判定属于哪一类型的压杆，然后再选择适当的公式计算。不论是哪一类压杆，如果错误地应用了公式，就必然得到错误的结果，而且是偏于不安全的。这些可以通过分析临界应力总图得到解释。

9.4　压杆稳定性的计算

9.4.1　压杆的稳定条件

上述几节所讨论的不同柔度压杆的临界压力 $\boldsymbol{F}_{Pcr}$ 只是压杆保持稳定的极限荷载。为了确保压杆在实际工作中的稳定性，需考虑足够的安全储备。所以，在计算实际压杆的稳定性时，需将由欧拉公式或经验公式计算出的临界压力 F_{Pcr} 除以一个大于 1 的安全系数 n_{st}，用所得数值作为压杆稳定的许用荷载 $[F_{st}]$，并要求压杆的最大工作荷载不能超过这个许用荷载，以确保压杆的稳定性，即要求：

$$F_P\leqslant[F_{st}]=\frac{F_{Pcr}}{n_{st}}\tag{9-12}$$

式（9–12）为压杆稳定条件（stability condition）的压力表达式。式中的 n_{st} 为规定的稳定安全系数。由于压杆的临界压力与其柔度有关，实际压杆的初曲率、压力的偏心、材料的不均匀以及支座的缺陷等因素对压杆的临界压力的影响也非常大，而且压杆的失稳一般是突发性的，一旦发生，往往会造成严重的事故。所以，压杆的稳定安全系数 n_{st} 一般比强度安全系数大，而且 n_{st} 还随压杆柔度 λ 的增大而提高，所以，n_{st} 是随 λ 增加而增大的函数，即 $n_{st}=f(\lambda)$。一般来说，不同材料的压杆，有不同的稳定安全系数；即使同一种材料制成的压杆在不同的工作条件下，其稳定安全系数的取值也不同。对不同情况下的压杆进行稳定性计算时，可查阅相关设计手册。表 9–3 列出了几种压杆的稳定安全系数的取值范围。

表 9–3　不同材料制成的一般压杆的稳定安全系数

压杆	一般钢制压杆	钢制机床的丝杠	钢制低速发动机的挺杆	钢制高速发动机的挺杆	钢制磨床油缸的活塞杆	铸铁压杆	木制压杆
安全系数 n_{st}	1.8~3.0	2.5~4.0	4.0~6.0	2.0~5.0	2.0~5.0	5.0~5.5	2.8~3.5

若对式（9–12）两边的量同时除以压杆横截面的面积 A，则压杆稳定条件可写成

$$\sigma=\frac{F_P}{A}\leqslant[\sigma_{st}]\quad\left([\sigma_{st}]=\frac{F_{Pcr}}{A\cdot n_{st}}=\frac{\sigma_{cr}}{n_{st}}\right)\tag{9-13}$$

式（9–13）为压杆稳定条件的应力表达式。式中的 σ 是压杆横截面上的平均工作应力。而 $[\sigma_{st}]$ 可称为压杆的稳定许用应力，它等于压杆的临界应力 σ_{cr} 与稳定安全系数 n_{st} 的比值。

值得注意的是，在压杆计算中，有时会遇到压杆局部截面被削弱的情况，如杆上有开孔、切槽等。由于压杆的临界荷载是由整个压杆的弯曲变形来决定的，局部截面的削弱对整体变形影响较小，故稳定计算中可以不必考虑截面的削弱，仍用原有的截面面积。但强度计

算是根据危险点的应力进行的，故必须对削弱的截面进行强度校核。

9.4.2 压杆稳定性的计算方法

可以说，用上述式（9-12）或式（9-13）所表示的压杆稳定条件，就可以对压杆进行稳定性计算，但在实际应用时，常用安全系数法或折减系数法来计算压杆稳定性。

1. 安全系数法

根据式（9-12）和式（9-13），可将压杆稳定条件写成

$$n_w = \frac{F_{Pcr}}{F_P} \geqslant n_{st} \tag{9-14}$$

或

$$n_w = \frac{\sigma_{cr}}{\sigma} \geqslant n_{st} \tag{9-15}$$

以上两式就是用安全系数来表达的压杆稳定条件，式中的 n_w 称为压杆的实际稳定安全系数，n_{st} 则为规定的安全系数。可见，所谓安全系数法就是以压杆的实际安全系数不得超过规定安全系数作为压杆稳定的条件来进行稳定性计算的方法。

【例题 9-3】 单作用单出杆式液压缸如图 9-11 所示，输入油压 p = 1.2 MPa，活塞直径 D = 65 mm，活塞杆材料弹性模量 E = 210 GPa，比例极限 σ_p = 220 MPa，长度 l = 1 250 mm。若规定活塞杆的稳定安全系数 n_{st} = 6，试确定活塞杆的直径 d。

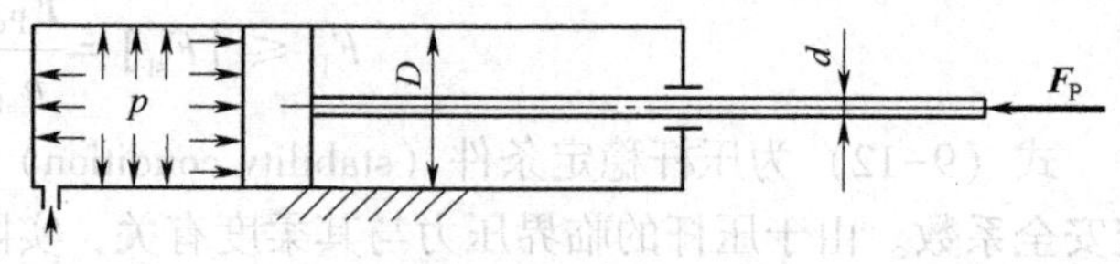

图 9-11 例题 9-3 图

解 （1）计算活塞杆实际工作压力：

$$F_P = \frac{\pi D^2}{4} p = \frac{\pi \times 65 \times 65}{4} \times 1.2 = 3\ 980\ \text{N} \tag{a}$$

（2）分析并计算活塞杆的临界压力：由于活塞杆直径还未求出，则不能直接确定其实际柔度，也就不能选用其临界力的计算公式。对于这种用稳定性的条件来确定压杆横截面的稳定性问题，一般是先将压杆视为细长杆，用欧拉公式进行试算，初步确定压杆截面，然后校核此截面的压杆是否满足欧拉公式的条件。如不满足，则应修订截面尺寸，重新计算压杆柔度、重新选择临界力计算式再进行计算，直至满足稳定性的条件。

因此例活塞杆两端可视为铰接，故先用欧拉公式可求得

$$F_{Pcr} = \frac{\pi^2 EI}{(\mu l)^2} = \frac{\pi^2 \times (210 \times 10^{-9}) \dfrac{\pi}{64} d^4}{(1 \times 1.25 \times 0^{-3})^2} \tag{b}$$

（3）初步确定活塞杆直径 d：将式（a）、式（b）代入压杆稳定条件式（9-14），整理后可初步确定活塞杆的直径为

$$d = 24.6 \times 10^{-3}\ \text{m} = 24.6\ \text{mm};\quad 取\ d = 25\ \text{mm}$$

（4）校核 d = 25 mm 的活塞杆是否能用欧拉公式：亦即计算该活塞杆的实际柔度 λ，校核是否属于细长杆。

$$\lambda = \frac{\mu l}{i} = \frac{1 \times 1\ 250}{\frac{25}{4}} = 200$$

由材料确定的 λ_p 为

$$\lambda_p = \pi\sqrt{\frac{E}{\sigma_p}} = \pi\sqrt{\frac{210 \times 10^3}{220}} = 97$$

由于 $\lambda > \lambda_p$，$d = 25$ mm，活塞杆属于细长杆，所以用欧拉公式计算所得是正确的。

【例题 9-4】 如图 9-12（a）所示工字型截面连杆，已知相关长度：$l = 700$ mm、$l_1 = 670$ mm；横截面中：面积 $A = 720\ \text{mm}^2$、惯性矩 $I_y = 3.8 \times 10^4\ \text{mm}^4$、$I_z = 6.5 \times 10^4\ \text{mm}^4$，连杆由硅钢制成，工作压力 $F_P = 85$ kN。规定的稳定安全系数 $n_{st} = 2.5$，试校核连杆的稳定性。

解 （1）计算最大柔度，判断失稳方向：由柱铰的约束条件可知，连杆在 Oxy 平面内，两端约束为铰支，受力简图如图 9-12（b）所示，则 $\mu_{xy} = 1$，长 $l = 700$ mm。故在 Oxy 平面内连杆柔度为

$$\lambda_{xy} = \frac{\mu_{xy} l}{i_z} = \frac{\mu_{xy} l}{\sqrt{I_z / A}} = \frac{1 \times 700}{\sqrt{\frac{6.5 \times 10^4}{720}}} = 73.7$$

连杆在 Oxz 平面内，两端为固定端约束，受力简图如图 9-12（c）所示，则 $\mu_{xz} = 0.5$，长 $l_1 = 670$ mm。故该在 Oxz 平面内连杆柔度为

$$\lambda_{xz} = \frac{\mu l}{i_y} = \frac{\mu l_1}{\sqrt{I_y / A}} = \frac{0.5 \times 670}{\sqrt{\frac{3.8 \times 10^4}{720}}} = 46.1 < \lambda_{xy}$$ 可见，该连杆的 $\lambda_{max} = \lambda_{xy} = 73.3$。

（2）计算临界压力：查表 9-2 得硅钢的 $\lambda_p = 100$，$\lambda_s = 60$，则该连杆的最大柔度值 λ_{max} 在两者之间，故属于中长杆。可用直线经验公式计算其临界压力。再查得硅钢的相关系数：$a = 578$ MPa，$b = 3.744$ MPa，所以，其临界压力为

$$F_{Pcr} = \sigma_{cr} A = (a - b\lambda_{max}) \cdot A$$
$$= (578 - 3.74 \times 73.7) \times 720 \times 10^{-6}$$
$$= 218 \text{ kN}$$

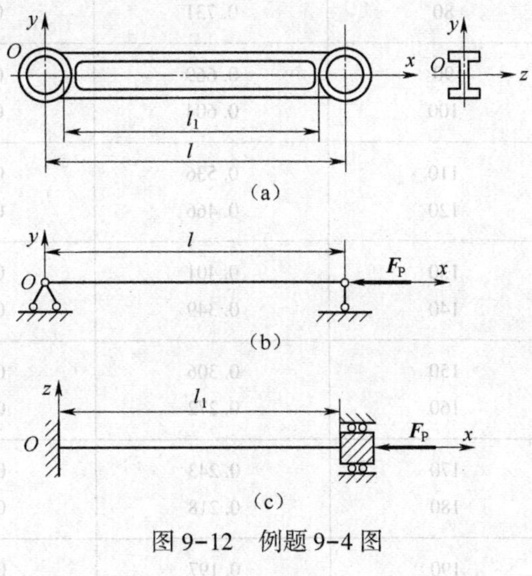

图 9-12 例题 9-4 图

校核稳定性：由式（9-4）求得连杆实际安全系数

$$n_w = \frac{F_{Pcr}}{F_P} = \frac{218 \times 10^3}{85 \times 10^3} = 2.56 > n_{st}$$

该连杆满足稳定性的要求。

2. 折减系数法

在钢结构的稳定性计算中，常用折减系数法对压杆的稳定性进行计算。

若令压杆稳定的许用应力 $[\sigma_{st}] = \varphi[\sigma]$，则式（9-13）可写成

$$\sigma = \frac{F_P}{A} \leqslant \varphi[\sigma] \tag{9-16}$$

式中，$[\sigma]$ 为压杆材料强度的许用应力，φ 称为压杆的折算系数或折减系数（reduction factor），它反映了压杆的承载能力随着压杆柔度增加而减小的实际情况，折减系数 φ 是一个小于 1 的数，它是与压杆柔度 λ 有关的经验函数，φ 值可从钢结构的相关设计资料中查出。表 9-4 列出了部分材料的压杆的折减系数。由式（9-16）可见，所谓折减系数法就是将压杆材料强度的许用应力，按其不同的柔度，用不同的折减系数折算后作为压杆稳定的许用应力，并以压杆横截面的平均工作应力不得超过这种折算出的许用应力为稳定的条件，来计算压杆稳定性的方法。

表 9-4　压杆的折减系数

$\lambda = \frac{\mu l}{i}$	φ			
	Q235A 钢	16Mn 钢	铸　铁	木　材
0	1.000	1.000	1.00	1.00
10	0.995	0.993	0.97	0.99
20	0.981	0.973	0.91	0.97
30	0.958	0.940	0.81	0.93
40	0.927	0.895	0.69	0.87
50	0.888	0.840	0.57	0.80
60	0.842	0.776	0.44	0.71
70	0.789	0.705	0.34	0.60
80	0.731	0.627	0.26	0.48
90	0.669	0.546	0.20	0.38
100	0.604	0.462	0.16	0.31
110	0.536	0.384	—	0.26
120	0.466	0.325		0.22
130	0.401	0.279	—	0.18
140	0.349	0.242		0.16
150	0.306	0.213	—	0.14
160	0.272	0.188		0.12
170	0.243	0.168	—	0.11
180	0.218	0.151		0.10
190	0.197	0.136	—	0.09
200	0.180	0.124		0.08

【例题 9-5】 图 9-13（a）所示压杆，长 $l=6$ m，两端可简化为铰接，压杆由两个 16a 号槽钢，背对背通过缀板、缀条连接组成图 9-13（b），两槽钢背间距离 $a=100$，材料许用

应力 $[\sigma]=160$ MPa，试确定压杆的许用压力。

解　(1) 判断失稳方向，计算最小惯性半径：

两端铰接的等直压杆，失稳将发生在横截面惯性矩最小的方向，故应先求出该压杆最小惯性矩和最小惯性半径 $i_{\min}$。

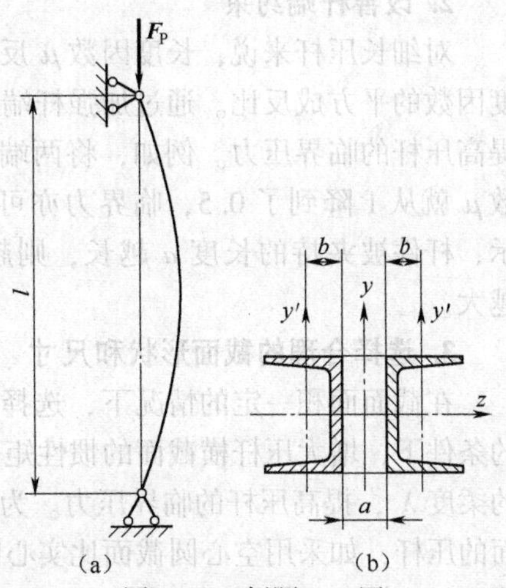

图 9-13　例题 9-5 图

根据图 9-13 (b) 所示两槽钢的组合截面的形状以及 16a 号槽钢的相关截面参数求得。组合截面的相关参数分别为

面积　$A=2\times21.96=43.92\ \text{cm}^2$

惯性矩 $I_y=2\times[73.3+(5+1.8)^2\times21.96]$

$=2\ 177.5\ \text{cm}^4$

$I_z=2\times866=1\ 732\ \text{cm}^4$

因 $I_z<I_y$，故 $I_{\min}=I_z$，则该压杆的最小惯性半径

$$i_{\min}=i_z=\sqrt{\frac{I_z}{A}}=6.28\ \text{cm}$$

(2) 计算最大柔度，确定折减系数：

$$\lambda_{\max}=\frac{\mu\cdot l}{i_{\min}}=\frac{1\times6}{6.28\times10^{-2}}=95.5$$

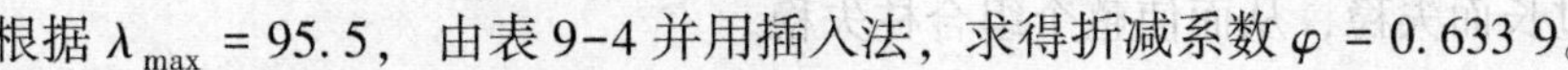

根据 $\lambda_{\max}=95.5$，由表 9-4 并用插入法，求得折减系数 $\varphi=0.633\ 9$。

(3) 确定许用压力：由式 (9-16) 可得

$$F_P\leqslant A\cdot\varphi[\sigma]=43.92\times10^{-4}\times0.633\ 9\times160\times10^6=445\ \text{kN}$$

则该压杆的许用压力为 445 kN。

折减系数法可以用来确定许用压力、校核压杆的稳定性，但要注意的是，在用折减系数法确定压杆横截面时，由于截面未知，不能直接选定折减系数 φ 对这类问题，应采用逐步逼近的方法来确定压杆截面。先预选一个折减系数 φ，算出截面；然后校核此截面，若误差太大，再选一个较接近合理的折减系数 φ 进行计算，如此反复多次，直至选出合理的截面为止。

9.5　提高压杆稳定性的措施

提高压杆的稳定性问题主要是提高压杆的临界压力（提高临界应力）的问题。由欧拉公式和经验公式可知，压杆的稳定性与材料的性质和柔度有关。而且柔度越大的杆件，其临界力受柔度的影响也越大。所以，为了提高压杆的稳定性，不仅需要从材料上着手，更重要和有效的方法是减小其柔度。

9.5.1　减小压杆柔度 λ

减小压杆柔度 λ，可以显著地提高压杆尤其是细长压杆的临界压力 F_{Pcr}，而柔度是与压杆长度、截面形状和尺寸、约束条件有关的量。所以，提高压杆的稳定性，减小压杆柔度，可从影响压杆柔度的各方面采取措施。

1. 减小压杆长度 l

欧拉公式表明，临界力 F_{Pcr} 或临界应力 σ_{cr} 与压杆长度的平方成反比。所以，在设计时，应尽量减小压杆的长度，或设置中间约束，这样可以显著提高压杆的稳定性。如图 9-14 所示，在两端铰接的细长杆件的中部增加支撑，相当于计算长度减小一半，如果仍是细长杆，其临界力可以提高到原来的 4 倍。

2. 改善杆端约束

对细长压杆来说，长度因数 μ 反映杆端约束条件，压杆临界力也与长度因数的平方成反比。通过加强杆端约束的牢固程度可以降低 μ 值，从而提高压杆的临界压力。例如，将两端铰支的压杆改为两端固定，其长度因数 μ 就从 1 降到了 0.5，临界力亦可以提高到原来的 4 倍。如图 9-15 所示，杆件被夹持的长度 a 越长，则越接近于固定端约束，其临界压力也越大。

F_{Pcr}

$\frac{l}{2}$

$\frac{l}{2}$

F_{Pcr}

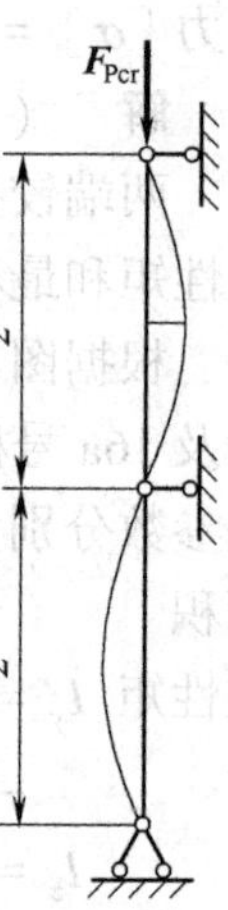

图 9-14　减小压杆长度

3. 选择合理的截面形状和尺寸

在截面面积一定的情况下，选择合理的截面，就是在不增加材料用量的条件下，增大压杆横截面的惯性矩 I，以增大截面惯性半径 i，减小压杆的柔度 λ，提高压杆的临界压力。为此，最简便实用的方法是选择空心截面的压杆，如采用空心圆截面比实心圆截面合理，工程中许多承受压力的立柱，就常用缀板将型材连接成整体制成组合柱，即组合截面的压杆（图 9-16）。但是，不能一味增加惯性矩 I 而使得压杆壁厚太薄，这会引起局部失稳，对于组合柱，各型材间的距离也不能过大，否则会使连接缀板过长而失稳，从而使整个组合柱失稳。

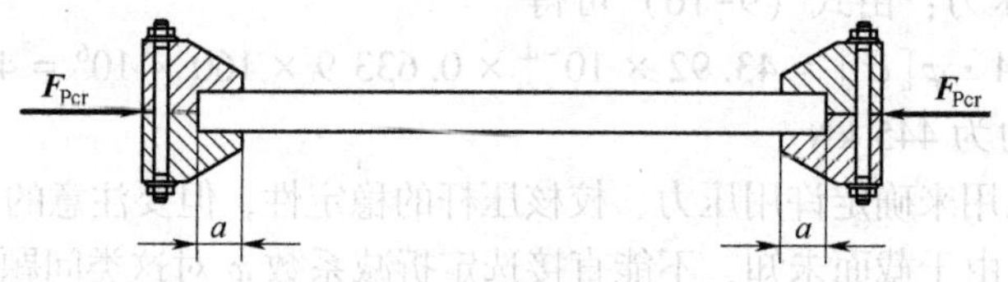

图 9-15　改善杆端约束

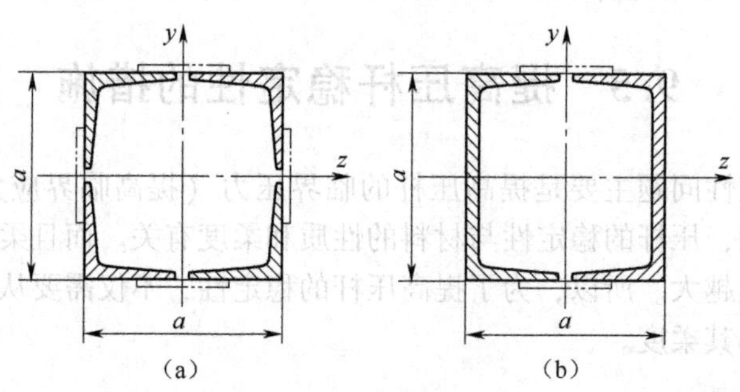

图 9-16　合理的截面形状

另外，还要在选择截面时考虑等柔度的问题，所谓等柔度，就是所选截面应使压杆在各个纵向平面的内柔度相等。所以，应综合考虑压杆截面的惯性半径、支座约束条件对柔度的影响。例如以下两种情况。

（1）若压杆两端在各方向的约束条件使 μ 值相同（如球铰、固定端），则应使横截面的最大和最小惯性矩相等，即 $I_{\max} = I_{\min}$。这时，用正方形截面比长方形截面合理；用角钢或槽钢组合成柱时，采用图 9-16 所示的组合形式较好。

(2) 若压杆两端在各方向约束条件使 μ 值不相同（如柱铰），则应考虑使横截面与支座条件合理配置，以使压杆在两纵向对称面内的柔度相等，即 $\lambda_{xy} = \lambda_{xz}$。

9.5.2 合理选择材料

以上各种措施都是从降低压杆的柔度来提高稳定性的。然而合理地选材对提高压杆的稳定性也起到一定的作用。

对于细长压杆，杆材的弹性模量 E 越大，压杆的临界力也越高。所以选用弹性模量大的材料可以提高细长压杆的稳定性。但是各种钢材的 E 值大致相等，所以，对于钢制压杆，选用优质钢代替普通碳钢，对提高压杆的稳定性作用不大，反而造成浪费。

对于中长杆，由临界应力总图可知，提高材料比例极限 σ_p 和屈服极限 σ_s 就能提高压杆的临界应力值。故优质钢材在一定程度上能提高中长杆临界应力的数值。至于小柔度压杆，其临界应力就是材料的屈服极限 σ_s 或强度极限 σ_b，故选用高强度的优质钢定能提高其承载能力。

本 章 小 结

稳定性的问题是与强度、刚度问题迥然不同的另一类构件安全性问题。要理解稳定性的基本概念以及强度失效、刚度失效与失稳有何不同。压杆稳定性问题中的临界应力、临界荷载、许用应力、许用荷载以及稳定性的计算与强度、刚度问题中的极限值应力、极限荷载、许用应力以及强度条件、刚度的计算有何不同。

(1) 计算压杆的临界力、临界应力时，要根据压杆自身的柔度值来选用相应的公式。

① 对于细长压杆，要用欧拉公式计算。欧拉临界压力与欧拉临界应力的计算式分别为

$$F_{\mathrm{Pcr}} = \frac{\pi^2 EI}{(\mu l)^2},\ \sigma_{\mathrm{cr}} = \frac{\pi^2 E}{\lambda^2}$$

② 对于非细长的压杆，不能用欧拉公式而要用经验公式。工程中常用的经验公式是直线经验公式或抛物线经验公式。这两种经验公式也与压杆的柔度有关，二者的一般形式分别为

$$\sigma_{\mathrm{cr}} = a - b\lambda \quad 和 \quad \sigma_{\mathrm{cr}} = a_1 - b_1\lambda^2$$

(2) 压杆自身的柔度 λ 是确定压杆类型、选用计算式、计算临界应力的一个重要的指标。柔度的计算式为

$$\lambda = \frac{\mu l}{i}$$

柔度 λ 为无量纲的量，又称**细长比**。它综合地反映了压杆长度 l、支承情况 μ 以及横截面形状和尺寸 i 对临界应力的影响。

(3) 压杆的临界压力 $\boldsymbol{F}_{\mathrm{Pcr}}$ 只是压杆稳定的极限荷载。保持压杆稳定的基本条件是压杆的最大工作荷载不能大于许用荷载。在实际应用时，常用安全系数法或折减系数法来计算压

杆稳定性。

① 安全系数法的压杆稳定条件为

$$n_w = \frac{F_{\mathrm{Pcr}}}{F_{\mathrm{P}}} \geqslant n_{\mathrm{st}} \quad 或 \quad n_w = \frac{\sigma_{\mathrm{cr}}}{\sigma} \geqslant n_{\mathrm{st}}$$

② 折减系数法的压杆稳定条件为

$$\sigma = \frac{F_P}{A} \leqslant \varphi[\sigma]$$

（4）提高压杆（尤其是提高钢制细长压杆）稳定性的措施，主要应从降低压杆柔度的各个方面着手。

思考题

9-1　什么是失稳？举出生活中失稳的例子。

9-2　受压杆件的强度问题和稳定性问题有何区别与联系？

9-3　压杆的弯曲变形与梁的横力弯曲变形有何不同？

9-4　若将受压杆的长度增加一倍，其临界压力和临界应力将有何变化？若将圆截面压杆的直径增加一倍，其临界应力和临界压力又有何种变化？

9-5　压杆的柔度反映了压杆的哪些因素？

9-6　什么是压杆的临界应力总图？它是怎样画出来的？

9-7　为了提高压杆的稳定性，可以采取哪些措施？

9-8　如果压杆横截面 $I_y > I_z$，那么杆件失稳时，横截面一定绕 z 轴转动而失稳吗？

9-9　两端铰支的细长杆，截面形状如图 9-17 所示。试问失稳时，各截面将绕哪根轴转动？

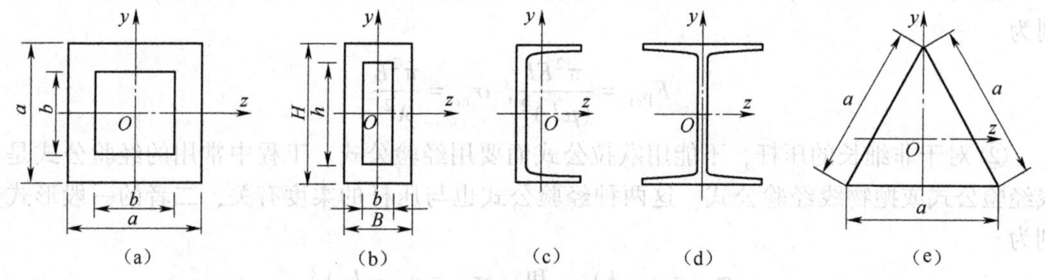

图 9-17　思考题 9-9 图

9-10　某双对称横截面的压杆，两端用销轴连接，若压杆横截面的 $I_y < I_z$（y 轴、z 轴为截面形心主惯性轴），试问，销轴轴线与截面哪根对称轴平行时可使压杆承载能力更大？

习题

9-1　如图 9-18 所示，各杆均为直径 d=75 mm 的圆截面钢制压杆，材料均为 Q235 钢，其弹性模量 E=200 GPa，试求各压杆的临界压力。

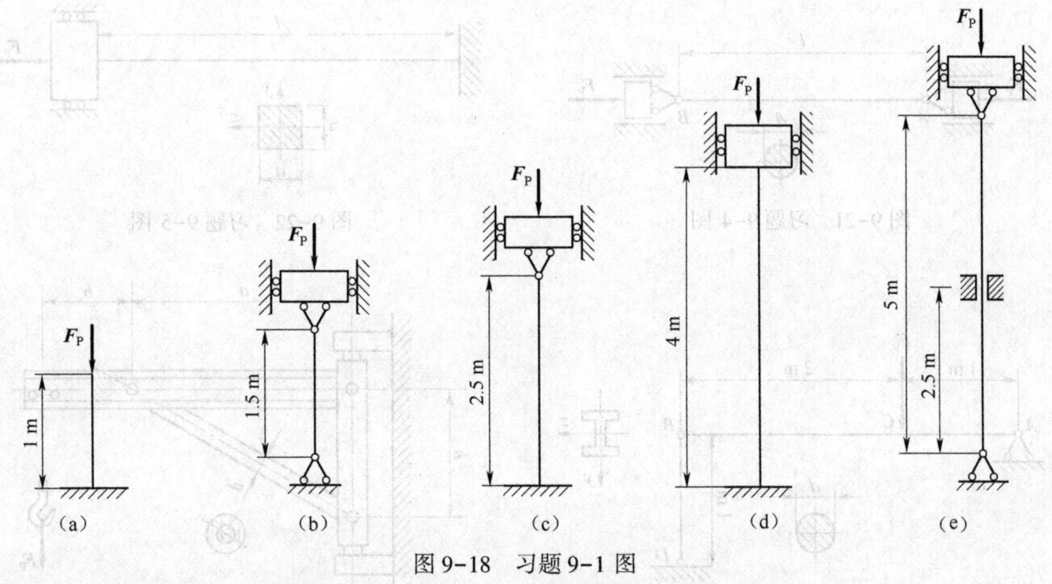

图 9-18　习题 9-1 图

9-2　如图 9-19 所示桁架中，AB 及 BC 均为圆截面细长杆，直径 $d=40$ mm，材料均为 Q235 钢，其弹性模量 $E=200$ GPa，试求节点 B 处铅垂荷载的临界值 F_{Pcr}。

9-3　如图 9-20 所示正方形桁架，由 5 根直径均为 $d=50$ mm 的圆钢相互铰接组成，材料为优质碳钢，其 $\sigma_s = 306$ MPa，$\sigma_p = 280$ MPa，$E = 210$ GPa，$a = 461$ MPa，$b = 2.568$ MPa。外力分别在 A、C 两节点处对压（实线所示）和对拉（虚线所示）。试分别求出桁架所能承受对压荷载和对拉荷载的极限值。

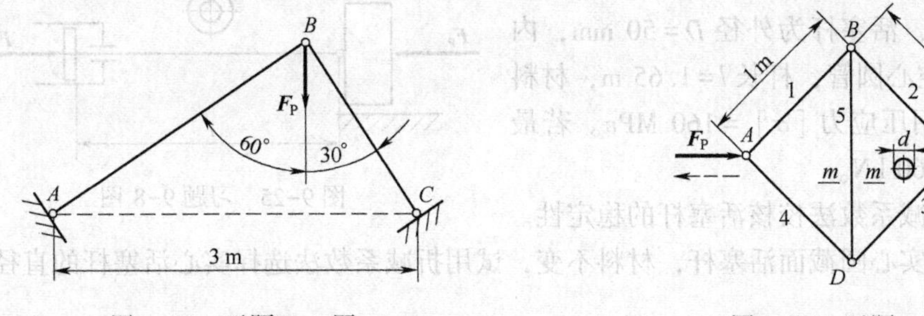

图 9-19　习题 9-2 图　　　　图 9-20　习题 9-3 图

9-4　图 9-21 所示压杆，长度 $l=700$ mm，直径 $d=45$ mm，最大压力 $F_P=45$ kN，压杆材料为优质碳钢，其 $\sigma_s = 306$ MPa，$\sigma_p = 280$ MPa，$E = 210$ GPa，$a = 461$ MPa，$b = 2.568$ MPa，压杆的规定稳定安全因数 $n_{st}=8.0\sim10.0$，试校核该压杆的稳定性。

9-5　一正方形截面的压杆如图 9-22 所示，受轴向压力 $F_P=32$ kN，要求压杆自身柔度 $\lambda = 80\sqrt{3}$，压杆材料的弹性模量 $E=200$ GPa，$\lambda_p = 106$，规定的稳定安全因数 $n_{st}=3.0$，试确定压杆截面尺寸 a 和压杆长度 l。

9-6　如图 9-23 所示，AB 与 BD 两杆组成的平面结构，B、D 两处均为球铰。AB 用 10 号工字钢制成。BD 用直径 $d=20$ mm 的实心圆钢制成，两杆材料均为 Q235 钢，其 $E=200$ GPa，强度安全因数 $n=2.0$。若规定的稳定安全因数 $n_{st}=3.0$，试确定该结构的许可荷载。

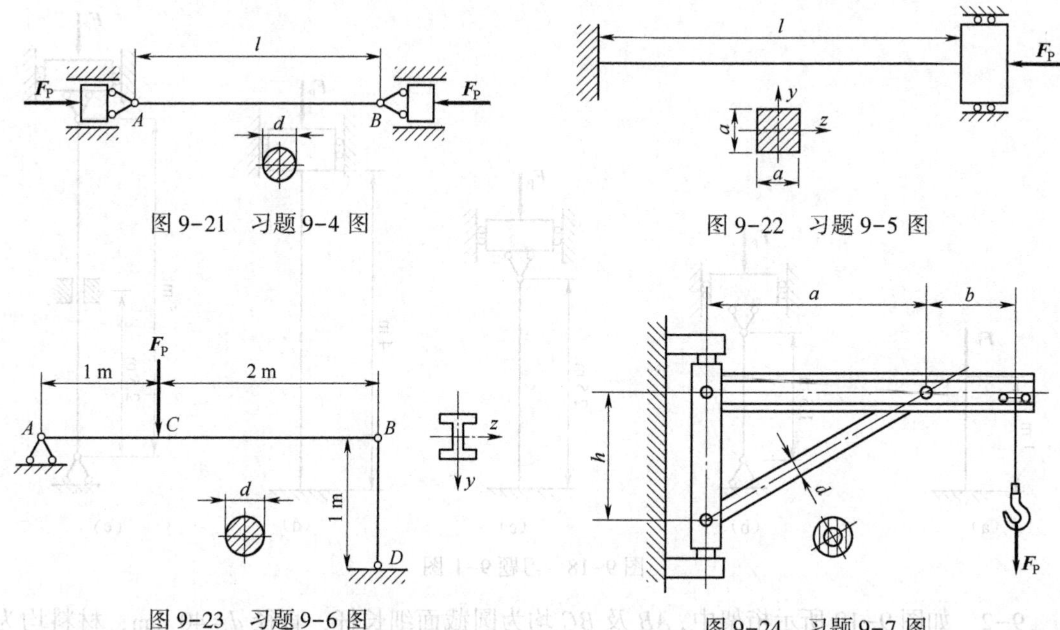

图 9-21　习题 9-4 图

图 9-22　习题 9-5 图

图 9-23　习题 9-6 图

图 9-24　习题 9-7 图

9-7　如图 9-24 所示的简易吊车，已知最大吊重 $F_P=12$ kN 用 14 号工字钢制成，斜撑杆为钢管，外径 $D=36$ mm，内径 $d=26$ mm。横梁与钢管的材料均为 Q235 钢，其许用压应力 $[\sigma]=160$ MPa。弹性模量 $E=200$ GPa，结构有关尺寸 $a=2$ m，$b=1$ m，$h=1.5$ m。若撑杆规定的稳定安全因数 $n_{st}=3.0$，试校核该吊车能否安全工作。

9-8　某压榨机构气缸活塞杆两端可简化为铰接（图 9-25），活塞杆为外径 $D=50$ mm，内径 $d=40$ mm 的空心圆管，杆长 $l=1.65$ m，材料为 Q235 钢，许用压应力 $[\sigma]=160$ MPa。若最大压榨力为 $F_P=60$ kN。

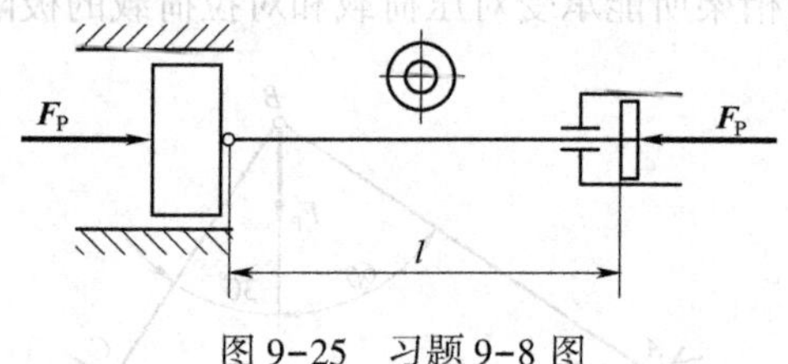

图 9-25　习题 9-8 图

（1）试用折减系数法校核活塞杆的稳定性。

（2）若选用实心圆截面活塞杆，材料不变，试用折减系数法选择实心活塞杆的直径 d。

习题参考答案

9-1　(a) 766.5 kN；(b) 947.2 kN；(c) 881.2 kN；(d) 766.5 kN；(e) 490.5 kN

9-2　$F_{Pcr}=294$ kN

9-3　对压时 $F_{Pcr}=710$ kN；对拉时 $F_{Pcr}=318$ kN

9-4　$n_w=10.64>n_{st}$（安全）

9-5　$a=31$ mm，$l=2.48$ m

9-6　$F_P\leqslant 5.17$ kN

9-7　$n_w=1.57<n_{st}$（不安全）

9-8　(1) $\sigma=84.9$ MPa $<\varphi[\sigma]=93$ MPa（安全）

(2) 选 $d=42$ mm

第3篇 专题概述

前面几章主要讨论了工程静力学的基本理论和静定杆件的变形和应力。但在工程实际中存在着诸多静不定的结构，本篇介绍静不定结构的基本概念及其简单静不定结构的基本解法，并对能量法进行初步论述，为静不定结构的进一步分析打下基础。

第 10 章　静不定结构与能量法

本章主要介绍了静不定结构的基本概念及简单静不定结构的基本解法。以工程中常见的拉压静不定结构、扭转静不定结构及简单静不定梁为例，说明了求解简单静不定结构的具体步骤，并对能量法和力法做了简介。

10.1　概　　述

10.1.1　静不定结构的基本概念

1. 静不定结构

在前面章节中讲到的结构都可以通过静力平衡方程求得全部的支座约束力和内力，称这类结构为静定结构（statically determinate structure）。但是在实际问题中，有些结构的支座约束力和内力仅用静力平衡方程是不能全部确定的，把这类结构称为静不定结构（statically in determinate structure）或超静定结构。

为了更加清楚地认识超静定结构的特性，我们把它与静定结构做一对比。前已述及，如果一个结构的全部反力和内力仅凭静力平衡条件就可确定，称其为静定结构。

如图 10-1（a）所示结构，是对装有尾顶针的车削工件简化后的力学模型。梁的左端简化为固定端，右端尾顶针简化为铰支座。其受力如图 10-1（b）所示，约束力和主动力构成平面一般力系，只能列出三个静力平衡方程，不能求出全部的四个约束力（偶），这种结构称为外力静不定结构。

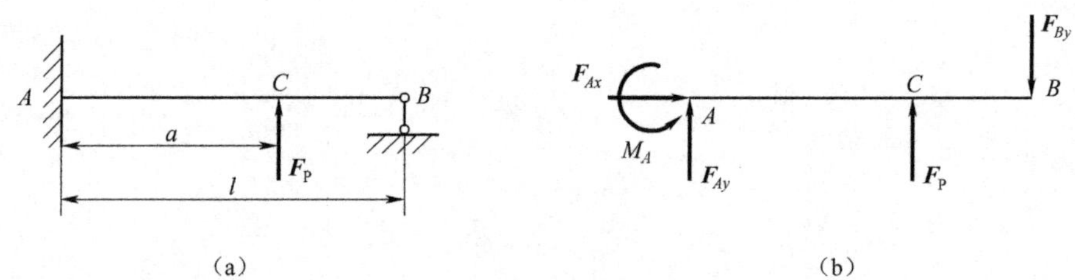

图 10-1　外力静不定结构

再如图 10-2（a）所示组合结构，虽然 A、B 处的约束力可以求出，但由静力平衡方程不能确定杆件的内力。这种结构称为内力静不定结构。

既有外力静不定，又有内力静不定的结构称为混合静不定结构，如图 10-2（b）所示。

2. 多余约束与静不定次数

在静不定结构中都存在多于维持结构平衡所必需的杆件或支座，如图 10-1（a）中的支座 B，图 10-2（a）中的支座 B，习惯上将其称为多余约束（redundant constraint）。与多余约束相对应的约束力称为多余约束力。由于多余约束的存在，未知力的数目必然多于独立的

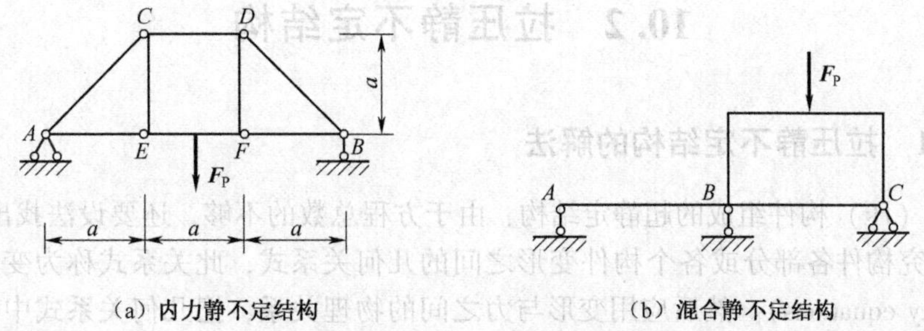

图 10-2　内力静不定结构和混合静不定结构

静力平衡方程的数目，两者之差值称为静不定次数（degree of statically indeterminate problem）。静不定次数为 n 的结构称为 n 次静不定结构。如图 10-2（b）所示结构为四次静不定结构（包括有三个内力和一个支座约束力）。

解除多余约束后的静定系统称为基本静定系（在力法中也称基本结构），在基本静定系上加上主动荷载和多余约束力的系统称为原系统的相当系统（在力法中也称基本体系）。仍以图 10-1 为例，以 B 端的铰支座为多余约束，则图 10-3（a）所示悬臂梁为基本静定系，图 10-3（b）所示为原系统的相当系统。基本静定系可以有不同的选择，不是唯一的。若以 A 处的约束力偶作为多余约束，则基本静定系为简支梁［图 10-3（c）］。

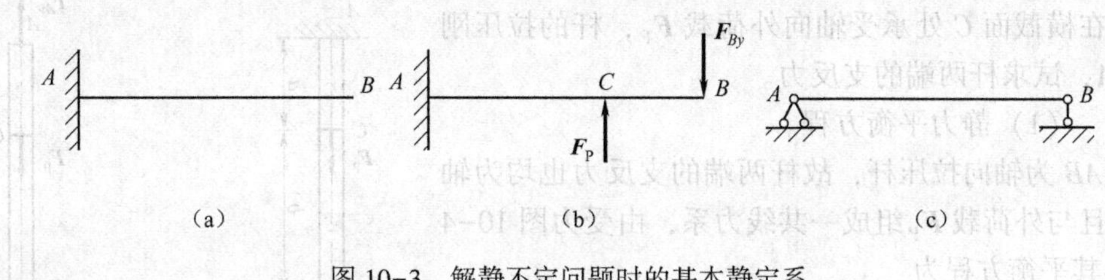

图 10-3　解静不定问题时的基本静定系

需要说明的是，多余约束只是对结构保持平衡和几何不变性而言的，实际上并不多余。工程上利用这些多余约束可以提高结构的强度和刚度。例如车削细长工件时，加上尾顶针约束，可以有效减小工件的变形。

10.1.2　静不定结构的解法

静定结构没有多余约束，因此仅利用平衡条件就可以求出全部反力和内力。超静定结构由于存在多余约束，待求未知量总数将多于可建立的独立平衡方程数。因此，除了建立静力平衡方程外，还必须建立补充方程，且补充方程的个数要与静不定次数相同。由于多余约束的存在，杆件（或结构）的变形（或位移）受到了多于静定结构的附加限制，称为变形协调条件。首先，根据变形协调条件，建立附加的变形协调方程（compatibility equation of deformation）。其次，建立力与变形或位移之间的物理关系，即物理方程或本构方程（constitutive equations）。再次，将物理关系代入变形协调方程，便可得到补充方程。最后，将静力平衡方程与补充方程进行联立求解，即可解出全部未知力。这就是综合考虑静力平衡条件、变形协调条件和物理关系三个方面，求解静不定结构的方法。

10.2 拉压静不定结构

10.2.1 拉压静不定结构的解法

对于拉（压）构件组成的超静定结构，由于方程总数的不够，还要设法找出补充方程。通常可先研究构件各部分或各个构件变形之间的几何关系式，此关系式称为变形协调方程（compatibility equations）。然后应用变形与力之间的物理关系，把几何关系式中各个变形分别用相应的力表示出来（注意：二者的正负号必须一致），从而得到含有未知力的补充方程。在实际问题中，一般都能找出足够的补充方程，联立独立的静力平衡方程，使得方程的个数与未知力的个数相等。最后，求解这一联立方程组，就能求出全部未知力。具体步骤可总结如下：

（1）平衡：列出有效的独立平衡方程。

（2）协调：列出变形协调方程。

（3）物理：利用物理关系，将变形协调方程中的各变形或位移用未知力表达。

（4）求解：各独立平衡方程与用未知力表达的变形协调方程即补充方程构成方程组，求解此方程组，得到全部未知力。

【例题 10-1】 图 10-4（a）所示等截面杆，两端固定，在横截面 C 处承受轴向外荷载 $\boldsymbol{F}_{\mathrm{P}}$，杆的拉压刚度为 EA，试求杆两端的支反力。

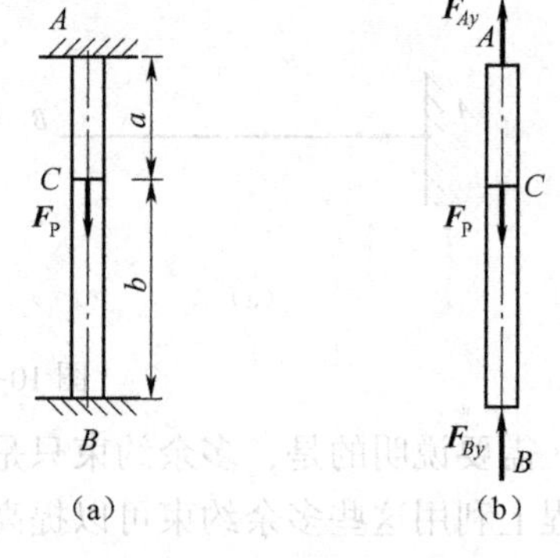

图 10-4 例题 10-1 图

解 （1）静力平衡方程。

杆 AB 为轴向拉压杆，故杆两端的支反力也均为轴向力，且与外荷载 $\boldsymbol{F}_{\mathrm{P}}$ 组成一共线力系，由受力图 10-4（b）得其平衡方程为

$$\sum F_y = 0,\ F_{Ay} + F_{By} - F_{\mathrm{P}} = 0 \tag{a}$$

两个未知力，一个平衡方程，故为一次静不定结构。

（2）变形协调方程。

根据两端的约束条件可知，受力后各杆段虽发生变形，但杆的总长不变，即变形协调条件为 $\Delta l = 0$。若将 AC 和 CB 段的轴向变形分别用 Δl_{AC}、Δl_{CB} 表示，可得变形协调方程为

$$\Delta l_{AC} + \Delta l_{CB} = 0 \tag{b}$$

（3）物理方程。

根据力与位移间的物理关系，建立物理方程

$$\Delta l_{AC} = \frac{F_{Ay}a}{EA} \tag{c}$$

$$\Delta l_{CB} = -\frac{F_{By}b}{EA} \tag{d}$$

式（d）中的符号为负是因为 F_{By} 假设方向向上，产生的变形为压缩变形。

将式（c）、式（d）代入式（b），得到补充方程

$$\frac{F_{Ay}a}{EA} - \frac{F_{By}b}{EA} = 0 \tag{e}$$

最后，将式（a）和式（e）联立，求得

$$F_{Ay} = \frac{b}{a+b}F_P，F_{By} = \frac{a}{a+b}F_P$$

结果均为正，说明假设方向与实际方向相同。

【例题 10-2】　如图 10-5（a）所示桁架，A、B、C、D 四处均为铰链。已知 1 杆的拉压刚度为 E_1A_1，长度为 l_1，$E_2A_2=E_3A_3$，$l_2=l_3$。试求在铅垂外荷载作用下各杆的轴力。

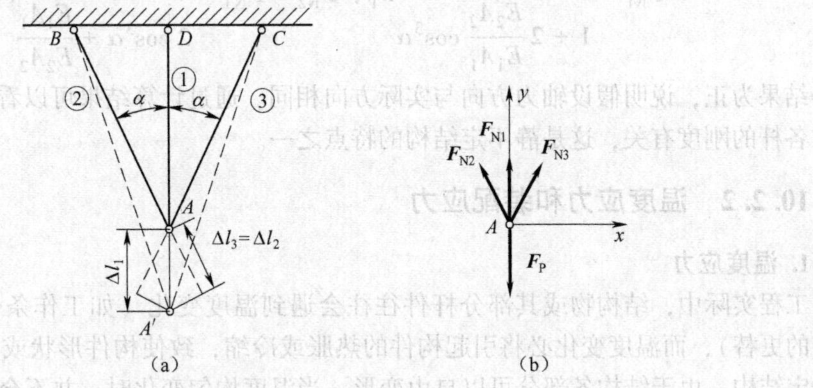

图 10-5　例题 10-2 图

解　（1）静力平衡方程。

因为 A、B、C、D 均为铰链，故 1、2、3 三杆均为二力杆，设其轴力分别为 $\boldsymbol{F}_{N1}$、$\boldsymbol{F}_{N2}$、$\boldsymbol{F}_{N3}$。由图 10-5（b）受力图得节点 A 处的静力平衡方程

$$\sum F_x = 0，F_{N3}\sin\alpha - F_{N2}\sin\alpha = 0$$

$$\sum F_y = 0，F_{N2}\cos\alpha + F_{N3}\cos\alpha + F_{N1} - F_P = 0$$

整理可得

$$\left.\begin{aligned} F_{N3} &= F_{N2} \\ F_{N1} + 2F_{N2}\cos\alpha &= F_P \end{aligned}\right\} \tag{a}$$

其中有三个力是未知的，而独立的平衡方程只有二个，故为一次静不定结构。

（2）变形协调方程。

由于三杆在下端连接于 A 点，故三杆在受力变形后，其下端仍应连接在一起。同时，由于结构左右对称，故受力后点 A 沿铅垂方向移至点 A'，各杆变形后的位置如图 10-5（a）中虚线所示。于是，三根杆的变形必须满足下列变形协调方程

$$\Delta l_2 = \Delta l_3 = \Delta l_1\cos\alpha' = \Delta l_1\cos\alpha \tag{b}$$

$\alpha=\alpha'$ 是应用小变形条件结果。

（3）物理方程。

根据弹性范围内，各杆的轴力与轴向变形之间的关系，建立物理方程

$$
\left.\begin{aligned}
\Delta l_1 &= \frac{F_{N1} l_1}{E_1 A_1} \\
\Delta l_2 &= \frac{F_{N2} l_2}{E_2 A_2}
\end{aligned}\right\} \tag{c}
$$

将式（c）代入式（b），得到补充方程

$$
\frac{F_{N2} l_2}{E_2 A_2} = \frac{F_{N1} l_1}{E_1 A_1} \cos\alpha \tag{d}
$$

将式（d）与式（a）联立，即可解出

$$
F_{N1} = \frac{1}{1 + 2\dfrac{E_2 A_2}{E_1 A_1}\cos^3\alpha} F_P，\ F_{N2} = F_{N3} = \frac{\cos^2\alpha}{2\cos^3\alpha + \dfrac{E_1 A_1}{E_2 A_2}} F_P
$$

所得结果为正，说明假设轴力方向与实际方向相同。通过计算结果可以看出，各杆的内力分配与各杆的刚度有关，这是静不定结构的特点之一。

10.2.2 温度应力和装配应力

1. 温度应力

工程实际中，结构物或其部分杆件往往会遇到温度变化（如工作条件中的温度改变或季节的更替），而温度变化必将引起构件的热胀或冷缩，致使构件形状或尺寸发生改变。对于静定结构，由于结构各部分可以自由变形，当温度均匀变化时，并不会引起构件内力的变化。但对于静不定结构，由于多余约束的存在，杆件由温度变化所引起的变形受到限制，从而在杆中将产生内力，这种内力称为温度内力（thermal inner force）。与之相应的应力称为温度应力（thermal stress）。在求解温度应力时，应同时考虑由温度变化引起的变形以及与温度内力相应的弹性变形。

【例题 10-3】 如图 10-6（a）所示，等直杆 AB 的两端分别与刚性支承连接，设杆长为 l，杆的横截面积为 A，杆的弹性模量为 E，线膨胀系数为 α，试求温度升高 ΔT 时，杆内的温度应力。

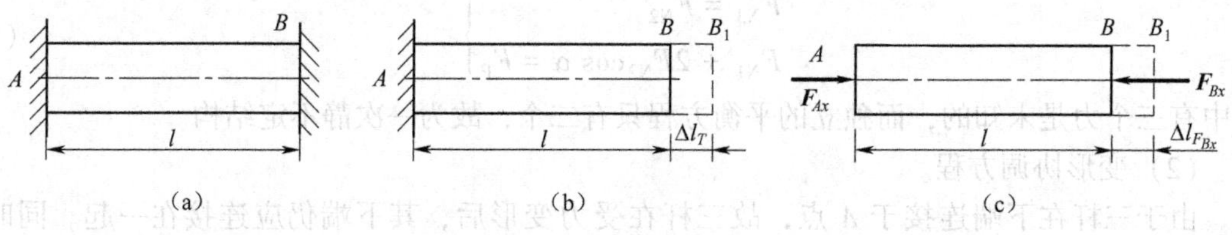

图 10-6 例题 10-3 图

解 （1）静力平衡方程。

设刚性支承对杆的支反力分别为 $\boldsymbol{F}_{Ax}$ 和 $\boldsymbol{F}_{Bx}$，则

$$
F_{Ax} = F_{Bx} \tag{a}
$$

一个方程，两个未知力，为一次静不定结构。

（2）变形协调方程。

由于杆两端的支承是刚性的，故与这一约束相适应的变形协调条件是杆的总长不变，即

$$\Delta l = 0 \tag{b}$$

(3) 物理方程。

假设将杆的右端支座解除，则杆因温度升高而引起的膨胀量为 Δl_T［图 10-6（b）］。但由于支反力 $\boldsymbol{F}_{Bx}$ 的作用，又将 Δl_T 的伸长压回到原来的位置［图 10-6（c）］，若把杆的压短量计为 $\Delta l_{F_{Bx}}$，则

$$\Delta l_T - \Delta l_{F_{Bx}} = 0 \tag{c}$$

式中，Δl_T 和 $\Delta l_{F_{Bx}}$ 均取绝对值。

对于线弹性材料：

$$\Delta l_T = \alpha l \Delta T$$

$$\Delta l_{F_{Bx}} = \frac{F_{Bx} l}{EA}$$

将上述两式代入式（c），得到补充方程

$$\alpha l \Delta T - \frac{F_{Bx} l}{EA} = 0 \tag{d}$$

联立式（a）和式（d），求得

$$F_{Ax} = F_{Bx} = \alpha EA \Delta T$$

则杆内各横截面上的温度内力为

$$F_{\mathrm{N}} = \alpha EA \Delta T$$

相应的温度应力为

$$\sigma = \frac{F_{\mathrm{N}}}{A} = \alpha E \Delta T$$

由于假设杆的支反力为压力，所以温度应力为压应力。

若杆的材料为 Q235 钢，$\alpha = 12.5 \times 10^{-6}$ ℃$^{-1}$，$E = 200$ GPa，当 $\Delta T = 1$ ℃时，杆内的温度应力为

$$\sigma = 12.5 \times 10^{-6} \times 200 \times 10^3 \times 1 = 2.5 \text{ MPa}$$

计算结果表明，对于静不定结构，因温度变化而引起的温度应力是不容忽视的因素之一。这也是静不定结构的特点之二。因此，在工程中常应采取一些措施来减少和预防温度应力的产生。

2. 装配应力

在超静定结构中，若构件尺寸存在微小制造误差，当整个结构装配起来，未受荷载构件内就存在应力。这种应力称为装配应力（assembling stress）。静定结构不存在装配应力。在工程中，装配应力的存在有时是不利的，而有时可以利用装配应力达到有益的目的。

求解装配应力的关键仍是根据变形协调方程得到补充方程。

【例题 10-4】 如图 10-7（a）所示结构，刚杆 1、2、3 的横截面积均为 $A = 200$ mm^2，弹性模量为 $E = 200$ GPa，长度 $l = 1$ m。制造时杆 3 短了 $\delta = 0.8$ mm。试求杆 3 和刚性杆 AB 连接后各杆的内力。

解　(1) 静力平衡方程。

在装配过程中，刚性杆 AB 始终保持直线状态，杆 1、2、3 将有轴向拉伸或压缩。设杆 1、3 受拉，杆 2 受压。杆 AB 的受力图如图 10-7（b）所示，则

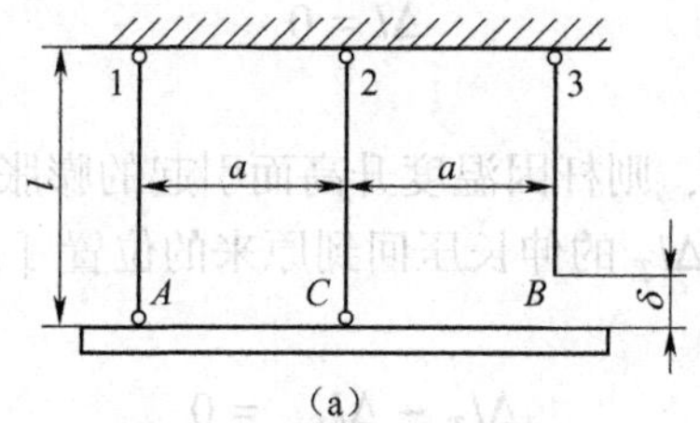

(a)

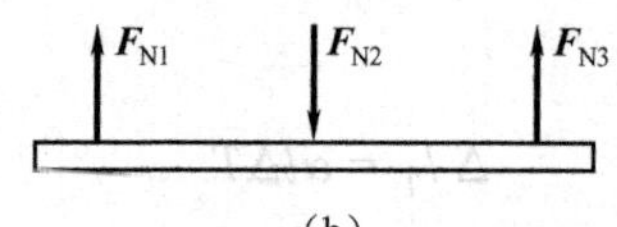

(b)

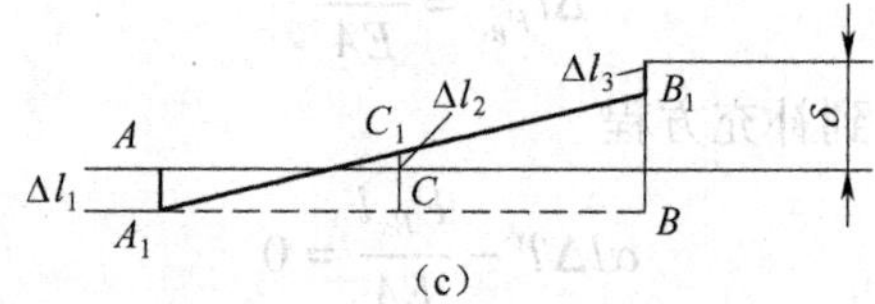

(c)

图 10-7　例题 10-4 图

$$\left.\begin{aligned}\sum F_y = 0,\ F_{N1} + F_{N3} - F_{N2} = 0\\ \sum M_C = 0,\ F_{N1} \cdot a = F_{N3} \cdot a\end{aligned}\right\}\tag{a}$$

两个方程，三个未知数，该结构为一次静不定结构。

（2）变形协调方程。

设将杆 3 拉伸至 B_1点进行装配，则杆 1、2 的位置如图 10-7（c）所示。由图可以列出各杆变形需满足的变形协调方程

$$\frac{\Delta l_1 + \Delta l_2}{\Delta l_1 + \delta - \Delta l_3} = \frac{1}{2}$$

即

$$\Delta l_1 + 2\Delta l_2 + \Delta l_3 = \delta\tag{b}$$

（3）物理方程。

对于线弹性杆件，根据胡克定律得

$$\Delta l_1 = \frac{F_{N1} l}{EA},\ \Delta l_2 = \frac{F_{N2} l}{EA},\ \Delta l_3 = \frac{F_{N3} l}{EA}\tag{c}$$

由于 $\delta << l$，上式中杆 3 的长度仍用 l。

将式（c）代入式（b），得到补充方程

$$F_{N1} + 2F_{N2} + F_{N3} = \frac{\delta EA}{l}\tag{d}$$

联立式（a）和式（d），求得

$$F_{N1} = F_{N3} = \frac{\delta EA}{6l} = 5.33\ \text{kN},\ F_{N2} = 2F_{N1} = 10.67\ \text{kN}$$

计算结果为正，说明假设的受力方向与实际受力方向相同，即杆 1、3 受拉，杆 2 受压。

从上述例题可以看出，若杆件在加工过程中出现微小误差，对于静不定结构，在未受到

外荷载作用时，各杆件中已有装配应力。由于装配应力是在外荷载作用之前已经具有的应力，因此，也称为初应力。工程中，装配应力的存在常常是不利的，但有时可利用装配应力提高结构的承载能力。这是静不定结构的特点之三。

10.3 扭转静不定结构

扭转静不定结构的解法，同样是需要综合考虑静力平衡条件、变形协调条件、物理关系三个方面。下面通过例题来说明其解法。

【例题 10-5】 一实心圆轴［图 10-8（a）］，两端固定，在截面 C 处承受外力偶矩 M_e 的作用，若圆轴的抗扭刚度分别为：AC 段 GI_{P1}，BC 段 GI_{P2}，试求该圆轴两端的反力偶矩 M_{eA}、M_{eB}。

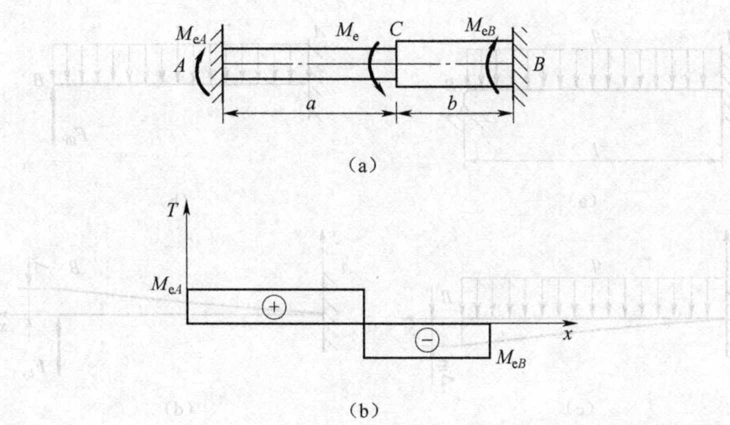

图 10-8　例题 10-5 图

解　(1) 静力平衡方程。

$$\sum M_{ex} = 0,\ M_{eA} + M_{eB} - M_e = 0 \tag{a}$$

反力偶矩 M_{eA}、M_{eB} 是两个未知反力偶矩，而平衡方程只有一个，故该结构为一次静不定结构。

(2) 变形协调方程。

对于一次静不定结构，需建立一个变形协调方程。由题可知，轴的两端固定，故两端截面的相对扭转角为零，即

$$\varphi_{AB} = 0,\ \ \varphi_{AC} + \varphi_{CB} = 0 \tag{b}$$

(3) 物理方程。

$$\varphi_{AC} = \frac{M_{eA}a}{GI_{P1}},\ \varphi_{CB} = -\frac{M_{eB}b}{GI_{P2}}$$

将物理方程代入式（b）得到补充方程

$$\frac{M_{eA}a}{GI_{P1}} = \frac{M_{eB}b}{GI_{P2}} \tag{c}$$

联立式（a）、式（b），求得

$$M_{eA}=M_e\frac{bI_{P1}}{bI_{P1}+aI_{P2}},\ M_{eB}=M_e\frac{aI_{P2}}{bI_{P1}+aI_{P2}}$$

结果为正，说明图 10-8 所示反力偶矩的假设转向与实际转向相同。

10.4 简单静不定梁

求解静不定梁，同样是综合运用静力平衡条件、变形协调条件、物理关系三个方面。静不定梁是有多余约束的，其关键问题是求解多余支反力。具体求解时，首先要将梁的某处支座看作多余约束。然后，将其解除，并在该处施加与解除的约束相对应的未知反力。如图 10-9（a）所示结构，若将其右端的铰支座看作多余约束，将其解除代之以未知反力 F_{By}，得到图 10-9（b）所示的静定悬臂梁，即原系统的相当系统。

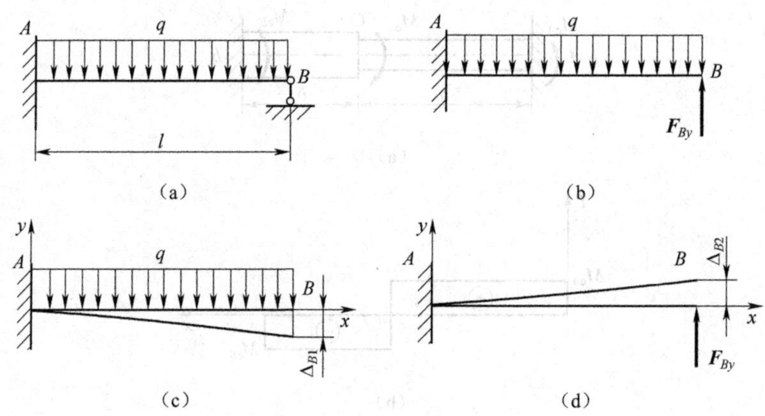

图 10-9 静不定梁

相当系统在荷载 $\boldsymbol{F}_P$ 与多余未知力 $\boldsymbol{F}_{By}$ 的共同作用下发生变形，为使其变形完全等同于原静不定梁，多余约束处的位移就必须满足原静不定梁在该处的约束条件，也就是变形协调条件，若以 Δ_{B1} 和 Δ_{B2} 分别表示 $\boldsymbol{F}_P$ 与多余未知力 $\boldsymbol{F}_{By}$ 各自单独作用时 B 端的挠度［图 10-9（c）、（d）］，即

$$\Delta_B=\Delta_{B1}+\Delta_{B2}=0 \tag{a}$$

利用叠加法，可求得

$$\Delta_{B1}=-\frac{ql^4}{8EI},\qquad \Delta_{B2}=+\frac{F_{By}l^3}{3EI}$$

将上述物理关系代入式（a）可得到补充方程

$$-\frac{ql^4}{8EI}+\frac{F_{By}l^3}{3EI}=0$$

由此求得

$$F_{By}=\frac{3}{8}ql$$

所得结果为正，说明所设支反力 $\boldsymbol{F}_{By}$ 的方向正确。

多余反力确定后，由平衡方程 $\sum M_A=0$ 和 $\sum F_y=0$ 可求出 A 截面的约束力和约束力

偶矩分别为

$$F_{Ay} = \frac{5}{8}ql,\ M_A = \frac{ql^2}{8}$$

上述用变形叠加法求解静不定梁的方法称为变形比较法。下面将分析方法和计算步骤归纳如下：

(1) 判定梁的静不定次数。

(2) 解除多余约束，代之以相应的未知反力，得到原静不定梁的相当系统（也称静定基）。

(3) 建立多余约束处的变形协调条件。

(4) 分别计算多余约束处由已知外荷载和未知反力产生的位移，并根据变形协调条件建立补充方程，解出未知反力。

(5) 由相当系统计算原静不定梁的约束反力、内力、应力和位移等。

【例题 10-6】 刚度为 EI 的两端固定的梁 AB，承受均布荷载 q 的作用，如图 10-10 (a) 所示，试确定固定端的约束力。

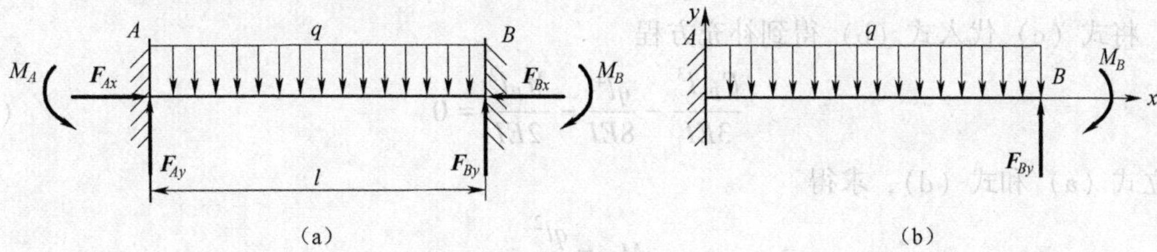

图 10-10　例题 10-6 图

解　(1) 判定梁的静不定次数。

假设 A、B 两端的约束力分别为 $\boldsymbol{F}_{Ax}$、$\boldsymbol{F}_{Ay}$、M_A 和 $\boldsymbol{F}_{Bx}$、$\boldsymbol{F}_{By}$、M_B，共六个未知量，而平面力系只有三个独立的平衡方程，所以静不定的次数为 3，即有三个多余约束力。

根据小变形的概念，梁在垂直于其轴线的荷载作用下，其水平位移相对于挠度而言可以忽略不计。因此，固定端约束将不产生水平约束力，即

$$F_{Ax} = F_{Bx} = 0$$

应用对称性分析 A、B 两端的铅垂约束力和约束力偶矩分别相等，于是有

$$M_A = M_B,\ F_{Ay} = F_{By}$$

上述分析结果表明，本例中只有两个未知量。应用平衡方程

$$\sum F_y = 0\ ,\ F_{Ay} + F_{By} - ql = 0$$

$$\sum M_A = 0\ ,\ M_A - M_B - ql \times \frac{l}{2} + F_{By}l = 0$$

可求得

$$F_{Ay} = F_{By} = \frac{ql}{2} \tag{a}$$

但 M_A 和 M_B 无法确定。

(2) 解除 B 端的多余约束，代之以未知反力，得到如图 10-10 (b) 所示的原静不定梁

的相当系统。

（3）建立变形协调方程。

由于 B 端的挠度与转角都为零，即 $f_B=0$，$\theta_B=0$，本例选择 $f_B=0$ 作为变形协调条件，f_B 由 q、F_{By}、M_B 所引起，即

$$f_B=f_B(q)+f_B(M_B)+f_B(F_{By})=0 \tag{b}$$

此即所需要的变形协调方程。

（4）建立补充方程。

由挠度表可得到物理方程

$$\begin{cases} f_B(q)=-\dfrac{ql^4}{8EI} \\ f_B(M_B)=-\dfrac{M_Bl^2}{2EI} \\ f_B(F_{By})=\dfrac{F_{By}l^3}{3EI} \end{cases} \tag{c}$$

将式（c）代入式（b）得到补充方程

$$\frac{F_{By}l^3}{3EI}-\frac{ql^4}{8EI}-\frac{M_Bl^2}{2EI}=0 \tag{d}$$

联立式（a）和式（d），求得

$$M_B=\frac{ql^2}{12}$$

求得结果为正，说明假设方向与实际方向相同。

10.5 能　量　法

10.5.1 应变能的计算

弹性体在外力作用下发生变形时，荷载的作用点也将随之产生位移，外力因此而做功；另一方面，弹性体因变形而具备了做功的能力，表明储存了能量。将弹性体因变形而储存在其内的能量称为应变能。若外力从零开始缓慢地增加到最终值，变形中的每一瞬间弹性体都处于平衡状态，动能和其他能量的变化皆忽略不计，弹性体的应变能等于外力在其相应位移上所做的功，即

$$V_\varepsilon=W$$

这个原理称为弹性体的功能原理。在固体力学中，将应用功和能的关系，求解弹性体变形、位移等的方法称为变形能法或能量法（energy methods）。能量法是力学上应用较广的一种方法，不仅应用于线弹性体，也应用于非线性弹性体。本章只研究线弹性体。

弹性体的应变能是可逆的，即当外力逐渐解除、变形逐渐消失时，弹性体又可释放出全部应变能而做功。超出弹性范围，塑性变形将耗散一部分能量，应变能则不能全部转化为功。

1. 轴向拉伸（压缩）时杆内的应变能

由第 7 章第 7.4 节可知，在弹性范围内，外力 F_P 与变形 Δl 关系成正比［图 10-11（b）］，因此，外力做功为

$$W = \frac{1}{2}F_P\Delta l$$

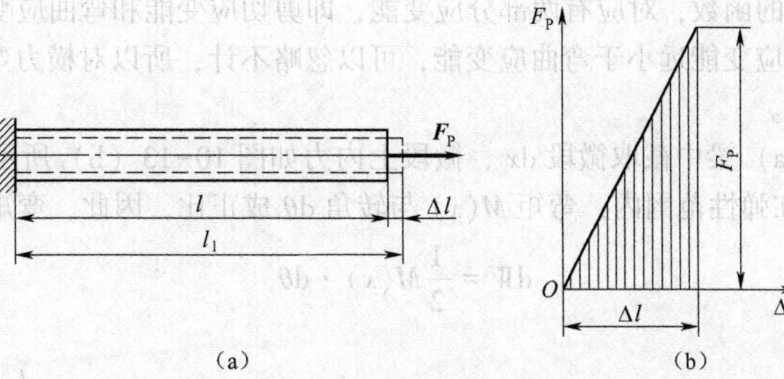

图 10-11　外力在弹性体上做功

杆内的应变能为

$$V_\varepsilon = W = \frac{1}{2}F_P\Delta l$$

由于 $\Delta l = \dfrac{F_N l}{EA}$，$F_P = F_N$，所以，拉伸（压缩）变形时，杆内的应变能为

$$V_\varepsilon = \frac{F_N^2 l}{2EA} \tag{10-1}$$

2. 扭转时圆轴内的应变能

受扭圆轴处于弹性阶段时，其扭转角 φ 与外力偶矩 M_e 呈线性关系［图 10-12（b）］，此时外力做功为

$$W = \frac{1}{2}M_e\varphi$$

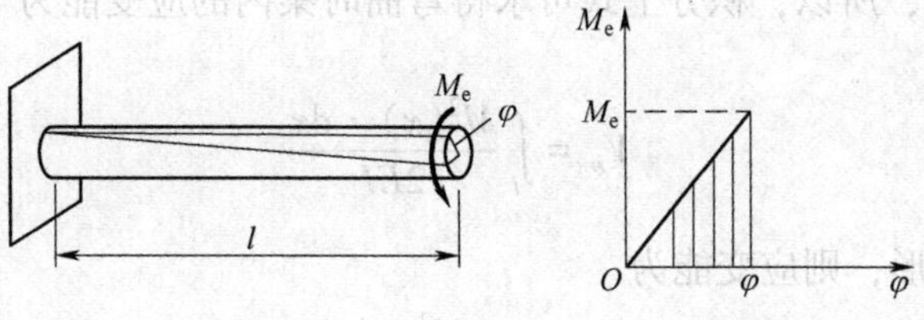

图 10-12　受扭圆轴

圆轴内的应变能为

$$V_\varepsilon = W = \frac{1}{2}M_e\varphi$$

由于 $\varphi = \dfrac{Tl}{GI_P}$，$M_e = T$，所以，圆轴扭转时，杆内的应变能为

$$V_\varepsilon = \frac{T^2 l}{2GI_P} \tag{10-2}$$

3. 弯曲时梁内的应变能

梁在横弯曲时，横截面上同时存在弯矩和剪力，且弯矩和剪力都随截面位置而变化，皆是截面位置坐标 x 的函数，对应有两部分应变能，即剪切应变能和弯曲应变能。但对于一般细长梁而言，剪切应变能远小于弯曲应变能，可以忽略不计，所以对横力弯曲的细长梁只需要计算弯曲应变能。

从图 10-13（a）梁中截取微段 dx，微段上内力如图 10-13（b）所示，忽略微段内弯矩增量 $dM(x)$，在弹性范围内，弯矩 $M(x)$ 与转角 $d\theta$ 成正比，因此，弯矩做的功为

$$dW = \frac{1}{2}M(x) \cdot d\theta$$

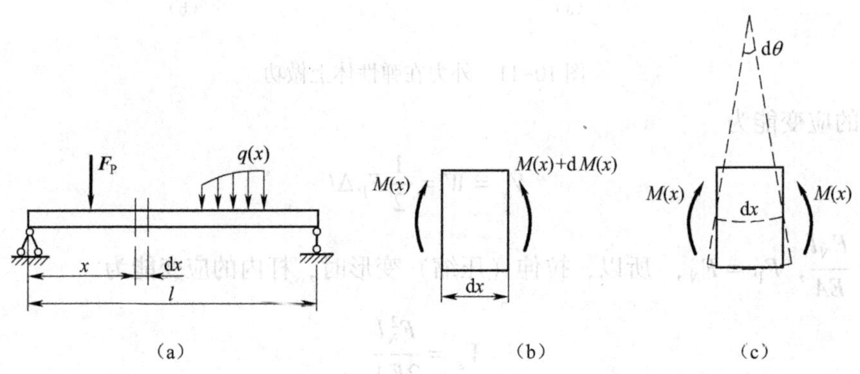

图 10-13　梁弯曲变形微段内力和变形

梁内的应变能为

$$dV_\varepsilon = dW = \frac{1}{2}M(x) \cdot d\theta$$

由于 $d\theta = \dfrac{M(x) \cdot dx}{EI}$，所以，积分上式可求得弯曲时梁内的应变能为

$$V_\varepsilon = \int_l \frac{M^2(x) \cdot dx}{2EI} \tag{10-3}$$

如果梁产生纯弯曲变形，则应变能为

$$V_\varepsilon = \frac{M^2 \cdot l}{2EI} \tag{10-4}$$

4. 弹性体组合变形时的应变能

弹性体在拉伸、扭转、弯曲组合变形时，在弹性体内取微段（图 10-14），微段截面上内力有轴力 $F_N(x)$、扭矩 $T(x)$ 和弯矩 $M(x)$，分别引起的位移为 $d(\Delta l)$、$d\varphi$、$d\theta$，则微段上的应变能为

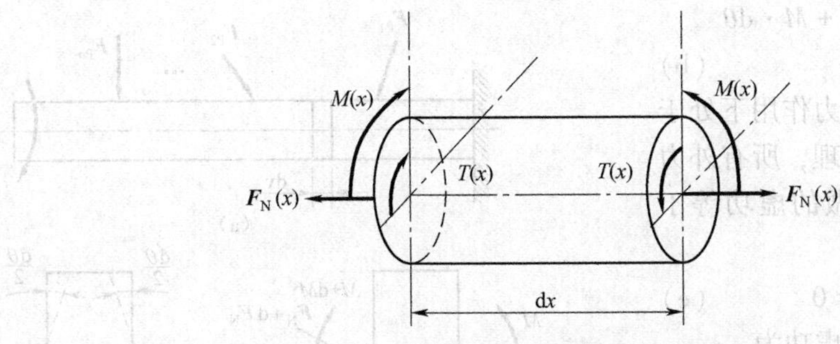

图 10-14　轴向拉伸、扭转和弯曲组合变形

$$dV_\varepsilon = \frac{1}{2}F_N(x)\cdot d(\Delta l) + \frac{1}{2}T(x)\cdot d\varphi + \frac{1}{2}M(x)\cdot d\theta$$
$$= \frac{F_N^2(x)\cdot dx}{2EA} + \frac{T^2(x)\cdot dx}{2GI_P} + \frac{M^2(x)\cdot dx}{2EI}$$

如果杆长为 l，积分上式，整个杆内的应变能为

$$V_\varepsilon = \int_l \frac{F_N^2(x)\cdot dx}{2EA} + \int_l \frac{T^2(x)\cdot dx}{2GI_P} + \int_l \frac{M^2(x)\cdot dx}{2EI} \tag{10-5}$$

由公式（10-5）可看出，应变能与内力 F_N^2、T^2、M^2 成线性关系，**不与 F_N、T、M 成线性关系**，而弹性范围内的内力与荷载成线性关系，因此弹性体内的应变能与荷载不成线性关系。所以，荷载在自身引起的位移、其他荷载引起的位移上都做功，不能采用叠加法计算应变能。另外，应变能与荷载加载顺序无关。

10.5.2　莫尔定理

莫尔定理又称为莫尔积分法（Mohr's integral method）或单位荷载法（dummy load method），以虚功原理为依据推导出该定理。

1. 变形体的虚功原理

由虚功原理可得到变形体的虚功原理。变形体的虚功原理表述为：变形体处于平衡的必要和充分条件是，作用在其上的外力、内力对于任何微小的、可能的虚位移所做的虚功总和等于零。

$$W_e + W_i = 0 \tag{10-6}$$

其中，W_e 和 W_i 分别代表外力和内力对虚位移所做的虚功。

需要说明的是，这里的外力指的是荷载和支座反力，内力为截面上各部分间相互作用的力。

下面以梁（图 10-15）为例，计算虚功原理的具体表达式。

悬臂梁在集中力、集中力偶 F_{P1}，F_{P2}，…，F_{Pn} 作用下，沿其作用方向的相应虚位移分别为 Δ_1，Δ_2，…，Δ_n，则外力所做的虚功为

$$W_e = F_{P1}\Delta_1 + F_{P2}\Delta_2 + \cdots + F_{Pn}\Delta_n = \sum F_{Pi}\Delta_i \tag{a}$$

为了计算梁的内力对于虚位移所做的虚功，在梁上任意位置取微段 dx，则微段上微内力有轴力 F_N、弯矩 M 和扭矩 T，忽略剪力影响，在这些微内力作用下，微段相应产生虚位移 $d(\Delta l)$、$d\theta$、$d\varphi$，对于微段而言，微内力可看做微段上的外力，则所做的虚功为

$$dW_e = F_N \cdot d(\Delta l) + M \cdot d\theta + T \cdot d\varphi \tag{b}$$

由于微段在上述外力作用下处于平衡状态，根据虚功原理，所有外力对于微段的虚位移所做的虚功等于零，即

$$dW_e + dW_i = 0 \tag{c}$$

则，微段上的内力做的虚功为

$$dW_i = -[F_N \cdot d(\Delta l) + M \cdot d\theta + T \cdot d\varphi] \tag{d}$$

于是，整个梁上内力所做的虚功为

$$W_i = \int_l -[F_N \cdot d(\Delta l) + M \cdot d\theta + T \cdot d\varphi] \tag{e}$$

把式（e）代入虚功原理式（10-6），得到虚功原理

$$\sum F_{Pi}\Delta_i = \int_l [F_N d(\Delta l) + M d\theta + T d\varphi] \tag{10-7}$$

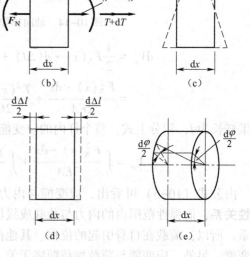

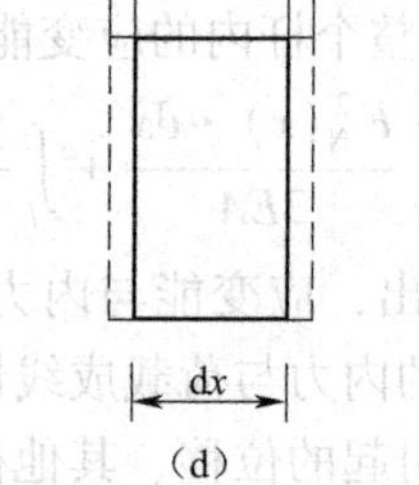

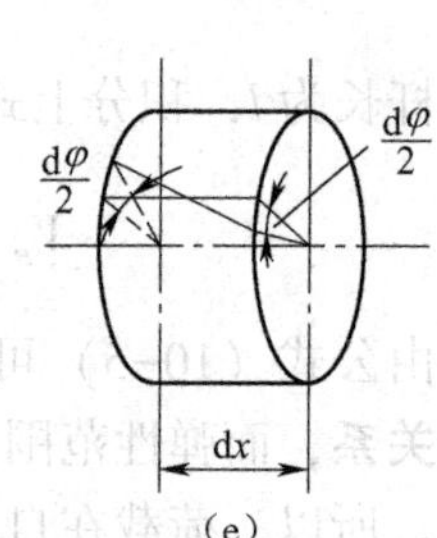

图 10-15　梁的微段变形

2. 莫尔定理

式（10-7）中，Δ_i 是沿力方向上的虚位移，要想求出任一点任意方向的真实位移，必须建立一个相应的变换。想确定在实际荷载作用下杆件上某一截面沿某一指定方向（或转向）的位移 Δ，可在该点处施加一个相应的单位力"1"，单位力所引起的杆件任意横截面上的内力为 $\overline{F}_N$、$\overline{M}$、$\overline{T}$。把实际荷载作用下的位移作为单位力作用下的虚位移。这时，虚功原理（10-7）可表达为

$$1 \cdot \Delta = \int_l [\overline{F}_N d(\Delta l) + \overline{M} d\theta + \overline{T} d\varphi] \tag{10-8}$$

式中 Δ 是实际荷载引起的所求的位移，被看作单位力"1"引起的虚位移；$1 \cdot \Delta$ 是单位力所做的虚功；Δl、$d\theta$、$d\varphi$ 是实际荷载引起的位移。

由前面可知，实际荷载引起的微段 dx 两端面间的变形分别为

$$\begin{cases} d(\Delta l) = \dfrac{F_N dx}{EA} \\ d\theta = \dfrac{M dx}{EI} \\ d\varphi = \dfrac{T dx}{GI_P} \end{cases}$$

式中，F_N、M、T 为杆件横截面上实际荷载引起的内力。把上式代入式（10-8），得

$$1 \cdot \Delta = \int_l \overline{F}_N \cdot \frac{F_N dx}{EA} + \int_l \overline{M} \cdot \frac{M dx}{EI} + \int_l \overline{T} \cdot \frac{T dx}{GI_P} \tag{10-9}$$

此式称为莫尔定理，或称为单位荷载法。在推导公式时，应用胡克定律及叠加原理，因此只

适用于线弹性体。

注意：在应用式（10-9）计算位移时，单位力的方向是假设的，求出的位移 Δ 为正号，说明位移 Δ 的实际方向和单位力的所设方向相同；若为负则相反。

【例题 10-7】 图 10-16（a）所示折杆，弯曲刚度为 EI，求截面 A 的水平位移和截面 B 的转角。

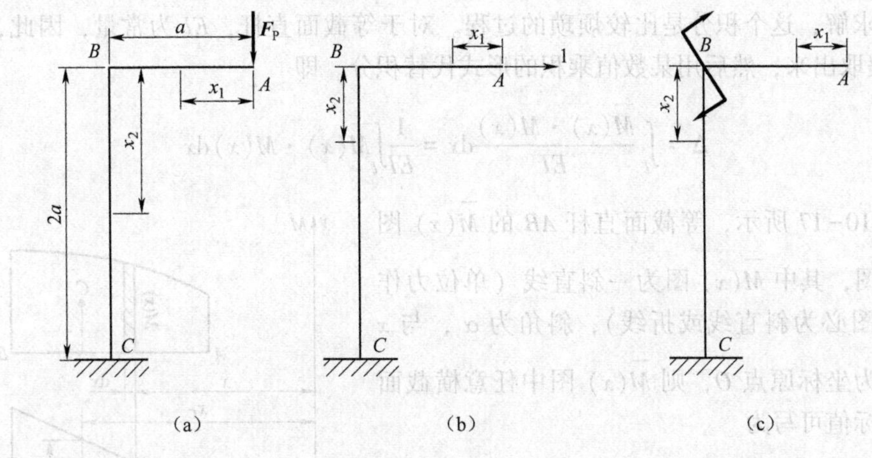

图 10-16 例题 10-7 图

解 先求出实际荷载作用下引起的内力方程。

AB 段：$M(x_1) = -F_P x_1 \quad (0 \leqslant x_1 < a)$

$F_N(x_1) = 0$

BC 段：$M(x_2) = -F_P a \quad (0 < x_2 < 2a)$

$F_N(x_2) = -F_P$

在所求 A 点施加单位力 1［图 10-16（b）］，求出单位力作用下引起的内力方程。

AB 段：$\overline{M}(x_1) = 0$，$\overline{F}_N(x_1) = 1$

BC 段：$\overline{M}(x_2) = -x_2$，$\overline{F}_N(x_2) = 0$

代入公式，求出位移

$$\Delta_x = \int_0^a \frac{\overline{M}(x_1) \cdot M(x_1)}{EI} \cdot dx_1 + \int_0^{2a} \frac{\overline{M}(x_2) \cdot M(x_2)}{EI} \cdot dx_2 + \sum \frac{\overline{F}_N(x_i) \cdot F_N(x_i)}{EA} \cdot l_i$$

$$= \int_0^{2a} \frac{(-x_2) \cdot (-F_P a)}{EI} \cdot dx_2 = \frac{2F_P a^3}{EI} \quad (\rightarrow)$$

在所求 B 点施加单位力偶 1［图 10-16（c）］，求出单位力偶作用下引起的内力方程。

AB 段：$\overline{M}(x_1) = 0$

BC 段：$\overline{M}(x_2) = -1$

代入公式，求出转角

$$\theta_B = \int_0^a \frac{\overline{M}(x_1) \cdot M(x_1)}{EI} dx_1 + \int_0^{2a} \frac{\overline{M}(x_2) \cdot M(x_2)}{EI} dx_2$$

$$=\int_0^{2a}\frac{(-1)\cdot(-F_{P}a)}{EI}\cdot dx_2=\frac{2F_{P}a^2}{EI}\quad(\curvearrowright)$$

10.5.3 图形互乘法

应用莫尔定理计算弯曲位移时，需要分别求出荷载、单位力作用下的各段的弯矩方程，然后积分求解，这个积分是比较烦琐的过程。对于等截面直杆，EI 为常量，因此，把积分中的 EI 提取出来，然后用某数值乘积的形式代替积分。即

$$\Delta=\int_l\frac{\overline{M}(x)\cdot M(x)}{EI}dx=\frac{1}{EI}\int_l\overline{M}(x)\cdot M(x)dx \tag{a}$$

如图 10-17 所示，等截面直杆 AB 的 $\overline{M}(x)$ 图和 $M(x)$ 图，其中 $\overline{M}(x)$ 图为一斜直线（单位力作用，弯矩图必为斜直线或折线），斜角为 α，与 x 轴的交点为坐标原点 O，则 $\overline{M}(x)$ 图中任意横截面上的纵坐标值可写为

$$\overline{M}(x)=x\cdot\tan\alpha \tag{b}$$

把式（b）代入式（a）

$$\Delta=\frac{1}{EI}\int_l\overline{M}(x)\cdot M(x)dx=\frac{1}{EI}\int_l M(x)\cdot x\tan\alpha dx$$

$$=\frac{1}{EI}\tan\alpha\int_l x\cdot M(x)dx \tag{c}$$

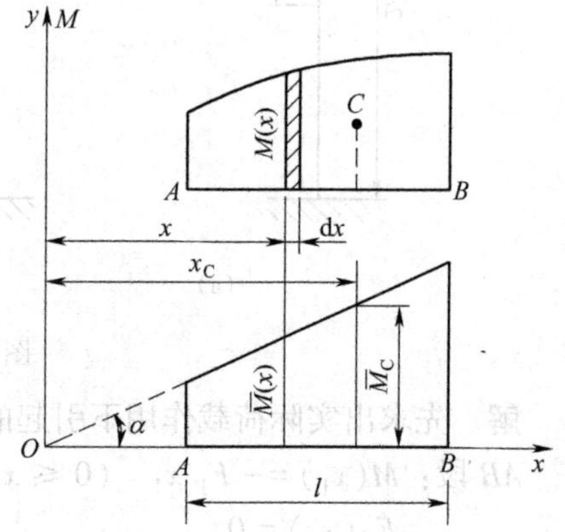

图 10-17　图乘法

式中，$M(x)\cdot dx$ 是 $M(x)$ 图中画阴影部分的微分面积，$xM(x)\cdot dx$ 是该微分面积对 M 轴的静矩，因而 $\int_l xM(x)\cdot dx$ 是 $M(x)$ 图的面积对 M 轴的静矩。若以 ω 代表 $M(x)$ 图的面积，x_C 代表 $M(x)$ 图的形心到 M 轴的距离，则有

$$\int_l x\cdot M(x)dx=\omega\cdot x_C$$

因此，式（c）可化为

$$\Delta=\frac{1}{EI}\omega\cdot x_C\tan\alpha$$

其中，$x_C\tan\alpha$ 为 $\overline{M}(x)$ 图中与 $M(x)$ 图形中的形心对应截面的弯矩值，用 $\overline{M}_C$ 表示。因此，莫尔积分公式可写为

$$\Delta=\int_l\frac{M(x)\cdot\overline{M}(x)}{EI}dx=\frac{\omega\cdot\overline{M}_C}{EI} \tag{10-10}$$

式（10-10）就是图形互乘法数学表达式。

如果等截面直杆为拉伸或扭转变形，相应地把上式用轴力或扭矩符号表示。

需要指出的是：图形互乘法中的一个弯矩图形必须是直线。如果是折线，以该点为分界点，图形互乘再相加。

应用公式（10-10）时，由于 $M(x)$ 图在多种荷载共同作用下的弯矩图的面积不易求出，因此，应用叠加原理，将每个荷载单独作用下的弯矩图分别相乘，然后求其总和。

应用图形互乘法时，要经常计算弯矩图形的面积和形心的位置。图 10-18 给出了几种常见图形的面积和形心的位置计算公式。

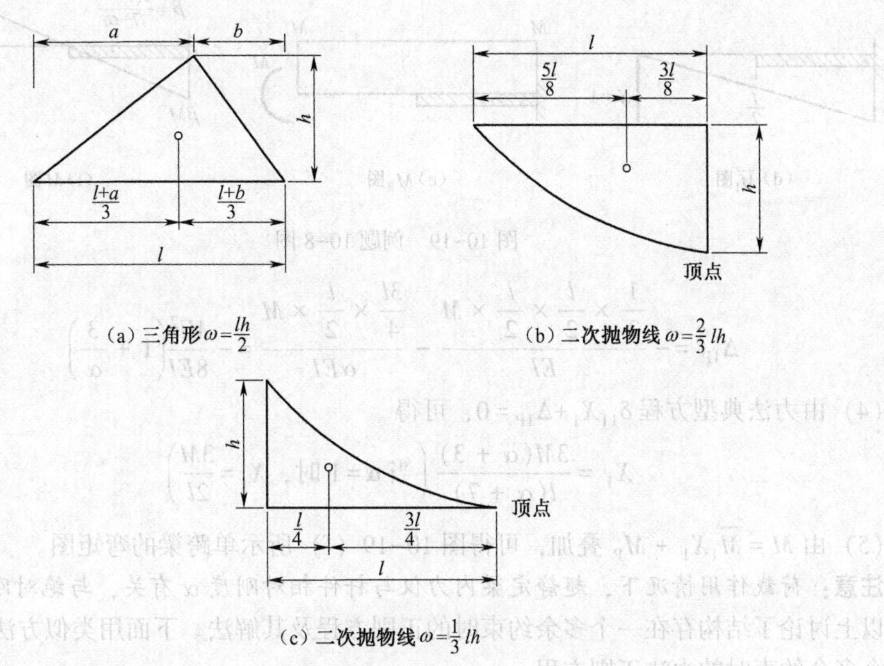

图 10-18　图形面积及形心

10.6　力法解简单静不定结构框架

通过弯曲静不定问题，讨论了求解静不定系统的基本方法，即解除多余约束，寻求变形谐调条件，从而建立足够数目的补充方程式。下面所介绍的方法，将适用于各种静不定系统，而且这种方法建立的补充方程有标准的形式，称之为力法的正则方程。下面以例题说明此种方法的原理。

【例题 10-8】　试作出图 10-19（a）所示单跨梁的弯矩图。

解　（1）此梁超静定次数为 1，取图 10-19（b）和（c）为基本结构和基本体系。

（2）单位弯矩图如图 10-19（d）所示，荷载弯矩图如图 10-19（e）所示。

（3）由 $\overline{M}_1$ 图自乘，可得

$$\delta_{11}=\frac{(0.5l)^3}{3EI}+\frac{1}{\alpha EI}\left(\frac{1}{2}\times l\times\frac{l}{2}\times\frac{5l}{6}+\frac{1}{2}\times\frac{l}{2}\times\frac{l}{2}\times\frac{2l}{3}\right)=\frac{l^3}{24EI}\left(1+\frac{7}{\alpha}\right)$$

由 $\overline{M}_1$ 图和 M_P 图互乘，可得

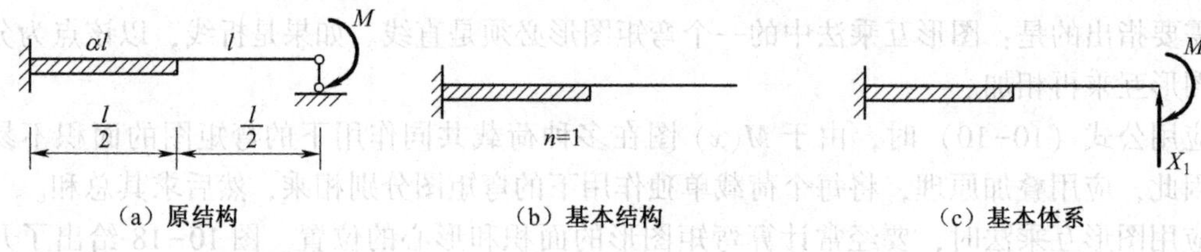

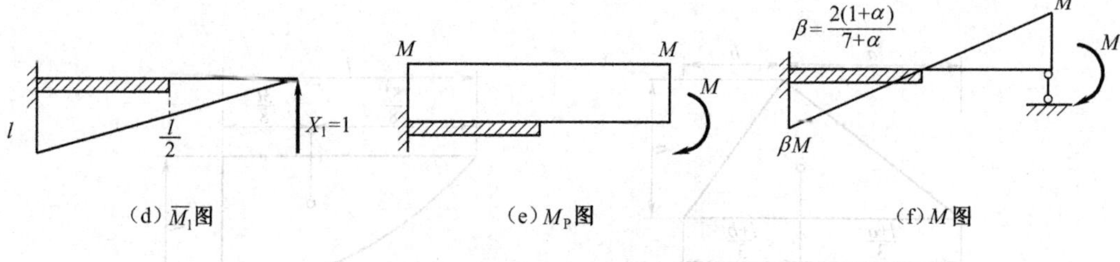

图 10-19　例题 10-8 图

$$\Delta_{1P}=-\frac{\frac{1}{2}\times\frac{l}{2}\times\frac{l}{2}\times M}{EI}-\frac{\frac{3l}{4}\times\frac{l}{2}\times M}{\alpha EI}=-\frac{Ml^2}{8EI}\left(1+\frac{3}{\alpha}\right)$$

（4）由力法典型方程 $\delta_{11}X_1+\Delta_{1P}=0$，可得

$$X_1=\frac{3M(\alpha+3)}{l(\alpha+7)}\left(\text{当}\ \alpha=1\ \text{时},\ X_1=\frac{3M}{2l}\right)$$

（5）由 $M=\overline{M}_1X_1+M_P$ 叠加，可得图 10-19（f）所示单跨梁的弯矩图。

注意： *荷载作用情况下，超静定梁内力仅与杆件相对刚度 α 有关，与绝对刚度无关。*

以上讨论了结构存在一个多余约束时的正则方程及其解法。下面用类似方法写出结构不止一个多余约束时的力法正则方程。

对于 n 次超静定结构来说，共有 n 个多余未知力，而每一个多余未知力对应着一个多余约束，也就对应着一个已知的位移条件，故可按 n 个已知的位移条件建立 n 个方程。当已知多余未知力作用处的位移为零时，则力法典型方程可写为

$$\begin{aligned}
&\delta_{11}X_1+\delta_{12}X_2+\cdots+\delta_{1i}X_i+\cdots+\delta_{1n}X_n+\Delta_{1P}=0\\
&\delta_{21}X_1+\delta_{22}X_2+\cdots+\delta_{2i}X_i+\cdots+\delta_{2n}X_n+\Delta_{2P}=0\\
&\qquad\vdots\\
&\delta_{i1}X_1+\delta_{i2}X_2+\cdots+\delta_{ii}X_i+\cdots+\delta_{in}X_n+\Delta_{iP}=0\\
&\qquad\vdots\\
&\delta_{n1}X_1+\delta_{n2}X_2+\cdots+\delta_{ni}X_i+\cdots+\delta_{nn}X_n+\Delta_{nP}=0
\end{aligned}$$

力法的典型方程也可写作矩阵形式：

$$\boldsymbol{\delta X}+\boldsymbol{\Delta}_{\overline{P}}=0 \qquad (10\text{-}11)$$

式中：$\boldsymbol{\delta}$ 为柔度矩阵；$\boldsymbol{X}$ 为未知力矩阵；$\boldsymbol{\Delta}_{\overline{P}}$ 为广义荷载位移矩阵。

具体以例题来说明应用力法求解静不定框架的步骤。

【例题 10-9】　试做图 10-20（a）所示刚架的弯矩图。

解　（1）此结构为一次超静定结构。

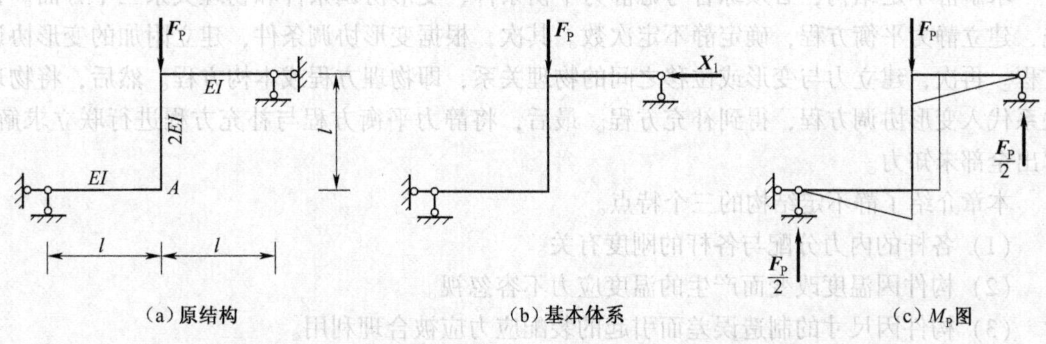

（a）原结构　　（b）基本体系　　（c）M_P 图

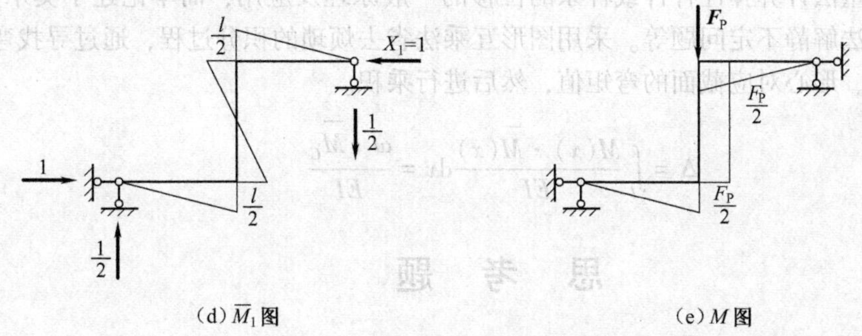

（d）$\overline{M}_1$ 图　　（e）M 图

图 10-20　例题 10-9 图

（2）解除 B 端的水平多余约束，代之以未知反力 X_1，得到图 10-20（b）所示的原静不定框架梁的相当系统（基本体系）。

（3）变形协调方程为

$$\delta_{11}X_1 + \Delta_{1P} = 0$$

这里：令 δ_{11} 表示当 $X_1 = 1$ 单独作用时，基本结构上 B 点沿 X_1 方向的位移；Δ_{1P} 表示当荷载（$\boldsymbol{F}_{P1}$、$\boldsymbol{F}_{P2}$）单独作用时，基本结构上，B 点沿 X_1 方向的位移（更为详尽的解释请参阅有关“结构力学”力法的章节）。根据叠加原理，则位移条件可写成上述方程。

（4）δ_{11} 及 Δ_{1P} 分别为

$$\delta_{11} = \frac{1}{2EI}\left(\frac{l}{2}\cdot\frac{l}{2}\cdot\frac{1}{2}\cdot\frac{2}{3}\cdot\frac{l}{2}\cdot 2\right) + \frac{2}{EI}\left(\frac{1}{2}\cdot\frac{l}{2}\cdot l\cdot\frac{2}{3}\cdot\frac{l}{2}\right) = \frac{5l^3}{24EI},\ \Delta_{1P} = 0$$

（5）代入力法方程，得 $\delta_{11}X_1 = 0$，$\delta_{11} \neq 0$，所以有 $X_1 = 0$。

（6）由叠加法作弯矩图。

$$M = M_P + \overline{M}_1 X_1 = M_P$$

由上述解法可知，选择合适的基本体系是十分重要的。

本 章 小 结

本章介绍了静不定结构的基本概念，包括静不定结构、静不定次数、多余约束及其相当系统。通过例题说明了求解简单静不定结构的基本方法。

求解静不定结构，必须综合考虑静力平衡条件、变形协调条件和物理关系三个方面。首先，建立静力平衡方程，确定静不定次数。其次，根据变形协调条件，建立附加的变形协调方程。再次，建立力与变形或位移之间的物理关系，即物理方程或本构方程。然后，将物理关系代入变形协调方程，得到补充方程。最后，将静力平衡方程与补充方程进行联立求解，解出全部未知力。

本章介绍了静不定结构的三个特点。

（1）各杆的内力分配与各杆的刚度有关。

（2）构件因温度改变而产生的温度应力不容忽视。

（3）构件因尺寸的制造误差而引起的装配应力应被合理利用。

介绍了用能量法计算弹性杆件或杆系的位移的一般原理及应用，简单论述了莫尔定理、图形互乘法、力法解静不定问题等。采用图形互乘法省去烦琐的积分过程，通过寻找弯矩图图形面积及形心、形心对应截面的弯矩值，然后进行乘积。

$$\Delta = \int_l \frac{M(x) \cdot \overline{M}(x)}{EI} \mathrm{d}x = \frac{\omega \cdot \overline{M}_C}{EI}$$

思　考　题

10-1　静不定结构有何特点？

10-2　如何判断结构是静不定结构？如何确定静不定结构的静不定次数？

10-3　试述求解简单静不定结构的基本方法。

10-4　静不定结构的相当系统和变形协调方程是不是唯一的？其解答是不是唯一的？

10-5　温度应力和装配应力分别是由什么引起的？

习　题

10-1　图 10-21 所示两端固定杆件，承受轴向荷载作用。试求支反力与杆内的最大轴力，并画轴力图。

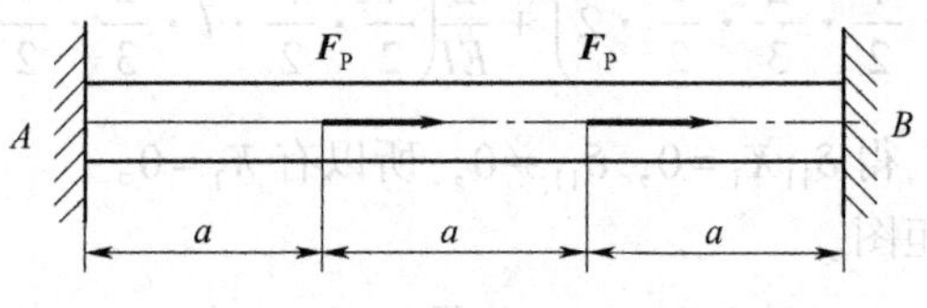

图 10-21　习题 10-1 图

10-2　图 10-22 所示铰接结构，在水平刚性横梁的 B 端作用有荷载 $\boldsymbol{F}_P$，垂直杆 1、2 的抗拉压刚度分别为 E_1A_1、E_2A_2，若横梁 AB 的自重不计，求两杆中的内力。

10-3　图 10-23 所示支架中的三根杆材料相同，杆 1 的横截面面积为 200 mm^2，杆 2 为 300 mm^2，杆 3 为 400 mm^2，若 $F_P = 30$ kN，试求各杆的应力。

10-4　阶梯形刚杆如图 10-24 所示。于温度 $T_0 = 15$ ℃时两端固定在刚性支承上，杆内

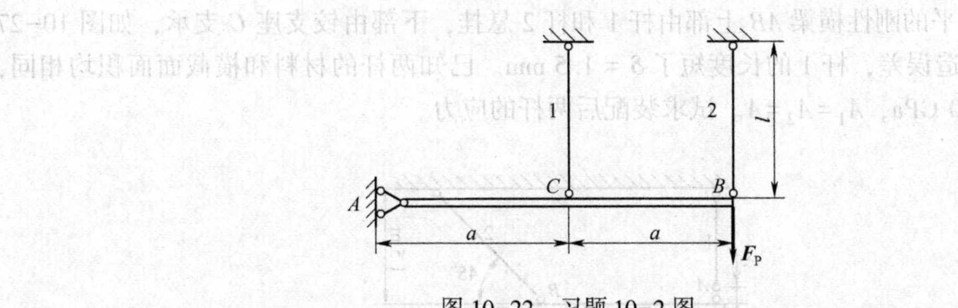

图 10-22　习题 10-2 图

无应力。试求当温度升高至 55 ℃时，杆内的最大应力。已知材料的 $E=200$ GPa，$\alpha=12.5\times10^{-6}$ ℃$^{-1}$，两段横截面面积 $A_1=20\times10^2$ mm^2，$A_2=10\times10^2$ mm^2。

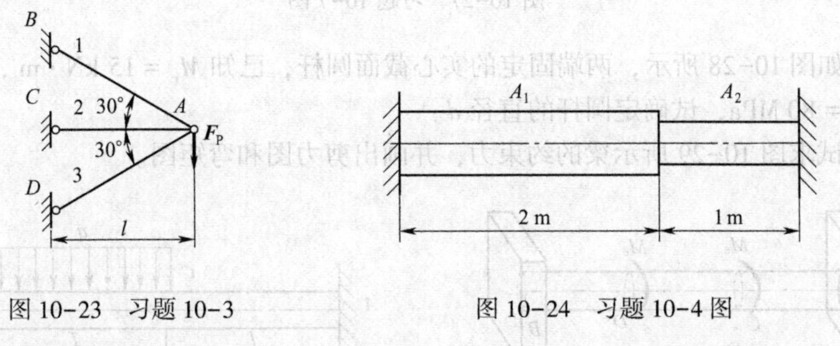

图 10-23　习题 10-3　　图 10-24　习题 10-4 图

10-5　两端固定的等直杆如图 10-25 所示。设两段杆的线膨胀系数分别为 $\alpha_1=12.5\times10^{-6}$ ℃$^{-1}$，$\alpha_2=16.5\times10^{-6}$ ℃$^{-1}$，弹性模量 $E_1=200$ GPa，$E_2=100$ GPa。当温升 50 ℃时，求各杆横截面上的应力。

图 10-25　习题 10-5 图

10-6　一结构如图 10-26 所示。刚性杆 AB 吊在材料相同的钢杆 1 和 2 上，两杆横截面面积比为 $A_1:A_2=2$，弹性模量 $E=200$ GPa。制造时杆 1 短了 $\delta=0.1$ mm。杆 1 和刚性杆连接后，再施加外荷载 $F_P=120$ kN。已知许用应力 $[\sigma]=160$ MPa，试选择各杆的面积。

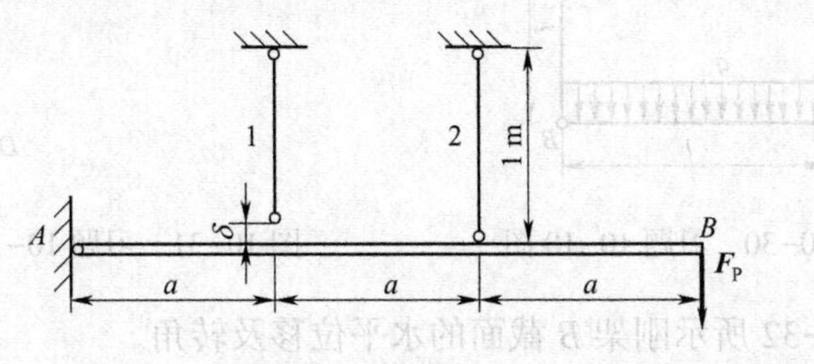

图 10-26　习题 10-6 图

10-7　水平的刚性横梁 AB 上部由杆 1 和杆 2 悬挂，下部由铰支座 C 支承，如图 10-27 所示。由于制造误差，杆 1 的长度短了 $\delta = 1.5\ \text{mm}$。已知两杆的材料和横截面面积均相同，且 $E_1 = E_2 = 200\ \text{GPa}$，$A_1 = A_2 = A$。试求装配后两杆的应力。

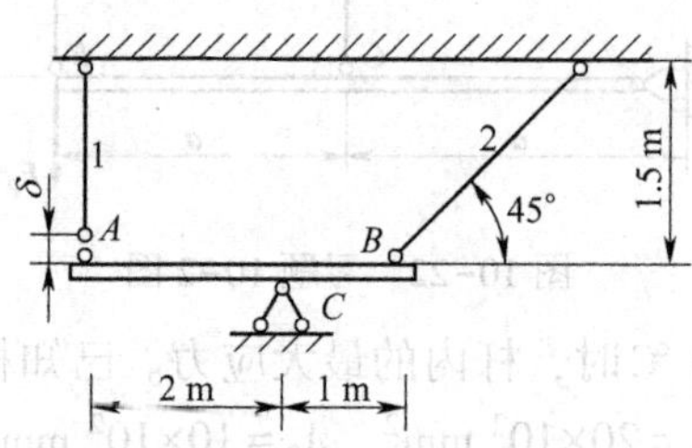

图 10-27　习题 10-7 图

10-8　如图 10-28 所示，两端固定的实心截面圆杆，已知 $M_e = 15\ \text{kN} \cdot \text{m}$，材料的许用剪应力 $[\tau] = 80\ \text{MPa}$，试确定圆杆的直径 d。

10-9　试求图 10-29 所示梁的约束力，并画出剪力图和弯矩图。

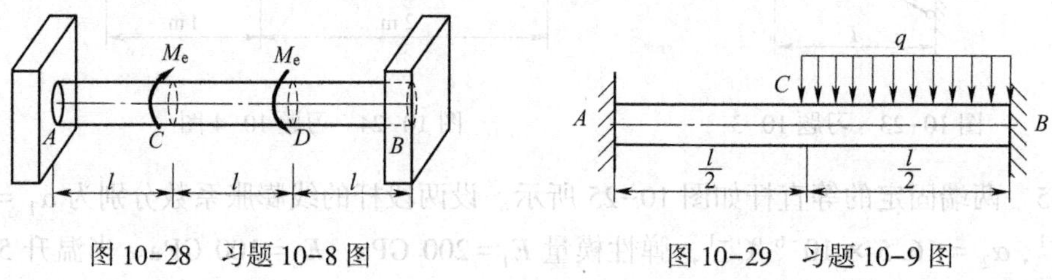

图 10-28　习题 10-8 图　　　　图 10-29　习题 10-9 图

10-10　如图 10-30 所示受均布荷载的悬臂梁 AB，其自由端 B 用竖直拉杆 BC 连接，已知材料的弹性模量均为 E，拉杆的横截面积为 A，梁的横截面惯性矩为 I，试求拉杆中的应力。

10-11　已知图 10-31 所示刚架 AC 和 CD 两部分的 $I = 3 \times 10^3\ \text{cm}^3$，$E = 200\ \text{GPa}$，$F_P = 10\ \text{kN}$，$l = 1$。试求截面 D 的水平位移和转角。

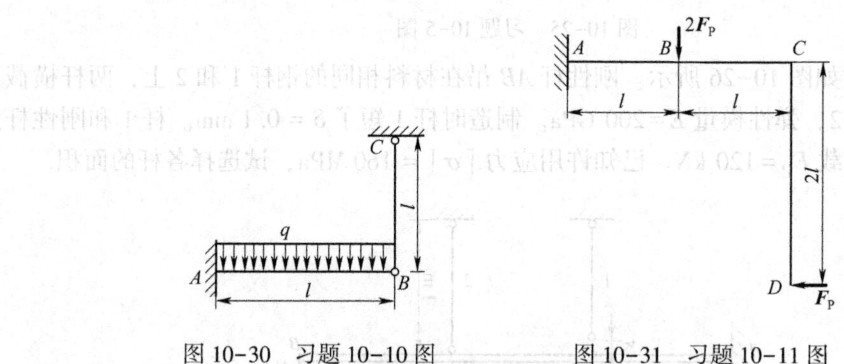

图 10-30　习题 10-10 图　　　　图 10-31　习题 10-11 图

10-12　求图 10-32 所示刚架 B 截面的水平位移及转角。

10-13　求图 10-33 所示刚架 A 截面的转角，B 截面的水平位移，C 截面的铅垂位移。

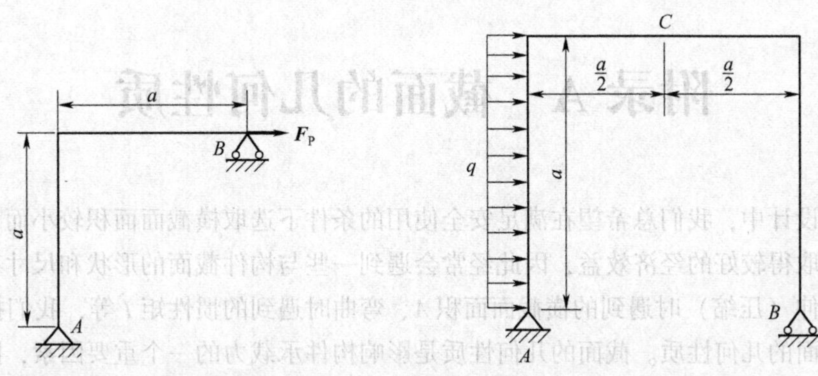

图 10-32　习题 10-12 图　　图 10-33　习题 10-13 图

习题参考答案

10-1　$F_{RA} = F_{RB} = F_P$

10-2　$F_{N1} = \dfrac{2F_P}{1 + \dfrac{4E_2A_2}{E_1A_1}}$，$F_{N2} = \dfrac{4F_P}{4 + \dfrac{E_1A_1}{E_2A_2}}$

10-3　$\sigma_1 = 127\ \mathrm{MPa}$，$\sigma_2 = 26.8\ \mathrm{MPa}$，$\sigma_3 = -86.5\ \mathrm{MPa}$

10-4　$\sigma_{\max} = 150\ \mathrm{MPa}$

10-5　$\sigma_1 = \sigma_2 = 100.7\ \mathrm{MPa}$

10-6　$A_1 = 1\ 384\ \mathrm{mm}^2$，$A_2 = 692\ \mathrm{mm}^2$

10-7　$\sigma_1 = 16.2\ \mathrm{MPa}$，$\sigma_2 = 45.9\ \mathrm{MPa}$

10-8　$d \geqslant 86\ \mathrm{mm}$

10-9　$F_{QA} = F_{QC} = \dfrac{3ql}{32}$，$F_{QB} = -\dfrac{13ql}{32}$，$M_A = -\dfrac{5ql^2}{192}$，$M_B = -\dfrac{11ql^2}{192}$，$M_C = \dfrac{ql^2}{48}$

$M_{\max} = 0.025ql^2 \left(离支座 B：\dfrac{13}{32}l\right)$

10-10　$\sigma = \dfrac{3ql^3}{24I + 8Al^2}$

10-11　$x_D = 21.1\ \mathrm{mm}(\leftarrow)$，$\theta_b = -0.011\ 7\ \mathrm{rad}(\curvearrowright)$

10-12　$x_B = \dfrac{2F_Pa^3}{3EI}(\rightarrow)$，$\theta_B = \dfrac{F_Pa^2}{6EI}(\circlearrowleft)$

10-13　$\theta_A = -\dfrac{qa^3}{2EI}\ (\curvearrowright)$，$x_B = \dfrac{11qa^4}{24EI}(\rightarrow)$，$y_C = \dfrac{qa^4}{32EI}\ (\downarrow)$

附录 A　截面的几何性质

在结构设计中，我们总希望在满足安全使用的条件下选取横截面面积较小而承载力较大的构件，以取得较好的经济效益，因此经常会遇到一些与构件截面的形状和尺寸有关的几何量。例如拉伸（压缩）时遇到的横截面面积 A、弯曲时遇到的惯性矩 I 等，我们把这些几何量统称为截面的几何性质。截面的几何性质是影响构件承载力的一个重要因素，因此对截面几何性质的研究非常重要。本章将集中介绍经常遇到的一些截面几何性质的基本概念和计算方法。

A.1　截面的静矩和形心

A.1.1　静矩

图 A-1 所示的平面图形代表一任意截面，其面积为 A。坐标系 yOz 为图形所在平面内的坐标系。在坐标为 (y, z) 处取微面积 $\mathrm{d}A$，则 $y\mathrm{d}A$ 和 $z\mathrm{d}A$ 分别为该微面积 $\mathrm{d}A$ 对 z 轴和 y 轴的静矩（又称面积矩），而遍及整个图形面积 A 的以下积分

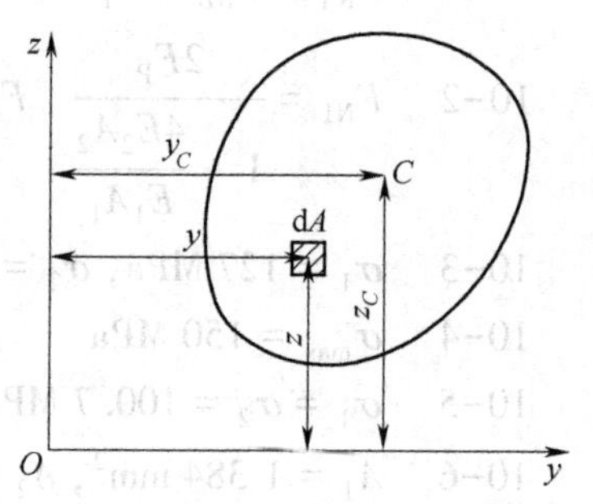

图 A-1　任意平面图

$$\left.\begin{aligned} S_z &= \int_A y\mathrm{d}A \\ S_y &= \int_A z\mathrm{d}A \end{aligned}\right\} \qquad (\text{A-1})$$

则分别定义为平面图形对于 z 轴和 y 轴的静矩。

由定义可知，截面的静矩是对某一坐标轴而言的，同一截面对于不同的坐标轴，其静矩不同。静矩的数值可能为正，可能为负，也可能为零。静矩的量纲是长度的三次方，常用单位为 m^3 或 mm^3。

A.1.2　形心

我们知道，截面图形是没有物理意义的，只有几何意义。由几何学可知，任何图形都有一个几何中心，在这里我们把图形的几何中心简称为形心。截面图形形心位置的确定，可以借助于求均质薄板重心位置的方法。

对于均质薄板，当薄板的厚度极其微小时，其重心就是该薄板平面图形的形心。若用 C 表示平面图形的形心，z_C 和 y_C 表示形心的坐标（图 A-1），根据理论力学中求均质薄板的重心公式，则有

$$\left.\begin{aligned} z_C &= \frac{\int_A z\mathrm{d}A}{A} \\ y_C &= \frac{\int_A y\mathrm{d}A}{A} \end{aligned}\right\} \tag{A-2}$$

由于上式中的积分$\int_A z\mathrm{d}A$和$\int_A y\mathrm{d}A$为公式（A-1）中的静矩，则可将上式改写为

$$\left.\begin{aligned} z_C &= \frac{S_y}{A} \\ y_C &= \frac{S_z}{A} \end{aligned}\right\} \tag{A-2a}$$

因此，在已知截面对于y轴和z轴的静矩及其面积时，即可按式（A-2a）确定截面形心在yOz坐标系中的坐标。若将上式改写为

$$\left.\begin{aligned} S_y &= z_C \cdot A \\ S_z &= y_C \cdot A \end{aligned}\right\} \tag{A-2b}$$

则在已知截面面积及其形心在yOz坐标系中的坐标时，即可按式（A-2b）计算该截面对于y轴和z轴的静矩。

由以上两式可以看出：若截面对于某轴的静矩为零，则该轴必然通过截面的形心；反之，若某轴通过截面的形心，则截面对于该轴的静矩一定为零。而因为截面的对称轴一定通过形心，所以截面对于对称轴的静矩总是等于零。

在实际计算中，对于简单图形，如矩形、圆形和三角形等，其形心位置可直接判断，面积可直接计算，这时可直接用式（A-2b）计算静矩。而当一个图形是由若干个简单图形组合而成时，可根据静矩的定义先将其分解为若干个简单图形，算出每个简单图形对于某一轴的静矩，然后求其总和，即等于整个图形对于同一轴的静矩，具体公式为

$$\left.\begin{aligned} S_z &= \sum_{i=1}^{n} A_i y_{Ci} \\ S_y &= \sum_{i=1}^{n} A_i z_{Ci} \end{aligned}\right\} \tag{A-3}$$

式中，A_i和y_{Ci}、z_{Ci}分别代表任一简单图形的面积及其形心在yOz坐标系中的坐标，n为组成该截面的简单图形的个数。

根据静矩和形心坐标的关系，还可以得出计算组合图形形心坐标的公式为

$$
\left.\begin{aligned}
y_C &= \frac{\sum_{i=1}^{n} A_i y_{Ci}}{\sum_{i=1}^{n} A_i} \\
z_C &= \frac{\sum_{i=1}^{n} A_i z_{Ci}}{\sum_{i=1}^{n} A_i}
\end{aligned}\right\} \tag{A-4}
$$

A.2 截面的惯性矩、惯性积及极惯性矩

A.2.1 惯性矩

图 A-2 所示的平面图形为任一截面，其面积为 A。坐标系 yOz 为图形所在平面内的坐标系。在坐标为（y，z）处取微面积 $\mathrm{d}A$，则 $y^2\mathrm{d}A$ 和 $z^2\mathrm{d}A$ 分别称为微面积 $\mathrm{d}A$ 对 z 轴和 y 轴的惯性矩，而遍及整个图形面积 A 的以下积分：

$$
\left.\begin{aligned}
I_z &= \int_A y^2 \mathrm{d}A \\
I_y &= \int_A z^2 \mathrm{d}A
\end{aligned}\right\} \tag{A-5}
$$

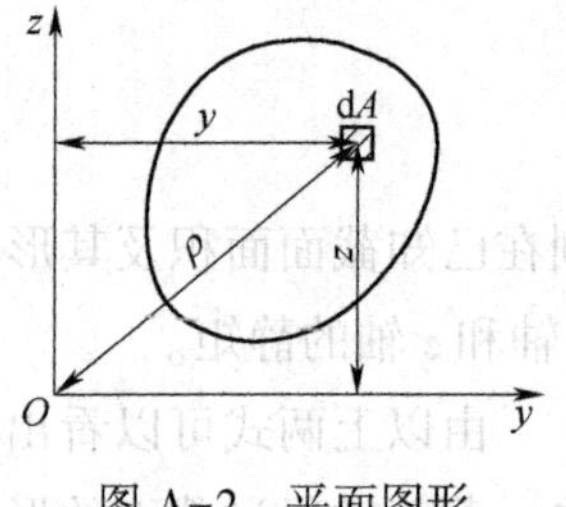

图 A-2 平面图形

则分别定义为平面图形对 z 轴和 y 轴的惯性矩。

由定义可知，图形的惯性矩也是对某一坐标轴而言的。同一平面图形对于不同坐标轴的惯性矩是不同的。由于 y^2 和 z^2 总是正的，所以 I_z 和 I_y 永远是正值。惯性矩的量纲是长度的四次方，常用单位为 m^4 或 mm^4。

另外，惯性矩的大小不仅与图形面积有关，而且与图形面积相对于坐标轴的分布有关，面积离坐标轴越远，惯性矩越大；反之，面积离坐标轴越近，惯性矩越小。

在工程中，为了便于计算，常将惯性矩 I_z 和 I_y 分别写成

$$I_z = i_z^2 A,\ I_y = i_y^2 A$$

于是得到

$$
\left.\begin{aligned}
i_z &= \sqrt{\frac{I_z}{A}} \\
i_y &= \sqrt{\frac{I_z}{A}}
\end{aligned}\right\} \tag{A-6}
$$

通常把式中的 i_z 和 i_y 分别称为平面图形对 z 轴和 y 轴的惯性半径（或回转半径）。惯性半径为正值，它的大小反映了图形面积对于坐标轴的聚焦程度。惯性半径的量纲是长度，常用单位为 m 或 mm。在偏心压缩、压杆稳定的计算中会涉及与此有关的一些问题。

A.2.2　惯性积

在图 A-2 中，微面积 dA 与其到两轴距离的乘积 yzdA 称为微面积 dA 对 y、z 两轴的惯性积，而遍及整个图形面积 A 的以下积分：

$$I_{yz} = \int_A yz\mathrm{d}A \tag{A-7}$$

则定义为图形对 y、z 轴的惯性积。

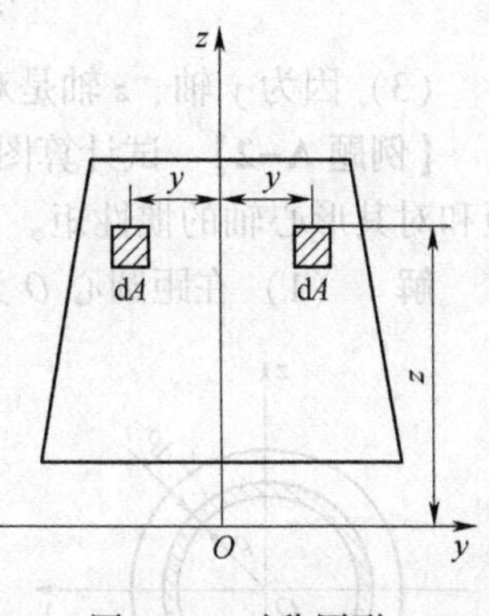

图 A-3　对称图形

由以上定义可知，惯性积也是对一定的轴而言的，同一截面对于不同坐标轴的惯性积是不同的。惯性积的数值可以为正，可以为负，也可以等于零。惯性积的量纲是长度的四次方，常用单位为 m^4 或 mm^4。

另外，若平面图形在所取的坐标系中，有一个轴是图形的对称轴，则平面图形对于这对轴的惯性积必然为零。以图 A-3 为例。图中 z 轴是图形的对称轴，如果在 z 轴左右两侧的对称位置处，各取一微面积 dA，两者的 z 坐标相同，而 y 坐标数值相等但符号相反。这时，两微面积对于 y、z 轴的惯性积数值相等，符号相反，在积分中相互抵消，将此推广到整个截面，则有

$$I_{yz} = \int_A yz\mathrm{d}A = 0$$

A.2.3　极惯性矩

在图 A-2 中，设微面积到坐标原点 O 的距离为 ρ，则乘积 ρ^2dA 称为该微面积对坐标原点 O 的极惯性矩，而遍及整个图形面积 A 的以下积分：

$$I_\rho = \int_A \rho^2\mathrm{d}A \tag{A-8}$$

则定义为平面图形对坐标原点 O 的极惯性矩。

由以上定义可知，极惯性矩是对一定的点而言的，同一平面图形对于不同的点一般有不同的极惯性矩。极惯性矩恒为正值，它的量纲为长度的四次方，常用单位为 m^4 或 mm^4。

从图 A-2 看出，微面积 dA 到坐标原点 O 的距离 ρ 和它到两个坐标轴的距离 y、z 有如下关系：

$$\rho^2 = z^2 + y^2$$

则

$$I_\rho = \int_A \rho^2\mathrm{d}A = \int_A (z^2 + y^2)\mathrm{d}A = \int_A z^2\mathrm{d}A + \int_A y^2\mathrm{d}A = I_y + I_z \tag{A-9}$$

式（A-9）说明，平面图形对于原点 O 的极惯性矩等于它对两个直角坐标轴的惯性矩之和。

【例题 A-1】　试计算图 A-4 所示矩形截面对于其对称轴 y 轴和 z 轴的惯性矩及对 y、z 两轴的惯性积。矩形的高为 h，宽为 b。

解　（1）先求对 y 轴的惯性矩。取平行于 y 轴的狭长微面积 dA，则

$$\mathrm{d}A = b\mathrm{d}z$$

$$I_y = \int_A z^2 \mathrm{d}A = \int_{-\frac{h}{2}}^{\frac{h}{2}} z^2 b \mathrm{d}z = \frac{bh^3}{12}$$

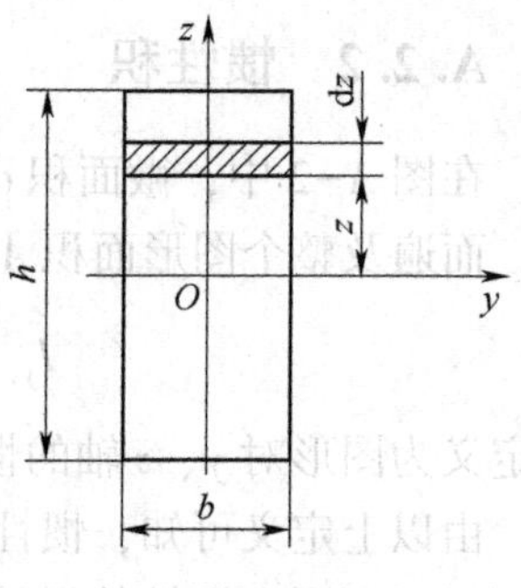

图 A-4　例题 A-1 图

（2）用相同的方法可以求得

$$I_z = \frac{b^3 h}{12}$$

（3）因为 y 轴、z 轴是对称轴，所以 $I_{yz} = 0$。

【例题 A-2】 试计算图 A-5 所示圆形对其圆心的极惯性矩和对其形心轴的惯性矩。

解　（1）在距圆心 O 为 ρ 处取宽度为 $\mathrm{d}\rho$ 的圆环形微面积 $\mathrm{d}A$，则

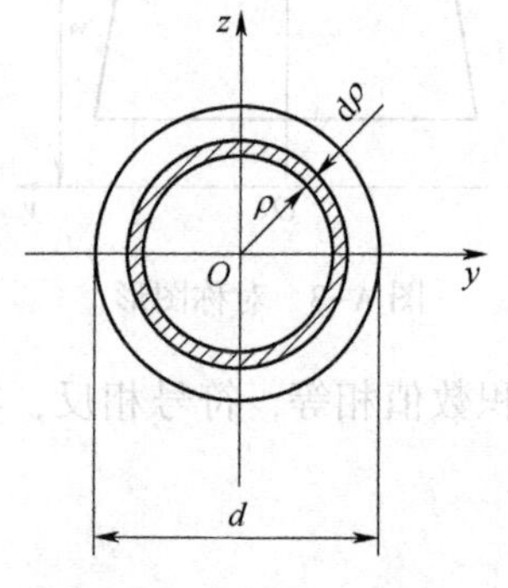

图 A-5　例题 A-2 图

$$\mathrm{d}A = 2\pi\rho\mathrm{d}\rho$$

图形对其圆心的极惯性矩为

$$I_\rho = \int_A \rho^2 \mathrm{d}A = \int_0^{\frac{d}{2}} 2\pi\rho^3 \mathrm{d}\rho = \frac{\pi d^4}{32}$$

（2）由圆的对称性可知：$I_z = I_y$，根据式（A-9）可得

$$I_z = I_y = \frac{\pi d^4}{64}$$

另外，因为 y 轴、z 轴是对称轴，所以 $I_{yz} = 0$。

A. 2. 4　组合图形的惯性矩和惯性积

组合图形是由若干个简单图形组合而成。根据惯性矩和惯性积的定义，组合图形对某个坐标轴的惯性矩等于各简单图形对于同一坐标轴的惯性矩之和；组合图形对于某对垂直坐标轴的惯性积，等于各简单图形对于该对坐标轴惯性积之和，即

$$\left.\begin{aligned} I_y &= \sum_{i=1}^{n} I_{yi} \\ I_z &= \sum_{i=1}^{n} I_{zi} \\ I_{yz} &= \sum_{i=1}^{n} I_{yzi} \end{aligned}\right\} \tag{A-10}$$

例如可以把图 A-6 所示的空心圆，看作由直径为 D 的实心圆减去直径为 d 的圆，由公式（A-10），并使用例题 A-2 所得结果，即可求得

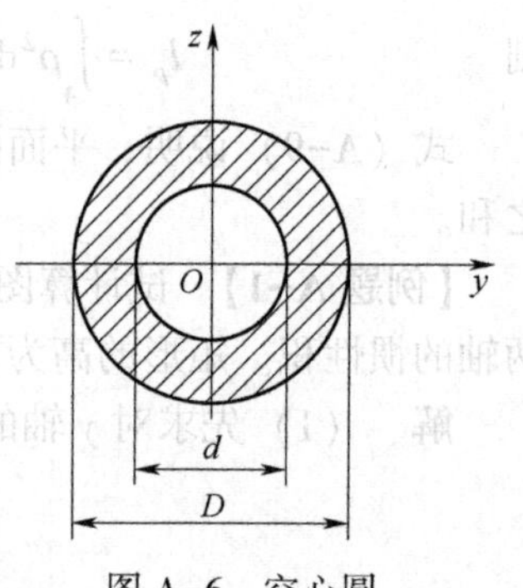

图 A-6　空心圆

$$I_y = I_z = \frac{\pi D^4}{64} - \frac{\pi d^4}{64} = \frac{\pi}{64}(D^4 - d^4)$$

$$I_\rho = \frac{\pi D^4}{32} - \frac{\pi d^4}{32} = \frac{\pi}{32}(D^4 - d^4)$$

A.3 平行移轴公式

同一截面对于不同坐标轴的惯性矩和惯性积虽然各不相同，但它们之间都存在着一定的关系，利用这些关系，可以使计算简化，有助于应用简单平面图形的结果来计算组合平面图形的惯性矩和惯性积，有助于计算截面对于某些特殊轴的惯性矩和惯性积。本节将介绍当坐标轴转换时，截面对于两对不同坐标轴的惯性矩和惯性积之间的关系。

图 A-7 所示的平面图形代表一任意截面，C 为图形的形心，z_C轴、y_C轴是平面图形的形心轴。选取另一坐标系 yOz，其中 z 轴、y 轴是分别与 z_C 轴、y_C 轴平行的坐标轴，且形心 C 在该坐标系中的坐标为（a，b）。显然，y 轴和 y_C轴之间的距离为 a，z 轴和 z_C轴之间的距离为 b。由图中可看出：

$$y = y_C + b, \quad z = z_C + a$$

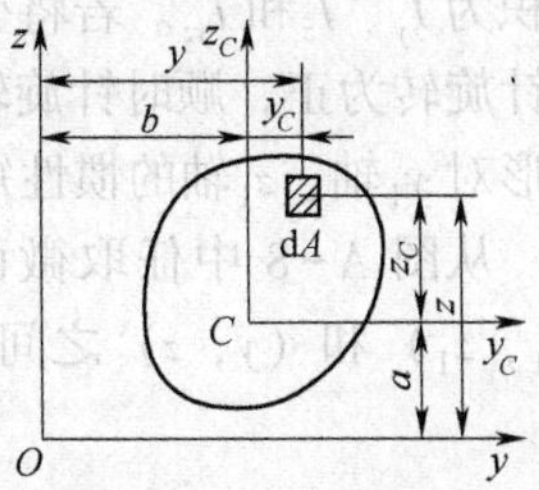

图 A-7 平面图形

图形对 y 轴的惯性矩为

$$I_y = \int_A z^2 \mathrm{d}A = \int_A (z_C + a)^2 \mathrm{d}A = \int_A (z_C^2 + 2az_C + a^2)\mathrm{d}A$$

$$= \int_A z_C^2 \mathrm{d}A + 2a\int_A z_C \mathrm{d}A + a^2\int_A \mathrm{d}A$$

在上式右边出现了三个积分式：

积分 $\int_A z_C^2 \mathrm{d}A$ 为平面图形对于 y_C轴的惯性矩，记为 I_{y_C}。

积分 $\int_A z_C \mathrm{d}A$ 为平面图形对于 y_C轴的静矩，记为 S_{y_C}。由于 y_C轴为平面图形的形心轴，所以 $S_{y_C} = \int_A z_C \mathrm{d}A = 0$。

积分 $\int_A \mathrm{d}A$ 为平面图形的面积，记为 A。

将上述结果代入，即得

$$\left.\begin{aligned} I_y &= I_{yC} + a^2 A \\ I_z &= I_{zC} + b^2 A \\ I_{yz} &= I_{yCzC} + abA \end{aligned}\right\} \tag{A-11}$$

式（A-11）为惯性矩和惯性积的平行移轴公式，该式表明：截面对于任一轴的惯性矩，等于截面对于与该轴平行的形心轴的惯性矩加上截面的面积与两轴距离平方的乘积；截面对于任意两轴的惯性积，等于截面对于与该两轴平行的形心轴的惯性积加上截面的面积与两对平行轴间距离的乘积。

由以上公式可以看出，图形对一簇平行轴的惯性矩中，以对形心轴的惯性矩为最小。另外，公式中的 a 和 b 是形心 C 在 yOz 坐标系中的坐标，可为正，也可为负；公式中 I_{yC}、I_{zC} 和 I_{yCzC}为图形对形心轴的惯性矩和惯性积，即 z_C、y_C轴必须通过截面的形心，对于这两点，在具体使用公式时应加以注意。

在工程实际中常会遇到组合图形，计算其惯性矩和惯性积需用到公式（A-9），而此式

中 I_{zi}、I_{yi}、I_{yzi}的计算常会用到平行移轴公式（A-11）。

A.4 形心主轴和形心主惯性矩

A.4.1 转轴公式

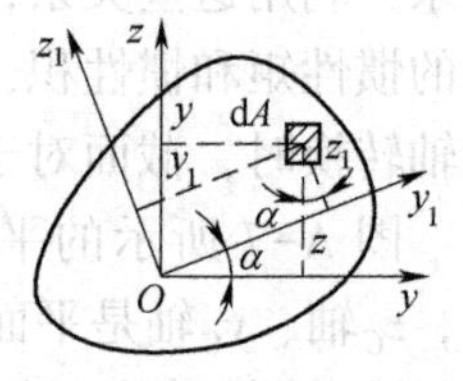

图 A-8 任意平面图形

图 A-8 所示为一任意平面图形，其对 y 轴和 z 轴的惯性矩和惯性积为 I_y、I_z和 I_{yz}。若将坐标轴绕坐标原点旋转 α 角（规定 α 角逆时针旋转为正，顺时针旋转为负），得到一对新坐标轴 y_1轴和 z_1轴，图形对 y_1轴、z_1轴的惯性矩和惯性积为I_{y1}、I_{z1}、I_{y1z1}。

从图 A-8 中任取微面积 dA，其在新旧两个坐标系中的坐标（y_1，z_1）和（y，z）之间有如下关系：

$$y_1 = y\cos\alpha + z\sin\alpha$$
$$z_1 = z\cos\alpha - y\sin\alpha$$

于是
$$\begin{aligned}I_{y1} &= \int_A z_1^2 \mathrm{d}A = \int_A (z\cos\alpha - y\sin\alpha)^2 \mathrm{d}A \\ &= \cos^2\alpha\int_A z^2\mathrm{d}A + \sin^2\alpha\int_A y^2\mathrm{d}A - 2\sin\alpha\cos\alpha\int_A yz\mathrm{d}A \\ &= I_y\cos^2\alpha + I_z\sin^2\alpha - I_{yz}\sin 2\alpha\end{aligned}$$

将 $\cos^2\alpha = \dfrac{1+\cos 2\alpha}{2}$，$\sin^2\alpha = \dfrac{1-\cos 2\alpha}{2}$代入，得

$$\left.\begin{aligned}I_{y1} &= \frac{1}{2}(I_y + I_z) + \frac{1}{2}(I_y - I_z)\cos 2\alpha - I_{yz}\sin 2\alpha \\ I_{z1} &= \frac{1}{2}(I_y + I_z) - \frac{1}{2}(I_y - I_z)\cos 2\alpha + I_{yz}\sin 2\alpha \\ I_{y1z1} &= \frac{1}{2}(I_y - I_z)\sin 2\alpha + I_{yz}\cos 2\alpha\end{aligned}\right\} \tag{A-12}$$

式（A-12）即为惯性矩和惯性积的转轴公式。显然，惯性矩和惯性积都是 α 角的函数。转轴公式反映了惯性矩和惯性积随 α 角变化的规律。

若将式（A-12）中的前两式相加，可得

$$I_{y1} + I_{z1} = I_y + I_z$$

这说明平面图形对于通过同一点的任意一对相互垂直的轴的两惯性矩之和为一常数。

A.4.2 形心主轴和形心主惯性矩

由式（A-12）可以看到，截面对某一坐标系两轴的惯性矩和惯性积随着 α 取值的不同将发生周期性的变化。现将式（A-12）对 α 求导数，以确定惯性矩的极值。于是有

$$\left.\frac{\mathrm{d}I_{y1}}{\mathrm{d}\alpha}\right|_{\alpha=\alpha_0} = 0$$

即：
$$-2\left[\frac{1}{2}(I_y - I_z)\sin 2\alpha_0 + I_{yz}\cos 2\alpha_0\right] = 0$$

由此得出：

$$\tan 2\alpha_0 = -\frac{2I_{yz}}{I_y - I_z} \tag{A-13}$$

由式（A-13）可以解出相差 90°的两个角度 α_0 和 α_0+90°，从而可确定一对相互垂直的坐标轴 y_0 轴、z_0 轴。图形对这对轴的惯性矩一个取得最大值 I_{max}，另一个取得最小值 I_{min}，将 α_0 和 α_0+90°分别代入式（A-12）第一式，经简化得惯性矩极值的计算公式为

$$\left.\begin{aligned} I_{y0} &= \frac{1}{2}(I_y + I_z) + \sqrt{\left(\frac{I_y - I_z}{2}\right)^2 + (I_{yz})^2} \\ I_{z0} &= \frac{1}{2}(I_y + I_x) - \sqrt{\left(\frac{I_y - I_z}{2}\right)^2 + (I_{yz})^2} \end{aligned}\right\} \tag{A-14}$$

由式（A-14）可知，I_{y0} 即为极大值 I_{max}，I_{z0} 为极小值 I_{min}。

将 α_0 和 α_0+90°代入式（A-12）第三式，可得惯性矩 $I_{y0z0}=0$。因此，图形对于某一对坐标轴 y_0 轴和 z_0 轴取得极值的同时，图形对该坐标轴的惯性积为零。那么，我们经常称惯性积为零的这对轴为主惯性轴，简称主轴。图形对主惯性轴的惯性矩称为主惯性矩，主惯性矩的值是图形对通过同一点的所有坐标轴的惯性矩的极值，具体计算公式为式（A-14）。

如果主惯性轴通过形心，则该轴称为形心主惯性轴，简称形心主轴，而相应的惯性矩称为形心主惯性矩。由于图形对于对称轴的惯性积等于零，而对称轴又过形心，所以图形的对称轴就是形心主惯性轴。

综上所述，形心主惯性轴是通过形心且由 α_0 角定向的一对互相垂直的坐标轴，而形心主惯性矩则是图形对通过形心的所有坐标轴的惯性矩的极值。

对于一般没有对称轴的截面，为了确定形心主轴的位置和计算形心主惯性矩的数值，就必须先确定截面形心，并且计算出截面对某一对互相垂直的形心轴的惯性矩和惯性积，然后应用式（A-13）和式（A-14）来进行计算。

附录 A 小结

本附录从定义出发，研究讨论了平面图形的几何性质，重点是静矩、惯性矩和惯性积的概念和惯性矩的计算；另外还讨论了主轴、主惯性矩、形心主轴、形心主惯性矩的定义及计算公式。

对本附录内容的具体要求如下：

（1）掌握平面图形的静矩、形心、惯性矩、惯性积的概念，记住矩形和圆形惯性矩的计算结果。

（2）掌握惯性矩的平行移轴公式，学会应用平行移轴公式计算组合图形对形心轴的惯性矩。

（3）了解主轴、主惯性矩、形心主轴和形心主惯性矩的意义。

（4）学会使用型钢表。

思　考　题

A-1　什么是静矩？静矩和形心有何关系？静矩为零的条件是什么？

A−2　试述确定组合截面形心的方法和步骤。

A−3　试述截面的惯性矩、惯性积和极惯性矩的定义，各有什么特点？

A−4　惯性矩的平行移轴公式是什么？有什么用处？应用它有什么条件？为什么说各平行轴中以形心轴的惯性矩为最小？

A−5　何谓形心主惯性轴、形心主惯性矩？形心主惯性矩有何特点？大致画出图 A−9 所示各平面图形的形心主惯性轴的位置，并分别指出哪一个形心主惯性轴的惯性矩为最大、最小。

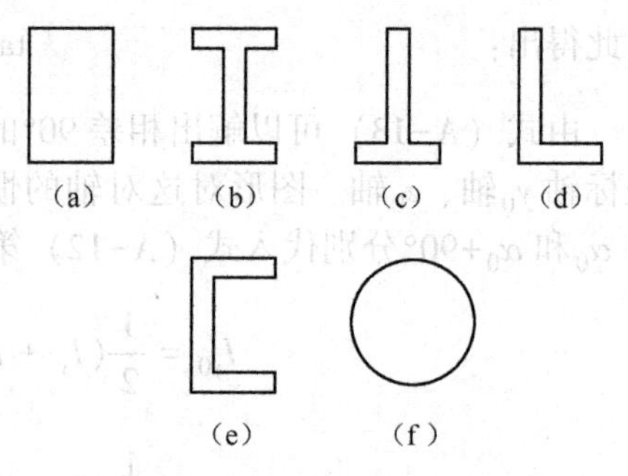

图 A−9　思考题 A−5 图

习　题

A−1　试分别计算图 A−10 所示矩形对 y 轴、z 轴的静矩。

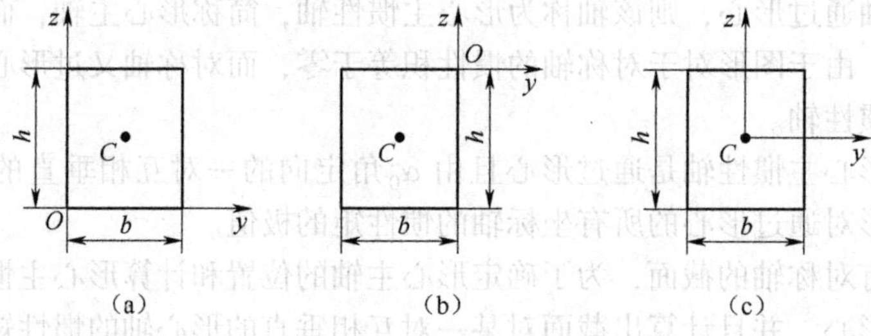

图 A−10　习题 A−1 图

A−2　求图 A−11 所示截面的形心坐标。

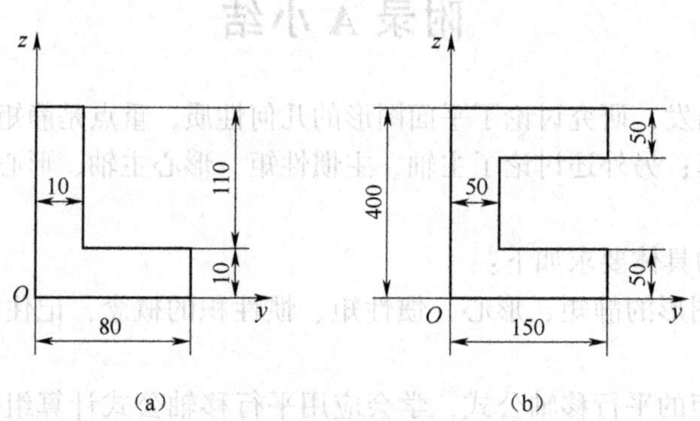

图 A−11　习题 A−2 图

A−3　求图 A−12 所示带圆孔的矩形对 y 轴的惯性矩。

A−4　求图 A−13 所示截面对 y 轴、z 轴的惯性矩和惯性积。

A−5　图 A−14 所示矩形 $b=\dfrac{2}{3}h$，在左右两侧切去两个半圆形 $\left(d=\dfrac{h}{2}\right)$，试求切去部分的面积与原面积的百分比和惯性矩 I_y、I_z 比原来减少了百分之几。

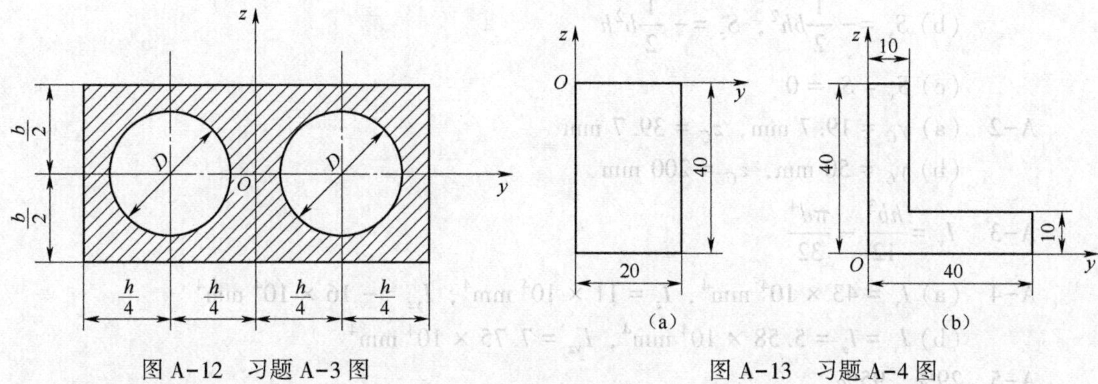

图 A-12　习题 A-3 图　　　　图 A-13　习题 A-4 图

A-6　如图 A-15 所示，试求由 16a 号槽钢和 22a 号工字钢组成的组合图形的形心坐标 z_C及对形心轴 y_C轴的惯性矩。

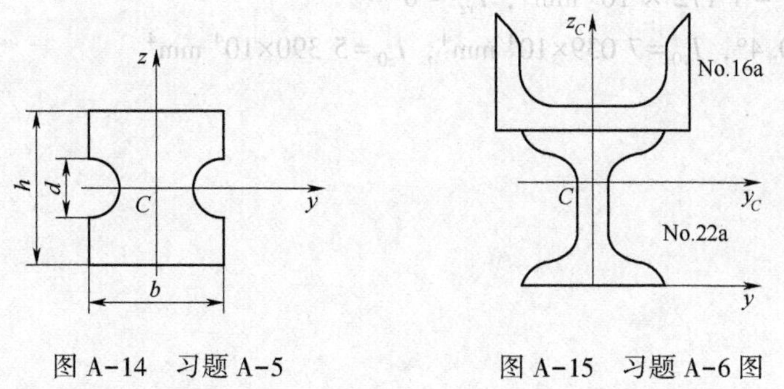

图 A-14　习题 A-5　　　　图 A-15　习题 A-6 图

A-7　求图 A-16 所示图形对形心轴 y 轴的惯性矩和惯性积。

A-8　试求图 A-17 所示图形的形心主惯性轴的位置和形心主惯性矩。

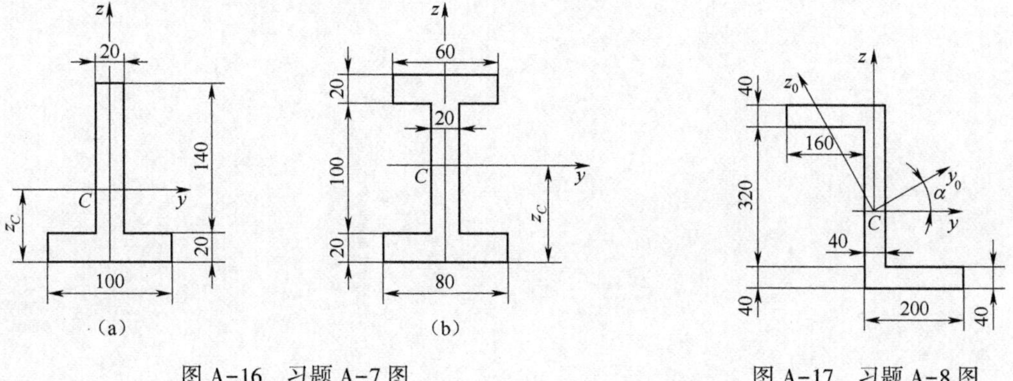

图 A-16　习题 A-7 图　　　　图 A-17　习题 A-8 图

习题参考答案

A-1　(a) $S_y = \dfrac{1}{2}bh^2$，$S_z = \dfrac{1}{2}b^2h$

（b）$S_y = -\dfrac{1}{2}bh^2$，$S_z = -\dfrac{1}{2}b^2h$

（c）$S_y = S_z = 0$

A-2 （a）$y_C = 19.7\ \text{mm}$，$z_C = 39.7\ \text{mm}$

（b）$y_C = 50\ \text{mm}$，$z_C = 200\ \text{mm}$

A-3 $I_y = \dfrac{hb^3}{12} - \dfrac{\pi d^4}{32}$

A-4 （a）$I_y = 43 \times 10^4\ \text{mm}^4$，$I_z = 11 \times 10^4\ \text{mm}^4$，$I_{yz} = -16 \times 10^4\ \text{mm}^4$

（b）$I_y = I_z = 5.58 \times 10^4\ \text{mm}^4$，$I_{yz} = 7.75 \times 10^4\ \text{mm}^4$

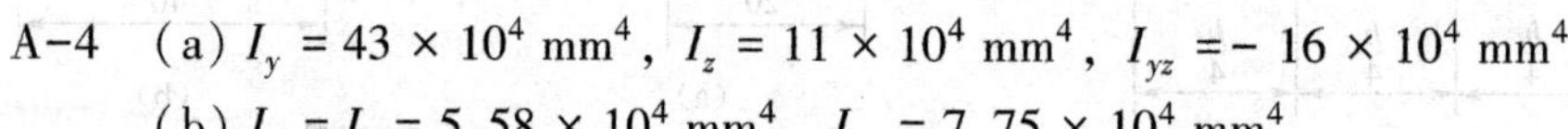

A-5 29%，95%

A-6 $z_C = 154\ \text{mm}$，$I_{yC} = 5\ 832 \times 10^4\ \text{mm}^4$

A-7 （a）$I_y = 1\ 210 \times 10^4\ \text{mm}^4$，$I_{yz} = 0$

（b）$I_y = 1\ 172 \times 10^4\ \text{mm}^4$，$I_{yz} = 0$

A-8 $\alpha_0 = 20.4°$，$I_{y0} = 7\ 039 \times 10^4\ \text{mm}^4$，$I_{z0} = 5\ 390 \times 10^4\ \text{mm}^4$

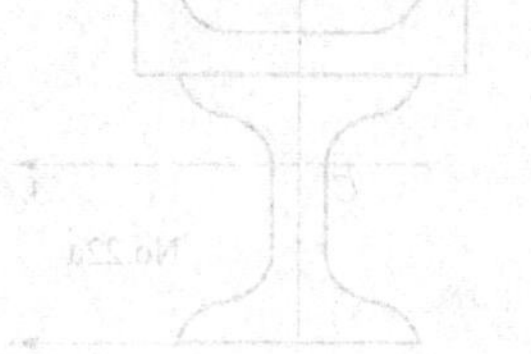

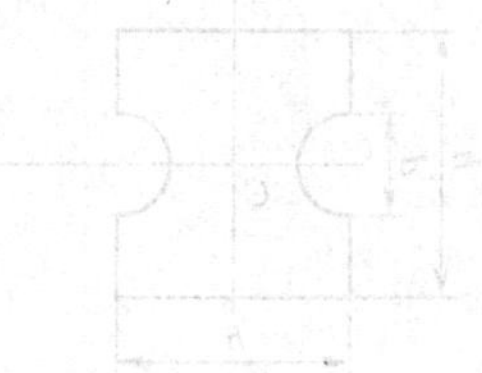

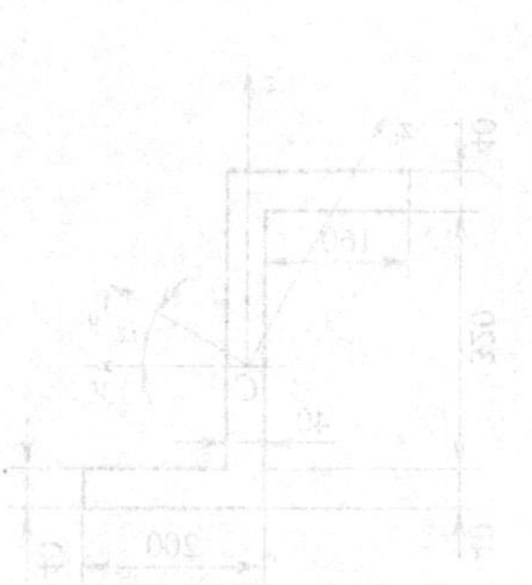

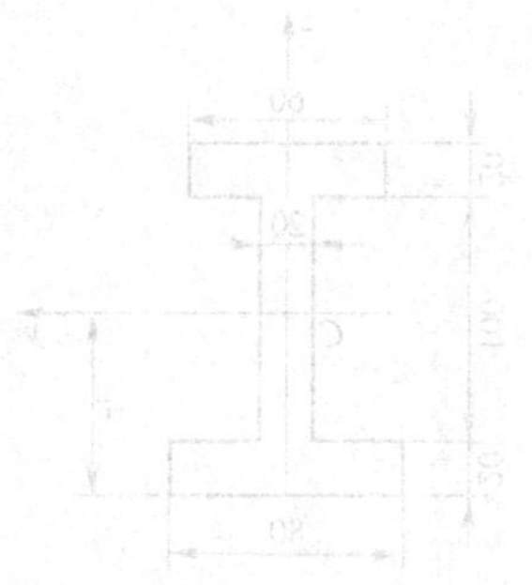

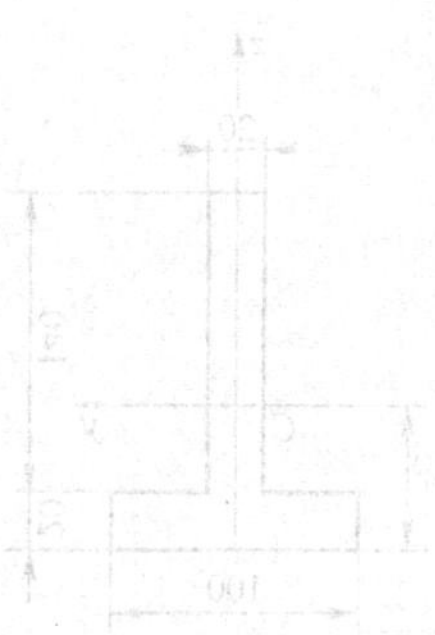

附录 B　型钢表（GB/T 706—2016）

符号说明：

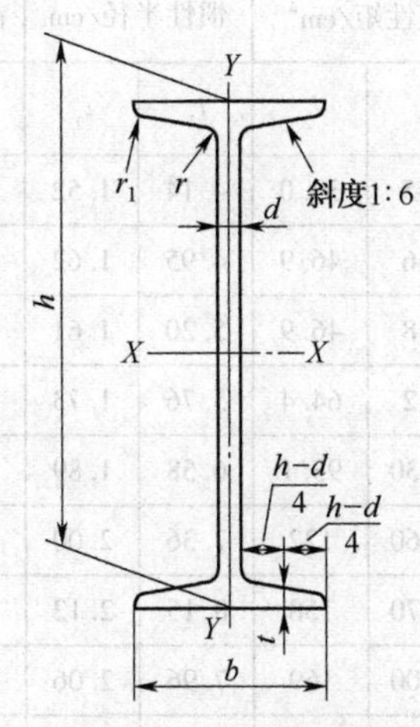

图 B-1　工字钢截面图

h—高度；d—腰厚度；t—腿中间宽度；
r—内圆弧半径；r_1—腿端圆弧半径；b—腿宽度

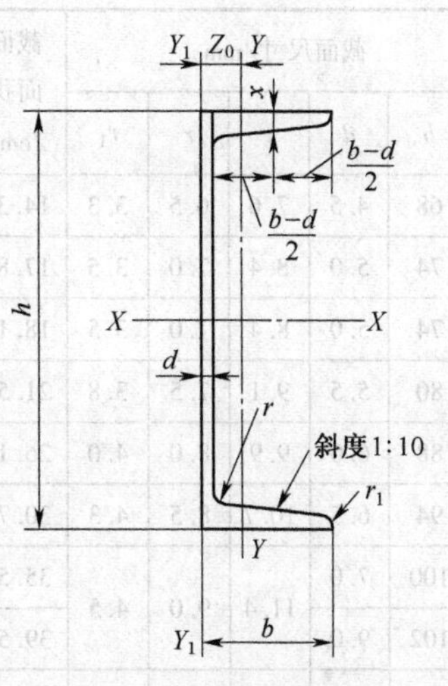

图 B-2　槽钢截面图

h—高度；b—腿宽度；d—腰厚度；t—腿中间宽度；
r—内圆弧半径；r_1—腿端圆弧半径；Z_0—重心距离

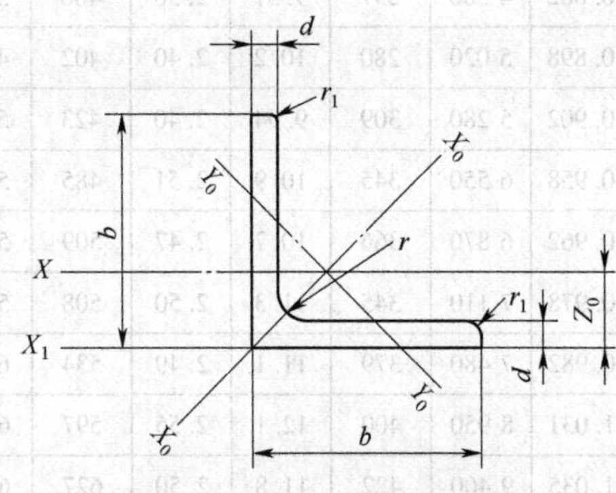

图 B-3　等边角钢截面图

b—边宽度；d—边厚度；r—内圆弧半径；
r_1—边端内圆弧半径；Z_0—重心距离

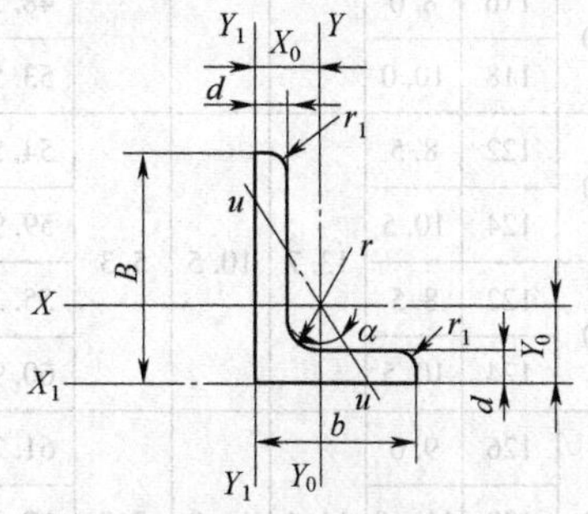

图 B-4　不等边角钢截面图

B—长边宽度；b—短边宽度；d—边厚度；r—内圆弧半径；r_1—边端内圆弧半径；X_0—重心距离；Y_0—重心距离

（规范性附录）

型钢截面尺寸、截面面积、理论重量及截面特性

表 B-1　工字钢截面尺寸、截面面积、理论重量及截面特性

型号	截面尺寸/mm						截面面积/cm^2	理论重量/(kg/cm)	外表面积/(m^2/m)	惯性矩/cm^4		惯性半径/cm		截面模数/cm^3	
	h	b	d	t	r	r_1				I_x	I_y	i_x	i_y	W_x	W_y
10	100	68	4.5	7.6	6.5	3.3	14.33	11.3	0.432	245	33.0	4.14	1.52	49.0	9.72
12	120	74	5.0	8.4	7.0	3.5	17.80	14.0	0.493	436	46.9	4.95	1.62	72.7	12.7
12.6	126	74	5.0	8.4	7.0	3.5	18.10	14.2	0.505	488	46.9	5.20	1.61	77.5	12.7
14	140	80	5.5	9.1	7.5	3.8	21.50	16.9	0.553	712	64.4	5.76	1.73	102	16.1
16	160	88	6.0	9.9	8.0	4.0	26.11	20.5	0.621	1 130	93.1	6.58	1.89	141	21.2
18	180	94	6.5	10.7	8.5	4.3	30.74	24.1	0.681	1 660	122	7.36	2.00	185	26.0
20a	200	100	7.0	11.4	9.0	4.5	35.55	27.9	0.742	2 370	158	8.15	2.12	237	31.5
20b		102	9.0				39.55	31.1	0.746	2 500	169	7.96	2.06	250	33.1
22a	220	110	7.5	12.3	9.5	4.8	42.10	33.1	0.817	3 400	225	8.99	2.31	309	40.9
22b		112	9.5				46.50	36.5	0.821	3 570	239	8.78	2.27	325	42.7
24a	240	116	8.0	13.0	10.0	5.0	47.71	37.5	0.878	4 570	280	9.77	2.42	381	48.4
24b		118	10.0				52.51	41.2	0.882	4 800	297	9.57	2.38	400	50.4
25a	250	116	8.0				48.51	38.1	0.898	5 020	280	10.2	2.40	402	48.3
25b		118	10.0				53.51	42.0	0.902	5 280	309	9.94	2.40	423	52.4
27a	270	122	8.5	13.7	10.5	5.3	54.52	42.8	0.958	6 550	345	10.9	2.51	485	56.6
27b		124	10.5				59.92	47.0	0.962	6 870	366	10.7	2.47	509	58.9
28a	280	122	8.5				55.37	43.5	0.978	7 110	345	11.3	2.50	508	56.6
28b		124	10.5				60.97	47.9	0.982	7 480	379	11.1	2.49	534	61.2
30a	300	126	9.0	14.4	11.0	5.5	61.22	48.1	1.031	8 950	400	12.1	2.55	597	63.5
30b		128	11, 0				67.22	52.8	1.035	9 400	422	11.8	2.50	627	65.9
30c		130	13.0				73.22	57.5	1.039	9 850	445	11.6	2.46	657	68.5
32a	320	130	9.5	15.0	11.5	5.8	67.12	52.7	1.084	11 100	460	12.8	2.62	692	70.8
32b		132	11.5				73.52	57.7	1.088	11 600	502	12.6	2.61	726	76.0
32c		134	13.5				79.92	62.7	1.092	12 200	544	12.3	2.61	760	81.2
36a	360	136	10.0	15.8	12.0	6.0	76.44	60.0	1.185	15 800	552	14.4	2.69	875	81.2
36b		138	12.0				83.64	65.7	1.189	16 500	582	14.1	2.64	919	84.3
36c		140	14.0				90.84	71.3	1.193	17 300	612	13.8	2.60	962	87.4

续表

型号	截面尺寸/mm						截面面积/cm^2	理论重量/(kg/cm)	外表面积/(m^2/m)	惯性矩/cm^4		惯性半径/cm		截面模数/cm^3	
	h	b	d	t	r	r_1				I_x	I_y	i_x	i_y	W_x	W_y
40a	400	142	10.5	16.5	12.5	6.3	86.07	67.6	1.285	21 700	660	15.9	2.77	1 090	93.2
40b		144	12.5				94.07	73.8	1.289	22 800	692	15.6	2.71	1 140	96.2
40c		146	14.5				102.1	80.1	1.293	23 900	727	15.2	2.65	1 190	99.6
45a	450	150	11.5	18.0	13.5	6.8	102.4	80.4	1.411	32 200	855	17.7	2.89	1 430	114
45b		152	13.5				111.4	87.4	1.115	33 800	894	17.4	2.84	1 500	118
45c		154	15.5				120.4	94.5	1.419	35 300	938	17.1	2.79	1 570	122
50a	500	158	12.0	20.0	14.0	7.0	119.2	93.6	1.539	46 500	1 120	19.7	3.07	1 860	142
50b		160	14.0				129.2	101	1.543	48 600	1 170	19.4	3.01	1 940	146
50c		162	16.0				139.2	109	1.547	50 600	1 220	19.0	2.96	2 080	151
55a	550	166	12.5	21.0	14.5	7.3	134.1	105	1.667	62 900	1 370	21.6	3.19	2 290	164
55b		168	14.5				145.1	114	1.671	65 600	1 420	21.2	3.14	2 390	170
55c		170	16.5				156.1	123	1.675	68 400	1 480	20.9	3.08	2 490	175
56a	560	166	12.5				135.4	106	1.687	65 600	1 370	22.0	3.18	2340	165
56b		168	14.5				146.6	115	1.691	68 500	1 490	21.6	3.16	2 450	174
56c		170	16.5				157.8	124	1.695	71 400	1 560	21.3	3.16	2 550	183
63a	630	176	13.0	22.0	15.0	7.5	154.6	121	1.862	93 900	1 700	24.5	3.31	2 980	193
63b		178	15.0				167.2	131	1.866	98 100	1810	24.2	3.29	3160	204
63c		180	17.0				179.8	141	1.870	102 000	1 920	23.8	3.27	3 300	214

注：表中 r、r_1 的数据用于孔型设计，不做交货条件。

表 B-2　槽钢截面尺寸、截面面积、理论重量及截面特性

型号	截面尺寸/mm						截面面积/cm^2	理论重量/(kg/cm)	外表面积/(m^2/m)	惯性矩/cm^4			惯性半径/cm		截面模数/cm^3		重心距离/cm
	h	b	d	t	r	r_1				I_x	I_y	I_{y1}	i_x	i_y	W_x	W_y	Z_0
5	50	37	4.5	7.0	7.0	3.5	6.925	5.44	0.226	26.0	8.30	20.9	1.94.	1.10	10.4	3.55	1.35
6.3	63	40	4.8	7.5	7.5	3.8	8.446	6.63	0.262	50.8	11.9	28.4	2.45	1.19	16.1	4.50	1.36
6.5	65	40	4.3	7.5	7.5	3.8	8.292	6.51	0.267	55.2	12.0	28.3	2.54	1.19	17.0	4.59	1.38
8	80	43	5.0	8.0	8.0	4.0	10.24	8.04	0.307	101	16.6	37.4	3.15	1.27	25.3	5.79	1.43
10	100	48	5.3	8.5	8.5	4.2	12.74	10.0	0.365	198	25.6	54.9	3.95	1.41	39.7	7.80	1.52
12	120	53	5.5	9.0	9.0	4.5	15.36	12.1	0.423	346	37.4	77.7	4.75	1.56	57.7	10.2	1.62
12.6	126	53	5.5	9.0	9.0	4.5	15.69	12.3	0.435	391	38.0	77.1	4.95	1.57	62.1	10.2	1.59
14a	140	58	6.0	9.5	9.5	4.8	18.51	14.5	0.480	564	53.2	107	5.52	1.70	80.5	13.0	1.71
14b		60	8.0				21.31	16.7	0.484	609	61.1	121	5.35	1.69	87.1	14.1	1.67

续表

型号	截面尺寸/mm						截面面积/cm^2	理论重量/(kg/cm)	外表面积/(m^2/m)	惯性矩/cm^4			惯性半径/cm		截面模数/cm^3		重心距离/cm
	h	b	d	t	r	r_1				I_x	I_y	I_{y1}	i_x	i_y	W_x	W_y	Z_0
16a	160	63	6.5	10.0	10.0	5.0	21.95	17.2	0.538	866	73.3	144	6.28	1.83	108	16.3	1.80
16b		65	8.5				25.15	19.8	0.542	935	83.4	161	6.10	1.82	117	17.6	1.75
18a	180	68	7.0	10.5	10.5	5.2	25.69	20.2	0.596	1 270	98.6	190	7.04	1.96	141	20.0	1.88
18b		70	9.0				29.29	23.0	0.600	1 370	111	210	6.84	1.95	152	21.5	1.84
20a	200	73	7.0	11.0	11.0	5.5	28.83	22.6	0.654	1 780	128	244	7.86	2.11	178	24.2	2.01
20b		75	9.0				32.83	25.8	0.658	1 910	144	268	7.64	2.09	191	25.9	1.95
22a	220	77	7.0	11.5	11.5	5.8	31.83	25.0	0.709	2 390	158	298	8.67	2.23	218	28.2	2.10
22b		79	9.0				36.23	28.5	0.713	2 570	176	326	8.42	2.21	234	30.1	2.03
24a	240	78	7.0	12.0	12.0	6.0	34.21	26.9	0.752	3 050	174	325	9.45	2.25	254	30.5	2.10
24b		80	9.0				39.01	30.6	0.756	3 280	194	355	9.17	2.23	274	32.5	2.03
24c		82	11.0				43.81	34.4	0.760	3510	213	388	8.96	2.21	293	34.4	2.00
25a	250	78	7.0				34.91	27.4	0.722	3 370	176	322	9.82	2.24	270	30.6	2.07
25b		80	9.0				39.91	31.3	0.776	3 530	196	353	9.41	2.22	282	32.7	1.98
25c		82	11.0				44.91	35.3	0.780	3 690	218	384	9.07	2.21	295	35.9	1.92
27a	270	82	7.5	12.5	12.5	6.2	39.27	30.8	0.826	4 360	216	393	10.5	2.34	323	35.5	2.13
27b		84	9.5				44.67	35.1	0.830	4 690	239	428	10.3	2.31	347	37.7	2.06
27c		86	11.5				50.07	39.3	0.834	5 020	261	467	10.1	2.28	372	39.8	2.03
28a	280	82	7.5				40.02	31.4	0.846	4 760	218	388	10.9	2.33	340	35.7	2.10
28b		84	9.5				45.62	35.8	0.850	5 130	242	428	10.6	2.30	366	37.9	2.02
28c		86	11.5				51.22	40.2	0.854	5 500	268	463	10.4	2.29	393	40.3	1.95
30a	300	85	7.5	13.5	13.5	6.8	43.89	34.5	0.897	6 050	260	467	11.7	2.43	403	41.1	2.17
30b		87	9.5				49.89	39.2	0.901	6 500	289	515	11.4	2.41	433	44.0	2.13
30c		89	11.5				55.89	43.9	0.905	6 950	316	560	11.2	2.38	453	46.4	2.09
32a	320	88	8.0	14.0	14.0	7.0	48.50	38.1	0.947	7 600	305	552	12.5	2.50	475	46.5	2.24
32b		90	10.0				54.90	43.1	0.951	8 140	336	593	12.2	2.47	509	49.2	2.16
32c		92	12.0				61.30	48.1	0.955	8 690	374	643	11.9	2.47	543	52.6	2.09
36a	360	96	9.0	16.0	16.0	8.0	60.89	47.8	1.053	11 900	455	818	14.0	2.73	660	63.5	2.44
36b		98	11.0				68.09	53.5	1.057	12 700	497	880	13.6	2.70	703	66.9	2.37
36c		100	13.0				75.29	59.1	1.061	13 400	536	948	13.4	2.67	746	70.0	2.34
40a	400	100	10.5	18.0	18.0	9.0	75.04	58.9	1.144	17 600	592	1 070	15.3	2.81	879	78.8	2.49
40b		102	12.5				83.04	65.2	1.148	18 600	640	1 140	15.0	2.78	932	82.5	2.44
40c		104	14.5				91.04	71.5	1.152	19 700	688	1 220	14.7	2.75	986	86.2	2.42

注：表中 r、r_1 的数据用于孔型设计，不做交货条件。

表 B-3　等边角钢截面尺寸、截面面积、理论重量及截面特性

型号	截面尺寸/mm			截面面积/cm^2	理论重量/(kg/m)	外表面积/(m^2/m)	惯性矩/cm^4				惯性半径/cm			截面模数/cm^3			重心距离/cm
	b	d	r				I_x	I_{x1}	I_{x0}	I_{y0}	i_x	i_y	i_0	W_x	W_{x0}	W_{y0}	Z_0
2	20	3	3.5	1.132	0.89	0.078	0.40	0.81	0.63	0.17	0.59	0.75	0.39	0.29	0.45	0.20	0.60
		4		1.459	1.15	0.077	0.50	1.09	0.78	0.22	0.58	0.73	0.38	0.36	0.55	0.24	0.64
2.5	25	3		1.432	1.12	0.098	0.82	1.57	1.29	0.34	0.76	0.95	0.49	0.46	0.73	0.33	0.73
		4		1.359	1.46	0.097	1.03	2.11	1.62	0.43	0.74	0.93	0.48	0.59	0.92	0.40	0.76
3.0	30	3	4.5	1.749	1.37	0.117	1.46	2.71	2.31	0.61	0.91	1.15	0.59	0.68	1.09	0.51	0.85
		4		2.276	1.79	0.117	1.84	3.63	2.92	0.77	0.90	1.13	0.58	0.87	1.37	0.62	0.89
3.6	36	3		2.109	1.66	0.141	2.58	4.68	4.09	1.07	1.11	1.39	0.71	0.99	1.61	0.76	1.00
		4		2.756	2.16	0.141	3.29	6.25	5.22	1.37	1.09	1.38	0.70	1.28	2.05	0.93	1.04
		5		3.382	2.65	0.141	3.95	7.84	6.24	1.65	1.08	1.36	0.70	1.56	2.45	1.00	1.07
4	40	3	5	2.359	1.85	0.157	3.59	6.41	5.69	1.49	1.23	1.55	0.79	1.23	2.01	0.96	1.09
		4		3.086	2.42	0.157	4.60	8.56	7.29	1.91	1.22	1.54	0.79	1.60	2.58	1.19	1.13
		5		3.792	2.98	0.156	5.53	10.7	8.76	2.30	1.21	1.52	0.78	1.96	3.10	1.39	1.17
4.5	45	3		2.659	2.09	0.177	5.17	9.12	8.20	2.14	1.40	1.76	0.89	1.58	2.58	1.24	1.22
		4		3.486	2.74	0.177	6.65	12.2	10.6	2.75	1.38	1.74	0.89	2.05	3.32	1.54	1.26
		5		4.292	3.37	0.176	8.04	15.2	12.7	3.33	1.37	1.72	0.88	2.51	4.00	1.81	1.30
		6		5.077	3.99	0.176	9.33	18.4	14.8	3.89	1.36	1.70	0.80	2.95	4.64	2.06	1.33
5	50	3	5.5	2.971	2.33	0.197	7.18	12.5	11.4	2.98	1.55	1.96	1.00	1.96	3.22	1.57	1.34
		4		3.897	3.06	0.197	9.26	16.7	14.7	3.82	1.54	1.94	0.99	2.56	4.16	1.96	1.38
		5		4.803	3.77	0.196	11.2	20.9	17.8	4.64	1.53	1.92	0.98	3.13	5.03	2.31	1.42
		6		5.688	4.46	0.196	13.1	25.1	20.7	5.42	1.52	1.91	0.98	3.68	5.85	2.63	1.46
5.6	56	3	6	3.343	2.62	0.221	10.2	17.6	16.1	4.24	1.75	2.20	1.13	2.48	4.08	2.02	1.48
		4		4.39	3.45	0.220	13.2	23.4	20.9	5.46	1.73	2.18	1.11	3.24	5.28	2.52	1.53
		5		5.415	4.25	0.220	16.0	29.3	25.4	6.61	1.72	2.17	1.10	3.97	6.42	2.98	1.57
		6		6.42	5.04	0.220	18.7	35.3	29.7	7.73	1.71	2.15	1.10	4.68	7.49	3.40	1.61
		7		7.404	5.81	0.219	21.2	41.2	33.6	8.82	1.69	2.13	1.09	5.36	8.49	3.80	1.64
		8		8.367	6.57	0.219	23.6	47.2	37.4	9.89	1.68	2.11	1.09	6.03	9.44	4.16	1.68
6	60	5	6.5	5.829	4.58	0.236	19.9	36.1	31.6	8.21	1.85	2.33	1.19	4.59	7.44	3.48	1.67
		6		6.914	5.43	0.235	23.4	43.3	36.9	9.60	1.83	2.31	1.18	5.41	8.70	3.98	1.70
		7		7.977	6.26	0.235	26.4	50.7	41.9	11.0	1.82	2.29	1.17	6.21	9.88	4.45	1.74
		8		9.02	7.08	0.235	29.5	58.0	46.7	12.3	1.81	2.27	1.17	6.98	11.0	4.88	1.78
6.3	63	4	7	4.978	3.91	0.248	19.0	33.4	30.2	7.89	1.96	2.46	1.26	4.13	6.78	3.29	1.70
		5		6.143	4.82	0.248	23.2	41.7	36.8	9.57	1.94	2.45	1.25	5.08	8.25	3.90	1.71

续表

型号	截面尺寸/mm			截面面积/cm^2	理论重量/(kg/m)	外表面积/(m^2/m)	惯性矩/cm^4				惯性半径/cm			截面模数/cm^3			重心距离/cm
	b	d	r				I_x	I_{x1}	I_{x0}	I_{y0}	i_x	i_y	i_0	W_x	W_{x0}	W_{y0}	Z_0
		6		7.288	5.72	0.247	27.1	50.1	43.0	11.2	1.93	2.43	1.24	6.00	9.66	4.46	1.78
6.3	63	7	7	8.412	6.60	0.247	30.9	58.6	49.0	12.8	1.92	2.11	1.23	6.88	11.0	4.98	1.82
		8		9.515	7.47	0.247	34.5	67.1	54.6	14.3	1.90	2.40	1.23	7.75	12.3	5.47	1.85
		10		11.66	9.15	0.246	41.1	84.3	64.9	17.3	1.88	2.36	1.22	9.39	14.6	6.36	1.93
		4		5.570	4.37	0.275	26.4	15.7	41.8	11.0	2.18	2.74	1.40	5.14	8.44	4.17	1.86
		5		6.876	5.40	0.275	32.2	57.2	51.1	13.3	2.16	2.73	1.39	6.32	10.3	4.95	1.91
7	70	6	8	8.160	6.41	0.275	37.8	68.7	59.9	15.6	2.15	2.71	1.38	7.48	12.1	5.67	1.95
		7		9.424	7.40	0.275	43.1	80.3	68.4	17.8	2.14	2.69	1.38	8.59	13.8	6.34	1.99
		8		10.67	8.37	0.274	48.2	91.9	76.4	20.0	2.12	2.68	1.37	9.68	15.4	6.98	2.03
		5		7.412	5.82	0.295	40.0	70.6	63.3	16.6	2.33	2.92	1.50	7.32	11.9	5.77	2.04
		6		8.797	6.91	0.294	47.0	84.6	74.4	19.5	2.31	2.90	1.49	8.64	14.0	6.67	2.07
		7		10.16	7.98	0.291	53.6	98.7	85.0	22.2	2.30	2.89	1.48	9.93	16.0	7.44	2.11
7.5	75	8		11.50	9.03	0.294	60.0	113	95.1	24.9	2.28	2.88	1.47	11.2	17.9	8.19	2.15
		9		12.83	10.1	0.294	66.1	127	105	27.5	2.27	2.86	1.46	12.4	19.8	8.89	2.18
		10	9	14.13	11.1	0.293	72.0	142	114	30.1	2.26	2.84	1.46	13.6	21.5	9.56	2.22
		5		7.912	6.21	0.315	48.8	85.4	77.3	20.3	2.48	3.13	1.60	8.34	13.7	6.66	2.15
		6		9.397	7.38	0.314	57.4	103	91.0	23.7	2.47	3.11	1.59	9.87	16.1	7.65	2.19
		7		10.86	8.53	0.314	65.6	120	104	27.1	2.46	3.10	1.58	11.4	18.4	8.58	2.23
8	80	8		12.30	9.66	0.314	73.5	137	117	30.4	2.44	3.08	1.57	12.8	20.6	9.46	2.27
		9		13.73	10.8	0.314	81.1	154	129	33.6	2.43	3.06	1.56	14.3	22.7	10.3	2.31
		10		15.13	11.9	0.313	88.4	172	140	36.8	2.42	3.04	1.56	15.6	24.8	11.1	2.35
		6		10.64	8.35	0.354	82.3	146	131	34.3	2.79	3.51	1.80	12.6	20.6	9.05	2.44
		7		12.30	9.66	0.354	94.8	170	150	39.2	2.78	3.50	1.78	14.5	23.6	11.2	2.48
9	90	8	10	13.94	10.9	0.353	106	195	169	44.0	2.76	3.48	1.78	16.4	26.6	12.4	2.52
		9		15.57	12.2	0.353	118	219	187	48.7	2.75	3.46	1.77	18.3	29.4	13.5	2.56
		10		17.17	13.5	0.353	129	244	204	53.3	2.74	3.45	1.76	20.1	32.0	14.5	2.59
		12		20.31	15.9	0.352	149	294	236	62.2	2.71	3.41	1.75	23.6	37.1	16.5	2.67
		6		11.93	9.37	0.393	115	200	182	47.9	3.10	3.90	2.00	15.7	25.7	12.7	2.67
		7		13.80	10.8	0.393	132	234	209	54.7	3.09	3.89	1.99	18.1	29.6	14.3	2.71
10	100	8	12	15.64	12.3	0.393	14.8	267	235	61.4	3.08	3.88	1.98	20.5	33.2	15.8	2.76
		9		17.46	13.7	0.392	164	300	260	68.0	3.07	3.86	1.97	22.8	36.8	17.2	2.80
		10		19.26	15.1	0.392	180	334	285	74.4	3.05	3.80	1.96	25.1	40.3	18.5	2.84

续表

型号	截面尺寸/mm			截面面积/cm^2	理论重量/(kg/m)	外表面积/(m^2/m)	惯性矩/cm^4				惯性半径/cm			截面模数/cm^3			重心距离/cm
	b	d	r				I_x	I_{x1}	I_{x0}	I_{y0}	i_x	i_y	i_0	W_x	W_{x0}	W_{y0}	Z_0
		12		22.80	17.9	0.391	209	402	331	86.8	3.03	3.81	1.95	29.5	46.8	21.1	2.94
10	100	14	12	26.26	20.6	0.391	237	471	374	99.0	3.00	3.77	1.94	33.7	52.9	23.4	2.99
		16		29.63	23.3	0.390	263	540	414	111	2.98	3.74	1.94	37.8	58.6	25.6	3.06
		7		15.20	11.9	0.433	177	311	281	73.4	3.41	4.30	2.20	22.1	36.1	17.5	2.96
		8		17.24	13.5	0.433	199	355	316	82.4	3.40	4.28	2.19	25.0	40.7	19.4	3.01
11	110	10	12	21.26	16.7	0.432	242	445	384	100	3.38	4.25	2.17	30.6	49.4	22.9	3.09
		12		25.20	19.8	0.431	283	535	448	117	3.35	4.22	2.15	36.1	57.6	26.2	3.16
		14		29.6	22.8	0.431	321	625	508	133	3.32	4.18	2.14	41.3	65.3	29.1	3.24
		8		19.75	15.5	0.492	297	521	471	123	3.88	4.88	2.50	32.5	53.3	25.9	3.37
		10		24.37	19.1	0.491	362	652	574	149	3.85	4.85	2.48	40.0	64.9	30.6	3.45
12.5	125	12		28.91	22.7	0.491	423	783	671	175	3.83	4.82	2.46	41.2	76.0	35.0	3.53
		14		33.37	26.2	0.490	482	916	764	200	3.80	4.78	2.45	54.2	86.4	39.1	3.61
		16		37.74	29.6	0.489	537	1 050	851	224	3.77	4.75	2.43	60.9	96.3	43.0	3.68
		10		27.37	21.5	0.551	515	915	817	212	4.34	5.46	2.78	50.6	82.6	39.2	3.82
14	140	12		32.51	25.5	0.551	604	1 100	959	249	4.31	5.43	2.76	59.8	96.9	45.0	3.90
		14	14	37.57	29.5	0.550	689	1 280	1 090	284	4.28	5.40	2.75	68.8	110	50.5	3.98
		16		42.54	33.4	0.549	770	1 470	1 220	319	4.26	5.36	2.74	77.5	123	55.6	4.06
		8		21.75	18.6	0.592	521	900	827	215	4.69	5.90	3.01	47.4	78.0	38.1	3.99
		10		29.37	23.1	0.591	638	1 130	1 010	262	4.66	5.87	2.99	58.4	95.5	45.5	4.08
15	150	12		34.91	27.4	0.591	749	1 350	1 190	308	4.63	5.84	2.97	69.0	112	52.4	4.15
		14		40.37	31.7	0.590	856	1 580	1 360	352	4.60	5.80	2.95	79.5	128	58.8	4.23
		15		13.06	33.8	0.590	907	1 690	1 440	374	4.59	5.78	2.95	84.6	136	61.9	4.21
		16		45.74	35.9	0.589	058	1 810	1520	395	4.58	5.77	2.94	89.6	143	64.9	4.31
		10		31.50	24.7	0.630	780	1 370	1 240	322	4.98	6.27	3.20	66.7	109	52.8	4.31
16	160	12		31.44	29.4	0.630	917	1 640	1 460	377	4.95	6.24	3.18	79.0	129	60.7	4.39
		14		43.30	34.0	0.629	1 050	1 910	1 670	432	4.92	6.20	3.16	91.0	147	68.2	4.47
		16	16	49.07	38.5	0.629	1 180	2 190	1 870	485	4.89	6.17	3.14	103	165	75.3	4.55
		12		42.24	33.2	0.710	1 320	2 330	2 100	513	5.59	7.05	3.58	101	165	78.4	4.89
18	180	14		48.90	38.4	0.709	1 510	2 720	2 410	622	5.56	7.02	3.56	116	189	88.4	4.97
		16		55.47	43.5	0.709	1 700	3 120	2 700	699	5.54	6.98	3.55	131	212	97.8	5.05
		18		69.30	48.6	0.708	1 880	3 500	2 990	762	5.50	6.94	3.51	146	235	105	5.13

续表

型号	截面尺寸/mm			截面面积/cm²	理论重量/(kg/m)	外表面积/(m²/m)	惯性矩/cm⁴				惯性半径/cm			截面模数/cm³			重心距离/cm
	b	d	r				I_x	I_{x1}	I_{x0}	I_{y0}	i_x	i_y	i_0	W_x	W_{x0}	W_{y0}	Z_0
20	200	14	18	61.96	42.9	0.788	2 100	3 730	3 340	864	6.20	7.82	3.98	145	236	112	5.46
		16		62.01	48.7	0.788	2 137	4 270	3 760	971	6.18	7.79	3.96	164	266	124	5.54
		18		69.30	54.4	0.787	2 620	4 810	4 160	1 080	6.15	7.75	3.94	182	294	136	5.62
		20		76.51	60.1	0.781	2 810	5 350	4 550	1 180	6.12	7.72	3.93	200	322	147	5.69
		24		90.66	77.2	0.785	3 340	6 460	5 290	1 380	6.07	7.60	3.90	236	374	167	5.87
22	220	16	21	68.67	53.9	0.866	3 190	6 680	5 060	1 310	6.81	8.59	4.37	200	326	154	6.03
		18		76.75	60.3	0.866	3 540	6 400	5 620	1 450	6.79	8.55	4.35	223	361	168	6.11
		20		84.76	66.5	0.865	3 870	7 110	6 150	1 590	6.76	8.52	4.31	245	395	182	6.18
		22		92.68	72.8	0.865	4 200	7 830	6 610	1 730	6.73	8.48	4.32	267	429	195	6.26
		24		100.5	78.9	0.864	4 520	8 550	7 170	1870	6.71	8.45	4.31	289	461	208	6.33
		26		108.3	85.0	0.864	4 830	9 280	7 690	2 000	6.68	8.41	4.30	310	492	221	6.41
25	250	18	24	87.84	69.0	0.985	5 270	9 380	8 370	2 170	7.75	9.76	4.97	290	473	224	6.81
		20		97.05	76.2	0.984	5 780	10 400	9 180	2 380	7.72	9.73	4.95	320	519	243	6.92
		22		106.2	83.3	0.983	6 280	11 500	9 970	2 580	7.69	9.69	4.93	349	564	261	7.00
		24		115.2	90.4	0.983	6 770	12 500	10 700	2 790	7.67	9.66	4.92	378	608	278	7.07
		26		124.2	97.5	0.982	7 240	13 600	11 500	2 980	7.64	9.62	4.90	406	650	295	7.15
		28		133.0	104	0.982	7 700	14 600	12 200	3 180	7.61	9.58	4.89	433	691	311	7.22
		30		141.8	111	0.981	8 160	15 700	12 900	3 380	7.58	9.55	4.88	461	731	327	7.30
		32		150.5	118	0.981	8 600	16 800	13 600	3 570	7.56	9.51	4.81	488	770	342	7.37
		35		163.4	128	0.980	9 240	18 400	14 600	3 850	7.52	9.46	4.86	527	827	364	7.48

注：截面图中的 $r_1=1/3d$ 及表中 r 的数据用于孔型设计，不做交货条件。

表 B-4 不等边角钢截面尺寸、截面面积、理论重量及截面特性

型号	截面尺寸/mm				截面面积/	理论重量/	外表面积/	惯性矩/cm^4					惯性半径/cm			截面模数/cm^3			tan α	重心距离/cm	
	B	b	d	r	cm^2	(kg/m)	(m^2/m)	I_x	I_{x1}	I_y	I_{y1}	I_u	i_x	i_y	i_u	W_x	W_y	W_u		x_0	y_0
2.5/1.6	25	16	3	3.5	1.162	0.91	0.080	0.70	1.56	0.22	0.43	0.14	0.78	0.44	0.34	0.43	0.19	0.16	0.392	0.42	0.86
			4		1.499	1.18	0.079	0.88	2.09	0.27	0.59	0.17	0.77	0.43	0.34	0.55	0.24	0.20	0.381	0.46	0.90
3.2/2	32	20	3		1.492	1.17	0.102	1.53	3.27	0.46	0.82	0.28	1.01	0.55	0.43	0.72	0.30	0.25	0.382	0.49	1.08
			4		1.939	1.52	0.101	1.93	4.37	0.57	1.12	0.35	1.00	0.54	0.42	0.93	0.39	0.32	0.374	0.53	1.12
4/2.5	40	25	3	4	1.890	1.48	0.127	3.08	5.39	0.93	1.59	0.56	1.28	0.70	0.54	1.15	0.49	0.40	0.385	0.59	1.32
			4		2.467	1.94	0.127	3.93	8.53	1.18	2.14	0.71	1.36	0.69	0.54	1.49	0.63	0.52	0.381	0.63	1.37
4.5/2.8	45	28	3	5	2.149	1.69	0.143	4.45	9.10	1.34	2.23	0.80	1.44	0.79	0.61	1.47	0.62	0.51	0.383	0.64	1.47
			4		2.806	2.20	0.143	5.69	12.1	1.70	3.00	1.02	1.42	0.78	0.60	1.91	0.80	0.66	0.380	0.68	1.51
5/3.2	50	32	3	5.5	2.431	1.91	0.161	6.24	12.5	2.02	3.31	1.20	1.60	0.91	0.70	1.84	0.82	0.68	0.404	0.73	1.60
			4		3.177	2.49	0.160	8.02	16.7	2.58	4.45	1.53	1.59	0.90	0.69	2.39	1.06	0.87	0.402	0.77	1.65
5.6/3.6	56	36	3	6	2.743	2.15	0.181	8.88	17.5	2.92	4.7	1.73	1.80	1.03	0.79	2.32	1.05	0.87	0.408	0.80	1.78
			4		3.590	2.82	0.180	11.5	23.4	3.76	6.33	2.23	1.79	1.02	0.79	3.03	1.37	1.13	0.408	0.85	1.82
			5		4.415	3.47	0.180	13.9	29.3	4.49	7.94	2.67	1.77	1.01	0.78	3.71	1.65	1.36	0.404	0.88	1.87
6.3/4	63	40	4	7	4.058	3.19	0.202	16.5	33.3	5.23	8.63	3.12	2.02	1.14	0.88	3.87	1.70	1.40	0.398	0.92	2.04
			5		4.993	3.92	0.202	20.0	41.6	6.31	10.9	3.76	2.00	1.12	0.87	4.74	2.07	1.71	0.396	0.95	2.08
			6		5.908	4.64	0.201	23.4	50.0	7.29	13.1	4.34	1.96	1.11	0.86	5.59	2.43	1.99	0.393	0.99	2.12
			7		6.802	5.34	0.201	26.5	58.1	8.24	15.5	4.97	1.98	1.10	0.86	6.40	2.78	2.29	0.389	1.03	2.15
7/4.5	70	45	4	7.5	4.553	3.57	0.226	23.2	45.9	7.55	12.3	4.40	2.26	1.29	0.98	4.86	2.17	1.77	0.410	1.02	2.24
			5		5.609	4.40	0.225	28.0	57.1	9.13	15.4	5.40	2.23	1.28	0.98	5.92	2.65	2.19	0.407	1.06	2.28
			6		6.644	5.22	0.225	32.5	68.4	10.6	18.6	6.35	2.21	1.26	0.98	6.95	3.12	2.59	0.404	1.09	2.32
			7		7.658	6.01	0.225	37.2	80.0	12.0	21.8	7.16	2.20	1.25	0.97	8.03	3.57	2.94	0.402	1.13	2.36

续表

型号	截面尺寸/mm				截面面积/	理论重量/	外表面积/	惯性矩/cm⁴					惯性半径/cm			截面模数/cm³			tan α	重心距离/cm	
	B	b	d	r	cm²	(kg/m)	(m²/m)	I_x	I_{x1}	I_y	I_{y1}	I_u	i_x	i_y	i_u	W_x	W_y	W_u		x_0	y_0
7.5/5	75	50	5	8	6.126	4.81	0.245	34.9	70.0	21.6	21.0	7.41	2.39	1.44	1.10	6.83	3.3	2.74	0.435	1.17	2.40
			6		7.260	5.70	0.215	41.1	84.3	14.7	25.4	8.54	2.38	1.42	1.08	8.12	3.88	3.19	0.435	1.21	2.44
			8		9.467	7.43	0.244	52.4	113	18.5	34.2	10.9	2.35	1.40	1.07	10.5	4.99	4.10	0.429	1.29	2.52
			10		11.59	9.10	0.244	62.7	141	22.0	43.4	13.1	2.33	1.38	1.06	12.8	6.04	4.99	0.423	1.36	2.60
8/5	80	50	5		6.376	5.00	0.255	42.0	85.2	12.8	21.1	7.66	2.56	1.42	1.10	7.78	3.32	2.74	0.388	1.14	2.60
			6		7.560	5.93	0.255	49.6	103	15.0	25.4	8.85	2.56	1.41	1.08	9.25	3.91	3.20	0.387	1.18	2.65
			7		8.724	6.85	0.255	56.2	119	17.0	29.8	10.2	2.54	1.39	1.08	10.6	4.48	3.70	0.384	1.21	2.69
			8		9.367	7.75	0.254	62.8	136	18.9	34.3	11.4	2.52	1.38	1.07	11.9	5.03	4.16	0.381	1.25	2.78
9/5.6	90	56	5	9	7.212	5.66	0.287	60.5	121	18.3	29.5	11.0	2.90	1.59	1.23	9.92	4.21	3.49	0.335	1.25	2.91
			6		8.537	6.72	0.286	71.0	146	21.4	35.6	12.9	2.88	1.58	1.23	11.7	4.96	4.13	0.384	1.29	2.95
			7		9.881	7.76	0.286	81.0	170	24.4	41.7	14.7	2.86	1.57	1.22	13.5	5.70	4.72	0.382	1.33	3.00
			3		11.18	8.78	0.286	91.0	194	27.2	47.9	16.3	2.85	1.56	1.21	15.3	6.41	5.29	0.380	1.36	3.04
10/6.3	100	63	6	10	9.618	7.55	0.320	99.1	200	30.9	50.5	18.4	3.21	1.79	1.38	14.6	6.35	5.25	0.394	1.43	3.24
			7		11.11	8.72	0.320	113	233	35.3	59.1	21.0	3.20	1.78	1.38	16.9	7.29	6.02	0.394	1.47	3.28
			8		12.58	9.88	0.319	127	266	39.4	67.9	23.5	3.18	1.77	1.37	19.1	8.21	6.78	0.391	1.50	3.32
			10		15.47	12.10	0.319	154	333	47.1	85.7	28.3	3.15	1.74	1.35	23.3	9.98	8.24	0.387	1.58	3.40
10/8	100	80	6	10	10.64	8.35	0.354	107	200	61.2	103	31.7	3.17	2.40	1.72	15.2	10.2	8.37	0.627	1.97	2.95
			7		12.30	9.66	0.354	123	233	70.1	120	36.2	3.16	2.39	1.72	17.5	11.7	9.60	0.626	2.01	3.00
			8		13.94	10.9	0.353	138	267	78.6	137	40.6	3.14	2.37	1.71	19.8	13.2	10.8	0.625	2.05	2.13
			10		17.17	13.50	0.353	167	334	94.7	172	49.1	3.12	2.35	1.69	24.2	16.1	13.1	0.622	2.13	3.12
11/7	110	70	6	10	10.64	8.35	0.354	133	266	42.9	69.1	25.4	3.54	2.01	1.54	17.9	7.90	6.53	0.403	1.57	3.53
			7		12.30	9.66	0.354	153	310	49.0	80.8	29.0	3.53	2.00	1.53	20.6	9.09	7.50	0.402	1.61	3.57

续表

型号	截面尺寸/mm				截面面积/cm^4	理论重量/(kg/m)	外表面积/(m^2/m)	惯性矩/cm^4					惯性半径/cm			截面模数/cm^3			tan α	重心距离/cm	
	B	b	d	r				I_x	I_{x1}	I_y	I_{y1}	I_u	i_x	i_y	i_u	W_x	W_y	W_u		x_0	y_0
11/7	110	70	8	10	13.94	10.9	0.353	172	354	54.9	92.7	32.5	3.51	1.98	1.53	23.3	10.3	8.45	0.401	1.65	3.62
			10		17.17	13.5	0.353	208	443	65.9	117	39.2	3.48	1.96	1.51	28.5	12.5	10.3	0.397	1.72	3.70
12.5/8	125	80	7	11	14.10	11.1	0.403	228	455	74.4	120	43.8	4.02	2.30	1.76	26.9	12.0	9.92	0.408	1.80	4.01
			8		15.99	12.6	0.403	257	520	83.5	138	49.2	4.01	2.28	1.75	30.4	13.6	11.2	0.407	1.84	4.06
			10		19.71	15.5	0.402	312	650	101	173	59.5	3.98	2.26	1.74	37.3	16.6	13.6	0.404	1.92	4.14
			12		23.35	18.3	0.402	364	780	117	210	69.4	3.95	2.24	1.72	44.0	19.4	16.0	0.400	2.00	4.22
14/9	140	90	8	12	18.04	14.2	0.453	366	731	121	196	70.8	4.50	2.59	1.98	38.5	17.3	14.3	0.411	2.04	4.50
			10		22.26	17.5	0.452	446	913	140	246	85.8	4.47	2.56	1.96	47.3	21.2	17.5	0.409	2.12	4.58
			12		26.40	20.7	0.451	522	1 100	170	297	100	4.44	2.54	1.95	55.9	25.0	20.5	0.406	2.19	4.66
			14		30.46	23.9	0.451	594	1 280	192	349	114	4.42	2.51	1.94	64.2	28.5	23.5	0.403	2.27	4.74
15/9	150	90	8		18.84	14.8	0.473	442	898	123	196	74.1	4.84	2.55	1.98	43.9	17.5	14.5	0.364	1.97	4.92
			10		23.26	18.3	0.472	539	1 120	149	246	89.9	4.81	2.53	1.97	54.0	21.4	17.7	0.362	2.05	5.01
			12		27.60	21.7	0.471	632	1 350	173	297	105	4.79	2.50	1.95	63.8	25.1	20.8	0.359	2.12	5.09
			14		31.86	25.0	0.471	721	1 570	196	350	120	4.76	2.48	1.94	73.3	28.8	23.8	0.356	2.20	5.17
			15		33.95	26.7	0.471	764	1 680	207	376	127	4.74	2.47	1.93	78.0	30.5	25.3	0.354	2.24	5.21
			16		36.03	28.3	0.470	806	1 800	217	403	134	4.73	2.45	1.93	82.6	32.3	26.8	0.352	2.27	5.25
16/10	160	100	10	13	25.32	19.9	0.512	669	1 360	205	337	122	5.14	2.85	2.19	62.1	26.6	21.9	0.390	2.28	5.24
			12		30.05	23.6	0.511	785	1 640	239	406	142	5.11	2.82	2.17	73.5	31.3	25.8	0.388	2.36	5.32
			14		34.71	27.2	0.510	896	1 910	271	476	162	5.08	2.80	2.16	84.6	35.8	29.6	0.385	2.43	5.40
			16		39.28	30.8	0.510	1 000	2 180	302	548	183	5.05	2.77	2.16	95.3	40.2	33.4	0.382	2.51	5.48
18/11	180	110	10	14	28.37	22.3	0.571	956	1 940	278	447	167	5.80	3.13	2.42	79.0	32.5	26.9	0.376	2.44	5.89
			12		33.71	26.5	0.571	1 120	2 330	325	539	195	5.78	3.10	2.40	93.5	38.3	31.7	0.374	2.52	5.98

续表

型号	截面尺寸/mm				截面面积/	理论重量/	外表面积/	惯性矩/cm^4					惯性半径/cm			截面模数/cm^3			tan α	重心距离/cm	
	B	b	d	r	cm^2	(kg/m)	(m^2/m)	I_x	I_{x1}	I_y	I_{y1}	I_u	i_x	i_y	i_u	W_x	W_y	W_u		x_0	y_0
18/11	180	110	14	14	38.97	30.6	0.570	1 290	2 720	370	632	222	5.75	3.08	2.39	108	44.0	36.3	0.372	2.59	6.06
			16		44.14	34.6	0.569	1 440	3 110	412	726	249	5.72	3.06	2.38	122	49.4	40.9	0.369	2.67	6.14
20/12.5	200	125	12		37.91	29.8	0.641	1 570	3 190	483	788	286	6.44	3.57	2.74	117	50.0	41.2	0.392	2.83	6.54
			14		43.87	34.4	0.640	1 800	3 730	551	922	327	6.41	3.54	2.73	135	57.4	47.3	0.390	2.91	6.62
			16		49.74	39.0	0.639	2 020	4 260	615	1 060	366	6.38	3.52	2.71	152	64.9	53.3	0.388	2.99	6.70
			18		55.53	43.6	0.639	2 240	4 790	677	1 200	405	6.35	3.49	2.70	169	71.7	59.2	0.385	3.06	6.78

注：截面图中的 $r=1/3d$ 及表中 r 的数据用于孔型设计，不做交货条件。

参 考 文 献

[1] 范钦珊. 工程力学 [M]. 北京：清华大学出版社，2005.

[2] 王守新. 材料力学 [M]. 大连：大连理工大学出版社，2005.

[3] 孙训方，方孝淑. 材料力学 [M]. 北京：高等教育出版社，2004.

[4] 刘鸿文. 材料力学 [M]. 北京：高等教育出版社，2005.

[5] 梅凤翔. 工程力学：下册 [M]. 北京：高等教育出版社，2003.

[6] 单辉祖，谢传锋. 工程力学 [M]. 北京：高等教育出版社，2004.

[7] 申向东. 材料力学 [M]. 北京：中国水利水电出版社，2012.

[8] 申向东. 工程力学 [M]. 北京：中国农业大学出版社，2011.

[9] 单辉祖. 工程力学 [M]. 北京：高等教育出版社，2004.

[10] 申向东，姚占全. 工程力学 [M]. 北京：中国水利水电出版社，2014.